U0181962

信息与计算科学丛书　87

分数阶微分方程的有限差分方法

（第二版）

孙志忠　高广花　著

科 学 出 版 社

北　京

内 容 简 介

　　本书力求对分数阶偏微分方程的有限差分方法做一个系统的介绍. 全书分为6章. 第1章介绍四种分数阶导数的定义, 给出两类分数阶常微分方程初值问题解析解的表达式; 介绍分数阶导数的几种数值逼近方法, 研究它们的逼近精度, 并应用于分数阶常微分方程的数值求解. 这些是后面章节中分数阶偏微分方程数值解的基础. 接着的 5 章依次论述求解时间分数阶慢扩散方程的有限差分方法、求解时间分数阶波方程的有限差分方法、求解空间分数阶偏微分方程的有限差分方法、求解一类时空分数阶微分方程的有限差分方法以及求解一类时间分布阶慢扩散方程的有限差分方法. 对每一差分格式, 分析其唯一可解性、稳定性和收敛性.

　　本书可作为高等院校计算数学专业、应用数学专业研究生的教材, 也可作为科学与工程计算科研人员的参考书.

图书在版编目(CIP)数据

分数阶微分方程的有限差分方法/孙志忠, 高广花著. —2 版. —北京: 科学出版社, 2021.1

　　(信息与计算科学丛书)

　　ISBN 978-7-03-066978-0

Ⅰ.①分… Ⅱ.①孙… ②高… Ⅲ.①微分方程–有限差分法分析 Ⅳ.①O175

中国版本图书馆 CIP 数据核字(2020) 第 230439 号

责任编辑: 李　欣　李香叶 / 责任校对: 彭珍珍
责任印制: 吴兆东 / 封面设计: 陈　敬

科学出版社 出版
北京东黄城根北街 16 号
邮政编码: 100717
http://www.sciencep.com

北京捷迅佳彩印刷有限公司 印刷
科学出版社发行　　各地新华书店经销
*
2021 年 1 月第 一 版　　开本: 720 × 1000　B5
2021 年 1 月第一次印刷　　印张: 24 1/4
字数: 489 000
定价: 188.00 元
(如有印装质量问题, 我社负责调换)

《信息与计算科学丛书》序

20 世纪 70 年代末, 由已故著名数学家冯康先生任主编、科学出版社出版了一套《计算方法丛书》, 至今已逾 30 册. 这套丛书以介绍计算数学的前沿方向和科研成果为主旨, 学术水平高、社会影响大, 对计算数学的发展、学术交流及人才培养起到了重要的作用.

1998 年教育部进行学科调整, 将计算数学及其应用软件、信息科学、运筹控制等专业合并, 定名为 "信息与计算科学专业". 为适应新形势下学科发展的需要, 科学出版社将《计算方法丛书》更名为《信息与计算科学丛书》, 组建了新的编委会, 并于 2004 年 9 月在北京召开了第一次会议, 讨论并确定了丛书的宗旨、定位及方向等问题.

新的《信息与计算科学丛书》的宗旨是面向高等学校信息与计算科学专业的高年级学生、研究生以及从事这一行业的科技工作者, 针对当前的学科前沿, 介绍国内外优秀的科研成果. 强调科学性、系统性及学科交叉性, 体现新的研究方向. 内容力求深入浅出, 简明扼要.

原《计算方法丛书》的编委和编辑人员以及多位数学家曾为丛书的出版做了大量工作, 在学术界赢得了很好的声誉, 在此表示衷心的感谢. 我们诚挚地希望大家一如既往地关心和支持新丛书的出版, 以期为信息与计算科学在新世纪的发展起到积极的推动作用.

石钟慈

2005 年 7 月

第二版前言

分数阶微积分理论是数学的一个重要分支, 它是传统的整数阶微积分理论的推广. 最早提出这一思想的是德国数学家 G. W. Leibniz. 他在 1695 年给 L' Hôspital 的信件中讨论了 1/2 阶导数. 在之后 300 多年的发展中, 许多数学家为分数阶微积分理论作出了杰出的贡献.

研究者们发现, 分数阶微分算子与整数阶微分算子不同, 具有非局部性, 非常适用于描述现实世界中具有记忆以及遗传性质的变化过程. 它已成为描述各类复杂力学与物理行为的重要工具之一. 分数阶微分方程被广泛地应用于反常扩散、黏弹性力学、流体力学、管道的边界层效应、电磁波、信号处理与系统识别、量子经济、分形理论等领域. 然而, 分数阶微分方程的解析解很难显式给出. 因此, 对分数阶微分方程问题寻找有效的数值模拟方法成为当前研究的重要课题之一. 近 20 年来科研工作者们在分数阶微分方程的有限差分方法领域取得了丰富的研究成果.

作者在 2015 年撰写了《分数阶微分方程的有限差分方法》第一版, 并在科学出版社出版.

最近几年, 分数阶微分方程的数值求解在高精度方法、快速算法、多项分数阶微分方程的数值求解、解具有初始奇性问题的数值求解、时间分数阶混合扩散–波方程的数值求解等方面有了较大的发展. 在本书第二版中, 我们增加了这些方面的成果.

(1) 将原书第 1 章的 1.4 节 "分数阶导数的数值逼近" 扩充为四节: 1.4 节 Riemann-Liouville 分数阶导数的 G-L 逼近; 1.5 节 Riesz 分数阶导数的中心差商逼近; 1.6 节 Caputo 分数阶导数的插值逼近, 新增加了 "Caputo 分数阶导数的 L1-2 逼近"、"多项 Caputo 分数阶导数和的 L2-1$_\sigma$ 逼近" 和 "Caputo 分数阶导数的 H2N2 逼近"; 1.7 节 Caputo 分数阶导数的快速插值逼近, 分别介绍了基于 L1 逼近的快速算法、基于 L2-1$_\sigma$ 逼近的快速算法和基于 H2N2 逼近的快速算法. 另外增加了 1.9 节, 简单地讨论了分数阶偏微分方程的分类.

(2) 第 2 章增加了四节: 2.4 节一维问题基于 L1 逼近的快速差分方法; 2.6 节一维问题基于 L2-1$_\sigma$ 逼近的差分方法; 2.7 节一维问题基于 L2-1$_\sigma$ 逼近的快速差分方法; 2.9 节多项时间分数阶慢扩散方程基于 L2-1$_\sigma$ 逼近的差分方法.

(3) 第 3 章增加了五节: 3.2 节一维问题基于 L1 逼近的快速差分方法; 3.4 节一维问题基于 L2-1$_\sigma$ 逼近的差分方法; 3.5 节一维问题基于 L2-1$_\sigma$ 逼近的快速差分方法; 3.7 节多项时间分数阶波方程基于 L2-1$_\sigma$ 逼近的差分方法; 3.8 节时间分数阶

混合扩散–波方程基于 L1 逼近的差分方法.

(4) 在每一章的最后一节增加了一些最新研究成果介绍. 此外还增加了少量习题.

本书力求对分数阶微分方程的有限差分方法作个系统的介绍. 全书分为 6 章.

第 1 章介绍四种分数阶导数的定义. 给出了两类分数阶常微分方程初值问题的解析解. 从这两类分数阶常微分方程的解析解表达式, 可以让读者对分数阶常微分方程解的性态有个大致的了解. 给出了 R-L 分数阶导数的 G-L 逼近、Riesz 导数的中心差商逼近和 Caputo 分数阶导数的插值逼近, 研究了它们的逼近精度, 并应用于分数阶常微分方程的数值求解. 这些是后面章节中分数阶偏微分方程数值解的重要基础.

第 2 章讨论求解时间分数阶慢扩散方程的有限差分方法. 时间 Caputo 分数阶导数应用 G-L 逼近、L1 逼近、L2-1$_\sigma$ 逼近、快速的 L1 逼近以及快速的 L2-1$_\sigma$ 逼近等多种方法离散, 空间整数阶导数采用二阶中心差商逼近或紧逼近, 得到离散差分格式. 对二维问题建立 ADI 求解格式. 分析所建立的差分格式的唯一可解性、稳定性和收敛性.

第 3 章研究求解时间分数阶波方程的有限差分方法. 时间分数阶导数应用 L1 逼近、L2-1$_\sigma$ 逼近、快速的 L1 逼近以及快速的 L2-1$_\sigma$ 逼近等多种方法离散. 对一维问题分别建立空间二阶和空间四阶差分格式. 对二维问题建立 ADI 格式和紧 ADI 格式. 分析所建立的差分格式的唯一可解性、稳定性和收敛性.

第 4 章考虑求解空间分数阶偏微分方程的有限差分方法. 应用位移的 G-L 逼近和加权位移的 G-L 逼近离散空间分数阶导数, 分别构造空间一阶、二阶和四阶的差分格式. 对二维问题构造空间四阶的 ADI 差分格式. 分析所建立的差分格式的唯一可解性、稳定性和收敛性.

第 5 章研究求解一类时空分数阶微分方程的有限差分方法. 应用 L2-1$_\sigma$ 逼近离散时间 Caputo 导数, 采用二阶中心差商公式或加权中心差商公式离散空间 Riesz 分数阶导数, 分别建立空间二阶和空间四阶的差分格式. 分析所建立的差分格式的唯一可解性、稳定性和收敛性.

第 6 章介绍求解一类时间分布阶慢扩散方程的有限差分方法. 用复化梯形公式或复化 Simpson 公式离散分布阶积分, 用加权 G-L 二阶逼近离散 Caputo 分数阶导数, 分别建立空间、分布阶均为二阶和空间、分布阶均为四阶的差分格式. 对二维问题建立二阶 ADI 差分格式和四阶 ADI 差分格式. 分析每一差分格式的唯一可解性、稳定性和收敛性.

在每一章章末, 做了一个拓展性的介绍. 关于分数阶微分方程有限差分方法的内容极为丰富, 本书所列的参考文献只是其中的一小部分. 这些文献或者是本书内容的取材来源, 或者是在写作过程中参考过的.

本书的主要内容是基于作者和他们的科研小组的研究结果. 作者对所有的合作者表示诚挚的谢意!

衷心感谢科学出版社李欣, 她为本书的出版付出了辛勤劳动!

曹婉容、杜睿、杜瑞连、王旭平、齐韧钧、陆宣如等阅读了本书的初稿, 提出了许多宝贵的建议, 在此作者谨向他们表示衷心的感谢!

本书的撰写得到了国家自然科学基金项目 (项目编号：11671081) 和江苏省自然科学基金项目 (项目编号：BK20191375) 的资助.

由于作者的科研工作经验和水平有限, 真诚地恳请诸位学者、同仁不吝指正书中缺点和疏漏. 请发邮件至电子邮箱：zzsun@seu.edu.cn 或 gaogh@njupt.edu.cn.

孙志忠

东南大学数学学院

高广花

南京邮电大学理学院

2020 年 4 月 28 日

目　　录

第1章　分数阶导数及其数值逼近

本章介绍几种常用的分数阶导数的定义及简单性质; 给出两类简单的分数阶常微分方程的解析解并对其性态作简单分析; 介绍分数阶导数的几种数值逼近方法, 研究它们的逼近精度, 并应用于分数阶常微分方程的数值求解; 给出分数阶偏微分方程的简单分类. 这些内容是后面章节中分数阶偏微分方程数值解的基础. 本章共10 节.

1.1　分数阶导数的定义和性质

1.1.1　分数阶积分

定义 1.1.1　设 α 是一个正实数, 函数 $f(t)$ 定义在区间 $[a,b]$ 上. 称

$$_aD_t^{-\alpha}f(t) = \frac{1}{\Gamma(\alpha)} \int_a^t (t-\tau)^{\alpha-1} f(\tau)\mathrm{d}\tau$$

为函数 $f(t)$ 的 α 阶分数阶积分, 其中 $t \in [a,b]$, $\Gamma(z)$ 表示 Gamma 函数, 即

$$\Gamma(z) = \int_0^\infty \mathrm{e}^{-t}t^{z-1}\mathrm{d}t, \quad \mathrm{Re}(z) > 0.$$

计算可知

$$_aD_t^{-\alpha}(t-a)^p = \frac{\Gamma(1+p)}{\Gamma(1+p+\alpha)}(t-a)^{p+\alpha}, \quad p > -1.$$

1.1.2　Grünwald-Letnikov 分数阶导数

定义 1.1.2　设 α 是一个正实数, 令 $n-1 \leqslant \alpha < n, n$ 为一个正整数. 函数 $f(t)$ 定义在区间 $[a,b]$ 上. 称

$$_aD_t^\alpha f(t) = \lim_{h\to 0} h^{-\alpha} \sum_{j=0}^{[(t-a)/h]} (-1)^j \binom{\alpha}{j} f(t-jh)$$

为函数 $f(t)$ 的 α 阶 Grünwald-Letnikov (G-L) 分数阶导数, 其中 $t \in [a,b]$, $[z]$ 为不超过 z 的最大整数, $\binom{\alpha}{j}$ 表示二项式系数

$$\binom{\alpha}{j} = \frac{\alpha(\alpha-1)\cdots(\alpha-j+1)}{j!}.$$

设 $f^{(k)}(t)$ $(k = 0, 1, 2, \cdots, n)$ 在闭区间 $[a, b]$ 上连续, n 为满足条件 $\alpha < n$ 的最小整数. 可以证明

$$_aD_t^\alpha f(t) = \sum_{j=0}^{n-1} \frac{f^{(j)}(a)(t-a)^{j-\alpha}}{\Gamma(1+j-\alpha)} + \frac{1}{\Gamma(n-\alpha)} \int_a^t \frac{f^{(n)}(\tau)}{(t-\tau)^{\alpha-n+1}} \mathrm{d}\tau.$$

1.1.3 Riemann-Liouville 分数阶导数

定义 1.1.3 设 α 是一个正实数, 令 $n - 1 \leqslant \alpha < n$, n 为一个正整数. 函数 $f(t)$ 定义在区间 $[a, b]$ 上. 称

$$_a\mathbf{D}_t^\alpha f(t) = \frac{\mathrm{d}^n}{\mathrm{d}t^n} \left(\frac{1}{\Gamma(n-\alpha)} \int_a^t \frac{f(\tau)}{(t-\tau)^{\alpha-n+1}} \mathrm{d}\tau \right)$$

为函数 $f(t)$ 的 α 阶 Riemann-Liouville (R-L) 分数阶导数, 其中 $t \in [a, b]$.

易知

$$_a\mathbf{D}_t^\alpha f(t) = \frac{\mathrm{d}^n}{\mathrm{d}t^n} \left[_aD_t^{-(n-\alpha)} f(t) \right].$$

计算可得

$$_a\mathbf{D}_t^\alpha (t-a)^p = \frac{\Gamma(1+p)}{\Gamma(1+p-\alpha)} (t-a)^{p-\alpha}, \quad p > -1.$$

可以证明

$$\frac{\mathrm{d}^m}{\mathrm{d}t^m} \left(_a\mathbf{D}_t^\alpha f(t) \right) = {}_a\mathbf{D}_t^{m+\alpha} f(t), \quad \alpha > 0, \quad m \text{ 为正整数}.$$

R-L 分数阶导数和 G-L 分数阶导数之间有这样一个等价关系: 对于正实数 α, 令 $n - 1 \leqslant \alpha < n$. 如果定义在区间 $[a, b]$ 上的函数 $f(t)$ 有直到 $n - 1$ 阶的连续导数, 并且 $f^{(n)}(t)$ 在 $[a, b]$ 上可积, 那么函数 $f(t)$ 的 α 阶 R-L 分数阶导数和 α 阶 G-L 分数阶导数是等价的.

1.1.4 Caputo 分数阶导数

定义 1.1.4 设 α 是一个正实数, 令 $n - 1 < \alpha \leqslant n$, n 为一个正整数. 函数 $f(t)$ 定义在区间 $[a, b]$ 上. 称

$$_a^C D_t^\alpha f(t) = \frac{1}{\Gamma(n-\alpha)} \int_a^t \frac{f^{(n)}(\tau)}{(t-\tau)^{\alpha-n+1}} \mathrm{d}\tau$$

为函数 $f(t)$ 的 α 阶 Caputo 分数阶导数, 其中 $t \in [a, b]$.

易知

$$_a^C D_t^\alpha f(t) = {}_aD_t^{-(n-\alpha)} \left[f^{(n)}(t) \right].$$

计算可得

$$_a^C D_t^\alpha (t-a)^p = \frac{\Gamma(1+p)}{\Gamma(1+p-\alpha)}(t-a)^{p-\alpha}, \quad p > n-1 \geqslant 0.$$

设函数 $f(t)$ 在 $[a,b]$ 上有 $n+1$ 阶连续导数, 则

$$\lim_{\alpha \to n-0} {}_a^C D_t^\alpha f(t)$$

$$= \lim_{\alpha \to n-0} \left[\frac{f^{(n)}(a)(t-a)^{n-\alpha}}{\Gamma(n-\alpha+1)} + \frac{1}{\Gamma(n-\alpha+1)} \int_a^t (t-\tau)^{n-\alpha} f^{(n+1)}(\tau) \mathrm{d}\tau \right]$$

$$= f^{(n)}(a) + \int_a^t f^{(n+1)}(\tau) \mathrm{d}\tau = f^{(n)}(t).$$

Caputo 分数阶导数和 R-L 分数阶导数之间也有一个等价关系: 对于正实数 α, 正整数 n 满足 $0 \leqslant n-1 < \alpha < n$. 如果定义在区间 $[a,b]$ 上的函数 $f(t)$ 有直到 $n-1$ 阶的连续导数, 并且 $f^{(n)}(t)$ 在 $[a,b]$ 上可积, 那么

$$_a \mathbf{D}_t^\alpha f(t) = {}_a^C D_t^\alpha f(t) + \sum_{j=0}^{n-1} \frac{f^{(j)}(a)(t-a)^{j-\alpha}}{\Gamma(1+j-\alpha)}, \quad a \leqslant t \leqslant b.$$

特别地, 当 $\alpha \in (0,1)$ 时,

$$_a \mathbf{D}_t^\alpha f(t) = {}_a^C D_t^\alpha f(t) + \frac{f(a)(t-a)^{-\alpha}}{\Gamma(1-\alpha)}.$$

可以看出, 当函数 $f(t)$ 满足条件

$$f^{(j)}(a) = 0, \quad j = 0, 1, \cdots, n-1$$

时, 函数 $f(t)$ 的 α 阶 Caputo 分数阶导数和 α 阶 R-L 分数阶导数是等价的.

从前面的这些分数阶导数定义可知, 某点 t 处的分数阶导数值都和这一点左边的函数值有关. 有时也称它们为左 G-L 分数阶导数、左 R-L 分数阶导数和左 Caputo 分数阶导数.

类似地, 可以定义右 G-L 分数阶导数、右 R-L 分数阶导数和右 Caputo 分数阶导数:

$$_t D_b^\alpha f(t) = \lim_{h \to 0} h^{-\alpha} \sum_{j=0}^{[(b-t)/h]} (-1)^j \binom{\alpha}{j} f(t+jh),$$

$$_t \mathbf{D}_b^\alpha f(t) = (-1)^n \frac{\mathrm{d}^n}{\mathrm{d}t^n} \left(\frac{1}{\Gamma(n-\alpha)} \int_t^b \frac{f(\tau)}{(\tau-t)^{\alpha-n+1}} \mathrm{d}\tau \right),$$

$$_t^C D_b^\alpha f(t) = (-1)^n \frac{1}{\Gamma(n-\alpha)} \int_t^b \frac{f^{(n)}(\tau)}{(\tau-t)^{\alpha-n+1}} \mathrm{d}\tau.$$

当 $a = -\infty$ 时, 左 G-L 分数阶导数定义为

$$-_\infty D_t^\alpha f(t) = \lim_{h \to 0} h^{-\alpha} \sum_{j=0}^{\infty} (-1)^j \binom{\alpha}{j} f(t - jh);$$

当 $b = \infty$ 时, 右 G-L 分数阶导数定义为

$$_t D_\infty^\alpha f(t) = \lim_{h \to 0} h^{-\alpha} \sum_{j=0}^{\infty} (-1)^j \binom{\alpha}{j} f(t + jh).$$

1.1.5 Riesz 分数阶导数

定义 1.1.5 设 α 是一个实数, 令 $n - 1 \leqslant \alpha < n$, n 为一个正整数, $\alpha \neq 2k + 1$, $k = 0, 1, \cdots$. 函数 $f(x)$ 定义在区间 $[a, b]$ 上. 称

$$\frac{\partial^\alpha f(x)}{\partial |x|^\alpha} = -\frac{1}{2 \cos\left(\frac{\alpha \pi}{2}\right)} [_a\mathbf{D}_x^\alpha f(x) + {}_x\mathbf{D}_b^\alpha f(x)], \quad x \in [a, b]$$

为函数 $f(x)$ 的 α 阶 Riesz 分数阶导数.

由以上定义可知, Riesz 分数阶导数可以看成左 R-L 分数阶导数和右 R-L 分数阶导数的加权和. 任意一点 x 处 Riesz 分数阶导数的值与函数 $f(x)$ 在 x 点左、右两边的值都有关.

1.1.6 积分下限处分数阶导数的性态

现在我们来研究分数阶导数 $_a\mathbf{D}_t^\alpha f(t)$ 在积分下限处 (当 $t \to a + 0$ 时) 的性态.

设对某小正数 ϵ, 函数 $f(t)$ 至少在闭区间 $[a, a + \epsilon]$ 上是解析的. 因而 $f(t)$ 可以表示成 Taylor 级数形式

$$f(t) = \sum_{k=0}^{\infty} \frac{f^{(k)}(a)}{k!} (t - a)^k, \quad t \in [a, a + \epsilon]. \tag{1.1.1}$$

对 (1.1.1) 逐项求 R-L 分数阶导数, 得

$$_a\mathbf{D}_t^\alpha f(t) = \sum_{k=0}^{\infty} \frac{f^{(k)}(a)}{\Gamma(k - \alpha + 1)} (t - a)^{k - \alpha}.$$

由上式可知, 对于形如 (1.1.1) 的函数 $f(t)$, 如果 $f(a) \neq 0$, 则有

$$_a\mathbf{D}_t^\alpha f(t) \sim \frac{f(a)}{\Gamma(1 - \alpha)} (t - a)^{-\alpha}, \quad t \to a + 0.$$

如果允许 $f(t)$ 在 $t = a$ 处有可积奇性, 即 $f(t)$ 可表示成如下形式

$$f(t) = (t - a)^q g(t), \quad \text{其中} \quad g(a) \neq 0, \quad q > -1,$$

且 $g(t)$ 可表示成 Taylor 级数的形式, 则有

$$f(t) = (t-a)^q \sum_{k=0}^{\infty} \frac{g^{(k)}(a)}{k!}(t-a)^k = \sum_{k=0}^{\infty} \frac{g^{(k)}(a)}{k!}(t-a)^{q+k}.$$

逐项求 R-L 分数阶导数, 得

$$_a\mathbf{D}_t^\alpha f(t) = \sum_{k=0}^{\infty} \frac{g^{(k)}(a)}{k!} \frac{\Gamma(q+k+1)}{\Gamma(q+k-\alpha+1)}(t-a)^{q+k-\alpha}.$$

由上式得到

$$_a\mathbf{D}_t^\alpha f(t) \sim \frac{g(a)\Gamma(q+1)}{\Gamma(q-\alpha+1)}(t-a)^{q-\alpha}, \quad t \to a+0.$$

1.2　分数阶导数的 Fourier 变换

定义 1.2.1　设 $g(t)$ 为定义在 $\mathcal{R} = (-\infty, \infty)$ 上的分片连续、绝对可积的函数. 称

$$\mathcal{F}[g(t); \omega] = \int_{-\infty}^{\infty} g(t)\mathrm{e}^{\mathrm{i}\omega t}\mathrm{d}t$$

为函数 $g(t)$ 的 Fourier 变换, 并记为 $G(\omega)$. 函数 $g(t)$ 可由如下逆 Fourier 变换得到

$$g(t) = \mathcal{F}^{-1}[G(\omega); t] = \frac{1}{2\pi} \int_{-\infty}^{\infty} G(\omega)\mathrm{e}^{-\mathrm{i}\omega t}\mathrm{d}\omega.$$

如果 $g(t)$ 在 $\mathcal{R}$ 上可导, $g'(t)$ 分段连续; $g(t)$ 和 $g'(t)$ 均绝对可积; 当 $|t| \to \infty$ 时, $g(t) \to 0$, 则

$$\mathcal{F}[g'(t); \omega] = (-\mathrm{i}\omega)\mathcal{F}[g(t); \omega].$$

如果 $g(t)$ 在 $\mathcal{R}$ 上存在 $n-1$ 阶连续导数, 存在 n 阶分片连续导数; $g(t), g'(t),$ $\cdots, g^{(n)}(t)$ 均绝对可积; 当 $|t| \to \infty$ 时, $g(t), g'(t), \cdots, g^{(n-1)}(t) \to 0$, 则

$$\mathcal{F}[g^{(n)}(t); \omega] = (-\mathrm{i}\omega)^n \mathcal{F}[g(t); \omega].$$

设 $\alpha > 0$. 令

$$h_+^\alpha(t) = \begin{cases} \dfrac{t^{\alpha-1}}{\Gamma(\alpha)}, & t > 0, \\ 0, & t \leqslant 0, \end{cases}$$

则有

$$\mathcal{F}[h_+^\alpha(t); \omega] = (-\mathrm{i}\omega)^{-\alpha}.$$

考虑分数阶导数的下限 $a = -\infty$, 并要求当 $t \to -\infty$ 时, $f(t)$ 及其若干阶导数的极限值均为 0. 设 $n-1 \leqslant \alpha < n$. 利用分部求积公式易知, G-L 分数阶导数、R-L 分数阶导数和 Caputo 分数阶导数均具有相同的形式:

$$
\left.\begin{array}{r}
{}_{-\infty}D_t^\alpha f(t) \\
{}_{-\infty}\mathbf{D}_t^\alpha f(t) \\
{}_{-\infty}^C D_t^\alpha f(t)
\end{array}\right\} = \frac{1}{\Gamma(n-\alpha)} \int_{-\infty}^t \frac{f^{(n)}(\tau)}{(t-\tau)^{\alpha+1-n}} d\tau
$$

$$
= \frac{d^n}{dt^n} \left(\frac{1}{\Gamma(n-\alpha)} \int_{-\infty}^t \frac{f(\tau)}{(t-\tau)^{\alpha+1-n}} d\tau \right) \equiv D^\alpha f(t).
$$

若函数 $f(t)$ 满足

(1) 在 $\mathcal{R}$ 上, $f(t), f'(t), \cdots, f^{(n-1)}(t)$ 存在且连续, $f^{(n)}(t)$ 分段连续, 均绝对可积;

(2) 当 $|t| \to \infty$ 时, $f(t), f'(t), \cdots, f^{(n-1)}(t) \to 0$,

则有

$$
\mathcal{F}[D^\alpha f(t); \omega] = (-i\omega)^\alpha \mathcal{F}[f(t); \omega].
$$

1.3 分数阶常微分方程

1.3.1 Riemann-Liouville 型方程的求解

问题 1.3.1   设 $0 < \alpha < 1$. 考虑 R-L 型单项分数阶常微分方程

$$
\begin{cases}
{}_0\mathbf{D}_t^\alpha y(t) = f(t), & t > 0, \\
y(0) = 0,
\end{cases}
$$

$$\tag{1.3.1}$$
$$\tag{1.3.2}$$

并设 $f(t)$ 可以展开成 Taylor 级数

$$
f(t) = \sum_{n=0}^\infty \frac{f^{(n)}(0)}{n!} t^n,
$$

其收敛半径为 $R, R > 0$.

寻找问题 (1.3.1)—(1.3.2) 如下形式的解:

$$
y(t) = t^\alpha \sum_{n=0}^\infty y_n t^n = \sum_{n=0}^\infty y_n t^{n+\alpha}. \tag{1.3.3}
$$

将 (1.3.3) 代入 (1.3.1), 并利用

$$
{}_0\mathbf{D}_t^\alpha t^\nu = \frac{\Gamma(1+\nu)}{\Gamma(1+\nu-\alpha)} t^{\nu-\alpha},
$$

得到

$$\sum_{n=0}^{\infty} y_n \frac{\Gamma(1+n+\alpha)}{\Gamma(1+n)} t^n = f(t) = \sum_{n=0}^{\infty} \frac{f^{(n)}(0)}{n!} t^n.$$

比较两个级数的系数可得

$$y_n = \frac{f^{(n)}(0)}{\Gamma(1+n+\alpha)}, \quad n = 0, 1, 2, \cdots.$$

于是

$$y(t) = t^\alpha \sum_{n=0}^{\infty} \frac{f^{(n)}(0)}{\Gamma(1+n+\alpha)} t^n.$$

可将上式改写为

$$\begin{aligned}
y(t) &= \sum_{n=0}^{\infty} \frac{f^{(n)}(0)}{\Gamma(1+n+\alpha)} t^{n+\alpha} \\
&= \sum_{n=0}^{\infty} \frac{f^{(n)}(0)}{n!} \frac{\Gamma(n+1)}{\Gamma(1+n+\alpha)} t^{n+\alpha} \\
&= \sum_{n=0}^{\infty} \frac{f^{(n)}(0)}{n!} {_0D_t^{-\alpha}} t^n \\
&= {_0D_t^{-\alpha}} \left(\sum_{n=0}^{\infty} \frac{f^{(n)}(0)}{n!} t^n \right) \\
&= {_0D_t^{-\alpha}} f(t).
\end{aligned}$$

如果右端项 $f(t)$ 具有如下形式:

$$f(t) = t^q g(t), \quad g(t) = \sum_{n=0}^{\infty} \frac{g^{(n)}(0)}{n!} t^n, \quad g(0) \neq 0, \quad q > -1,$$

上述方法也是适用的. 求满足初值条件 (1.3.2) 的如下形式的解:

$$y(t) = t^{q+\alpha} \sum_{n=0}^{\infty} y_n t^n.$$

类似地可以得到

$$y_n = \frac{\Gamma(1+n+q)}{\Gamma(1+n+\alpha+q)} \cdot \frac{g^{(n)}(0)}{n!}, \quad n = 0, 1, 2, \cdots.$$

设 $q + \alpha \geqslant 0$. 记 $m = [q+\alpha]$, 则 $y(t)$ 存在 m 阶连续导数.

问题 1.3.2 设 $0 < \alpha < 1$. 考虑方程

$$\begin{cases} {_0\mathbf{D}_t^\alpha} y(t) = f(t), & t > 0, \\ y(0) = A, & A \neq 0. \end{cases}$$

$$(1.3.4)$$
$$(1.3.5)$$

此时存在形如

$$y(t) = \sum_{n=0}^{\infty} y_n t^n \tag{1.3.6}$$

的解的一个必要条件是

$$f(t) \sim \frac{A t^{-\alpha}}{\Gamma(1-\alpha)}, \quad t \to 0.$$

假设

$$f(t) = \frac{A t^{-\alpha}}{\Gamma(1-\alpha)} + t^{1-\alpha} \sum_{n=0}^{\infty} \frac{g^{(n)}(0)}{n!} t^n, \tag{1.3.7}$$

其中系数 $\{g^{(n)}(0)\}$ 已知.

将 (1.3.6) 和 (1.3.7) 代入 (1.3.4), 得到

$$\sum_{n=0}^{\infty} y_n \frac{\Gamma(1+n)}{\Gamma(1+n-\alpha)} t^{n-\alpha} = f(t) = \frac{A t^{-\alpha}}{\Gamma(1-\alpha)} + t^{1-\alpha} \sum_{n=0}^{\infty} \frac{g^{(n)}(0)}{n!} t^n.$$

比较系数可得

$$y_0 = A, \quad y_n = \frac{\Gamma(1+n-\alpha)}{\Gamma(1+n)} \cdot \frac{g^{(n-1)}(0)}{(n-1)!}, \quad n = 1, 2, \cdots.$$

于是

$$y(t) = A + \sum_{n=1}^{\infty} \frac{\Gamma(1+n-\alpha)}{\Gamma(1+n)} \cdot \frac{g^{(n-1)}(0)}{(n-1)!} t^n.$$

令

$$y(t) = z(t) + A,$$

则问题 (1.3.4)—(1.3.5) 转化为如下关于 $z(t)$ 的初值问题:

$$\begin{cases} {}_0\mathbf{D}_t^{\alpha} z(t) = \hat{f}(t), \quad t > 0, & (1.3.8) \\ z(0) = 0, & (1.3.9) \end{cases}$$

其中

$$\hat{f}(t) = f(t) - \frac{A t^{-\alpha}}{\Gamma(1-\alpha)} = t^{1-\alpha} \sum_{n=0}^{\infty} \frac{g^{(n)}(0)}{n!} t^n.$$

解 (1.3.8)—(1.3.9), 得到

$$z(t) = \sum_{n=1}^{\infty} \frac{\Gamma(1+n-\alpha)}{\Gamma(1+n)} \cdot \frac{g^{(n-1)}(0)}{(n-1)!} t^n.$$

定义 1.3.1[54]   设 $\mu \in \mathcal{R}$. 定义

$$C_\mu = \Big\{ f \mid f(t) \text{为实值函数且} f(t) = t^p g(t),$$

$$g(t) \text{为适当光滑函数}, t > 0, \ g(0) \neq 0, \ p \geqslant \mu \Big\}.$$

记 $N_0 = N \cup \{0\}$. 设 $m \in N_0$. 当 $f^{(m)} \in C_\mu$ 时, 称 $f \in C_\mu^m$.

对于适当大的 μ, 当 $f(t) \in C_\mu$ 时, 问题 (1.3.1)—(1.3.2) 存在解, 且 μ 越大, 解的光滑性越好.

1.3.2   Caputo 型方程的求解

问题 1.3.3   考虑 Caputo 型单项分数阶常微分方程

$$\begin{cases} {}_0^C D_t^\alpha y(t) = f(t), \quad t > 0, & (1.3.10) \\ y(0) = A, & (1.3.11) \end{cases}$$

其中 $0 < \alpha < 1$, 并设 $f(t)$ 可以展开成如下级数

$$f(t) = t^q \sum_{n=0}^\infty \frac{g^{(n)}(0)}{n!} t^n, \quad g^{(0)}(0) = g(0) \neq 0, \qquad (1.3.12)$$

其收敛半径为 R, $R > 0$, 且 $q + \alpha > 0$.

设问题 (1.3.10)—(1.3.11) 的解具有如下形式:

$$y(t) = A + t^p \sum_{n=0}^\infty y_n t^n, \quad y_0 \neq 0, \quad p > 0. \qquad (1.3.13)$$

将 (1.3.13) 和 (1.3.12) 代入 (1.3.10), 得到

$$\sum_{n=0}^\infty y_n \frac{\Gamma(1+n+p)}{\Gamma(1+n+p-\alpha)} t^{n+p-\alpha} = \sum_{n=0}^\infty \frac{g^{(n)}(0)}{n!} t^{n+q}.$$

比较系数得

$$p = q + \alpha, \quad y_n = \frac{\Gamma(1+n+q)}{\Gamma(1+n+q+\alpha)} \cdot \frac{g^{(n)}(0)}{n!}, \quad n = 0, 1, 2, \cdots.$$

因而

$$y(t) = A + t^{q+\alpha} \sum_{n=0}^\infty \frac{\Gamma(1+n+q)}{\Gamma(1+n+q+\alpha)} \cdot \frac{g^{(n)}(0)}{n!} t^n. \qquad (1.3.14)$$

如果令

$$y(t) = z(t) + A,$$

则由 (1.3.10)—(1.3.11) 得到 $z(t)$ 满足

$$\begin{cases} {}_0^C D_t^\alpha z(t) = f(t), & t > 0, \\ z(0) = 0. \end{cases}$$

$$(1.3.15)$$
$$(1.3.16)$$

比较 (1.3.10) 和 (1.3.15), 可以看到 $y(t)$ 和 $z(t)$ 满足的微分方程是一样的.

从 (1.3.14) 可以看出

(1) 初值 $A = 0$ 或 $A \neq 0$ 不影响解 $y(t)$ 的光滑性.

(2) 如果 $q + \alpha$ 为一个正整数, 则解 $y(t)$ 是很光滑的.

(3) 如果 $q + \alpha \geqslant 0$, 则解 $y(t)$ 在 $t = 0 + 0$ 处连续.

(4) 如果 $q + \alpha \in (0, 1)$, 则解 $y \in C^0[0, R]$.

(5) 如果 $q + \alpha \in (1, 2)$, 则解 $y \in C^1[0, R]$.

(6) 如果 $q + \alpha \in (2, 3)$, 则解 $y \in C^2[0, R]$.

(7) 如果 $q + \alpha \in (3, 4)$, 则解 $y \in C^3[0, R]$.

(8) 如果 $q + \alpha \in (4, 5)$, 则解 $y \in C^4[0, R]$.

对于适当大的 μ, 当 $f \in C_\mu$, 问题 (1.3.10)—(1.3.11) 有解 $y(t)$. 常数 μ 越大, 解 $y(t)$ 的光滑性越好.

1.4 Riemann-Liouville 分数阶导数的 G-L 逼近

本节考虑 $_{-\infty}\mathbf{D}_t^\alpha f(t)$ 的数值逼近, 其中 $0 \leqslant n - 1 \leqslant \alpha < n$.

定义位移的 Grünwald-Letnikov (G-L) 公式

$$A_{h,p}^\alpha f(t) = h^{-\alpha} \sum_{k=0}^\infty g_k^{(\alpha)} f(t - (k - p)h), \tag{1.4.1}$$

其中 p 是一个常数, 称为位移量,

$$g_k^{(\alpha)} = (-1)^k \binom{\alpha}{k}, \quad \binom{\alpha}{k} = \frac{\alpha(\alpha - 1) \cdots (\alpha - k + 1)}{k!}.$$

当 $p = 0$ 时, 称 (1.4.1) 为 (标准的) G-L 公式.

系数 $\{g_k^{(\alpha)}\}$ 是函数 $(1 - z)^\alpha$ 的幂级数的系数:

$$(1 - z)^\alpha = \sum_{k=0}^\infty (-1)^k \binom{\alpha}{k} z^k = \sum_{k=0}^\infty g_k^{(\alpha)} z^k, \quad -1 < z \leqslant 1.$$

它们有如下递推关系:

$$g_0^{(\alpha)} = 1, \quad g_k^{(\alpha)} = \left(1 - \frac{\alpha + 1}{k}\right) g_{k-1}^{(\alpha)}, \quad k = 1, 2, \cdots. \tag{1.4.2}$$

下面几个引理给出了系数 $\{g_k^{(\alpha)}\}$ 的性质.

引理 1.4.1 式 (1.4.1) 中的系数 $\{g_k^{(\alpha)}\}$ 满足如下关系:

(I) 当 $\alpha = 0$ 时, 有

$$g_0^{(\alpha)} = 1, \quad g_1^{(\alpha)} = g_2^{(\alpha)} = \cdots = 0;$$

(II) 当 $0 < \alpha < 1$ 时, 有

$$g_0^{(\alpha)} = 1, \quad g_1^{(\alpha)} = -\alpha, \quad g_2^{(\alpha)} < g_3^{(\alpha)} < \cdots < 0,$$
$$\sum_{k=0}^{\infty} g_k^{(\alpha)} = 0, \quad \sum_{k=0}^{m} g_k^{(\alpha)} > 0, \quad m \geqslant 1;$$

(III) 当 $\alpha = 1$ 时, 有

$$g_0^{(\alpha)} = 1, \quad g_1^{(\alpha)} = -1, \quad g_2^{(\alpha)} = g_3^{(\alpha)} = \cdots = 0;$$

(IV) 当 $1 < \alpha < 2$ 时, 有

$$g_0^{(\alpha)} = 1, \quad g_1^{(\alpha)} = -\alpha, \quad g_2^{(\alpha)} > g_3^{(\alpha)} > \cdots > 0,$$
$$\sum_{k=0}^{\infty} g_k^{(\alpha)} = 0, \quad \sum_{k=0}^{m} g_k^{(\alpha)} < 0, \quad m \geqslant 1;$$

(V) 当 $\alpha = 2$ 时, 有

$$g_0^{(\alpha)} = 1, \quad g_1^{(\alpha)} = -2, \quad g_2^{(\alpha)} = 1, \quad g_3^{(\alpha)} = g_4^{(\alpha)} = \cdots = 0.$$

引理 1.4.2(指数函数不等式)

(I) $1 - x < e^{-x}, \ 0 < x \leqslant 1$;

(II) $1 - x > e^{-x-x^2}, \ 0 < x \leqslant \dfrac{2}{3}$.

引理 1.4.3[13] 当 $0 < \alpha < 1$ 时,

$$\frac{\alpha(1-\alpha)2^\alpha}{5\,k^{\alpha+1}} < |g_k^{(\alpha)}| \leqslant \frac{\alpha\,2^{\alpha+1}}{(k+1)^{\alpha+1}}, \quad k \geqslant 1,$$

$$\frac{1-\alpha}{5}\left(\frac{2}{k}\right)^\alpha < \sum_{n=k}^{\infty} |g_n^{(\alpha)}| < 2\left(\frac{2}{k}\right)^\alpha, \quad k \geqslant 1.$$

证明   由递推关系式 (1.4.2) 及引理 1.4.2 (I), 有

$$
\begin{aligned}
\left|g_k^{(\alpha)}\right| &= \left(1 - \frac{\alpha+1}{k}\right)\left|g_{k-1}^{(\alpha)}\right| \\
&< \mathrm{e}^{-\frac{\alpha+1}{k}}\left|g_{k-1}^{(\alpha)}\right| \\
&< \mathrm{e}^{-\frac{\alpha+1}{k}}\mathrm{e}^{-\frac{\alpha+1}{k-1}}\left|g_{k-2}^{(\alpha)}\right| \\
&< \cdots < \mathrm{e}^{-\frac{\alpha+1}{k}}\mathrm{e}^{-\frac{\alpha+1}{k-1}}\cdots\mathrm{e}^{-\frac{\alpha+1}{2}}\left|g_1^{(\alpha)}\right| \\
&= \alpha \mathrm{e}^{-(\alpha+1)\sum\limits_{n=2}^{k}\frac{1}{n}}, \quad k \geqslant 2.
\end{aligned}
$$

当 $x > 0$ 时, 函数 $1/x$ 单调递减, 故有

$$
\sum_{n=2}^{k}\frac{1}{n} \geqslant \sum_{n=2}^{k}\int_{n}^{n+1}\frac{1}{x}\mathrm{d}x = \int_{2}^{k+1}\frac{1}{x}\mathrm{d}x = \ln\left(\frac{k+1}{2}\right),
$$

从而

$$
\left|g_k^{(\alpha)}\right| < \alpha\mathrm{e}^{-(\alpha+1)\ln\left(\frac{k+1}{2}\right)} = \frac{\alpha 2^{\alpha+1}}{(k+1)^{\alpha+1}}, \quad k \geqslant 2.
$$

又易知

$$
\left|g_1^{(\alpha)}\right| = \alpha = \frac{\alpha 2^{\alpha+1}}{(1+1)^{\alpha+1}}.
$$

于是

$$
\left|g_k^{(\alpha)}\right| \leqslant \frac{\alpha 2^{\alpha+1}}{(k+1)^{\alpha+1}}, \quad k \geqslant 1. \tag{1.4.3}
$$

下面估计 G-L 公式中权系数绝对值的下界.

由递推关系式 (1.4.2) 及引理 1.4.2 (II), 有

$$
\begin{aligned}
\left|g_k^{(\alpha)}\right| &= \left(1 - \frac{\alpha+1}{k}\right)\left|g_{k-1}^{(\alpha)}\right| \\
&> \mathrm{e}^{-\frac{\alpha+1}{k}-\left(\frac{\alpha+1}{k}\right)^2}\left|g_{k-1}^{(\alpha)}\right| \\
&> \mathrm{e}^{-\frac{\alpha+1}{k}-\left(\frac{\alpha+1}{k}\right)^2}\mathrm{e}^{-\frac{\alpha+1}{k-1}-\left(\frac{\alpha+1}{k-1}\right)^2}\left|g_{k-2}^{(\alpha)}\right| \\
&> \cdots > \mathrm{e}^{-\frac{\alpha+1}{k}-\left(\frac{\alpha+1}{k}\right)^2}\mathrm{e}^{-\frac{\alpha+1}{k-1}-\left(\frac{\alpha+1}{k-1}\right)^2}\cdots\mathrm{e}^{-\frac{\alpha+1}{3}-\left(\frac{\alpha+1}{3}\right)^2}\left|g_2^{(\alpha)}\right| \\
&= \frac{\alpha(1-\alpha)}{2}\mathrm{e}^{-(\alpha+1)\sum\limits_{n=3}^{k}\frac{1}{n}}\mathrm{e}^{-(\alpha+1)^2\sum\limits_{n=3}^{k}\frac{1}{n^2}}, \quad k \geqslant 3.
\end{aligned}
$$

由于

$$\sum_{n=3}^{k} \frac{1}{n^2} \leqslant \sum_{n=3}^{\infty} \frac{1}{n^2} = \sum_{n=1}^{\infty} \frac{1}{n^2} - \left(1 + \frac{1}{4}\right) = \frac{\pi^2}{6} - \frac{5}{4},$$

得

$$\mathrm{e}^{-(\alpha+1)^2 \sum\limits_{n=3}^{k} \frac{1}{n^2}} \geqslant \mathrm{e}^{-(\alpha+1)^2 (\frac{\pi^2}{6} - \frac{5}{4})} > \frac{1}{5}.$$

因此

$$\left| g_k^{(\alpha)} \right| > \frac{\alpha(1-\alpha)}{10} \mathrm{e}^{-(\alpha+1) \sum\limits_{n=3}^{k} \frac{1}{n}}, \quad k \geqslant 3.$$

当 $x > 0$ 时, 函数 $1/x$ 单调递减, 因而有

$$\sum_{n=3}^{k} \frac{1}{n} \leqslant \sum_{n=3}^{k} \int_{n-1}^{n} \frac{1}{x} \mathrm{d}x = \int_{2}^{k} \frac{1}{x} \mathrm{d}x = \ln \frac{k}{2}.$$

于是

$$\left| g_k^{(\alpha)} \right| > \frac{\alpha(1-\alpha)}{10} \mathrm{e}^{-(\alpha+1) \ln \frac{k}{2}} = \frac{\alpha(1-\alpha)2^\alpha}{5k^{\alpha+1}}, \quad k \geqslant 3.$$

此外

$$|g_2^{(\alpha)}| = \frac{\alpha(1-\alpha)}{2} > \frac{\alpha(1-\alpha)2^\alpha}{5 \cdot 2^{\alpha+1}},$$

$$|g_1^{(\alpha)}| = \alpha > \alpha \cdot \frac{(1-\alpha)2^\alpha}{5 \cdot 1^{\alpha+1}}.$$

因而

$$\left| g_k^{(\alpha)} \right| > \frac{\alpha(1-\alpha)2^\alpha}{5k^{\alpha+1}}, \quad k \geqslant 1. \tag{1.4.4}$$

由 (1.4.3) 和 (1.4.4), 可得

$$\frac{\alpha(1-\alpha)2^\alpha}{5k^{\alpha+1}} < |g_k^{(\alpha)}| \leqslant \frac{\alpha 2^{\alpha+1}}{(k+1)^{\alpha+1}}, \quad k \geqslant 1. \tag{1.4.5}$$

对 (1.4.5) 中的 k 求和, 得到

$$\sum_{k=l}^{\infty} \frac{\alpha(1-\alpha)2^\alpha}{5k^{\alpha+1}} < \sum_{k=l}^{\infty} |g_k^{(\alpha)}| \leqslant \sum_{k=l}^{\infty} \frac{\alpha 2^{\alpha+1}}{(k+1)^{\alpha+1}}. \tag{1.4.6}$$

当 $x > 0$ 时, 函数 $1/x^{\alpha+1}$ 单调递减, 因此

$$\sum_{k=l}^{\infty} \frac{1}{(k+1)^{\alpha+1}} < \int_{l}^{\infty} \frac{1}{x^{\alpha+1}} \mathrm{d}x < \sum_{k=l}^{\infty} \frac{1}{k^{\alpha+1}},$$

即

$$\sum_{k=l}^{\infty} \frac{1}{(k+1)^{\alpha+1}} < \frac{1}{\alpha l^{\alpha}} < \sum_{k=l}^{\infty} \frac{1}{k^{\alpha+1}}.$$

由 (1.4.6) 以及上式, 有

$$\frac{1-\alpha}{5}\left(\frac{2}{l}\right)^{\alpha} < \sum_{k=l}^{\infty}\left|g_k^{(\alpha)}\right| < 2\left(\frac{2}{l}\right)^{\alpha}. \qquad \square$$

引理 1.4.4　当 $1 < \alpha < 2$ 时,

$$\frac{\alpha(\alpha-1)(2-\alpha)(3-\alpha)}{180}\left(\frac{4}{k}\right)^{\alpha+1} < g_k^{(\alpha)} \leqslant \frac{\alpha(\alpha-1)}{2}\left(\frac{3}{k+1}\right)^{\alpha+1}, \quad k \geqslant 2;$$

$$\sum_{n=k}^{\infty} g_n^{(\alpha)} > \frac{(\alpha-1)(2-\alpha)(3-\alpha)}{45}\left(\frac{4}{k}\right)^{\alpha}, \quad k \geqslant 2.$$

证明　(1) 由递推关系式 (1.4.2) 及引理 1.4.2 (I), 有

$$\begin{aligned}
g_k^{(\alpha)} &= \left(1 - \frac{\alpha+1}{k}\right) g_{k-1}^{(\alpha)} \\
&< \mathrm{e}^{-\frac{\alpha+1}{k}} g_{k-1}^{(\alpha)} \\
&< \mathrm{e}^{-\frac{\alpha+1}{k}} \mathrm{e}^{-\frac{\alpha+1}{k-1}} g_{k-2}^{(\alpha)} \\
&< \cdots < \mathrm{e}^{-\frac{\alpha+1}{k}} \mathrm{e}^{-\frac{\alpha+1}{k-1}} \cdots \mathrm{e}^{-\frac{\alpha+1}{3}} g_2^{(\alpha)} \\
&= \frac{\alpha(\alpha-1)}{2} \mathrm{e}^{-(\alpha+1)\sum_{n=3}^{k}\frac{1}{n}}, \quad k \geqslant 3.
\end{aligned}$$

注意到

$$\sum_{n=3}^{k} \frac{1}{n} \geqslant \sum_{n=3}^{k} \int_n^{n+1} \frac{1}{x}\mathrm{d}x = \int_3^{k+1} \frac{1}{x}\mathrm{d}x = \ln\left(\frac{k+1}{3}\right),$$

有

$$g_k^{(\alpha)} < \frac{\alpha(\alpha-1)}{2}\left(\frac{3}{k+1}\right)^{\alpha+1}, \quad k \geqslant 3.$$

当 $k = 2$ 时, 上式取到等号, 即

$$g_2^{(\alpha)} = \frac{\alpha(\alpha-1)}{2}\left(\frac{3}{2+1}\right)^{\alpha+1}.$$

(2) 由递推关系式 (1.4.2) 及引理 1.4.2 (II), 有

$$
\begin{aligned}
g_k^{(\alpha)} &= \left(1 - \frac{\alpha+1}{k}\right) g_{k-1}^{(\alpha)} \\
&> \mathrm{e}^{-\frac{\alpha+1}{k} - \left(\frac{\alpha+1}{k}\right)^2} g_{k-1}^{(\alpha)} \\
&> \mathrm{e}^{-\frac{\alpha+1}{k} - \left(\frac{\alpha+1}{k}\right)^2} \mathrm{e}^{-\frac{\alpha+1}{k-1} - \left(\frac{\alpha+1}{k-1}\right)^2} g_{k-2}^{(\alpha)} \\
&> \cdots > \mathrm{e}^{-\frac{\alpha+1}{k} - \left(\frac{\alpha+1}{k}\right)^2} \mathrm{e}^{-\frac{\alpha+1}{k-1} - \left(\frac{\alpha+1}{k-1}\right)^2} \cdots \mathrm{e}^{-\frac{\alpha+1}{5} - \left(\frac{\alpha+1}{5}\right)^2} g_4^{(\alpha)} \\
&= \frac{\alpha(\alpha-1)(2-\alpha)(3-\alpha)}{24} \mathrm{e}^{-(\alpha+1)\sum\limits_{n=5}^{k}\frac{1}{n}} \mathrm{e}^{-(\alpha+1)^2 \sum\limits_{n=5}^{k}\frac{1}{n^2}}, \quad k \geqslant 5.
\end{aligned} \tag{1.4.7}
$$

注意到当 $k \geqslant 5$ 时,

$$
\sum_{n=5}^{k} \frac{1}{n} \leqslant \sum_{n=5}^{k} \int_{n-1}^{n} \frac{1}{x}\mathrm{d}x = \int_{4}^{k} \frac{1}{x}\mathrm{d}x = \ln\frac{k}{4},
$$

有

$$
\mathrm{e}^{-(\alpha+1)\sum\limits_{n=5}^{k}\frac{1}{n}} \geqslant \left(\frac{4}{k}\right)^{\alpha+1}. \tag{1.4.8}
$$

再注意到当 $k \geqslant 5$ 时,

$$
\sum_{n=5}^{k} \frac{1}{n^2} \leqslant \sum_{n=5}^{\infty} \frac{1}{n^2} = \sum_{n=1}^{\infty} \frac{1}{n^2} - \left(1 + \frac{1}{4} + \frac{1}{9} + \frac{1}{16}\right) = \frac{\pi^2}{6} - \frac{205}{144},
$$

有

$$
\mathrm{e}^{-(\alpha+1)^2 \sum\limits_{n=5}^{k}\frac{1}{n^2}} \geqslant \mathrm{e}^{-9\left(\frac{\pi^2}{6} - \frac{205}{144}\right)} > \frac{2}{15}. \tag{1.4.9}
$$

将 (1.4.8) 和 (1.4.9) 代入 (1.4.7) 得到

$$
g_k^{(\alpha)} > \frac{\alpha(\alpha-1)(2-\alpha)(3-\alpha)}{180} \left(\frac{4}{k}\right)^{\alpha+1}, \quad k \geqslant 5.
$$

容易验证上式对 $k = 4, 3, 2$ 也是成立的.

(3) 当 $k \geqslant 2$ 时,

$$
\begin{aligned}
\sum_{n=k}^{\infty} g_n^{(\alpha)} &> \sum_{n=k}^{\infty} \frac{\alpha(\alpha-1)(2-\alpha)(3-\alpha)}{180} \left(\frac{4}{n}\right)^{\alpha+1} \\
&= \frac{\alpha(\alpha-1)(2-\alpha)(3-\alpha)}{45} 4^{\alpha} \sum_{n=k}^{\infty} \left(\frac{1}{n}\right)^{\alpha+1} \\
&\geqslant \frac{\alpha(\alpha-1)(2-\alpha)(3-\alpha)}{45} 4^{\alpha} \sum_{n=k}^{\infty} \int_{n}^{n+1} \frac{1}{x^{\alpha+1}}\mathrm{d}x
\end{aligned}
$$

$$= \frac{\alpha(\alpha-1)(2-\alpha)(3-\alpha)}{45} 4^{\alpha} \int_k^{\infty} \frac{1}{x^{\alpha+1}} \mathrm{d}x$$

$$= \frac{(\alpha-1)(2-\alpha)(3-\alpha)}{45} \left(\frac{4}{k}\right)^{\alpha}. \qquad \square$$

定义

$$\mathscr{C}^{n+\alpha}(\mathcal{R}) = \left\{ f \ \middle| \ f \in L^1(\mathcal{R}), \int_{-\infty}^{\infty} (1+|\omega|)^{n+\alpha} |F(\omega)| \mathrm{d}\omega < \infty \right\},$$

其中 $F(\omega) = \displaystyle\int_{-\infty}^{\infty} f(t)\mathrm{e}^{\mathrm{i}\omega t}\mathrm{d}t$ 是函数 $f(t)$ 的 Fourier 变换.

Tuan 和 Gorenflo 在文献 [89] 中给出了标准的 Grünwald 公式的渐近展开式. Tadjeran 等在文献 [86] 中给出了位移的 Grünwald 公式的渐近展开式 (当 $n=1$ 时的结果, 也可参见文献 [57]).

定理 1.4.1 设 $f \in \mathscr{C}^{n+\alpha}(\mathcal{R})$, 则

$$A_{h,p}^{\alpha} f(t) = {}_{-\infty}\mathbf{D}_t^{\alpha} f(t) + \sum_{l=1}^{n-1} c_l^{(\alpha,p)} {}_{-\infty}\mathbf{D}_t^{\alpha+l} f(t) h^l + O(h^n)$$

对 $t \in \mathcal{R}$ 一致成立, 其中 $c_l^{(\alpha,p)}$ 为函数 $W_{\alpha,p}(z) = \left(\dfrac{1-\mathrm{e}^{-z}}{z}\right)^{\alpha} \mathrm{e}^{pz}$ 的幂级数的系数, 即

$$W_{\alpha,p}(z) = \sum_{l=0}^{\infty} c_l^{(\alpha,p)} z^l = c_0^{(\alpha,p)} + c_1^{(\alpha,p)} z + c_2^{(\alpha,p)} z^2 + c_3^{(\alpha,p)} z^3 + O(|z|^4),$$

特别地

$$c_0^{(\alpha,p)} = 1, \quad c_1^{(\alpha,p)} = p - \frac{\alpha}{2}, \quad c_2^{(\alpha,p)} = \frac{p^2}{2} - \frac{\alpha p}{2} + \frac{\alpha(3\alpha+1)}{24},$$

$$c_3^{(\alpha,p)} = \frac{p^3}{6} - \frac{\alpha p^2}{4} + \frac{\alpha(3\alpha+1)p}{24} - \frac{\alpha^2(\alpha+1)}{48}.$$

证明 令

$$\mathcal{F}[f(t); \omega] = \int_{-\infty}^{\infty} f(t)\mathrm{e}^{\mathrm{i}\omega t}\mathrm{d}t \equiv F(\omega).$$

根据

$$\mathcal{F}[f(t-h); \omega] = \mathrm{e}^{\mathrm{i}\omega h} F(\omega),$$

可得

$$\mathcal{F}[A_{h,p}^{\alpha}f(t);\omega]$$

$$= h^{-\alpha}\sum_{k=0}^{\infty}g_k^{(\alpha)}\mathcal{F}[f(t-(k-p)h);\omega]$$

$$= h^{-\alpha}\sum_{k=0}^{\infty}g_k^{(\alpha)}\mathrm{e}^{\mathrm{i}\omega(k-p)h}F(\omega)$$

$$= h^{-\alpha}\left[\sum_{k=0}^{\infty}g_k^{(\alpha)}\mathrm{e}^{\mathrm{i}k\omega h}\right]\mathrm{e}^{-\mathrm{i}p\omega h}F(\omega)$$

$$= h^{-\alpha}(1-\mathrm{e}^{\mathrm{i}\omega h})^{\alpha}\mathrm{e}^{-\mathrm{i}p\omega h}F(\omega)$$

$$= (-\mathrm{i}\omega)^{\alpha}\left(\frac{1-\mathrm{e}^{\mathrm{i}\omega h}}{-\mathrm{i}\omega h}\right)^{\alpha}\mathrm{e}^{-\mathrm{i}p\omega h}F(\omega)$$

$$= (-\mathrm{i}\omega)^{\alpha}W_{\alpha,p}(-\mathrm{i}\omega h)F(\omega). \tag{1.4.10}$$

由于 $W_{\alpha,p}(z)$ 在原点的一个邻域内是解析的, 故存在某正常数 R, 对所有 $|z| \leqslant R$, 有

$$W_{\alpha,p}(z) = \sum_{l=0}^{\infty}c_l^{(\alpha,p)}z^l.$$

现在证明存在常数 c_1, 使得

$$\left|W_{\alpha,p}(-\mathrm{i}x) - \sum_{l=0}^{n-1}c_l^{(\alpha,p)}(-\mathrm{i}x)^l\right| \leqslant c_1|x|^n \tag{1.4.11}$$

对 $x \in \mathcal{R}$ 一致成立.

当 $|x| \leqslant R$ 时, 有

$$\left|W_{\alpha,p}(-\mathrm{i}x) - \sum_{l=0}^{n-1}c_l^{(\alpha,p)}(-\mathrm{i}x)^l\right| = \left|\sum_{l=n}^{\infty}c_l^{(\alpha,p)}(-\mathrm{i}x)^l\right| \leqslant |x|^n\sum_{l=n}^{\infty}\left|c_l^{(\alpha,p)}\right|\cdot|x|^{l-n} \leqslant c_2|x|^n,$$

其中 $c_2 = R^{-n}\sum_{l=n}^{\infty}\left|c_l^{(\alpha,p)}\right|R^l < \infty.$

当 $|x| > R$ 时, 一方面, 有

$$\left|W_{\alpha,p}(-\mathrm{i}x)\right| = \left|\left(\frac{1-\mathrm{e}^{\mathrm{i}x}}{-\mathrm{i}x}\right)^{\alpha}\mathrm{e}^{-\mathrm{i}px}\right| \leqslant \frac{2^{\alpha}}{R^{\alpha}} \leqslant c_3|x|^n,$$

其中 $c_3 = \dfrac{2^{\alpha}}{R^{\alpha+n}} < \infty.$ 另一方面, 有

$$\left|\sum_{l=0}^{n-1}c_l^{(\alpha,p)}(-\mathrm{i}x)^l\right| \leqslant |x|^n\sum_{l=0}^{n-1}\left|c_l^{(\alpha,p)}\right|\cdot|x|^{l-n} \leqslant c_4|x|^n,$$

其中 $c_4 = \sum_{l=0}^{n-1} \left| c_l^{(\alpha,p)} \right| R^{l-n} < \infty.$

令 $c_1 = \max\{c_2, c_3 + c_4\}$，易知 (1.4.11) 对 $x \in \mathcal{R}$ 一致成立.

根据 (1.4.10) 可得

$$\mathcal{F}[A_{h,p}^\alpha f(t); \omega] = \sum_{l=0}^{n-1} c_l^{(\alpha,p)} (-\mathrm{i}\omega)^{\alpha+l} h^l F(\omega) + \Phi(\omega, h)$$

$$= \sum_{l=0}^{n-1} c_l^{(\alpha,p)} \mathcal{F}[_{-\infty}\mathbf{D}_t^{\alpha+l} f(t); \omega] h^l + \Phi(\omega, h), \tag{1.4.12}$$

其中

$$\Phi(\omega, h) = (-\mathrm{i}\omega)^\alpha \left[W_{\alpha,p}(-\mathrm{i}\omega h) - \sum_{l=0}^{n-1} c_l^{(\alpha,p)} (-\mathrm{i}\omega h)^l \right] F(\omega).$$

对 (1.4.12) 两边作 Fourier 逆变换, 得到

$$A_{h,p}^\alpha f(t) - \sum_{l=0}^{n-1} c_l^{(\alpha,p)} {}_{-\infty}\mathbf{D}_t^{\alpha+l} f(t) h^l = \frac{1}{2\pi} \int_{-\infty}^\infty \Phi(\omega, h) \mathrm{e}^{-\mathrm{i}\omega t} \mathrm{d}\omega.$$

再根据 (1.4.11), 并注意到 $f \in \mathscr{C}^{n+\alpha}(\mathcal{R})$, 得到

$$\left| A_{h,p}^\alpha f(t) - \sum_{l=0}^{n-1} c_l^{(\alpha,p)} {}_{-\infty}\mathbf{D}_t^{\alpha+l} f(t) h^l \right|$$

$$\leqslant \frac{1}{2\pi} \int_{-\infty}^\infty |\Phi(\omega, h)| \mathrm{d}\omega$$

$$\leqslant \frac{1}{2\pi} \int_{-\infty}^\infty c_1 |\omega|^\alpha |\omega h|^n |F(\omega)| \mathrm{d}\omega$$

$$\leqslant \frac{c_1}{2\pi} h^n \int_{-\infty}^\infty (1 + |\omega|)^{n+\alpha} |F(\omega)| \mathrm{d}\omega$$

$$\leqslant ch^n.$$

下面给出几种常见的数值逼近.

一阶逼近[88]

由定理 1.4.1, 易得一阶逼近公式.

定理 1.4.2　设 $f \in \mathscr{C}^{1+\alpha}(\mathcal{R})$, 则

$$A_{h,p}^\alpha f(t) = {}_{-\infty}\mathbf{D}_t^\alpha f(t) + O(h)$$

对 $t \in \mathcal{R}$ 一致成立.

二阶逼近[88]

定理 1.4.3 设 $f \in \mathscr{C}^{2+\alpha}(\mathcal{R})$, 且 $p \neq q$, 则

$$\lambda_1 A_{h,p}^{\alpha} f(t) + \lambda_2 A_{h,q}^{\alpha} f(t) = {}_{-\infty}\mathbf{D}_t^{\alpha} f(t) + O(h^2)$$

对 $t \in \mathcal{R}$ 一致成立, 其中

$$\lambda_1 = \frac{\alpha - 2q}{2(p-q)}, \quad \lambda_2 = \frac{2p - \alpha}{2(p-q)}.$$

证明 由定理 1.4.1 得

$$\lambda_1 A_{h,p}^{\alpha} f(t) + \lambda_2 A_{h,q}^{\alpha} f(t)$$
$$= (\lambda_1 + \lambda_2)_{-\infty}\mathbf{D}_t^{\alpha} f(t) + (\lambda_1 c_1^{(\alpha,p)} + \lambda_2 c_1^{(\alpha,q)})_{-\infty}\mathbf{D}_t^{\alpha+1} f(t)h + O(h^2)$$

对 $t \in \mathcal{R}$ 一致成立. 令

$$\begin{cases} \lambda_1 + \lambda_2 = 1, \\ \lambda_1 c_1^{(\alpha,p)} + \lambda_2 c_1^{(\alpha,q)} = 0. \end{cases}$$

注意到

$$c_1^{(\alpha,p)} = p - \frac{\alpha}{2}, \quad c_1^{(\alpha,q)} = q - \frac{\alpha}{2},$$

解得

$$\lambda_1 = \frac{\alpha - 2q}{2(p-q)}, \quad \lambda_2 = \frac{2p - \alpha}{2(p-q)}. \qquad \square$$

推论 1.4.1 当 $\alpha \in (0,1)$ 时, 取 $(p,q) = (0,-1)$, 则 $\lambda_1 = 1 + \dfrac{\alpha}{2}$, $\lambda_2 = -\dfrac{\alpha}{2}$. 用于时间分数阶微分方程的求解[96]. 此时

$$\lambda_1 A_{h,0}^{\alpha} f(t) + \lambda_2 A_{h,-1}^{\alpha} f(t)$$
$$= \left(1 + \frac{\alpha}{2}\right) h^{-\alpha} \sum_{k=0}^{\infty} g_k^{(\alpha)} f(t - kh) + \left(-\frac{\alpha}{2}\right) h^{-\alpha} \sum_{k=0}^{\infty} g_k^{(\alpha)} f(t - (k+1)h)$$
$$= h^{-\alpha} \sum_{k=0}^{\infty} w_k^{(\alpha)} f(t - kh)$$
$$= {}_{-\infty}\mathbf{D}_t^{\alpha} f(t) + O(h^2) \tag{1.4.13}$$

对 $t \in \mathcal{R}$ 一致成立, 其中

$$\begin{cases} w_0^{(\alpha)} = \left(1 + \dfrac{\alpha}{2}\right) g_0^{(\alpha)} = 1 + \dfrac{\alpha}{2}, & (1.4.14) \\[2mm] w_k^{(\alpha)} = \left(1 + \dfrac{\alpha}{2}\right) g_k^{(\alpha)} - \dfrac{\alpha}{2} g_{k-1}^{(\alpha)} \\[2mm] \qquad = \left[\left(1 + \dfrac{\alpha}{2}\right)\left(1 - \dfrac{\alpha+1}{k}\right) - \dfrac{\alpha}{2}\right] g_{k-1}^{(\alpha)}, & k \geqslant 1. \quad (1.4.15) \end{cases}$$

容易验证

$$
\begin{cases}
w_0^{(\alpha)} = 1 + \dfrac{\alpha}{2} > 0, \quad w_1^{(\alpha)} = -\dfrac{3\alpha + \alpha^2}{2} < 0, \quad w_2^{(\alpha)} = \dfrac{\alpha(\alpha^2 + 3\alpha - 2)}{4}, \\[2mm]
w_1^{(\alpha)} \leqslant w_3^{(\alpha)} \leqslant w_4^{(\alpha)} \leqslant \cdots \leqslant 0, \quad w_0^{(\alpha)} + w_2^{(\alpha)} > 0, \\[2mm]
\displaystyle\sum_{k=0}^{\infty} w_k^{(\alpha)} = 0, \quad \sum_{k=0}^{m} w_k^{(\alpha)} > 0, \quad m \geqslant 2.
\end{cases}
$$

推论 1.4.2 当 $\alpha \in (1,2)$ 时, 取 $(p,q) = (1,0)$, 则 $\lambda_1 = \dfrac{\alpha}{2}$, $\lambda_2 = 1 - \dfrac{\alpha}{2}$. 用于空间分数阶微分方程的求解[88]. 此时

$$
\begin{aligned}
& \lambda_1 A_{h,1}^{\alpha} f(t) + \lambda_2 A_{h,0}^{\alpha} f(t) \\
&= \frac{\alpha}{2} h^{-\alpha} \sum_{k=0}^{\infty} g_k^{(\alpha)} f(t - (k-1)h) + \left(1 - \frac{\alpha}{2}\right) h^{-\alpha} \sum_{k=0}^{\infty} g_k^{(\alpha)} f(t - kh) \\
&= h^{-\alpha} \sum_{k=0}^{\infty} \widetilde{w}_k^{(\alpha)} f(t - (k-1)h) \\
&= {}_{-\infty}\mathbf{D}_t^{\alpha} f(t) + O(h^2)
\end{aligned}
$$

对 $t \in \mathcal{R}$ 一致成立, 其中

$$
\widetilde{w}_0^{(\alpha)} = \frac{\alpha}{2} g_0^{(\alpha)}, \quad \widetilde{w}_k^{(\alpha)} = \frac{\alpha}{2} g_k^{(\alpha)} + \left(1 - \frac{\alpha}{2}\right) g_{k-1}^{(\alpha)}, \quad k \geqslant 1. \tag{1.4.16}
$$

容易验证

$$
\begin{cases}
\widetilde{w}_0^{(\alpha)} = \dfrac{\alpha}{2} > 0, \quad \widetilde{w}_1^{(\alpha)} = \dfrac{2 - \alpha - \alpha^2}{2} < 0, \quad \widetilde{w}_2^{(\alpha)} = \dfrac{\alpha(\alpha^2 + \alpha - 4)}{4}, \\[2mm]
1 \geqslant \widetilde{w}_0^{(\alpha)} \geqslant \widetilde{w}_3^{(\alpha)} \geqslant \widetilde{w}_4^{(\alpha)} \geqslant \cdots \geqslant 0, \quad \widetilde{w}_0^{(\alpha)} + \widetilde{w}_2^{(\alpha)} > 0, \\[2mm]
\displaystyle\sum_{k=0}^{\infty} \widetilde{w}_k^{(\alpha)} = 0, \quad \sum_{k=0}^{m} \widetilde{w}_k^{(\alpha)} < 0, \quad m \geqslant 2.
\end{cases} \tag{1.4.17}
$$

三阶逼近[117]

定理 1.4.4 设 $f \in \mathscr{C}^{3+\alpha}(\mathcal{R})$, 且 p, q 和 r 两两互不相同, 则

$$
\lambda_1 A_{h,p}^{\alpha} f(t) + \lambda_2 A_{h,q}^{\alpha} f(t) + \lambda_3 A_{h,r}^{\alpha} f(t) = {}_{-\infty}\mathbf{D}_t^{\alpha} f(t) + O(h^3) \tag{1.4.18}
$$

对 $t \in \mathcal{R}$ 一致成立, 其中

$$\lambda_1 = \frac{12qr - (6q + 6r + 1)\alpha + 3\alpha^2}{12(qr - pq - pr + p^2)},$$

$$\lambda_2 = \frac{12pr - (6p + 6r + 1)\alpha + 3\alpha^2}{12(pr - pq - qr + q^2)},$$

$$\lambda_3 = \frac{12pq - (6p + 6q + 1)\alpha + 3\alpha^2}{12(pq - pr - qr + r^2)}.$$

证明   由定理 1.4.1 得

$$\lambda_1 A_{h,p}^\alpha f(t) + \lambda_2 A_{h,q}^\alpha f(t) + \lambda_3 A_{h,r}^\alpha f(t)$$
$$= (\lambda_1 + \lambda_2 + \lambda_3)_{-\infty}\mathbf{D}_t^\alpha f(t) + (\lambda_1 c_1^{(\alpha,p)} + \lambda_2 c_1^{(\alpha,q)} + \lambda_3 c_1^{(\alpha,r)})_{-\infty}\mathbf{D}_t^{\alpha+1} f(t)h$$
$$+ (\lambda_1 c_2^{(\alpha,p)} + \lambda_2 c_2^{(\alpha,q)} + \lambda_3 c_2^{(\alpha,r)})_{-\infty}\mathbf{D}_t^{\alpha+2} f(t)h^2 + O(h^3)$$

对 $t \in \mathcal{R}$ 一致成立. 令

$$\begin{cases} \lambda_1 + \lambda_2 + \lambda_3 = 1, \\ \lambda_1 c_1^{(\alpha,p)} + \lambda_2 c_1^{(\alpha,q)} + \lambda_3 c_1^{(\alpha,r)} = 0, \\ \lambda_1 c_2^{(\alpha,p)} + \lambda_2 c_2^{(\alpha,q)} + \lambda_3 c_2^{(\alpha,r)} = 0, \end{cases}$$

解得

$$\lambda_1 = \frac{12qr - (6q + 6r + 1)\alpha + 3\alpha^2}{12(qr - pq - pr + p^2)},$$

$$\lambda_2 = \frac{12pr - (6p + 6r + 1)\alpha + 3\alpha^2}{12(pr - pq - qr + q^2)},$$

$$\lambda_3 = \frac{12pq - (6p + 6q + 1)\alpha + 3\alpha^2}{12(pq - pr - qr + r^2)}. \qquad \square$$

当 $\alpha \in (0,1)$ 时, 取 $(p,q,r) = (0,-1,-2)$, 此时

$$\lambda_1 = \frac{24 + 17\alpha + 3\alpha^2}{24}, \quad \lambda_2 = -\frac{11\alpha + 3\alpha^2}{12}, \quad \lambda_3 = \frac{5\alpha + 3\alpha^2}{24}.$$

用于时间分数阶微分方程的求解[39].

当 $\alpha \in (1,2)$ 时, 取 $(p,q,r) = (1,0,-1)$, 此时

$$\lambda_1 = \frac{5\alpha + 3\alpha^2}{24}, \quad \lambda_2 = \frac{12 + \alpha - 3\alpha^2}{12}, \quad \lambda_3 = \frac{-7\alpha + 3\alpha^2}{24}.$$

用于空间分数阶微分方程的求解[88].

四阶逼近[34]

定理 1.4.5　设 $f \in \mathscr{C}^{4+\alpha}(\mathcal{R})$. 记

$$\delta_t^\alpha f(t) = \lambda_1 A_{h,1}^\alpha f(t) + \lambda_0 A_{h,0}^\alpha f(t) + \lambda_{-1} A_{h,-1}^\alpha f(t), \tag{1.4.19}$$

则有

$$\delta_t^\alpha f(t) = {}_{-\infty}\mathbf{D}_t^\alpha f(t) + c_2^\alpha {}_{-\infty}\mathbf{D}_t^{\alpha+2} f(t)h^2 + O(h^4) \tag{1.4.20}$$

对 $t \in \mathcal{R}$ 一致成立, 其中

$$\lambda_1 = \frac{\alpha^2 + 3\alpha + 2}{12}, \quad \lambda_0 = \frac{4 - \alpha^2}{6}, \quad \lambda_{-1} = \frac{\alpha^2 - 3\alpha + 2}{12} \tag{1.4.21}$$

及

$$c_2^\alpha = \lambda_1 c_2^{(\alpha,1)} + \lambda_0 c_2^{(\alpha,0)} + \lambda_{-1} c_2^{(\alpha,-1)} = \frac{-\alpha^2 + \alpha + 4}{24}. \tag{1.4.22}$$

进一步,

$$\delta_t^\alpha f(t) = c_2^\alpha {}_{-\infty}\mathbf{D}_t^\alpha f(t - h) + (1 - 2c_2^\alpha) {}_{-\infty}\mathbf{D}_t^\alpha f(t)$$
$$+ c_2^\alpha {}_{-\infty}\mathbf{D}_t^\alpha f(t + h) + O(h^4) \tag{1.4.23}$$

对 $t \in \mathcal{R}$ 一致成立.

证明　由定理 1.4.1, 有

$$A_{h,p}^\alpha f(t) = {}_{-\infty}\mathbf{D}_t^\alpha f(t) + c_1^{(\alpha,p)} {}_{-\infty}\mathbf{D}_t^{\alpha+1} f(t)h$$
$$+ c_2^{(\alpha,p)} {}_{-\infty}\mathbf{D}_t^{\alpha+2} f(t)h^2 + c_3^{(\alpha,p)} {}_{-\infty}\mathbf{D}_t^{\alpha+3} f(t)h^3 + O(h^4).$$

在上式中分别取 $p = 1, 0$ 和 -1. 将所得三式带权相加, 得

$$\delta_t^\alpha f(t) = (\lambda_1 + \lambda_0 + \lambda_{-1}) {}_{-\infty}\mathbf{D}_t^\alpha f(t)$$
$$+ (c_1^{(\alpha,1)}\lambda_1 + c_1^{(\alpha,0)}\lambda_0 + c_1^{(\alpha,-1)}\lambda_{-1}) {}_{-\infty}\mathbf{D}_t^{\alpha+1} f(t)h + c_2^\alpha {}_{-\infty}\mathbf{D}_t^{\alpha+2} f(t)h^2$$
$$+ (c_3^{(\alpha,1)}\lambda_1 + c_3^{(\alpha,0)}\lambda_0 + c_3^{(\alpha,-1)}\lambda_{-1}) {}_{-\infty}\mathbf{D}_t^{(\alpha+3)} f(t)h^3 + O(h^4).$$

令系数 λ_1, λ_0 和 λ_{-1} 满足下列方程组:

$$\begin{cases} \lambda_1 + \lambda_0 + \lambda_{-1} = 1, \\ c_1^{(\alpha,1)}\lambda_1 + c_1^{(\alpha,0)}\lambda_0 + c_1^{(\alpha,-1)}\lambda_{-1} = 0, \\ c_3^{(\alpha,1)}\lambda_1 + c_3^{(\alpha,0)}\lambda_0 + c_3^{(\alpha,-1)}\lambda_{-1} = 0 \end{cases}$$

得到唯一解 (1.4.21). 进而得到 (1.4.22) 和 (1.4.20).

另一方面, R-L 算子 $_{-\infty}\mathbf{D}_t^{\alpha+2}$ 可写为 $_{-\infty}\mathbf{D}_t^{\alpha+2} = \dfrac{\mathrm{d}^2}{\mathrm{d}t^2}\left(_{-\infty}\mathbf{D}_t^{\alpha}\right)$. 由此可以得到

$$\delta_t^{\alpha} f(t) = \left(\mathcal{I} + c_2^{\alpha} h^2 \frac{\mathrm{d}^2}{\mathrm{d}t^2}\right)_{-\infty}\mathbf{D}_t^{\alpha} f(t) + O(h^4), \tag{1.4.24}$$

其中 $\mathcal{I}$ 表示恒等算子.

注意到 $\dfrac{\mathrm{d}^2}{\mathrm{d}t^2} v(t) = \dfrac{1}{h^2}\left[v(t+h) - 2v(t) + v(t-h)\right] + O(h^2)$, 可得

$$\left(\mathcal{I} + c_2^{\alpha} h^2 \frac{\mathrm{d}^2}{\mathrm{d}t^2}\right)_{-\infty}\mathbf{D}_t^{\alpha} f(t)$$

$$= {}_{-\infty}\mathbf{D}_t^{\alpha} f(t) + c_2^{\alpha} h^2 \left[\frac{1}{h^2}\left({}_{-\infty}\mathbf{D}_t^{\alpha} f(t-h) - 2{}_{-\infty}\mathbf{D}_t^{\alpha} f(t) + {}_{-\infty}\mathbf{D}_t^{\alpha} f(t+h)\right) + O(h^2)\right]$$

$$= c_2^{\alpha}{}_{-\infty}\mathbf{D}_t^{\alpha} f(t-h) + (1 - 2c_2^{\alpha}){}_{-\infty}\mathbf{D}_t^{\alpha} f(t) + c_2^{\alpha}{}_{-\infty}\mathbf{D}_t^{\alpha} f(t+h) + O(h^4). \tag{1.4.25}$$

由 (1.4.24) 和 (1.4.25) 得到 (1.4.23). □

将 (1.4.21) 代入 (1.4.19) 得到

$$\delta_t^{\alpha} f(t) = \frac{\alpha^2 + 3\alpha + 2}{12} A_{h,1}^{\alpha} f(t) + \frac{4 - \alpha^2}{6} A_{h,0}^{\alpha} f(t) + \frac{\alpha^2 - 3\alpha + 2}{12} A_{h,-1}^{\alpha} f(t)$$

$$= \frac{1}{h^{\alpha}} \sum_{k=0}^{\infty} \hat{w}_k^{(\alpha)} f(t - (k-1)h),$$

其中

$$\begin{cases} \hat{w}_0^{(\alpha)} = \dfrac{\alpha^2 + 3\alpha + 2}{12} g_0^{(\alpha)}, \quad \hat{w}_1^{(\alpha)} = \dfrac{\alpha^2 + 3\alpha + 2}{12} g_1^{(\alpha)} + \dfrac{4 - \alpha^2}{6} g_0^{(\alpha)}, \\[2mm] \hat{w}_k^{(\alpha)} = \dfrac{\alpha^2 + 3\alpha + 2}{12} g_k^{(\alpha)} + \dfrac{4 - \alpha^2}{6} g_{k-1}^{(\alpha)} + \dfrac{\alpha^2 - 3\alpha + 2}{12} g_{k-2}^{(\alpha)}, \quad k \geqslant 2. \end{cases} \tag{1.4.26}$$

容易验证当 $\alpha \in [1, 2]$ 时, 有

$$\begin{cases} \hat{w}_0^{(\alpha)} > 0, \quad \hat{w}_1^{(\alpha)} \leqslant 0, \quad \hat{w}_k^{(\alpha)} \geqslant 0, \quad k \geqslant 3, \\[2mm] \displaystyle\sum_{k=0}^{\infty} \hat{w}_k^{(\alpha)} = 0, \quad \sum_{k=0}^{m} \hat{w}_k^{(\alpha)} \leqslant 0, \quad m \geqslant 2, \\[2mm] \hat{w}_0^{(\alpha)} + \hat{w}_2^{(\alpha)} \geqslant 0. \end{cases} \tag{1.4.27}$$

这一节讨论的是左 R-L 导数的 G-L 逼近, 相应的数值微分公式称为左 G-L 公式; 类似地, 可以讨论右 R-L 导数的 G-L 逼近, 相应的数值微分公式称为右 G-L 公式.

1.5　Riesz 分数阶导数的中心差商逼近

Riesz 分数阶导数

$$\frac{\partial^\alpha f(x)}{\partial |x|^\alpha} = -\Psi_\alpha \left(_{-\infty}\mathbf{D}_x^\alpha f(x) + _x\mathbf{D}_{+\infty}^\alpha f(x) \right) \quad \left(其中\ \Psi_\alpha = \frac{1}{2\cos\left(\frac{\alpha\pi}{2}\right)} \right)$$

是左 R-L 导数 $_{-\infty}\mathbf{D}_x^\alpha f(x)$ 与右 R-L 导数 $_x\mathbf{D}_{+\infty}^\alpha f(x)$ 的加权和.

记 $x_i = ih$, $i = 0, \pm 1, \pm 2, \cdots$. 当 $\alpha \in [1,2]$ 时, 应用左 G-L 公式和右 G-L 公式, 由定理 1.4.1, 可得

$$\left.\frac{\partial^\alpha f(x)}{\partial |x|^\alpha}\right|_{x=x_i} = -\frac{\Psi_\alpha}{h^\alpha}\left[\sum_{k=0}^\infty g_k^{(\alpha)} f(x_{i-k+1}) + \sum_{k=0}^\infty g_k^{(\alpha)} f(x_{i+k-1}) \right] + O(h). \quad (1.5.1)$$

应用左加权位移 G-L 公式和右加权位移 G-L 公式, 可得

$$\left.\frac{\partial^\alpha f(x)}{\partial |x|^\alpha}\right|_{x=x_i} = -\frac{\Psi_\alpha}{h^\alpha}\left[\sum_{k=0}^\infty \widetilde{w}_k^{(\alpha)} f(x_{i-k+1}) + \sum_{k=0}^\infty \widetilde{w}_k^{(\alpha)} f(x_{i+k-1}) \right] + O(h^2),$$

其中 $\{\widetilde{w}_k^{(\alpha)}\}$ 由 (1.4.16) 定义.

Ortigueira[61] 引进了如下分数阶中心差分算子

$$\Delta_h^\alpha f(x) \equiv \sum_{k=-\infty}^\infty \hat{g}_k^{(\alpha)} f(x-kh),$$

其中

$$\hat{g}_k^{(\alpha)} = \frac{(-1)^k \Gamma(\alpha+1)}{\Gamma(\alpha/2-k+1)\Gamma(\alpha/2+k+1)}. \quad (1.5.2)$$

由文献 [61] 可知系数 $\{\hat{g}_k^{(\alpha)}\}$ 满足

$$\left| 2\sin\left(\frac{x}{2}\right) \right|^\alpha = \sum_{k=-\infty}^\infty \hat{g}_k^{(\alpha)} e^{ikx}, \quad x \in \mathcal{R}.$$

当 $\alpha > -1$ 时, 系数 $\{\hat{g}_k^{(\alpha)}\}$ 有如下递推关系:

$$\begin{cases} \hat{g}_0^{(\alpha)} = \dfrac{\Gamma(\alpha+1)}{\Gamma^2(\alpha/2+1)}, \quad \hat{g}_k^{(\alpha)} = \left(1 - \dfrac{\alpha+1}{\alpha/2+k}\right)\hat{g}_{k-1}^{(\alpha)}, \quad k \geqslant 1, & (1.5.3) \\ \hat{g}_{-k}^{(\alpha)} = \hat{g}_k^{(\alpha)}, \quad k \geqslant 1. & (1.5.4) \end{cases}$$

Çelik 和 Duman[4] 证明了如下定理.

定理 1.5.1[4]   设 $f \in C^5(\mathcal{R})$ 及其直到 5 阶的导数属于 $L^1(\mathcal{R})$. 那么

$$-\frac{\Delta_h^\alpha f(x)}{h^\alpha} = \frac{\partial^\alpha f(x)}{\partial |x|^\alpha} + O(h^2).$$

由以上定理易得

$$\lim_{h \to 0} \left[-\frac{\Delta_h^\alpha f(x)}{h^\alpha} \right] = \frac{\partial^\alpha f(x)}{\partial |x|^\alpha}.$$

进一步, 有如下结论.

定理 1.5.2   设 $f \in \mathscr{C}^{2n+\alpha}(\mathcal{R})$, 则

$$-\frac{\Delta_h^\alpha f(x)}{h^\alpha} = \frac{\partial^\alpha f(x)}{\partial |x|^\alpha} + \sum_{l=1}^{n-1} (-1)^l \hat{c}_l^\alpha \frac{\partial^{2l+\alpha} f(x)}{\partial |x|^{2l+\alpha}} \left(\frac{h}{2} \right)^{2l} + O(h^{2n})$$

对 $x \in \mathcal{R}$ 一致成立, 其中 $\{\hat{c}_l^\alpha\}$ 为函数 $\left| \frac{\sin z}{z} \right|^\alpha$ 的幂级数的系数, 即

$$\left| \frac{\sin z}{z} \right|^\alpha = \hat{c}_0^\alpha + \hat{c}_1^\alpha z^2 + \hat{c}_2^\alpha z^4 + \hat{c}_3^\alpha z^6 + \cdots,$$

特别地

$$\hat{c}_0^\alpha = 1, \quad \hat{c}_1^\alpha = -\frac{\alpha}{6}, \quad \hat{c}_2^\alpha = \frac{(5\alpha - 2)\alpha}{360}, \quad \hat{c}_3^\alpha = -\frac{(35\alpha^2 - 42\alpha + 16)\alpha}{45360}.$$

证明   对 $-\dfrac{\Delta_h^\alpha f(x)}{h^\alpha}$ 作 Fourier 变换得到

$$\mathcal{F}\left\{ -\frac{\Delta_h^\alpha f(x)}{h^\alpha}; \omega \right\}$$

$$= -\frac{1}{h^\alpha} \sum_{k=-\infty}^{\infty} \hat{g}_k^{(\alpha)} \mathcal{F}\{f(x - kh); \omega\}$$

$$= -\frac{1}{h^\alpha} \sum_{k=-\infty}^{\infty} \hat{g}_k^{(\alpha)} e^{i\omega kh} F(\omega)$$

$$= -\frac{1}{h^\alpha} \left| 2\sin\left(\frac{\omega h}{2} \right) \right|^\alpha F(\omega)$$

$$= -|\omega|^\alpha \cdot \left| \frac{\sin \frac{\omega h}{2}}{\frac{\omega h}{2}} \right|^\alpha F(\omega), \tag{1.5.5}$$

其中 $F(\omega)$ 为函数 $f(t)$ 的 Fourier 变换. 由 Fourier 变换得到

$$\mathcal{F}\left\{ \frac{\partial^\alpha f(x)}{\partial |x|^\alpha}; \omega \right\} = -\Psi_\alpha \left[(i\omega)^\alpha + (-i\omega)^\alpha \right] F(\omega) = -|\omega|^\alpha F(\omega);$$

$$\mathcal{F}\left\{\frac{\partial^{2l+\alpha}f(x)}{\partial|x|^{2l+\alpha}};\omega\right\} = (\mathrm{i}\omega)^{2l}\mathcal{F}\left\{\frac{\partial^{\alpha}f(x)}{\partial|x|^{\alpha}};\omega\right\} = (-1)^{l+1}\omega^{2l}|\omega|^{\alpha}F(\omega).$$

于是

$$\mathcal{F}\left\{\frac{\partial^{\alpha}f(x)}{\partial|x|^{\alpha}} + \sum_{l=1}^{n-1}(-1)^{l}\hat{c}_{l}^{\alpha}\frac{\partial^{2l+\alpha}f(x)}{\partial|x|^{2l+\alpha}}\left(\frac{h}{2}\right)^{2l};\omega\right\}$$

$$= \mathcal{F}\left\{\frac{\partial^{\alpha}f(x)}{\partial|x|^{\alpha}};\omega\right\} + \sum_{l=1}^{n-1}(-1)^{l}\hat{c}_{l}^{\alpha}\left(\frac{h}{2}\right)^{2l}\mathcal{F}\left\{\frac{\partial^{2l+\alpha}f(x)}{\partial|x|^{2l+\alpha}};\omega\right\}$$

$$= -|\omega|^{\alpha}F(\omega) - \sum_{l=1}^{n-1}\hat{c}_{l}^{\alpha}\left(\frac{h}{2}\right)^{2l}\omega^{2l}|\omega|^{\alpha}F(\omega)$$

$$= -|\omega|^{\alpha}\left[1 + \sum_{l=1}^{n-1}\hat{c}_{l}^{\alpha}\left(\frac{\omega h}{2}\right)^{2l}\right]F(\omega). \tag{1.5.6}$$

易知对任意 $z \in \mathcal{R}$, 存在常数 c 使得

$$\left|\left|\frac{\sin z}{z}\right|^{\alpha} - \sum_{l=0}^{n-1}\hat{c}_{l}^{\alpha}z^{2l}\right| \leqslant c\,z^{2n}.$$

将 (1.5.5) 和 (1.5.6) 相减, 得到

$$\mathcal{F}\left\{-\frac{\Delta_{h}^{\alpha}f(x)}{h^{\alpha}};\omega\right\} - \mathcal{F}\left\{\frac{\partial^{\alpha}f(x)}{\partial|x|^{\alpha}} + \sum_{l=1}^{n-1}(-1)^{l}\hat{c}_{l}^{\alpha}\frac{\partial^{2l+\alpha}f(x)}{\partial|x|^{2l+\alpha}}\left(\frac{h}{2}\right)^{2l};\omega\right\}$$

$$= -|\omega|^{\alpha}\left\{\left|\frac{\sin\dfrac{\omega h}{2}}{\dfrac{\omega h}{2}}\right|^{\alpha} - \left[1 + \sum_{l=1}^{n-1}\hat{c}_{l}^{\alpha}\left(\frac{\omega h}{2}\right)^{2l}\right]\right\}F(\omega) \equiv \Phi(\omega, h).$$

应用 Fourier 逆变换, 由上式得到

$$\left|-\frac{\Delta_{h}^{\alpha}f(x)}{h^{\alpha}} - \left[\frac{\partial^{\alpha}f(x)}{\partial|x|^{\alpha}} + \sum_{l=1}^{n-1}(-1)^{l}\hat{c}_{l}^{\alpha}\frac{\partial^{2l+\alpha}f(x)}{\partial|x|^{2l+\alpha}}\left(\frac{h}{2}\right)^{2l}\right]\right|$$

$$= \left|\frac{1}{2\pi}\int_{-\infty}^{\infty}\Phi(\omega, h)\mathrm{e}^{-\mathrm{i}\omega x}\mathrm{d}\omega\right|$$

$$\leqslant \frac{1}{2\pi}\int_{-\infty}^{\infty}|\Phi(\omega, h)|\mathrm{d}\omega$$

$$\leqslant \frac{1}{2\pi}\int_{-\infty}^{\infty}|\omega|^{\alpha}\cdot\left|\left|\frac{\sin\dfrac{\omega h}{2}}{\dfrac{\omega h}{2}}\right|^{\alpha} - \left(1 + \sum_{l=1}^{n-1}\hat{c}_{l}^{\alpha}\left(\frac{\omega h}{2}\right)^{2l}\right)\right|\cdot|F(\omega)|\mathrm{d}\omega$$

$$\leqslant \frac{1}{2\pi} \int_{-\infty}^{\infty} |\omega|^{\alpha} c \left(\frac{\omega h}{2} \right)^{2n} \cdot |F(\omega)| d\omega$$

$$= \frac{c}{2\pi} \left(\frac{h}{2} \right)^{2n} \int_{-\infty}^{\infty} |\omega|^{2n+\alpha} |F(\omega)| d\omega = \hat{c} h^{2n},$$

其中 $\hat{c} = \dfrac{c}{2^{2n+1}\pi} \displaystyle\int_{-\infty}^{\infty} |\omega|^{2n+\alpha} |F(\omega)| d\omega$ 与 h 和 x 均无关. $\qquad\square$

当 $n = 2$ 时, 可得

$$-\frac{\Delta_h^{\alpha} f(x)}{h^{\alpha}} = \frac{\partial^{\alpha} f(x)}{\partial |x|^{\alpha}} - \hat{c}_1^{\alpha} \frac{\partial^{2+\alpha} f(x)}{\partial |x|^{2+\alpha}} \left(\frac{h}{2} \right)^2 + O(h^4)$$

$$= \frac{\partial^{\alpha} f(x)}{\partial |x|^{\alpha}} + \frac{\alpha}{24} h^2 \frac{d^2}{dx^2} \left(\frac{\partial^{\alpha} f(x)}{\partial |x|^{\alpha}} \right) + O(h^4)$$

$$= \frac{\partial^{\alpha} f(x)}{\partial |x|^{\alpha}} + \frac{\alpha}{24} \left[\frac{\partial^{\alpha} f(x-h)}{\partial |x|^{\alpha}} - 2 \frac{\partial^{\alpha} f(x)}{\partial |x|^{\alpha}} + \frac{\partial^{\alpha} f(x+h)}{\partial |x|^{\alpha}} \right] + O(h^4)$$

$$= \frac{\alpha}{24} \frac{\partial^{\alpha} f(x-h)}{\partial |x|^{\alpha}} + \left(1 - \frac{\alpha}{12} \right) \frac{\partial^{\alpha} f(x)}{\partial |x|^{\alpha}} + \frac{\alpha}{24} \frac{\partial^{\alpha} f(x+h)}{\partial |x|^{\alpha}} + O(h^4).$$

于是得到如下定理.

定理 1.5.3[116] 设 $f \in \mathscr{C}^{4+\alpha}(\mathcal{R})$, 则

$$-\frac{\Delta_h^{\alpha} f(x)}{h^{\alpha}} = \frac{\alpha}{24} \frac{\partial^{\alpha} f(x-h)}{\partial |x|^{\alpha}} + \left(1 - \frac{\alpha}{12} \right) \frac{\partial^{\alpha} f(x)}{\partial |x|^{\alpha}} + \frac{\alpha}{24} \frac{\partial^{\alpha} f(x+h)}{\partial |x|^{\alpha}} + O(h^4) \quad (1.5.7)$$

对 $x \in \mathcal{R}$ 一致成立.

引理 1.5.1 当 $\alpha \in [1,2]$ 时, 系数 $\{\hat{g}_k^{(\alpha)}\}$ 有如下性质:

$$\hat{g}_0^{(\alpha)} = \frac{\Gamma(\alpha+1)}{\Gamma^2(\alpha/2+1)} \geqslant 0, \quad \hat{g}_{-k}^{(\alpha)} = \hat{g}_k^{(\alpha)} \leqslant 0, \quad k = 1, 2, \cdots,$$

$$\sum_{k=-\infty}^{\infty} \hat{g}_k^{(\alpha)} = 0, \quad -\sum_{\substack{k=-M+i \\ k \neq 0}}^{i} \hat{g}_k^{(\alpha)} \leqslant \hat{g}_0^{(\alpha)}, \quad 1 \leqslant i \leqslant M-1.$$

进一步还有如下引理.

引理 1.5.2 当 $1 < \alpha \leqslant 2$, 有下面的估计式:

(I) $\left| \hat{g}_k^{(\alpha)} \right| \leqslant \dfrac{\alpha}{2+\alpha} \dfrac{\Gamma(\alpha+1)}{\Gamma^2(\alpha/2+1)} \left(\dfrac{\alpha/2+2}{\alpha/2+k+1} \right)^{\alpha+1}$, $|k| \geqslant 1$;

(II) $\left| \hat{g}_k^{(\alpha)} \right| \geqslant \dfrac{r_{\alpha}}{(k+1)^{\alpha+1}}$, $|k| \geqslant 1$;

(III) $\displaystyle\sum_{|k|=l}^{\infty} |\hat{g}_k^{(\alpha)}| \geqslant \dfrac{c_*^{(\alpha)}}{(l+1)^{\alpha}}$, $l \geqslant 1$,

其中

$$r_\alpha = \mathrm{e}^{-2} \frac{(4-\alpha)(2-\alpha)\alpha}{(6+\alpha)(4+\alpha)(2+\alpha)} \cdot \frac{\Gamma(\alpha+1)}{\Gamma^2(\alpha/2+1)} \left(3+\frac{\alpha}{2}\right)^{\alpha+1},$$

$$c_*^{(\alpha)} = \frac{2}{\alpha} r_\alpha. \tag{1.5.8}$$

证明　(I) 由递推关系式 (1.5.3) 及引理 1.4.2(I), 有

$$\left|\hat{g}_k^{(\alpha)}\right| = \left(1 - \frac{\alpha+1}{\alpha/2+k}\right)\left|\hat{g}_{k-1}^{(\alpha)}\right|$$

$$\leqslant \mathrm{e}^{-\frac{\alpha+1}{\alpha/2+k}}\left|\hat{g}_{k-1}^{(\alpha)}\right| \leqslant \cdots \leqslant \mathrm{e}^{-\sum\limits_{m=2}^{k}\frac{\alpha+1}{\alpha/2+m}}\left|\hat{g}_1^{(\alpha)}\right|, \quad k \geqslant 2.$$

注意到

$$\sum_{m=2}^{k}\frac{1}{\alpha/2+m} \geqslant \sum_{m=2}^{k}\int_m^{m+1}\frac{1}{\alpha/2+x}\mathrm{d}x = \int_2^{k+1}\frac{1}{\alpha/2+x}\mathrm{d}x = \ln\frac{\alpha/2+k+1}{\alpha/2+2},$$

有

$$\left|\hat{g}_k^{(\alpha)}\right| \leqslant \mathrm{e}^{-(\alpha+1)\ln\frac{\alpha/2+k+1}{\alpha/2+2}}\left|\hat{g}_1^{(\alpha)}\right|$$

$$= \frac{\alpha}{2+\alpha}\frac{\Gamma(\alpha+1)}{\Gamma^2(\alpha/2+1)}\left(\frac{\alpha/2+2}{\alpha/2+k+1}\right)^{\alpha+1}, \quad k \geqslant 2.$$

显然上式对 $k=1$ 也成立. 结合 (1.5.4) 知结论对所有 k ($|k| \geqslant 1$) 都成立.

(II) 由递推关系式 (1.5.3) 及引理 1.4.2(II), 有

$$\left|\hat{g}_k^{(\alpha)}\right| = \left(1 - \frac{\alpha+1}{\alpha/2+k}\right)\left|\hat{g}_{k-1}^{(\alpha)}\right|$$

$$\geqslant \mathrm{e}^{-\frac{\alpha+1}{\alpha/2+k}-\left(\frac{\alpha+1}{\alpha/2+k}\right)^2}\left|\hat{g}_{k-1}^{(\alpha)}\right|$$

$$\geqslant \mathrm{e}^{-\frac{\alpha+1}{\alpha/2+k}-\left(\frac{\alpha+1}{\alpha/2+k}\right)^2}\mathrm{e}^{-\frac{\alpha+1}{\alpha/2+k-1}-\left(\frac{\alpha+1}{\alpha/2+k-1}\right)^2}\left|\hat{g}_{k-2}^{(\alpha)}\right|$$

$$\geqslant \cdots \geqslant \mathrm{e}^{-(\alpha+1)\sum\limits_{m=4}^{k}\frac{1}{\alpha/2+m}}\mathrm{e}^{-(\alpha+1)^2\sum\limits_{m=4}^{k}\left(\frac{1}{\alpha/2+m}\right)^2}\left|\hat{g}_3^{(\alpha)}\right|, \quad k \geqslant 4. \tag{1.5.9}$$

注意到

$$\sum_{m=4}^{\infty}\left(\frac{1}{\alpha/2+m}\right)^2 \leqslant \sum_{m=4}^{\infty}\frac{1}{(\alpha/2+m+1/2)(\alpha/2+m-1/2)}$$

$$= \sum_{m=4}^{\infty}\left(\frac{1}{\alpha/2+m-1/2} - \frac{1}{\alpha/2+m+1/2}\right) = \frac{2}{\alpha+7},$$

有

$$e^{-(\alpha+1)^2 \sum\limits_{m=4}^{k} \left(\frac{1}{\alpha/2+m}\right)^2} \geqslant e^{-2(\alpha+1)^2/(\alpha+7)} \geqslant e^{-2}.$$

由上面的不等式及 (1.5.9), 得

$$\left|\hat{g}_k^{(\alpha)}\right| \geqslant e^{-2}\left|\hat{g}_3^{(\alpha)}\right| e^{-(\alpha+1)\sum\limits_{m=4}^{k}\frac{1}{\alpha/2+m}}, \quad k \geqslant 4.$$

注意到当 $x > 0$ 时, 函数 $\dfrac{1}{\alpha/2+x}$ 单调递减, 可得

$$\sum_{m=4}^{k} \frac{1}{\alpha/2+m} < \sum_{m=4}^{k}\int_{m-1}^{m} \frac{1}{\alpha/2+x}\mathrm{d}x = \int_{3}^{k}\frac{1}{\alpha/2+x}\mathrm{d}x = \ln\left(\frac{k+\alpha/2}{3+\alpha/2}\right).$$

于是有

$$\left|\hat{g}_k^{(\alpha)}\right| \geqslant e^{-2}\left|\hat{g}_3^{(\alpha)}\right| e^{-(\alpha+1)\ln\left(\frac{k+\alpha/2}{3+\alpha/2}\right)}$$

$$= e^{-2}\left|\hat{g}_3^{(\alpha)}\right|\left(\frac{3+\alpha/2}{k+\alpha/2}\right)^{\alpha+1}$$

$$= \frac{r_\alpha}{(k+\alpha/2)^{\alpha+1}}$$

$$\geqslant \frac{r_\alpha}{(k+1)^{\alpha+1}}, \quad k \geqslant 4.$$

可以验证上式对 $k = 3, 2, 1$ 也成立. 结合 (1.5.4), 有

$$\left|\hat{g}_k^{(\alpha)}\right| \geqslant \frac{r_\alpha}{(k+1)^{\alpha+1}}, \quad |k| \geqslant 1.$$

(III) 对上面不等式关于 k 求和, 可得

$$\sum_{k=l}^{\infty}\left|\hat{g}_k^{(\alpha)}\right| \geqslant r_\alpha \sum_{k=l}^{\infty}\frac{1}{(k+1)^{\alpha+1}} = r_\alpha \sum_{k=l+1}^{\infty}\frac{1}{k^{\alpha+1}}, \quad l \geqslant 1.$$

注意到当 $x > 0$ 时, 函数 $1/x^{\alpha+1}$ 单调递减, 可得

$$\sum_{k=l+1}^{\infty}\frac{1}{k^{\alpha+1}} \geqslant \sum_{k=l+1}^{\infty}\int_{k}^{k+1}\frac{1}{x^{\alpha+1}}\mathrm{d}x = \int_{l+1}^{\infty}\frac{1}{x^{\alpha+1}}\mathrm{d}x = \frac{1}{\alpha(l+1)^{\alpha}}.$$

因而有

$$\sum_{k=l}^{\infty}\left|\hat{g}_k^{(\alpha)}\right| \geqslant \frac{r_\alpha}{\alpha(l+1)^{\alpha}}, \quad l \geqslant 1$$

及

$$\sum_{|k|=l}^{\infty}\left|\hat{g}_k^{(\alpha)}\right| \geqslant \frac{2r_\alpha}{\alpha(l+1)^{\alpha}} = \frac{c_*^{(\alpha)}}{(l+1)^{\alpha}}, \quad l \geqslant 1.$$ $\qquad\square$

1.6 Caputo 分数阶导数的插值逼近

1.6.1 L1 逼近

α $(0 < \alpha < 1)$ 阶导数的逼近

对于 $\alpha(0 < \alpha < 1)$ 阶 Caputo 导数

$$
{}_0^C D_t^\alpha f(t) = \frac{1}{\Gamma(1-\alpha)} \int_0^t \frac{f'(s)}{(t-s)^\alpha} \, ds,
$$

最常用的是基于分段线性插值的 L1 逼近.

取正整数 N. 记 $\tau = \dfrac{T}{N}$, $t_k = k\tau$, $0 \leqslant k \leqslant N$ 及

$$
a_l^{(\alpha)} = (l+1)^{1-\alpha} - l^{1-\alpha}, \quad l \geqslant 0, \tag{1.6.1}
$$

有

$$
{}_0^C D_t^\alpha f(t)|_{t=t_n} = \frac{1}{\Gamma(1-\alpha)} \int_0^{t_n} \frac{f'(t)}{(t_n-t)^\alpha} \, dt = \frac{1}{\Gamma(1-\alpha)} \sum_{k=1}^n \int_{t_{k-1}}^{t_k} \frac{f'(t)}{(t_n-t)^\alpha} \, dt. \tag{1.6.2}
$$

在区间 $[t_{k-1}, t_k]$ 上对 $f(t)$ 作线性插值, 得到

$$
L_{1,k}(t) = \frac{t_k - t}{\tau} f(t_{k-1}) + \frac{t - t_{k-1}}{\tau} f(t_k),
$$

$$
f(t) - L_{1,k}(t) = \frac{1}{2} f''(\xi_k)(t - t_{k-1})(t - t_k), \quad t \in [t_{k-1}, t_k], \tag{1.6.3}
$$

其中 $\xi_k = \xi_k(t) \in (t_{k-1}, t_k)$. 用 $L_{1,k}(t)$ 近似 (1.6.2) 中的 $f(t)$ 得到

$$
\begin{aligned}
{}_0^C D_t^\alpha f(t)|_{t=t_n} \\
\approx \frac{1}{\Gamma(1-\alpha)} \sum_{k=1}^n \int_{t_{k-1}}^{t_k} \frac{L_{1,k}'(t)}{(t_n-t)^\alpha} \, dt \\
= \frac{1}{\Gamma(1-\alpha)} \sum_{k=1}^n \frac{f(t_k) - f(t_{k-1})}{\tau} \cdot \int_{t_{k-1}}^{t_k} \frac{1}{(t_n-t)^\alpha} \, dt \\
= \frac{1}{\Gamma(1-\alpha)} \sum_{k=1}^n \frac{f(t_k) - f(t_{k-1})}{\tau} \cdot \frac{1}{1-\alpha} \Big[(t_n - t_{k-1})^{1-\alpha} - (t_n - t_k)^{1-\alpha} \Big] \\
= \frac{\tau^{-\alpha}}{\Gamma(2-\alpha)} \sum_{k=1}^n \Big[f(t_k) - f(t_{k-1}) \Big] \cdot \Big[(n-k+1)^{1-\alpha} - (n-k)^{1-\alpha} \Big] \\
= \frac{\tau^{-\alpha}}{\Gamma(2-\alpha)} \sum_{k=1}^n a_{n-k}^{(\alpha)} \Big[f(t_k) - f(t_{k-1}) \Big]
\end{aligned}
$$

$$= \frac{\tau^{-\alpha}}{\Gamma(2-\alpha)} \left[a_0^{(\alpha)} f(t_n) - \sum_{k=1}^{n-1} \left(a_{n-k-1}^{(\alpha)} - a_{n-k}^{(\alpha)} \right) f(t_k) - a_{n-1}^{(\alpha)} f(t_0) \right].$$

于是得到计算 $_0^C D_t^\alpha f(t)|_{t=t_n}$ 的逼近公式:

$$D_t^\alpha f(t_n) \equiv \frac{\tau^{-\alpha}}{\Gamma(2-\alpha)} \left[a_0^{(\alpha)} f(t_n) - \sum_{k=1}^{n-1} \left(a_{n-k-1}^{(\alpha)} - a_{n-k}^{(\alpha)} \right) f(t_k) - a_{n-1}^{(\alpha)} f(t_0) \right]. \quad (1.6.4)$$

通常称上述公式为 L1 公式或 L1 逼近.

文献 [30, 46, 49, 50, 82] 运用不同技巧均严格地证明了 L1 公式具有 $2 - \alpha$ 阶数值精度. 现在用文献 [30] 中技巧来讨论逼近误差

$$R(f(t_n)) = {}_0^C D_t^\alpha f(t)|_{t=t_n} - D_t^\alpha f(t_n).$$

定理 1.6.1 设 $f \in C^2[t_0, t_n]$, 则

$$|R(f(t_n))| \leqslant \frac{1}{2\Gamma(1-\alpha)} \left[\frac{1}{4} + \frac{\alpha}{(1-\alpha)(2-\alpha)} \right] \max_{t_0 \leqslant t \leqslant t_n} |f''(t)| \ \tau^{2-\alpha}.$$

证明 由 $R(f(t_n))$ 的定义有

$$R(f(t_n)) = \frac{1}{\Gamma(1-\alpha)} \sum_{k=1}^{n} \int_{t_{k-1}}^{t_k} \frac{f'(t)}{(t_n-t)^\alpha} \, \mathrm{d}t - \frac{1}{\Gamma(1-\alpha)} \sum_{k=1}^{n} \int_{t_{k-1}}^{t_k} \frac{L_{1,k}'(t)}{(t_n-t)^\alpha} \, \mathrm{d}t$$

$$= \frac{1}{\Gamma(1-\alpha)} \sum_{k=1}^{n} \int_{t_{k-1}}^{t_k} \left[f(t) - L_{1,k}(t) \right]' \frac{1}{(t_n-t)^\alpha} \, \mathrm{d}t.$$

应用分部积分公式并注意到 (1.6.3), 得到

$$R(f(t_n))$$

$$= -\frac{1}{\Gamma(1-\alpha)} \sum_{k=1}^{n} \int_{t_{k-1}}^{t_k} \left[f(t) - L_{1,k}(t) \right] \mathrm{d} \left(\frac{1}{(t_n-t)^\alpha} \right)$$

$$= -\frac{1}{\Gamma(1-\alpha)} \sum_{k=1}^{n} \int_{t_{k-1}}^{t_k} \left[f(t) - L_{1,k}(t) \right] \alpha (t_n-t)^{-\alpha-1} \mathrm{d}t$$

$$= \frac{1}{\Gamma(1-\alpha)} \sum_{k=1}^{n} \int_{t_{k-1}}^{t_k} \frac{1}{2} f''(\xi_k)(t-t_{k-1})(t_k-t)\alpha(t_n-t)^{-\alpha-1} \mathrm{d}t.$$

因而

$$\left| R(f(t_n)) \right|$$

$$\leqslant \frac{1}{2\Gamma(1-\alpha)} \max_{t_0 \leqslant t \leqslant t_n} \left| f''(t) \right| \sum_{k=1}^{n} \int_{t_{k-1}}^{t_k} (t-t_{k-1})(t_k-t)\alpha(t_n-t)^{-\alpha-1} \mathrm{d}t.$$

$$(1.6.5)$$

计算可得如下二式:

$$\sum_{k=1}^{n-1} \int_{t_{k-1}}^{t_k} (t-t_{k-1})(t_k-t)\alpha(t_n-t)^{-\alpha-1}\mathrm{d}t$$

$$\leqslant \frac{\tau^2}{4} \sum_{k=1}^{n-1} \int_{t_{k-1}}^{t_k} \alpha(t_n-t)^{-\alpha-1}\mathrm{d}t$$

$$= \frac{\tau^2}{4} \int_{t_0}^{t_{n-1}} \alpha(t_n-t)^{-\alpha-1}\mathrm{d}t$$

$$= \frac{\tau^2}{4}\left(\tau^{-\alpha}-t_n^{-\alpha}\right) \leqslant \frac{1}{4}\tau^{2-\alpha} \tag{1.6.6}$$

及

$$\int_{t_{n-1}}^{t_n} (t-t_{n-1})(t_n-t)\alpha(t_n-t)^{-\alpha-1}\mathrm{d}t$$

$$= \alpha \int_{t_{n-1}}^{t_n} (t-t_{n-1})(t_n-t)^{-\alpha}\mathrm{d}t$$

$$= \alpha \int_0^\tau (\tau-\xi)\xi^{-\alpha}\mathrm{d}\xi$$

$$= \frac{\alpha}{(1-\alpha)(2-\alpha)}\tau^{2-\alpha}. \tag{1.6.7}$$

将 (1.6.6) 和 (1.6.7) 代入 (1.6.5), 得到

$$\left|R(f(t_n))\right| \leqslant \frac{1}{2\Gamma(1-\alpha)}\left[\frac{1}{4}+\frac{\alpha}{(1-\alpha)(2-\alpha)}\right]\max_{t_0\leqslant t\leqslant t_n}\left|f''(t)\right|\tau^{2-\alpha}. \qquad \square$$

系数 $\{a_l^{(\alpha)}\}$ 具有如下结论.

引理 1.6.1　设 $\alpha \in (0,1)$, $\{a_l^{(\alpha)}|l=0,1,2,\cdots\}$, 由 (1.6.1) 定义, 则

(I) $1 = a_0^{(\alpha)} > a_1^{(\alpha)} > a_2^{(\alpha)} > \cdots > a_l^{(\alpha)} > 0$; $a_l^{(\alpha)} \to 0$, 当 $l \to \infty$ 时;

(II) $(1-\alpha)l^{-\alpha} < a_{l-1}^{(\alpha)} < (1-\alpha)(l-1)^{-\alpha}$, 当 $l \geqslant 1$ 时.

$\gamma\ (1 < \gamma < 2)$ 阶导数的逼近

现在考虑 $\gamma(1 < \gamma < 2)$ 阶 Caputo 导数

$$_0^C D_t^\gamma f(t) = \frac{1}{\Gamma(2-\gamma)} \int_0^t \frac{f''(s)}{(t-s)^{\gamma-1}}\,\mathrm{d}s$$

的逼近.

令

$$g(t) = f'(t), \qquad \alpha = \gamma - 1,$$

则有

$$
{}_0^C D_t^\gamma f(t) = \frac{1}{\Gamma(1-(\gamma-1))} \int_0^t \frac{g'(s)}{(t-s)^{\gamma-1}} \, \mathrm{d}s = {}_0^C D_t^\alpha g(t),
$$

即 $f(t)$ 的 γ 阶导数恰为 $g(t)$ 的 α 阶导数.

应用定理 1.6.1, 得到

$$
{}_0^C D_t^\alpha g(t)|_{t=t_n} = \frac{\tau^{-\alpha}}{\Gamma(2-\alpha)} \left[a_0^{(\alpha)} g(t_n) - \sum_{k=1}^{n-1} \left(a_{n-k-1}^{(\alpha)} - a_{n-k}^{(\alpha)} \right) g(t_k) - a_{n-1}^{(\alpha)} g(t_0) \right]
$$
$$
+ R(g(t_n)),
$$

其中

$$
|R(g(t_n))| \leqslant \frac{1}{2\Gamma(1-\alpha)} \left[\frac{1}{4} + \frac{\alpha}{(1-\alpha)(2-\alpha)} \right] \cdot \max_{t_0 \leqslant t \leqslant t_n} |g''(t)| \, \tau^{2-\alpha}
$$
$$
= \frac{1}{2\Gamma(2-\gamma)} \left[\frac{1}{4} + \frac{\gamma-1}{(2-\gamma)(3-\gamma)} \right] \cdot \max_{t_0 \leqslant t \leqslant t_n} |f'''(t)| \, \tau^{3-\gamma}.
$$

记

$$
b_l^{(\gamma)} = a_l^{(\alpha)} = (l+1)^{1-\alpha} - l^{1-\alpha} = (l+1)^{2-\gamma} - l^{2-\gamma}, \quad l = 0, 1, 2, \cdots, \tag{1.6.8}
$$

有

$$
{}_0^C D_t^\gamma f(t)|_{t=t_n} = \frac{\tau^{1-\gamma}}{\Gamma(3-\gamma)} \left[b_0^{(\gamma)} g(t_n) - \sum_{k=1}^{n-1} \left(b_{n-k-1}^{(\gamma)} - b_{n-k}^{(\gamma)} \right) g(t_k) - b_{n-1}^{(\gamma)} g(t_0) \right]
$$
$$
+ R(g(t_n)). \tag{1.6.9}
$$

类似地, 有

$$
{}_0^C D_t^\gamma f(t)|_{t=t_{n-1}} = \frac{\tau^{1-\gamma}}{\Gamma(3-\gamma)} \left[b_0^{(\gamma)} g(t_{n-1}) - \sum_{k=1}^{n-2} \left(b_{n-k-2}^{(\gamma)} - b_{n-k-1}^{(\gamma)} \right) g(t_k) - b_{n-2}^{(\gamma)} g(t_0) \right]
$$
$$
+ R(g(t_{n-1})). \tag{1.6.10}
$$

将 (1.6.9) 和 (1.6.10) 相加, 并除以 2, 得到

$$
\frac{1}{2} \left[{}_0^C D_t^\gamma f(t)|_{t=t_n} + {}_0^C D_t^\gamma f(t)|_{t=t_{n-1}} \right]
$$
$$
= \frac{\tau^{1-\gamma}}{\Gamma(3-\gamma)} \left[b_0^{(\gamma)} \frac{g(t_n) + g(t_{n-1})}{2} - \sum_{k=1}^{n-1} \left(b_{n-k-1}^{(\gamma)} - b_{n-k}^{(\gamma)} \right) \frac{g(t_k) + g(t_{k-1})}{2} \right.
$$
$$
\left. - b_{n-1}^{(\gamma)} g(t_0) \right] + \frac{1}{2} \left[R(g(t_n)) + R(g(t_{n-1})) \right]. \tag{1.6.11}
$$

注意到

$$\frac{g(t_k) + g(t_{k-1})}{2} = \frac{f'(t_k) + f'(t_{k-1})}{2}$$

$$= \frac{f(t_k) - f(t_{k-1})}{\tau} + \frac{\tau^2}{12} f'''(\eta_k), \quad \eta_k \in (t_{k-1}, t_k),$$

并记

$$\delta_t f^{k-\frac{1}{2}} = \frac{f(t_k) - f(t_{k-1})}{\tau},$$

由 (1.6.11) 得到

$$\frac{1}{2} \Big[{}_0^C D_t^\gamma f(t)|_{t=t_n} + {}_0^C D_t^\gamma f(t)|_{t=t_{n-1}} \Big]$$

$$= \frac{\tau^{1-\gamma}}{\Gamma(3-\gamma)} \bigg[b_0^{(\gamma)} \delta_t f^{n-\frac{1}{2}} - \sum_{k=1}^{n-1} \big(b_{n-k-1}^{(\gamma)} - b_{n-k}^{(\gamma)} \big) \delta_t f^{k-\frac{1}{2}} - b_{n-1}^{(\gamma)} f'(t_0) \bigg]$$

$$+ \frac{\tau^{1-\gamma}}{\Gamma(3-\gamma)} \bigg[b_0^{(\gamma)} \frac{\tau^2}{12} f'''(\eta_n) - \sum_{k=1}^{n-1} \big(b_{n-k-1}^{(\gamma)} - b_{n-k}^{(\gamma)} \big) \frac{\tau^2}{12} f'''(\eta_k) \bigg]$$

$$+ \frac{1}{2} [R(g(t_n)) + R(g(t_{n-1}))].$$

令

$$\hat{R}^{n-\frac{1}{2}} = \frac{\tau^{1-\gamma}}{\Gamma(3-\gamma)} \bigg[b_0^{(\gamma)} \frac{\tau^2}{12} f'''(\eta_n) - \sum_{k=1}^{n-1} \big(b_{n-k-1}^{(\gamma)} - b_{n-k}^{(\gamma)} \big) \frac{\tau^2}{12} f'''(\eta_k) \bigg]$$

$$+ \frac{1}{2} \big[R(g(t_n)) + R(g(t_{n-1})) \big],$$

则有

$$\left| \hat{R}^{n-\frac{1}{2}} \right| \leqslant \left\{ \frac{1}{6\Gamma(3-\gamma)} + \frac{1}{2\Gamma(2-\gamma)} \left[\frac{1}{4} + \frac{\gamma-1}{(2-\gamma)(3-\gamma)} \right] \right\} \max_{t_0 \leqslant t \leqslant t_n} |f'''(t)| \, \tau^{3-\gamma}.$$

$$\tag{1.6.12}$$

于是, 可得如下定理.

定理 1.6.2　设 $f \in C^3[t_0, t_n]$, 则有

$$\frac{1}{2} \Big[{}_0^C D_t^\gamma f(t)|_{t=t_n} + {}_0^C D_t^\gamma f(t)|_{t=t_{n-1}} \Big]$$

$$= \frac{\tau^{1-\gamma}}{\Gamma(3-\gamma)} \bigg[b_0^{(\gamma)} \delta_t f^{n-\frac{1}{2}} - \sum_{k=1}^{n-1} \big(b_{n-k-1}^{(\gamma)} - b_{n-k}^{(\gamma)} \big) \delta_t f^{k-\frac{1}{2}}$$

$$- b_{n-1}^{(\gamma)} f'(t_0) \bigg] + \hat{R}^{n-\frac{1}{2}}, \tag{1.6.13}$$

其中 $\hat{R}^{n-\frac{1}{2}}$ 满足 (1.6.12).

注 1.6.1 记

$$\nabla_t f^k = \frac{f(t_k) - f(t_{k-1})}{\tau}.$$

在 (1.6.9) 中直接利用

$$g(t_k) = f'(t_k) = \nabla_t f^k + \tau \int_0^1 f''(t_k - \theta\tau)(1-\theta)\mathrm{d}\theta,$$

可得

$$
\begin{aligned}
&{}_0^C D_t^\gamma f(t)|_{t=t_n} \\
&= \frac{\tau^{1-\gamma}}{\Gamma(3-\gamma)} \left[b_0^{(\gamma)} \nabla_t f^n - \sum_{k=1}^{n-1} \left(b_{n-k-1}^{(\gamma)} - b_{n-k}^{(\gamma)} \right) \nabla_t f^k - b_{n-1}^{(\gamma)} f'(t_0) \right] \\
&\quad + r_n + R(g(t_n)) \\
&= \frac{\tau^{1-\gamma}}{\Gamma(3-\gamma)} \left[\sum_{k=2}^{n} b_{n-k}^{(\gamma)} \left(\nabla_t f^k - \nabla_t f^{k-1} \right) + b_{n-1}^{(\gamma)} \left(\nabla_t f^1 - f'(t_0) \right) \right] \\
&\quad + r_n + R(g(t_n)) \\
&= \frac{1}{\Gamma(2-\gamma)} \left[\sum_{k=2}^{n} \int_{t_{k-1}}^{t_k} \frac{\nabla_t f^k - \nabla_t f^{k-1}}{\tau} \cdot \frac{\mathrm{d}t}{(t_n - t)^{\gamma-1}} \right. \\
&\quad \left. + \int_{t_0}^{t_1} \frac{\nabla_t f^1 - f'(t_0)}{\tau} \cdot \frac{\mathrm{d}t}{(t_n - t)^{\gamma-1}} \right] + r_n + R(g(t_n)),
\end{aligned}
\tag{1.6.14}
$$

其中

$$
\begin{aligned}
r_n &= \frac{\tau^{1-\gamma}}{\Gamma(3-\gamma)} \left[b_0^{(\gamma)} \tau \int_0^1 f''(t_n - \theta\tau)(1-\theta)\mathrm{d}\theta \right. \\
&\quad \left. - \sum_{k=1}^{n-1} \left(b_{n-k-1}^{(\gamma)} - b_{n-k}^{(\gamma)} \right) \tau \int_0^1 f''(t_k - \theta\tau)(1-\theta)\mathrm{d}\theta \right] \\
&= \frac{\tau^{2-\gamma}}{\Gamma(3-\gamma)} \left[\sum_{k=2}^{n} b_{n-k}^{(\gamma)} \left(\int_0^1 f''(t_k - \theta\tau)(1-\theta)\mathrm{d}\theta \right. \right. \\
&\quad \left. \left. - \int_0^1 f''(t_{k-1} - \theta\tau)(1-\theta)\mathrm{d}\theta \right) + b_{n-1}^{(\gamma)} \int_0^1 f''(t_1 - \theta\tau)(1-\theta)\mathrm{d}\theta \right].
\end{aligned}
$$

易知

$$|r_n| \leqslant \frac{\tau^{2-\gamma}}{\Gamma(3-\gamma)} \left[\sum_{k=2}^{n} b_{n-k}^{(\gamma)} \cdot \frac{\tau}{2} \max_{t_0 \leqslant t \leqslant t_n} |f'''(t)| + b_{n-1}^{(\gamma)} \cdot \frac{1}{2} \max_{t_0 \leqslant t \leqslant t_1} |f''(t)| \right]$$

$$= \frac{1}{\Gamma(2-\gamma)} \left[\sum_{k=2}^{n} \int_{t_{k-1}}^{t_k} \frac{\mathrm{d}t}{(t_n-t)^{\gamma-1}} \cdot \frac{\tau}{2} \max_{t_0 \leqslant t \leqslant t_n} |f'''(t)| \right.$$

$$\left. + \int_{t_0}^{t_1} \frac{\mathrm{d}t}{(t_n-t)^{\gamma-1}} \cdot \frac{1}{2} \max_{t_0 \leqslant t \leqslant t_1} |f''(t)| \right].$$

注意到

$$\sum_{k=2}^{n} \int_{t_{k-1}}^{t_k} \frac{\mathrm{d}t}{(t_n-t)^{\gamma-1}} = \int_{t_1}^{t_n} \frac{\mathrm{d}t}{(t_n-t)^{\gamma-1}} = \frac{(t_n-t_1)^{2-\gamma}}{2-\gamma} \leqslant \frac{t_n^{2-\gamma}}{2-\gamma},$$

当 $n=1$ 时,

$$\int_{t_0}^{t_1} \frac{\mathrm{d}t}{(t_n-t)^{\gamma-1}} = \frac{\tau^{2-\gamma}}{2-\gamma}.$$

当 $n \geqslant 2$ 时,

$$\int_{t_0}^{t_1} \frac{\mathrm{d}t}{(t_n-t)^{\gamma-1}} \leqslant \frac{\tau}{(t_n-t_1)^{\gamma-1}} \leqslant \frac{\tau}{(t_n/2)^{\gamma-1}} = 2^{\gamma-1} \frac{\tau}{t_n^{\gamma-1}},$$

有

$$|r_n| \leqslant \frac{1}{\Gamma(2-\gamma)} \left[\frac{t_n^{2-\gamma}}{2-\gamma} \cdot \frac{\tau}{2} \max_{t_0 \leqslant t \leqslant t_n} |f'''(t)| + \frac{1}{2-\gamma} \cdot \frac{\tau}{t_n^{\gamma-1}} \cdot \frac{1}{2} \max_{t_0 \leqslant t \leqslant t_1} |f''(t)| \right]$$

$$\leqslant \frac{1}{2\Gamma(3-\gamma)} \left[t_n^{2-\gamma} \cdot \tau \max_{t_0 \leqslant t \leqslant t_n} |f'''(t)| + \frac{\tau}{t_n^{\gamma-1}} \max_{t_0 \leqslant t \leqslant t_1} |f''(t)| \right].$$

记

$$\mathbb{D}_t^\gamma f(t_n) \equiv \frac{\tau^{1-\gamma}}{\Gamma(3-\gamma)} \left[b_0^{(\gamma)} \nabla_t f^n - \sum_{k=1}^{n-1} \left(b_{n-k-1}^{(\gamma)} - b_{n-k}^{(\gamma)} \right) \nabla_t f^k - b_{n-1}^{(\gamma)} f'(t_0) \right].$$

注意到

$$R(g(t_n)) = O(\tau^{3-\gamma}) \max_{t_0 \leqslant t \leqslant t_n} |f'''(t)|,$$

可得

$${}_0^C D_t^\gamma f(t)|_{t=t_n} - \mathbb{D}_t^\gamma f(t_n) = O(\tau) \max_{t_0 \leqslant t \leqslant t_n} |f'''(t)| + O\left(\frac{\tau}{t_n^{\gamma-1}} \right) \max_{t_0 \leqslant t \leqslant t_1} |f''(t)|.$$

如果 $f''(0) = 0$, 则有

$$
{}_0^C D_t^\gamma f(t)|_{t=t_n} - \mathbb{D}_t^\gamma f(t_n) = O(\tau) \max_{t_0 \leqslant t \leqslant t_n} |f'''(t)|.
$$

由 (1.6.14) 易见

$$
{}_0^C D_t^\gamma f(t)|_{t=t_n} - \mathbb{D}_t^\gamma f(t_n)
$$
$$
= \frac{1}{\Gamma(2-\gamma)} \left\{ \sum_{k=2}^n \int_{t_{k-1}}^{t_k} \left[f''(t) - \frac{\nabla_t f^k - \nabla_t f^{k-1}}{\tau} \right] \cdot \frac{\mathrm{d}t}{(t_n-t)^{\gamma-1}} \right.
$$
$$
\left. + \int_{t_0}^{t_1} \left[f''(t) - \frac{\nabla_t f^1 - f'(t_0)}{\tau} \right] \cdot \frac{\mathrm{d}t}{(t_n-t)^{\gamma-1}} \right\},
$$

且有

$$
f''(t) - \frac{1}{\tau}\left[\nabla_t f^k - \nabla_t f^{k-1}\right] = O(\tau), \quad t \in (t_{k-1}, t_k), \quad 2 \leqslant k \leqslant n,
$$
$$
f''(t) - \frac{2}{\tau}\left[\nabla_t f^1 - f'(t_0)\right] = O(\tau), \quad t \in (t_0, t_1).
$$

当 $f''(0) \neq 0$ 时, 我们可以将 $\mathbb{D}_t^\gamma f(t_n)$ 修正为

$$
\widetilde{\mathbb{D}}_t^\gamma f(t_n) = \frac{\tau^{1-\gamma}}{\Gamma(3-\gamma)} \left[b_0^{(\gamma)} \nabla_t f^n - \sum_{k=1}^{n-1} \left(b_{n-k-1}^{(\gamma)} - b_{n-k}^{(\gamma)} \right) \nabla_t f^k \right.
$$
$$
\left. - b_{n-1}^{(\gamma)} f'(t_0) + b_{n-1}^{(\gamma)}(\nabla_t f^1 - f'(t_0)) \right],
$$

有

$$
{}_0^C D_t^\gamma f(t)|_{t=t_n} - \widetilde{\mathbb{D}}_t^\gamma f(t_n)
$$
$$
= \frac{1}{\Gamma(2-\gamma)} \left\{ \sum_{k=2}^n \int_{t_{k-1}}^{t_k} \left[f''(t) - \frac{\nabla_t f^k - \nabla_t f^{k-1}}{\tau} \right] \cdot \frac{\mathrm{d}t}{(t_n-t)^{\gamma-1}} \right.
$$
$$
\left. + \int_{t_0}^{t_1} \left[f''(t) - \frac{2}{\tau}\left(\nabla_t f^1 - f'(t_0)\right) \right] \cdot \frac{\mathrm{d}t}{(t_n-t)^{\gamma-1}} \right\}
$$
$$
= O(\tau) \max_{t_0 \leqslant t \leqslant t_n} |f'''(t)|.
$$

这是我们考虑逼近

$$
\frac{1}{2}\left[{}_0^C D_t^\gamma f(t)|_{t=t_n} + {}_0^C D_t^\gamma f(t)|_{t=t_{n-1}} \right]
$$

而不直接考虑逼近 ${}_0^C D_t^\gamma f(t)|_{t=t_n}$ 的原因.

1.6.2　L1-2 逼近

高广花等在文献 [30] 中对 $\alpha(0 < \alpha < 1)$ 阶分数阶导数给出了 L1-2 插值逼近方法. 在 $[t_0, t_1]$ 上利用两点 $(t_0, f(t_0))$, $(t_1, f(t_1))$ 作 $f(t)$ 的一次插值多项式 $L_{1,1}(t)$; 在 $[t_k, t_{k+1}]$ 上利用三点 $(t_{k-1}, f(t_{k-1}))$, $(t_k, f(t_k))$, $(t_{k+1}, f(t_{k+1}))$ 作 $f(t)$ 的二次插值多项式 $L_{2,k}(t)$. 对 $L_{1,1}(t)$, $L_{2,k}(t)$ 求导得

$$L'_{1,1}(t) = \delta_t f^{\frac{1}{2}}, \quad L'_{2,k}(t) = \frac{t_{k+\frac{1}{2}} - t}{\tau} \delta_t f^{k-\frac{1}{2}} + \frac{t - t_{k-\frac{1}{2}}}{\tau} \delta_t f^{k+\frac{1}{2}}.$$

利用以上两式, 得到

$$\begin{aligned}
&{}_0^C D_t^\alpha f(t)|_{t=t_n} \\
&= \frac{1}{\Gamma(1-\alpha)} \left[\int_{t_0}^{t_1} f'(t)(t_n - t)^{-\alpha} \mathrm{d}t + \sum_{k=1}^{n-1} \int_{t_k}^{t_{k+1}} f'(t)(t_n - t)^{-\alpha} \mathrm{d}t \right] \\
&\approx \frac{1}{\Gamma(1-\alpha)} \left[\int_{t_0}^{t_1} L'_{1,1}(t)(t_n - t)^{-\alpha} \mathrm{d}t + \sum_{k=1}^{n-1} \int_{t_k}^{t_{k+1}} L'_{2,k}(t)(t_n - t)^{-\alpha} \mathrm{d}t \right] \\
&= \frac{1}{\Gamma(1-\alpha)} \left[\int_{t_0}^{t_1} \left(\delta_t f^{\frac{1}{2}}\right)(t_n - t)^{-\alpha} \mathrm{d}t \right. \\
&\qquad \left. + \sum_{k=1}^{n-1} \int_{t_k}^{t_{k+1}} \left(\frac{t_{k+\frac{1}{2}} - t}{\tau} \delta_t f^{k-\frac{1}{2}} + \frac{t - t_{k-\frac{1}{2}}}{\tau} \delta_t f^{k+\frac{1}{2}} \right)(t_n - t)^{-\alpha} \mathrm{d}t \right] \\
&= \frac{1}{\Gamma(1-\alpha)} \left[\int_{t_0}^{t_1} \left(\delta_t f^{\frac{1}{2}}\right)(t_n - t)^{-\alpha} \mathrm{d}t + \sum_{k=1}^{n-1} \delta_t f^{k-\frac{1}{2}} \int_{t_k}^{t_{k+1}} \frac{t_{k+\frac{1}{2}} - t}{\tau}(t_n - t)^{-\alpha} \mathrm{d}t \right. \\
&\qquad \left. + \sum_{k=2}^{n} \delta_t f^{k-\frac{1}{2}} \int_{t_{k-1}}^{t_k} \frac{t - t_{k-\frac{3}{2}}}{\tau}(t_n - t)^{-\alpha} \mathrm{d}t \right] \\
&= \frac{1}{\Gamma(1-\alpha)} \left\{ \left[\int_{t_0}^{t_1} (t_n - t)^{-\alpha} \mathrm{d}t + \int_{t_1}^{t_2} \frac{t_{\frac{3}{2}} - t}{\tau}(t_n - t)^{-\alpha} \mathrm{d}t \right] \delta_t f^{\frac{1}{2}} \right. \\
&\qquad + \sum_{k=2}^{n-1} \left[\int_{t_k}^{t_{k+1}} \frac{t_{k+\frac{1}{2}} - t}{\tau}(t_n - t)^{-\alpha} \mathrm{d}t + \int_{t_{k-1}}^{t_k} \frac{t - t_{k-\frac{3}{2}}}{\tau}(t_n - t)^{-\alpha} \mathrm{d}t \right] \delta_t f^{k-\frac{1}{2}} \\
&\qquad \left. + \left[\int_{t_{n-1}}^{t_n} \frac{t - t_{n-\frac{3}{2}}}{\tau}(t_n - t)^{-\alpha} \mathrm{d}t \right] \delta_t f^{n-\frac{1}{2}} \right\} \\
&\equiv \mathbb{D}_t^\alpha f(t_n).
\end{aligned}$$

上式中的积分可用积分变量代换方法求得.

当 $n = 1$ 时,

$$\mathbb{D}_t^\alpha f(t_n) = \frac{1}{\Gamma(1-\alpha)} \left[\int_{t_0}^{t_1} (t_1 - t)^{-\alpha} \mathrm{d}t \right] \delta_t f^{\frac{1}{2}}$$

$$= \frac{\tau^{-\alpha}}{\Gamma(2-\alpha)} \big[f(t_1) - f(t_0) \big]$$

$$\equiv \frac{\tau^{-\alpha}}{\Gamma(2-\alpha)} \hat{c}_0^{(1,\alpha)} \big[f(t_1) - f(t_0) \big], \tag{1.6.15}$$

其中

$$\hat{c}_0^{(1,\alpha)} = 1. \tag{1.6.16}$$

当 $n \geqslant 2$ 时,

$$\mathbb{D}_t^\alpha f(t_n) = \frac{\tau^{-\alpha}}{\Gamma(2-\alpha)} \sum_{k=0}^{n-1} \hat{c}_k^{(n,\alpha)} \big[f(t_{n-k}) - f(t_{n-k-1}) \big], \tag{1.6.17}$$

其中

$$\begin{cases} \hat{c}_0^{(n,\alpha)} = \dfrac{1}{2} + \dfrac{1}{2-\alpha}, & \text{(1.6.18)} \\[2mm] \hat{c}_k^{(n,\alpha)} = \dfrac{(k+1)^{1-\alpha} - 2k^{1-\alpha} + (k-1)^{1-\alpha}}{2} \\[2mm] \qquad\quad + \dfrac{(k+1)^{2-\alpha} - 2k^{2-\alpha} + (k-1)^{2-\alpha}}{2-\alpha}, & 1 \leqslant k \leqslant n-2, \quad \text{(1.6.19)} \\[2mm] \hat{c}_{n-1}^{(n,\alpha)} = \dfrac{(n-2)^{1-\alpha} - (n-1)^{1-\alpha} + 2n^{1-\alpha}}{2} - \dfrac{(n-1)^{2-\alpha} - (n-2)^{2-\alpha}}{2-\alpha}. & \text{(1.6.20)} \end{cases}$$

文献 [30] 给出了如下结果.

定理 1.6.3 设 $\alpha \in (0,1)$, $f \in C^3[t_0, t_n]$, $\mathbb{D}_t^\alpha f(t_n)$ 由 (1.6.15) 和 (1.6.17) 定义, 则有如下误差估计:

$$\left| {}_0^C D_t^\alpha f(t)|_{t=t_1} - \mathbb{D}_t^\alpha f(t_1) \right| \leqslant \frac{\alpha}{2\Gamma(3-\alpha)} \max_{t_0 \leqslant t \leqslant t_1} \left| f''(t) \right| \tau^{2-\alpha},$$

$$\left| {}_0^C D_t^\alpha f(t)|_{t=t_n} - \mathbb{D}_t^\alpha f(t_n) \right| \leqslant \frac{1}{\Gamma(1-\alpha)} \Bigg\{ \frac{\alpha}{12} \max_{t_0 \leqslant t \leqslant t_1} \left| f''(t) \right| (t_n - t_1)^{-\alpha-1} \tau^3$$

$$+ \left[\frac{1}{12} + \frac{\alpha}{3(1-\alpha)(2-\alpha)} \left(\frac{1}{2} + \frac{1}{3-\alpha} \right) \right]$$

$$\cdot \max_{t_0 \leqslant t \leqslant t_n} \left| f'''(t) \right| \tau^{3-\alpha} \Bigg\}, \quad n \geqslant 2.$$

容易看出, 如果 $f''(0) = 0$, 则有

$$ {}_0^C D_t^\alpha f(t)|_{t=t_n} - \mathbb{D}_t^\alpha f(t_n) = O(\tau^{3-\alpha}), \quad 1 \leqslant n \leqslant N.$$

逼近公式 (1.6.15) 和 (1.6.17) 中的系数 $\{\hat{c}_k^{(n,\,\alpha)}\}$ 有如下结论.

引理 1.6.2 由 (1.6.16), (1.6.18)—(1.6.20) 定义的系数 $\{\hat{c}_k^{(n,\alpha)} \,|\, 0 \leqslant k \leqslant n-1\}$ 满足下列关系式:

(I) 当 $n = 2$ 时,

$$\hat{c}_0^{(2,\alpha)} = \frac{1}{2} + \frac{1}{2-\alpha}, \qquad \hat{c}_1^{(2,\alpha)} = 2^{1-\alpha} - \left(\frac{1}{2} + \frac{1}{2-\alpha}\right).$$

(II) 当 $n \geqslant 3$ 时,

$$\hat{c}_0^{(n,\alpha)} = \frac{1}{2} + \frac{1}{2-\alpha},$$
$$\hat{c}_0^{(n,\alpha)} > \hat{c}_2^{(n,\alpha)} > \hat{c}_3^{(n,\alpha)} > \cdots > \hat{c}_{n-1}^{(n,\alpha)} > 0,$$
$$\hat{c}_1^{(n,\alpha)} = 2^{-\alpha} - 1 + \frac{2^{2-\alpha} - 2}{2-\alpha}, \qquad \hat{c}_0^{(n,\alpha)} > |\hat{c}_1^{(n,\alpha)}|.$$

记 α^* 为方程

$$6 - \alpha = (4-\alpha)2^\alpha$$

在区间 $[0,1]$ 内的唯一根 ($\alpha^* \approx 0.68029$), 则当 $\alpha \in (0, \alpha^*)$ 时, 有 $\hat{c}_1^{(n,\alpha)} > 0$; 当 $\alpha \in (\alpha^*, 1)$ 时, 有 $\hat{c}_1^{(n,\alpha)} < 0$.

1.6.3 L2-1$_\sigma$ 逼近

如 1.6.1 节和 1.6.2 节所述, 对于 α ($0 < \alpha < 1$) 阶 Caputo 导数, 常用的 L1 逼近公式达到 $2 - \alpha$ 阶一致收敛; L1-2 逼近公式随着计算结点的递增, 逼近阶从 $2 - \alpha$ 阶递增到 $3 - \alpha$ 阶. Alikhanov[1] 在 L1-2 逼近公式的基础上, 发现了超收敛插值点, 建立了 L2-1$_\sigma$ 逼近公式, 达到 $3 - \alpha$ 阶一致收敛. 本节将介绍这一结果.

设 $0 < \alpha < 1$. 记

$$\sigma = 1 - \frac{\alpha}{2}, \qquad t_{n+\sigma} = (n+\sigma)\tau, \qquad t_{n-\frac{1}{2}} = \frac{1}{2}(t_n + t_{n-1}),$$

$$f^n = f(t_n), \qquad \delta_t f^{n-\frac{1}{2}} = \frac{1}{\tau}(f^n - f^{n-1}), \qquad \delta_t^2 f^n = \frac{1}{\tau}(\delta_t f^{n+\frac{1}{2}} - \delta_t f^{n-\frac{1}{2}}).$$

将分数阶导数写成小区间上积分的和:

$$\begin{aligned}
{}_0^C D_t^\alpha f(t)|_{t=t_{n-1+\sigma}} = \frac{1}{\Gamma(1-\alpha)} &\left[\sum_{k=1}^{n-1} \int_{t_{k-1}}^{t_k} \frac{f'(t)}{(t_{n-1+\sigma}-t)^\alpha}\mathrm{d}t \right.\\
&\left. + \int_{t_{n-1}}^{t_{n-1+\sigma}} \frac{f'(t)}{(t_{n-1+\sigma}-t)^\alpha}\mathrm{d}t \right].
\end{aligned} \tag{1.6.21}$$

在 $[t_{k-1}, t_k]$ 上利用三点 $(t_{k-1}, f(t_{k-1}))$, $(t_k, f(t_k))$, $(t_{k+1}, f(t_{k+1}))$, 作 $f(t)$ 的二次插值多项式, 得到

$$L_{2,k}(t) = \sum_{j=-1}^{1} f(t_{k+j}) \prod_{l=-1, l \neq j}^{1} \frac{t - t_{k+l}}{t_{k+j} - t_{k+l}}, \quad k = 1, 2, \cdots, n-1,$$

并有如下余项表达式

$$f(t) - L_{2,k}(t) = \frac{f'''(\xi_k)}{6}(t - t_{k-1})(t - t_k)(t - t_{k+1}), \quad \xi_k \in (t_{k-1}, t_{k+1}).$$

对 $L_{2,k}(t)$ 关于 t 求导得

$$L'_{2,k}(t) = \frac{t_{k+\frac{1}{2}} - t}{\tau} \delta_t f^{k-\frac{1}{2}} + \frac{t - t_{k-\frac{1}{2}}}{\tau} \delta_t f^{k+\frac{1}{2}}.$$

在 $[t_{n-1}, t_{n-1+\sigma}]$ 上, 利用两点 $(t_{n-1}, f(t_{n-1})), (t_n, f(t_n))$ 作 $f(t)$ 的一次插值多项式

$$L_{1,n}(t) = f(t_{n-1}) \frac{t - t_n}{t_{n-1} - t_n} + f(t_n) \frac{t - t_{n-1}}{t_n - t_{n-1}},$$

并有

$$L'_{1,n}(t) = \delta_t f^{n-\frac{1}{2}}.$$

用 $L_{2,k}(t)$ $(1 \leqslant k \leqslant n-1)$ 和 $L_{1,n}(t)$ 分别近似 (1.6.21) 右端中的 $f(t)$ 可得

$$
\begin{aligned}
&{}_0^C D_t^\alpha f(t)|_{t=t_{n-1+\sigma}} \\
&\approx \frac{1}{\Gamma(1-\alpha)} \left[\sum_{k=1}^{n-1} \int_{t_{k-1}}^{t_k} \frac{L'_{2,k}(t)}{(t_{n-1+\sigma} - t)^\alpha} \mathrm{d}t + \int_{t_{n-1}}^{t_{n-1+\sigma}} \frac{L'_{1,n}(t)}{(t_{n-1+\sigma} - t)^\alpha} \mathrm{d}t \right] \\
&= \frac{1}{\Gamma(1-\alpha)} \left\{ \sum_{k=1}^{n-1} \int_{t_{k-1}}^{t_k} \left[\frac{t_{k+\frac{1}{2}} - t}{\tau} \delta_t f^{k-\frac{1}{2}} + \frac{t - t_{k-\frac{1}{2}}}{\tau} \delta_t f^{k+\frac{1}{2}} \right] (t_{n-1+\sigma} - t)^{-\alpha} \mathrm{d}t \right. \\
&\quad + \left. \int_{t_{n-1}}^{t_{n-1+\sigma}} \left(\delta_t f^{n-\frac{1}{2}} \right) (t_{n-1+\sigma} - t)^{-\alpha} \mathrm{d}t \right\} \\
&= \frac{1}{\Gamma(1-\alpha)} \left\{ \left[\int_{t_0}^{t_1} \frac{t_{\frac{3}{2}} - t}{\tau} (t_{n-1+\sigma} - t)^{-\alpha} \mathrm{d}t \right] \delta_t f^{\frac{1}{2}} \right. \\
&\quad + \sum_{k=2}^{n-1} \left[\int_{t_{k-1}}^{t_k} \frac{t_{k+\frac{1}{2}} - t}{\tau} (t_{n-1+\sigma} - t)^{-\alpha} \mathrm{d}t \right. \\
&\quad \left. + \int_{t_{k-2}}^{t_{k-1}} \frac{t - t_{k-\frac{3}{2}}}{\tau} (t_{n-1+\sigma} - t)^{-\alpha} \mathrm{d}t \right] \delta_t f^{k-\frac{1}{2}} \\
&\quad + \left. \left[\int_{t_{n-2}}^{t_{n-1}} \frac{t - t_{n-\frac{3}{2}}}{\tau} (t_{n-1+\sigma} - t)^{-\alpha} \mathrm{d}t + \int_{t_{n-1}}^{t_{n-1+\sigma}} (t_{n-1+\sigma} - t)^{-\alpha} \mathrm{d}t \right] \delta_t f^{n-\frac{1}{2}} \right\}
\end{aligned}
$$

$$= \frac{\tau^{1-\alpha}}{\Gamma(1-\alpha)} \left\{ \left[\int_0^1 \left(\frac{3}{2} - \theta \right) (n-1+\sigma-\theta)^{-\alpha} \mathrm{d}\theta \right] \delta_t f^{\frac{1}{2}} \right.$$

$$+ \sum_{k=2}^{n-1} \left[\int_0^1 \left(\frac{3}{2} - \theta \right) (n-k+\sigma-\theta)^{-\alpha} \mathrm{d}\theta \right.$$

$$\left. + \int_0^1 \left(\theta - \frac{1}{2} \right) (n-k+1+\sigma-\theta)^{-\alpha} \mathrm{d}\theta \right] \delta_t f^{k-\frac{1}{2}}$$

$$\left. + \left[\int_0^1 \left(\theta - \frac{1}{2} \right) (1+\sigma-\theta)^{-\alpha} \mathrm{d}\theta + \int_0^\sigma (\sigma-\theta)^{-\alpha} \mathrm{d}\theta \right] \delta_t f^{n-\frac{1}{2}} \right\}$$

$$= \frac{\tau^{1-\alpha}}{\Gamma(1-\alpha)} \left\{ \left[\int_0^1 \left(\frac{3}{2} - \theta \right) (n-1+\sigma-\theta)^{-\alpha} \mathrm{d}\theta \right] \delta_t f^{\frac{1}{2}} \right.$$

$$+ \sum_{k=2}^{n-1} \left[\int_0^1 \left(\frac{3}{2} - \theta \right) (n-k+\sigma-\theta)^{-\alpha} \mathrm{d}\theta \right.$$

$$\left. + \int_0^{\frac{1}{2}} \theta \left(\alpha \int_{-\theta}^\theta \left(n-k+\frac{1}{2}+\sigma+\xi \right)^{-\alpha-1} \mathrm{d}\xi \right) \mathrm{d}\theta \right] \delta_t f^{k-\frac{1}{2}}$$

$$\left. + \left[\int_0^{\frac{1}{2}} \theta \left(\alpha \int_{-\theta}^\theta \left(\frac{1}{2}+\sigma+\xi \right)^{-\alpha-1} \mathrm{d}\xi \right) \mathrm{d}\theta + \frac{\sigma^{1-\alpha}}{1-\alpha} \right] \delta_t f^{n-\frac{1}{2}} \right\}$$

$$\equiv \Delta_t^\alpha f(t_{n-1+\sigma}).$$

记

$$c_0^{(1,\alpha)} = \sigma^{1-\alpha}; \tag{1.6.22}$$

当 $n \geqslant 2$ 时, 记

$$\begin{cases} c_0^{(n,\alpha)} = (1-\alpha) \int_0^{\frac{1}{2}} \theta \left(\alpha \int_{-\theta}^\theta \left(\frac{1}{2}+\sigma+\xi \right)^{-\alpha-1} \mathrm{d}\xi \right) \mathrm{d}\theta + \sigma^{1-\alpha}, & (1.6.23) \\[3mm] c_k^{(n,\alpha)} = (1-\alpha) \left[\int_0^1 \left(\frac{3}{2} - \theta \right) (k+\sigma-\theta)^{-\alpha} \mathrm{d}\theta \right. & \\[3mm] \qquad \left. + \int_0^{\frac{1}{2}} \theta \left(\alpha \int_{-\theta}^\theta \left(k+\frac{1}{2}+\sigma+\xi \right)^{-\alpha-1} \mathrm{d}\xi \right) \mathrm{d}\theta \right], 1 \leqslant k \leqslant n-2, & (1.6.24) \\[3mm] c_{n-1}^{(n,\alpha)} = (1-\alpha) \int_0^1 \left(\frac{3}{2} - \theta \right) (n-1+\sigma-\theta)^{-\alpha} \mathrm{d}\theta, & (1.6.25) \end{cases}$$

则有

$$\Delta_t^\alpha f(t_{n-1+\sigma})$$

$$= \frac{\tau^{1-\alpha}}{\Gamma(2-\alpha)} \sum_{k=1}^{n} c_{n-k}^{(n,\alpha)} \delta_t f^{k-\frac{1}{2}}$$

$$= \frac{\tau^{1-\alpha}}{\Gamma(2-\alpha)} \sum_{k=0}^{n-1} c_k^{(n,\alpha)} \delta_t f^{n-k-\frac{1}{2}}$$

$$= \frac{\tau^{-\alpha}}{\Gamma(2-\alpha)} \sum_{k=0}^{n-1} c_k^{(n,\alpha)} \big[f(t_{n-k}) - f(t_{n-k-1}) \big], \qquad 1 \leqslant n \leqslant N. \quad (1.6.26)$$

通常将上述公式称为 L2-1_σ 公式或 L2-1_σ 逼近.

计算可得, 当 $n \geqslant 2$ 时,

$$\begin{cases} c_0^{(n,\alpha)} = \dfrac{(1+\sigma)^{2-\alpha} - \sigma^{2-\alpha}}{2-\alpha} - \dfrac{(1+\sigma)^{1-\alpha} - \sigma^{1-\alpha}}{2}, \\[2mm] c_k^{(n,\alpha)} = \dfrac{1}{2-\alpha} \Big[(k+1+\sigma)^{2-\alpha} - 2(k+\sigma)^{2-\alpha} + (k-1+\sigma)^{2-\alpha} \Big] \\[2mm] \qquad\quad - \dfrac{1}{2} \Big[(k+1+\sigma)^{1-\alpha} - 2(k+\sigma)^{1-\alpha} + (k-1+\sigma)^{1-\alpha} \Big], \\[2mm] \qquad\qquad\qquad 1 \leqslant k \leqslant n-2, \\[2mm] c_{n-1}^{(n,\alpha)} = \dfrac{1}{2} \Big[3(n-1+\sigma)^{1-\alpha} - (n-2+\sigma)^{1-\alpha} \Big] \\[2mm] \qquad\quad - \dfrac{1}{2-\alpha} \Big[(n-1+\sigma)^{2-\alpha} - (n-2+\sigma)^{2-\alpha} \Big]. \end{cases}$$

用 L2-1_σ 公式 (1.6.26) 计算 $\Delta_t^\alpha f(t_{n-1+\sigma})\,(1 \leqslant n \leqslant N)$ 的运算量为 $O(N^2)$.

定理 1.6.4[1] 设 $f \in C^3[t_0, t_n]$, 则

$$\left| {}_0^C D_t^\alpha f(t)|_{t=t_{n-1+\sigma}} - \Delta_t^\alpha f(t_{n-1+\sigma}) \right| \leqslant \frac{(4\sigma-1)\sigma^{-\alpha}}{12\Gamma(2-\alpha)} \max_{t_0 \leqslant t \leqslant t_n} |f'''(t)| \tau^{3-\alpha},$$

其中 $\sigma = 1 - \dfrac{\alpha}{2}$, $0 < \alpha < 1$.

证明 记

$$R^n = {}_0^C D_t^\alpha f(t)|_{t=t_{n-1+\sigma}} - \Delta_t^\alpha f(t_{n-1+\sigma}),$$

$$R_1^n = \frac{1}{\Gamma(1-\alpha)} \sum_{k=1}^{n-1} \int_{t_{k-1}}^{t_k} \frac{f'(t) - L_{2,k}'(t)}{(t_{n-1+\sigma} - t)^\alpha} \mathrm{d}t,$$

$$R_2^n = \frac{1}{\Gamma(1-\alpha)} \int_{t_{n-1}}^{t_{n-1+\sigma}} \frac{f'(t) - \delta_t f^{n-\frac{1}{2}}}{(t_{n-1+\sigma} - t)^\alpha} \mathrm{d}t,$$

则

$$R^n = R_1^n + R_2^n. \qquad (1.6.27)$$

现分别估计 R_1^n 和 R_2^n.

$$R_1^n = \frac{1}{\Gamma(1-\alpha)} \sum_{k=1}^{n-1} \left[\frac{f(t) - L_{2,k}(t)}{(t_{n-1+\sigma} - t)^\alpha} \bigg|_{t=t_{k-1}}^{t_k} \right.$$

$$\left. - \int_{t_{k-1}}^{t_k} \alpha[f(t) - L_{2,k}(t)](t_{n-1+\sigma} - t)^{-\alpha-1} \mathrm{d}t \right]$$

$$= \frac{-\alpha}{\Gamma(1-\alpha)} \sum_{k=1}^{n-1} \int_{t_{k-1}}^{t_k} \frac{f'''(\xi_k)}{6} (t - t_{k-1})(t - t_k)(t - t_{k+1})(t_{n-1+\sigma} - t)^{-\alpha-1} \mathrm{d}t,$$

因而

$$|R_1^n| \leqslant \frac{\alpha}{6\Gamma(1-\alpha)} \max_{t_0 \leqslant t \leqslant t_n} |f'''(t)|$$

$$\cdot \sum_{k=1}^{n-1} \int_{t_{k-1}}^{t_k} (t - t_{k-1})(t_k - t)(t_{k+1} - t)(t_{n-1+\sigma} - t)^{-\alpha-1} \mathrm{d}t$$

$$\leqslant \frac{\alpha\tau^3}{12\Gamma(1-\alpha)} \max_{t_0 \leqslant t \leqslant t_n} |f'''(t)| \int_{t_0}^{t_{n-1}} (t_{n-1+\sigma} - t)^{-\alpha-1} \mathrm{d}t$$

$$\leqslant \frac{\sigma^{-\alpha}}{12\Gamma(1-\alpha)} \max_{t_0 \leqslant t \leqslant t_n} |f'''(t)| \tau^{3-\alpha}. \tag{1.6.28}$$

由

$$f'(t) = f'(t_{n-\frac{1}{2}}) + (t - t_{n-\frac{1}{2}})f''(t_{n-\frac{1}{2}}) + \frac{1}{2}(t - t_{n-\frac{1}{2}})^2 f'''(\eta_n),$$

$$\eta_n \in (t_{n-1}, t_{n-1+\sigma}),$$

可得

$$R_2^n = \frac{1}{\Gamma(1-\alpha)} \int_{t_{n-1}}^{t_{n-1+\sigma}} \frac{f'(t_{n-\frac{1}{2}}) - \delta_t f^{n-\frac{1}{2}}}{(t_{n-1+\sigma} - t)^\alpha} \mathrm{d}t$$

$$+ \frac{1}{\Gamma(1-\alpha)} \int_{t_{n-1}}^{t_{n-1+\sigma}} \frac{(t - t_{n-\frac{1}{2}})f''(t_{n-\frac{1}{2}})}{(t_{n-1+\sigma} - t)^\alpha} \mathrm{d}t$$

$$+ \frac{1}{\Gamma(1-\alpha)} \int_{t_{n-1}}^{t_{n-1+\sigma}} \frac{\frac{1}{2}(t - t_{n-\frac{1}{2}})^2 f'''(\eta_n)}{(t_{n-1+\sigma} - t)^\alpha} \mathrm{d}t.$$

计算上式中的三个积分得到

$$\left| \frac{1}{\Gamma(1-\alpha)} \int_{t_{n-1}}^{t_{n-1+\sigma}} \frac{f'(t_{n-\frac{1}{2}}) - \delta_t f^{n-\frac{1}{2}}}{(t_{n-1+\sigma} - t)^\alpha} \mathrm{d}t \right|$$

$$\leqslant \frac{1}{\Gamma(1-\alpha)} \left| f'(t_{n-\frac{1}{2}}) - \delta_t f^{n-\frac{1}{2}} \right| \int_{t_{n-1}}^{t_{n-1+\sigma}} \frac{1}{(t_{n-1+\sigma} - t)^\alpha} \mathrm{d}t$$

$$\leqslant \frac{1}{\Gamma(1-\alpha)} \cdot \frac{\tau^2}{24} \max_{t_{n-1} \leqslant t \leqslant t_n} |f'''(t)| \cdot \frac{1}{1-\alpha} \sigma^{1-\alpha} \tau^{1-\alpha};$$

$$\frac{1}{\Gamma(1-\alpha)} \int_{t_{n-1}}^{t_{n-1+\sigma}} \frac{(t-t_{n-\frac{1}{2}})f''(t_{n-\frac{1}{2}})}{(t_{n-1+\sigma}-t)^\alpha} dt$$

$$= \frac{1}{\Gamma(1-\alpha)} f''(t_{n-\frac{1}{2}}) \int_{t_{n-1}}^{t_{n-1+\sigma}} \frac{t-t_{n-\frac{1}{2}}}{(t_{n-1+\sigma}-t)^\alpha} dt$$

$$= \frac{1}{\Gamma(1-\alpha)} f''(t_{n-\frac{1}{2}}) \cdot \tau^{2-\alpha} \frac{\sigma^{1-\alpha}}{(1-\alpha)(2-\alpha)} \left[\sigma - \left(1-\frac{\alpha}{2}\right)\right]$$

$$= 0; \tag{1.6.29}$$

$$\left| \frac{1}{\Gamma(1-\alpha)} \int_{t_{n-1}}^{t_{n-1+\sigma}} \frac{\frac{1}{2}(t-t_{n-\frac{1}{2}})^2 f'''(\eta_n)}{(t_{n-1+\sigma}-t)^\alpha} dt \right|$$

$$\leqslant \frac{\tau^2}{8\Gamma(1-\alpha)} \max_{t_{n-1}\leqslant t\leqslant t_n} |f'''(t)| \int_{t_{n-1}}^{t_{n-1+\sigma}} \frac{1}{(t_{n-1+\sigma}-t)^\alpha} dt$$

$$= \frac{\tau^2}{8\Gamma(1-\alpha)} \max_{t_{n-1}\leqslant t\leqslant t_n} |f'''(t)| \cdot \frac{1}{1-\alpha} \sigma^{1-\alpha}\tau^{1-\alpha}.$$

于是

$$|R_2^n| \leqslant \frac{\sigma^{1-\alpha}}{6\Gamma(2-\alpha)} \max_{t_{n-1}\leqslant t\leqslant t_n} |f'''(t)| \tau^{3-\alpha}. \tag{1.6.30}$$

将 (1.6.28) 和 (1.6.30) 代入 (1.6.27), 得到

$$|R^n| \leqslant \frac{(4\sigma-1)\sigma^{-\alpha}}{12\Gamma(2-\alpha)} \max_{t_0\leqslant t\leqslant t_n} |f'''(t)| \tau^{3-\alpha}. \qquad \square$$

注 1.6.2 取 $\sigma = 1-\frac{\alpha}{2}$, 就是为了使得 (1.6.29) 中的积分

$$\int_{t_{n-1}}^{t_{n-1+\sigma}} \frac{t-t_{n-\frac{1}{2}}}{(t_{n-1+\sigma}-t)^\alpha} dt = 0.$$

当 $\sigma \neq 1-\frac{\alpha}{2}$ 时, ${}_0^C D_t^\alpha f(t)|_{t=t_{n-1+\sigma}} - \Delta_t^\alpha f(t_{n-1+\sigma}) = O(\tau^{2-\alpha})$.

引理 1.6.3[1] 设 $\alpha \in (0,1)$, $\sigma = 1-\frac{\alpha}{2}$, $\{c_k^{(n,\alpha)} | 0 \leqslant k \leqslant n-1, n \geqslant 1\}$ 由 (1.6.22)—(1.6.25) 定义, 则有

$$c_0^{(n,\alpha)} > c_1^{(n,\alpha)} > c_2^{(n,\alpha)} > \cdots > c_{n-2}^{(n,\alpha)} > c_{n-1}^{(n,\alpha)} > (1-\alpha)n^{-\alpha}, \tag{1.6.31}$$

$$(2\sigma-1)c_0^{(n,\alpha)} - \sigma c_1^{(n,\alpha)} > 0. \tag{1.6.32}$$

证明 由 (1.6.24)—(1.6.25) 易得

$$c_1^{(n,\alpha)} > c_2^{(n,\alpha)} > \cdots > c_{n-2}^{(n,\alpha)} > c_{n-1}^{(n,\alpha)} > (1-\alpha)n^{-\alpha}.$$

当 $n = 1$ 时,

$$c_0^{(n,\alpha)} = \sigma^{1-\alpha} = \left(1 - \frac{\alpha}{2}\right)^{1-\alpha} > 1 - \frac{\alpha}{2} > 1 - \alpha,$$

(1.6.31) 成立.

当 $n \geqslant 2$ 时, 如果 (1.6.32) 成立, 则有

$$c_0^{(n,\alpha)} - c_1^{(n,\alpha)} = \frac{1}{\sigma}\left[(2\sigma - 1)c_0^{(n,\alpha)} - \sigma c_1^{(n,\alpha)}\right] + \frac{\alpha}{2\sigma}c_0^{(n,\alpha)} > 0.$$

因而只要证明 (1.6.32).

(I) 当 $n = 2$ 时, 有

$$\begin{aligned}
&(2\sigma - 1)c_0^{(n,\alpha)} - \sigma c_1^{(n,\alpha)} \\
&= (2\sigma - 1)\left[\frac{(1+\sigma)^{2-\alpha} - \sigma^{2-\alpha}}{2-\alpha} - \frac{(1+\sigma)^{1-\alpha} - \sigma^{1-\alpha}}{2}\right] \\
&\quad - \sigma\left[\frac{1}{2}\left(3(1+\sigma)^{1-\alpha} - \sigma^{1-\alpha}\right) - \frac{1}{2-\alpha}\left((1+\sigma)^{2-\alpha} - \sigma^{2-\alpha}\right)\right] \\
&= \frac{1}{2}\left(3 - 2\sigma - \frac{1}{\sigma}\right)(1+\sigma)^{1-\alpha} \\
&= \frac{1}{2\sigma}(2\sigma - 1)(1-\sigma)(1+\sigma)^{1-\alpha} \\
&> 0.
\end{aligned}$$

(II) 当 $n \geqslant 3$ 时, 有

$$\begin{aligned}
&(2\sigma - 1)c_0^{(n,\alpha)} - \sigma c_1^{(n,\alpha)} \\
&= (2\sigma - 1)\left[\frac{(1+\sigma)^{2-\alpha} - \sigma^{2-\alpha}}{2-\alpha} - \frac{(1+\sigma)^{1-\alpha} - \sigma^{1-\alpha}}{2}\right] \\
&\quad - \sigma\left\{\frac{1}{2-\alpha}\left[(2+\sigma)^{2-\alpha} - 2(1+\sigma)^{2-\alpha} + \sigma^{2-\alpha}\right]\right. \\
&\quad \left. - \frac{1}{2}\left[(2+\sigma)^{1-\alpha} - 2(1+\sigma)^{1-\alpha} + \sigma^{1-\alpha}\right]\right\} \\
&= \frac{4\sigma - 1}{2\sigma}(1+\sigma)^{1-\alpha} - (2+\sigma)^{1-\alpha}.
\end{aligned}$$

注意到

$$\begin{aligned}
(2+\sigma)^{1-\alpha} &= (1+\sigma)^{1-\alpha}\left(1 + \frac{1}{1+\sigma}\right)^{1-\alpha} \\
&\leqslant (1+\sigma)^{1-\alpha}\left(1 + \frac{1-\alpha}{1+\sigma}\right) \\
&= (1+\sigma)^{1-\alpha}\frac{3\sigma}{1+\sigma},
\end{aligned}$$

可得

$$(2\sigma - 1)c_0^{(n,\alpha)} - \sigma c_1^{(n,\alpha)}$$

$$\geqslant \frac{4\sigma - 1}{2\sigma}(1+\sigma)^{1-\alpha} - (1+\sigma)^{1-\alpha}\frac{3\sigma}{1+\sigma}$$

$$= \frac{(2\sigma-1)(1-\sigma)}{2\sigma(1+\sigma)}(1+\sigma)^{1-\alpha} > 0. \qquad \square$$

1.6.4 多项分数阶导数和的 L2-1$_\sigma$ 逼近

高广花等[19] 考虑了多项 Caputo 分数阶导数和

$$\mathbf{D}_t f(t) \equiv \sum_{r=0}^{m} \lambda_r \, {}_0^C D_t^{\alpha_r} f(t) \qquad (1.6.33)$$

的 L2-1$_\sigma$ 逼近, 其中 $\lambda_r \, (0 \leqslant r \leqslant m)$ 为正常数, $0 \leqslant \alpha_m < \alpha_{m-1} < \cdots < \alpha_0 \leqslant 1$, 且至少有一个 $\alpha_r \in (0,1)$, ${}_0^C D_t^{\alpha} f(t)$ 定义如下

$$
{}_0^C D_t^{\alpha} f(t) = \begin{cases} f(t) - f(0), & \alpha = 0, \\ \dfrac{1}{\Gamma(1-\alpha)} \displaystyle\int_0^t f'(s)(t-s)^{-\alpha}\mathrm{d}s, & \alpha \in (0,1), \\ f'(t), & \alpha = 1. \end{cases}
$$

记

$$a = \min_{0 \leqslant r \leqslant m}\left\{1 - \frac{\alpha_r}{2}\right\}, \quad b = \max_{0 \leqslant r \leqslant m}\left\{1 - \frac{\alpha_r}{2}\right\}.$$

易知

$$a = 1 - \frac{\alpha_0}{2} \geqslant \frac{1}{2}, \quad b = 1 - \frac{\alpha_m}{2} \leqslant 1.$$

定义

$$F(\sigma) = \sum_{r=0}^{m} \frac{\lambda_r}{\Gamma(3-\alpha_r)} \sigma^{1-\alpha_r}\left[\sigma - \left(1 - \frac{\alpha_r}{2}\right)\right]\tau^{2-\alpha_r}, \quad \sigma > 0.$$

引理 1.6.4 方程 $F(\sigma) = 0$ 有唯一根 $\sigma^* \in [a,b]$.

证明 当 $m = 0$ 时, $F(\sigma) = \dfrac{\lambda_0}{\Gamma(3-\alpha_0)}\sigma^{1-\alpha_0}\left[\sigma - \left(1 - \dfrac{\alpha_0}{2}\right)\right]\tau^{2-\alpha_0}$. 易知方程 $F(\sigma) = 0$ 有唯一根 $\sigma^* = 1 - \dfrac{\alpha_0}{2}$.

现设 $m \geqslant 1$. 当 $0 \leqslant \sigma \leqslant a$ 时, $F(\sigma) \leqslant 0$. 当 $\sigma \geqslant b$ 时, $F(\sigma) \geqslant 0$. 当 $\sigma \in [a,b]$ 时,

$$F'(\sigma) = \sum_{r=0}^{m} \frac{\lambda_r}{\Gamma(2-\alpha_r)}\sigma^{-\alpha_r}\left[\sigma - \frac{1}{2}(1-\alpha_r)\right]\tau^{2-\alpha_r} > 0.$$

因而方程 $F(\sigma) = 0$ 有唯一根 $\sigma^* \in [a,b]$. $\qquad \square$

引理 1.6.5　设 $m \geqslant 1$. 由

$$\begin{cases} \sigma_{k+1} = \sigma_k - \dfrac{F(\sigma_k)}{F'(\sigma_k)}, & k = 0, 1, 2, \cdots, \\ \sigma_0 = b \end{cases} \tag{1.6.34}$$

产生的 Newton 迭代序列 $\{\sigma_k\}_{k=0}^{\infty}$ 单调下降并收敛于 σ^*.

证明　由引理 1.6.4 的证明知 $F(a) < 0, F(b) > 0$, 且当 $\sigma \in [a, b]$ 时, $F'(\sigma) > 0$. 此外, 当 $\sigma \in [a, b]$ 时,

$$F''(\sigma) = \sum_{r=0}^{m} \frac{\lambda_r}{\Gamma(1-\alpha_r)} \sigma^{-\alpha_r-1} \left(\sigma + \frac{1}{2}\alpha_r\right) \tau^{2-\alpha_r} > 0.$$

注意到

$$F(\sigma_0) F''(\sigma_0) > 0.$$

由 (1.6.34) 得到的 Newton 迭代序列 $\{\sigma_k\}_{k=0}^{\infty}$ 单调下降并收敛于 $\sigma^{*[83]}$. □

为书写简洁, 本节记 $\sigma = \sigma^*$, 即所取 $\sigma \in \left[\dfrac{1}{2}, 1\right]$ 使得 $F(\sigma) = 0$.

此外, 记 $t_{n-1+\sigma} = (n-1+\sigma)\tau$.

当 $n = 1$ 时,

$$_0^C D_t^\alpha f(t)|_{t=t_{n-1+\sigma}} = \frac{1}{\Gamma(1-\alpha)} \int_{t_0}^{t_\sigma} f'(t)(t_\sigma - t)^{-\alpha} \mathrm{d}t.$$

当 $n \geqslant 2$ 时,

$$_0^C D_t^\alpha f(t)|_{t=t_{n-1+\sigma}} = \frac{1}{\Gamma(1-\alpha)} \left[\sum_{k=1}^{n-1} \int_{t_{k-1}}^{t_k} f'(t)(t_{n-1+\sigma} - t)^{-\alpha} \mathrm{d}t \right. $$
$$\left. + \int_{t_{n-1}}^{t_{n-1+\sigma}} f'(t)(t_{n-1+\sigma} - t)^{-\alpha} \mathrm{d}t \right].$$

下面的定理给出了 (1.6.33) 在 $t = t_{n-1+\sigma}$ 处的值的逼近公式及逼近精度.

定理 1.6.5　设 $f \in C^3[t_0, t_n]$. 记

$$\mathcal{D}_t f(t_{n-1+\sigma}) = \sum_{r=0}^{m} \frac{\lambda_r}{\Gamma(1-\alpha_r)} \left[\sum_{k=1}^{n-1} \int_{t_{k-1}}^{t_k} L'_{2,k}(t)(t_{n-1+\sigma} - t)^{-\alpha_r} \mathrm{d}t \right.$$
$$\left. + \int_{t_{n-1}}^{t_{n-1+\sigma}} L'_{1,n}(t)(t_{n-1+\sigma} - t)^{-\alpha_r} \mathrm{d}t \right],$$

则有如下误差估计

$$\left| \mathbf{D}_t f(t) \big|_{t=t_{n-1+\sigma}} - \mathcal{D}_t f(t_{n-1+\sigma}) \right|$$

$$\leqslant \sum_{r=0}^{m} \frac{\lambda_r}{\Gamma(2-\alpha_r)} \cdot \left(\frac{1-\alpha_r}{12} + \frac{\sigma}{6} \right) \sigma^{-\alpha_r} \tau^{3-\alpha_r} \cdot \max_{t_0 \leqslant t \leqslant t_n} |f'''(t)| = O(\tau^{3-\alpha_0}).$$

证明 易知

$$\mathbf{D}_t f(t) \big|_{t=t_{n-1+\sigma}} - \mathcal{D}_t f(t_{n-1+\sigma})$$

$$= \sum_{r=0}^{m} \frac{\lambda_r}{\Gamma(1-\alpha_r)} \Bigg\{ \sum_{k=1}^{n-1} \int_{t_{k-1}}^{t_k} \big[f'(t) - L'_{2,k}(t) \big] (t_{n-1+\sigma} - t)^{-\alpha_r} \mathrm{d}t$$

$$+ \int_{t_{n-1}}^{t_{n-1+\sigma}} \big[f'(t) - L'_{1,n}(t) \big] (t_{n-1+\sigma} - t)^{-\alpha_r} \mathrm{d}t \Bigg\}$$

$$= \sum_{r=0}^{m} \frac{\lambda_r}{\Gamma(1-\alpha_r)} \sum_{k=1}^{n-1} \int_{t_{k-1}}^{t_k} \big[f'(t) - L'_{2,k}(t) \big] (t_{n-1+\sigma} - t)^{-\alpha_r} \mathrm{d}t$$

$$+ \sum_{r=0}^{m} \frac{\lambda_r}{\Gamma(1-\alpha_r)} \int_{t_{n-1}}^{t_{n-1+\sigma}} \big[f'(t) - L'_{1,n}(t) \big] (t_{n-1+\sigma} - t)^{-\alpha_r} \mathrm{d}t. \quad (1.6.35)$$

记

$$M = \max_{t_0 \leqslant t \leqslant t_n} |f'''(t)|.$$

由

$$A_r \equiv \sum_{k=1}^{n-1} \int_{t_{k-1}}^{t_k} \big[f'(t) - L'_{2,k}(t) \big] (t_{n-1+\sigma} - t)^{-\alpha_r} \mathrm{d}t$$

$$= \sum_{k=1}^{n-1} \Bigg\{ \big[f(t) - L_{2,k}(t) \big] (t_{n-1+\sigma} - t)^{-\alpha_r} \Big|_{t=t_{k-1}}^{t_k}$$

$$- \int_{t_{k-1}}^{t_k} \big[f(t) - L_{2,k}(t) \big] \alpha_r (t_{n-1+\sigma} - t)^{-\alpha_r - 1} \mathrm{d}t \Bigg\}$$

$$= - \sum_{k=1}^{n-1} \int_{t_{k-1}}^{t_k} \big[f(t) - L_{2,k}(t) \big] \alpha_r (t_{n-1+\sigma} - t)^{-\alpha_r - 1} \mathrm{d}t$$

及

$$\max_{t_{k-1} \leqslant t \leqslant t_k} \big| f(t) - L_{2,k}(t) \big| \leqslant \frac{1}{12} M \tau^3,$$

得到

$$
\begin{aligned}
|A_r| &\leqslant \sum_{k=1}^{n-1} \int_{t_{k-1}}^{t_k} \big| f(t) - L_{2,k}(t) \big| \alpha_r (t_{n-1+\sigma} - t)^{-\alpha_r - 1} \mathrm{d}t \\
&\leqslant \frac{1}{12} M \tau^3 \sum_{k=1}^{n-1} \int_{t_{k-1}}^{t_k} \alpha_r (t_{n-1+\sigma} - t)^{-\alpha_r - 1} \mathrm{d}t \\
&= \frac{1}{12} M \tau^3 \int_{t_0}^{t_{n-1}} \alpha_r (t_{n-1+\sigma} - t)^{-\alpha_r - 1} \mathrm{d}t \\
&= \frac{1}{12} M \tau^3 \big[(t_{n-1+\sigma} - t_{n-1})^{-\alpha_r} - (t_{n-1+\sigma} - t_0)^{-\alpha_r} \big] \\
&\leqslant \frac{1}{12} M \tau^3 \cdot (\sigma\tau)^{-\alpha_r} \\
&= \frac{1}{12} M \sigma^{-\alpha_r} \tau^{3-\alpha_r}.
\end{aligned}
\tag{1.6.36}
$$

对于 (1.6.35) 的第二项, 由

$$
\begin{aligned}
& f'(t) - L_{1,n}'(t) \\
&= f'(t) - \delta_t f^{n-\frac{1}{2}} \\
&= \big[f'(t) - f'(t_{n-\frac{1}{2}}) \big] + \big[f'(t_{n-\frac{1}{2}}) - \delta_t f^{n-\frac{1}{2}} \big] \\
&= \Big[f''(t_{n-\frac{1}{2}})(t - t_{n-\frac{1}{2}}) + \frac{1}{2} f'''(\eta_n)(t - t_{n-\frac{1}{2}})^2 \Big] - \frac{1}{24} \tau^2 f'''(\tilde{\eta}_n), \\
& \qquad\qquad t \in [t_{n-1}, t_n], \quad \eta_n, \ \tilde{\eta}_n \in (t_{n-1}, t_n),
\end{aligned}
$$

得到

$$
\begin{aligned}
B &\equiv \sum_{r=0}^{m} \frac{\lambda_r}{\Gamma(1-\alpha_r)} \int_{t_{n-1}}^{t_{n-1+\sigma}} \big[f'(t) - L_{1,n}'(t) \big](t_{n-1+\sigma} - t)^{-\alpha_r} \mathrm{d}t \\
&= \sum_{r=0}^{m} \frac{\lambda_r}{\Gamma(1-\alpha_r)} \int_{t_{n-1}}^{t_{n-1+\sigma}} \Big[f''(t_{n-\frac{1}{2}})(t - t_{n-\frac{1}{2}}) + \frac{1}{2} f'''(\eta_n)(t - t_{n-\frac{1}{2}})^2 \\
& \qquad\qquad - \frac{1}{24} \tau^2 f'''(\tilde{\eta}_n) \Big] (t_{n-1+\sigma} - t)^{-\alpha_r} \mathrm{d}t \\
&= f''(t_{n-\frac{1}{2}}) \sum_{r=0}^{m} \frac{\lambda_r}{\Gamma(1-\alpha_r)} \int_{t_{n-1}}^{t_{n-1+\sigma}} (t - t_{n-\frac{1}{2}})(t_{n-1+\sigma} - t)^{-\alpha_r} \mathrm{d}t \\
& \quad + \sum_{r=0}^{m} \frac{\lambda_r}{\Gamma(1-\alpha_r)} \int_{t_{n-1}}^{t_{n-1+\sigma}} \Big[\frac{1}{2} f'''(\eta_n)(t - t_{n-\frac{1}{2}})^2 - \frac{1}{24} \tau^2 f'''(\tilde{\eta}_n) \Big] \\
& \quad \cdot (t_{n-1+\sigma} - t)^{-\alpha_r} \mathrm{d}t.
\end{aligned}
$$

注意到 $F(\sigma) = 0$, 有

$$\sum_{r=0}^{m} \frac{\lambda_r}{\Gamma(1-\alpha_r)} \int_{t_{n-1}}^{t_{n-1+\sigma}} (t - t_{n-\frac{1}{2}})(t_{n-1+\sigma} - t)^{-\alpha_r} \mathrm{d}t$$

$$= \sum_{r=0}^{m} \frac{\lambda_r}{\Gamma(1-\alpha_r)} \int_{0}^{\sigma\tau} \left[\left(\sigma - \frac{1}{2}\right)\tau - \xi \right] \xi^{-\alpha_r} \mathrm{d}\xi$$

$$= \sum_{r=0}^{m} \frac{\lambda_r}{\Gamma(1-\alpha_r)} \left[\left(\sigma - \frac{1}{2}\right)\tau \frac{(\sigma\tau)^{1-\alpha_r}}{1-\alpha_r} - \frac{(\sigma\tau)^{2-\alpha_r}}{2-\alpha_r} \right]$$

$$= \sum_{r=0}^{m} \frac{\lambda_r}{\Gamma(3-\alpha_r)} \sigma^{1-\alpha_r} \left[\sigma - \left(1 - \frac{\alpha_r}{2}\right) \right] \tau^{2-\alpha_r}$$

$$= F(\sigma)$$

$$= 0.$$

因而

$$B = \sum_{r=0}^{m} \frac{\lambda_r}{\Gamma(1-\alpha_r)}$$

$$\cdot \int_{t_{n-1}}^{t_{n-1+\sigma}} \left[\frac{1}{2} f'''(\eta_n)(t - t_{n-\frac{1}{2}})^2 - \frac{1}{24}\tau^2 f'''(\tilde{\eta}_n) \right] (t_{n-1+\sigma} - t)^{-\alpha_r} \mathrm{d}t.$$

进一步可得

$$|B| \leqslant \frac{1}{6} M \sum_{r=0}^{m} \frac{\lambda_r}{\Gamma(1-\alpha_r)} \cdot \frac{\sigma^{1-\alpha_r}}{1-\alpha_r} \tau^{3-\alpha_r}. \tag{1.6.37}$$

将 (1.6.36) 和 (1.6.37) 代入 (1.6.35), 得到

$$\left| \mathbf{D}_t f(t)|_{t=t_{n-1+\sigma}} - \mathcal{D}_t f(t_{n-1+\sigma}) \right|$$

$$\leqslant M \sum_{r=0}^{m} \frac{\lambda_r}{\Gamma(1-\alpha_r)} \cdot \left(\frac{1}{12} + \frac{1}{6} \cdot \frac{\sigma}{1-\alpha_r} \right) \sigma^{-\alpha_r} \tau^{3-\alpha_r}. \qquad \square$$

应用 (1.6.26) 得到

$$\mathcal{D}_t f(t_{n-1+\sigma}) \equiv \sum_{r=0}^{m} \lambda_r \cdot \frac{\tau^{-\alpha_r}}{\Gamma(2-\alpha_r)} \sum_{k=0}^{n-1} c_k^{(n,\alpha_r)} \left[f(t_{n-k}) - f(t_{n-k-1}) \right]$$

$$= \sum_{k=0}^{n-1} \hat{c}_k^{(n)} \left[f(t_{n-k}) - f(t_{n-k-1}) \right],$$

其中

$$\hat{c}_k^{(n)} = \sum_{r=0}^{m} \lambda_r \cdot \frac{\tau^{-\alpha_r}}{\Gamma(2-\alpha_r)} c_k^{(n,\alpha_r)}, \quad 0 \leqslant k \leqslant n-1, \qquad (1.6.38)$$

$\{c_k^{(n,\alpha_r)}\}$ 由 (1.6.22)—(1.6.25) 定义.

下面的两个引理给出了系数 $\{\hat{c}_k^{(n)}\}$ 的性质.

引理 1.6.6　对于非负整数 m, 正常数 $\lambda_0, \lambda_1, \cdots, \lambda_m$ 及任意的 $\alpha_r \in [0,1]$ $(0 \leqslant r \leqslant m)$, 其中至少有一个 $\alpha_r \in (0,1)$, 则有下列不等式

$$\hat{c}_1^{(n)} > \hat{c}_2^{(n)} > \cdots > \hat{c}_{n-2}^{(n)} > \hat{c}_{n-1}^{(n)} > \sum_{r=0}^{m} \lambda_r \frac{\tau^{-\alpha_r}}{\Gamma(1-\alpha_r)} n^{-\alpha_r} \qquad (1.6.39)$$

成立.

证明　当 $m = 0$ 时, 结论见引理 1.6.3. 现设 $m \geqslant 1$. 对于任意的 $\alpha_r \in (0,1)$, 有 (见引理 1.6.3):

$$c_1^{(n,\alpha_r)} > c_2^{(n,\alpha_r)} > \cdots > c_{n-2}^{(n,\alpha_r)} > c_{n-1}^{(n,\alpha_r)} > (1-\alpha_r)n^{-\alpha_r}. \qquad (1.6.40)$$

特别地, 如果 $\alpha_r = 0$, 则有

$$c_1^{(n,\alpha_r)} = c_2^{(n,\alpha_r)} = \cdots = c_{n-1}^{(n,\alpha_r)} = 1 = (1-0)n^{-0}; \qquad (1.6.41)$$

如果 $\alpha_r = 1$, 则有

$$c_1^{(n,\alpha_r)} = c_2^{(n,\alpha_r)} = \cdots = c_{n-1}^{(n,\alpha_r)} = 0 = (1-1)n^{-1}. \qquad (1.6.42)$$

综合 (1.6.40)—(1.6.42) 并注意到至少有一个 $\alpha_\gamma \in (0,1)$, 得到结论 (1.6.39). □

引理 1.6.7　对于非负整数 m, 正常数 $\lambda_0, \lambda_1, \cdots, \lambda_m$ 及任意的 $\alpha_r \in [0,1]$ $(0 \leqslant r \leqslant m)$, 其中至少有一个 $\alpha_r \in (0,1)$, 则存在正常数 τ_0, 当 $\tau \leqslant \tau_0$ 时, 成立

$$(2\sigma - 1)\hat{c}_0^{(n)} - \sigma\hat{c}_1^{(n)} > 0. \qquad (1.6.43)$$

由上式可得

$$\hat{c}_0^{(n)} > \hat{c}_1^{(n)}. \qquad (1.6.44)$$

证明　如果 $m = 0$, 结论见引理 1.6.3. 现设 $m \geqslant 1$. 因而 $\sigma \in \left(\dfrac{1}{2}, 1\right)$.

(I) 当 $n \geqslant 3$ 时, 对于每一个 $\alpha_r \in (0,1)$, 有 (见引理 1.6.3)

$$(2\sigma - 1)c_0^{(n,\alpha_r)} - \sigma c_1^{(n,\alpha_r)}$$

$$= (2\sigma - 1)\Big[\frac{(1+\sigma)^{2-\alpha_r} - \sigma^{2-\alpha_r}}{2 - \alpha_r} - \frac{(1+\sigma)^{1-\alpha_r} - \sigma^{1-\alpha_r}}{2}\Big]$$

$$\quad - \sigma\Big\{\frac{1}{2-\alpha_r}\Big[(2+\sigma)^{2-\alpha_r} - 2(1+\sigma)^{2-\alpha_r} + \sigma^{2-\alpha_r}\Big]$$

$$\quad - \frac{1}{2}\Big[(2+\sigma)^{1-\alpha_r} - 2(1+\sigma)^{1-\alpha_r} + \sigma^{1-\alpha_r}\Big]\Big\}$$

$$= -\frac{s_r(2+\sigma) - \sigma}{2}(2+\sigma)^{1-\alpha_r} + \frac{(4\sigma^2 + 3\sigma - 1)s_r - 4\sigma^2 + \sigma}{2\sigma}(1+\sigma)^{1-\alpha_r}$$

$$\quad - \frac{3\sigma - 1}{2}(s_r - 1)\sigma^{1-\alpha_r},$$

其中 $s_r = \dfrac{\sigma}{1 - \alpha_r/2}, r = 0, 1, \cdots, m.$

注意到

$$(2+\sigma)^{1-\alpha_r} = (1+\sigma)^{1-\alpha_r}\Big(1 + \frac{1}{1+\sigma}\Big)^{1-\alpha_r}$$

$$\leqslant (1+\sigma)^{1-\alpha_r}\Big(1 + \frac{1-\alpha_r}{1+\sigma}\Big)$$

$$= (1+\sigma)^{1-\alpha_r}\frac{\sigma s_r + 2\sigma}{s_r(1+\sigma)},$$

可得

$$(2\sigma - 1)c_0^{(n,\alpha_r)} - \sigma c_1^{(n,\alpha_r)}$$

$$\geqslant \frac{1}{2}\Big[\Big(3\sigma^2 + 5\sigma + 2 - \frac{1}{\sigma}\Big)s_r + \frac{2\sigma^2}{s_r} - 5\sigma^2 - 7\sigma + 1\Big](1+\sigma)^{-\alpha_r}$$

$$\quad - \frac{3\sigma - 1}{2}(s_r - 1)\sigma^{1-\alpha_r}. \tag{1.6.45}$$

对于 $\sigma \in \Big(\dfrac{1}{2}, 1\Big)$, 考虑函数

$$f_\sigma(t) = \Big(3\sigma^2 + 5\sigma + 2 - \frac{1}{\sigma}\Big)t + \frac{2\sigma^2}{t} - 5\sigma^2 - 7\sigma + 1.$$

当 $t \geqslant 1$ 时,

$$f_\sigma'(t) = \Big(3\sigma^2 + 5\sigma + 2 - \frac{1}{\sigma}\Big) - \frac{2\sigma^2}{t^2}$$

$$\geqslant \Big(3\sigma^2 + 5\sigma + 2 - \frac{1}{\sigma}\Big) - 2\sigma^2$$

$$\geqslant \sigma^2 + 5\sigma > 0.$$

注意到 $s_0 > 1$, 有

$$f_\sigma(s_0) > f_\sigma(1) = \frac{(2\sigma - 1)(1 - \sigma)}{\sigma} > 0.$$

考虑到

$$\sum_{r=0}^{m} \lambda_r \frac{\tau^{-\alpha_r}}{\Gamma(2 - \alpha_r)} \sigma^{1 - \alpha_r}(s_r - 1) = \frac{2}{\tau^2} F(\sigma) = 0,$$

由 (1.6.45) 得到

$$(2\sigma - 1)\hat{c}_0^{(n)} - \sigma \hat{c}_1^{(n)}$$

$$= \sum_{r=0}^{m} \lambda_r \frac{\tau^{-\alpha_r}}{\Gamma(2 - \alpha_r)}[(2\sigma - 1)c_0^{(n,\alpha_r)} - \sigma c_1^{(n,\alpha_r)}]$$

$$\geqslant \frac{1}{2} \sum_{r=0}^{m} \lambda_r \frac{\tau^{-\alpha_r}}{\Gamma(2 - \alpha_r)} f_\sigma(s_r)(1 + \sigma)^{-\alpha_r} - \frac{3\sigma - 1}{2} \sum_{r=0}^{m} \lambda_r \frac{\tau^{-\alpha_r}}{\Gamma(2 - \alpha_r)} \sigma^{1 - \alpha_r}(s_r - 1)$$

$$= \frac{1}{2} \sum_{r=0}^{m} \lambda_r \frac{\tau^{-\alpha_r}}{\Gamma(2 - \alpha_r)} f_\sigma(s_r)(1 + \sigma)^{-\alpha_r}$$

$$= \frac{1}{2} \lambda_0 \frac{\tau^{-\alpha_0}}{\Gamma(2 - \alpha_0)} f_\sigma(s_0)(1 + \sigma)^{-\alpha_0} + \frac{1}{2} \sum_{r=1}^{m} \lambda_r \frac{\tau^{-\alpha_r}}{\Gamma(2 - \alpha_r)} f_\sigma(s_r)(1 + \sigma)^{-\alpha_r}$$

$$> \frac{1}{2} \lambda_0 \frac{\tau^{-\alpha_0}}{\Gamma(2 - \alpha_0)}(1 + \sigma)^{-\alpha_0} \left[f_\sigma(1) + \sum_{r=1}^{m} \lambda_r \frac{\tau^{\alpha_0 - \alpha_r}\Gamma(2 - \alpha_0)}{\lambda_0 \Gamma(2 - \alpha_r)} f_\sigma(s_r)(1 + \sigma)^{\alpha_0 - \alpha_r} \right]$$

$$= \frac{1}{2} \lambda_0 \frac{\tau^{-\alpha_0}}{\Gamma(2 - \alpha_0)}(1 + \sigma)^{-\alpha_0} \left[f_\sigma(1) + O(\tau^{\alpha_0 - \alpha_1}) \right]. \tag{1.6.46}$$

由于 $\alpha_0 - \alpha_1 > 0$, 故存在常数 $\tau_0 > 0$, 当 $\tau \leqslant \tau_0$ 时, $f_\sigma(1) + O(\tau^{\alpha_0 - \alpha_1}) \geqslant 0$. 因而不等式 (1.6.43) 成立.

(II) 当 $n = 2$ 时, 有

$$(2\sigma - 1)c_0^{(2,\alpha_r)} - \sigma c_1^{(2,\alpha_r)}$$

$$= (2\sigma - 1)\left[\frac{(1 + \sigma)^{2 - \alpha_r} - \sigma^{2 - \alpha_r}}{2 - \alpha_r} - \frac{(1 + \sigma)^{1 - \alpha_r} - \sigma^{1 - \alpha_r}}{2} \right]$$

$$- \sigma \left\{ \frac{1}{2}\left[3(1 + \sigma)^{1 - \alpha_r} - \sigma^{1 - \alpha_r} \right] - \frac{1}{2 - \alpha_r}\left[(1 + \sigma)^{2 - \alpha_r} - \sigma^{2 - \alpha_r} \right] \right\}$$

$$= \frac{1}{2}\left[\frac{(3\sigma - 1)(1 + \sigma)}{\sigma} s_r + 1 - 5\sigma \right](1 + \sigma)^{1 - \alpha_r} + \frac{1}{2}(3\sigma - 1)(1 - s_r)\sigma^{1 - \alpha_r}.$$

对于 $\sigma \in \left(\frac{1}{2}, 1 \right)$, 考虑

$$g_\sigma(t) = \frac{(3\sigma - 1)(1 + \sigma)}{\sigma} t + 1 - 5\sigma.$$

易知

$$g_\sigma(s_0) > g_\sigma(1) = \frac{(3\sigma-1)(1+\sigma)}{\sigma} + 1 - 5\sigma = 3 - 2\sigma - \frac{1}{\sigma} \geqslant 0, \quad \sigma \in \left(\frac{1}{2}, 1\right).$$

类似于 (1.6.46) 的证明, 可知存在常数 $\tau_0 > 0$, 当 $\tau \leqslant \tau_0$ 时, 不等式 (1.6.43) 成立.

$\square$

由定理 1.6.5 可知用 $\mathcal{D}_t f(t_{n-1+\sigma})$ 逼近多项 Caputo 导数的和 (1.6.33) 在点 $t_{n-1+\sigma}$ 处的值至少是二阶收敛的. 在 2.9 节和 3.7 节中将分别应用定理 1.6.5 中的逼近公式对多项时间分数阶慢扩散方程和多项时间分数阶波方程建立高精度差分格式.

1.6.5　H2N2 逼近

在文献 [56] 和 [60] 中, 作者给出了用 L2 方法和 L2C 方法 (变形的 L2 方法) 逼近 R-L 分数阶导数. 在文献 [45] 中, 作者将 L2 方法和 L2C 方法用于 Caputo 导数

$$_0^C D_t^\gamma f(t) = \frac{1}{\Gamma(2-\gamma)} \int_0^t f''(s)(t-s)^{1-\gamma}\mathrm{d}s, \quad \gamma \in (1,2)$$

的逼近. L2 方法如下:

$$\begin{aligned}
_0^C D_t^\gamma f(t)|_{t=t_n} &= \frac{1}{\Gamma(2-\gamma)} \sum_{k=1}^n \int_{t_{k-1}}^{t_k} f''(s)(t_n-s)^{1-\gamma}\mathrm{d}s \\
&\approx \frac{1}{\Gamma(2-\gamma)} \sum_{k=1}^n \frac{f(t_{k-1}) - 2f(t_k) + f(t_{k+1})}{\tau^2} \cdot \int_{t_{k-1}}^{t_k} (t_n-s)^{1-\gamma}\mathrm{d}s.
\end{aligned}$$

L2C 方法如下:

$$\begin{aligned}
&_0^C D_t^\gamma f(t)|_{t=t_n} \\
&= \frac{1}{\Gamma(2-\gamma)} \sum_{k=1}^n \int_{t_{k-1}}^{t_k} f''(s)(t_n-s)^{1-\gamma}\mathrm{d}s \\
&\approx \frac{1}{\Gamma(2-\gamma)} \sum_{k=1}^n \frac{f(t_{k-2}) - f(t_{k-1}) - f(t_k) + f(t_{k+1})}{2\tau^2} \cdot \int_{t_{k-1}}^{t_k} (t_n-s)^{1-\gamma}\mathrm{d}s.
\end{aligned}$$

本节介绍 H2N2 插值逼近方法[70]. 考虑

$$_0^C D_t^\gamma f(t)|_{t=t_{n-\frac{1}{2}}} = \frac{1}{\Gamma(2-\gamma)} \int_{t_0}^{t_{n-\frac{1}{2}}} f''(t)(t_{n-\frac{1}{2}} - t)^{1-\gamma}\mathrm{d}t, \quad 1 \leqslant n \leqslant N$$

的近似计算. 将其写成多个小区间上和的形式可得

$$\begin{aligned}
&_0^C D_t^\gamma f(t)|_{t=t_{n-\frac{1}{2}}} \\
&= \frac{1}{\Gamma(2-\gamma)} \left[\int_{t_0}^{t_{\frac{1}{2}}} f''(t)(t_{n-\frac{1}{2}} - t)^{1-\gamma}\mathrm{d}t + \sum_{k=1}^{n-1} \int_{t_{k-\frac{1}{2}}}^{t_{k+\frac{1}{2}}} f''(t)(t_{n-\frac{1}{2}} - t)^{1-\gamma}\mathrm{d}t \right].
\end{aligned}$$

利用 $(t_0, f(t_0))$, $(t_0, f'(t_0))$, $(t_1, f(t_1))$ 作 $f(t)$ 的二次 Hermite 插值多项式得到

$$H_{2,0}(t) = f(t_0) + f'(t_0)(t - t_0) + \frac{1}{\tau}\big(\delta_t f^{\frac{1}{2}} - f'(t_0)\big)(t - t_0)^2.$$

易知

$$H_{2,0}''(t) = \frac{2}{\tau}\big(\delta_t f^{\frac{1}{2}} - f'(t_0)\big) \tag{1.6.47}$$

且存在 $\xi_0 \in (t_0, t_1)$ 使得

$$\frac{2}{\tau}\big(\delta_t f^{\frac{1}{2}} - f'(t_0)\big) = f''(\xi_0). \tag{1.6.48}$$

利用三点 $(t_{k-1}, f(t_{k-1}))$, $(t_k, f(t_k))$, $(t_{k+1}, f(t_{k+1}))$ 作 $f(t)$ 的二次 Newton 插值多项式

$$N_{2,k}(t) = f(t_{k-1}) + \big(\delta_t f^{k-\frac{1}{2}}\big)(t - t_{k-1}) + \frac{1}{2}\big(\delta_t^2 f^k\big)(t - t_{k-1})(t - t_k),$$

其中

$$\delta_t^2 f^k = \frac{1}{\tau}\big(\delta_t f^{k+\frac{1}{2}} - \delta_t f^{k-\frac{1}{2}}\big).$$

易知

$$N_{2,k}''(t) = \delta_t^2 f^k \tag{1.6.49}$$

且存在 $\xi_k \in (t_{k-1}, t_{k+1})$ 使得

$$\delta_t^2 f^k = f''(\xi_k). \tag{1.6.50}$$

由 (1.6.47) 和 (1.6.49) 得到

$$\begin{aligned}
&{}_0^C D_t^\gamma f(t)|_{t=t_{n-\frac{1}{2}}}\\
&\approx \frac{1}{\Gamma(2-\gamma)}\left[\int_{t_0}^{t_{\frac{1}{2}}} H_{2,0}''(t)(t_{n-\frac{1}{2}} - t)^{1-\gamma}\mathrm{d}t + \sum_{k=1}^{n-1}\int_{t_{k-\frac{1}{2}}}^{t_{k+\frac{1}{2}}} N_{2,k}''(t)(t_{n-\frac{1}{2}} - t)^{1-\gamma}\mathrm{d}t\right]\\
&= \frac{1}{\Gamma(2-\gamma)}\left[\int_{t_0}^{t_{\frac{1}{2}}} \frac{2}{\tau}\big(\delta_t f^{\frac{1}{2}} - f'(t_0)\big)(t_{n-\frac{1}{2}} - t)^{1-\gamma}\mathrm{d}t\right.\\
&\left.\quad + \sum_{k=1}^{n-1}\int_{t_{k-\frac{1}{2}}}^{t_{k+\frac{1}{2}}} \big(\delta_t^2 f^k\big)(t_{n-\frac{1}{2}} - t)^{1-\gamma}\mathrm{d}t\right]\\
&= \frac{1}{\Gamma(2-\gamma)}\left[\frac{2}{\tau}\int_{t_0}^{t_{\frac{1}{2}}} (t_{n-\frac{1}{2}} - t)^{1-\gamma}\mathrm{d}t \cdot \big(\delta_t f^{\frac{1}{2}} - f'(t_0)\big)\right.\\
&\left.\quad + \sum_{k=1}^{n-1}\frac{1}{\tau}\int_{t_{k-\frac{1}{2}}}^{t_{k+\frac{1}{2}}} (t_{n-\frac{1}{2}} - t)^{1-\gamma}\mathrm{d}t \cdot \big(\delta_t f^{k+\frac{1}{2}} - \delta_t f^{k-\frac{1}{2}}\big)\right]\\
&\equiv \hat{D}_t^\gamma f(t_{n-\frac{1}{2}}). \tag{1.6.51}
\end{aligned}$$

记

$$
\hat{b}_k^{(n,\gamma)} = \begin{cases} \dfrac{\tau^{1-\gamma}}{2-\gamma}[(k+1)^{2-\gamma} - k^{2-\gamma}], & 0 \leqslant k \leqslant n-2, \\[4mm] \dfrac{2\tau^{1-\gamma}}{2-\gamma}\left[\left(n-\dfrac{1}{2}\right)^{2-\gamma} - (n-1)^{2-\gamma}\right], & k = n-1. \end{cases}
$$

计算可得

$$
\begin{aligned}
& \frac{2}{\tau}\int_{t_0}^{t_{\frac{1}{2}}} (t_{n-\frac{1}{2}} - t)^{1-\gamma}\mathrm{d}t \\
&= \frac{2}{\tau}\cdot\frac{1}{2-\gamma}\left[(t_{n-\frac{1}{2}} - t_0)^{2-\gamma} - (t_{n-\frac{1}{2}} - t_{\frac{1}{2}})^{2-\gamma}\right] \\
&= \frac{2\tau^{1-\gamma}}{2-\gamma}\left[\left(n-\frac{1}{2}\right)^{2-\gamma} - (n-1)^{2-\gamma}\right] \\
&= \hat{b}_{n-1}^{(n,\gamma)}
\end{aligned}
\tag{1.6.52}
$$

和

$$
\begin{aligned}
& \frac{1}{\tau}\int_{t_{k-\frac{1}{2}}}^{t_{k+\frac{1}{2}}} (t_{n-\frac{1}{2}} - t)^{1-\gamma}\mathrm{d}t \\
&= \frac{1}{\tau}\cdot\frac{1}{2-\gamma}\left[(t_{n-\frac{1}{2}} - t_{k-\frac{1}{2}})^{2-\gamma} - (t_{n-\frac{1}{2}} - t_{k+\frac{1}{2}})^{2-\gamma}\right] \\
&= \frac{\tau^{1-\gamma}}{2-\gamma}[(n-k)^{2-\gamma} - (n-k-1)^{2-\gamma}] \\
&= \hat{b}_{n-k-1}^{(n,\gamma)}, \quad 1 \leqslant k \leqslant n-1.
\end{aligned}
\tag{1.6.53}
$$

于是得到如下逼近公式

$$
\begin{aligned}
& \hat{D}_t^\gamma f(t_{n-\frac{1}{2}}) \\
&= \frac{1}{\Gamma(2-\gamma)}\left[\hat{b}_{n-1}^{(n,\gamma)}\cdot\left(\delta_t f^{\frac{1}{2}} - f'(t_0)\right) + \sum_{k=1}^{n-1}\hat{b}_{n-k-1}^{(n,\gamma)}\cdot\left(\delta_t f^{k+\frac{1}{2}} - \delta_t f^{k-\frac{1}{2}}\right)\right] \\
&= \frac{1}{\Gamma(2-\gamma)}\left[\hat{b}_0^{(n,\gamma)}\delta_t f^{n-\frac{1}{2}} - \sum_{k=1}^{n-1}\left(\hat{b}_{n-k-1}^{(n,\gamma)} - \hat{b}_{n-k}^{(n,\gamma)}\right)\delta_t f^{k-\frac{1}{2}} - \hat{b}_{n-1}^{(n,\gamma)}f'(t_0)\right].
\end{aligned}
\tag{1.6.54}
$$

我们称上述公式为 H2N2 逼近或 H2N2 公式. 应用 H2N2 公式可以对时间分数阶波方程建立 $3-\gamma$ 阶时间精度的差分格式.

公式 (1.6.54) 中的系数满足如下引理.

引理 1.6.8

$$
\hat{b}_0^{(n,\gamma)} > \hat{b}_1^{(n,\gamma)} > \hat{b}_2^{(n,\gamma)} > \cdots > \hat{b}_{n-1}^{(n,\gamma)} > 0.
$$

证明　由 (1.6.53) 知

$$\hat{b}_{n-k-1}^{(n,\gamma)} = \frac{1}{\tau} \int_{t_{k-\frac{1}{2}}}^{t_{k+\frac{1}{2}}} (t_{n-\frac{1}{2}} - t)^{1-\gamma} dt = \tau^{1-\gamma} \int_0^1 (n-k-\xi)^{1-\gamma} d\xi, \quad 1 \leqslant k \leqslant n-1.$$

进一步可得

$$\hat{b}_k^{(n,\gamma)} = \tau^{1-\gamma} \int_0^1 (k+1-\xi)^{1-\gamma} d\xi, \quad 0 \leqslant k \leqslant n-2.$$

易知

$$\hat{b}_0^{(n,\gamma)} > \hat{b}_1^{(n,\gamma)} > \hat{b}_2^{(n,\gamma)} > \cdots > \hat{b}_{n-2}^{(n,\gamma)}.$$

特别地

$$\hat{b}_{n-2}^{(n,\gamma)} = \tau^{1-\gamma} \int_0^1 (n-1-\xi)^{1-\gamma} d\xi.$$

由 (1.6.52) 知

$$\hat{b}_{n-1}^{(n,\gamma)} = \frac{2}{\tau} \int_{t_0}^{t_{\frac{1}{2}}} (t_{n-\frac{1}{2}} - t)^{1-\gamma} dt = \tau^{1-\gamma} \int_0^1 \left(n - \frac{1+\xi}{2}\right)^{1-\gamma} d\xi.$$

注意到当 $\xi \in (0,1)$ 时，

$$(n-1-\xi)^{1-\gamma} > \left(n - \frac{1+\xi}{2}\right)^{1-\gamma}.$$

因而

$$\int_0^1 (n-1-\xi)^{1-\gamma} d\xi > \int_0^1 \left(n - \frac{1+\xi}{2}\right)^{1-\gamma} d\xi,$$

即得

$$\hat{b}_{n-2}^{(n,\gamma)} > \hat{b}_{n-1}^{(n,\gamma)}. \qquad \qquad \square$$

现在我们来估计误差.

定理 1.6.6　假设 $f \in C^3[t_0, t_n]$. 记

$$R_n = {}_0^C D_t^\gamma f(t)|_{t=t_{n-\frac{1}{2}}} - \hat{D}_t^\gamma f(t_{n-\frac{1}{2}}),$$

则有

$$|R_n| \leqslant \left[\frac{1}{8\Gamma(2-\gamma)} + \frac{1}{12\Gamma(3-\gamma)} + \frac{\gamma-1}{2\Gamma(4-\gamma)} \right] \max_{t_0 \leqslant t \leqslant t_n} |f'''(t)| \tau^{3-\gamma}.$$

证明 令

$$g(t) = f'(t), \quad \alpha = \gamma - 1,$$

则有

$$_0^C D_t^\gamma f(t) = \frac{1}{\Gamma(2-\gamma)} \int_0^t \frac{f''(s)}{(t-s)^{\gamma-1}} \mathrm{d}s = \frac{1}{\Gamma(1-\alpha)} \int_0^t \frac{g'(s)}{(t-s)^\alpha} \mathrm{d}s = {_0^C D_t^\alpha g(t)}.$$

对函数 $g(t)$ 作如下分段线性插值多项式:

$$L_{1,0}(t) = \frac{t - t_{\frac{1}{2}}}{t_0 - t_{\frac{1}{2}}} g(t_0) + \frac{t - t_0}{t_{\frac{1}{2}} - t_0} g(t_{\frac{1}{2}}), \quad t \in [t_0, t_{\frac{1}{2}}],$$

$$L_{1,k}(t) = \frac{t - t_{k+\frac{1}{2}}}{t_{k-\frac{1}{2}} - t_{k+\frac{1}{2}}} g(t_{k-\frac{1}{2}}) + \frac{t - t_{k-\frac{1}{2}}}{t_{k+\frac{1}{2}} - t_{k-\frac{1}{2}}} g(t_{k+\frac{1}{2}}), \quad t \in [t_{k-\frac{1}{2}}, t_{k+\frac{1}{2}}],$$

$$1 \leqslant k \leqslant n-1.$$

易知存在 $\xi_0 \in (t_0, t_{\frac{1}{2}})$, $\xi_k \in (t_{k-\frac{1}{2}}, t_{k+\frac{1}{2}})$, $1 \leqslant k \leqslant n-1$ 满足

$$g(t) - L_{1,0}(t) = \frac{1}{2} g''(\xi_0)(t - t_0)(t - t_{\frac{1}{2}}), \quad t \in [t_0, t_{\frac{1}{2}}], \tag{1.6.55}$$

$$g(t) - L_{1,k}(t) = \frac{1}{2} g''(\xi_k)(t - t_{k-\frac{1}{2}})(t - t_{k+\frac{1}{2}}), \quad t \in [t_{k-\frac{1}{2}}, t_{k+\frac{1}{2}}], \quad 1 \leqslant k \leqslant n-1. \tag{1.6.56}$$

注意到

$$_0^C D_t^\gamma f(t)|_{t=t_{n-\frac{1}{2}}} = {_0^C D_t^\alpha g(t)}|_{t=t_{n-\frac{1}{2}}}$$

$$= \frac{1}{\Gamma(1-\alpha)} \left[\int_{t_0}^{t_{\frac{1}{2}}} \frac{g'(t)}{(t_{n-\frac{1}{2}} - t)^\alpha} \mathrm{d}t + \sum_{k=1}^{n-1} \int_{t_{k-\frac{1}{2}}}^{t_{k+\frac{1}{2}}} \frac{g'(t)}{(t_{n-\frac{1}{2}} - t)^\alpha} \mathrm{d}t \right],$$

可将 $\hat{D}_t^\gamma f(t_{n-\frac{1}{2}})$ 改写成如下形式:

$$\hat{D}_t^\gamma f(t_{n-\frac{1}{2}})$$

$$= \frac{1}{\Gamma(2-\gamma)} \left[\frac{2}{\tau} \int_{t_0}^{t_{\frac{1}{2}}} (t_{n-\frac{1}{2}} - t)^{1-\gamma} \mathrm{d}t \cdot (\delta_t f^{\frac{1}{2}} - f'(t_0)) \right.$$

$$+ \sum_{k=1}^{n-1} \frac{1}{\tau} \int_{t_{k-\frac{1}{2}}}^{t_{k+\frac{1}{2}}} (t_{n-\frac{1}{2}} - t)^{1-\gamma} \mathrm{d}t \cdot (\delta_t f^{k+\frac{1}{2}} - \delta_t f^{k-\frac{1}{2}}) \Big]$$

$$= \frac{1}{\Gamma(2-\gamma)} \left[\frac{2}{\tau} \int_{t_0}^{t_{\frac{1}{2}}} (t_{n-\frac{1}{2}} - t)^{1-\gamma} \mathrm{d}t \cdot (g(t_{\frac{1}{2}}) - g(t_0)) \right.$$

$$
+ \sum_{k=1}^{n-1} \frac{1}{\tau} \int_{t_{k-\frac{1}{2}}}^{t_{k+\frac{1}{2}}} (t_{n-\frac{1}{2}} - t)^{1-\gamma} \mathrm{d}t \cdot \big(g(t_{k+\frac{1}{2}}) - g(t_{k-\frac{1}{2}}) \big) \Bigg]
$$

$$
- \frac{1}{\Gamma(2-\gamma)} \Bigg\{ \frac{2}{\tau} \int_{t_0}^{t_{\frac{1}{2}}} (t_{n-\frac{1}{2}} - t)^{1-\gamma} \mathrm{d}t \cdot \big(g(t_{\frac{1}{2}}) - \delta_t f^{\frac{1}{2}} \big)
$$

$$
+ \sum_{k=1}^{n-1} \frac{1}{\tau} \int_{t_{k-\frac{1}{2}}}^{t_{k+\frac{1}{2}}} (t_{n-\frac{1}{2}} - t)^{1-\gamma} \mathrm{d}t \cdot \Big[\big(g(t_{k+\frac{1}{2}}) - \delta_t f^{k+\frac{1}{2}} \big)
$$

$$
- \big(g(t_{k-\frac{1}{2}}) - \delta_t f^{k-\frac{1}{2}} \big) \Big] \Bigg\}
$$

$$
= \frac{1}{\Gamma(1-\alpha)} \Bigg[\int_{t_0}^{t_{\frac{1}{2}}} \frac{g(t_{\frac{1}{2}}) - g(t_0)}{\frac{\tau}{2}} (t_{n-\frac{1}{2}} - t)^{-\alpha} \mathrm{d}t
$$

$$
+ \sum_{k=1}^{n-1} \int_{t_{k-\frac{1}{2}}}^{t_{k+\frac{1}{2}}} \frac{g(t_{k+\frac{1}{2}}) - g(t_{k-\frac{1}{2}})}{\tau} (t_{n-\frac{1}{2}} - t)^{-\alpha} \mathrm{d}t \Bigg]
$$

$$
- \frac{1}{\Gamma(2-\gamma)} \Bigg\{ \hat{b}_{n-1}^{(n,\gamma)} \big(g(t_{\frac{1}{2}}) - \delta_t f^{\frac{1}{2}} \big)
$$

$$
+ \sum_{k=1}^{n-1} \hat{b}_{n-k-1}^{(n,\gamma)} \Big[\big(g(t_{k+\frac{1}{2}}) - \delta_t f^{k+\frac{1}{2}} \big) - \big(g(t_{k-\frac{1}{2}}) - \delta_t f^{k-\frac{1}{2}} \big) \Big] \Bigg\}
$$

$$
= \frac{1}{\Gamma(1-\alpha)} \Bigg[\int_{t_0}^{t_{\frac{1}{2}}} L_{1,0}'(t)(t_{n-\frac{1}{2}} - t)^{-\alpha} \mathrm{d}t + \sum_{k=1}^{n-1} \int_{t_{k-\frac{1}{2}}}^{t_{k+\frac{1}{2}}} L_{1,k}'(t)(t_{n-\frac{1}{2}} - t)^{-\alpha} \mathrm{d}t \Bigg]
$$

$$
- \frac{1}{\Gamma(2-\gamma)} \Bigg[\hat{b}_0^{(n,\gamma)} \big(g(t_{n-\frac{1}{2}}) - \delta_t f^{n-\frac{1}{2}} \big)
$$

$$
- \sum_{k=1}^{n-1} \big(\hat{b}_{n-k-1}^{(n,\gamma)} - \hat{b}_{n-k}^{(n,\gamma)} \big) \big(g(t_{k-\frac{1}{2}}) - \delta_t f^{k-\frac{1}{2}} \big) \Bigg]. \tag{1.6.57}
$$

因而

$$
R_n = \frac{1}{\Gamma(1-\alpha)} \Bigg[\int_{t_0}^{t_{\frac{1}{2}}} \frac{g'(t) - L_{1,0}'(t)}{(t_{n-\frac{1}{2}} - t)^{\alpha}} \mathrm{d}t + \sum_{k=1}^{n-1} \int_{t_{k-\frac{1}{2}}}^{t_{k+\frac{1}{2}}} \frac{g'(t) - L_{1,k}'(t)}{(t_{n-\frac{1}{2}} - t)^{\alpha}} \mathrm{d}t \Bigg] + \frac{1}{\Gamma(2-\gamma)}
$$

$$
\cdot \Bigg[\hat{b}_0^{(n,\gamma)} \big(g(t_{n-\frac{1}{2}}) - \delta_t f^{n-\frac{1}{2}} \big) - \sum_{k=1}^{n-1} \big(\hat{b}_{n-k-1}^{(n,\gamma)} - \hat{b}_{n-k}^{(n,\gamma)} \big) \big(g(t_{k-\frac{1}{2}}) - \delta_t f^{k-\frac{1}{2}} \big) \Bigg]
$$

$$
\equiv p_n + q_n, \tag{1.6.58}
$$

其中

$$p_n = \frac{1}{\Gamma(1-\alpha)} \left[\int_{t_0}^{t_\frac{1}{2}} \frac{g'(t) - L'_{1,0}(t)}{(t_{n-\frac{1}{2}} - t)^\alpha} \mathrm{d}t + \sum_{k=1}^{n-1} \int_{t_{k-\frac{1}{2}}}^{t_{k+\frac{1}{2}}} \frac{g'(t) - L'_{1,k}(t)}{(t_{n-\frac{1}{2}} - t)^\alpha} \mathrm{d}t \right],$$

$$q_n = \frac{1}{\Gamma(2-\gamma)} \left[\hat{b}_0^{(n,\gamma)} \big(g(t_{n-\frac{1}{2}}) - \delta_t f^{n-\frac{1}{2}} \big) \right.$$

$$\left. - \sum_{k=1}^{n-1} \big(\hat{b}_{n-k-1}^{(n,\gamma)} - \hat{b}_{n-k}^{(n,\gamma)} \big) \big(g(t_{k-\frac{1}{2}}) - \delta_t f^{k-\frac{1}{2}} \big) \right].$$

p_n 的估计 使用分部积分公式并注意到 (1.6.55)—(1.6.56) 可得

$$p_n = \frac{1}{\Gamma(1-\alpha)} \left[\int_{t_0}^{t_\frac{1}{2}} \big(g(t) - L_{1,0}(t) \big)(-\alpha)(t_{n-\frac{1}{2}} - t)^{-\alpha-1} \mathrm{d}t \right.$$

$$\left. + \sum_{k=1}^{n-1} \int_{t_{k-\frac{1}{2}}}^{t_{k+\frac{1}{2}}} \big(g(t) - L_{1,k}(t) \big)(-\alpha)(t_{n-\frac{1}{2}} - t)^{-\alpha-1} \mathrm{d}t \right]$$

$$= \frac{\alpha}{\Gamma(1-\alpha)} \left[\int_{t_0}^{t_\frac{1}{2}} \frac{1}{2} g''(\xi_0)(t - t_0)(t_\frac{1}{2} - t)(t_{n-\frac{1}{2}} - t)^{-\alpha-1} \mathrm{d}t \right.$$

$$\left. + \sum_{k=1}^{n-1} \int_{t_{k-\frac{1}{2}}}^{t_{k+\frac{1}{2}}} \frac{1}{2} g''(\xi_k)(t - t_{k-\frac{1}{2}})(t_{k+\frac{1}{2}} - t)(t_{n-\frac{1}{2}} - t)^{-\alpha-1} \mathrm{d}t \right].$$

当 $n = 1$ 时, 可得

$$p_1 = \frac{\alpha}{\Gamma(1-\alpha)} \int_{t_0}^{t_\frac{1}{2}} \frac{1}{2} g''(\xi_0)(t - t_0)(t_\frac{1}{2} - t)(t_\frac{1}{2} - t)^{-\alpha-1} \mathrm{d}t$$

$$= \frac{\alpha}{\Gamma(1-\alpha)} \int_{t_0}^{t_\frac{1}{2}} \frac{1}{2} g''(\xi_0)(t - t_0)(t_\frac{1}{2} - t)^{-\alpha} \mathrm{d}t$$

$$= \frac{\alpha}{\Gamma(1-\alpha)} \cdot \frac{1}{2} g''(\hat{\xi}_0) \int_{t_0}^{t_\frac{1}{2}} (t - t_0)(t_\frac{1}{2} - t)^{-\alpha} \mathrm{d}t$$

$$= \frac{\alpha}{\Gamma(1-\alpha)} \cdot \frac{1}{2} g''(\hat{\xi}_0) \left(\frac{\tau}{2}\right)^{2-\alpha} \int_0^1 \theta(1-\theta)^{-\alpha} \mathrm{d}\theta$$

$$= \frac{\alpha}{\Gamma(1-\alpha)} \cdot \frac{1}{2} g''(\hat{\xi}_0) \left(\frac{\tau}{2}\right)^{2-\alpha} \left(\frac{1}{1-\alpha} - \frac{1}{2-\alpha}\right)$$

$$= \frac{\alpha}{\Gamma(3-\alpha)} \cdot \frac{1}{2} g''(\hat{\xi}_0) \left(\frac{\tau}{2}\right)^{2-\alpha}, \quad \hat{\xi}_0 \in (t_0, t_\frac{1}{2}).$$

因而

$$|p_1| \leqslant \frac{\alpha}{2\Gamma(3-\alpha)} \cdot \max_{t_0 \leqslant t \leqslant t_\frac{1}{2}} |g''(t)| \left(\frac{\tau}{2}\right)^{2-\alpha}. \tag{1.6.59}$$

当 $n \geqslant 2$ 时, 可得

$$
\begin{aligned}
p_n = \frac{\alpha}{\Gamma(1-\alpha)} \Bigg[& \int_{t_0}^{t_{\frac{1}{2}}} \frac{1}{2} g''(\xi_0)(t-t_0)(t_{\frac{1}{2}}-t)(t_{n-\frac{1}{2}}-t)^{-\alpha-1} \mathrm{d}t \\
& + \sum_{k=1}^{n-2} \int_{t_{k-\frac{1}{2}}}^{t_{k+\frac{1}{2}}} \frac{1}{2} g''(\xi_k)(t-t_{k-\frac{1}{2}})(t_{k+\frac{1}{2}}-t)(t_{n-\frac{1}{2}}-t)^{-\alpha-1} \mathrm{d}t \\
& + \int_{t_{n-\frac{3}{2}}}^{t_{n-\frac{1}{2}}} \frac{1}{2} g''(\xi_{n-1})(t-t_{n-\frac{3}{2}})(t_{n-\frac{1}{2}}-t)(t_{n-\frac{1}{2}}-t)^{-\alpha-1} \mathrm{d}t \Bigg].
\end{aligned}
$$

于是

$$
\begin{aligned}
|p_n| \leqslant & \frac{\alpha}{\Gamma(1-\alpha)} \cdot \frac{1}{2} \max_{t_0 \leqslant t \leqslant t_{n-\frac{1}{2}}} |g''(t)| \Bigg[\int_{t_0}^{t_{\frac{1}{2}}} (t-t_0)(t_{\frac{1}{2}}-t)(t_{n-\frac{1}{2}}-t)^{-\alpha-1} \mathrm{d}t \\
& + \sum_{k=1}^{n-2} \int_{t_{k-\frac{1}{2}}}^{t_{k+\frac{1}{2}}} (t-t_{k-\frac{1}{2}})(t_{k+\frac{1}{2}}-t)(t_{n-\frac{1}{2}}-t)^{-\alpha-1} \mathrm{d}t \\
& + \int_{t_{n-\frac{3}{2}}}^{t_{n-\frac{1}{2}}} (t-t_{n-\frac{3}{2}})(t_{n-\frac{1}{2}}-t)^{-\alpha} \mathrm{d}t \Bigg] \\
\leqslant & \frac{\alpha}{\Gamma(1-\alpha)} \cdot \frac{1}{2} \max_{t_0 \leqslant t \leqslant t_{n-\frac{1}{2}}} |g''(t)| \Bigg[\frac{\tau^2}{16} \int_{t_0}^{t_{\frac{1}{2}}} (t_{n-\frac{1}{2}}-t)^{-\alpha-1} \mathrm{d}t \\
& + \frac{\tau^2}{4} \sum_{k=1}^{n-2} \int_{t_{k-\frac{1}{2}}}^{t_{k+\frac{1}{2}}} (t_{n-\frac{1}{2}}-t)^{-\alpha-1} \mathrm{d}t + \int_{t_{n-\frac{3}{2}}}^{t_{n-\frac{1}{2}}} (t-t_{n-\frac{3}{2}})(t_{n-\frac{1}{2}}-t)^{-\alpha} \mathrm{d}t \Bigg] \\
\leqslant & \frac{\alpha}{2\Gamma(1-\alpha)} \cdot \max_{t_0 \leqslant t \leqslant t_{n-\frac{1}{2}}} |g''(t)| \Bigg[\frac{\tau^2}{4} \int_{t_0}^{t_{n-\frac{3}{2}}} (t_{n-\frac{1}{2}}-t)^{-\alpha-1} \mathrm{d}t + \frac{\tau^{2-\alpha}}{(1-\alpha)(2-\alpha)} \Bigg] \\
\leqslant & \frac{\alpha}{2\Gamma(1-\alpha)} \cdot \max_{t_0 \leqslant t \leqslant t_{n-\frac{1}{2}}} |g''(t)| \Bigg[\frac{\tau^{2-\alpha}}{4\alpha} + \frac{\tau^{2-\alpha}}{(1-\alpha)(2-\alpha)} \Bigg] \\
= & \Bigg[\frac{1}{8\Gamma(1-\alpha)} + \frac{\alpha}{2\Gamma(3-\alpha)} \Bigg] \max_{t_0 \leqslant t \leqslant t_{n-\frac{1}{2}}} |g''(t)| \tau^{2-\alpha}. \qquad (1.6.60)
\end{aligned}
$$

q_n 的估计 注意到

$$
g(t_{k-\frac{1}{2}}) - \delta_t f^{k-\frac{1}{2}} = f'(t_{k-\frac{1}{2}}) - \delta_t f^{k-\frac{1}{2}} = -\frac{\tau^2}{24} f'''(\eta_k), \quad \eta_k \in (t_{k-1}, t_k),
$$

可得

$$
q_n = \frac{1}{\Gamma(2-\gamma)} \Bigg[\hat{b}_0^{(n,\gamma)} \left(-\frac{\tau^2}{24} f'''(\eta_n) \right) - \sum_{k=1}^{n-1} \left(\hat{b}_{n-k-1}^{(n,\gamma)} - \hat{b}_{n-k}^{(n,\gamma)} \right) \left(-\frac{\tau^2}{24} f'''(\eta_k) \right) \Bigg].
$$

于是

$$
\begin{aligned}
|q_n| &\leqslant \frac{\tau^2}{24} \max_{t_0 \leqslant t \leqslant t_n} \left| f'''(t) \right| \frac{1}{\Gamma(2-\gamma)} \left[\hat{b}_0^{(n,\gamma)} + \sum_{k=1}^{n-1} \left(\hat{b}_{n-k-1}^{(n,\gamma)} - \hat{b}_{n-k}^{(n,\gamma)} \right) \right] \\
&\leqslant \frac{\tau^2}{24} \max_{t_0 \leqslant t \leqslant t_n} \left| f'''(t) \right| \frac{1}{\Gamma(2-\gamma)} \cdot 2\, \hat{b}_0^{(n,\gamma)} \\
&= \frac{\tau^2}{12} \max_{t_0 \leqslant t \leqslant t_n} \left| f'''(t) \right| \frac{1}{\Gamma(2-\gamma)} \frac{\tau^{1-\gamma}}{2-\gamma} \\
&= \frac{\tau^{3-\gamma}}{12\Gamma(3-\gamma)} \max_{t_0 \leqslant t \leqslant t_n} \left| f'''(t) \right|.
\end{aligned}
\tag{1.6.61}
$$

将 (1.6.59)—(1.6.61) 代入 (1.6.58) 中可得

$$
\begin{aligned}
|R_n| &\leqslant |p_n| + |q_n| \\
&\leqslant \left[\frac{1}{8\Gamma(1-\alpha)} + \frac{\alpha}{2\Gamma(3-\alpha)} \right] \max_{t_0 \leqslant t \leqslant t_{n-\frac{1}{2}}} |g''(t)| \tau^{2-\alpha} \\
&\quad + \frac{\tau^{3-\gamma}}{12\Gamma(3-\gamma)} \max_{t_0 \leqslant t \leqslant t_n} \left| f'''(t) \right| \\
&\leqslant \left[\frac{1}{8\Gamma(2-\gamma)} + \frac{1}{12\Gamma(3-\gamma)} + \frac{\gamma-1}{2\Gamma(4-\gamma)} \right] \max_{t_0 \leqslant t \leqslant t_n} |f'''(t)| \tau^{3-\gamma}. \qquad \square
\end{aligned}
$$

注 1.6.3 公式 (1.6.54) 形式上可以通过如下方式得到[45]. 令

$$
g(t) = f'(t), \quad \alpha = \gamma - 1,
$$

则有

$$
\begin{aligned}
{}_0^C D_t^\gamma f(t)|_{t=t_{n-\frac{1}{2}}} &= {}_0^C D_t^\alpha g(t)|_{t=t_{n-\frac{1}{2}}} \\
&= \frac{1}{\Gamma(1-\alpha)} \left[\int_{t_0}^{t_{\frac{1}{2}}} g'(t)(t_{n-\frac{1}{2}} - t)^{-\alpha} \mathrm{d}t + \sum_{k=1}^{n-1} \int_{t_{k-\frac{1}{2}}}^{t_{k+\frac{1}{2}}} g'(t)(t_{n-\frac{1}{2}} - t)^{-\alpha} \mathrm{d}t \right] \\
&\approx \frac{1}{\Gamma(1-\alpha)} \left[\int_{t_0}^{t_{\frac{1}{2}}} L_{1,0}'(t)(t_{n-\frac{1}{2}} - t)^{-\alpha} \mathrm{d}t + \sum_{k=1}^{n-1} \int_{t_{k-\frac{1}{2}}}^{t_{k+\frac{1}{2}}} L_{1,k}'(t)(t_{n-\frac{1}{2}} - t)^{-\alpha} \mathrm{d}t \right] \\
&= \frac{1}{\Gamma(1-\alpha)} \left[\frac{2}{\tau} \left(g(t_{\frac{1}{2}}) - g(t_0) \right) \cdot \int_{t_0}^{t_{\frac{1}{2}}} (t_{n-\frac{1}{2}} - t)^{-\alpha} \mathrm{d}t \right.
\end{aligned}
$$

$$+ \sum_{k=1}^{n-1} \frac{1}{\tau} \left(g(t_{k+\frac{1}{2}}) - g(t_{k-\frac{1}{2}}) \right) \cdot \int_{t_{k-\frac{1}{2}}}^{t_{k+\frac{1}{2}}} (t_{n-\frac{1}{2}} - t)^{-\alpha} \mathrm{d}t \right]$$

$$= \frac{1}{\Gamma(2-\gamma)} \left[\hat{b}_{n-1}^{(n,\gamma)} \cdot \left(g(t_{\frac{1}{2}}) - f'(t_0) \right) + \sum_{k=1}^{n-1} \hat{b}_{n-k-1}^{(n,\gamma)} \cdot \left(g(t_{k+\frac{1}{2}}) - g(t_{k-\frac{1}{2}}) \right) \right]$$

$$= \frac{1}{\Gamma(2-\gamma)} \left[\hat{b}_0^{(n,\gamma)} g(t_{n-\frac{1}{2}}) - \sum_{k=1}^{n-1} \left(\hat{b}_{n-k-1}^{(n,\gamma)} - \hat{b}_{n-k}^{(n,\gamma)} \right) g(t_{k-\frac{1}{2}}) - \hat{b}_{n-1}^{(n,\gamma)} f'(t_0) \right]$$

$$\approx \frac{1}{\Gamma(2-\gamma)} \left[\hat{b}_0^{(n,\gamma)} \delta_t f^{n-\frac{1}{2}} - \sum_{k=1}^{n-1} \left(\hat{b}_{n-k-1}^{(n,\gamma)} - \hat{b}_{n-k}^{(n,\gamma)} \right) \delta_t f^{k-\frac{1}{2}} - \hat{b}_{n-1}^{(n,\gamma)} f'(t_0) \right]$$

$$= \hat{D}^\gamma f(t_{n-\frac{1}{2}}). \tag{1.6.62}$$

比较 (1.6.51) 和 (1.6.62) 的推导可以发现: (1.6.51) 用了一次近似, 而 (1.6.62) 用了两次近似.

1.7   Caputo 分数阶导数的快速插值逼近

蒋世东等在文献 [40, 101] 中给出了 Caputo 导数中积分核 $t^{-\alpha}$ 的指数和逼近公式.

引理 1.7.1   对于给定的 $\alpha \in (0,1)$, $\epsilon > 0$, $\hat{\tau} > 0$ 和 $T > 0$, 其中 $\hat{\tau} < T$, 则存在正整数 $N_{\exp}^{(\alpha)}$、正数 $s_l^{(\alpha)}$ 和 $\omega_l^{(\alpha)}$ $(l = 1, 2, \cdots, N_{\exp}^{(\alpha)})$ 满足

$$\left| t^{-\alpha} - \sum_{l=1}^{N_{\exp}^{(\alpha)}} \omega_l^{(\alpha)} \mathrm{e}^{-s_l^{(\alpha)} t} \right| \leqslant \epsilon, \quad \forall\, t \in [\hat{\tau}, T].$$

此外, 指数函数的项数有如下估计式:

$$N_{\exp}^{(\alpha)} = O\left(\left(\log \frac{1}{\epsilon} \right) \left(\log\log \frac{1}{\epsilon} + \log \frac{T}{\hat{\tau}} \right) + \left(\log \frac{1}{\hat{\tau}} \right) \left(\log\log \frac{1}{\epsilon} + \log \frac{T}{\hat{\tau}} \right) \right).$$

注 1.7.1   引理 1.7.1 中的 $N_{\exp}^{(\alpha)}$, $s_l^{(\alpha)}$ 和 $\omega_l^{(\alpha)}$ 不仅依赖于 α, 而且依赖于 $\epsilon, \hat{\tau}$ 和 T. MATLAB 计算代码见附录.

在不引起混淆时, 将 $N_{\exp}^{(\alpha)}$, $s_l^{(\alpha)}$ 和 $\omega_l^{(\alpha)}$ 简记为 $N_{\exp}$, s_l 和 ω_l.

表 1.1 给出了当 $T = 1$ 时, 对不同的 $\alpha, \hat{\tau}, \epsilon$, 近似 $t^{-\alpha}$ $(t \in (\hat{\tau}, T))$ 时所需指数函数的项数 $N_{\exp}$ 的值. 可以看到指数函数的项数 $N_{\exp}$ 是非常有限的, 通常不超过 200.

表 1.1 不同的 $\alpha, \hat{\tau}, \epsilon$, 近似 $t^{-\alpha}(t \in [\hat{\tau}, T])$ 所需指数函数的项数 $N_{\exp}$ 的值 $(T = 1)$

α	$N_{\exp}$ $\hat{\tau}$ ϵ	10^{-3}	10^{-4}	10^{-5}	10^{-6}	10^{-7}
	10^{-6}	31	37	42	48	53
	10^{-8}	40	47	55	62	69
0.1	10^{-10}	48	57	66	75	84
	10^{-12}	57	68	78	89	100
	10^{-14}	66	78	90	102	115
	10^{-6}	32	37	43	48	54
	10^{-8}	40	48	55	62	70
0.5	10^{-10}	49	58	66	75	84
	10^{-12}	58	68	79	90	100
	10^{-14}	66	78	91	103	115
	10^{-6}	32	38	43	49	55
	10^{-8}	41	48	56	63	70
0.9	10^{-10}	49	58	67	76	85
	10^{-12}	58	69	80	90	101
	10^{-14}	66	79	91	104	116

1.7.1 快速的 L1 逼近

下面我们来给出 Caputo 分数阶导数基于 L1 插值逼近的快速算法. 由引理 1.7.1 可得

$$
{}_0^C D_t^\alpha f(t)|_{t=t_n}
$$

$$
= \frac{1}{\Gamma(1-\alpha)} \left[\sum_{k=1}^{n-1} \int_{t_{k-1}}^{t_k} f'(t)(t_n - t)^{-\alpha} \mathrm{d}t + \int_{t_{n-1}}^{t_n} f'(t)(t_n - t)^{-\alpha} \mathrm{d}t \right]
$$

$$
\approx \frac{1}{\Gamma(1-\alpha)} \left[\sum_{k=1}^{n-1} \int_{t_{k-1}}^{t_k} L'_{1,k}(t) \sum_{l=1}^{N_{\exp}} \omega_l \mathrm{e}^{-s_l(t_n-t)} \mathrm{d}t + \int_{t_{n-1}}^{t_n} L'_{1,n}(t)(t_n - t)^{-\alpha} \mathrm{d}t \right]
$$

$$
= \frac{1}{\Gamma(1-\alpha)} \left[\sum_{l=1}^{N_{\exp}} \omega_l \left(\sum_{k=1}^{n-1} \int_{t_{k-1}}^{t_k} L'_{1,k}(t) \mathrm{e}^{-s_l(t_n-t)} \mathrm{d}t \right) \right.
$$

$$
\left. + \delta_t f^{n-\frac{1}{2}} \cdot \int_{t_{n-1}}^{t_n} (t_n - t)^{-\alpha} \mathrm{d}t \right]
$$

$$
= \frac{1}{\Gamma(1-\alpha)} \left[\sum_{l=1}^{N_{\exp}} \omega_l F_l^n + \frac{\tau^{-\alpha}}{1-\alpha} \big(f(t_n) - f(t_{n-1}) \big) \right]
$$

$$
\equiv {}^{\mathcal{F}} D_t^\alpha f(t_n), \tag{1.7.1}
$$

其中

$$F_l^n = \sum_{k=1}^{n-1} \int_{t_{k-1}}^{t_k} L'_{1,k}(s)\mathrm{e}^{-s_l(t_n-s)}\mathrm{d}s, \qquad 1 \leqslant l \leqslant N_{\exp}, \quad 1 \leqslant n \leqslant N.$$

可用如下递推算法计算 F_l^n:

$$\begin{aligned}
F_l^n &= \sum_{k=1}^{n-1} \int_{t_{k-1}}^{t_k} L'_{1,k}(s)\mathrm{e}^{-s_l(t_n-s)}\mathrm{d}s \\
&= \sum_{k=1}^{n-2} \int_{t_{k-1}}^{t_k} L'_{1,k}(s)\mathrm{e}^{-s_l(t_n-s)}\mathrm{d}s + \int_{t_{n-2}}^{t_{n-1}} L'_{1,n-1}(s)\mathrm{e}^{-s_l(t_n-s)}\mathrm{d}s \\
&= \mathrm{e}^{-s_l\tau}\sum_{k=1}^{n-2}\int_{t_{k-1}}^{t_k} L'_{1,k}(s)\mathrm{e}^{-s_l(t_{n-1}-s)}\mathrm{d}s + \delta_t f^{n-\frac{3}{2}}\int_{t_{n-2}}^{t_{n-1}}\mathrm{e}^{-s_l(t_n-s)}\mathrm{d}s \\
&= \mathrm{e}^{-s_l\tau}F_l^{n-1} + \tau\delta_t f^{n-\frac{3}{2}}\int_0^1 \mathrm{e}^{-s_l(1+\theta)\tau}\mathrm{d}\theta \\
&= \mathrm{e}^{-s_l\tau}F_l^{n-1} + B_l\Big[f(t_{n-1}) - f(t_{n-2})\Big], \quad 2 \leqslant n \leqslant N,
\end{aligned} \tag{1.7.2}$$

其中

$$F_l^1 = 0, \quad B_l = \int_0^1 \mathrm{e}^{-s_l(1+\theta)\tau}\mathrm{d}\theta, \quad 1 \leqslant l \leqslant N_{\exp}. \tag{1.7.3}$$

由 (1.7.1)—(1.7.3) 得到计算 ${}_0^C D_t^\alpha f(t)|_{t=t_n}$ 的如下算法

$$\begin{cases}
{}^{\mathcal{F}}D_t^\alpha f(t_n) = \dfrac{1}{\Gamma(1-\alpha)}\left[\sum_{l=1}^{N_{\exp}}\omega_l F_l^n + \dfrac{\tau^{-\alpha}}{1-\alpha}\big(f(t_n)-f(t_{n-1})\big)\right], & n \geqslant 1, \tag{1.7.4} \\
F_l^1 = 0, \quad 1 \leqslant l \leqslant N_{\exp}, \tag{1.7.5} \\
F_l^n = \mathrm{e}^{-s_l\tau}F_l^{n-1} + B_l[f(t_{n-1})-f(t_{n-2})], \quad 1 \leqslant l \leqslant N_{\exp}, \quad n \geqslant 2. \tag{1.7.6}
\end{cases}$$

由 L1 公式 (1.6.4) 计算 ${}_0^C D_t^\alpha f(t_n)\,(1 \leqslant n \leqslant N)$ 的近似值的计算量为 $O(N^2)$, 而由公式 (1.7.4)—(1.7.6) 计算 ${}_0^C D_t^\alpha f(t_n)\,(1 \leqslant n \leqslant N)$ 的近似值的计算量为 $O(NN_{\exp})$. 当 N 较大时, $O(NN_{\exp}) \ll O(N^2)$. 故将公式 (1.7.4)—(1.7.6) 称为**基于 L1 逼近的快速算法或快速的 L1 逼近**.

下面的定理给出了 ${}^{\mathcal{F}}D_t^\alpha f(t_n)$ 逼近 ${}_0^C D_t^\alpha f(t)|_{t=t_n}$ 的截断误差.

定理 1.7.1　设 $f \in C^2[t_0, t_n]$, 则有

$$\begin{aligned}
&\left|{}_0^C D_t^\alpha f(t)|_{t=t_n} - {}^{\mathcal{F}}D_t^\alpha f(t_n)\right| \\
&\leqslant \frac{1}{2\Gamma(1-\alpha)}\left[\frac{1}{4} + \frac{\alpha}{(1-\alpha)(2-\alpha)}\right]\max_{t_0\leqslant t\leqslant t_n}|f''(t)|\cdot\tau^{2-\alpha} \\
&\quad + \frac{\epsilon t_n}{\Gamma(1-\alpha)}\max_{t_0\leqslant t\leqslant t_{n-1}}|f'(t)|.
\end{aligned} \tag{1.7.7}$$

证明 直接计算可得

$$
{}_0^C D_t^\alpha f(t)|_{t=t_n} - {}^{\mathcal{F}} D_t^\alpha f(t_n)
$$

$$
= \frac{1}{\Gamma(1-\alpha)} \left[\sum_{k=1}^{n-1} \int_{t_{k-1}}^{t_k} f'(t)(t_n-t)^{-\alpha} \mathrm{d}t + \int_{t_{n-1}}^{t_n} f'(t)(t_n-t)^{-\alpha} \mathrm{d}t \right]
$$

$$
- \frac{1}{\Gamma(1-\alpha)} \left[\sum_{k=1}^{n-1} \int_{t_{k-1}}^{t_k} L'_{1,k}(t) \sum_{l=1}^{N_{\exp}} \omega_l \mathrm{e}^{-s_l(t_n-t)} \mathrm{d}t \right.
$$

$$
\left. + \int_{t_{n-1}}^{t_n} L'_{1,n}(t)(t_n-t)^{-\alpha} \mathrm{d}t \right]
$$

$$
= \frac{1}{\Gamma(1-\alpha)} \sum_{k=1}^{n} \int_{t_{k-1}}^{t_k} \left[f'(t) - L'_{1,k}(t) \right] (t_n-t)^{-\alpha} \mathrm{d}t
$$

$$
+ \frac{1}{\Gamma(1-\alpha)} \sum_{k=1}^{n-1} \int_{t_{k-1}}^{t_k} L'_{1,k}(t) \left[(t_n-t)^{-\alpha} - \sum_{l=1}^{N_{\exp}} \omega_l \mathrm{e}^{-s_l(t_n-t)} \right] \mathrm{d}t
$$

$$
\equiv \mathrm{I}_n + \mathrm{II}_n. \tag{1.7.8}
$$

由定理 1.6.1 得到 (1.7.8) 中第一项的估计

$$
|\mathrm{I}_n| \leqslant \frac{1}{2\Gamma(1-\alpha)} \left[\frac{1}{4} + \frac{\alpha}{(1-\alpha)(2-\alpha)} \right] \max_{t_0 \leqslant t \leqslant t_n} |f''(t)| \cdot \tau^{2-\alpha}. \tag{1.7.9}
$$

对于 (1.7.8) 中第二项有如下估计

$$
|\mathrm{II}_n| \leqslant \frac{1}{\Gamma(1-\alpha)} \max_{t_0 \leqslant t \leqslant t_{n-1}} |f'(t)| \sum_{k=1}^{n-1} \int_{t_{k-1}}^{t_k} \left| (t_n-t)^{-\alpha} - \sum_{l=1}^{N_{\exp}} \omega_l \mathrm{e}^{-s_l(t_n-t)} \right| \mathrm{d}t
$$

$$
\leqslant \frac{1}{\Gamma(1-\alpha)} \max_{t_0 \leqslant t \leqslant t_{n-1}} |f'(t)| \sum_{k=1}^{n-1} \int_{t_{k-1}}^{t_k} \epsilon \, \mathrm{d}s
$$

$$
\leqslant \frac{\epsilon \, t_n}{\Gamma(1-\alpha)} \max_{t_0 \leqslant t \leqslant t_{n-1}} |f'(t)|. \tag{1.7.10}
$$

将 (1.7.9) 和 (1.7.10) 代入 (1.7.8), 即得 (1.7.7). □

对 (1.7.1) 直接计算可得

$$
{}^{\mathcal{F}}D_t^\alpha f(t_n)
$$

$$
= \frac{1}{\Gamma(1-\alpha)} \left[\sum_{k=1}^{n-1} \int_{t_{k-1}}^{t_k} L'_{1,k}(s) \sum_{l=1}^{N_{\exp}} \omega_l e^{-s_l(t_n-s)} ds + \int_{t_{n-1}}^{t_n} L'_{1,n}(s)(t_n-s)^{-\alpha} ds \right]
$$

$$
= \frac{1}{\Gamma(1-\alpha)} \left[\sum_{k=1}^{n-1} \delta_t f^{k-\frac{1}{2}} \int_{t_{k-1}}^{t_k} \sum_{l=1}^{N_{\exp}} \omega_l e^{-s_l(t_n-s)} ds + \delta_t f^{n-\frac{1}{2}} \int_{t_{n-1}}^{t_n} (t_n-s)^{-\alpha} ds \right]
$$

$$
= \frac{1}{\Gamma(1-\alpha)} \left[\sum_{k=1}^{n-1} \tau \delta_t f^{k-\frac{1}{2}} \int_0^1 \sum_{l=1}^{N_{\exp}} \omega_l e^{-s_l(t_n-t_k+\theta\tau)} d\theta + \tau \delta_t f^{n-\frac{1}{2}} \frac{\tau^{-\alpha}}{1-\alpha} \right].
$$

记

$$
\begin{cases}
\hat{a}_0^{(\alpha)} = \dfrac{\tau^{-\alpha}}{1-\alpha}, & (1.7.11) \\[3mm]
\hat{a}_k^{(\alpha)} = \displaystyle\int_0^1 \sum_{l=1}^{N_{\exp}} \omega_l e^{-s_l(t_k+\theta\tau)} d\theta, & k \geqslant 1, \quad (1.7.12)
\end{cases}
$$

则有 (1.7.4)—(1.7.6) 的一个等价形式如下:

$$
{}^{\mathcal{F}}D_t^\alpha f(t_n) = \frac{1}{\Gamma(1-\alpha)} \sum_{k=0}^{n-1} \hat{a}_k^{(\alpha)} \left[f(t_{n-k}) - f(t_{n-k-1}) \right]
$$

$$
= \frac{1}{\Gamma(1-\alpha)} \left[\hat{a}_0^{(\alpha)} f(t_n) - \sum_{k=1}^{n-1} \left(\hat{a}_{k-1}^{(\alpha)} - \hat{a}_k^{(\alpha)} \right) f(t_{n-k}) - \hat{a}_{n-1}^{(\alpha)} f(t_0) \right].
$$

易知

$$
\begin{cases}
\hat{a}_0^{(\alpha)} = \dfrac{1}{\tau} \displaystyle\int_{t_{n-1}}^{t_n} (t_n-s)^{-\alpha} ds, \\[3mm]
\hat{a}_{n-k}^{(\alpha)} = \dfrac{1}{\tau} \displaystyle\int_{t_{k-1}}^{t_k} \sum_{l=1}^{N_{\exp}} \omega_l e^{-s_l(t_n-s)} ds, & 1 \leqslant k \leqslant n-1.
\end{cases} \tag{1.7.13}
$$

系数 $\{\hat{a}_k^{(\alpha)} \,|\, 0 \leqslant k \leqslant n-1\}$ 满足如下引理.

引理 1.7.2   由 (1.7.11) 和 (1.7.12) 定义的系数 $\{\hat{a}_k^{(\alpha)} \,|\, 0 \leqslant k \leqslant n-1\}$ 满足下列不等式

$$
\hat{a}_1^{(\alpha)} > \hat{a}_2^{(\alpha)} > \cdots > \hat{a}_{n-1}^{(\alpha)}. \tag{1.7.14}
$$

如果 $\epsilon < \dfrac{2-2^{1-\alpha}}{1-\alpha} \tau^{-\alpha}$, 有

$$\hat{a}_0^{(\alpha)} > \hat{a}_1^{(\alpha)}. \tag{1.7.15}$$

此外

$$\hat{a}_0^{(\alpha)} = \frac{\tau^{-\alpha}}{1-\alpha},$$

$$t_{k+1}^{-\alpha} - \epsilon < \hat{a}_k^{(\alpha)} < t_k^{-\alpha} + \epsilon, \quad k \geqslant 1. \tag{1.7.16}$$

证明　由 (1.7.12) 得

$$\hat{a}_k^{(\alpha)} = \sum_{l=1}^{N_{\exp}} \omega_l \int_0^1 \mathrm{e}^{-s_l(k\tau + \tau\theta)} \mathrm{d}\theta, \qquad 1 \leqslant k \leqslant n-1.$$

易知 (1.7.14) 成立.

注意到

$$\hat{a}_0^{(\alpha)} = \frac{1}{\tau} \int_{t_{n-1}}^{t_n} (t_n - s)^{-\alpha} \mathrm{d}s, \qquad \hat{a}_1^{(\alpha)} = \frac{1}{\tau} \int_{t_{n-2}}^{t_{n-1}} \sum_{l=1}^{N_{\exp}} \omega_l \mathrm{e}^{-s_l(t_n-s)} \mathrm{d}s,$$

可得

$$\hat{a}_0^{(\alpha)} - \hat{a}_1^{(\alpha)} = \frac{1}{\tau} \int_{t_{n-1}}^{t_n} (t_n - s)^{-\alpha} \mathrm{d}s - \frac{1}{\tau} \int_{t_{n-2}}^{t_{n-1}} (t_n - s)^{-\alpha} \mathrm{d}s$$

$$+ \frac{1}{\tau} \int_{t_{n-2}}^{t_{n-1}} \left[(t_n - s)^{-\alpha} - \sum_{l=1}^{N_{\exp}} \omega_l \mathrm{e}^{-s_l(t_n-s)} \right] \mathrm{d}s.$$

计算得

$$\frac{1}{\tau} \int_{t_{n-1}}^{t_n} (t_n - s)^{-\alpha} \mathrm{d}s - \frac{1}{\tau} \int_{t_{n-2}}^{t_{n-1}} (t_n - s)^{-\alpha} \mathrm{d}s = \frac{2 - 2^{1-\alpha}}{1-\alpha} \tau^{-\alpha}.$$

此外, 由引理 1.7.1 易得

$$\left| \frac{1}{\tau} \int_{t_{n-2}}^{t_{n-1}} \left[(t_n - s)^{-\alpha} - \sum_{l=1}^{N_{\exp}} \omega_l \mathrm{e}^{-s_l(t_n-s)} \right] \mathrm{d}s \right|$$

$$\leqslant \frac{1}{\tau} \int_{t_{n-2}}^{t_{n-1}} \left| (t_n - s)^{-\alpha} - \sum_{l=1}^{N_{\exp}} \omega_l \mathrm{e}^{-s_l(t_n-s)} \right| \mathrm{d}s$$

$$\leqslant \epsilon.$$

因而当 $\epsilon \leqslant \dfrac{2 - 2^{1-\alpha}}{1-\alpha}\tau^{-\alpha}$ 时,

$$\hat{a}_0^{(\alpha)} - \hat{a}_1^{(\alpha)} \geqslant \frac{2 - 2^{1-\alpha}}{1-\alpha}\tau^{-\alpha} - \epsilon > 0.$$

(1.7.15) 成立.

由 (1.7.13) 得到

$$
\begin{aligned}
\hat{a}_{n-k}^{(\alpha)} &= \frac{1}{\tau}\int_{t_{k-1}}^{t_k}\sum_{l=1}^{N_{\exp}}\omega_l \mathrm{e}^{-s_l(t_n-s)}\mathrm{d}s \\
&= \frac{1}{\tau}\int_{t_{k-1}}^{t_k}(t_n-s)^{-\alpha}\mathrm{d}s - \frac{1}{\tau}\int_{t_{k-1}}^{t_k}\left[(t_n-s)^{-\alpha}-\sum_{l=1}^{N_{\exp}}\omega_l\mathrm{e}^{-s_l(t_n-s)}\right]\mathrm{d}s \\
&= \frac{\tau^{-\alpha}}{1-\alpha}a_{n-k}^{(\alpha)} - \frac{1}{\tau}\int_{t_{k-1}}^{t_k}\left[(t_n-s)^{-\alpha}-\sum_{l=1}^{N_{\exp}}\omega_l\mathrm{e}^{-s_l(t_n-s)}\right]\mathrm{d}s, \quad 1\leqslant k\leqslant n-1.
\end{aligned}
$$

进而得到

$$\left|\hat{a}_{n-k}^{(\alpha)} - \frac{\tau^{-\alpha}}{1-\alpha}a_{n-k}^{(\alpha)}\right| \leqslant \epsilon, \quad 1\leqslant k\leqslant n-1,$$

即

$$\frac{\tau^{-\alpha}}{1-\alpha}a_k^{(\alpha)} - \epsilon \leqslant \hat{a}_k^{(\alpha)} \leqslant \frac{\tau^{-\alpha}}{1-\alpha}a_k^{(\alpha)} + \epsilon, \quad 1\leqslant k\leqslant n-1. \tag{1.7.17}$$

再根据引理 1.6.1 可得 (1.7.16).   □

注 1.7.2   通常所取 ϵ, 不等式 $\epsilon \leqslant \dfrac{2 - 2^{1-\alpha}}{1-\alpha}\tau^{-\alpha}$ 总是成立的.

1.7.2   快速的 L2-1$_\sigma$ 逼近

应用引理 1.7.1 可以给出 Caputo 分数阶导数基于 L2-1$_\sigma$ 插值逼近的快速算法[101].

取 $\sigma = 1 - \dfrac{\alpha}{2}$, $\hat{\tau} = \sigma\tau$. 表 1.2 给出了取不同的 α, τ, ϵ 逼近 $t^{-\alpha}$ 所需的 $N_{\exp}$. 可以看到指数函数的项数 $N_{\exp}$ 是非常有限的, 通常不超过 200.

表 1.2 对不同的 α, τ, ϵ, 近似 $t^{-\alpha}(t \in [\hat\tau, T])$ 所需指数函数的项数 $N_{\exp}$ 的值 $(T = 1, \hat\tau = \sigma\tau)$

α	$N_{\exp}$ \ τ ϵ	10^{-3}	10^{-4}	10^{-5}	10^{-6}	10^{-7}
0.1	10^{-6}	31	37	43	48	54
	10^{-8}	40	48	55	62	69
	10^{-10}	48	57	66	75	84
	10^{-12}	58	68	79	89	100
	10^{-14}	66	78	90	103	115
0.5	10^{-6}	32	38	43	49	55
	10^{-8}	41	49	56	63	70
	10^{-10}	50	59	68	77	85
	10^{-12}	59	70	80	91	102
	10^{-14}	68	80	92	105	117
0.9	10^{-6}	33	39	45	50	56
	10^{-8}	43	50	57	65	72
	10^{-10}	51	60	69	78	87
	10^{-12}	61	72	82	93	104
	10^{-14}	70	82	95	107	119

将分数阶导数写成小区间上积分的和, 用 $L_{2,k}(t)\,(1 \leqslant k \leqslant n-1)$ 和 $L_{1,n}(t)$ 分别近似 $f(t)$, 并应用引理 1.7.1, 可得

$$
{}^C_0 D^\alpha_t f(t)|_{t=t_{n-1+\sigma}}
$$

$$
= \frac{1}{\Gamma(1-\alpha)}\left[\sum_{k=1}^{n-1}\int_{t_{k-1}}^{t_k}\frac{f'(t)}{(t_{n-1+\sigma}-t)^\alpha}\mathrm{d}t + \int_{t_{n-1}}^{t_{n-1+\sigma}}\frac{f'(t)}{(t_{n-1+\sigma}-t)^\alpha}\mathrm{d}t\right]
$$

$$
\approx \frac{1}{\Gamma(1-\alpha)}\left[\sum_{k=1}^{n-1}\int_{t_{k-1}}^{t_k}L'_{2,k}(t)\left(\sum_{l=1}^{N_{\exp}}\omega_l e^{-s_l(t_{n-1+\sigma}-t)}\right)\mathrm{d}t\right.
$$

$$
\left. + \int_{t_{n-1}}^{t_{n-1+\sigma}}L'_{1,n}(t)(t_{n-1+\sigma}-t)^{-\alpha}\mathrm{d}t\right]
$$

$$
= \frac{1}{\Gamma(1-\alpha)}\left[\sum_{l=1}^{N_{\exp}}\omega_l\left(\sum_{k=1}^{n-1}\int_{t_{k-1}}^{t_k}L'_{2,k}(t)e^{-s_l(t_{n-1+\sigma}-t)}\mathrm{d}t\right)\right.
$$

$$
\left. + \int_{t_{n-1}}^{t_{n-1+\sigma}}L'_{1,n}(t)(t_{n-1+\sigma}-t)^{-\alpha}\mathrm{d}t\right]
$$

$$
= \frac{1}{\Gamma(1-\alpha)}\left[\sum_{l=1}^{N_{\exp}}\omega_l F_l^n + \frac{\sigma^{1-\alpha}\tau^{-\alpha}}{1-\alpha}\big(f(t_n)-f(t_{n-1})\big)\right]
$$

$$
\equiv {}^{\mathcal{F}}\triangle^\alpha_\tau f(t_{n-1+\sigma}), \tag{1.7.18}
$$

其中

$$\begin{cases} F_l^1 = 0, \quad 1 \leqslant l \leqslant N_{\exp}, \\ F_l^n = \sum_{k=1}^{n-1} \int_{t_{k-1}}^{t_k} L_{2,k}'(t) \mathrm{e}^{-s_l(t_{n-1+\sigma}-t)} \mathrm{d}t, \quad 1 \leqslant l \leqslant N_{\exp}, \quad n \geqslant 2. \end{cases}$$

用如下递推算法计算 F_l^n:

$$\begin{aligned}
F_l^n &= \sum_{k=1}^{n-1} \int_{t_{k-1}}^{t_k} L_{2,k}'(t) \mathrm{e}^{-s_l(t_{n-1+\sigma}-t)} \mathrm{d}t \\
&= \sum_{k=1}^{n-2} \int_{t_{k-1}}^{t_k} L_{2,k}'(t) \mathrm{e}^{-s_l(t_{n-1+\sigma}-t)} \mathrm{d}t + \int_{t_{n-2}}^{t_{n-1}} L_{2,n-1}'(t) \mathrm{e}^{-s_l(t_{n-1+\sigma}-t)} \mathrm{d}t \\
&= \mathrm{e}^{-s_l\tau} \sum_{k=1}^{n-2} \int_{t_{k-1}}^{t_k} L_{2,k}'(t) \mathrm{e}^{-s_l(t_{n-2+\sigma}-t)} \mathrm{d}t + \int_{t_{n-2}}^{t_{n-1}} L_{2,n-1}'(t) \mathrm{e}^{-s_l(t_{n-1+\sigma}-t)} \mathrm{d}t \\
&= \mathrm{e}^{-s_l\tau} F_l^{n-1} + \int_{t_{n-2}}^{t_{n-1}} \left[\frac{t_{n-\frac{1}{2}} - t}{\tau} \delta_t f^{n-\frac{3}{2}} + \frac{t - t_{n-\frac{3}{2}}}{\tau} \delta_t f^{n-\frac{1}{2}} \right] \mathrm{e}^{-s_l(t_{n-1+\sigma}-t)} \mathrm{d}t \\
&= \mathrm{e}^{-s_l\tau} F_l^{n-1} + \left[f(t_{n-1}) - f(t_{n-2}) \right] \int_0^1 \left(\frac{3}{2} - \xi \right) \mathrm{e}^{-s_l(\sigma+1-\xi)\tau} \mathrm{d}\xi \\
&\quad + \left[f(t_n) - f(t_{n-1}) \right] \int_0^1 \left(\xi - \frac{1}{2} \right) \mathrm{e}^{-s_l(\sigma+1-\xi)\tau} \mathrm{d}\xi, \quad 2 \leqslant n \leqslant N.
\end{aligned}$$

记

$$A_l = \int_0^1 \left(\frac{3}{2} - \xi \right) \mathrm{e}^{-s_l(\sigma+1-\xi)\tau} \mathrm{d}\xi, \quad B_l = \int_0^1 \left(\xi - \frac{1}{2} \right) \mathrm{e}^{-s_l(\sigma+1-\xi)\tau} \mathrm{d}\xi.$$

易知 $A_l > 0, B_l > 0$. 于是得到如下算法: 对 $n = 1, 2, \cdots, N$ 计算

$$\begin{cases} {}^{\mathcal{F}}\triangle_\tau^\alpha f(t_{n-1+\sigma}) = \frac{1}{\Gamma(1-\alpha)} \left[\sum_{l=1}^{N_{\exp}} \omega_l F_l^n + \frac{\sigma^{1-\alpha}\tau^{-\alpha}}{1-\alpha} \left(f(t_n) - f(t_{n-1}) \right) \right], & (1.7.19) \\ F_l^1 = 0, \quad 1 \leqslant l \leqslant N_{\exp}, & (1.7.20) \\ F_l^n = \mathrm{e}^{-s_l\tau} F_l^{n-1} + A_l \left[f(t_{n-1}) - f(t_{n-2}) \right] + B_l \left[f(t_n) - f(t_{n-1}) \right], \\ \quad 1 \leqslant l \leqslant N_{\exp}, \quad n \geqslant 2. & (1.7.21) \end{cases}$$

算法 (1.7.19)—(1.7.21) 的计算量为 $O(NN_{\exp})$. 当 N 较大时, 该计算量与 L2-1$_\sigma$ 算法 (1.6.26) 的计算量 $O(N^2)$ 相比小得多. 我们将算法 (1.7.19)—(1.7.21) 称为**基于 L2-1$_\sigma$ 逼近的快速算法**或**快速的 L2-1$_\sigma$ 逼近**.

记

$$d_0^{(1,\alpha)} = \frac{\sigma^{1-\alpha}\tau^{-\alpha}}{\Gamma(2-\alpha)}, \tag{1.7.22}$$

当 $n \geqslant 2$ 时,

$$\begin{cases} d_0^{(n,\alpha)} = \dfrac{1}{\Gamma(1-\alpha)} \sum_{l=1}^{N_{\exp}} \omega_l B_l + d_0^{(1,\alpha)}, & \tag{1.7.23} \\[3mm] d_k^{(n,\alpha)} = \dfrac{1}{\Gamma(1-\alpha)} \sum_{l=1}^{N_{\exp}} \omega_l \Big(\mathrm{e}^{-s_l t_{k-1}} A_l + \mathrm{e}^{-s_l t_k} B_l\Big), & 1 \leqslant k \leqslant n-2, \tag{1.7.24} \\[3mm] d_{n-1}^{(n,\alpha)} = \dfrac{1}{\Gamma(1-\alpha)} \sum_{l=1}^{N_{\exp}} \omega_l \mathrm{e}^{-s_l t_{n-2}} A_l. & \tag{1.7.25} \end{cases}$$

对于 (1.7.18) 直接计算可得

当 $n = 1$ 时,

$$\begin{aligned} {}^{\mathcal{F}}\triangle_\tau^\alpha f_{(n-1+\sigma)} &= \frac{1}{\Gamma(1-\alpha)} \int_{t_0}^{t_\sigma} \frac{L_{1,1}'(t)}{(t_\sigma - t)^\alpha} \mathrm{d}t \\ &= \frac{\sigma^{1-\alpha}\tau^{-\alpha}}{\Gamma(2-\alpha)} \big[f(t_1) - f(t_0)\big] = d_0^{(1,\alpha)} \big[f(t_1) - f(t_0)\big]. \end{aligned}$$

当 $n \geqslant 2$ 时,

$$\begin{aligned} &{}^{\mathcal{F}}\triangle_\tau^\alpha f(t_{n-1+\sigma}) \\ &= \frac{1}{\Gamma(1-\alpha)} \Bigg[\sum_{k=1}^{n-1} \int_{t_{k-1}}^{t_k} \bigg(\sum_{l=1}^{N_{\exp}} \omega_l \mathrm{e}^{-s_l(t_{n-1+\sigma}-t)} \bigg) L_{2,k}'(t)\mathrm{d}t \\ &\quad + \int_{t_{n-1}}^{t_{n-1+\sigma}} \frac{L_{1,n}'(t)}{(t_{n-1+\sigma}-t)^\alpha} \mathrm{d}t \Bigg] \\ &= \frac{1}{\Gamma(1-\alpha)} \Bigg[\sum_{k=1}^{n-1} \int_{t_{k-1}}^{t_k} \bigg(\sum_{l=1}^{N_{\exp}} \omega_l \mathrm{e}^{-s_l(t_{n-1+\sigma}-t)} \bigg) \bigg(\delta_t f^{k-\frac{1}{2}} \frac{t_{k+\frac{1}{2}}-t}{\tau} \\ &\quad + \delta_t f^{k+\frac{1}{2}} \frac{t-t_{k-\frac{1}{2}}}{\tau} \bigg) \mathrm{d}t + \int_{t_{n-1}}^{t_{n-1+\sigma}} \frac{\delta_t f^{n-\frac{1}{2}}}{(t_{n-1+\sigma}-t)^\alpha} \mathrm{d}t \Bigg] \\ &= \frac{1}{\Gamma(1-\alpha)} \Bigg\{ \bigg[\int_{t_0}^{t_1} \bigg(\sum_{l=1}^{N_{\exp}} \omega_l \mathrm{e}^{-s_l(t_{n-1+\sigma}-t)} \bigg) \frac{t_{\frac{3}{2}}-t}{\tau} \mathrm{d}t \bigg] \delta_t f^{\frac{1}{2}} \\ &\quad + \sum_{k=2}^{n-1} \bigg[\int_{t_{k-1}}^{t_k} \bigg(\sum_{l=1}^{N_{\exp}} \omega_l \mathrm{e}^{-s_l(t_{n-1+\sigma}-t)} \bigg) \frac{t_{k+\frac{1}{2}}-t}{\tau} \mathrm{d}t \end{aligned}$$

$$+ \int_{t_{k-2}}^{t_{k-1}} \left(\sum_{l=1}^{N_{\exp}} \omega_l e^{-s_l(t_{n-1+\sigma}-t)} \right) \frac{t-t_{k-\frac{3}{2}}}{\tau} dt \right] \delta_t f^{k-\frac{1}{2}}$$

$$+ \left[\int_{t_{n-2}}^{t_{n-1}} \left(\sum_{l=1}^{N_{\exp}} \omega_l e^{-s_l(t_{n-1+\sigma}-t)} \right) \frac{t-t_{n-\frac{3}{2}}}{\tau} dt \right.$$

$$\left. + \int_{t_{n-1}}^{t_{n-1+\sigma}} (t_{n-1+\sigma}-t)^{-\alpha} dt \right] \delta_t f^{n-\frac{1}{2}} \right\}$$

$$= \frac{1}{\Gamma(1-\alpha)} \sum_{l=1}^{N_{\exp}} \omega_l e^{-s_l t_{n-2}} A_l \left[f(t_1) - f(t_0) \right]$$

$$+ \frac{1}{\Gamma(1-\alpha)} \sum_{k=2}^{n-1} \sum_{l=1}^{N_{\exp}} \omega_l \left(e^{-s_l t_{n-k-1}} A_l + e^{-s_l t_{n-k}} B_l \right) \left[f(t_k) - f(t_{k-1}) \right]$$

$$+ \left(\frac{1}{\Gamma(1-\alpha)} \sum_{l=1}^{N_{\exp}} \omega_l B_l + \frac{\sigma^{1-\alpha}\tau^{-\alpha}}{\Gamma(2-\alpha)} \right) \left[f(t_n) - f(t_{n-1}) \right]$$

$$= \sum_{k=1}^{n} d_{n-k}^{(n,\alpha)} \left[f(t_k) - f(t_{k-1}) \right].$$

在文献 [101] 中, 作者给出了如下结果.

定理 1.7.2　设 $f \in C^3[t_0, t_n]$, 则

$$\left| {}_0^C D_t^\alpha f(t) \right|_{t=t_{n-1+\sigma}} - {}^{\mathcal{F}}\triangle_\tau^\alpha f(t_{n-1+\sigma}) \right|$$

$$\leqslant \frac{(4\sigma-1)\sigma^{-\alpha}}{12\Gamma(2-\alpha)} \max_{t_0 \leqslant t \leqslant t_n} \left| f'''(t) \right| \tau^{3-\alpha} + \frac{5\epsilon t_n}{4\Gamma(1-\alpha)} \max_{t_0 \leqslant t \leqslant t_{n-1}} \left| f'(t) \right|, \tag{1.7.26}$$

其中 $0 < \alpha < 1, \sigma = 1 - \dfrac{\alpha}{2}$.

证明　记

$$R^n = {}_0^C D_t^\alpha f(t) \big|_{t=t_{n-1+\sigma}} - {}^{\mathcal{F}}\triangle_\tau^\alpha f(t_{n-1+\sigma}).$$

由 (1.7.18) 得到

$$R^n = \frac{1}{\Gamma(1-\alpha)} \left[\sum_{k=1}^{n-1} \int_{t_{k-1}}^{t_k} \frac{f'(t)}{(t_{n-1+\sigma}-t)^\alpha} dt + \int_{t_{n-1}}^{t_{n-1+\sigma}} \frac{f'(t)}{(t_{n-1+\sigma}-t)^\alpha} dt \right]$$

$$- \frac{1}{\Gamma(1-\alpha)} \left[\sum_{k=1}^{n-1} \int_{t_{k-1}}^{t_k} \left(\sum_{l=1}^{N_{\exp}} \omega_l e^{-s_l(t_{n-1+\sigma}-t)} \right) L'_{2,k}(t) dt \right.$$

$$\left. + \int_{t_{n-1}}^{t_{n-1+\sigma}} \frac{L'_{1,n}(t)}{(t_{n-1+\sigma}-t)^\alpha} dt \right]$$

$$= \frac{1}{\Gamma(1-\alpha)} \left[\sum_{k=1}^{n-1} \int_{t_{k-1}}^{t_k} \frac{f'(t) - L'_{2,k}(t)}{(t_{n-1+\sigma} - t)^\alpha} \mathrm{d}t + \int_{t_{n-1}}^{t_{n-1+\sigma}} \frac{f'(t) - L'_{1,n}(t)}{(t_{n-1+\sigma} - t)^\alpha} \mathrm{d}t \right]$$

$$+ \frac{1}{\Gamma(1-\alpha)} \sum_{k=1}^{n-1} \int_{t_{k-1}}^{t_k} \left[(t_{n-1+\sigma} - t)^{-\alpha} - \sum_{l=1}^{N_{\exp}} \omega_l \mathrm{e}^{-s_l(t_{n-1+\sigma} - t)} \right] L'_{2,k}(t) \mathrm{d}t$$

$$\equiv \mathrm{I}_n + \mathrm{II}_n. \tag{1.7.27}$$

由定理 1.6.4 得到

$$|\mathrm{I}_n| \leqslant \frac{(4\sigma - 1)\sigma^{-\alpha}}{12\Gamma(2-\alpha)} \max_{t_0 \leqslant t \leqslant t_n} |f'''(t)| \tau^{3-\alpha}. \tag{1.7.28}$$

由引理 1.7.1 得到

$$|\mathrm{II}_n| \leqslant \frac{1}{\Gamma(1-\alpha)} \sum_{k=1}^{n-1} \int_{t_{k-1}}^{t_k} \left| (t_{n-1+\sigma} - t)^{-\alpha} - \sum_{l=1}^{N_{\exp}} \omega_l \mathrm{e}^{-s_l(t_{n-1+\sigma} - t)} \right| \cdot \left| L'_{2,k}(t) \right| \mathrm{d}t$$

$$\leqslant \frac{\epsilon}{\Gamma(1-\alpha)} \sum_{k=1}^{n-1} \int_{t_{k-1}}^{t_k} \left| L'_{2,k}(t) \right| \mathrm{d}t$$

$$\leqslant \frac{\epsilon}{\Gamma(1-\alpha)} \sum_{k=1}^{n-1} \int_{t_{k-1}}^{t_k} \left| \delta_t f^{k-\frac{1}{2}} \frac{t_{k+\frac{1}{2}} - t}{\tau} + \delta_t f^{k+\frac{1}{2}} \frac{t - t_{k-\frac{1}{2}}}{\tau} \right| \mathrm{d}t$$

$$\leqslant \frac{\epsilon}{\Gamma(1-\alpha)} \left(\max_{1 \leqslant k \leqslant n} \left| \delta_t f^{k-\frac{1}{2}} \right| \right) \sum_{k=1}^{n-1} \int_{t_{k-1}}^{t_k} \left(\left| \frac{t_{k+\frac{1}{2}} - t}{\tau} \right| + \left| \frac{t - t_{k-\frac{1}{2}}}{\tau} \right| \right) \mathrm{d}t$$

$$= \frac{\epsilon}{\Gamma(1-\alpha)} \frac{5}{4} (n-1)\tau \max_{1 \leqslant k \leqslant n} \left| \delta_t f^{k-\frac{1}{2}} \right|$$

$$\leqslant \frac{5t_n}{4\Gamma(1-\alpha)} \max_{t_0 \leqslant t \leqslant t_n} \left| f'(t) \right| \epsilon. \tag{1.7.29}$$

将 (1.7.28) 和 (1.7.29) 代入 (1.7.27) 即得 (1.7.26). □

引理 1.7.3[101] 由 (1.7.22)—(1.7.25) 定义的系数 $\{d_k^{(n,\,\alpha)} \,|\, 0 \leqslant k \leqslant n-1\}$ 满足下列关系式:

当 $n = 1$ 时, 有

$$d_0^{(n,\,\alpha)} > 0.$$

当 $n \geqslant 2$ 时, 有

(I)

$$d_1^{(n,\,\alpha)} > d_2^{(n,\,\alpha)} > d_3^{(n,\,\alpha)} > \cdots > d_{n-1}^{(n,\,\alpha)}. \tag{1.7.30}$$

(II) 如果 $\epsilon < \dfrac{2(1-\sigma)}{\sigma(7\sigma-1)(1+\sigma)^\alpha} \tau^{-\alpha}$, 则有

$$(2\sigma - 1)d_0^{(n,\alpha)} - \sigma d_1^{(n,\alpha)} > 0, \tag{1.7.31}$$

$$d_0^{(n,\alpha)} > d_1^{(n,\alpha)} > 0, \tag{1.7.32}$$

$$d_{n-1}^{(n,\alpha)} \geqslant \frac{1}{2t_n^\alpha \Gamma(1-\alpha)}. \tag{1.7.33}$$

证明　当 $n = 1$ 时, $d_0^{(n,\alpha)} > 0$ 是显然的.

当 $n \geqslant 2$ 时, 由 (1.7.23)—(1.7.25) 可知 (1.7.30) 成立. 另外如果 (1.7.31) 成立, 则有 (1.7.32) 成立. 现在来证明 (1.7.31) 成立.

首先给出 $d_k^{(n,\alpha)}$ 和 $\dfrac{\tau^{-\alpha}}{\Gamma(2-\alpha)} c_k^{(n,\alpha)}$ 之间的一个关系式. 对 $n = 2, 3, \cdots$, 有

$$
\left| d_k^{(n,\alpha)} - \frac{\tau^{-\alpha}}{\Gamma(2-\alpha)} c_k^{(n,\alpha)} \right|
$$

$$
\leqslant \frac{\epsilon}{\Gamma(1-\alpha)} \cdot
\begin{cases}
\dfrac{1}{\tau} \displaystyle\int_{t_{n-2}}^{t_{n-1}} \frac{|t - t_{n-\frac{3}{2}}|}{\tau} \mathrm{d}t, & k = 0, \\[3mm]
\dfrac{1}{\tau} \displaystyle\int_{t_{k-1}}^{t_k} \frac{|t_{k+\frac{1}{2}} - t|}{\tau} \mathrm{d}t + \dfrac{1}{\tau} \displaystyle\int_{t_{k-2}}^{t_{k-1}} \frac{|t - t_{k-\frac{3}{2}}|}{\tau} \mathrm{d}t, & 1 \leqslant k \leqslant n-2, \\[3mm]
\dfrac{1}{\tau} \displaystyle\int_{t_0}^{t_1} \frac{|t_{\frac{3}{2}} - t|}{\tau} \mathrm{d}t, & k = n-1
\end{cases}
$$

$$
= \frac{\epsilon}{\Gamma(1-\alpha)} \cdot
\begin{cases}
\dfrac{1}{4}, & k = 0, \\[2mm]
\dfrac{5}{4}, & 1 \leqslant k \leqslant n-2, \\[2mm]
1, & k = n-1.
\end{cases} \tag{1.7.34}
$$

当 $n = 2$ 时, 由

$$(2\sigma - 1)c_0^{(2,\alpha)} - \sigma c_1^{(2,\alpha)} \geqslant \frac{(2\sigma - 1)(1 - \sigma)}{2\sigma(1 + \sigma)^{\alpha-1}}$$

及 (1.7.34) 得到

$$(2\sigma - 1)d_0^{(2,\alpha)} - \sigma d_1^{(2,\alpha)}$$

$$= \frac{\tau^{-\alpha}}{\Gamma(2-\alpha)} \left[(2\sigma - 1)c_0^{(2,\alpha)} - \sigma c_1^{(2,\alpha)} \right] + (2\sigma - 1) \left[d_0^{(2,\alpha)} - \frac{\tau^{-\alpha}}{\Gamma(2-\alpha)} c_0^{(2,\alpha)} \right]$$

$$\quad - \sigma \left[d_1^{(2,\alpha)} - \frac{\tau^{-\alpha}}{\Gamma(2-\alpha)} c_1^{(2,\alpha)} \right]$$

$$\geqslant \frac{\tau^{-\alpha}}{\Gamma(2-\alpha)} \cdot \frac{(2\sigma - 1)(1 - \sigma)}{2\sigma(1 + \sigma)^{\alpha-1}} - (2\sigma - 1)\frac{\epsilon}{4\Gamma(1-\alpha)} - \sigma \frac{\epsilon}{\Gamma(1-\alpha)}$$

$$= \frac{1}{\Gamma(1-\alpha)} \left[\frac{\tau^{-\alpha}(1 - \sigma)}{2\sigma(1 + \sigma)^{\alpha-1}} - \frac{6\sigma - 1}{4} \epsilon \right]$$

$$\geqslant 0.$$

当 $n \geqslant 3$ 时, 由

$$(2\sigma - 1)c_0^{(n,\alpha)} - \sigma c_1^{(n,\alpha)} \geqslant \frac{(2\sigma - 1)(1-\sigma)}{2\sigma(1+\sigma)^\alpha}$$

及 (1.7.34), 得到

$$
\begin{aligned}
&(2\sigma - 1)d_0^{(n,\alpha)} - \sigma d_1^{(n,\alpha)} \\
&= \frac{\tau^{-\alpha}}{\Gamma(2-\alpha)}\left[(2\sigma - 1)c_0^{(n,\alpha)} - \sigma c_1^{(n,\alpha)}\right] + (2\sigma - 1)\left[d_0^{(n,\alpha)} - \frac{\tau^{-\alpha}}{\Gamma(2-\alpha)}c_0^{(n,\alpha)}\right] \\
&\quad - \sigma\left[d_1^{(n,\alpha)} - \frac{\tau^{-\alpha}}{\Gamma(2-\alpha)}c_1^{(n,\alpha)}\right] \\
&\geqslant \frac{\tau^{-\alpha}}{\Gamma(2-\alpha)} \cdot \frac{(2\sigma - 1)(1-\sigma)}{2\sigma(1+\sigma)^\alpha} - (2\sigma - 1)\frac{\epsilon}{4\Gamma(1-\alpha)} - \sigma\frac{5\epsilon}{4\Gamma(1-\alpha)} \\
&= \frac{1}{\Gamma(1-\alpha)}\left[\frac{\tau^{-\alpha}(1-\sigma)}{2\sigma(1+\sigma)^\alpha} - \frac{7\sigma - 1}{4}\epsilon\right] \\
&\geqslant 0.
\end{aligned}
$$

此外

$$
\begin{aligned}
d_{n-1}^{(n,\alpha)} &\geqslant \frac{\tau^{-\alpha}}{\Gamma(2-\alpha)}c_{n-1}^{(n,\alpha)} - \frac{\epsilon}{\Gamma(1-\alpha)} \\
&\geqslant \frac{\tau^{-\alpha}}{\Gamma(2-\alpha)} \cdot (1-\alpha)n^{-\alpha} - \frac{\epsilon}{\Gamma(1-\alpha)} \\
&= \frac{1}{\Gamma(1-\alpha)}\left(t_n^{-\alpha} - \epsilon\right) \geqslant \frac{t_n^{-\alpha}}{2\Gamma(1-\alpha)}. \qquad \square
\end{aligned}
$$

1.7.3   快速的 H2N2 逼近

下面我们来给出 Caputo 分数阶导数基于 H2N2 逼近的快速算法[70], 其中分数阶导数的阶 $\gamma \in (1, 2)$.

本节中, 为简单起见, 省去了 $N_{\exp}^{(\gamma-1)}, s_l^{(\gamma-1)}, \omega_l^{(\gamma-1)}$ 中的上标 $(\gamma - 1)$.

应用引理 1.7.1 可得

$$
\begin{aligned}
&{}_0^C D_t^\gamma f(t)|_{t=t_{n-\frac{1}{2}}} \\
&= \frac{1}{\Gamma(2-\gamma)}\left[\int_{t_0}^{t_{\frac{1}{2}}} f''(t)(t_{n-\frac{1}{2}} - t)^{1-\gamma}dt + \sum_{k=1}^{n-1}\int_{t_{k-\frac{1}{2}}}^{t_{k+\frac{1}{2}}} f''(t)(t_{n-\frac{1}{2}} - t)^{1-\gamma}dt\right] \\
&\approx \frac{1}{\Gamma(2-\gamma)}\left[\int_{t_0}^{t_{\frac{1}{2}}} H_{2,0}''(t)\sum_{l=1}^{N_{\exp}} \omega_l \mathrm{e}^{-s_l(t_{n-\frac{1}{2}} - t)}dt\right.
\end{aligned}
$$

$$+ \sum_{k=1}^{n-2} \int_{t_{k-\frac{1}{2}}}^{t_{k+\frac{1}{2}}} N_{2,k}''(t) \sum_{l=1}^{N_{\exp}} \omega_l \mathrm{e}^{-s_l(t_{n-\frac{1}{2}}-t)} \mathrm{d}t + \int_{t_{n-\frac{3}{2}}}^{t_{n-\frac{1}{2}}} N_{2,n-1}''(t)(t_{n-\frac{1}{2}}-t)^{1-\gamma}\mathrm{d}t \Bigg]$$

$$= \frac{1}{\Gamma(2-\gamma)} \left[\sum_{l=1}^{N_{\exp}} \omega_l F_l^n + \delta_t^2 f^{n-1} \int_{t_{n-\frac{3}{2}}}^{t_{n-\frac{1}{2}}} (t_{n-\frac{1}{2}}-t)^{1-\gamma}\mathrm{d}t \right]$$

$$\equiv {}^{\mathscr{F}}\hat{D}^\gamma f(t_{n-\frac{1}{2}}), \quad 2 \leqslant n \leqslant N, \tag{1.7.35}$$

其中

$$F_l^n = \int_{t_0}^{t_{\frac{1}{2}}} H_{2,0}''(t)\mathrm{e}^{-s_l(t_{n-\frac{1}{2}}-t)}\mathrm{d}t + \sum_{k=1}^{n-2} \int_{t_{k-\frac{1}{2}}}^{t_{k+\frac{1}{2}}} N_{2,k}''(t)\mathrm{e}^{-s_l(t_{n-\frac{1}{2}}-t)}\mathrm{d}t,$$

$$1 \leqslant l \leqslant N_{\exp}, \quad 2 \leqslant n \leqslant N.$$

利用如下递推算法计算 F_l^n:

$$F_l^n = \int_{t_0}^{t_{\frac{1}{2}}} H_{2,0}''(t)\mathrm{e}^{-s_l(t_{n-\frac{1}{2}}-t)}\mathrm{d}t + \sum_{k=1}^{n-2} \int_{t_{k-\frac{1}{2}}}^{t_{k+\frac{1}{2}}} N_{2,k}''(t)\mathrm{e}^{-s_l(t_{n-\frac{1}{2}}-t)}\mathrm{d}t$$

$$= \mathrm{e}^{-s_l\tau} \left[\int_{t_0}^{t_{\frac{1}{2}}} H_{2,0}''(t)\mathrm{e}^{-s_l(t_{n-\frac{3}{2}}-t)}\mathrm{d}t + \sum_{k=1}^{n-3} \int_{t_{k-\frac{1}{2}}}^{t_{k+\frac{1}{2}}} N_{2,k}''(t)\mathrm{e}^{-s_l(t_{n-\frac{3}{2}}-t)}\mathrm{d}t \right]$$

$$\quad + \int_{t_{n-\frac{5}{2}}}^{t_{n-\frac{3}{2}}} N_{2,n-2}''(t)\mathrm{e}^{-s_l(t_{n-\frac{1}{2}}-t)}\mathrm{d}t$$

$$= \mathrm{e}^{-s_l\tau} F_l^{n-1} + \delta_t^2 f^{n-2} \int_{t_{n-\frac{5}{2}}}^{t_{n-\frac{3}{2}}} \mathrm{e}^{-s_l(t_{n-\frac{1}{2}}-t)}\mathrm{d}t$$

$$= \mathrm{e}^{-s_l\tau} F_l^{n-1} + B_l \left(\delta_t f^{n-\frac{3}{2}} - \delta_t f^{n-\frac{5}{2}} \right), \quad 3 \leqslant n \leqslant N,$$

其中

$$F_l^2 = \int_{t_0}^{t_{\frac{1}{2}}} H_{2,0}''(t)\mathrm{e}^{-s_l(t_{\frac{3}{2}}-t)}\mathrm{d}t = \frac{2}{s_l\tau}\left(\mathrm{e}^{-s_l\tau} - \mathrm{e}^{-\frac{3}{2}s_l\tau} \right)\left(\delta_t f^{\frac{1}{2}} - f'(t_0) \right), \tag{1.7.36}$$

$$B_l = \frac{1}{\tau} \int_{t_{n-\frac{5}{2}}}^{t_{n-\frac{3}{2}}} \mathrm{e}^{-s_l(t_{n-\frac{1}{2}}-t)}\mathrm{d}t = \frac{1}{s_l\tau}\left(\mathrm{e}^{-s_l\tau} - \mathrm{e}^{-2s_l\tau} \right). \tag{1.7.37}$$

由 (1.7.35)—(1.7.37) 得到计算 ${}_0^C D_t^\gamma f(t)|_{t=t_{n-\frac{1}{2}}}$ 的如下算法:

$$
\begin{cases}
{}^{F}\hat{D}^{\gamma}f(t_{n-\frac{1}{2}}) = \dfrac{1}{\Gamma(2-\gamma)}\left[\displaystyle\sum_{l=1}^{N_{\exp}}\omega_{l}F_{l}^{n} + \dfrac{\tau^{2-\gamma}}{2-\gamma}\delta_{t}^{2}f^{n-1}\right], & 2\leqslant n\leqslant N, \quad (1.7.38)\\[3ex]
F_{l}^{2} = \dfrac{2}{\tau}\displaystyle\int_{t_{0}}^{t_{\frac{1}{2}}}\mathrm{e}^{-s_{l}(t_{\frac{3}{2}}-t)}\mathrm{d}t\left(\delta_{t}f^{\frac{1}{2}} - f'(t_{0})\right), & 1\leqslant l\leqslant N_{\exp}, \quad (1.7.39)\\[3ex]
F_{l}^{n} = \mathrm{e}^{-s_{l}\tau}F_{l}^{n-1} + B_{l}\left(\delta_{t}f^{n-\frac{3}{2}} - \delta_{t}f^{n-\frac{5}{2}}\right), & 1\leqslant l\leqslant N_{\exp},\ 3\leqslant n\leqslant N. (1.7.40)
\end{cases}
$$

下面来分析用 ${}^{F}\hat{D}^{\gamma}f(t_{n-\frac{1}{2}})$ 近似 ${}_{0}^{C}D_{t}^{\gamma}f(t)|_{t=t_{n-\frac{1}{2}}}$ 的截断误差.

定理 1.7.3 设 $f\in C^{3}[t_{0},t_{n}]$. 记

$$
\hat{R}^{n} = {}_{0}^{C}D_{t}^{\gamma}f(t)|_{t=t_{n-\frac{1}{2}}} - {}^{F}\hat{D}^{\gamma}f(t_{n-\frac{1}{2}}),
$$

则当 $n\geqslant 2$ 时,

$$
\begin{aligned}
\left|\hat{R}^{n}\right| &\leqslant \left[\frac{1}{8\Gamma(2-\gamma)} + \frac{1}{12\Gamma(3-\gamma)} + \frac{\gamma-1}{2\Gamma(4-\gamma)}\right]\max_{t_{0}\leqslant t\leqslant t_{n}}|f'''(t)|\tau^{3-\gamma}\\
&\quad + \frac{\epsilon\, t_{n-\frac{3}{2}}}{\Gamma(2-\gamma)}\max_{t_{0}\leqslant t\leqslant t_{n}}|f''(t)|. \qquad\qquad (1.7.41)
\end{aligned}
$$

证明 计算可得

$$
\begin{aligned}
\hat{R}^{n} &= \frac{1}{\Gamma(2-\gamma)}\left[\int_{t_{0}}^{t_{\frac{1}{2}}}f''(t)(t_{n-\frac{1}{2}}-t)^{1-\gamma}\mathrm{d}t + \sum_{k=1}^{n-1}\int_{t_{k-\frac{1}{2}}}^{t_{k+\frac{1}{2}}}f''(t)(t_{n-\frac{1}{2}}-t)^{1-\gamma}\mathrm{d}t\right]\\
&\quad - \frac{1}{\Gamma(2-\gamma)}\left[\int_{t_{0}}^{t_{\frac{1}{2}}}H_{2,0}''(t)\sum_{l=1}^{N_{\exp}}\omega_{l}\mathrm{e}^{-s_{l}(t_{n-\frac{1}{2}}-t)}\mathrm{d}t\right.\\
&\quad + \sum_{k=1}^{n-2}\int_{t_{k-\frac{1}{2}}}^{t_{k+\frac{1}{2}}}N_{2,k}''(t)\sum_{l=1}^{N_{\exp}}\omega_{l}\mathrm{e}^{-s_{l}(t_{n-\frac{1}{2}}-t)}\mathrm{d}t\\
&\quad \left. + \int_{t_{n-\frac{3}{2}}}^{t_{n-\frac{1}{2}}}N_{2,n-1}''(t)(t_{n-\frac{1}{2}}-t)^{1-\gamma}\mathrm{d}t\right]\\
&= \frac{1}{\Gamma(2-\gamma)}\left[\int_{t_{0}}^{t_{\frac{1}{2}}}\left(f''(t)-H_{2,0}''(t)\right)(t_{n-\frac{1}{2}}-t)^{1-\gamma}\mathrm{d}t\right.\\
&\quad \left. + \sum_{k=1}^{n-1}\int_{t_{k-\frac{1}{2}}}^{t_{k+\frac{1}{2}}}\left(f''(t)-N_{2,k}''(t)\right)(t_{n-\frac{1}{2}}-t)^{1-\gamma}\mathrm{d}t\right]\\
&\quad + \frac{1}{\Gamma(2-\gamma)}\left[\int_{t_{0}}^{t_{\frac{1}{2}}}H_{2,0}''(t)\left((t_{n-\frac{1}{2}}-t)^{1-\gamma} - \sum_{l=1}^{N_{\exp}}\omega_{l}\mathrm{e}^{-s_{l}(t_{n-\frac{1}{2}}-t)}\right)\mathrm{d}t\right.
\end{aligned}
$$

$$+ \sum_{k=1}^{n-2} \int_{t_{k-\frac{1}{2}}}^{t_{k+\frac{1}{2}}} N_{2,k}''(t) \left((t_{n-\frac{1}{2}} - t)^{1-\gamma} - \sum_{l=1}^{N_{\exp}} \omega_l \mathrm{e}^{-s_l(t_{n-\frac{1}{2}} - t)} \right) \mathrm{d}t \right]$$

$$\equiv \mathrm{I}_n + \mathrm{II}_n. \tag{1.7.42}$$

由定理 1.6.6 知

$$|\mathrm{I}_n| \leqslant \left[\frac{1}{8\Gamma(2-\gamma)} + \frac{1}{12\Gamma(3-\gamma)} + \frac{\gamma-1}{2\Gamma(4-\gamma)} \right] \max_{t_0 \leqslant t \leqslant t_n} |f'''(t)| \tau^{3-\gamma}. \tag{1.7.43}$$

另一方面, 由 (1.6.47)—(1.6.50) 可得

$$\begin{aligned}
|\mathrm{II}_n| &\leqslant \frac{\epsilon}{\Gamma(2-\gamma)} \left[\int_{t_0}^{t_{\frac{1}{2}}} |H_{2,0}''(t)| \mathrm{d}t + \sum_{k=1}^{n-2} \int_{t_{k-\frac{1}{2}}}^{t_{k+\frac{1}{2}}} |N_{2,k}''(t)| \mathrm{d}t \right] \\
&\leqslant \frac{\epsilon}{\Gamma(2-\gamma)} \left[\int_{t_0}^{t_{\frac{1}{2}}} |f''(\xi_0)| \mathrm{d}t + \sum_{k=1}^{n-2} \int_{t_{k-\frac{1}{2}}}^{t_{k+\frac{1}{2}}} |f''(\xi_k)| \mathrm{d}t \right] \\
&\leqslant \frac{\epsilon\, t_{n-\frac{3}{2}}}{\Gamma(2-\gamma)} \max_{t_0 \leqslant t \leqslant t_n} |f''(t)|,
\end{aligned} \tag{1.7.44}$$

其中 $\xi_0 \in (t_0, t_1)$, $\xi_k \in (t_{k-1}, t_{k+1})$, $1 \leqslant k \leqslant n-2$.

由 (1.7.42)—(1.7.44) 可得 (1.7.41). □

记

$$\begin{cases}
\tilde{b}_{n-1}^{(n,\gamma)} = \frac{2}{\tau} \int_{t_0}^{t_{\frac{1}{2}}} \sum_{l=1}^{N_{\exp}} \omega_l \mathrm{e}^{-s_l(t_{n-\frac{1}{2}} - t)} \mathrm{d}t = \int_0^1 \sum_{l=1}^{N_{\exp}} \omega_l \mathrm{e}^{-s_l(n-\frac{1}{2}-\frac{\xi}{2})\tau} \mathrm{d}\xi, & (1.7.45) \\[2mm]
\tilde{b}_{n-k-1}^{(n,\gamma)} = \frac{1}{\tau} \int_{t_{k-\frac{1}{2}}}^{t_{k+\frac{1}{2}}} \sum_{l=1}^{N_{\exp}} \omega_l \mathrm{e}^{-s_l(t_{n-\frac{1}{2}} - t)} \mathrm{d}t = \int_0^1 \sum_{l=1}^{N_{\exp}} \omega_l \mathrm{e}^{-s_l(n-k-\xi)\tau} \mathrm{d}\xi, \\[2mm]
\hspace{6cm} 1 \leqslant k \leqslant n-2, & (1.7.46) \\[2mm]
\tilde{b}_0^{(n,\gamma)} = \frac{1}{\tau} \int_{t_{n-\frac{3}{2}}}^{t_{n-\frac{1}{2}}} (t_{n-\frac{1}{2}} - t)^{1-\gamma} \mathrm{d}t = \frac{\tau^{1-\gamma}}{2-\gamma}, & (1.7.47)
\end{cases}$$

则可将 ${}^{\mathcal{F}}\hat{D}^\gamma f(t_{n-\frac{1}{2}})$ 写为

$$\begin{aligned}
& {}^{\mathcal{F}}\hat{D}^\gamma f(t_{n-\frac{1}{2}}) \\
&= \frac{1}{\Gamma(2-\gamma)} \left[\tilde{b}_{n-1}^{(n,\gamma)} \cdot (\delta_t f^{\frac{1}{2}} - f'(t_0)) + \sum_{k=1}^{n-1} \tilde{b}_{n-k-1}^{(n,\gamma)} \cdot (\delta_t f^{k+\frac{1}{2}} - \delta_t f^{k-\frac{1}{2}}) \right] \\
&= \frac{1}{\Gamma(2-\gamma)} \left[\tilde{b}_0^{(n,\gamma)} \delta_t f^{n-\frac{1}{2}} - \sum_{k=1}^{n-1} \left(\tilde{b}_{n-k-1}^{(n,\gamma)} - \tilde{b}_{n-k}^{(n,\gamma)} \right) \delta_t f^{k-\frac{1}{2}} - \tilde{b}_{n-1}^{(n,\gamma)} f'(t_0) \right]. \tag{1.7.48}
\end{aligned}$$

由 $\tilde{b}_k^{(n,\gamma)}$ 和 $\hat{b}_k^{(n,\gamma)}$ 的定义知

$$\tilde{b}_0^{(n,\gamma)} - \hat{b}_0^{(n,\gamma)} = 0; \quad \left|\tilde{b}_k^{(n,\gamma)} - \hat{b}_k^{(n,\gamma)}\right| \leqslant \epsilon, \quad 1 \leqslant k \leqslant n-1.$$

公式 (1.7.48) 中的系数满足下面的引理.

引理 1.7.4

$$\tilde{b}_1^{(n,\gamma)} > \tilde{b}_2^{(n,\gamma)} > \tilde{b}_2^{(n,\gamma)} > \cdots > \tilde{b}_{n-1}^{(n,\gamma)}.$$

当 $\epsilon < \dfrac{2-2^{2-\gamma}}{2-\gamma}\tau^{1-\gamma}$ 时,

$$\tilde{b}_0^{(n,\gamma)} > \tilde{b}_1^{(n,\gamma)}.$$

证明 可将 (1.7.46) 写为

$$\tilde{b}_k^{(n,\gamma)} = \frac{1}{\tau} \int_{t_{n-k-\frac{3}{2}}}^{t_{n-k-\frac{1}{2}}} \sum_{l=1}^{N_{\exp}} \omega_l e^{-s_l(t_{n-\frac{1}{2}}-t)} dt$$

$$= \int_0^1 \sum_{l=1}^{N_{\exp}} \omega_l e^{-s_l(k+1-\xi)\tau} d\xi, \quad 1 \leqslant k \leqslant n-2. \tag{1.7.49}$$

观察 (1.7.49) 和 (1.7.45), 可知

$$\tilde{b}_1^{(n,\gamma)} > \tilde{b}_2^{(n,\gamma)} > \cdots > \tilde{b}_{n-1}^{(n,\gamma)}.$$

另外

$$\tilde{b}_0^{(n,\gamma)} - \tilde{b}_1^{(n,\gamma)}$$
$$= \hat{b}_0^{(n,\gamma)} - \tilde{b}_1^{(n,\gamma)}$$
$$= (\hat{b}_0^{(n,\gamma)} - \hat{b}_1^{(n,\gamma)}) + (\hat{b}_1^{(n,\gamma)} - \tilde{b}_1^{(n,\gamma)})$$
$$\geqslant (\hat{b}_0^{(n,\gamma)} - \hat{b}_1^{(n,\gamma)}) - \epsilon$$
$$= \frac{\tau^{1-\gamma}}{2-\gamma} - (2^{2-\gamma}-1)\frac{\tau^{1-\gamma}}{2-\gamma} - \epsilon$$
$$= (2-2^{2-\gamma})\frac{\tau^{1-\gamma}}{2-\gamma} - \epsilon > 0. \qquad \square$$

1.8 分数阶常微分方程的差分方法

1.8.1 基于 G-L 逼近的方法

问题 1.8.1 求解初值问题

$$\begin{cases} {}_0\mathbf{D}_t^\alpha y(t) = f(t), & 0 < t \leqslant T, \tag{1.8.1} \\ y(0) = 0, \tag{1.8.2} \end{cases}$$

其中 $\alpha \in (0, 1)$.

定义函数

$$\hat{u}(t) = \begin{cases} 0, & t < 0, \\ y(t), & 0 \leqslant t \leqslant T, \\ v(t), & T < t < 2T, \\ 0, & t \geqslant 2T, \end{cases}$$

其中 $v(t)$ 为满足 $v^{(k)}(T) = y^{(k)}(T)$, $v^{(k)}(2T) = 0$ $(k = 0, 1, 2)$ 的光滑函数. 设 $\hat{u} \in \mathscr{C}^{1+\alpha}(\mathcal{R})$. 这里引进函数 $v(t)$ 的目的是给出可以应用定理 1.4.2 的一个充分条件, 它并不参加实际计算.

取正整数 N, 并记 $\tau = \dfrac{T}{N}$, $t_k = k\tau$, $k = 0, 1, 2, \cdots, N$.

在 $t = t_n$ 处考虑微分方程 (1.8.1), 有

$$_0\mathbf{D}_t^\alpha y(t)|_{t=t_n} = f(t_n), \quad 1 \leqslant n \leqslant N.$$

应用 G-L 公式 (1.4.1), 由定理 1.4.2 可得

$$\tau^{-\alpha} \sum_{k=0}^{n} g_k^{(\alpha)} y(t_{n-k}) = f(t_n) + (r_1)^n, \quad 1 \leqslant n \leqslant N, \tag{1.8.3}$$

且存在正常数 c_1 使得

$$|(r_1)^n| \leqslant c_1 \tau, \quad 1 \leqslant n \leqslant N. \tag{1.8.4}$$

注意到

$$y(t_0) = 0, \tag{1.8.5}$$

在 (1.8.3) 中略去小量项 $(r_1)^n$, 并用数值解 y^n 代替精确解 $y(t_n)$, 得到求解问题 (1.8.1)—(1.8.2) 的如下差分格式:

$$\begin{cases} \tau^{-\alpha} \displaystyle\sum_{k=0}^{n} g_k^{(\alpha)} y^{n-k} = f(t_n), & 1 \leqslant n \leqslant N, \tag{1.8.6} \\ y^0 = 0. \tag{1.8.7} \end{cases}$$

差分格式的稳定性

定理 1.8.1　设 $\{y^n \,|\, 0 \leqslant n \leqslant N\}$ 为差分格式 (1.8.6)—(1.8.7) 的解, 则有

$$|y^k| \leqslant \frac{5}{(1-\alpha)2^\alpha} k^\alpha \tau^\alpha \max_{1 \leqslant m \leqslant k} |f(t_m)|, \quad 1 \leqslant k \leqslant N. \tag{1.8.8}$$

证明　注意到当 $0 < \alpha < 1$ 时, $g_0^{(\alpha)} = 1$, $g_k^{(\alpha)} < 0$, $k \geqslant 1$, 将 (1.8.6) 改写成如下形式:

$$y^n = \sum_{k=1}^{n-1} (-g_k^{(\alpha)}) y^{n-k} + \tau^\alpha f(t_n), \quad 1 \leqslant n \leqslant N. \tag{1.8.9}$$

下面用归纳法证明 (1.8.8).

当 $n = 1$ 时, 由 (1.8.9) 得

$$|y^1| = \tau^\alpha |f(t_1)| \leqslant \frac{5}{(1-\alpha)2^\alpha} \tau^\alpha |f(t_1)|.$$

因而 (1.8.8) 对 $k = 1$ 成立. 现设 (1.8.8) 对 $k = 1, 2, \cdots, n-1$ 成立, 则由 (1.8.9) 得到

$$
\begin{aligned}
|y^n| &\leqslant \sum_{k=1}^{n-1} (-g_k^{(\alpha)}) |y^{n-k}| + \tau^\alpha |f(t_n)| \\
&\leqslant \sum_{k=1}^{n-1} (-g_k^{(\alpha)}) \left[\frac{5}{(1-\alpha)2^\alpha} (n-k)^\alpha \tau^\alpha \max_{1 \leqslant m \leqslant n-k} |f(t_m)| \right] + \tau^\alpha |f(t_n)| \\
&\leqslant \left[\sum_{k=1}^{n-1} (-g_k^{(\alpha)}) \frac{5}{(1-\alpha)2^\alpha} n^\alpha + 1 \right] \tau^\alpha \max_{1 \leqslant m \leqslant n} |f(t_m)| \\
&= \left\{ \left[\sum_{k=1}^{\infty} (-g_k^{(\alpha)}) - \sum_{k=n}^{\infty} (-g_k^{(\alpha)}) \right] \frac{5}{(1-\alpha)2^\alpha} n^\alpha + 1 \right\} \tau^\alpha \max_{1 \leqslant m \leqslant n} |f(t_m)| \\
&\leqslant \left\{ \left[1 - \frac{1-\alpha}{5} \cdot \left(\frac{2}{n} \right)^\alpha \right] \frac{5}{(1-\alpha)2^\alpha} n^\alpha + 1 \right\} \tau^\alpha \max_{1 \leqslant m \leqslant n} |f(t_m)| \\
&= \frac{5}{(1-\alpha)2^\alpha} n^\alpha \tau^\alpha \max_{1 \leqslant m \leqslant n} |f(t_m)|,
\end{aligned}
$$

其中倒数第二步用到了引理 1.4.3. 因而 (1.8.8) 对 $k = n$ 也成立.

由归纳原理知, 定理结论成立. 　　　　　　　　　　　　　　　　　　□

差分格式的收敛性

定理 1.8.2　设 $\{y(t_n) \,|\, 0 \leqslant n \leqslant N\}$ 为分数阶微分方程问题 (1.8.1)—(1.8.2) 的解, $\{y^n \,|\, 0 \leqslant n \leqslant N\}$ 为差分格式 (1.8.6)—(1.8.7) 的解. 令

$$e^n = y(t_n) - y^n, \quad n = 0, 1, 2, \cdots, N,$$

则有

$$|e^n| \leqslant \frac{5c_1}{(1-\alpha)2^\alpha} T^\alpha \tau, \quad 1 \leqslant n \leqslant N.$$

证明 将 (1.8.3) 和 (1.8.5) 分别与 (1.8.6)—(1.8.7) 相减, 得到误差方程组

$$\begin{cases} \tau^{-\alpha} \sum_{k=0}^{n} g_k^{(\alpha)} e^{n-k} = (r_1)^n, & 1 \leqslant n \leqslant N, \\ e^0 = 0. \end{cases}$$

应用定理 1.8.1, 并注意到 (1.8.4), 可得

$$|e^n| \leqslant \frac{5}{(1-\alpha)2^\alpha} n^\alpha \tau^\alpha \max_{1 \leqslant m \leqslant n} |(r_1)^m| \leqslant \frac{5c_1}{(1-\alpha)2^\alpha} T^\alpha \tau, \quad 1 \leqslant n \leqslant N. \qquad \square$$

问题 1.8.2 求解初值问题

$$\begin{cases} {}_0\mathbf{D}_t^\gamma y(t) = f(t), & 0 < t \leqslant T, & (1.8.10) \\ y(0) = 0, \quad y'(0) = 0, & & (1.8.11) \end{cases}$$

其中 $\gamma \in (1,2)$.

定义函数

$$\hat{u}(t) = \begin{cases} 0, & t < 0, \\ y(t), & 0 \leqslant t \leqslant T, \\ v(t), & T < t < 2T, \\ 0, & t \geqslant 2T, \end{cases}$$

其中 $v(t)$ 为满足 $v^{(k)}(T) = y^{(k)}(T), v^{(k)}(2T) = 0 \ (k = 0,1,2,3)$ 的光滑函数. 设 $\hat{u} \in \mathscr{C}^{1+\gamma}(\mathcal{R})$ 且 $y \in C^3[0,T]$.

令

$$z(t) = y'(t), \quad \alpha = \gamma - 1,$$

则由 (1.8.10)—(1.8.11) 可得关于 $z(t)$ 的微分方程如下:

$$\begin{cases} {}_0\mathbf{D}_t^\alpha z(t) = f(t), & 0 < t \leqslant T, & (1.8.12) \\ z(0) = 0. & & (1.8.13) \end{cases}$$

记

$$Y^n = y(t_n), \quad Z^n = z(t_n), \quad 0 \leqslant n \leqslant N,$$

$$Y^{n-\frac{1}{2}} = \frac{1}{2}(Y^n + Y^{n-1}), \quad \delta_t Y^{n-\frac{1}{2}} = \frac{1}{\tau}(Y^n - Y^{n-1}), \quad 1 \leqslant n \leqslant N.$$

在 $t = t_n$ 处考虑微分方程 (1.8.12), 有

$${}_0\mathbf{D}_t^\alpha z(t)|_{t=t_n} = f(t_n), \quad 1 \leqslant n \leqslant N.$$

由 G-L 公式 (1.4.1), 应用定理 1.4.2, 有

$$
\begin{cases}
\tau^{-\alpha} \sum_{k=0}^{n} g_k^{(\alpha)} Z^{n-k} = f(t_n) + (r_2)^n, & 1 \leqslant n \leqslant N, \quad (1.8.14) \\
Z^0 = 0, & (1.8.15)
\end{cases}
$$

且存在正常数 c_2 使得

$$
|(r_2)^n| \leqslant c_2 \tau, \quad 1 \leqslant n \leqslant N.
$$

由 (1.8.14) 和 (1.8.15) 可得

$$
\tau^{-\alpha} \sum_{k=0}^{n-1} g_k^{(\alpha)} \frac{Z^{n-k} + Z^{n-k-1}}{2} = f^{n-\frac{1}{2}} + \frac{1}{2}[(r_2)^n + (r_2)^{n-1}], \quad 1 \leqslant n \leqslant N,
$$

其中 $(r_2)^0 = 0$, $f^{n-\frac{1}{2}} = \frac{1}{2}[f(t_n) + f(t_{n-1})]$. 将

$$
\delta_t Y^{n-k-\frac{1}{2}} = \frac{1}{2}(Z^{n-k} + Z^{n-k-1}) + O(\tau^2)
$$

代入上式得到

$$
\tau^{1-\gamma} \sum_{k=0}^{n-1} g_k^{(\gamma-1)} \delta_t Y^{n-k-\frac{1}{2}} = f^{n-\frac{1}{2}} + (r_3)^{n-\frac{1}{2}}, \quad 1 \leqslant n \leqslant N, \quad (1.8.16)
$$

且存在正常数 c_3, 使得

$$
|(r_3)^{n-\frac{1}{2}}| \leqslant c_3 \tau, \quad 1 \leqslant n \leqslant N. \quad (1.8.17)
$$

在 (1.8.16) 中略去小量项 $(r_3)^{n-\frac{1}{2}}$, 注意到

$$
y(t_0) = 0, \quad (1.8.18)
$$

并用数值解 y^n 代替精确解 $y(t_n)$, 得到求解问题 (1.8.10)—(1.8.11) 的如下差分格式:

$$
\begin{cases}
\tau^{1-\gamma} \sum_{k=0}^{n-1} g_k^{(\gamma-1)} \delta_t y^{n-k-\frac{1}{2}} = f^{n-\frac{1}{2}}, & 1 \leqslant n \leqslant N, \quad (1.8.19) \\
y^0 = 0. & (1.8.20)
\end{cases}
$$

差分格式的稳定性

定理 1.8.3　设 $\{y^n \mid 0 \leqslant n \leqslant N\}$ 为差分格式 (1.8.19)—(1.8.20) 的解, 则有

$$
\left| \delta_t y^{k-\frac{1}{2}} \right| \leqslant \frac{5}{(2-\gamma)2^{\gamma-1}} t_k^{\gamma-1} \max_{1 \leqslant m \leqslant k} \left| f^{m-\frac{1}{2}} \right|, \quad 1 \leqslant k \leqslant N \quad (1.8.21)
$$

和

$$
|y^k| \leqslant \frac{5}{(2-\gamma)2^{\gamma-1}} t_k^{\gamma} \max_{1 \leqslant m \leqslant k} \left| f^{m-\frac{1}{2}} \right|, \quad 1 \leqslant k \leqslant N. \quad (1.8.22)
$$

证明　不等式 (1.8.21) 可以类似定理 1.8.1 的证明得到. 注意到

$$y^k = y^0 + \tau \sum_{m=1}^{k} \delta_t y^{m-\frac{1}{2}} = \tau \sum_{m=1}^{k} \delta_t y^{m-\frac{1}{2}},$$

再根据不等式 (1.8.21) 可得 (1.8.22).　□

差分格式的收敛性

定理 1.8.4　设 $\{y(t_n) \,|\, 0 \leqslant n \leqslant N\}$ 为分数阶微分方程问题 (1.8.10)—(1.8.11) 的解, $\{y^n \,|\, 0 \leqslant n \leqslant N\}$ 为差分格式 (1.8.19)—(1.8.20) 的解. 令

$$e^n = y(t_n) - y^n, \quad n = 0, 1, 2, \cdots, N,$$

则有

$$|e^n| \leqslant \frac{5c_3}{(2-\gamma)2^{\gamma-1}} T^\gamma \tau, \quad 1 \leqslant n \leqslant N.$$

证明　将 (1.8.16) 和 (1.8.18) 分别与 (1.8.19)—(1.8.20) 相减, 得到误差方程组

$$\begin{cases} \tau^{1-\gamma} \displaystyle\sum_{k=0}^{n-1} g_k^{(\gamma-1)} \delta_t e^{n-k-\frac{1}{2}} = (r_3)^{n-\frac{1}{2}}, & 1 \leqslant n \leqslant N, \\ e^0 = 0. \end{cases}$$

应用定理 1.8.3, 并注意到 (1.8.17), 可得

$$|e^n| \leqslant \frac{5}{(2-\gamma)2^{\gamma-1}} t_n^\gamma \max_{1 \leqslant m \leqslant n} |(r_3)^{m-\frac{1}{2}}| \leqslant \frac{5c_3}{(2-\gamma)2^{\gamma-1}} T^\gamma \tau, \quad 1 \leqslant n \leqslant N. \quad □$$

问题 1.8.3　求解边值问题

$$\begin{cases} {}_0\mathbf{D}_t^\gamma y(t) = f(t), & 0 < t < T, & (1.8.23) \\ y(0) = 0, \qquad y(T) = B, & & (1.8.24) \end{cases}$$

其中 $\gamma \in (1, 2)$.

作函数

$$\hat{u}(t) = \begin{cases} 0, & t < 0, \\ y(t), & 0 \leqslant t \leqslant T, \\ v(t), & T < t \leqslant 2T, \\ 0, & t > 2T, \end{cases}$$

其中 $v(t)$ 为满足 $v^{(k)}(T) = y^{(k)}(T)$, $v^{(k)}(2T) = 0$ $(k = 0, 1, 2, 3)$ 的光滑函数, 并设 $\hat{u} \in \mathscr{C}^{1+\gamma}(\mathcal{R})$.

在 $t = t_n$ 处考虑微分方程 (1.8.23), 有

$$_0\mathbf{D}_t^\gamma y(t)|_{t=t_n} = f(t_n), \quad 1 \leqslant n \leqslant N-1.$$

由位移的 G-L 公式 (1.4.1) 及定理 1.4.2, 有

$$\tau^{-\gamma} \sum_{k=0}^{n+1} g_k^{(\gamma)} y(t_{n-k+1}) = f(t_n) + (r_4)^n, \quad 1 \leqslant n \leqslant N-1, \tag{1.8.25}$$

且存在正常数 c_4 使得

$$|(r_4)^n| \leqslant c_4\tau, \quad 1 \leqslant n \leqslant N-1. \tag{1.8.26}$$

注意到边界条件

$$y(t_0) = 0, \quad y(t_N) = B, \tag{1.8.27}$$

在 (1.8.25) 中略去小量项 $(r_4)^n$, 并用数值解 y^n 代替精确解 $y(t_n)$, 得到求解 (1.8.23)—(1.8.24) 的如下差分格式:

$$\begin{cases} \tau^{-\gamma} \sum_{k=0}^{n+1} g_k^{(\gamma)} y^{n-k+1} = f(t_n), \quad 1 \leqslant n \leqslant N-1, & (1.8.28) \\ y^0 = 0, \quad y^N = B. & (1.8.29) \end{cases}$$

差分格式的稳定性

定理 1.8.5 设 $\{y^n \,|\, 0 \leqslant n \leqslant N\}$ 为差分格式

$$\begin{cases} \tau^{-\gamma} \sum_{k=0}^{n+1} g_k^{(\gamma)} y^{n-k+1} = f(t_n), \quad 1 \leqslant n \leqslant N-1, & (1.8.30) \\ y^0 = 0, \quad y^N = 0 & (1.8.31) \end{cases}$$

的解, 则有

$$\|y\|_\infty \leqslant \frac{45}{(\gamma-1)(2-\gamma)(3-\gamma)} \left(\frac{T}{4}\right)^\gamma \|f\|_\infty,$$

其中

$$\|y\|_\infty = \max_{1 \leqslant n \leqslant N-1} |y^n|, \quad \|f\|_\infty = \max_{1 \leqslant n \leqslant N-1} |f(t_n)|.$$

证明 注意到当 $1 < \gamma < 2$ 时, $g_0^{(\gamma)} = 1, g_1^{(\gamma)} = -\gamma, \ g_2^{(\gamma)} > g_3^{(\gamma)} > \cdots > 0$, 将 (1.8.30) 改写为

$$(-g_1^{(\gamma)}) y^n = \sum_{\substack{k=0 \\ k \neq 1}}^{n} g_k^{(\gamma)} y^{n-k+1} - \tau^\gamma f(t_n), \quad 1 \leqslant n \leqslant N-1. \tag{1.8.32}$$

设 $\|y\|_\infty = |y^{n_0}|$, 其中 $n_0 \in \{1, 2, \cdots, N-1\}$.

在 (1.8.32) 中令 $n = n_0$, 两边取绝对值, 并利用三角不等式, 得到

$$(-g_1^{(\gamma)})\|y\|_\infty \leqslant \sum_{\substack{k=0\\k\neq 1}}^{n_0} g_k^{(\gamma)}\|y\|_\infty + \tau^\gamma\|f\|_\infty \leqslant \sum_{\substack{k=0\\k\neq 1}}^{N-1} g_k^{(\gamma)}\|y\|_\infty + \tau^\gamma\|f\|_\infty,$$

即

$$\left(-\sum_{k=0}^{N-1} g_k^{(\gamma)}\right)\|y\|_\infty \leqslant \tau^\gamma\|f\|_\infty.$$

由

$$\sum_{k=0}^{\infty} g_k^{(\gamma)} = 0$$

得到

$$-\sum_{k=0}^{N-1} g_k^{(\gamma)} = \sum_{k=N}^{\infty} g_k^{(\gamma)} > 0.$$

于是

$$\|y\|_\infty \leqslant \frac{\tau^\gamma}{\displaystyle\sum_{k=N}^{\infty} g_k^{(\gamma)}}\|f\|_\infty.$$

由引理 1.4.4, 得到

$$\|y\|_\infty \leqslant \frac{\tau^\gamma}{\dfrac{(\gamma-1)(2-\gamma)(3-\gamma)}{45}\left(\dfrac{4}{N}\right)^\gamma}\|f\|_\infty$$

$$= \frac{45}{(\gamma-1)(2-\gamma)(3-\gamma)}\left(\frac{T}{4}\right)^\gamma\|f\|_\infty. \qquad \Box$$

差分格式的收敛性

定理 1.8.6　设 $\{y(t_n)\,|\,0 \leqslant n \leqslant N\}$ 为分数阶微分方程问题 (1.8.23)—(1.8.24) 的解, $\{y^n\,|\,0 \leqslant n \leqslant N\}$ 为差分格式 (1.8.28)—(1.8.29) 的解. 令

$$e^n = y(t_n) - y^n, \quad n = 0, 1, \cdots, N,$$

则有

$$\|e\|_\infty \leqslant \frac{45}{(\gamma-1)(2-\gamma)(3-\gamma)}\left(\frac{T}{4}\right)^\gamma c_4\tau.$$

证明 将 (1.8.25), (1.8.27) 和 (1.8.28)—(1.8.29) 分别相减, 得到误差方程组

$$
\begin{cases}
\tau^{-\gamma} \displaystyle\sum_{k=0}^{n+1} g_k^{(\gamma)} e^{n-k+1} = (r_4)^n, & 1 \leqslant n \leqslant N-1, \\
e^0 = 0, \quad e^N = 0.
\end{cases}
$$

应用定理 1.8.5, 并注意到 (1.8.26), 可得

$$
\begin{aligned}
\|e\|_\infty &\leqslant \frac{45}{(\gamma-1)(2-\gamma)(3-\gamma)} \left(\frac{T}{4}\right)^\gamma \max_{1 \leqslant n \leqslant N-1} |(r_4)^n| \\
&\leqslant \frac{45}{(\gamma-1)(2-\gamma)(3-\gamma)} \left(\frac{T}{4}\right)^\gamma c_4 \tau.
\end{aligned}
\qquad \square
$$

1.8.2 基于 L1 逼近的方法

问题 1.8.4 求解初值问题

$$
\begin{cases}
{}_0^C D_t^\alpha y(t) = f(t), & 0 < t \leqslant T, & (1.8.33) \\
y(0) = A, & & (1.8.34)
\end{cases}
$$

其中 $\alpha \in (0,1)$.

设 $y \in C^2[0,T]$. 在 $t = t_n$ 处考虑方程 (1.8.33), 有

$$
{}_0^C D_t^\alpha y(t)|_{t=t_n} = f(t_n), \quad 1 \leqslant n \leqslant N.
$$

应用定理 1.6.1, 可得

$$
\frac{\tau^{-\alpha}}{\Gamma(2-\alpha)} \left[a_0^{(\alpha)} y(t_n) - \sum_{k=1}^{n-1} \left(a_{n-k-1}^{(\alpha)} - a_{n-k}^{(\alpha)} \right) y(t_k) - a_{n-1}^{(\alpha)} y(t_0) \right]
$$
$$
= f(t_n) + (r_5)^n, \quad 1 \leqslant n \leqslant N, \tag{1.8.35}
$$

且存在正常数 c_5, 使得

$$
|(r_5)^n| \leqslant c_5 \tau^{2-\alpha}, \quad 1 \leqslant n \leqslant N. \tag{1.8.36}
$$

注意到

$$
y(t_0) = A, \tag{1.8.37}
$$

在 (1.8.35) 中略去小量项 $(r_5)^n$, 并用数值解 y^n 代替精确解 $y(t_n)$, 得到求解问题 (1.8.33)—(1.8.34) 的如下差分格式:

$$
\begin{cases}
\dfrac{\tau^{-\alpha}}{\Gamma(2-\alpha)} \left[a_0^{(\alpha)} y^n - \displaystyle\sum_{k=1}^{n-1} \left(a_{n-k-1}^{(\alpha)} - a_{n-k}^{(\alpha)} \right) y^k - a_{n-1}^{(\alpha)} y^0 \right] = f(t_n), \\
\hspace{6cm} 1 \leqslant n \leqslant N, \qquad (1.8.38) \\
y^0 = A. \hspace{7.5cm} (1.8.39)
\end{cases}
$$

差分格式的稳定性

定理 1.8.7　设 $\{y^n \mid 0 \leqslant n \leqslant N\}$ 为差分格式 (1.8.38)—(1.8.39) 的解, 则有

$$|y^k| \leqslant |y^0| + \Gamma(1-\alpha) \max_{1 \leqslant l \leqslant k} \{t_l^\alpha |f(t_l)|\}, \quad 1 \leqslant k \leqslant N. \tag{1.8.40}$$

证明　将 (1.8.38) 改写为

$$a_0^{(\alpha)} y^n = \sum_{k=1}^{n-1} \left(a_{n-k-1}^{(\alpha)} - a_{n-k}^{(\alpha)}\right) y^k + a_{n-1}^{(\alpha)} y^0 + \tau^\alpha \Gamma(2-\alpha) f(t_n)$$

$$= \sum_{k=1}^{n-1} \left(a_{n-k-1}^{(\alpha)} - a_{n-k}^{(\alpha)}\right) y^k + a_{n-1}^{(\alpha)} \left[y^0 + \frac{\tau^\alpha}{a_{n-1}^{(\alpha)}} \Gamma(2-\alpha) f(t_n)\right].$$

将上式两边取绝对值, 应用三角不等式和引理 1.6.1, 并注意到

$$\frac{\tau^\alpha}{a_{n-1}^{(\alpha)}} \Gamma(2-\alpha) \leqslant \frac{\tau^\alpha n^\alpha}{1-\alpha} \Gamma(2-\alpha) = t_n^\alpha \Gamma(1-\alpha),$$

有

$$a_0^{(\alpha)} |y^n| \leqslant \sum_{k=1}^{n-1} \left(a_{n-k-1}^{(\alpha)} - a_{n-k}^{(\alpha)}\right)|y^k| + a_{n-1}^{(\alpha)}\left(|y^0| + t_n^\alpha \Gamma(1-\alpha)|f(t_n)|\right), \quad 1 \leqslant n \leqslant N.$$

$$\tag{1.8.41}$$

下面用归纳法证明 (1.8.40) 成立.

由 (1.8.41), 当 $n = 1$ 时, 有

$$a_0^{(\alpha)} |y^1| \leqslant a_0^{(\alpha)}\left(|y^0| + t_1^\alpha \Gamma(1-\alpha)|f(t_1)|\right).$$

易知 (1.8.40) 对 $k = 1$ 成立. 现设 (1.8.40) 对 $k = 1, 2, \cdots, n-1$ 成立, 则由 (1.8.41) 可得

$$a_0^{(\alpha)} |y^n|$$
$$\leqslant \sum_{k=1}^{n-1} \left(a_{n-k-1}^{(\alpha)} - a_{n-k}^{(\alpha)}\right)\left(|y^0| + \Gamma(1-\alpha) \max_{1 \leqslant l \leqslant k} \{t_l^\alpha |f(t_l)|\}\right)$$
$$\quad + a_{n-1}^{(\alpha)}\left(|y^0| + t_n^\alpha \Gamma(1-\alpha)|f(t_n)|\right)$$
$$\leqslant \left[\sum_{k=1}^{n-1} \left(a_{n-k-1}^{(\alpha)} - a_{n-k}^{(\alpha)}\right) + a_{n-1}^{(\alpha)}\right]\left(|y^0| + \Gamma(1-\alpha) \max_{1 \leqslant l \leqslant n} \{t_l^\alpha |f(t_l)|\}\right)$$
$$= a_0^{(\alpha)}\left[|y^0| + \Gamma(1-\alpha) \max_{1 \leqslant l \leqslant n} \{t_l^\alpha |f(t_l)|\}\right].$$

因而

$$|y^n| \leqslant |y^0| + \Gamma(1-\alpha) \max_{1 \leqslant l \leqslant n} \{t_l^{\alpha} |f(t_l)|\},$$

即 (1.8.40) 对 $k = n$ 也成立. 由归纳原理知, 定理结论成立. $\qquad\square$

差分格式的收敛性

定理 1.8.8 设 $\{y(t_n) \,|\, 0 \leqslant n \leqslant N\}$ 为分数阶微分方程问题 (1.8.33)—(1.8.34) 的解, $\{y^n \,|\, 0 \leqslant n \leqslant N\}$ 为差分格式 (1.8.38)—(1.8.39) 的解. 令

$$e^n = y(t_n) - y^n, \quad n = 0, 1, 2, \cdots, N,$$

则有

$$|e^n| \leqslant c_5 T^{\alpha} \Gamma(1-\alpha) \tau^{2-\alpha}, \quad 1 \leqslant n \leqslant N.$$

证明 将 (1.8.35) 和 (1.8.37) 分别与 (1.8.38)—(1.8.39) 相减, 得到误差方程组

$$\begin{cases} \dfrac{\tau^{-\alpha}}{\Gamma(2-\alpha)} \left[a_0^{(\alpha)} e^n - \displaystyle\sum_{k=1}^{n-1} \left(a_{n-k-1}^{(\alpha)} - a_{n-k}^{(\alpha)} \right) e^k - a_{n-1}^{(\alpha)} e^0 \right] = (r_5)^n, \quad 1 \leqslant n \leqslant N, \\ e^0 = 0. \end{cases}$$

应用定理 1.8.7, 并注意到 (1.8.36), 可得

$$|e^n| \leqslant |e^0| + T^{\alpha} \Gamma(1-\alpha) \max_{1 \leqslant l \leqslant n} |(r_5)^l| \leqslant c_5 T^{\alpha} \Gamma(1-\alpha) \tau^{2-\alpha}, \quad 1 \leqslant n \leqslant N. \qquad\square$$

问题 1.8.5 求解初值问题

$$\begin{cases} {}^C_0 D_t^{\gamma} y(t) = f(t), \quad 0 < t \leqslant T, & (1.8.42) \\ y(0) = A, \quad y'(0) = B, & (1.8.43) \end{cases}$$

其中 $\gamma \in (1, 2)$.

设 $y \in C^3[0, T]$. 在 $t = t_n$ 处考虑方程 (1.8.42), 有

$${}^C_0 D_t^{\gamma} y(t)|_{t=t_n} = f(t_n), \quad 0 \leqslant n \leqslant N,$$

因而

$$\frac{1}{2} \left[{}^C_0 D_t^{\gamma} y(t)|_{t=t_n} + {}^C_0 D_t^{\gamma} y(t)|_{t=t_{n-1}} \right] = \frac{1}{2} \left[f(t_n) + f(t_{n-1}) \right], \quad 1 \leqslant n \leqslant N.$$

记 $Y^n = y(t_n)$. 由定理 1.6.2 可得

$$\frac{\tau^{1-\gamma}}{\Gamma(3-\gamma)} \left[b_0^{(\gamma)} \delta_t Y^{n-\frac{1}{2}} - \sum_{k=1}^{n-1} \left(b_{n-k-1}^{(\gamma)} - b_{n-k}^{(\gamma)} \right) \delta_t Y^{k-\frac{1}{2}} - b_{n-1}^{(\gamma)} B \right]$$

$$=\frac{1}{2}\Big[f(t_n)+f(t_{n-1})\Big]+(r_6)^{n-\frac{1}{2}}, \quad 1\leqslant n\leqslant N, \tag{1.8.44}$$

且存在正常数 c_6, 使得

$$\big|(r_6)^{n-\frac{1}{2}}\big|\leqslant c_6\tau^{3-\gamma}, \quad 1\leqslant n\leqslant N. \tag{1.8.45}$$

注意到初值条件

$$Y^0=A, \tag{1.8.46}$$

在 (1.8.44) 中略去小量项 $(r_6)^{n-\frac{1}{2}}$, 并用数值解 y^n 代替精确解 Y^n, 得到求解问题 (1.8.42)—(1.8.43) 的如下差分格式:

$$\begin{cases}\dfrac{\tau^{1-\gamma}}{\Gamma(3-\gamma)}\left[b_0^{(\gamma)}\delta_t y^{n-\frac{1}{2}}-\sum_{k=1}^{n-1}\big(b_{n-k-1}^{(\gamma)}-b_{n-k}^{(\gamma)}\big)\delta_t y^{k-\frac{1}{2}}-b_{n-1}^{(\gamma)}B\right]=f^{n-\frac{1}{2}},\\[2mm] \hspace{6cm} 1\leqslant n\leqslant N, \tag{1.8.47}\\[2mm] y^0=A, \hspace{7cm} \tag{1.8.48}\end{cases}$$

其中 $f^{n-\frac{1}{2}}=\frac{1}{2}[f(t_n)+f(t_{n-1})]$.

差分格式的稳定性

定理 1.8.9 设 $\{y^n\mid 0\leqslant n\leqslant N\}$ 为差分格式 (1.8.47)—(1.8.48) 的解, 则有

$$|y^n|\leqslant |A|+T\Big[|B|+\Gamma(2-\gamma)\max_{1\leqslant l\leqslant n}\{t_l^{\gamma-1}|f^{l-\frac{1}{2}}|\}\Big], \quad 1\leqslant n\leqslant N.$$

证明 将 (1.8.47) 改写成为

$$b_0^{(\gamma)}\delta_t y^{n-\frac{1}{2}}$$

$$=\sum_{k=1}^{n-1}\big(b_{n-k-1}^{(\gamma)}-b_{n-k}^{(\gamma)}\big)\delta_t y^{k-\frac{1}{2}}+b_{n-1}^{(\gamma)}B+\tau^{\gamma-1}\Gamma(3-\gamma)f^{n-\frac{1}{2}}$$

$$=\sum_{k=1}^{n-1}\big(b_{n-k-1}^{(\gamma)}-b_{n-k}^{(\gamma)}\big)\delta_t y^{k-\frac{1}{2}}+b_{n-1}^{(\gamma)}\left[B+\frac{\tau^{\gamma-1}}{b_{n-1}^{(\gamma)}}\Gamma(3-\gamma)f^{n-\frac{1}{2}}\right].$$

将上式两边取绝对值, 用三角不等式, 并注意到

$$\frac{\tau^{\gamma-1}}{b_{n-1}^{(\gamma)}}\Gamma(3-\gamma)\leqslant\frac{\tau^{\gamma-1}n^{\gamma-1}}{2-\gamma}\Gamma(3-\gamma)=t_n^{\gamma-1}\Gamma(2-\gamma),$$

有

$$b_0^{(\gamma)}|\delta_t y^{n-\frac{1}{2}}|\leqslant\sum_{k=1}^{n-1}\big(b_{n-k-1}^{(\gamma)}-b_{n-k}^{(\gamma)}\big)|\delta_t y^{k-\frac{1}{2}}|$$

$$+ b_{n-1}^{(\gamma)} \left(|B| + t_n^{\gamma-1} \Gamma(2-\gamma) |f^{n-\frac{1}{2}}| \right), \quad 1 \leqslant n \leqslant N. \tag{1.8.49}$$

下面用归纳法证明

$$|\delta_t y^{k-\frac{1}{2}}| \leqslant |B| + \Gamma(2-\gamma) \max_{1 \leqslant l \leqslant k} \left\{ t_l^{\gamma-1} |f^{l-\frac{1}{2}}| \right\}, \quad 1 \leqslant k \leqslant N \tag{1.8.50}$$

成立.

在 (1.8.49) 中取 $n = 1$, 易知 (1.8.50) 对 $k = 1$ 成立. 现设 (1.8.50) 对 $k = 1, 2, \cdots, n-1$ 成立, 则由 (1.8.49) 可得

$$
\begin{aligned}
& b_0^{(\gamma)} |\delta_t y^{n-\frac{1}{2}}| \\
\leqslant & \sum_{k=1}^{n-1} \left(b_{n-k-1}^{(\gamma)} - b_{n-k}^{(\gamma)} \right) \left[|B| + \Gamma(2-\gamma) \max_{1 \leqslant l \leqslant k} \left\{ t_l^{\gamma-1} |f^{l-\frac{1}{2}}| \right\} \right] \\
& + b_{n-1}^{(\gamma)} \left[|B| + t_n^{\gamma-1} \Gamma(2-\gamma) |f^{n-\frac{1}{2}}| \right] \\
\leqslant & \left[\sum_{k=1}^{n-1} \left(b_{n-k-1}^{(\gamma)} - b_{n-k}^{(\gamma)} \right) + b_{n-1}^{(\gamma)} \right] \left[|B| + \Gamma(2-\gamma) \max_{1 \leqslant l \leqslant n} \left\{ t_l^{\gamma-1} |f^{l-\frac{1}{2}}| \right\} \right] \\
= & b_0^{(\gamma)} \left[|B| + \Gamma(2-\gamma) \max_{1 \leqslant l \leqslant n} \left\{ t_l^{\gamma-1} |f^{l-\frac{1}{2}}| \right\} \right].
\end{aligned}
$$

因而

$$|\delta_t y^{n-\frac{1}{2}}| \leqslant |B| + \Gamma(2-\gamma) \max_{1 \leqslant l \leqslant n} \left\{ t_l^{\gamma-1} |f^{l-\frac{1}{2}}| \right\},$$

即 (1.8.50) 对 $k = n$ 也成立.

注意到

$$y^n = y^0 + \tau \sum_{k=1}^{n} \delta_t y^{k-\frac{1}{2}},$$

由 (1.8.50) 得到

$$
\begin{aligned}
|y^n| & \leqslant |y^0| + \tau \sum_{k=1}^{n} |\delta_t y^{k-\frac{1}{2}}| \\
& \leqslant |A| + \tau \sum_{k=1}^{n} \left[|B| + \Gamma(2-\gamma) \max_{1 \leqslant l \leqslant k} \left\{ t_l^{\gamma-1} |f^{l-\frac{1}{2}}| \right\} \right] \\
& \leqslant |A| + T \left[|B| + \Gamma(2-\gamma) \max_{1 \leqslant l \leqslant n} \left\{ t_l^{\gamma-1} |f^{l-\frac{1}{2}}| \right\} \right], \quad 1 \leqslant n \leqslant N. \qquad \square
\end{aligned}
$$

差分格式的收敛性

定理 1.8.10 设 $\{y(t_n) \,|\, 0 \leqslant n \leqslant N\}$ 为分数阶微分方程问题 (1.8.42)—(1.8.43) 的解, $\{y^n \,|\, 0 \leqslant n \leqslant N\}$ 为差分格式 (1.8.47)—(1.8.48) 的解. 令

$$e^n = y(t_n) - y^n, \quad 0 \leqslant n \leqslant N,$$

则有

$$|e^n| \leqslant c_6 T^\gamma \Gamma(2-\gamma)\tau^{3-\gamma}, \quad 1 \leqslant n \leqslant N.$$

证明　将 (1.8.44) 和 (1.8.46) 分别与 (1.8.47)—(1.8.48) 相减, 得到误差方程组

$$\begin{cases} \dfrac{\tau^{1-\gamma}}{\Gamma(3-\gamma)}\Big[b_0^{(\gamma)}\delta_t e^{n-\frac{1}{2}} - \sum_{k=1}^{n-1}\big(b_{n-k-1}^{(\gamma)} - b_{n-k}^{(\gamma)}\big)\delta_t e^{k-\frac{1}{2}}\Big] = (r_6)^{n-\frac{1}{2}}, & 1 \leqslant n \leqslant N, \\ e^0 = 0. \end{cases}$$

应用定理 1.8.9, 并注意到 (1.8.45), 可得

$$|e^n| \leqslant T^\gamma \Gamma(2-\gamma)\max_{1\leqslant l\leqslant n}|(r_6)^{l-\frac{1}{2}}| \leqslant c_6 T^\gamma \Gamma(2-\gamma)\tau^{3-\gamma}, \quad 1 \leqslant n \leqslant N. \qquad \square$$

1.8.3　基于 L2-1$_\sigma$ 逼近的方法

考虑求解问题 **1.8.4**, 即

$$\begin{cases} {}_0^C D_t^\alpha y(t) = f(t), & 0 < t \leqslant T, & (1.8.51) \\ y(0) = A, & & (1.8.52) \end{cases}$$

基于 L2-1$_\sigma$ 逼近的差分方法, 其中 $\alpha \in (0,1)$.

设 $y \in C^3[0,T]$. 记 $\sigma = 1 - \dfrac{\alpha}{2}$. 在 $t = t_{n-1+\sigma}$ 处考虑微分方程 (1.8.51), 由定理 1.6.4 可得

$$\frac{\tau^{-\alpha}}{\Gamma(2-\alpha)}\sum_{k=0}^{n-1}c_k^{(n,\alpha)}\big[y(t_{n-k}) - y(t_{n-k-1})\big] = f(t_{n-1+\sigma}) + (r_7)^n, \quad 1 \leqslant n \leqslant N,$$

且存在正常数 c_7, 使得

$$|(r_7)^n| \leqslant c_7 \tau^{3-\alpha}, \quad 1 \leqslant n \leqslant N. \tag{1.8.53}$$

注意到初值条件 (1.8.52), 得到求解问题 (1.8.51)—(1.8.52) 的如下差分格式:

$$\begin{cases} \dfrac{\tau^{-\alpha}}{\Gamma(2-\alpha)}\sum_{k=0}^{n-1}c_k^{(n,\alpha)}\big(y^{n-k} - y^{n-k-1}\big) = f(t_{n-1+\sigma}), & 1 \leqslant n \leqslant N, & (1.8.54) \\ y^0 = A. & & (1.8.55) \end{cases}$$

差分格式的稳定性

定理 1.8.11 设 $\{y^n \,|\, 0 \leqslant n \leqslant N\}$ 为差分格式

$$
\begin{cases}
\dfrac{\tau^{-\alpha}}{\Gamma(2-\alpha)} \displaystyle\sum_{k=0}^{n-1} c_k^{(n,\alpha)} \left(y^{n-k} - y^{n-k-1}\right) = g^n, & 1 \leqslant n \leqslant N, \quad (1.8.56) \\[2mm]
y^0 = A & (1.8.57)
\end{cases}
$$

的解, 则有

$$
|y^k| \leqslant |y^0| + \Gamma(1-\alpha) \max_{1 \leqslant m \leqslant k} \{t_m^\alpha |g^m|\}, \quad 1 \leqslant k \leqslant N.
$$

证明 记 $s = \tau^\alpha \Gamma(2-\alpha)$. 由引理 1.6.3 有

$$
\frac{s}{c_{n-1}^{(n,\alpha)}} \leqslant \frac{1}{1-\alpha} n^\alpha \tau^\alpha \Gamma(2-\alpha) = t_n^\alpha \Gamma(1-\alpha).
$$

方程 (1.8.56) 可以改写为

$$
\begin{aligned}
c_0^{(n,\alpha)} y^n &= \sum_{k=0}^{n-1} c_k^{(n,\alpha)} y^{n-k-1} - \sum_{k=1}^{n-1} c_k^{(n,\alpha)} y^{n-k} + s g^n \\
&= \sum_{k=1}^{n-1} \left(c_{k-1}^{(n,\alpha)} - c_k^{(n,\alpha)}\right) y^{n-k} + c_{n-1}^{(n,\alpha)} y^0 + s g^n, \quad 1 \leqslant n \leqslant N.
\end{aligned}
$$

将上式两边取绝对值, 注意到引理 1.6.3, 并利用三角不等式得到

$$
\begin{aligned}
c_0^{(n,\alpha)} |y^n| &\leqslant \sum_{k=1}^{n-1} \left(c_{k-1}^{(n,\alpha)} - c_k^{(n,\alpha)}\right) |y^{n-k}| + c_{n-1}^{(n,\alpha)} |y^0| + s |g^n| \\
&= \sum_{k=1}^{n-1} \left(c_{k-1}^{(n,\alpha)} - c_k^{(n,\alpha)}\right) |y^{n-k}| + c_{n-1}^{(n,\alpha)} \left(|y^0| + \frac{s}{c_{n-1}^{(n,\alpha)}} |g^n| \right) \\
&\leqslant \sum_{k=1}^{n-1} \left(c_{k-1}^{(n,\alpha)} - c_k^{(n,\alpha)}\right) |y^{n-k}| + c_{n-1}^{(n,\alpha)} \left(|y^0| + t_n^\alpha \Gamma(1-\alpha) |g^n| \right), \quad 1 \leqslant n \leqslant N.
\end{aligned}
$$

$$(1.8.58)$$

从 (1.8.58) 出发, 由归纳法可证得

$$
|y^k| \leqslant |y^0| + \Gamma(1-\alpha) \max_{1 \leqslant m \leqslant k} \{t_m^\alpha |g^m|\}, \quad 1 \leqslant k \leqslant N. \qquad \square
$$

差分格式的收敛性

定理 1.8.12 设 $\{y(t_n)\,|\,0 \leqslant n \leqslant N\}$ 为 (1.8.51)—(1.8.52) 的解，$\{y^n\,|\,0 \leqslant n \leqslant N\}$ 为差分格式 (1.8.54)—(1.8.55) 的解. 令

$$e^n = y(t_n) - y^n, \quad 1 \leqslant n \leqslant N,$$

则有

$$|e^n| \leqslant c_7 T^\alpha \Gamma(1-\alpha)\tau^{3-\alpha}, \quad 1 \leqslant n \leqslant N.$$

证明 误差方程组为

$$
\begin{cases}
\dfrac{\tau^{-\alpha}}{\Gamma(2-\alpha)} \displaystyle\sum_{k=0}^{n-1} c_k^{(n,\alpha)}\big(e^{n-k} - e^{n-k-1}\big) = (r_7)^n, & 1 \leqslant n \leqslant N, \\
e^0 = 0.
\end{cases}
$$

应用定理 1.8.11, 并注意到 (1.8.53), 易得所要的结果. □

下面考虑求解问题 **1.8.5**, 即

$$
\begin{cases}
{}^C_0D_t^\gamma y(t) = f(t), & 0 < t \leqslant T, \tag{1.8.59}\\
y(0) = A, \quad y'(0) = B, \tag{1.8.60}
\end{cases}
$$

基于 L2-1$_\sigma$ 逼近的数值方法, 其中 $\gamma \in (1,2)$.

令

$$z(t) = y'(t), \quad \alpha = \gamma - 1,$$

则 (1.8.59)—(1.8.60) 可转化为关于 $z(t)$ 的初值问题

$$
\begin{cases}
{}^C_0D_t^\alpha z(t) = f(t), & 0 < t \leqslant T, \tag{1.8.61}\\
z(0) = B. \tag{1.8.62}
\end{cases}
$$

该问题和问题 1.8.4 的形式是一样的. 用上述介绍的基于 L2-1$_\sigma$ 逼近方法求出了 $z(t_n)$ 的近似值 z^n, $n = 0, 1, 2, \cdots, N$ 后, 由

$$y(t_n) = y(t_0) + \int_{t_0}^{t_n} y'(\eta)\mathrm{d}\eta = A + \int_{t_0}^{t_n} z(\eta)\mathrm{d}\eta,$$

并借助于数值积分中的复化梯形公式或复化 Simpson 公式, 可得到 $y(t_n)$ 的近似值 $y^n, n = 0, 1, 2, \cdots, N$.

1.9 分数阶偏微分方程的简单分类

李常品和陈安在他们的综述文章 [44] 中对分数阶偏微分方程进行了简单分类. 首先, 考虑时间分数阶偏微分方程

$$\,_0^C D_t^\alpha u(x,t) = u_{xx}(x,t),$$

其中时间分数阶导数是 Caputo 型的. 根据 α 值的范围, 可对上述方程作分类, 见表 1.3.

表 1.3   方程 $\,_0^C D_t^\alpha u(x,t) = u_{xx}(x,t)$ 的分类

α	数学意义	物理意义
$(0,1)$	时间分数阶抛物方程	时间分数阶慢扩散
1	抛物方程	扩散
$(1,2)$	时间分数阶双曲方程	时间分数阶超扩散, 时间分数阶波
2	双曲方程	波

其次, 考虑空间分数阶偏微分方程

$$u_t(x,t) = \frac{\partial^\beta u}{\partial |x|^\beta}(x,t),$$

其中空间分数阶导数 $\dfrac{\partial^\beta u}{\partial |x|^\beta}(x,t)$ 通常是 Riemann-Liouville 型或 Riesz 型的. 根据 β 值的范围, 可对上述方程作分类, 见表 1.4.

表 1.4 $u_t(x,t) = \dfrac{\partial^\beta u}{\partial |x|^\beta}(x,t)$ 的分类

β	数学意义	物理意义
$(0,1)$	空间分数阶双曲方程	分数阶对流
1	双曲方程	对流
$(1,2)$	空间分数阶抛物方程	分数阶扩散
2	抛物方程	扩散

最后, 考虑时空分数阶偏微分方程

$$\,_0^C D_t^\alpha u(x,t) = \frac{\partial^\beta u}{\partial |x|^\beta}(x,t),$$

其中时间分数阶导数是 Caputo 型的, 空间分数阶导数是 Riesz 型或者是 Riemann-Liouville 型的, 也可以是更一般的类型, 如分数阶 Laplacian 型. 分类见表 1.5.

表 1.5   方程 $\,_0^C D_t^\alpha u(x,t) = \dfrac{\partial^\beta u}{\partial |x|^\beta}(x,t)$ 的分类

α	β	数学意义	物理意义
$(0,1)$	$(0,1)$	时间–空间分数阶双曲方程	时间慢扩散–分数阶对流
	$(1,2)$	时间–空间分数阶抛物方程	时间慢扩散–分数阶扩散
$(1,2)$	$(0,1)$	空间–时间分数阶抛物方程	时间超扩散–分数阶对流
	$(1,2)$	时间–空间分数阶双曲方程	时间超扩散–分数阶扩散

本书第 2 章将讨论时间分数阶慢扩散方程

$$ {}_0^C D_t^\alpha u(x,t) = u_{xx}(x,t) + f(x,t) $$

初边值问题的有限差分方法, 其中 $\alpha \in (0,1)$; 第 3 章探讨时间分数阶波方程

$$ {}_0^C D_t^\gamma u(x,t) = u_{xx}(x,t) + f(x,t) $$

初边值问题的有限差分方法, 其中 $\gamma \in (1,2)$; 第 4 章研究空间分数阶偏微分方程

$$ u_t(x,t) = K_1 \, {}_0\mathbf{D}_x^\beta u(x,t) + K_2 \, {}_x\mathbf{D}_L^\beta u(x,t) + f(x,t) $$

初边值问题的有限差分方法, 其中 $\beta \in (1,2)$; 第 5 章讨论时空分数阶微分方程

$$ {}_0^C D_t^\alpha u(x,t) = \frac{\partial^\beta u(x,t)}{\partial |x|^\beta} + f(x,t) $$

初边值问题的有限差分方法, 其中 $\alpha \in (0,1)$, $\beta \in (1,2)$; 第 6 章探讨时间分布阶慢扩散方程

$$ \mathcal{D}_t^w u(x,t) = u_{xx}(x,t) + f(x,t) $$

初边值问题的有限差分方法, 其中 $\mathcal{D}_t^w u(x,t) = \int_0^1 w(\alpha) \, {}_0^C D_t^\alpha u(x,t) \mathrm{d}\alpha$.

每一章对相应的二维初边值问题的差分方法也做了深入的探究.

1.10   补注与讨论

(1) 本章介绍了四种分数阶导数的定义, 给出了两类最简单的分数阶常微分方程的解析解. 由这两类分数阶常微分方程的解析解的表达式, 可以对分数阶微分方程解的性态有个大致的了解. 关于分数阶导数的定义和性质, 可以参考文献 [62]. 本书我们未讨论分数阶 Laplace 算子, 有兴趣的读者可以参阅文献 [43].

(2) 本章给出了分数阶导数的几种逼近方法, 研究了它们的逼近精度, 并用于分数阶常微分方程的数值求解.

(3) G-L 分数阶导数是一个极限形式. 它和 R-L 分数阶导数是等价的. 很自然地想到, 取适当小的步长, 用 G-L 公式去近似 R-L 分数阶导数. 这个逼近具有一阶精度[57]. 标准的 G-L 公式直接应用于空间分数阶微分方程的求解, 得到的差分格式是不稳定的[57]. Meerschaert 和 Tadjeran 提出了位移的 G-L 公式[57, 58]. Tadjeran 等在文献 [86] 中给出了位移的 G-L 公式的渐近展开式.

邓伟华和孙志忠所在的两个科研小组将位移的 G-L 公式做各种加权组合得到了一系列的高阶数值微分公式[34, 88, 117]. 需要注意的是, 这些高阶公式对函数的光滑性是有要求的. 一般来说, 提高一阶逼近精度, 对函数的光滑性要求就要高一阶. 对于 Riesz 导数, 用文献 [34, 88, 117] 中的方法可以类似地给出中心差分公式的渐近展开式[14, 15, 116]. 数值微分公式的渐近展开式是构造各种高阶数值公式的有力工具.

(4) 应用 G-L 公式逼近 R-L 分数阶导数的理论是对定义在整个实数域 $\mathcal{R}$ 上的函数讨论的. 应用 G-L 公式求解各种有界域上分数阶微分方程, 需要把微分方程的解做某种 "延拓", 使其定义于整个 $\mathcal{R}$ 上, 并要求延拓后的函数满足一定的光滑性. 如果这个光滑性达不到, 则建立的差分格式的相容性和收敛性不一定能保证.

设 $p > 0$, 函数

$$f(x) = \begin{cases} x^p, & x \geqslant 0, \\ 0, & x < 0. \end{cases}$$

记 $x_i = ih$, 并注意到

$${}_0\mathbf{D}_x^{\alpha} f(x) = \frac{\Gamma(p+1)}{\Gamma(p+1-\alpha)} x^{p-\alpha},$$

计算可得

$${}_0\mathbf{D}_x^{\alpha} f(x_1) - h^{-\alpha} \sum_{k=0}^{1} g_k^{(\alpha)} f(x_{1-k}) = \left[\frac{\Gamma(p+1)}{\Gamma(p+1-\alpha)} - 1 \right] h^{p-\alpha},$$

$${}_0\mathbf{D}_x^{\alpha} f(x_1) - h^{-\alpha} \sum_{k=0}^{2} g_k^{(\alpha)} f(x_{2-k}) = \left[\frac{\Gamma(p+1)}{\Gamma(p+1-\alpha)} - (2^p - \alpha) \right] h^{p-\alpha}.$$

如果 $p = 1, \alpha = 0.5$, 则当 $x \geqslant 0$ 时, $f(x) = x$, 不论是 G-L 逼近还是位移的 G-L 逼近, 其逼近阶均为 $O(h^{1/2})$. 如果 $p = 0, \alpha = 0.5$, 不论是 G-L 逼近还是位移的 G-L 逼近, 其逼近阶均为 $O(h^{-1/2})$. 从上面的分析可知 G-L 逼近或者位移的 G-L 逼近均不是一个一致收敛的一阶逼近公式. 对某些问题在某些区域其离散误差可能会很大, 用这两个公式去离散分数阶微分方程可能会产生一个完全不相容的逼近差分格式, 因而差分解可能不收敛于微分方程的解.

对于 L1 插值方法, 当 $0 < \alpha < 1$ 时, 要求函数 f 的二阶导数连续. 如果这个条件不满足, 也可能得不到理想的结果.

(5) Caputo 分数阶导数是一个带弱奇性核的积分. 用分段一次插值多项式去构造带权数值积分是逼近 Caputo 分数阶导数的一个比较自然的想法[60]. 由此得到的公式称为 L1 公式或 L1 逼近. 这一公式逼近精度的粗略估计是一阶的[2, 105, 119]. 巫孝楠和孙志忠在文献 [99] 中证明了 1/2 阶导数的 L1 逼近公式是 3/2 阶的. 随后, 孙志忠和巫孝楠在文献 [82] 中证明了一般的 $\alpha(\alpha \in (0,1))$ 阶 Caputo 分数阶导数的 L1 逼近公式是 $2-\alpha$ 阶的, 并给出了严格的误差估计式. 用降阶法的思想及 L1 逼近公式给出了一般的 $\gamma(\gamma \in (1,2))$ 阶 Caputo 分数阶导数的逼近公式, 逼近精度为 $3-\gamma$ 阶. 林玉闽和许传炬[50] 用级数的方法证明了一般的 $\alpha(\alpha \in (0,1))$ 阶 Caputo 分数阶导数的 L1 逼近公式也是 $2-\alpha$ 阶的, 并给出了严格的误差估计式. 此外, 也有不少作者在 L1 逼近公式的基础上提出了一些改进的方法[1, 30, 113].

(6) 关于 G-L 公式的系数 $\{g_k^{(\alpha)}\}_{k=0}^{\infty}$ 的估计, 其中 $\alpha \in (0,1)$, 引理 1.4.3 给出了一个估计式 $\sum\limits_{n=k}^{\infty} |g_n^{(\alpha)}| \geqslant \dfrac{1-\alpha}{5} \left(\dfrac{2}{k}\right)^{\alpha}$. 类似的估计式 $\sum\limits_{n=k}^{\infty} |g_n^{(\alpha)}| \geqslant \dfrac{1}{k^{\alpha}\Gamma(1-\alpha)}$ 也可以得到, 并可用于分析相关差分格式的性质, 具体参见文献 [9].

(7) Alikhanov[1] 对 $\alpha(\alpha \in (0,1))$ 阶分数阶导数在 L1-2 公式[30] 的基础上发展了 L2-1$_\sigma$ 逼近方法. 文献 [19] 给出了多项分数阶导数的 L2-1$_\sigma$ 逼近方法. 文献 [76, 77] 应用降阶法给出了 $\gamma(\gamma \in (1,2))$ 阶分数阶导数的 L2-1$_\sigma$ 逼近方法. 文献 [16] 给出了变阶分数阶导数的 L2-1$_\sigma$ 方法. L2-1$_\sigma$ 方法的优势是当应用于时间分数阶微分方程数值解时可以得到时间一致二阶收敛的差分格式.

(8) 沈金叶等在文献 [70] 中用 H2N2 方法给出了逼近 $\gamma(\gamma \in (1,2))$ 阶分数阶导数的数值微分公式. 该方法应用于分数阶波方程的求解, 其理论分析如同 L1 方法应用于分数阶慢扩散方程的求解的理论分析.

(9) 分数阶导数是具有历史记忆的. 当前时刻的值依赖于自初始时刻以来的所有时刻的值. 寻找快速的计算方法是一个很值得关注的问题. 蒋世东等[40] 提出的指数函数和逼近分数阶导数核的方法是一个很好的提高分数阶导数计算速度的方法. 文献 [40, 101] 分别给出了基于 L1 逼近和 L2-1$_\sigma$ 逼近的快速算法. 沈金叶等在文献 [70] 中对 $\gamma(\gamma \in (1,2))$ 阶分数阶导数得到了基于 H2N2 逼近的快速算法. 高广花和杨倩[31]、孙红和孙志忠[74] 分别讨论了 $\alpha(\alpha \in (0,1))$ 阶和 $\gamma(\gamma \in (1,2))$ 阶多项 Caputo 导数和的快速 L2-1$_\sigma$ 逼近. 对于 R-L 分数阶导数的快速算法, 读者可以参阅文献 [73].

(10) 函数具有初始奇性的分数阶导数的数值逼近近年来也得到了关注. Stynes 等[84] 考虑了在阶梯网格上分数阶导数的 L1 数值逼近. 沈金叶等[71] 进一步考虑了在阶梯网格上分数阶导数的快速 L1 逼近算法.

习 题 1

1. 计算

(a) $_a\mathbf{D}_t^{\alpha}(t-a)^{-1/2}$;

(b) $_a\mathbf{D}_t^{\alpha}(t-a)^{1/2}$;

(c) $_a\mathbf{D}_t^\alpha (t-a)^2$;

(d) $_0^C D_t^\alpha t^{1/2}$;

(e) $_0^C D_t^\alpha t^2$;

(f) $\dfrac{\partial^\alpha (t-t^2)}{\partial |t|^\alpha}$.

2. 设 $f(t)$ 可以展开成 Taylor 级数

$$f(t) = \sum_{n=0}^\infty \frac{f^{(n)}(0)}{n!} t^n,$$

其收敛半径为 R, $R > 0$, $f(0) \neq 0$. 求如下问题

$$\begin{cases} {}_0\mathbf{D}_t^\alpha y(t) + t^{1-\alpha} y(t) = f(t), & t > 0, \quad \alpha \in (0,1), \\ y(0) = 0 \end{cases}$$

的解.

3. 设 $f(t)$ 可以展开成级数

$$f(t) = t^{2-\gamma} \sum_{n=0}^\infty \frac{f^{(n)}(0)}{n!} t^n,$$

其收敛半径为 R, $R > 0$, $f(0) \neq 0$. 求如下问题

$$\begin{cases} {}_0^C D_t^\gamma y(t) = f(t), & t > 0, \quad \gamma \in (1,2), \\ y(0) = A, \quad y'(0) = B \end{cases}$$

的解.

4. 设 $f \in \mathscr{C}^{2+\alpha}(\mathcal{R})$. 证明

$$A_{h,p}^\alpha f(t) = c_1^{(\alpha,p)} {}_{-\infty}\mathbf{D}_t^\alpha f(t+h) + (1 - c_1^{(\alpha,p)}) {}_{-\infty}\mathbf{D}_t^\alpha f(t) + O(h^2).$$

5. 设 $f \in C^3[t_0, t_n]$, $\gamma \in (1,2)$, $\alpha = \gamma - 1$, $g(t) = f'(t)$. 试给出下式中 $P_n, Q_1, Q_2, \cdots, Q_n, R_n$ 的估计.

$$_0^C D_t^\gamma f(t)|_{t=t_{n-\frac{1}{2}}} = {}_0^C D_t^\alpha g(t)|_{t=t_{n-\frac{1}{2}}}$$

$$= \frac{1}{\Gamma(1-\alpha)} \left[\int_{t_0}^{t_{\frac{1}{2}}} g'(t)(t_{n-\frac{1}{2}} - t)^{-\alpha} \mathrm{d}t + \sum_{k=1}^{n-1} \int_{t_{k-\frac{1}{2}}}^{t_{k+\frac{1}{2}}} g'(t)(t_{n-\frac{1}{2}} - t)^{-\alpha} \mathrm{d}t \right]$$

$$= \frac{1}{\Gamma(1-\alpha)} \left[\frac{2}{\tau} \left(g(t_{\frac{1}{2}}) - g(t_0) \right) \cdot \int_{t_0}^{t_{\frac{1}{2}}} (t_{n-\frac{1}{2}} - t)^{-\alpha} \mathrm{d}t \right.$$

$$\left. + \sum_{k=1}^{n-1} \frac{1}{\tau} \left(g(t_{k+\frac{1}{2}}) - g(t_{k-\frac{1}{2}}) \right) \cdot \int_{t_{k-\frac{1}{2}}}^{t_{k+\frac{1}{2}}} (t_{n-\frac{1}{2}} - t)^{-\alpha} \mathrm{d}t \right] + P_n$$

$$= \frac{1}{\Gamma(2-\gamma)} \left[\hat{b}_{n-1}^{(n,\gamma)} \cdot \left(g(t_{\frac{1}{2}}) - f'(t_0) \right) + \sum_{k=1}^{n-1} \hat{b}_{n-k-1}^{(n,\gamma)} \cdot \left(g(t_{k+\frac{1}{2}}) - g(t_{k-\frac{1}{2}}) \right) \right] + P_n$$

$$= \frac{1}{\Gamma(2-\gamma)} \left[\hat{b}_0^{(n,\gamma)} g(t_{n-\frac{1}{2}}) - \sum_{k=1}^{n-1} \left(\hat{b}_{n-k-1}^{(n,\gamma)} - \hat{b}_{n-k}^{(n,\gamma)} \right) g(t_{k-\frac{1}{2}}) - \hat{b}_{n-1}^{(n,\gamma)} f'(t_0) \right] + P_n$$

$$= \frac{1}{\Gamma(2-\gamma)} \left[\hat{b}_0^{(n,\gamma)} \left(\delta_t f^{n-\frac{1}{2}} + Q_n \right) - \sum_{k=1}^{n-1} \left(\hat{b}_{n-k-1}^{(n,\gamma)} - \hat{b}_{n-k}^{(n,\gamma)} \right) \left(\delta_t f^{k-\frac{1}{2}} + Q_k \right) \right.$$

$$\left. - \hat{b}_{n-1}^{(n,\gamma)} f'(t_0) \right] + P_n$$

$$= \frac{1}{\Gamma(2-\gamma)} \left[\hat{b}_0^{(n,\gamma)} \delta_t f^{n-\frac{1}{2}} - \sum_{k=1}^{n-1} \left(\hat{b}_{n-k-1}^{(n,\gamma)} - \hat{b}_{n-k}^{(n,\gamma)} \right) \delta_t f^{k-\frac{1}{2}} - \hat{b}_{n-1}^{(n,\gamma)} f'(t_0) \right] + R_n.$$

第2章 时间分数阶慢扩散方程的差分方法

大量实验和研究发现, 许多复杂系统的扩散进程不具有 Gauss 统计特性, 从而 Fick 第二定律不再成立. 特别地, 经典扩散进程中 Brown 运动粒子的平均平方位移与时间变量的线性依赖关系不再满足. 这类现象通常称为反常扩散. 常见反常扩散现象的显著特征之一是运动粒子的平均平方位移与时间变量呈幂律依赖关系. 时间分数阶扩散波方程是描述此类现象的一类典型方程, 它是将标准扩散方程中的一阶时间导数用 $\alpha\,(0 < \alpha < 2)$ 阶分数阶导数取代得到的. 该类方程已被广泛应用于半导体、磁共振、多孔介质、高分子聚合物、湍流、固体表面扩散、胶体中的输运、量子光学、分子光谱、生物医学、经济金融、信号处理与控制以及黏弹性力学等领域. 当 $\alpha \in (0,1)$ 时, 相应的方程称为时间分数阶慢扩散方程; 当 $\alpha \in (1,2)$ 时, 相应的方程称为时间分数阶波方程; 当 $\alpha = 1$ 时, 即为经典的扩散方程. 本书第 2 章和第 3 章依次研究这两类时间分数阶偏微分方程的有限差分方法, 并证明所建立的差分格式的唯一可解性、稳定性和收敛性. 本章针对一维时间分数阶慢扩散方程, 时间分数阶导数应用 G-L 逼近、L1 逼近和 L2-1_σ 逼近三种方法, 空间整数阶导数应用二阶中心差商逼近或紧逼近, 依次建立空间二阶和空间四阶方法; 介绍基于 L1 逼近和 L2-1_σ 逼近的快速算法; 对于多项时间分数阶慢扩散问题介绍基于 L1 逼近和 L2-1_σ 逼近的差分方法. 此外还对二维问题介绍 ADI 方法. 本章共 12 节.

2.1 一维问题基于 G-L 逼近的空间二阶方法

考虑如下时间分数阶慢扩散方程初边值问题

$$
\begin{cases}
{}_0^C D_t^\alpha u(x,t) = u_{xx}(x,t) + f(x,t), & x \in (0,L),\ t \in (0,T], & (2.1.1)\\
u(x,0) = 0, & x \in (0,L), & (2.1.2)\\
u(0,t) = \mu(t), \quad u(L,t) = \nu(t), & t \in [0,T], & (2.1.3)
\end{cases}
$$

其中 $\alpha \in (0,1)$, f, μ, ν 为已知函数, 且 $\mu(0) = \nu(0) = 0$.

先进行网格剖分. 取正整数 M, N. 令 $h = L/M$, $\tau = T/N$. 记 $x_i = ih\,(0 \leqslant i \leqslant M)$, $t_k = k\tau\,(0 \leqslant k \leqslant N)$, $\Omega_h = \{x_i \mid 0 \leqslant i \leqslant M\}$, $\Omega_\tau = \{t_k \mid 0 \leqslant k \leqslant N\}$. 定义如下网格函数空间

$$
\mathcal{U}_h = \{u \mid u = (u_0, u_1, \cdots, u_M)\}, \quad \mathring{\mathcal{U}}_h = \{u \mid u \in \mathcal{U}_h, u_0 = u_M = 0\}.
$$

对于任意网格函数 $u \in \mathcal{U}_h$, 引进如下记号:

$$\delta_x u_{i-\frac{1}{2}} = \frac{1}{h}(u_i - u_{i-1}), \quad \delta_x^2 u_i = \frac{1}{h^2}(u_{i+1} - 2u_i + u_{i-1}),$$

$$(\mathcal{A}u)_i = \begin{cases} \dfrac{1}{12}(u_{i-1} + 10u_i + u_{i+1}), & 1 \leqslant i \leqslant M-1, \\ u_i, & i = 0, M. \end{cases}$$

易知对于 $1 \leqslant i \leqslant M-1$, 有 $(\mathcal{A}u)_i = \left(\mathcal{I} + \dfrac{h^2}{12}\delta_x^2\right)u_i$, 其中 $\mathcal{I}$ 表示恒等算子. 为简单起见, 以下记 $(\mathcal{A}u)_i$ 为 $\mathcal{A}u_i$.

对于任意网格函数 $u, v \in \overset{\circ}{\mathcal{U}}_h$, 定义如下记号:

$$(u, v) = h \sum_{i=1}^{M-1} u_i v_i, \quad \|u\| = \sqrt{(u, u)},$$

$$(\delta_x u, \delta_x v) = h \sum_{i=1}^{M} \left(\delta_x u_{i-\frac{1}{2}}\right)\left(\delta_x v_{i-\frac{1}{2}}\right), \quad \|\delta_x u\| = \sqrt{(\delta_x u, \delta_x u)},$$

$$(\delta_x^2 u, \delta_x^2 v) = h \sum_{i=1}^{M-1} (\delta_x^2 u_i)(\delta_x^2 v_i), \quad \|\delta_x^2 u\| = \sqrt{(\delta_x^2 u, \delta_x^2 u)},$$

$$\|u\|_\infty = \max_{0 \leqslant i \leqslant M} |u_i|.$$

引理 2.1.1[79]　对于任意网格函数 $u \in \overset{\circ}{\mathcal{U}}_h$, 有

$$\|u\|_\infty \leqslant \frac{\sqrt{L}}{2}\|\delta_x u\|, \quad \|u\| \leqslant \frac{L}{\sqrt{6}}\|\delta_x u\|,$$

$$\|\delta_x u\| \leqslant \frac{2}{h}\|u\|, \quad \frac{1}{3}\|u\|^2 \leqslant \|\mathcal{A}u\|^2 \leqslant \|u\|^2.$$

设 $u, v \in \overset{\circ}{\mathcal{U}}_h$. 令

$$I(u, v) \equiv (\mathcal{A}u, -\delta_x^2 v) = -h \sum_{i=1}^{M-1} (\mathcal{A}u_i)\delta_x^2 v_i,$$

则

$$I(u, v) = -h \sum_{i=1}^{M-1} \left(u_i + \frac{h^2}{12}\delta_x^2 u_i\right)\delta_x^2 v_i$$

$$= h \sum_{i=1}^{M} \left(\delta_x u_{i-\frac{1}{2}}\right)\left(\delta_x v_{i-\frac{1}{2}}\right) - \frac{h^2}{12}h \sum_{i=1}^{M-1} (\delta_x^2 u_i)(\delta_x^2 v_i)$$

$$= (\delta_x u, \delta_x v) - \frac{h^2}{12}(\delta_x^2 u, \delta_x^2 v).$$

容易证明

$$\frac{2}{3}\|\delta_x u\|^2 \leqslant I(u,u) \leqslant \|\delta_x u\|^2. \tag{2.1.4}$$

因而 $I(u,v)$ 为定义在 $\mathring{\mathcal{U}}_h$ 上的一个内积. 记

$$(u,v)_{1,A} = I(u,v), \quad \|\delta_x u\|_A = \sqrt{(u,u)_{1,A}}. \tag{2.1.5}$$

由 (2.1.4) 可得如下引理.

引理 2.1.2 对于任意网格函数 $u \in \mathring{\mathcal{U}}_h$, 有

$$\frac{2}{3}\|\delta_x u\|^2 \leqslant \|\delta_x u\|_A^2 \leqslant \|\delta_x u\|^2.$$

引理 2.1.3[78, 79] (I) 如果函数 $g \in C^4[x_{i-1}, x_{i+1}]$, 则有

$$g''(x_i) = \frac{g(x_{i-1}) - 2g(x_i) + g(x_{i+1})}{h^2}$$
$$- \frac{h^2}{6}\int_0^1 \left[g^{(4)}(x_i + \lambda h) + g^{(4)}(x_i - \lambda h)\right](1-\lambda)^3 d\lambda.$$

(II) 记 $\zeta(\lambda) = (1-\lambda)^3[5 - 3(1-\lambda)^2]$. 如果函数 $g \in C^6[x_{i-1}, x_{i+1}]$, 则有

$$\frac{g''(x_{i+1}) + 10g''(x_i) + g''(x_{i-1})}{12}$$
$$= \frac{g(x_{i+1}) - 2g(x_i) + g(x_{i-1})}{h^2}$$
$$+ \frac{h^4}{360}\int_0^1 \left[g^{(6)}(x_i - \lambda h) + g^{(6)}(x_i + \lambda h)\right]\zeta(\lambda)d\lambda.$$

定义网格函数

$$U_i^n = u(x_i, t_n), \quad f_i^n = f(x_i, t_n), \quad 0 \leqslant i \leqslant M, \ 0 \leqslant n \leqslant N.$$

2.1.1 差分格式的建立

对任意固定的 $x \in [0, L]$, 定义函数

$$\hat{u}(x,t) = \begin{cases} 0, & t < 0, \\ u(x,t), & 0 \leqslant t \leqslant T, \\ v(x,t), & T < t < 2T, \\ 0, & t \geqslant 2T, \end{cases}$$

其中 $v(x,t)$ 为满足 $\dfrac{\partial^k v}{\partial t^k}(x,t)\bigg|_{t=T} = \dfrac{\partial^k u}{\partial t^k}(x,t)\bigg|_{t=T}$, $\dfrac{\partial^k v}{\partial t^k}(x,t)\bigg|_{t=2T} = 0$ $(k = 0,1,2)$ 的光滑函数. 设 $\hat{u}(x,\cdot) \in \mathscr{C}^{1+\alpha}(\mathcal{R})$ 且 $u(\cdot,t) \in C^4[0,L]$.

在结点 (x_i, t_n) 处考虑微分方程 (2.1.1), 得到

$$_0^C D_t^\alpha u(x_i, t_n) = u_{xx}(x_i, t_n) + f_i^n, \quad 1 \leqslant i \leqslant M-1,\ 1 \leqslant n \leqslant N. \qquad (2.1.6)$$

注意到零初值条件 (2.1.2) 下 Caputo 导数和 R-L 导数的关系, 应用定理 1.4.2 可得

$$_0^C D_t^\alpha u(x_i, t_n) = {_0}\mathbf{D}_t^\alpha u(x_i, t_n) = \tau^{-\alpha} \sum_{k=0}^n g_k^{(\alpha)} U_i^{n-k} + O(\tau). \qquad (2.1.7)$$

由引理 2.1.3 可得

$$u_{xx}(x_i, t_n) = \delta_x^2 U_i^n + O(h^2). \qquad (2.1.8)$$

将 (2.1.7) 和 (2.1.8) 代入 (2.1.6), 可得

$$\tau^{-\alpha} \sum_{k=0}^n g_k^{(\alpha)} U_i^{n-k} = \delta_x^2 U_i^n + f_i^n + (r_1)_i^n, \quad 1 \leqslant i \leqslant M-1, \quad 1 \leqslant n \leqslant N, \qquad (2.1.9)$$

且存在正常数 c_1, 使得

$$|(r_1)_i^n| \leqslant c_1(\tau + h^2), \quad 1 \leqslant i \leqslant M-1,\ 1 \leqslant n \leqslant N. \qquad (2.1.10)$$

注意到初边值条件 (2.1.2)—(2.1.3), 有

$$\begin{cases} U_i^0 = 0, \quad 1 \leqslant i \leqslant M-1, & (2.1.11) \\ U_0^n = \mu(t_n), \quad U_M^n = \nu(t_n), \quad 0 \leqslant n \leqslant N. & (2.1.12) \end{cases}$$

在方程 (2.1.9) 中略去小量项 $(r_1)_i^n$, 并用数值解 u_i^n 代替精确解 U_i^n, 得到求解问题 (2.1.1)—(2.1.3) 的如下差分格式:

$$\begin{cases} \tau^{-\alpha} \sum_{k=0}^n g_k^{(\alpha)} u_i^{n-k} = \delta_x^2 u_i^n + f_i^n, \quad 1 \leqslant i \leqslant M-1, \quad 1 \leqslant n \leqslant N, & (2.1.13) \\ u_i^0 = 0, \quad 1 \leqslant i \leqslant M-1, & (2.1.14) \\ u_0^n = \mu(t_n), \quad u_M^n = \nu(t_n), \quad 0 \leqslant n \leqslant N. & (2.1.15) \end{cases}$$

2.1.2　差分格式的可解性

定理 2.1.1　差分格式 (2.1.13)—(2.1.15) 是唯一可解的.

证明 记

$$u^n = (u_0^n, u_1^n, \cdots, u_M^n).$$

由 (2.1.14)—(2.1.15) 知第 0 层的值 u^0 已知. 设前 n 层的值 $u^0, u^1, \cdots, u^{n-1}$ 已唯一确定, 则由 (2.1.13) 和 (2.1.15) 可得关于第 n 层的值 u^n 的线性方程组. 要证明它的唯一可解性, 只需证明它相应的齐次方程组

$$\begin{cases} \tau^{-\alpha} u_i^n = \delta_x^2 u_i^n, & 1 \leqslant i \leqslant M-1, & (2.1.16) \\ u_0^n = u_M^n = 0 & (2.1.17) \end{cases}$$

仅有零解.

设 $\|u^n\|_\infty = |u_{i_n}^n|$, 其中 $i_n \in \{1, 2, \cdots, M-1\}$. 将式 (2.1.16) 改写为

$$\left(1 + 2\frac{\tau^\alpha}{h^2}\right) u_i^n = \frac{\tau^\alpha}{h^2}(u_{i-1}^n + u_{i+1}^n), \quad 1 \leqslant i \leqslant M-1.$$

在上式中令 $i = i_n$, 然后在等式的两边取绝对值, 利用三角不等式, 并注意到 (2.1.17), 可得

$$\left(1 + 2\frac{\tau^\alpha}{h^2}\right) \|u^n\|_\infty \leqslant 2\frac{\tau^\alpha}{h^2}\|u^n\|_\infty,$$

因而 $\|u^n\|_\infty = 0$. 易知有 $u^n = 0$.

由归纳原理知, 定理结论成立. □

2.1.3 差分格式的稳定性

定理 2.1.2 设 $\{v_i^n \mid 0 \leqslant i \leqslant M, 0 \leqslant n \leqslant N\}$ 为差分格式

$$\begin{cases} \tau^{-\alpha} \sum_{k=0}^{n} g_k^{(\alpha)} v_i^{n-k} = \delta_x^2 v_i^n + f_i^n, & 1 \leqslant i \leqslant M-1, \ 1 \leqslant n \leqslant N, & (2.1.18) \\ v_i^0 = \varphi(x_i), & 1 \leqslant i \leqslant M-1, & (2.1.19) \\ v_0^n = 0, \ v_M^n = 0, & 0 \leqslant n \leqslant N & (2.1.20) \end{cases}$$

的解, 则有

$$\|v^k\|_\infty \leqslant \frac{5}{1-\alpha}\|v^0\|_\infty + \frac{5}{(1-\alpha)2^\alpha} k^\alpha \tau^\alpha \max_{1 \leqslant m \leqslant k}\|f^m\|_\infty, \quad 1 \leqslant k \leqslant N, \quad (2.1.21)$$

其中 $\|f^m\|_\infty = \max\limits_{1 \leqslant i \leqslant M-1} |f_i^m|$.

证明 将方程 (2.1.18) 改写如下:

$$\left(1 + 2\frac{\tau^\alpha}{h^2}\right) v_i^n = \sum_{k=1}^{n}(-g_k^{(\alpha)}) v_i^{n-k} + \frac{\tau^\alpha}{h^2}(v_{i-1}^n + v_{i+1}^n) + \tau^\alpha f_i^n,$$

$$1 \leqslant i \leqslant M-1, \ 1 \leqslant n \leqslant N. \tag{2.1.22}$$

设 $\|v^n\|_\infty = |v_{i_n}^n|$, 其中 $i_n \in \{1,2,\cdots,M-1\}$. 在式 (2.1.22) 中令 $i=i_n$, 两边取绝对值, 注意到 $-g_k^{(\alpha)} \geqslant 0$ $(1 \leqslant k \leqslant n)$, 再利用三角不等式, 并注意到 (2.1.20), 可得

$$\left(1+2\frac{\tau^\alpha}{h^2}\right)\|v^n\|_\infty$$
$$\leqslant \sum_{k=1}^n (-g_k^{(\alpha)})\|v^{n-k}\|_\infty + \frac{\tau^\alpha}{h^2}(\|v^n\|_\infty + \|v^n\|_\infty) + \tau^\alpha\|f^n\|_\infty,$$

即

$$\|v^n\|_\infty \leqslant \sum_{k=1}^n (-g_k^{(\alpha)})\|v^{n-k}\|_\infty + \tau^\alpha\|f^n\|_\infty, \quad 1 \leqslant n \leqslant N. \tag{2.1.23}$$

下面从式 (2.1.23) 出发, 用数学归纳法证明 (2.1.21) 成立. 记

$$A_n = \frac{5}{1-\alpha}\|v^0\|_\infty + \frac{5}{(1-\alpha)2^\alpha}n^\alpha\tau^\alpha \max_{1 \leqslant m \leqslant n}\|f^m\|_\infty, \quad 1 \leqslant n \leqslant N.$$

由 (2.1.23), 当 $n=1$ 时, 有

$$\|v^1\|_\infty \leqslant (-g_1^{(\alpha)})\|v^0\|_\infty + \tau^\alpha\|f^1\|_\infty = \alpha\|v^0\|_\infty + \tau^\alpha\|f^1\|_\infty \leqslant A_1,$$

即 (2.1.21) 对 $k=1$ 成立. 设结论 (2.1.21) 对 $k=1,2,\cdots,n-1(n \geqslant 2)$ 成立, 则由 (2.1.23) 可得

$$\|v^n\|_\infty \leqslant \sum_{k=1}^{n-1}(-g_k^{(\alpha)})\|v^{n-k}\|_\infty + (-g_n^{(\alpha)})\|v^0\|_\infty + \tau^\alpha\|f^n\|_\infty$$
$$\leqslant \sum_{k=1}^{n-1}(-g_k^{(\alpha)})A_{n-k} + \alpha\left(\frac{2}{n+1}\right)^{\alpha+1}\|v^0\|_\infty + \tau^\alpha\|f^n\|_\infty$$
$$\leqslant \sum_{k=1}^{n-1}(-g_k^{(\alpha)})A_n + \alpha\left(\frac{2}{n}\right)^\alpha\|v^0\|_\infty + \tau^\alpha\|f^n\|_\infty$$
$$= \left[\sum_{k=1}^\infty(-g_k^{(\alpha)}) - \sum_{k=n}^\infty(-g_k^{(\alpha)})\right]A_n + \alpha\left(\frac{2}{n}\right)^\alpha\|v^0\|_\infty + \tau^\alpha\|f^n\|_\infty$$
$$\leqslant \left[1-\frac{1-\alpha}{5}\left(\frac{2}{n}\right)^\alpha\right]A_n + \alpha\left(\frac{2}{n}\right)^\alpha\|v^0\|_\infty + \tau^\alpha\|f^n\|_\infty$$
$$= A_n - \frac{1-\alpha}{5}\left(\frac{2}{n}\right)^\alpha\left[A_n - \frac{5\alpha}{1-\alpha}\|v^0\|_\infty - \frac{5}{1-\alpha}\left(\frac{n}{2}\right)^\alpha\tau^\alpha\|f^n\|_\infty\right]$$
$$\leqslant A_n,$$

其中用到了引理 1.4.1、引理 1.4.3 及当 $n \geqslant 2$ 时, 有 $\left(\dfrac{2}{n+1}\right)^{\alpha+1} < \left(\dfrac{2}{n}\right)^{\alpha+1} \leqslant \left(\dfrac{2}{n}\right)^{\alpha}$. 从而结论 (2.1.21) 对 $k = n$ 也成立.

由归纳原理知, (2.1.21) 对 $k = 1, 2, \cdots, N$ 都成立. □

由定理 2.1.2 知, 差分格式 (2.1.13)—(2.1.15) 关于初值和右端函数均是无条件稳定的.

2.1.4　差分格式的收敛性

定理 2.1.3　设 $\{U_i^n \mid 0 \leqslant i \leqslant M, 0 \leqslant n \leqslant N\}$ 为微分方程问题 (2.1.1)—(2.1.3) 的解, $\{u_i^n \mid 0 \leqslant i \leqslant M, 0 \leqslant n \leqslant N\}$ 为差分格式 (2.1.13)—(2.1.15) 的解. 令

$$e_i^n = U_i^n - u_i^n, \quad 0 \leqslant i \leqslant M, \ 0 \leqslant n \leqslant N,$$

则有

$$\|e^n\|_\infty \leqslant \frac{5}{(1-\alpha)2^\alpha} T^\alpha c_1(\tau + h^2), \quad 1 \leqslant n \leqslant N.$$

证明　将 (2.1.9), (2.1.11)—(2.1.12) 分别与 (2.1.13)—(2.1.15) 相减, 可得误差方程组

$$\begin{cases} \tau^{-\alpha} \displaystyle\sum_{k=0}^{n} g_k^{(\alpha)} e_i^{n-k} = \delta_x^2 e_i^n + (r_1)_i^n, & 1 \leqslant i \leqslant M-1, \quad 1 \leqslant n \leqslant N, \\ e_i^0 = 0, & 1 \leqslant i \leqslant M-1, \\ e_0^n = 0, \quad e_M^n = 0, & 0 \leqslant n \leqslant N. \end{cases}$$

应用定理 2.1.2, 并注意到 (2.1.10), 可得

$$\begin{aligned} \|e^n\|_\infty &\leqslant \frac{5}{(1-\alpha)2^\alpha} n^\alpha \tau^\alpha \max_{1 \leqslant m \leqslant n} \|(r_1)^m\|_\infty \\ &\leqslant \frac{5}{(1-\alpha)2^\alpha} T^\alpha c_1(\tau + h^2), \quad 1 \leqslant n \leqslant N. \qquad \square \end{aligned}$$

2.2　一维问题基于 G-L 逼近的空间四阶方法

本节考虑求解初边值问题 (2.1.1)—(2.1.3) 的空间四阶差分方法.

类似 2.1 节, 对任意固定的 $x \in [0, L]$, 定义函数 $\hat{u}(x, t)$, 并设 $\hat{u}(x, \cdot) \in \mathscr{C}^{1+\alpha}(\mathcal{R})$ 且 $u(\cdot, t) \in C^6[0, L]$.

2.2.1　差分格式的建立

在结点 (x_i, t_n) 处考虑微分方程 (2.1.1), 得到

$$_0^C D_t^\alpha u(x_i, t_n) = u_{xx}(x_i, t_n) + f_i^n, \quad 0 \leqslant i \leqslant M, \ 1 \leqslant n \leqslant N.$$

对上式两边同时作用算子 $\mathcal{A}$, 可得

$$\mathcal{A} \, _0^C D_t^\alpha u(x_i, t_n) = \mathcal{A} u_{xx}(x_i, t_n) + \mathcal{A} f_i^n, \quad 1 \leqslant i \leqslant M-1, \ 1 \leqslant n \leqslant N.$$

由定理 1.4.2 和引理 2.1.3, 并注意到 (2.1.2) 可得

$$\mathcal{A} \left(\tau^{-\alpha} \sum_{k=0}^n g_k^{(\alpha)} U_i^{n-k} \right) = \delta_x^2 U_i^n + \mathcal{A} f_i^n + (r_2)_i^n,$$
$$1 \leqslant i \leqslant M-1, \ 1 \leqslant n \leqslant N, \tag{2.2.1}$$

且存在正常数 c_2, 使得

$$|(r_2)_i^n| \leqslant c_2(\tau + h^4), \quad 1 \leqslant i \leqslant M-1, \ 1 \leqslant n \leqslant N. \tag{2.2.2}$$

注意到初边值条件 (2.1.2)—(2.1.3), 有

$$\begin{cases} U_i^0 = 0, \quad 1 \leqslant i \leqslant M-1, & (2.2.3) \\ U_0^n = \mu(t_n), \quad U_M^n = \nu(t_n), \quad 0 \leqslant n \leqslant N. & (2.2.4) \end{cases}$$

在方程 (2.2.1) 中略去小量项 $(r_2)_i^n$, 并用数值解 u_i^n 代替精确解 U_i^n, 得到求解问题 (2.1.1)—(2.1.3) 的如下差分格式:

$$\begin{cases} \mathcal{A} \left(\tau^{-\alpha} \sum_{k=0}^n g_k^{(\alpha)} u_i^{n-k} \right) = \delta_x^2 u_i^n + \mathcal{A} f_i^n, \quad 1 \leqslant i \leqslant M-1, \ 1 \leqslant n \leqslant N, & (2.2.5) \\ u_i^0 = 0, \quad 1 \leqslant i \leqslant M-1, & (2.2.6) \\ u_0^n = \mu(t_n), \quad u_M^n = \nu(t_n), \quad 0 \leqslant n \leqslant N. & (2.2.7) \end{cases}$$

2.2.2　差分格式的可解性

定理 2.2.1　差分格式 (2.2.5)—(2.2.7) 是唯一可解的.

证明　记

$$u^n = (u_0^n, u_1^n, \cdots, u_M^n).$$

由 (2.2.6)—(2.2.7) 知第 0 层的值 u^0 已知. 设前 n 层的值 $u^0, u^1, \cdots, u^{n-1}$ 已唯一确定, 则由 (2.2.5) 和 (2.2.7) 可得关于 u^n 的线性方程组. 要证明它的唯一可解性, 只需证明它相应的齐次方程组

$$\begin{cases} \tau^{-\alpha} \mathcal{A} u_i^n = \delta_x^2 u_i^n, \quad 1 \leqslant i \leqslant M-1, & (2.2.8) \\ u_0^n = u_M^n = 0 & (2.2.9) \end{cases}$$

仅有零解.

用 $-\delta_x^2 u^n$ 和式 (2.2.8) 两边同时作内积, 可得

$$\tau^{-\alpha}(\mathcal{A}u^n, -\delta_x^2 u^n) = -(\delta_x^2 u^n, \delta_x^2 u^n),$$

即

$$\tau^{-\alpha}(u^n, u^n)_{1,A} = -\|\delta_x^2 u^n\|^2 \leqslant 0,$$

因而 $\|\delta_x u^n\|_A = 0$. 由引理 2.1.2 可得 $\|\delta_x u^n\| = 0$. 结合 (2.2.9) 可知 $u^n = 0$.

由归纳原理知, 定理结论成立. □

2.2.3　差分格式的稳定性

定理 2.2.2　设 $\{v_i^n \mid 0 \leqslant i \leqslant M, 0 \leqslant n \leqslant N\}$ 为差分格式

$$\begin{cases} \mathcal{A}\left(\tau^{-\alpha}\sum_{k=0}^{n} g_k^{(\alpha)} v_i^{n-k}\right) = \delta_x^2 v_i^n + g_i^n, \quad 1 \leqslant i \leqslant M-1, \ 1 \leqslant n \leqslant N, & (2.2.10) \\ v_i^0 = \varphi(x_i), \quad 1 \leqslant i \leqslant M-1, & (2.2.11) \\ v_0^n = 0, \quad v_M^n = 0, \quad 0 \leqslant n \leqslant N & (2.2.12) \end{cases}$$

的解, 则有

$$\|\delta_x v^n\|^2 \leqslant \frac{15}{2(1-\alpha)}\left(\|\delta_x v^0\|^2 + \frac{1}{2^{\alpha+1}}t_n^\alpha \max_{1\leqslant m\leqslant n}\|g^m\|^2\right), \quad 1\leqslant n\leqslant N,$$

其中

$$\|g^m\|^2 = h\sum_{i=1}^{M-1}(g_i^m)^2.$$

证明　用 $-\delta_x^2 v^n$ 与式 (2.2.10) 两边同时作内积, 并注意到 (2.1.5), 可得

$$\tau^{-\alpha}\sum_{k=0}^{n} g_k^{(\alpha)}(v^{n-k}, v^n)_{1,A} = -\|\delta_x^2 v^n\|^2 - h\sum_{i=1}^{M-1}(\delta_x^2 v_i^n)g_i^n \leqslant \frac{1}{4}\|g^n\|^2.$$

上式可改写为

$$\begin{aligned} g_0^{(\alpha)}(v^n, v^n)_{1,A} &\leqslant \sum_{k=1}^{n}(-g_k^{(\alpha)})(v^n, v^{n-k})_{1,A} + \frac{1}{4}\tau^\alpha\|g^n\|^2 \\ &\leqslant \frac{1}{2}\sum_{k=1}^{n}(-g_k^{(\alpha)})\big[(v^n, v^n)_{1,A} + (v^{n-k}, v^{n-k})_{1,A}\big] \\ &\quad + \frac{1}{4}\tau^\alpha\|g^n\|^2, \quad 1\leqslant n\leqslant N. \end{aligned}$$

注意到 $\displaystyle\sum_{k=1}^{n}(-g_k^{(\alpha)}) \leqslant g_0^{(\alpha)} = 1$, 有

$$(v^n, v^n)_{1,A} \leqslant \sum_{k=1}^{n}(-g_k^{(\alpha)})(v^{n-k}, v^{n-k})_{1,A} + \frac{1}{2}\tau^\alpha \|g^n\|^2, \quad 1 \leqslant n \leqslant N,$$

即

$$\|\delta_x v^n\|_A^2 \leqslant \sum_{k=1}^{n}(-g_k^{(\alpha)})\|\delta_x v^{n-k}\|_A^2 + \frac{1}{2}\tau^\alpha \|g^n\|^2, \quad 1 \leqslant n \leqslant N.$$

由归纳方法, 类似定理 2.1.2 中的证明思路, 可得

$$\|\delta_x v^n\|_A^2 \leqslant \frac{5}{1-\alpha}\|\delta_x v^0\|_A^2 + \frac{5}{(1-\alpha)2^\alpha}t_n^\alpha \cdot \frac{1}{2}\max_{1 \leqslant m \leqslant n}\|g^m\|^2, \quad 1 \leqslant n \leqslant N.$$

对上式再应用引理 2.1.2 即得结论. □

由定理 2.2.2 知, 差分格式 (2.2.5)—(2.2.7) 关于初值和右端函数均是无条件稳定的.

2.2.4　差分格式的收敛性

定理 2.2.3　设 $\{U_i^n \mid 0 \leqslant i \leqslant M, 0 \leqslant n \leqslant N\}$ 为微分方程问题 (2.1.1)—(2.1.3) 的解, $\{u_i^n \mid 0 \leqslant i \leqslant M, 0 \leqslant n \leqslant N\}$ 为差分格式 (2.2.5)—(2.2.7) 的解. 令

$$e_i^n = U_i^n - u_i^n, \quad 0 \leqslant i \leqslant M, \ 0 \leqslant n \leqslant N,$$

则有

$$\|e^n\|_\infty \leqslant \frac{L}{4}\sqrt{\frac{15T^\alpha}{(1-\alpha)2^\alpha}}\, c_2(\tau + h^4), \quad 1 \leqslant n \leqslant N.$$

证明　将 (2.2.1), (2.2.3)—(2.2.4) 分别与 (2.2.5)—(2.2.7) 相减, 可得误差方程组

$$\begin{cases} \mathcal{A}\left(\tau^{-\alpha}\displaystyle\sum_{k=0}^{n}g_k^{(\alpha)}e_i^{n-k}\right) = \delta_x^2 e_i^n + (r_2)_i^n, \quad 1 \leqslant i \leqslant M-1, \quad 1 \leqslant n \leqslant N, \\[2mm] e_i^0 = 0, \quad 1 \leqslant i \leqslant M-1, \\[1mm] e_0^n = 0, \quad e_M^n = 0, \quad 0 \leqslant n \leqslant N. \end{cases}$$

应用定理 2.2.2, 并注意到不等式 (2.2.2), 可得

$$\|\delta_x e^n\|^2 \leqslant \frac{15}{2(1-\alpha)}\left(\|\delta_x e^0\|^2 + \frac{1}{2^{\alpha+1}}t_n^\alpha \max_{1 \leqslant m \leqslant n}\|(r_2)^m\|^2\right)$$

$$\leqslant \frac{15}{2(1-\alpha)} \cdot \frac{1}{2^{\alpha+1}} T^\alpha \cdot L c_2^2 (\tau + h^4)^2, \quad 1 \leqslant n \leqslant N.$$

由引理 2.1.1, 进一步可得

$$\|e^n\|_\infty \leqslant \frac{\sqrt{L}}{2} \|\delta_x e^n\| \leqslant \frac{L}{4} \sqrt{\frac{15T^\alpha}{(1-\alpha)2^\alpha}}\, c_2 (\tau + h^4), \quad 1 \leqslant n \leqslant N. \qquad \Box$$

2.3 一维问题基于 L1 逼近的空间二阶方法

考虑如下时间分数阶慢扩散方程初边值问题

$$\begin{cases} {}_0^C D_t^\alpha u(x,t) = u_{xx}(x,t) + f(x,t), \quad x \in (0,L),\ t \in (0,T], & (2.3.1) \\ u(x,0) = \varphi(x), \quad x \in (0,L), & (2.3.2) \\ u(0,t) = \mu(t), \quad u(L,t) = \nu(t), \quad t \in [0,T], & (2.3.3) \end{cases}$$

其中 $\alpha \in (0,1)$, f, φ, μ, ν 为已知函数, 且 $\varphi(0) = \mu(0)$, $\varphi(L) = \nu(0)$.

网格剖分和记号同 2.1 节. 设解函数 $u \in C^{(4,2)}([0,L] \times [0,T])$.

2.3.1 差分格式的建立

在结点 (x_i, t_n) 处考虑微分方程 (2.3.1), 得到

$${}_0^C D_t^\alpha u(x_i, t_n) = u_{xx}(x_i, t_n) + f_i^n, \quad 1 \leqslant i \leqslant M-1,\ 1 \leqslant n \leqslant N.$$

对上式中时间分数阶导数应用 L1 公式 (1.6.4) 离散, 空间二阶导数应用二阶中心差商离散, 由定理 1.6.1 和引理 2.1.3, 可得

$$\frac{\tau^{-\alpha}}{\Gamma(2-\alpha)} \left[a_0^{(\alpha)} U_i^n - \sum_{k=1}^{n-1} (a_{n-k-1}^{(\alpha)} - a_{n-k}^{(\alpha)}) U_i^k - a_{n-1}^{(\alpha)} U_i^0 \right]$$
$$= \delta_x^2 U_i^n + f_i^n + (r_3)_i^n, \quad 1 \leqslant i \leqslant M-1,\ 1 \leqslant n \leqslant N, \qquad (2.3.4)$$

且存在正常数 c_3 使得

$$|(r_3)_i^n| \leqslant c_3(\tau^{2-\alpha} + h^2), \quad 1 \leqslant i \leqslant M-1,\ 1 \leqslant n \leqslant N. \qquad (2.3.5)$$

注意到初边值条件 (2.3.2)—(2.3.3), 有

$$\begin{cases} U_i^0 = \varphi(x_i), \quad 1 \leqslant i \leqslant M-1, & (2.3.6) \\ U_0^n = \mu(t_n), \quad U_M^n = \nu(t_n), \quad 0 \leqslant n \leqslant N. & (2.3.7) \end{cases}$$

在 (2.3.4) 中略去小量项 $(r_3)_i^n$, 并用数值解 u_i^n 代替精确解 U_i^n, 可得求解问题 (2.3.1)—(2.3.3) 的如下差分格式:

$$\begin{cases} \dfrac{\tau^{-\alpha}}{\Gamma(2-\alpha)}\left[a_0^{(\alpha)}u_i^n - \sum_{k=1}^{n-1}(a_{n-k-1}^{(\alpha)} - a_{n-k}^{(\alpha)})u_i^k - a_{n-1}^{(\alpha)}u_i^0\right] = \delta_x^2 u_i^n + f_i^n, \\ \qquad\qquad\qquad\qquad\qquad 1 \leqslant i \leqslant M-1,\ 1 \leqslant n \leqslant N, \quad (2.3.8) \\ u_i^0 = \varphi(x_i), \quad 1 \leqslant i \leqslant M-1, \qquad\qquad\qquad\qquad (2.3.9) \\ u_0^n = \mu(t_n), \quad u_M^n = \nu(t_n), \quad 0 \leqslant n \leqslant N. \qquad\qquad (2.3.10) \end{cases}$$

记

$$s = \tau^\alpha \Gamma(2-\alpha), \quad \lambda = \frac{s}{h^2}.$$

下面将考虑差分格式 (2.3.8)—(2.3.10) 的唯一可解性、无条件稳定性和收敛性.

2.3.2　差分格式的可解性

定理 2.3.1　差分格式 (2.3.8)—(2.3.10) 是唯一可解的.

证明　记

$$u^n = (u_0^n, u_1^n, \cdots, u_M^n).$$

由 (2.3.9)—(2.3.10) 知第 0 层的值 u^0 已知. 设前 n 层的值 $u^0, u^1, \cdots, u^{n-1}$ 已唯一确定, 则由 (2.3.8) 和 (2.3.10) 可得关于 u^n 的线性方程组. 要证明它的唯一可解性, 只需证明它相应的齐次方程组

$$\begin{cases} \dfrac{1}{s}u_i^n = \delta_x^2 u_i^n, \quad 1 \leqslant i \leqslant M-1, & (2.3.11) \\ u_0^n = u_M^n = 0 & (2.3.12) \end{cases}$$

仅有零解.

设 $\|u^n\|_\infty = |u_{i_n}^n|$, 其中 $i_n \in \{1, 2, \cdots, M-1\}$. 将 (2.3.11) 改写为

$$(1+2\lambda)u_i^n = \lambda(u_{i-1}^n + u_{i+1}^n), \quad 1 \leqslant i \leqslant M-1.$$

在上式中令 $i = i_n$, 然后在等式的两边取绝对值, 利用三角不等式, 并注意到 (2.3.12), 可得

$$(1+2\lambda)\|u^n\|_\infty \leqslant 2\lambda\|u^n\|_\infty,$$

因而 $\|u^n\|_\infty = 0$. 易知 $u^n = 0$.

由归纳原理知, 定理结论成立.　　　　　　　　　　　　　　□

2.3.3 差分格式的稳定性

定理 2.3.2 设 $\{v_i^n \mid 0 \leqslant i \leqslant M, 0 \leqslant n \leqslant N\}$ 为差分格式

$$
\begin{cases}
\dfrac{1}{s}\left[a_0^{(\alpha)} v_i^n - \displaystyle\sum_{k=1}^{n-1}(a_{n-k-1}^{(\alpha)} - a_{n-k}^{(\alpha)})v_i^k - a_{n-1}^{(\alpha)} v_i^0\right] = \delta_x^2 v_i^n + f_i^n, \\
\qquad\qquad\qquad\qquad\qquad\quad 1 \leqslant i \leqslant M-1, \quad 1 \leqslant n \leqslant N, \quad (2.3.13) \\
v_i^0 = \varphi(x_i), \quad 1 \leqslant i \leqslant M-1, \qquad\qquad\qquad\qquad\qquad (2.3.14) \\
v_0^n = 0, \quad v_M^n = 0, \quad 0 \leqslant n \leqslant N \qquad\qquad\qquad\qquad (2.3.15)
\end{cases}
$$

的解, 则有

$$
\|v^n\|_\infty \leqslant \|v^0\|_\infty + \Gamma(1-\alpha)\max_{1\leqslant m\leqslant n}\{t_m^\alpha \|f^m\|_\infty\}, \quad 1 \leqslant n \leqslant N,
$$

其中

$$
\|f^m\|_\infty = \max_{1\leqslant i\leqslant M-1}|f_i^m|.
$$

证明 方程 (2.3.13) 可以改写为

$$
a_0^{(\alpha)} v_i^n = \sum_{k=1}^{n-1}(a_{n-k-1}^{(\alpha)} - a_{n-k}^{(\alpha)})v_i^k + a_{n-1}^{(\alpha)} v_i^0
$$
$$
\qquad + \lambda(v_{i-1}^n - 2v_i^n + v_{i+1}^n) + sf_i^n, \quad 1 \leqslant i \leqslant M-1, \quad 1 \leqslant n \leqslant N,
$$

即

$$
(a_0^{(\alpha)} + 2\lambda)v_i^n = \sum_{k=1}^{n-1}(a_{n-k-1}^{(\alpha)} - a_{n-k}^{(\alpha)})v_i^k + a_{n-1}^{(\alpha)} v_i^0
$$
$$
\qquad + \lambda(v_{i-1}^n + v_{i+1}^n) + sf_i^n, \quad 1 \leqslant i \leqslant M-1, \quad 1 \leqslant n \leqslant N.
$$

设 $\|v^n\|_\infty = |v_{i_n}^n|$, 其中 $i_n \in \{1, 2, \cdots, M-1\}$. 在上式中令 $i = i_n$, 然后在等式的两边取绝对值, 利用三角不等式, 并注意到 (2.3.15), 可得

$$
(a_0^{(\alpha)} + 2\lambda)\|v^n\|_\infty \leqslant \sum_{k=1}^{n-1}(a_{n-k-1}^{(\alpha)} - a_{n-k}^{(\alpha)})\|v^k\|_\infty + a_{n-1}^{(\alpha)}\|v^0\|_\infty
$$
$$
\qquad + 2\lambda\|v^n\|_\infty + s\|f^n\|_\infty, \quad 1 \leqslant n \leqslant N.
$$

于是

$$
a_0^{(\alpha)}\|v^n\|_\infty \leqslant \sum_{k=1}^{n-1}(a_{n-k-1}^{(\alpha)} - a_{n-k}^{(\alpha)})\|v^k\|_\infty
$$

$$+ a_{n-1}^{(\alpha)} \left(\|v^0\|_\infty + \frac{s}{a_{n-1}^{(\alpha)}} \|f^n\|_\infty \right), \quad 1 \leqslant n \leqslant N.$$

由引理 1.6.1 可知

$$\frac{s}{a_{n-1}^{(\alpha)}} \leqslant \frac{\tau^\alpha \Gamma(2-\alpha)}{(1-\alpha)n^{-\alpha}} = t_n^\alpha \Gamma(1-\alpha), \tag{2.3.16}$$

从而

$$\|v^n\|_\infty \leqslant \sum_{k=1}^{n-1} (a_{n-k-1}^{(\alpha)} - a_{n-k}^{(\alpha)}) \|v^k\|_\infty$$

$$+ a_{n-1}^{(\alpha)} \left(\|v^0\|_\infty + t_n^\alpha \Gamma(1-\alpha) \|f^n\|_\infty \right), \quad 1 \leqslant n \leqslant N. \tag{2.3.17}$$

从不等式 (2.3.17) 出发, 应用数学归纳法容易得到

$$\|v^n\|_\infty \leqslant \|v^0\|_\infty + \Gamma(1-\alpha) \max_{1 \leqslant m \leqslant n} \{ t_m^\alpha \|f^m\|_\infty \}, \quad 1 \leqslant n \leqslant N. \qquad \square$$

2.3.4 差分格式的收敛性

定理 2.3.3 设 $\{U_i^n \mid 0 \leqslant i \leqslant M, 0 \leqslant n \leqslant N\}$ 为微分方程问题 (2.3.1)—(2.3.3) 的解, $\{u_i^n \mid 0 \leqslant i \leqslant M, 0 \leqslant n \leqslant N\}$ 为差分格式 (2.3.8)—(2.3.10) 的解. 令

$$e_i^n = U_i^n - u_i^n, \quad 0 \leqslant i \leqslant M, \ 0 \leqslant n \leqslant N,$$

则有

$$\|e^n\|_\infty \leqslant c_3 T^\alpha \Gamma(1-\alpha)(\tau^{2-\alpha} + h^2), \quad 1 \leqslant n \leqslant N.$$

证明 将 (2.3.4), (2.3.6)—(2.3.7) 分别与 (2.3.8)—(2.3.10) 相减, 可得误差方程组

$$\begin{cases} \dfrac{1}{s} \left[a_0^{(\alpha)} e_i^n - \displaystyle\sum_{k=1}^{n-1} (a_{n-k-1}^{(\alpha)} - a_{n-k}^{(\alpha)}) e_i^k - a_{n-1}^{(\alpha)} e_i^0 \right] = \delta_x^2 e_i^n + (r_3)_i^n, \\ \qquad\qquad\qquad\qquad\qquad\qquad 1 \leqslant i \leqslant M-1, \ 1 \leqslant n \leqslant N, \\ e_i^0 = 0, \quad 1 \leqslant i \leqslant M-1, \\ e_0^n = 0, \quad e_M^n = 0, \quad 0 \leqslant n \leqslant N. \end{cases}$$

应用定理 2.3.2, 并注意到 (2.3.5) 可得

$$\|e^n\|_\infty \leqslant \|e^0\|_\infty + t_n^\alpha \Gamma(1-\alpha) \max_{1 \leqslant m \leqslant n} \|(r_3)^m\|_\infty$$

$$\leqslant t_n^\alpha \Gamma(1-\alpha) c_3 (\tau^{2-\alpha} + h^2)$$

$$\leqslant c_3 T^\alpha \Gamma(1-\alpha)(\tau^{2-\alpha} + h^2), \quad 1 \leqslant n \leqslant N. \qquad \square$$

2.4 一维问题基于 L1 逼近的快速差分方法

本节给出求解时间分数阶慢扩散方程初边值问题 (2.3.1)—(2.3.3) 基于 L1 逼近的快速差分方法.

2.4.1 差分格式的建立

在结点 (x_i, t_n) 处考虑微分方程 (2.3.1), 得到

$$
{}_0^C D_t^\alpha u(x_i, t_n) = u_{xx}(x_i, t_n) + f_i^n, \quad 1 \leqslant i \leqslant M-1, \quad 1 \leqslant n \leqslant N.
$$

对上式中时间分数阶导数应用快速的 L1 公式 (1.7.4)—(1.7.6) 离散、空间二阶导数应用二阶中心差商离散, 由定理 1.7.1 和引理 2.1.3, 可得

$$
\begin{cases}
\dfrac{1}{\Gamma(1-\alpha)} \left[\displaystyle\sum_{l=1}^{N_{\exp}} \omega_l F_{l,i}^n + \hat{a}_0^{(\alpha)} \left(U_i^n - U_i^{n-1} \right) \right] = \delta_x^2 U_i^n + f_i^n + (r_4)_i^n, \\
\qquad\qquad\qquad\qquad\qquad 1 \leqslant i \leqslant M-1, \quad 1 \leqslant n \leqslant N, \qquad (2.4.1) \\
F_{l,i}^1 = 0, \quad F_{l,i}^n = \mathrm{e}^{-s_l \tau} F_{l,i}^{n-1} + B_l \left(U_i^{n-1} - U_i^{n-2} \right), \\
\qquad\qquad 1 \leqslant l \leqslant N_{\exp}, \ 1 \leqslant i \leqslant M-1, \ 2 \leqslant n \leqslant N, \qquad\quad (2.4.2)
\end{cases}
$$

且存在正常数 c_4 使得

$$
|(r_4)_i^n| \leqslant c_4 (\tau^{2-\alpha} + h^2 + \epsilon), \quad 1 \leqslant i \leqslant M-1, \ 1 \leqslant n \leqslant N. \qquad (2.4.3)
$$

注意到初边值条件 (2.3.2)—(2.3.3), 有

$$
\begin{cases}
U_i^0 = \varphi(x_i), \quad 1 \leqslant i \leqslant M-1, & (2.4.4) \\
U_0^n = \mu(t_n), \quad U_M^n = \nu(t_n), \quad 0 \leqslant n \leqslant N. & (2.4.5)
\end{cases}
$$

在 (2.4.1) 中略去小量项 $(r_4)_i^n$, 并用数值解 u_i^n 代替精确解 U_i^n, 可得求解问题 (2.3.1)—(2.3.3) 的如下差分格式:

$$
\begin{cases}
\dfrac{1}{\Gamma(1-\alpha)} \left[\displaystyle\sum_{l=1}^{N_{\exp}} \omega_l F_{l,i}^n + \hat{a}_0^{(\alpha)} \left(u_i^n - u_i^{n-1} \right) \right] = \delta_x^2 u_i^n + f_i^n, \\
\qquad\qquad\qquad\qquad\qquad 1 \leqslant i \leqslant M-1, \ 1 \leqslant n \leqslant N, \qquad (2.4.6) \\
F_{l,i}^1 = 0, \quad F_{l,i}^n = \mathrm{e}^{-s_l \tau} F_{l,i}^{n-1} + B_l \left(u_i^{n-1} - u_i^{n-2} \right), \\
\qquad\qquad 1 \leqslant l \leqslant N_{\exp}, \ 1 \leqslant i \leqslant M-1, \ 2 \leqslant n \leqslant N, \qquad\quad (2.4.7) \\
u_i^0 = \varphi(x_i), \quad 1 \leqslant i \leqslant M-1, & (2.4.8) \\
u_0^n = \mu(t_n), \quad u_M^n = \nu(t_n), \quad 0 \leqslant n \leqslant N. & (2.4.9)
\end{cases}
$$

当 $\{u_i^k\,|\,0\leqslant i\leqslant M,0\leqslant k\leqslant n-1\}$ 已知时, 由 (2.4.7) 得到 $\{F_{l,i}^n\,|\,1\leqslant l\leqslant N_{\exp},1\leqslant i\leqslant M-1\}$, 并将其代入 (2.4.6) 的左端, 得到关于 $\{u_i^n\,|\,0\leqslant i\leqslant M\}$ 的线性方程组, 其运算量为 $O(MN_{\exp})$. 用追赶法解三对角方程组的运算量为 $O(M)$. 因而算法 (2.4.6)—(2.4.9) 的总运算量为 $O(MNN_{\exp})$.

由 (2.3.8) 得到关于 $\{u_i^n\,|\,0\leqslant i\leqslant M\}$ 的线性方程组, 其运算量为 $O(Mn)$. 算法 (2.3.8)—(2.3.10) 的总运算量为 $O(M\sum_{n=1}^N n)=O(MN^2)$.

当 $N\gg N_{\exp}$ 时, $O(MN^2)\gg O(MNN_{\exp})$. 我们将算法 (2.4.6)—(2.4.9) 称为**基于 L1 逼近的快速算法**或**快速的 L1 差分格式**.

消去 (2.4.6)—(2.4.9) 中的中间变量 $\{F_{l,i}^n\}$, 可以得到它的一个等价形式

$$\begin{cases} \dfrac{1}{\Gamma(1-\alpha)}\left[\hat{a}_0^{(\alpha)}u_i^n-\sum_{k=1}^{n-1}\left(\hat{a}_{k-1}^{(\alpha)}-\hat{a}_k^{(\alpha)}\right)u_i^{n-k}-\hat{a}_{n-1}^{(\alpha)}u_i^0\right]=\delta_x^2 u_i^n+f_i^n, \\ \qquad\qquad\qquad\qquad\qquad\quad 1\leqslant i\leqslant M-1,\ 1\leqslant n\leqslant N,\quad (2.4.10)\\ u_i^0=\varphi(x_i),\quad 1\leqslant i\leqslant M-1, \hfill (2.4.11)\\ u_0^n=\mu(t_n),\quad u_M^n=\nu(t_n),\quad 0\leqslant n\leqslant N. \hfill (2.4.12)\end{cases}$$

2.4.2 差分格式的可解性

定理 2.4.1　差分格式 (2.4.6)—(2.4.9) 是唯一可解的.

证明　记
$$u^n=(u_0^n,u_1^n,\cdots,u_M^n).$$

由 (2.4.8)—(2.4.9) 知第 0 层的值 u^0 已知. 设前 n 层的值 $u^0,u^1,\cdots,u^{n-1}$ 已唯一确定, 则由 (2.4.6) 和 (2.4.9) 可得关于 u^n 的线性方程组. 要证明它的唯一可解性, 只需证明它相应的齐次方程组

$$\begin{cases} \dfrac{1}{\Gamma(1-\alpha)}\hat{a}_0^{(\alpha)}u_i^n=\delta_x^2 u_i^n,\quad 1\leqslant i\leqslant M-1, \hfill (2.4.13)\\ u_0^n=u_M^n=0 \hfill (2.4.14)\end{cases}$$

仅有零解.

设 $\|u^n\|_\infty=|u_{i_n}^n|$, 其中 $i_n\in\{1,2,\cdots,M-1\}$. 记 $\lambda=\dfrac{\Gamma(1-\alpha)}{\hat{a}_0^{(\alpha)}h^2}$. 将 (2.4.13) 改写为

$$(1+2\lambda)u_i^n=\lambda(u_{i-1}^n+u_{i+1}^n),\quad 1\leqslant i\leqslant M-1.$$

在上式中令 $i=i_n$, 然后在等式两边取绝对值, 再利用三角不等式, 并注意到 (2.4.14), 可得

$$(1+2\lambda)\|u^n\|_\infty\leqslant 2\lambda\|u^n\|_\infty.$$

因而 $\|u^n\|_\infty = 0$. 易知 $u^n = 0$.

由归纳原理知, 定理结论成立. $\qquad\qquad\qquad\qquad\qquad\qquad\qquad\qquad\qquad$ □

2.4.3 差分格式的稳定性

定理 2.4.2 设 $\{v_i^n \mid 0 \leqslant i \leqslant M, 0 \leqslant n \leqslant N\}$ 为差分格式

$$
\begin{cases}
\dfrac{1}{\Gamma(1-\alpha)} \left[\displaystyle\sum_{l=1}^{N_{\exp}} \omega_l F_{l,i}^n + \hat{a}_0^{(\alpha)} \big(v_i^n - v_i^{n-1}\big) \right] = \delta_x^2 v_i^n + g_i^n, \\
\qquad\qquad\qquad\qquad\qquad\qquad 1 \leqslant i \leqslant M-1, \ 1 \leqslant n \leqslant N, & (2.4.15) \\
F_{l,i}^1 = 0, \quad F_{l,i}^n = \mathrm{e}^{-s_l\tau} F_{l,i}^{n-1} + B_l\big(v_i^{n-1} - v_i^{n-2}\big), \\
\qquad\qquad\qquad 1 \leqslant l \leqslant N_{\exp}, \ 1 \leqslant i \leqslant M-1, \ 2 \leqslant n \leqslant N, & (2.4.16) \\
v_i^0 = \varphi(x_i), \quad 1 \leqslant i \leqslant M-1, & (2.4.17) \\
v_0^n = 0, \quad v_M^n = 0, \quad 0 \leqslant n \leqslant N & (2.4.18)
\end{cases}
$$

的解, 且 $\epsilon < \dfrac{2 - 2^{1-\alpha}}{1-\alpha} \tau^{-\alpha}$, 则有

$$
\|v^n\|_\infty \leqslant \|v^0\|_\infty + 2\Gamma(1-\alpha) \max_{1 \leqslant m \leqslant n} \big\{ t_m^\alpha \|g^m\|_\infty \big\}, \quad 1 \leqslant n \leqslant N, \qquad (2.4.19)
$$

其中

$$
\|g^m\|_\infty = \max_{1 \leqslant i \leqslant M-1} |g_i^m|.
$$

证明 由引理 1.7.2 知

$$
\hat{a}_0^{(\alpha)} > \hat{a}_1^{(\alpha)} > \hat{a}_2^{(\alpha)} > \cdots > \hat{a}_{n-1}^{(\alpha)}.
$$

利用 (2.4.16) 消去方程 (2.4.15) 中的中间变量 $\{F_{l,i}^n\}$ 可得

$$
\frac{1}{\Gamma(1-\alpha)} \left[\hat{a}_0^{(\alpha)} v_i^n - \sum_{k=1}^{n-1} \big(\hat{a}_{k-1}^{(\alpha)} - \hat{a}_k^{(\alpha)} \big) v_i^{n-k} - \hat{a}_{n-1}^{(\alpha)} v_i^0 \right] = \delta_x^2 v_i^n + g_i^n,
$$

$$
1 \leqslant i \leqslant M-1, \ 1 \leqslant n \leqslant N,
$$

即

$$
\left(\frac{\hat{a}_0^{(\alpha)}}{\Gamma(1-\alpha)} + \frac{2}{h^2} \right) v_i^n = \frac{1}{\Gamma(1-\alpha)} \left[\sum_{k=1}^{n-1} (\hat{a}_{n-k-1}^{(\alpha)} - \hat{a}_{n-k}^{(\alpha)}) v_i^k + \hat{a}_{n-1}^{(\alpha)} v_i^0 \right]
$$

$$
+ \frac{1}{h^2} (v_{i-1}^n + v_{i+1}^n) + g_i^n, \quad 1 \leqslant i \leqslant M-1, \ 1 \leqslant n \leqslant N.
$$

设 $\|v^n\|_\infty = |v_{i_n}^n|$, 其中 $i_n \in \{1, 2, \cdots, M-1\}$. 在上式中令 $i = i_n$, 然后在等式两边取绝对值, 利用三角不等式, 并注意到 (2.4.18), 可得

$$\left(\frac{\hat{a}_0^{(\alpha)}}{\Gamma(1-\alpha)} + \frac{2}{h^2}\right)\|v^n\|_\infty \leqslant \frac{1}{\Gamma(1-\alpha)}\left[\sum_{k=1}^{n-1}(\hat{a}_{n-k-1}^{(\alpha)} - \hat{a}_{n-k}^{(\alpha)})\|v^k\|_\infty + \hat{a}_{n-1}^{(\alpha)}\|v^0\|_\infty\right]$$
$$+ \frac{2}{h^2}\|v^n\|_\infty + \|g^n\|_\infty, \quad 1 \leqslant n \leqslant N.$$

于是

$$\hat{a}_0^{(\alpha)}\|v^n\|_\infty \leqslant \sum_{k=1}^{n-1}(\hat{a}_{n-k-1}^{(\alpha)} - \hat{a}_{n-k}^{(\alpha)})\|v^k\|_\infty$$
$$+ \hat{a}_{n-1}^{(\alpha)}\left(\|v^0\|_\infty + \Gamma(1-\alpha)\frac{\|g^n\|_\infty}{\hat{a}_{n-1}^{(\alpha)}}\right), \quad 1 \leqslant n \leqslant N.$$

应用数学归纳法容易得到

$$\|v^n\|_\infty \leqslant \|v^0\|_\infty + \Gamma(1-\alpha)\max_{1\leqslant m\leqslant n}\frac{\|g^m\|_\infty}{\hat{a}_{m-1}^{(\alpha)}}, \quad 1 \leqslant n \leqslant N,$$

再注意到

$$\hat{a}_{m-1}^{(\alpha)} \geqslant t_m^{-\alpha} - \epsilon \geqslant \frac{1}{2}t_m^{-\alpha},$$

即得 (2.4.19). □

2.4.4　差分格式的收敛性

定理 2.4.3　设 $\{U_i^n \mid 0 \leqslant i \leqslant M, 0 \leqslant n \leqslant N\}$ 为微分方程问题 (2.3.1)—(2.3.3) 的解, $\{u_i^n \mid 0 \leqslant i \leqslant M, 0 \leqslant n \leqslant N\}$ 为差分格式 (2.4.6)—(2.4.9) 的解. 令

$$e_i^n = U_i^n - u_i^n, \quad 0 \leqslant i \leqslant M, 0 \leqslant n \leqslant N,$$

则有

$$\|e^n\|_\infty \leqslant 2c_4 T^\alpha \Gamma(1-\alpha)(\tau^{2-\alpha} + h^2 + \epsilon), \quad 1 \leqslant n \leqslant N.$$

证明　利用 (2.4.2) 消去 (2.4.1) 中的中间变量 $\{F_{l,i}^n\}$ 可得

$$\frac{1}{\Gamma(1-\alpha)}\left[\hat{a}_0^{(\alpha)}U_i^n - \sum_{k=1}^{n-1}(\hat{a}_{k-1}^{(\alpha)} - \hat{a}_k^{(\alpha)})U_i^{n-k} - \hat{a}_{n-1}^{(\alpha)}U_i^0\right]$$
$$= \delta_x^2 U_i^n + f_i^n + (r_4)_i^n, \quad 1 \leqslant i \leqslant M-1, 1 \leqslant n \leqslant N. \tag{2.4.20}$$

将 (2.4.20), (2.4.4)—(2.4.5) 分别与 (2.4.10)—(2.4.12) 相减, 可得误差方程组

$$
\begin{cases}
\dfrac{1}{\Gamma(1-\alpha)}\left[\hat{a}_0^{(\alpha)}e_i^n - \sum_{k=1}^{n-1}(\hat{a}_{n-k-1}^{(\alpha)} - \hat{a}_{n-k}^{(\alpha)})e_i^k - a_{n-1}^{(\alpha)}e_i^0\right] = \delta_x^2 e_i^n + (r_4)_i^n, \\
\qquad\qquad\qquad\qquad\qquad\qquad 1 \leqslant i \leqslant M-1,\ 1 \leqslant n \leqslant N, \\
e_i^0 = 0, \quad 1 \leqslant i \leqslant M-1, \\
e_0^n = 0, \quad e_M^n = 0, \quad 0 \leqslant n \leqslant N.
\end{cases}
$$

应用定理 2.4.2, 并注意到 (2.4.3) 可得

$$
\begin{aligned}
\|e^n\|_\infty &\leqslant \|e^0\|_\infty + 2t_n^\alpha \Gamma(1-\alpha)\max_{1\leqslant m\leqslant n}\|(r_4)^m\|_\infty \\
&\leqslant 2t_n^\alpha \Gamma(1-\alpha)c_4(\tau^{2-\alpha} + h^2 + \epsilon) \\
&\leqslant 2c_4 T^\alpha \Gamma(1-\alpha)(\tau^{2-\alpha} + h^2 + \epsilon), \quad 1 \leqslant n \leqslant N. \qquad\Box
\end{aligned}
$$

2.5　一维问题基于 L1 逼近的空间四阶方法

本节考虑求解初边值问题 (2.3.1)—(2.3.3) 的空间四阶差分方法. 设解函数 $u \in C^{(6,2)}([0,L]\times[0,T])$.

2.5.1　差分格式的建立

在结点 (x_i, t_n) 处考虑微分方程 (2.3.1), 有

$$
{}_0^C D_t^\alpha u(x_i, t_n) = u_{xx}(x_i, t_n) + f_i^n, \quad 0 \leqslant i \leqslant M,\ 1 \leqslant n \leqslant N.
$$

将上式两边同时作用算子 $\mathcal{A}$, 得到

$$
\mathcal{A}\,{}_0^C D_t^\alpha u(x_i, t_n) = \mathcal{A}u_{xx}(x_i, t_n) + \mathcal{A}f_i^n, \quad 1 \leqslant i \leqslant M-1,\ 1 \leqslant n \leqslant N.
$$

由定理 1.6.1 和引理 2.1.3, 可得

$$
\begin{aligned}
&\frac{\tau^{-\alpha}}{\Gamma(2-\alpha)}\mathcal{A}\left[a_0^{(\alpha)}U_i^n - \sum_{k=1}^{n-1}\left(a_{n-k-1}^{(\alpha)} - a_{n-k}^{(\alpha)}\right)U_i^k - a_{n-1}^{(\alpha)}U_i^0\right] \\
&= \delta_x^2 U_i^n + \mathcal{A}f_i^n + (r_5)_i^n, \quad 1 \leqslant i \leqslant M-1,\ 1 \leqslant n \leqslant N,
\end{aligned} \tag{2.5.1}
$$

且存在正常数 c_5 使得

$$
|(r_5)_i^n| \leqslant c_5(\tau^{2-\alpha} + h^4), \quad 1 \leqslant i \leqslant M-1,\ 1 \leqslant n \leqslant N. \tag{2.5.2}
$$

注意到初边值条件 (2.3.2)—(2.3.3), 有

$$\begin{cases} U_i^0 = \varphi(x_i), & 1 \leqslant i \leqslant M-1, & (2.5.3) \\ U_0^n = \mu(t_n), \quad U_M^n = \nu(t_n), & 0 \leqslant n \leqslant N. & (2.5.4) \end{cases}$$

在 (2.5.1) 中略去小量项 $(r_5)_i^n$, 并用数值解 u_i^n 代替精确解 U_i^n, 可得求解问题 (2.3.1)—(2.3.3) 的如下差分格式:

$$\begin{cases} \dfrac{\tau^{-\alpha}}{\Gamma(2-\alpha)} \mathcal{A} \left[a_0^{(\alpha)} u_i^n - \sum_{k=1}^{n-1} \left(a_{n-k-1}^{(\alpha)} - a_{n-k}^{(\alpha)} \right) u_i^k - a_{n-1}^{(\alpha)} u_i^0 \right] = \delta_x^2 u_i^n + \mathcal{A} f_i^n, \\ \hspace{5cm} 1 \leqslant i \leqslant M-1, \ 1 \leqslant n \leqslant N, & (2.5.5) \\ u_i^0 = \varphi(x_i), \quad 1 \leqslant i \leqslant M-1, & (2.5.6) \\ u_0^n = \mu(t_n), \quad u_M^n = \nu(t_n), \quad 0 \leqslant n \leqslant N. & (2.5.7) \end{cases}$$

2.5.2   差分格式的可解性

记 $s = \tau^\alpha \Gamma(2-\alpha)$.

定理 2.5.1   差分格式 (2.5.5)—(2.5.7) 是唯一可解的.

证明   记

$$u^n = (u_0^n, u_1^n, \cdots, u_M^n).$$

由 (2.5.6) 和 (2.5.7) 知第 0 层的值 u^0 已知. 设前 n 层的值 $u^0, u^1, \cdots, u^{n-1}$ 已唯一确定, 则由 (2.5.5) 和 (2.5.7) 可得关于 u^n 的线性方程组. 要证明它的唯一可解性, 只需证明它相应的齐次方程组

$$\begin{cases} \dfrac{1}{s} \mathcal{A} u_i^n = \delta_x^2 u_i^n, & 1 \leqslant i \leqslant M-1, & (2.5.8) \\ u_0^n = u_M^n = 0 & (2.5.9) \end{cases}$$

仅有零解.

将 (2.5.8) 两边同时与 $-\delta_x^2 u^n$ 作内积, 注意到 (2.1.5) 和 (2.5.9), 可得

$$\frac{1}{s} (u^n, u^n)_{1,A} = -\|\delta_x^2 u^n\|^2 \leqslant 0,$$

因而 $\|\delta_x u^n\|_A = 0$. 由引理 2.1.2 知 $\|\delta_x u^n\| = 0$. 结合 (2.5.9) 可得 $u^n = 0$.

由归纳原理知, 定理结论成立. $\square$

2.5.3 差分格式的稳定性

定理 2.5.2 设 $\{v_i^n \mid 0 \leqslant i \leqslant M, 0 \leqslant n \leqslant N\}$ 为差分格式

$$
\begin{cases}
\dfrac{1}{s}\mathcal{A}\left[a_0^{(\alpha)}v_i^n - \displaystyle\sum_{k=1}^{n-1}\left(a_{n-k-1}^{(\alpha)} - a_{n-k}^{(\alpha)}\right)v_i^k - a_{n-1}^{(\alpha)}v_i^0\right] = \delta_x^2 v_i^n + g_i^n, \\
\qquad\qquad\qquad\qquad\qquad 1 \leqslant i \leqslant M-1, \quad 1 \leqslant n \leqslant N, \quad (2.5.10) \\
v_i^0 = \varphi(x_i), \quad 1 \leqslant i \leqslant M-1, \qquad\qquad\qquad\qquad\qquad\qquad (2.5.11) \\
v_0^n = 0, \quad v_M^n = 0, \quad 0 \leqslant n \leqslant N \qquad\qquad\qquad\qquad\qquad (2.5.12)
\end{cases}
$$

的解, 则有

$$
\|\delta_x v^n\|^2 \leqslant \frac{3}{2}\|\delta_x v^0\|^2 + \frac{3}{4}\Gamma(1-\alpha)\max_{1\leqslant m\leqslant n}\{t_m^\alpha\|g^m\|^2\}, \quad 1 \leqslant n \leqslant N, \quad (2.5.13)
$$

其中

$$
\|g^m\|^2 = h\sum_{i=1}^{M-1}(g_i^m)^2.
$$

证明 用 $-\delta_x^2 v^n$ 与方程 (2.5.10) 两边同时作内积, 有

$$
\frac{1}{s}\left[a_0^{(\alpha)}(v^n, v^n)_{1,A} - \sum_{k=1}^{n-1}\left(a_{n-k-1}^{(\alpha)} - a_{n-k}^{(\alpha)}\right)(v^k, v^n)_{1,A} - a_{n-1}^{(\alpha)}(v^0, v^n)_{1,A}\right]
$$

$$
= -\|\delta_x^2 v^n\|^2 + h\sum_{i=1}^{M-1}g_i^n(-\delta_x^2 v_i^n), \quad 1 \leqslant n \leqslant N.
$$

应用 Cauchy-Schwarz 不等式, 可得

$$
a_0^{(\alpha)}(v^n, v^n)_{1,A} = \sum_{k=1}^{n-1}\left(a_{n-k-1}^{(\alpha)} - a_{n-k}^{(\alpha)}\right)(v^k, v^n)_{1,A} + a_{n-1}^{(\alpha)}(v^0, v^n)_{1,A}
$$

$$
\qquad\qquad + s\left[-\|\delta_x^2 v^n\|^2 + h\sum_{i=1}^{M-1}g_i^n(-\delta_x^2 v_i^n)\right]
$$

$$
\qquad \leqslant \frac{1}{2}\sum_{k=1}^{n-1}\left(a_{n-k-1}^{(\alpha)} - a_{n-k}^{(\alpha)}\right)\left[(v^k, v^k)_{1,A} + (v^n, v^n)_{1,A}\right]
$$

$$
\qquad\qquad + \frac{1}{2}a_{n-1}^{(\alpha)}\left[(v^0, v^0)_{1,A} + (v^n, v^n)_{1,A}\right]
$$

$$
\qquad\qquad + s\left[-\|\delta_x^2 v^n\|^2 + \|\delta_x^2 v^n\|^2 + \frac{1}{4}\|g^n\|^2\right], \quad 1 \leqslant n \leqslant N.
$$

整理上式可得

$$
a_0^{(\alpha)}(v^n, v^n)_{1,A} \leqslant \sum_{k=1}^{n-1}(a_{n-k-1}^{(\alpha)} - a_{n-k}^{(\alpha)})(v^k, v^k)_{1,A}
$$

$$+a_{n-1}^{(\alpha)}\left[(v^0,v^0)_{1,A}+\frac{s}{2a_{n-1}^{(\alpha)}}\|g^n\|^2\right],\quad 1\leqslant n\leqslant N.$$

注意到估计式 (2.3.16), 进一步可得

$$a_0^{(\alpha)}(v^n,v^n)_{1,A}\leqslant\sum_{k=1}^{n-1}\left(a_{n-k-1}^{(\alpha)}-a_{n-k}^{(\alpha)}\right)(v^k,v^k)_{1,A}$$

$$+a_{n-1}^{(\alpha)}\left[(v^0,v^0)_{1,A}+\frac{1}{2}t_n^\alpha\Gamma(1-\alpha)\|g^n\|^2\right],\quad 1\leqslant n\leqslant N.\quad(2.5.14)$$

从不等式 (2.5.14) 出发, 应用数学归纳法容易得到

$$(v^n,v^n)_{1,A}\leqslant(v^0,v^0)_{1,A}+\frac{1}{2}\Gamma(1-\alpha)\max_{1\leqslant m\leqslant n}\left\{t_m^\alpha\|g^m\|^2\right\},\quad 1\leqslant n\leqslant N.$$

再结合引理 2.1.2 可得 (2.5.13).　　　　□

2.5.4　差分格式的收敛性

定理 2.5.3　设 $\{U_i^n\mid 0\leqslant i\leqslant M,0\leqslant n\leqslant N\}$ 为微分方程问题 (2.3.1)—(2.3.3) 的解, $\{u_i^n\mid 0\leqslant i\leqslant M,0\leqslant n\leqslant N\}$ 为差分格式 (2.5.5)—(2.5.7) 的解. 令

$$e_i^n=U_i^n-u_i^n,\quad 0\leqslant i\leqslant M,\,0\leqslant n\leqslant N,$$

则有

$$\|e^n\|_\infty\leqslant\frac{L}{4}\sqrt{3T^\alpha\Gamma(1-\alpha)}\,c_5(\tau^{2-\alpha}+h^4),\quad 1\leqslant n\leqslant N.$$

证明　将 (2.5.1), (2.5.3)—(2.5.4) 分别与 (2.5.5)—(2.5.7) 相减, 可得误差方程组

$$\begin{cases}\dfrac{1}{s}\mathcal{A}\left[a_0^{(\alpha)}e_i^n-\sum_{k=1}^{n-1}(a_{n-k-1}^{(\alpha)}-a_{n-k}^{(\alpha)})e_i^k-a_{n-1}^{(\alpha)}e_i^0\right]=\delta_x^2 e_i^n+(r_5)_i^n,\\ \qquad\qquad\qquad\qquad\qquad 1\leqslant i\leqslant M-1,\,1\leqslant n\leqslant N,\\ e_i^0=0,\quad 1\leqslant i\leqslant M-1,\\ e_0^n=0,\quad e_M^n=0,\quad 0\leqslant n\leqslant N.\end{cases}$$

应用定理 2.5.2, 并注意到不等式 (2.5.2) 可得

$$\|\delta_x e^n\|^2\leqslant\frac{3}{2}\|\delta_x e^0\|^2+\frac{3}{4}\Gamma(1-\alpha)\max_{1\leqslant m\leqslant n}\left\{t_m^\alpha\|(r_5)^m\|^2\right\}$$

$$\leqslant\frac{3}{4}T^\alpha\Gamma(1-\alpha)Lc_5^2(\tau^{2-\alpha}+h^4)^2,\quad 1\leqslant n\leqslant N.$$

将上式两边开方, 并由引理 2.1.1 可得

$$\|e^n\|_\infty\leqslant\frac{\sqrt{L}}{2}\|\delta_x e^n\|\leqslant\frac{L}{4}\sqrt{3T^\alpha\Gamma(1-\alpha)}\,c_5(\tau^{2-\alpha}+h^4),\quad 1\leqslant n\leqslant N.\quad□$$

2.6 一维问题基于 L2-1$_\sigma$ 逼近的差分方法

本节讨论求解时间分数阶慢扩散方程初边值问题 (2.3.1)—(2.3.3) 基于 L2-1$_\sigma$ 逼近的差分方法. 设解函数 $u \in C^{(4,3)}([0,L] \times [0,T])$.

网格剖分和记号同 2.1 节.

2.6.1 差分格式的建立

记

$$\sigma = 1 - \frac{\alpha}{2}, \quad t_{n-1+\sigma} = (n-1+\sigma)\tau, \quad s = \tau^\alpha \Gamma(2-\alpha), \quad f_i^{n-1+\sigma} = f(x_i, t_{n-1+\sigma}).$$

在点 $(x_i, t_{n-1+\sigma})$ 处考虑微分方程 (2.3.1), 得到

$$_0^C D_t^\alpha u(x_i, t_{n-1+\sigma}) = u_{xx}(x_i, t_{n-1+\sigma}) + f_i^{n-1+\sigma},$$
$$1 \leqslant i \leqslant M-1, \ 1 \leqslant n \leqslant N. \tag{2.6.1}$$

对上式中时间分数阶导数应用 L2-1$_\sigma$ 公式 (1.6.26) 离散, 可得

$$_0^C D_t^\alpha u(x_i, t_{n-1+\sigma}) = \frac{\tau^{-\alpha}}{\Gamma(2-\alpha)} \sum_{k=0}^{n-1} c_k^{(n,\alpha)} \left(U_i^{n-k} - U_i^{n-k-1} \right) + O(\tau^{3-\alpha}). \tag{2.6.2}$$

对空间二阶导数应用二阶中心差商离散, 可得

$$\begin{aligned}
u_{xx}(x_i, t_{n-1+\sigma}) &= \sigma u_{xx}(x_i, t_n) + (1-\sigma)u_{xx}(x_i, t_{n-1}) + O(\tau^2) \\
&= \sigma \delta_x^2 U_i^n + (1-\sigma)\delta_x^2 U_i^{n-1} + O(h^2) + O(\tau^2).
\end{aligned} \tag{2.6.3}$$

将 (2.6.2) 和 (2.6.3) 代入 (2.6.1), 得到

$$\frac{1}{s} \sum_{k=0}^{n-1} c_k^{(n,\alpha)} \left(U_i^{n-k} - U_i^{n-k-1} \right) = \sigma \delta_x^2 U_i^n + (1-\sigma)\delta_x^2 U_i^{n-1} + f_i^{n-1+\sigma} + (r_6)_i^n,$$
$$1 \leqslant i \leqslant M-1, \ 1 \leqslant n \leqslant N, \tag{2.6.4}$$

且存在正常数 c_6 使得

$$|(r_6)_i^n| \leqslant c_6(\tau^2 + h^2), \quad 1 \leqslant i \leqslant M-1, \ 1 \leqslant n \leqslant N. \tag{2.6.5}$$

注意到初边值条件 (2.3.2)—(2.3.3), 有

$$\begin{cases} U_i^0 = \varphi(x_i), \quad 1 \leqslant i \leqslant M-1, & (2.6.6) \\ U_0^n = \mu(t_n), \quad U_M^n = \nu(t_n), \quad 0 \leqslant n \leqslant N. & (2.6.7) \end{cases}$$

在 (2.6.4) 中略去小量项 $(r_6)_i^n$, 并用数值解 u_i^n 代替精确解 U_i^n, 可得求解问题 (2.3.1)—(2.3.3) 的如下差分格式:

$$
\begin{cases}
\dfrac{1}{s}\sum_{k=0}^{n-1}c_k^{(n,\alpha)}\big(u_i^{n-k}-u_i^{n-k-1}\big)=\sigma\delta_x^2 u_i^n+(1-\sigma)\delta_x^2 u_i^{n-1}+f_i^{n-1+\sigma}, \\
\qquad\qquad\qquad\qquad\qquad\quad 1\leqslant i\leqslant M-1,\ 1\leqslant n\leqslant N, & (2.6.8)\\[2mm]
u_i^0=\varphi(x_i),\quad 1\leqslant i\leqslant M-1, & (2.6.9)\\[2mm]
u_0^n=\mu(t_n),\quad u_M^n=\nu(t_n),\quad 0\leqslant n\leqslant N. & (2.6.10)
\end{cases}
$$

2.6.2　差分格式的可解性

定理 2.6.1　差分格式 (2.6.8)—(2.6.10) 是唯一可解的.

证明　记

$$
u^n=(u_0^n,u_1^n,\cdots,u_M^n).
$$

由 (2.6.9)—(2.6.10) 知第 0 层的值 u^0 已知. 设前 n 层的值 $u^0,u^1,\cdots,u^{n-1}$ 已唯一确定, 则由 (2.6.8) 和 (2.6.10) 可得关于 u^n 的线性方程组. 要证明它的唯一可解性, 只需证明它相应的齐次方程组

$$
\begin{cases}
\dfrac{1}{s}c_0^{(n,\alpha)}u_i^n=\sigma\delta_x^2 u_i^n,\quad 1\leqslant i\leqslant M-1, & (2.6.11)\\[2mm]
u_0^n=u_M^n=0 & (2.6.12)
\end{cases}
$$

仅有零解.

用 u^n 和 (2.6.11) 的两边作内积, 并应用 (2.6.12), 可得

$$
\frac{1}{s}c_0^{(n,\alpha)}\|u^n\|^2=\sigma(u^n,\delta_x^2 u^n)=-\sigma\|\delta_x u^n\|^2.
$$

易知

$$
u_i^n=0,\quad 0\leqslant i\leqslant M.
$$

由归纳原理知, 定理结论成立.　　　　　　　　　　　　　　　　　　　　　　□

2.6.3　一个引理

引理 2.6.1[1]　设 $\mathcal{V}$ 为内积空间, $(\cdot,\cdot)$ 为 $\mathcal{V}$ 中的内积, $\|\cdot\|$ 为导出范数. 另设 $0\leqslant\alpha<1$, $\big\{c_k^{(n,\alpha)}\,\big|\,0\leqslant k\leqslant n-1,n\geqslant1\big\}$ 满足

$$
c_0^{(n,\alpha)}>c_1^{(n,\alpha)}>c_2^{(n,\alpha)}>\cdots>c_{n-2}^{(n,\alpha)}>c_{n-1}^{(n,\alpha)}>0, \qquad (2.6.13)
$$

$$
(2\sigma-1)c_0^{(n,\alpha)}-\sigma c_1^{(n,\alpha)}>0. \qquad (2.6.14)
$$

那么, 对任意 $u^0, u^1, \cdots, u^n \in \mathcal{V}$, 有

$$
\sum_{k=0}^{n-1} c_k^{(n,\alpha)} \left(u^{n-k} - u^{n-k-1}, \sigma u^n + (1-\sigma) u^{n-1} \right)
$$

$$
\geqslant \frac{1}{2} \sum_{k=0}^{n-1} c_k^{(n,\alpha)} \left(\|u^{n-k}\|^2 - \|u^{n-k-1}\|^2 \right), \quad n = 1, 2, \cdots.
$$

证明 证明分三步.

第一步 证明

$$
\sum_{k=0}^{n-1} c_k^{(n,\alpha)} (u^{n-k} - u^{n-k-1}, u^n)
$$

$$
\geqslant \frac{1}{2} \sum_{k=0}^{n-1} c_k^{(n,\alpha)} \left(\|u^{n-k}\|^2 - \|u^{n-k-1}\|^2 \right)
$$

$$
+ \frac{1}{2c_0^{(n,\alpha)}} \left\| \sum_{k=0}^{n-1} c_k^{(n,\alpha)} (u^{n-k} - u^{n-k-1}) \right\|^2, \quad n = 1, 2, \cdots. \quad (2.6.15)
$$

当 $n = 1$ 时,

$$
\left(u^n - u^{n-1}, u^n \right) = \frac{1}{2} (\|u^n\|^2 - \|u^{n-1}\|^2) + \frac{1}{2} \|u^n - u^{n-1}\|^2.
$$

易知 (2.6.15) 成立.

下面考虑 $n \geqslant 2$ 的情况.

$$
A \equiv \sum_{k=0}^{n-1} c_k^{(n,\alpha)} (u^{n-k} - u^{n-k-1}, u^n) - \frac{1}{2} \sum_{k=0}^{n-1} c_k^{(n,\alpha)} \left(\|u^{n-k}\|^2 - \|u^{n-k-1}\|^2 \right)
$$

$$
= \sum_{k=0}^{n-1} c_k^{(n,\alpha)} \left(u^{n-k} - u^{n-k-1}, u^n - \frac{u^{n-k} + u^{n-k-1}}{2} \right)
$$

$$
= \sum_{k=0}^{n-1} c_k^{(n,\alpha)} \left(u^{n-k} - u^{n-k-1}, \frac{u^{n-k} - u^{n-k-1}}{2} + \sum_{m=1}^{k} (u^{n-m+1} - u^{n-m}) \right)
$$

$$
= \frac{1}{2} \sum_{k=0}^{n-1} c_k^{(n,\alpha)} \|u^{n-k} - u^{n-k-1}\|^2
$$

$$
+ \sum_{k=1}^{n-1} c_k^{(n,\alpha)} \left(u^{n-k} - u^{n-k-1}, \sum_{m=1}^{k} (u^{n-m+1} - u^{n-m}) \right)
$$

$$
= \frac{1}{2} \sum_{k=0}^{n-1} c_k^{(n,\alpha)} \|u^{n-k} - u^{n-k-1}\|^2
$$

$$+ \sum_{m=1}^{n-1} \left(u^{n-m+1} - u^{n-m}, \sum_{k=m}^{n-1} c_k^{(n,\alpha)} (u^{n-k} - u^{n-k-1}) \right).$$

令

$$w_m = \sum_{k=m}^{n-1} c_k^{(n,\alpha)} (u^{n-k} - u^{n-k-1}), \quad m = 0, 1, \cdots, n-1,$$
$$w_n = 0,$$

则

$$w_m - w_{m+1} = c_m^{(n,\alpha)} (u^{n-m} - u^{n-m-1}), \quad m = 0, 1, \cdots, n-1.$$

于是

$$\begin{aligned} A &= \frac{1}{2} \sum_{m=0}^{n-1} \frac{1}{c_m^{(n,\alpha)}} \|w_m - w_{m+1}\|^2 + \sum_{m=1}^{n-1} \frac{1}{c_{m-1}^{(n,\alpha)}} (w_{m-1} - w_m, w_m) \\ &= \frac{1}{2} \frac{1}{c_0^{(n,\alpha)}} \|w_0\|^2 + \frac{1}{2} \sum_{m=1}^{n-1} \left(\frac{1}{c_m^{(n,\alpha)}} - \frac{1}{c_{m-1}^{(n,\alpha)}} \right) \|w_m\|^2 \\ &\geqslant \frac{1}{2} \frac{1}{c_0^{(n,\alpha)}} \|w_0\|^2 \\ &= \frac{1}{2} \frac{1}{c_0^{(n,\alpha)}} \left\| \sum_{k=0}^{n-1} c_k^{(n,\alpha)} (u^{n-k} - u^{n-k-1}) \right\|^2. \end{aligned}$$

第二步　证明

$$\sum_{k=0}^{n-1} c_k^{(n,\alpha)} (u^{n-k} - u^{n-k-1}, u^{n-1})$$
$$\geqslant \frac{1}{2} \sum_{k=0}^{n-1} c_k^{(n,\alpha)} \left(\|u^{n-k}\|^2 - \|u^{n-k-1}\|^2 \right)$$
$$- \frac{1}{2(c_0^{(n,\alpha)} - c_1^{(n,\alpha)})} \left\| \sum_{k=0}^{n-1} c_k^{(n,\alpha)} (u^{n-k} - u^{n-k-1}) \right\|^2,$$
$$n = 1, 2, \cdots. \tag{2.6.16}$$

事实上,

$$\sum_{k=0}^{n-1} c_k^{(n,\alpha)} \left(u^{n-k} - u^{n-k-1}, u^{n-1} \right) - \frac{1}{2} \sum_{k=0}^{n-1} c_k^{(n,\alpha)} \left(\|u^{n-k}\|^2 - \|u^{n-k-1}\|^2 \right)$$
$$+ \frac{1}{2(c_0^{(n,\alpha)} - c_1^{(n,\alpha)})} \left\| \sum_{k=0}^{n-1} c_k^{(n,\alpha)} (u^{n-k} - u^{n-k-1}) \right\|^2$$

$$= \sum_{k=0}^{n-1} c_k^{(n,\alpha)} \left(u^{n-k} - u^{n-k-1}, u^n \right) - \frac{1}{2} \sum_{k=0}^{n-1} c_k^{(n,\alpha)} \left(\|u^{n-k}\|^2 - \|u^{n-k-1}\|^2 \right)$$

$$+ \frac{1}{2(c_0^{(n,\alpha)} - c_1^{(n,\alpha)})} \left\| \sum_{k=0}^{n-1} c_k^{(n,\alpha)} (u^{n-k} - u^{n-k-1}) \right\|^2$$

$$- \left(u^n - u^{n-1}, \sum_{k=0}^{n-1} c_k^{(n,\alpha)} (u^{n-k} - u^{n-k-1}) \right)$$

$$= \frac{1}{2} \sum_{m=1}^{n-1} \left(\frac{1}{c_m^{(n,\alpha)}} - \frac{1}{c_{m-1}^{(n,\alpha)}} \right) \|w_m\|^2 + \frac{1}{2c_0^{(n,\alpha)}} \|w_0\|^2$$

$$+ \frac{1}{2(c_0^{(n,\alpha)} - c_1^{(n,\alpha)})} \|w_0\|^2 - \frac{1}{c_0^{(n,\alpha)}} (w_0 - w_1, w_0)$$

$$= \frac{1}{2} \sum_{m=2}^{n-1} \left(\frac{1}{c_m^{(n,\alpha)}} - \frac{1}{c_{m-1}^{(n,\alpha)}} \right) \|w_m\|^2$$

$$+ \frac{c_1^{(n,\alpha)}}{2c_0^{(n,\alpha)}(c_0^{(n,\alpha)} - c_1^{(n,\alpha)})} \left\| w_0 + \frac{c_0^{(n,\alpha)} - c_1^{(n,\alpha)}}{c_1^{(n,\alpha)}} w_1 \right\|^2$$

$$\geqslant 0.$$

第三步 将 (2.6.15) 乘以 σ, (2.6.16) 乘以 $(1-\sigma)$, 将所得结果相加, 并注意到 (2.6.14), 得到

$$\sum_{k=0}^{n-1} c_k^{(n,\alpha)} \left(u^{n-k} - u^{n-k-1}, \sigma u^n + (1-\sigma)u^{n-1} \right)$$

$$\geqslant \frac{1}{2} \sum_{k=0}^{n-1} c_k^{(n,\alpha)} \left(\|u^{n-k}\|^2 - \|u^{n-k-1}\|^2 \right), \quad n = 1, 2, \cdots. \qquad \square$$

2.6.4 差分格式的稳定性

定理 2.6.2 设 $\{v_i^n \mid 0 \leqslant i \leqslant M, 0 \leqslant n \leqslant N\}$ 为差分格式

$$\begin{cases} \dfrac{1}{s} \sum_{k=0}^{n-1} c_k^{(n,\alpha)} (v_i^{n-k} - v_i^{n-k-1}) = \sigma \delta_x^2 v_i^n + (1-\sigma) \delta_x^2 v_i^{n-1} + g_i^n, \\ \qquad\qquad\qquad\qquad 1 \leqslant i \leqslant M-1, \ 1 \leqslant n \leqslant N, \qquad (2.6.17) \\ v_i^0 = \varphi(x_i), \quad 1 \leqslant i \leqslant M-1, \qquad\qquad\qquad\qquad (2.6.18) \\ v_0^n = 0, \quad v_M^n = 0, \quad 0 \leqslant n \leqslant N \qquad\qquad\qquad\qquad (2.6.19) \end{cases}$$

的解, 则有

$$\|v^n\|^2 \leqslant \|v^0\|^2 + \frac{L^2}{12} \Gamma(1-\alpha) \max_{1 \leqslant m \leqslant n} \left\{ t_m^\alpha \|g^m\|^2 \right\}, \quad 1 \leqslant n \leqslant N, \qquad (2.6.20)$$

$$\|\delta_x v^n\|^2 \leqslant \|\delta_x v^0\|^2 + \frac{1}{2}\Gamma(1-\alpha) \max_{1\leqslant m\leqslant n}\left\{t_m^\alpha\|g^m\|^2\right\}, \quad 1\leqslant n \leqslant N, \tag{2.6.21}$$

其中

$$\|g^m\|^2 = h\sum_{i=1}^{M-1}|g_i^m|^2.$$

证明　(I) 用 $\sigma v^n + (1-\sigma)v^{n-1}$ 和 (2.6.17) 的两边作内积, 得到

$$\frac{1}{s}\sum_{k=0}^{n-1}c_k^{(n,\alpha)}(v^{n-k}-v^{n-k-1},\sigma v^n+(1-\sigma)v^{n-1})$$

$$= \left(\delta_x^2\big(\sigma v^n+(1-\sigma)v^{n-1}\big),\sigma v^n+(1-\sigma)v^{n-1}\right) + \left(g^n,\sigma v^n+(1-\sigma)v^{n-1}\right)$$

$$= -\left\|\delta_x\big(\sigma v^n+(1-\sigma)v^{n-1}\big)\right\|^2 + \left(g^n,\sigma v^n+(1-\sigma)v^{n-1}\right)$$

$$\leqslant -\frac{6}{L^2}\left\|\sigma v^n+(1-\sigma)v^{n-1}\right\|^2 + \left[\frac{6}{L^2}\left\|\sigma v^n+(1-\sigma)v^{n-1}\right\|^2 + \frac{L^2}{24}\|g^n\|^2\right]$$

$$= \frac{L^2}{24}\|g^n\|^2, \quad 1\leqslant n \leqslant N. \tag{2.6.22}$$

对于上式的左端, 应用引理 1.6.3 和引理 2.6.1, 可得如下估计:

$$\frac{1}{s}\sum_{k=0}^{n-1}c_k^{(n,\alpha)}\big(v^{n-k}-v^{n-k-1},\sigma v^n+(1-\sigma)v^{n-1}\big) \geqslant \frac{1}{2}\cdot\frac{1}{s}\sum_{k=0}^{n-1}c_k^{(n,\alpha)}\left(\|v^{n-k}\|^2-\|v^{n-k-1}\|^2\right). \tag{2.6.23}$$

由 (2.6.22) 和 (2.6.23) 得到

$$\frac{1}{2}\cdot\frac{1}{s}\sum_{k=0}^{n-1}c_k^{(n,\alpha)}\left(\|v^{n-k}\|^2-\|v^{n-k-1}\|^2\right) \leqslant \frac{L^2}{24}\|g^n\|^2, \quad 1\leqslant n \leqslant N. \tag{2.6.24}$$

由引理 1.6.3 知

$$\frac{s}{c_{n-1}^{(n,\alpha)}} \leqslant \frac{\tau^\alpha\Gamma(2-\alpha)}{(1-\alpha)n^{-\alpha}} \leqslant t_n^\alpha\Gamma(1-\alpha). \tag{2.6.25}$$

将 (2.6.24) 改写为

$$c_0^{(n,\alpha)}\|v^n\|^2$$

$$\leqslant \sum_{k=1}^{n-1}\left(c_{k-1}^{(n,\alpha)}-c_k^{(n,\alpha)}\right)\|v^{n-k}\|^2 + c_{n-1}^{(n,\alpha)}\|v^0\|^2 + \frac{L^2}{12}s\|g^n\|^2$$

$$= \sum_{k=1}^{n-1}\left(c_{k-1}^{(n,\alpha)}-c_k^{(n,\alpha)}\right)\|v^{n-k}\|^2 + c_{n-1}^{(n,\alpha)}\left(\|v^0\|^2 + \frac{L^2}{12}\frac{s}{c_{n-1}^{(n,\alpha)}}\|g^n\|^2\right)$$

$$\leqslant \sum_{k=1}^{n-1}\left(c_{k-1}^{(n,\alpha)}-c_k^{(n,\alpha)}\right)\|v^{n-k}\|^2 + c_{n-1}^{(n,\alpha)}\left(\|v^0\|^2 + \frac{L^2}{12}t_n^\alpha\Gamma(1-\alpha)\|g^n\|^2\right), \quad 1\leqslant n \leqslant N.$$

用数学归纳法可得 (2.6.20).

(II) 用 $-\delta_x^2(\sigma v^n + (1-\sigma)v^{n-1})$ 与 (2.6.17) 的两边作内积, 可得

$$
\frac{1}{s}\sum_{k=0}^{n-1} c_k^{(n,\alpha)}\Big(v^{n-k}-v^{n-k-1}, -\delta_x^2(\sigma v^n+(1-\sigma)v^{n-1})\Big)
$$
$$
= -\big\|\delta_x^2(\sigma v^n+(1-\sigma)v^{n-1})\big\|^2 - \big(g^n, \delta_x^2(\sigma v^n+(1-\sigma)v^{n-1})\big)
$$
$$
\leqslant -\big\|\delta_x^2(\sigma v^n+(1-\sigma)v^{n-1})\big\|^2 + \big\|\delta_x^2(\sigma v^n+(1-\sigma)v^{n-1})\big\|^2 + \frac{1}{4}\|g^n\|^2
$$
$$
= \frac{1}{4}\|g^n\|^2, \quad 1\leqslant n\leqslant N. \tag{2.6.26}
$$

对于上式的左端, 先应用分部求和公式, 再应用引理 1.6.3 和引理 2.6.1, 可得如下估计:

$$
\frac{1}{s}\sum_{k=0}^{n-1} c_k^{(n,\alpha)}\Big(v^{n-k}-v^{n-k-1}, -\delta_x^2(\sigma v^n+(1-\sigma)v^{n-1})\Big)
$$
$$
= \frac{1}{s}\sum_{k=0}^{n-1} c_k^{(n,\alpha)}\Big(\delta_x(v^{n-k}-v^{n-k-1}), \delta_x(\sigma v^n+(1-\sigma)v^{n-1})\Big)
$$
$$
\geqslant \frac{1}{2}\cdot\frac{1}{s}\sum_{k=0}^{n-1} c_k^{(n,\alpha)}\Big(\|\delta_x v^{n-k}\|^2 - \|\delta_x v^{n-k-1}\|^2\Big). \tag{2.6.27}
$$

由 (2.6.26) 和 (2.6.27) 得到

$$
\frac{1}{2}\cdot\frac{1}{s}\sum_{k=0}^{n-1} c_k^{(n,\alpha)}\Big(\|\delta_x v^{n-k}\|^2 - \|\delta_x v^{n-k-1}\|^2\Big) \leqslant \frac{1}{4}\|g^n\|^2, \quad 1\leqslant n\leqslant N. \tag{2.6.28}
$$

注意到 (2.6.25), 可将 (2.6.28) 改写为

$$
c_0^{(n,\alpha)}\|\delta_x v^n\|^2
$$
$$
\leqslant \sum_{k=1}^{n-1}\big(c_{k-1}^{(n,\alpha)}-c_k^{(n,\alpha)}\big)\|\delta_x v^{n-k}\|^2 + c_{n-1}^{(n,\alpha)}\|\delta_x v^0\|^2 + \frac{1}{2}s\|g^n\|^2
$$
$$
= \sum_{k=1}^{n-1}\big(c_{k-1}^{(n,\alpha)}-c_k^{(n,\alpha)}\big)\|\delta_x v^{n-k}\|^2 + c_{n-1}^{(n,\alpha)}\left(\|\delta_x v^0\|^2 + \frac{1}{2}\frac{s}{c_{n-1}^{(n,\alpha)}}\|g^n\|^2\right)
$$
$$
\leqslant \sum_{k=1}^{n-1}\big(c_{k-1}^{(n,\alpha)}-c_k^{(n,\alpha)}\big)\|\delta_x v^{n-k}\|^2 + c_{n-1}^{(n,\alpha)}\left(\|\delta_x v^0\|^2 + \frac{1}{2}\Gamma(1-\alpha)t_n^\alpha\|g^n\|^2\right),
$$
$$
1\leqslant n\leqslant N.
$$

用数学归纳法可得 (2.6.21). □

2.6.5 差分格式的收敛性

定理 2.6.3 设 $\{U_i^n \mid 0 \leqslant i \leqslant M, 0 \leqslant n \leqslant N\}$ 为微分方程问题 (2.3.1)—(2.3.3) 的解, $\{u_i^n \mid 0 \leqslant i \leqslant M, 0 \leqslant n \leqslant N\}$ 为差分格式 (2.6.8)—(2.6.10) 的解. 令

$$e_i^n = U_i^n - u_i^n, \quad 0 \leqslant i \leqslant M, \ 0 \leqslant n \leqslant N,$$

则有

$$\|\delta_x e^n\| \leqslant \sqrt{\frac{1}{2}\Gamma(1-\alpha)T^\alpha L}\, c_6(\tau^2 + h^2), \quad 1 \leqslant n \leqslant N, \tag{2.6.29}$$

$$\|e^n\|_\infty \leqslant \frac{1}{4}\sqrt{2\Gamma(1-\alpha)T^\alpha}\, L c_6(\tau^2 + h^2), \quad 1 \leqslant n \leqslant N. \tag{2.6.30}$$

证明 将 (2.6.4), (2.6.6)—(2.6.7) 分别与 (2.6.8)—(2.6.10) 相减, 可得误差方程组

$$
\begin{cases}
\dfrac{\tau^{-\alpha}}{\Gamma(2-\alpha)}\displaystyle\sum_{k=0}^{n-1} c_k^{(n,\alpha)}\left(e_i^{n-k} - e_i^{n-k-1}\right) = \sigma\delta_x^2 e_i^n + (1-\sigma)\delta_x^2 e_i^{n-1} + (r_6)_i^n, \\
\qquad\qquad\qquad\qquad 1 \leqslant i \leqslant M-1, \ 1 \leqslant n \leqslant N, \\
e_i^0 = 0, \quad 1 \leqslant i \leqslant M-1, \\
e_0^n = 0, \quad e_M^n = 0, \quad 0 \leqslant n \leqslant N.
\end{cases}
$$

应用定理 2.6.2, 并注意到 (2.6.5) 可得

$$\|\delta_x e^n\|^2 \leqslant \|\delta_x e^0\|^2 + \frac{1}{2}\Gamma(1-\alpha)\max_{1\leqslant m\leqslant n}\left\{t_m^\alpha\|(r_6)^m\|^2\right\}$$

$$\leqslant \frac{1}{2}\Gamma(1-\alpha)T^\alpha L\left[c_6(\tau^2+h^2)\right]^2, \quad 1 \leqslant n \leqslant N.$$

上式两边开方得到 (2.6.29).

注意到引理 2.1.1, 由 (2.6.29) 易得 (2.6.30). □

2.7   一维问题基于 L2-1$_\sigma$ 逼近的快速差分方法

本节考虑求解时间分数阶慢扩散方程初边值问题 (2.3.1)—(2.3.3) 基于 L2-1$_\sigma$ 逼近的快速差分方法. 设解函数 $u \in C^{(4,3)}([0,L] \times [0,T])$.

2.7.1 差分格式的建立

记

$$\sigma = 1 - \frac{\alpha}{2}, \quad t_{n-1+\sigma} = (n-1+\sigma)\tau, \quad f_i^{n-1+\sigma} = f(x_i, t_{n-1+\sigma}).$$

在点 $(x_i, t_{n-1+\sigma})$ 处考虑微分方程 (2.3.1), 得到

$$
{}_0^C D_t^\alpha u(x_i, t_{n-1+\sigma}) = u_{xx}(x_i, t_{n-1+\sigma}) + f_i^{n-1+\sigma}, \quad 1 \leqslant i \leqslant M-1, \ 1 \leqslant n \leqslant N. \quad (2.7.1)
$$

对上式中时间分数阶导数应用 1.7.2 节中的理论, 可得

$$
\begin{cases}
{}_0^C D_t^\alpha u(x_i, t_{n-1+\sigma}) = \dfrac{1}{\Gamma(1-\alpha)} \displaystyle\sum_{l=1}^{N_{\exp}} \omega_l F_{l,i}^n + d_0^{(1,\alpha)} \big(U_i^n - U_i^{n-1}\big) + O(\tau^{3-\alpha} + \epsilon), \\
\hspace{6cm} 1 \leqslant i \leqslant M-1, \quad 1 \leqslant n \leqslant N, \quad (2.7.2) \\[4pt]
F_{l,i}^1 = 0, \quad 1 \leqslant l \leqslant N_{\exp}, \quad 1 \leqslant i \leqslant M-1, \hspace{3.5cm} (2.7.3) \\[4pt]
F_{l,i}^n = \mathrm{e}^{-s_l \tau} F_{l,i}^{n-1} + A_l \big(U_i^{n-1} - U_i^{n-2}\big) + B_l \big(U_i^n - U_i^{n-1}\big), \\
\hspace{3.5cm} 1 \leqslant l \leqslant N_{\exp}, \quad 1 \leqslant i \leqslant M-1, \quad 2 \leqslant n \leqslant N. \quad (2.7.4)
\end{cases}
$$

对空间二阶导数应用二阶中心差商离散, 可得

$$
\begin{aligned}
u_{xx}(x_i, t_{n-1+\sigma}) &= \sigma u_{xx}(x_i, t_n) + (1-\sigma) u_{xx}(x_i, t_{n-1}) + O(\tau^2) \\
&= \sigma \delta_x^2 U_i^n + (1-\sigma)\delta_x^2 U_i^{n-1} + O(h^2) + O(\tau^2). \quad (2.7.5)
\end{aligned}
$$

将 (2.7.2)—(2.7.5) 代入 (2.7.1), 得到

$$
\begin{cases}
\dfrac{1}{\Gamma(1-\alpha)} \displaystyle\sum_{l=1}^{N_{\exp}} \omega_l F_{l,i}^n + d_0^{(1,\alpha)}\big(U_i^n - U_i^{n-1}\big) = \sigma \delta_x^2 U_i^n + (1-\sigma)\delta_x^2 U_i^{n-1} + f_i^{n-1+\sigma} + (r_7)_i^n, \\
\hspace{6cm} 1 \leqslant i \leqslant M-1, \quad 1 \leqslant n \leqslant N, \quad (2.7.6) \\[4pt]
F_{l,i}^1 = 0, \quad 1 \leqslant l \leqslant N_{\exp}, \quad 1 \leqslant i \leqslant M-1, \hspace{3.5cm} (2.7.7) \\[4pt]
F_{l,i}^n = \mathrm{e}^{-s_l \tau} F_{l,i}^{n-1} + A_l \big(U_i^{n-1} - U_i^{n-2}\big) + B_l \big(U_i^n - U_i^{n-1}\big), \\
\hspace{3.5cm} 1 \leqslant l \leqslant N_{\exp}, \quad 1 \leqslant i \leqslant M-1, \quad 2 \leqslant n \leqslant N, \quad (2.7.8)
\end{cases}
$$

且存在正常数 c_7 使得

$$
|(r_7)_i^n| \leqslant c_7(\tau^2 + h^2 + \epsilon), \quad 1 \leqslant i \leqslant M-1, \ 1 \leqslant n \leqslant N. \quad (2.7.9)
$$

将 (2.7.7)—(2.7.8) 代入 (2.7.6), 消去中间变量 $\{F_{l,i}^n\}$ 可得

$$
\sum_{k=0}^{n-1} d_k^{(n,\alpha)} \big(U_i^{n-k} - U_i^{n-k-1}\big) = \sigma \delta_x^2 U_i^n + (1-\sigma)\delta_x^2 U_i^{n-1} + f_i^{n-1+\sigma} + (r_7)_i^n,
$$

$$
1 \leqslant i \leqslant M-1, \ 1 \leqslant n \leqslant N.
$$

注意到初边值条件 (2.3.2)—(2.3.3), 有

$$
\begin{cases}
U_i^0 = \varphi(x_i), \quad 1 \leqslant i \leqslant M-1, \hspace{3cm} (2.7.10) \\[4pt]
U_0^n = \mu(t_n), \quad U_M^n = \nu(t_n), \quad 0 \leqslant n \leqslant N. \hspace{1.5cm} (2.7.11)
\end{cases}
$$

在 (2.7.6) 中略去小量项 $(r_7)_i^n$, 并用数值解 u_i^n 代替精确解 U_i^n, 可得求解问题 (2.3.1)—(2.3.3) 的如下差分格式:

$$\begin{cases} \dfrac{1}{\Gamma(1-\alpha)} \sum_{l=1}^{N_{\exp}} \omega_l F_{l,i}^n + d_0^{(1,\alpha)}\big(u_i^n - u_i^{n-1}\big) = \sigma\delta_x^2 u_i^n + (1-\sigma)\delta_x^2 u_i^{n-1} + f_i^{n-1+\sigma}, \\ \hspace{4cm} 1 \leqslant i \leqslant M-1,\ 1 \leqslant n \leqslant N, \hspace{1cm} (2.7.12) \\ F_{l,i}^1 = 0, \quad 1 \leqslant l \leqslant N_{\exp}, 1 \leqslant i \leqslant M-1, \hspace{2.3cm} (2.7.13) \\ F_{l,i}^n = e^{-s_l\tau} F_{l,i}^{n-1} + A_l\big(u_i^{n-1} - u_i^{n-2}\big) + B_l\big(u_i^n - u_i^{n-1}\big), \\ \hspace{2cm} 1 \leqslant l \leqslant N_{\exp}, 1 \leqslant i \leqslant M-1,\ 2 \leqslant n \leqslant N, \hspace{0.4cm} (2.7.14) \\ u_i^0 = \varphi(x_i), \quad 1 \leqslant i \leqslant M-1, \hspace{3cm} (2.7.15) \\ u_0^n = \mu(t_n), \quad u_M^n = \nu(t_n), \quad 0 \leqslant n \leqslant N. \hspace{1.3cm} (2.7.16) \end{cases}$$

将 (2.7.13)—(2.7.14) 代入 (2.7.12), 可得差分格式 (2.7.12)—(2.7.16) 的等价形式如下:

$$\begin{cases} \sum_{k=0}^{n-1} d_k^{(n,\alpha)}\big(u_i^{n-k} - u_i^{n-k-1}\big) = \sigma\delta_x^2 u_i^n + (1-\sigma)\delta_x^2 u_i^{n-1} + f_i^{n-1+\sigma}, \\ \hspace{4cm} 1 \leqslant i \leqslant M-1,\ 1 \leqslant n \leqslant N, \hspace{1cm} (2.7.17) \\ u_i^0 = \varphi(x_i), \quad 1 \leqslant i \leqslant M-1, \hspace{3cm} (2.7.18) \\ u_0^n = \mu(t_n), \quad u_M^n = \nu(t_n), \quad 0 \leqslant n \leqslant N. \hspace{1.3cm} (2.7.19) \end{cases}$$

2.7.2　差分格式的可解性

定理 2.7.1　差分格式 (2.7.12)—(2.7.16) 是唯一可解的.

证明　记

$$u^n = (u_0^n, u_1^n, \cdots, u_M^n).$$

由 (2.7.15)—(2.7.16) 知第 0 层的值 u^0 已知. 设前 n 层的值 $u^0, u^1, \cdots, u^{n-1}$ 已唯一确定. 考虑到 (2.7.12)—(2.7.16) 和 (2.7.17)—(2.7.19) 的等价性, 则由 (2.7.17) 和 (2.7.19) 可得关于 u^n 的线性方程组. 要证明它的唯一可解性, 只需证明它相应的齐次方程组

$$\begin{cases} d_0^{(n,\alpha)} u_i^n = \sigma\delta_x^2 u_i^n, \quad 1 \leqslant i \leqslant M-1, \hspace{2cm} (2.7.20) \\ u_0^n = u_M^n = 0 \hspace{5.5cm} (2.7.21) \end{cases}$$

仅有零解.

用 u^n 与 (2.7.20) 的两边作内积, 并应用 (2.7.21), 得到

$$d_0^{(n,\alpha)} \|u^n\|^2 = \sigma(u^n, \delta_x^2 u^n) = -\sigma\|\delta_x u^n\|^2.$$

易知

$$u_i^n = 0, \quad 0 \leqslant i \leqslant M.$$

由归纳原理知, 定理结论成立. □

2.7.3 差分格式的稳定性

定理 2.7.2 设 $\{v_i^n \mid 0 \leqslant i \leqslant M, 0 \leqslant n \leqslant N\}$ 为差分格式

$$
\begin{cases}
\dfrac{1}{\Gamma(1-\alpha)} \displaystyle\sum_{l=1}^{N_{\exp}} \omega_l F_{l,i}^n + d_0^{(1,\alpha)}\big(v_i^n - v_i^{n-1}\big) \\
\quad = \sigma\delta_x^2 v_i^n + (1-\sigma)\delta_x^2 v_i^{n-1} + g_i^n, \quad 1 \leqslant i \leqslant M-1,\, 1 \leqslant n \leqslant N, \quad (2.7.22) \\
F_{l,i}^1 = 0, \quad 1 \leqslant l \leqslant N_{\exp},\, 1 \leqslant i \leqslant M-1, \quad (2.7.23) \\
F_{l,i}^n = \mathrm{e}^{-s_l\tau} F_{l,i}^{n-1} + A_l\big(v_i^{n-1} - v_i^{n-2}\big) + B_l\big(v_i^n - v_i^{n-1}\big), \\
\qquad\qquad 1 \leqslant l \leqslant N_{\exp},\, 1 \leqslant i \leqslant M-1,\, 2 \leqslant n \leqslant N, \quad (2.7.24) \\
v_i^0 = \varphi(x_i), \quad 1 \leqslant i \leqslant M-1, \quad (2.7.25) \\
v_0^n = 0, \quad v_M^n = 0, \quad 0 \leqslant n \leqslant N \quad (2.7.26)
\end{cases}
$$

的解, 则有

$$\|v^n\|^2 \leqslant \|v^0\|^2 + \frac{L^2}{6}\Gamma(1-\alpha) \max_{1\leqslant m\leqslant n}\big\{t_m^\alpha \|g^m\|^2\big\}, \quad 1 \leqslant n \leqslant N, \quad (2.7.27)$$

$$\|\delta_x v^n\|^2 \leqslant \|\delta_x v^0\|^2 + \Gamma(1-\alpha) \max_{1\leqslant m\leqslant n}\big\{t_m^\alpha \|g^m\|^2\big\}, \quad 1 \leqslant n \leqslant N, \quad (2.7.28)$$

其中

$$\|g^m\|^2 = h \sum_{i=1}^{M-1} |g_i^m|^2.$$

证明 将 (2.7.23)—(2.7.24) 代入 (2.7.22), 消去中间变量 $\{F_{l,i}^n\}$ 可得

$$\sum_{k=0}^{n-1} d_k^{(n,\alpha)}\big(v_i^{n-k} - v_i^{n-k-1}\big) = \sigma\delta_x^2 v_i^n + (1-\sigma)\delta_x^2 v_i^{n-1} + g_i^n,$$

$$1 \leqslant i \leqslant M-1,\, 1 \leqslant n \leqslant N. \quad (2.7.29)$$

(I) 用 $\sigma v^n + (1-\sigma)v^{n-1}$ 与 (2.7.29) 的两边作内积, 得到

$$\sum_{k=0}^{n-1} d_k^{(n,\alpha)}\big(v^{n-k} - v^{n-k-1},\, \sigma v^n + (1-\sigma)v^{n-1}\big)$$

$$= \big(\delta_x^2(\sigma v^n + (1-\sigma)v^{n-1}),\, \sigma v^n + (1-\sigma)v^{n-1}\big) + \big(g^n,\, \sigma v^n + (1-\sigma)v^{n-1}\big)$$

$$= -\left\| \delta_x\big(\sigma v^n + (1-\sigma)v^{n-1}\big) \right\|^2 + \big(g^n, \sigma v^n + (1-\sigma)v^{n-1}\big)$$

$$\leqslant -\frac{6}{L^2}\left\| \sigma v^n + (1-\sigma)v^{n-1} \right\|^2 + \left[\frac{6}{L^2}\left\| \sigma v^n + (1-\sigma)v^{n-1} \right\|^2 + \frac{L^2}{24}\|g^n\|^2 \right]$$

$$= \frac{L^2}{24}\|g^n\|^2, \quad 1 \leqslant n \leqslant N. \tag{2.7.30}$$

对于上式的左端, 应用引理 1.7.3 和引理 2.6.1, 可得如下估计:

$$\sum_{k=0}^{n-1} d_k^{(n,\alpha)}\big(v^{n-k} - v^{n-k-1}, \sigma v^n + (1-\sigma)v^{n-1}\big)$$

$$\geqslant \frac{1}{2}\sum_{k=0}^{n-1} d_k^{(n,\alpha)}\Big(\|v^{n-k}\|^2 - \|v^{n-k-1}\|^2\Big). \tag{2.7.31}$$

由 (2.7.30) 和 (2.7.31) 得到

$$\frac{1}{2}\sum_{k=0}^{n-1} d_k^{(n,\alpha)}\Big(\|v^{n-k}\|^2 - \|v^{n-k-1}\|^2\Big) \leqslant \frac{L^2}{24}\|g^n\|^2, \quad 1 \leqslant n \leqslant N. \tag{2.7.32}$$

注意到 (1.7.33), 可将 (2.7.32) 改写为

$$d_0^{(n,\alpha)}\|v^n\|^2$$

$$\leqslant \sum_{k=1}^{n-1}\big(d_{k-1}^{(n,\alpha)} - d_k^{(n,\alpha)}\big)\|v^{n-k}\|^2 + d_{n-1}^{(n,\alpha)}\|v^0\|^2 + \frac{L^2}{12}\|g^n\|^2$$

$$\leqslant \sum_{k=1}^{n-1}\big(d_{k-1}^{(n,\alpha)} - d_k^{(n,\alpha)}\big)\|v^{n-k}\|^2 + d_{n-1}^{(n,\alpha)}\left[\|v^0\|^2 + \frac{L^2}{6}\Gamma(1-\alpha)t_n^\alpha\|g^n\|^2\right], \quad 1 \leqslant n \leqslant N.$$

用数学归纳法可得 (2.7.27).

(II) 用 $-\delta_x^2(\sigma v^n + (1-\sigma)v^{n-1})$ 与 (2.7.29) 的两边作内积, 得到

$$\sum_{k=0}^{n-1} d_k^{(n,\alpha)}\Big(v^{n-k} - v^{n-k-1}, -\delta_x^2(\sigma v^n + (1-\sigma)v^{n-1})\Big)$$

$$= -\left\| \delta_x^2\big(\sigma v^n + (1-\sigma)v^{n-1}\big) \right\|^2 - \big(\delta_x^2(\sigma v^n + (1-\sigma)v^{n-1}), g^n\big)$$

$$\leqslant \frac{1}{4}\|g^n\|^2, \quad 1 \leqslant n \leqslant N. \tag{2.7.33}$$

对于上式的左端, 先应用分部求和公式, 再应用引理 1.7.3 和引理 2.6.1, 可得如下估计:

$$\sum_{k=0}^{n-1} d_k^{(n,\alpha)}\big(v^{n-k} - v^{n-k-1}, -\delta_x^2(\sigma v^n + (1-\sigma)v^{n-1})\big)$$

$$= \sum_{k=0}^{n-1} d_k^{(n,\alpha)} \left(\delta_x(v^{n-k} - v^{n-k-1}), \delta_x(\sigma v^n + (1-\sigma)v^{n-1}) \right)$$

$$\geqslant \frac{1}{2} \cdot \sum_{k=0}^{n-1} d_k^{(n,\alpha)} \left(\|\delta_x v^{n-k}\|^2 - \|\delta_x v^{n-k-1}\|^2 \right). \tag{2.7.34}$$

将 (2.7.34) 代入 (2.7.33), 易得

$$\frac{1}{2} \cdot \sum_{k=0}^{n-1} d_k^{(n,\alpha)} \left(\|\delta_x v^{n-k}\|^2 - \|\delta_x v^{n-k-1}\|^2 \right) \leqslant \frac{1}{4} \|g^n\|^2, \quad 1 \leqslant n \leqslant N.$$

注意到 (1.7.33), 可将上式改写为

$$d_0^{(n,\alpha)} \|\delta_x v^n\|^2$$

$$\leqslant \sum_{k=1}^{n-1} \left(d_{k-1}^{(n,\alpha)} - d_k^{(n,\alpha)} \right) \|\delta_x v^{n-k}\|^2 + d_{n-1}^{(n,\alpha)} \|\delta_x v^0\|^2 + \frac{1}{2} \|g^n\|^2$$

$$\leqslant \sum_{k=1}^{n-1} \left(d_{k-1}^{(n,\alpha)} - d_k^{(n,\alpha)} \right) \|\delta_x v^{n-k}\|^2 + d_{n-1}^{(n,\alpha)} \left(\|\delta_x v^0\|^2 + \Gamma(1-\alpha) t_n^\alpha \|g^n\|^2 \right), \quad 1 \leqslant n \leqslant N.$$

用数学归纳法可得 (2.7.28). □

2.7.4　差分格式的收敛性

定理 2.7.3　设 $\{U_i^n \mid 0 \leqslant i \leqslant M, 0 \leqslant n \leqslant N\}$ 为微分方程问题 (2.3.1)—(2.3.3) 的解, $\{u_i^n \mid 0 \leqslant i \leqslant M, 0 \leqslant n \leqslant N\}$ 为差分格式 (2.7.12)—(2.7.16) 的解. 令

$$e_i^n = U_i^n - u_i^n, \quad 0 \leqslant i \leqslant M, \, 0 \leqslant n \leqslant N,$$

则有

$$\|\delta_x e^n\| \leqslant \sqrt{\Gamma(1-\alpha) t_n^\alpha L} \, c_7 (\tau^2 + h^2 + \epsilon), \quad 1 \leqslant n \leqslant N, \tag{2.7.35}$$

$$\|e^n\|_\infty \leqslant \frac{1}{2} \sqrt{\Gamma(1-\alpha) t_n^\alpha} \, L c_7 (\tau^2 + h^2 + \epsilon), \quad 1 \leqslant n \leqslant N. \tag{2.7.36}$$

证明　将 (2.7.6)—(2.7.8), (2.7.10)—(2.7.11) 分别与 (2.7.12)—(2.7.16) 相减, 可得误差方程组

$$
\begin{cases}
\dfrac{1}{\Gamma(1-\alpha)} \displaystyle\sum_{l=1}^{N_{\exp}} \omega_l F_{l,i}^n + d_0^{(1,\alpha)}\big(e_i^n - e_i^{n-1}\big) = \sigma\delta_x^2 e_i^n + (1-\sigma)\delta_x^2 e_i^{n-1} + (r_7)_i^n, \\
\qquad\qquad\qquad\qquad\qquad\qquad\qquad 1 \leqslant i \leqslant M-1, \quad 1 \leqslant n \leqslant N, \\
F_{l,i}^1 = 0, \quad 1 \leqslant l \leqslant N_{\exp}, \quad 1 \leqslant i \leqslant M-1, \\
F_{l,i}^n = e^{-s_l\tau}F_{l,i}^{n-1} + A_l\big(e_i^{n-1} - e_i^{n-2}\big) + B_l\big(e_i^n - e_i^{n-1}\big), \\
\qquad\qquad\qquad\qquad 1 \leqslant l \leqslant N_{\exp}, \quad 1 \leqslant i \leqslant M-1, \quad 2 \leqslant n \leqslant N, \\
e_i^0 = 0, \quad 1 \leqslant i \leqslant M-1, \\
e_0^n = 0, \quad e_M^n = 0, \quad 0 \leqslant n \leqslant N.
\end{cases}
$$

应用定理 2.7.2, 并注意到 (2.7.9) 可得

$$
\|\delta_x e^n\|^2 \leqslant \|\delta_x e^0\|^2 + \Gamma(1-\alpha)\max_{1\leqslant m\leqslant n}\big\{t_m^\alpha\|(r_7)^m\|^2\big\}
$$
$$
\leqslant \Gamma(1-\alpha)t_n^\alpha L\big[c_7(\tau^2 + h^2 + \epsilon)\big]^2, \quad 1 \leqslant n \leqslant N.
$$

上式两边开方得到 (2.7.35).

由 (2.7.35) 及引理 2.1.1, 易得 (2.7.36). □

2.8 多项时间分数阶慢扩散方程基于 L1 逼近的差分方法

本节考虑求解一类多项时间分数阶慢扩散方程的差分方法. 以两项常系数问题为例进行介绍.

考虑如下两项时间分数阶慢扩散方程初边值问题

$$
\begin{cases}
{}_0^C D_t^\alpha u(x,t) + {}_0^C D_t^{\alpha_1} u(x,t) = u_{xx}(x,t) + f(x,t), \\
\qquad\qquad\qquad\qquad x \in (0,L), \quad t \in (0,T], & (2.8.1) \\
u(x,0) = \varphi(x), \quad x \in (0,L), & (2.8.2) \\
u(0,t) = \mu(t), \quad u(L,t) = \nu(t), \quad t \in [0,T], & (2.8.3)
\end{cases}
$$

其中 $0 < \alpha_1 < \alpha < 1$, f, φ, μ, ν 为已知函数, 且 $\varphi(0) = \mu(0)$, $\varphi(L) = \nu(0)$.

网格剖分和记号同 2.1 节. 设解函数 $u \in C^{(4,2)}([0,L] \times [0,T])$.

2.8.1 差分格式的建立

在结点 (x_i, t_n) 处考虑微分方程 (2.8.1), 得到

$$
{}_0^C D_t^\alpha u(x_i, t_n) + {}_0^C D_t^{\alpha_1} u(x_i, t_n) = u_{xx}(x_i, t_n) + f_i^n,
$$

$$
1 \leqslant i \leqslant M-1, \quad 1 \leqslant n \leqslant N. \tag{2.8.4}
$$

对方程 (2.8.4) 中时间分数阶导数应用 L1 公式 (1.6.4) 离散, 空间导数应用二阶中心差商离散, 可得

$$
\frac{\tau^{-\alpha}}{\Gamma(2-\alpha)}\left[a_0^{(\alpha)}U_i^n - \sum_{k=1}^{n-1}\left(a_{n-k-1}^{(\alpha)} - a_{n-k}^{(\alpha)}\right)U_i^k - a_{n-1}^{(\alpha)}U_i^0\right]
$$
$$
+\frac{\tau^{-\alpha_1}}{\Gamma(2-\alpha_1)}\left[a_0^{(\alpha_1)}U_i^n - \sum_{k=1}^{n-1}\left(a_{n-k-1}^{(\alpha_1)} - a_{n-k}^{(\alpha_1)}\right)U_i^k - a_{n-1}^{(\alpha_1)}U_i^0\right]
$$
$$
= \delta_x^2 U_i^n + f_i^n + (r_8)_i^n, \quad 1 \leqslant i \leqslant M-1, \ 1 \leqslant n \leqslant N, \tag{2.8.5}
$$

且存在正常数 c_8 使得

$$
|(r_8)_i^n| \leqslant c_8(\tau^{2-\alpha} + h^2), \quad 1 \leqslant i \leqslant M-1, \ 1 \leqslant n \leqslant N. \tag{2.8.6}
$$

注意到初边值条件 (2.8.2)—(2.8.3), 有

$$
\begin{cases}
U_i^0 = \varphi(x_i), & 1 \leqslant i \leqslant M-1, \tag{2.8.7}\\
U_0^n = \mu(t_n), \quad U_M^n = \nu(t_n), & 0 \leqslant n \leqslant N. \tag{2.8.8}
\end{cases}
$$

在方程 (2.8.5) 中略去小量项 $(r_8)_i^n$, 并用数值解 u_i^n 代替精确解 U_i^n, 可得求解问题 (2.8.1)—(2.8.3) 的如下差分格式:

$$
\begin{cases}
\dfrac{\tau^{-\alpha}}{\Gamma(2-\alpha)}\left[a_0^{(\alpha)}u_i^n - \sum_{k=1}^{n-1}\left(a_{n-k-1}^{(\alpha)} - a_{n-k}^{(\alpha)}\right)u_i^k - a_{n-1}^{(\alpha)}u_i^0\right]\\
\quad +\dfrac{\tau^{-\alpha_1}}{\Gamma(2-\alpha_1)}\left[a_0^{(\alpha_1)}u_i^n - \sum_{k=1}^{n-1}\left(a_{n-k-1}^{(\alpha_1)} - a_{n-k}^{(\alpha_1)}\right)u_i^k - a_{n-1}^{(\alpha_1)}u_i^0\right]\\
\quad = \delta_x^2 u_i^n + f_i^n, \quad 1 \leqslant i \leqslant M-1, \ 1 \leqslant n \leqslant N, \tag{2.8.9}\\
u_i^0 = \varphi(x_i), \quad 1 \leqslant i \leqslant M-1, \tag{2.8.10}\\
u_0^n = \mu(t_n), \quad u_M^n = \nu(t_n), \quad 0 \leqslant n \leqslant N. \tag{2.8.11}
\end{cases}
$$

记

$$
s = \tau^\alpha \Gamma(2-\alpha), \quad s_1 = \tau^{\alpha_1}\Gamma(2-\alpha_1).
$$

2.8.2 差分格式的可解性

定理 2.8.1 差分格式 (2.8.9)—(2.8.11) 是唯一可解的.
证明 记

$$
u^n = (u_0^n, u_1^n, \cdots, u_M^n).
$$

由 (2.8.10)—(2.8.11) 知第 0 层的值 u^0 已知. 设前 n 层的值 $u^0, u^1, \cdots, u^{n-1}$ 已唯一确定, 则由 (2.8.9) 和 (2.8.11) 可得关于 u^n 的线性方程组. 要证明它的唯一可解

性, 只需证明它相应的齐次方程组

$$
\begin{cases}
\left(\dfrac{a_0^{(\alpha)}}{s} + \dfrac{a_0^{(\alpha_1)}}{s_1} \right) u_i^n = \delta_x^2 u_i^n, \quad 1 \leqslant i \leqslant M-1, & (2.8.12) \\[3mm]
u_0^n = u_M^n = 0 & (2.8.13)
\end{cases}
$$

仅有零解.

设 $\|u^n\|_\infty = |u_{i_n}^n|$, 其中 $i_n \in \{1, 2, \cdots, M-1\}$. 将式 (2.8.12) 改写为

$$
\left(\frac{a_0^{(\alpha)}}{s} + \frac{a_0^{(\alpha_1)}}{s_1} + \frac{2}{h^2} \right) u_i^n = \frac{1}{h^2}(u_{i-1}^n + u_{i+1}^n), \quad 1 \leqslant i \leqslant M-1.
$$

在上式中令 $i = i_n$, 然后在等式两边取绝对值, 利用三角不等式, 并注意到 (2.8.13), 可得

$$
\left(\frac{a_0^{(\alpha)}}{s} + \frac{a_0^{(\alpha_1)}}{s_1} + \frac{2}{h^2} \right) \|u^n\|_\infty \leqslant \frac{2}{h^2} \|u^n\|_\infty.
$$

于是 $\|u^n\|_\infty = 0$, 从而 $u^n = 0$.

由归纳原理知, 差分格式 (2.8.9)—(2.8.11) 存在唯一解.　　　　　□

2.8.3　差分格式的稳定性

定理 2.8.2　设 $\{v_i^n \mid 0 \leqslant i \leqslant M, 0 \leqslant n \leqslant N\}$ 为差分格式

$$
\begin{cases}
\dfrac{1}{s}\left[a_0^{(\alpha)} v_i^n - \displaystyle\sum_{k=1}^{n-1} \left(a_{n-k-1}^{(\alpha)} - a_{n-k}^{(\alpha)} \right) v_i^k - a_{n-1}^{(\alpha)} v_i^0 \right] \\[3mm]
\quad + \dfrac{1}{s_1}\left[a_0^{(\alpha_1)} v_i^n - \displaystyle\sum_{k=1}^{n-1} \left(a_{n-k-1}^{(\alpha_1)} - a_{n-k}^{(\alpha_1)} \right) v_i^k - a_{n-1}^{(\alpha_1)} v_i^0 \right] \\[3mm]
\quad = \delta_x^2 v_i^n + f_i^n, \quad 1 \leqslant i \leqslant M-1,\ 1 \leqslant n \leqslant N, & (2.8.14) \\[3mm]
v_i^0 = \varphi(x_i), \quad 1 \leqslant i \leqslant M-1, & (2.8.15) \\[3mm]
v_0^n = 0, \quad v_M^n = 0, \quad 0 \leqslant n \leqslant N & (2.8.16)
\end{cases}
$$

的解, 则有

$$
\|v^k\|_\infty \leqslant \|v^0\|_\infty + \kappa_1 \max_{1 \leqslant m \leqslant k} \|f^m\|_\infty, \quad 1 \leqslant k \leqslant N, \tag{2.8.17}
$$

其中

$$
\kappa_1 = \frac{1}{2} \max\{ T^\alpha \Gamma(1-\alpha), T^{\alpha_1} \Gamma(1-\alpha_1) \}, \quad \|f^m\|_\infty = \max_{1 \leqslant i \leqslant M-1} |f_i^m|.
$$

证明 将方程 (2.8.14) 改写为

$$\left(\frac{a_0^{(\alpha)}}{s} + \frac{a_0^{(\alpha_1)}}{s_1} + \frac{2}{h^2}\right) v_i^n$$

$$= \frac{1}{s}\left[\sum_{k=1}^{n-1}\left(a_{n-k-1}^{(\alpha)} - a_{n-k}^{(\alpha)}\right)v_i^k + a_{n-1}^{(\alpha)}v_i^0\right] + \frac{1}{s_1}\left[\sum_{k=1}^{n-1}\left(a_{n-k-1}^{(\alpha_1)} - a_{n-k}^{(\alpha_1)}\right)v_i^k + a_{n-1}^{(\alpha_1)}v_i^0\right]$$

$$+ \frac{1}{h^2}\left(v_{i-1}^n + v_{i+1}^n\right) + f_i^n, \quad 1 \leqslant i \leqslant M-1, \quad 1 \leqslant n \leqslant N.$$

设 $\|v^n\|_\infty = |v_{i_n}^n|$, 其中 $i_n \in \{1, 2, \cdots, M-1\}$. 在上式中令 $i = i_n$, 然后在等式两边取绝对值, 利用三角不等式, 并注意到 (2.8.16), 可得

$$\left(\frac{a_0^{(\alpha)}}{s} + \frac{a_0^{(\alpha_1)}}{s_1} + \frac{2}{h^2}\right)\|v^n\|_\infty$$

$$\leqslant \frac{1}{s}\left[\sum_{k=1}^{n-1}\left(a_{n-k-1}^{(\alpha)} - a_{n-k}^{(\alpha)}\right)\|v^k\|_\infty + a_{n-1}^{(\alpha)}\|v^0\|_\infty\right]$$

$$+ \frac{1}{s_1}\left[\sum_{k=1}^{n-1}\left(a_{n-k-1}^{(\alpha_1)} - a_{n-k}^{(\alpha_1)}\right)\|v^k\|_\infty + a_{n-1}^{(\alpha_1)}\|v^0\|_\infty\right] + \frac{2}{h^2}\|v^n\|_\infty + \|f^n\|_\infty$$

$$= \sum_{k=1}^{n-1}\left[\frac{1}{s}\left(a_{n-k-1}^{(\alpha)} - a_{n-k}^{(\alpha)}\right) + \frac{1}{s_1}\left(a_{n-k-1}^{(\alpha_1)} - a_{n-k}^{(\alpha_1)}\right)\right]\|v^k\|_\infty$$

$$+ \left[\frac{1}{s}a_{n-1}^{(\alpha)} + \frac{1}{s_1}a_{n-1}^{(\alpha_1)}\right]\|v^0\|_\infty + \frac{2}{h^2}\|v^n\|_\infty + \frac{1}{s}a_{n-1}^{(\alpha)}\cdot\frac{s}{2a_{n-1}^{(\alpha)}}\|f^n\|_\infty$$

$$+ \frac{1}{s_1}a_{n-1}^{(\alpha_1)}\cdot\frac{s_1}{2a_{n-1}^{(\alpha_1)}}\|f^n\|_\infty, \quad 1 \leqslant n \leqslant N. \tag{2.8.18}$$

由引理 1.6.1 可知

$$\frac{s}{2a_{n-1}^{(\alpha)}} \leqslant \frac{\tau^\alpha\Gamma(2-\alpha)}{2(1-\alpha)n^{-\alpha}} = \frac{t_n^\alpha\Gamma(1-\alpha)}{2}, \tag{2.8.19}$$

$$\frac{s_1}{2a_{n-1}^{(\alpha_1)}} \leqslant \frac{\tau^{\alpha_1}\Gamma(2-\alpha_1)}{2(1-\alpha_1)n^{-\alpha_1}} = \frac{t_n^{\alpha_1}\Gamma(1-\alpha_1)}{2}. \tag{2.8.20}$$

将 (2.8.19)—(2.8.20) 代入 (2.8.18), 可得

$$\left(\frac{a_0^{(\alpha)}}{s} + \frac{a_0^{(\alpha_1)}}{s_1}\right)\|v^n\|_\infty$$

$$\leqslant \sum_{k=1}^{n-1}\left[\frac{1}{s}\left(a_{n-k-1}^{(\alpha)} - a_{n-k}^{(\alpha)}\right) + \frac{1}{s_1}\left(a_{n-k-1}^{(\alpha_1)} - a_{n-k}^{(\alpha_1)}\right)\right]\|v^k\|_\infty$$

$$+ \left(\frac{1}{s} a_{n-1}^{(\alpha)} + \frac{1}{s_1} a_{n-1}^{(\alpha_1)} \right) (\|v^0\|_\infty + \kappa_1 \|f^n\|_\infty), \quad 1 \leqslant n \leqslant N. \qquad (2.8.21)$$

下面用数学归纳法来证明 (2.8.17) 成立.

由 (2.8.21) 知, 当 $n = 1$ 时,

$$\left(\frac{a_0^{(\alpha)}}{s} + \frac{a_0^{(\alpha_1)}}{s_1} \right) \|v^1\|_\infty \leqslant \left(\frac{a_0^{(\alpha)}}{s} + \frac{a_0^{(\alpha_1)}}{s_1} \right) (\|v^0\|_\infty + \kappa_1 \|f^1\|_\infty),$$

即

$$\|v^1\|_\infty \leqslant \|v^0\|_\infty + \kappa_1 \|f^1\|_\infty.$$

易知 (2.8.17) 对 $k = 1$ 成立.

设 (2.8.17) 对 $k = 1, 2, \cdots, n-1$ 成立. 由 (2.8.21) 可得

$$\left(\frac{a_0^{(\alpha)}}{s} + \frac{a_0^{(\alpha_1)}}{s_1} \right) \|v^n\|_\infty$$

$$\leqslant \sum_{k=1}^{n-1} \left[\frac{1}{s} \left(a_{n-k-1}^{(\alpha)} - a_{n-k}^{(\alpha)} \right) + \frac{1}{s_1} \left(a_{n-k-1}^{(\alpha_1)} - a_{n-k}^{(\alpha_1)} \right) \right] (\|v^0\|_\infty + \kappa_1 \max_{1 \leqslant m \leqslant k} \|f^m\|_\infty)$$

$$+ \left[\frac{1}{s} a_{n-1}^{(\alpha)} + \frac{1}{s_1} a_{n-1}^{(\alpha_1)} \right] (\|v^0\|_\infty + \kappa_1 \|f^n\|_\infty)$$

$$\leqslant \left\{ \sum_{k=1}^{n-1} \left[\frac{1}{s} \left(a_{n-k-1}^{(\alpha)} - a_{n-k}^{(\alpha)} \right) + \frac{1}{s_1} \left(a_{n-k-1}^{(\alpha_1)} - a_{n-k}^{(\alpha_1)} \right) \right] \right.$$

$$\left. + \left(\frac{1}{s} a_{n-1}^{(\alpha)} + \frac{1}{s_1} a_{n-1}^{(\alpha_1)} \right) \right\} \cdot (\|v^0\|_\infty + \kappa_1 \max_{1 \leqslant m \leqslant n} \|f^m\|_\infty)$$

$$= \left(\frac{a_0^{(\alpha)}}{s} + \frac{a_0^{(\alpha_1)}}{s_1} \right) (\|v^0\|_\infty + \kappa_1 \max_{1 \leqslant m \leqslant n} \|f^m\|_\infty).$$

于是, (2.8.17) 对 $k = n$ 也成立.

由归纳原理知 (2.8.17) 成立. □

2.8.4　差分格式的收敛性

定理 2.8.3　设 $\{U_i^n \mid 0 \leqslant i \leqslant M, 0 \leqslant n \leqslant N\}$ 为微分方程问题 (2.8.1)—(2.8.3) 的解, $\{u_i^n \mid 0 \leqslant i \leqslant M, 0 \leqslant n \leqslant N\}$ 为差分格式 (2.8.9)—(2.8.11) 的解. 令

$$e_i^n = U_i^n - u_i^n, \quad 0 \leqslant i \leqslant M, \; 0 \leqslant n \leqslant N,$$

则有

$$\|e^n\|_\infty \leqslant c_8 \kappa_1 (\tau^{2-\alpha} + h^2), \quad 1 \leqslant n \leqslant N.$$

其中 κ_1 由定理 2.8.2 定义.

证明 将 (2.8.5), (2.8.7)—(2.8.8) 分别与 (2.8.9)—(2.8.11) 相减, 可得误差方程组

$$\begin{cases}
\dfrac{1}{s}\left[a_0^{(\alpha)}e_i^n - \sum_{k=1}^{n-1}\left(a_{n-k-1}^{(\alpha)} - a_{n-k}^{(\alpha)}\right)e_i^k - a_{n-1}^{(\alpha)}e_i^0\right] \\
\quad + \dfrac{1}{s_1}\left[a_0^{(\alpha_1)}e_i^n - \sum_{k=1}^{n-1}\left(a_{n-k-1}^{(\alpha_1)} - a_{n-k}^{(\alpha_1)}\right)e_i^k - a_{n-1}^{(\alpha_1)}e_i^0\right] \\
\quad = \delta_x^2 e_i^n + (r_8)_i^n, \quad 1 \leqslant i \leqslant M-1,\ 1 \leqslant n \leqslant N, \\
e_i^0 = 0, \quad 1 \leqslant i \leqslant M-1, \\
e_0^n = 0, \quad e_M^n = 0, \quad 0 \leqslant n \leqslant N.
\end{cases}$$

应用定理 2.8.2, 并注意到 (2.8.6) 可得

$$\|e^n\|_\infty \leqslant \|e^0\|_\infty + \kappa_1 \max_{1 \leqslant m \leqslant n}\|(r_8)^m\|_\infty \leqslant c_8\kappa_1(\tau^{2-\alpha} + h^2), \quad 1 \leqslant n \leqslant N. \qquad \square$$

2.9 多项时间分数阶慢扩散方程基于 L2-1$_\sigma$ 逼近的差分方法

考虑如下多项时间分数阶慢扩散方程初边值问题

$$\begin{cases}
\sum_{r=0}^m \lambda_r {}_0^C D_t^{\alpha_r} u(x,t) = u_{xx}(x,t) + f(x,t), \quad x \in (0,L),\ t \in (0,T], & (2.9.1) \\
u(x,0) = \varphi(x), \quad x \in (0,L), & (2.9.2) \\
u(0,t) = \mu(t), \quad u(L,t) = \nu(t), \quad t \in [0,T], & (2.9.3)
\end{cases}$$

其中 $\lambda_r\,(0 \leqslant r \leqslant m)$ 为正常数, $0 \leqslant \alpha_m < \alpha_{m-1} < \cdots < \alpha_0 \leqslant 1$, 且至少有一个 $\alpha_r \in (0,1)$, f, φ, μ, ν 为已知函数, 且 $\varphi(0) = \mu(0), \varphi(L) = \nu(0)$. 假设解函数 $u \in C^{(4,3)}([0,L] \times [0,T])$.

2.9.1 差分格式的建立

应用 1.6.4 节的理论, 记 σ 为方程 $F(\sigma) = 0$ 的根, $t_{n-1+\sigma} = (n-1+\sigma)\tau$, $f_i^{n-1+\sigma} = f(x_i, t_{n-1+\sigma})$.

在点 $(x_i, t_{n-1+\sigma})$ 处考虑微分方程 (2.9.1), 得到

$$\sum_{r=0}^m \lambda_r {}_0^C D_t^{\alpha_r} u(x_i, t_{n-1+\sigma}) = u_{xx}(x_i, t_{n-1+\sigma}) + f_i^{n-1+\sigma},\ 1 \leqslant i \leqslant M-1,\ 1 \leqslant n \leqslant N.$$

$$(2.9.4)$$

对上式中时间分数阶导数应用 1.6.4 节中的理论, 可得

$$\sum_{r=0}^m \lambda_r {}_0^C D_t^{\alpha_r} u(x_i, t_{n-1+\sigma}) = \sum_{k=0}^{n-1} \hat{c}_k^{(n)}\left(U_i^{n-k} - U_i^{n-k-1}\right) + O(\tau^{3-\alpha_0}). \qquad (2.9.5)$$

对空间二阶导数应用二阶中心差商离散, 可得

$$u_{xx}(x_i,t_{n-1+\sigma}) = \sigma u_{xx}(x_i,t_n) + (1-\sigma)u_{xx}(x_i,t_{n-1}) + O(\tau^2)$$
$$= \sigma\delta_x^2 U_i^n + (1-\sigma)\delta_x^2 U_i^{n-1} + O(h^2) + O(\tau^2). \tag{2.9.6}$$

将 (2.9.5) 和 (2.9.6) 代入 (2.9.4), 得到

$$\sum_{k=0}^{n-1}\hat{c}_k^{(n)}\left(U_i^{n-k} - U_i^{n-k-1}\right) = \sigma\delta_x^2 U_i^n + (1-\sigma)\delta_x^2 U_i^{n-1} + f_i^{n-1+\sigma} + (r_9)_i^n,$$
$$1 \leqslant i \leqslant M-1,\ 1 \leqslant n \leqslant N, \tag{2.9.7}$$

且存在正常数 c_9 使得

$$\left|(r_9)_i^n\right| \leqslant c_9(\tau^2 + h^2), \quad 1 \leqslant i \leqslant M-1,\ 1 \leqslant n \leqslant N. \tag{2.9.8}$$

注意到初边值条件 (2.9.2)—(2.9.3), 有

$$\begin{cases} U_i^0 = \varphi(x_i), \quad 1 \leqslant i \leqslant M-1, & (2.9.9) \\ U_0^n = \mu(t_n), \quad U_M^n = \nu(t_n), \quad 0 \leqslant n \leqslant N. & (2.9.10) \end{cases}$$

在 (2.9.7) 中略去小量项 $(r_9)_i^n$, 并用数值解 u_i^n 代替精确解 U_i^n, 可得求解问题 (2.9.1)—(2.9.3) 的如下差分格式:

$$\begin{cases} \displaystyle\sum_{k=0}^{n-1}\hat{c}_k^{(n)}\left(u_i^{n-k} - u_i^{n-k-1}\right) = \sigma\delta_x^2 u_i^n + (1-\sigma)\delta_x^2 u_i^{n-1} + f_i^{n-1+\sigma}, \\ \hspace{5cm} 1 \leqslant i \leqslant M-1,\ 1 \leqslant n \leqslant N, & (2.9.11) \\ u_i^0 = \varphi(x_i), \quad 1 \leqslant i \leqslant M-1, & (2.9.12) \\ u_0^n = \mu(t_n), \quad u_M^n = \nu(t_n), \quad 0 \leqslant n \leqslant N. & (2.9.13) \end{cases}$$

2.9.2　差分格式的可解性

定理 2.9.1　差分格式 (2.9.11)—(2.9.13) 是唯一可解的.

证明　记

$$u^n = (u_0^n, u_1^n, \cdots, u_M^n).$$

由 (2.9.12)—(2.9.13) 知第 0 层的值 u^0 已知. 设前 n 层的值 $u^0, u^1, \cdots, u^{n-1}$ 已唯一确定, 则由 (2.9.11) 和 (2.9.13) 可得关于 u^n 的线性方程组. 要证明它的唯一可解性, 只需证明它相应的齐次方程组

$$\begin{cases} \hat{c}_0^{(n)} u_i^n = \sigma\delta_x^2 u_i^n, \quad 1 \leqslant i \leqslant M-1, & (2.9.14) \\ u_0^n = u_M^n = 0 & (2.9.15) \end{cases}$$

仅有零解.

用 u^n 与 (2.9.14) 的两边作内积, 并注意到 (2.9.15), 得到

$$\hat{c}_0^{(n)}\|u^n\|^2 = \sigma(u^n, \delta_x^2 u^n) = -\sigma\|\delta_x u^n\|^2.$$

易知

$$u_i^n = 0, \quad 0 \leqslant i \leqslant M.$$

由归纳原理知, 定理结论成立. □

2.9.3 差分格式的稳定性

定理 2.9.2 设 $\{v_i^n \,|\, 0 \leqslant i \leqslant M, 0 \leqslant n \leqslant N\}$ 为差分格式

$$\begin{cases} \displaystyle\sum_{k=0}^{n-1} \hat{c}_k^{(n)}\big(v_i^{n-k} - v_i^{n-k-1}\big) = \sigma\delta_x^2 v_i^n + (1-\sigma)\delta_x^2 v_i^{n-1} + g_i^n, \\ \qquad\qquad\qquad\qquad\qquad 1 \leqslant i \leqslant M-1, \ 1 \leqslant n \leqslant N, \qquad (2.9.16) \\ v_i^0 = \varphi(x_i), \quad 1 \leqslant i \leqslant M-1, \qquad\qquad\qquad\qquad\qquad (2.9.17) \\ v_0^n = 0, \quad v_M^n = 0, \quad 0 \leqslant n \leqslant N \qquad\qquad\qquad\qquad\qquad (2.9.18) \end{cases}$$

的解, 则有

$$\|\delta_x v^n\|^2 \leqslant \|\delta_x v^0\|^2 + \frac{1}{2\displaystyle\sum_{r=0}^m \frac{\lambda_r}{T^{\alpha_r}\Gamma(1-\alpha_r)}} \max_{1 \leqslant l \leqslant n} \|g^l\|^2, \quad 1 \leqslant n \leqslant N, \qquad (2.9.19)$$

其中

$$\|g^l\|^2 = h \sum_{i=1}^{M-1} |g_i^l|^2.$$

证明 用 $-\delta_x^2(\sigma v^n + (1-\sigma)v^{n-1})$ 与 (2.9.16) 的两边作内积, 得到

$$\sum_{k=0}^{n-1} \hat{c}_k^{(n)}\Big(v^{n-k} - v^{n-k-1}, -\delta_x^2(\sigma v^n + (1-\sigma)v^{n-1})\Big)$$

$$= -\|\delta_x^2(\sigma v^n + (1-\sigma)v^{n-1})\|^2 - \Big(\delta_x^2(\sigma v^n + (1-\sigma)v^{n-1}), g^n\Big)$$

$$\leqslant \frac{1}{4}\|g^n\|^2, \quad 1 \leqslant n \leqslant N. \qquad (2.9.20)$$

对于上式的左端, 应用分部求和公式, 注意到引理 1.6.6 及引理 1.6.7, 应用引理 2.6.1, 可得如下估计:

$$\sum_{k=0}^{n-1} \hat{c}_k^{(n)}\Big(v^{n-k} - v^{n-k-1}, -\delta_x^2(\sigma v^n + (1-\sigma)v^{n-1})\Big)$$

$$= \sum_{k=0}^{n-1} \hat{c}_k^{(n)} \left(\delta_x \big(v^{n-k} - v^{n-k-1} \big), \delta_x \big(\sigma v^n + (1-\sigma) v^{n-1} \big) \right)$$

$$\geqslant \frac{1}{2} \cdot \sum_{k=0}^{n-1} \hat{c}_k^{(n)} \left(\| \delta_x v^{n-k} \|^2 - \| \delta_x v^{n-k-1} \|^2 \right). \tag{2.9.21}$$

由 (2.9.21) 和 (2.9.20) 得到

$$\frac{1}{2} \cdot \sum_{k=0}^{n-1} \hat{c}_k^{(n)} \left(\| \delta_x v^{n-k} \|^2 - \| \delta_x v^{n-k-1} \|^2 \right) \leqslant \frac{1}{4} \| g^n \|^2, \quad 1 \leqslant n \leqslant N,$$

即

$$\hat{c}_0^{(n)} \| \delta_x v^n \|^2$$

$$\leqslant \sum_{k=1}^{n-1} \big(\hat{c}_{k-1}^{(n)} - \hat{c}_k^{(n)} \big) \| \delta_x v^{n-k} \|^2 + \hat{c}_{n-1}^{(n)} \| \delta_x v^0 \|^2 + \frac{1}{2} \| g^n \|^2, \quad 1 \leqslant n \leqslant N.$$

由引理 1.6.6 知

$$\hat{c}_{n-1}^{(n)} > \sum_{r=0}^{m} \lambda_r \, \frac{\tau^{-\alpha_r}}{\Gamma(1-\alpha_r)} n^{-\alpha_r} \geqslant \sum_{r=0}^{m} \frac{\lambda_r}{T^{\alpha_r} \Gamma(1-\alpha_r)}.$$

由以上两式得到

$$\hat{c}_0^{(n)} \| \delta_x v^n \|^2$$

$$\leqslant \sum_{k=1}^{n-1} \left(\hat{c}_{k-1}^{(n)} - \hat{c}_k^{(n)} \right) \| \delta_x v^{n-k} \|^2 + \hat{c}_{n-1}^{(n)} \left(\| \delta_x v^0 \|^2 + \frac{1}{2\hat{c}_{n-1}^{(n)}} \| g^n \|^2 \right)$$

$$\leqslant \sum_{k=1}^{n-1} \big(\hat{c}_{k-1}^{(n)} - \hat{c}_k^{(n)} \big) \| \delta_x v^{n-k} \|^2 + \hat{c}_{n-1}^{(n)} \left(\| \delta_x v^0 \|^2 + \frac{1}{2 \sum\limits_{r=0}^{m} \dfrac{\lambda_r}{T^{\alpha_r} \Gamma(1-\alpha_r)}} \| g^n \|^2 \right),$$

$$1 \leqslant n \leqslant N.$$

用数学归纳法可得 (2.9.19). 　　　　　　　　　　　　　　　　　　□

由定理 2.9.2 可知差分格式 (2.9.11)—(2.9.13) 关于初值和右端函数均是稳定的.

2.9.4　差分格式的收敛性

定理 2.9.3　设 $\{ U_i^n \,|\, 0 \leqslant i \leqslant M, 0 \leqslant n \leqslant N \}$ 为微分方程问题 (2.9.1)—(2.9.3) 的解, $\{ u_i^n \,|\, 0 \leqslant i \leqslant M, 0 \leqslant n \leqslant N \}$ 为差分格式 (2.9.11)—(2.9.13) 的解. 令

$$e_i^n = U_i^n - u_i^n, \quad 0 \leqslant i \leqslant M, \ 0 \leqslant n \leqslant N,$$

则有

$$\|\delta_x e^n\| \leqslant \sqrt{\dfrac{L}{2\displaystyle\sum_{r=0}^{m} \dfrac{\lambda_r}{T^{\alpha_r}\Gamma(1-\alpha_r)}}}\, c_9(\tau^2+h^2), \quad 1 \leqslant n \leqslant N, \tag{2.9.22}$$

$$\|e^n\|_\infty \leqslant \frac{1}{2}\sqrt{\dfrac{1}{2\displaystyle\sum_{r=0}^{m} \dfrac{\lambda_r}{T^{\alpha_r}\Gamma(1-\alpha_r)}}}\, Lc_9(\tau^2+h^2), \quad 1 \leqslant n \leqslant N. \tag{2.9.23}$$

证明 将 (2.9.7), (2.9.9)—(2.9.10) 分别与 (2.9.11)—(2.9.13) 相减, 可得误差方程组

$$\begin{cases} \displaystyle\sum_{k=0}^{n-1} \hat{c}_k^{(n)}\left(e_i^{n-k}-e_i^{n-k-1}\right) = \sigma\delta_x^2 e_i^n + (1-\sigma)\delta_x^2 e_i^{n-1} + (r_9)_i^n, \\ \qquad\qquad\qquad\qquad\qquad 1\leqslant i \leqslant M-1,\ 1\leqslant n \leqslant N, \\ e_i^0 = 0, \quad 1\leqslant i \leqslant M-1, \\ e_0^n = 0, \quad e_M^n = 0, \quad 0\leqslant n \leqslant N. \end{cases}$$

应用定理 2.9.2, 并注意到 (2.9.8), 可得

$$\begin{aligned} \|\delta_x e^n\|^2 &\leqslant \|\delta_x e^0\|^2 + \frac{1}{2\displaystyle\sum_{r=0}^{m}\dfrac{\lambda_r}{T^{\alpha_r}\Gamma(1-\alpha_r)}} \max_{1\leqslant l\leqslant n}\|(r_9)^l\|^2 \\ &\leqslant \frac{1}{2\displaystyle\sum_{r=0}^{m}\dfrac{\lambda_r}{T^{\alpha_r}\Gamma(1-\alpha_r)}}\, L\left[c_9(\tau^2+h^2)\right]^2, \quad 1\leqslant n \leqslant N. \end{aligned}$$

上式两边开方得到 (2.9.22). 由 (2.9.22) 及引理 2.1.1, 易得 (2.9.23). □

2.10 二维问题基于 G-L 逼近的 ADI 方法

考虑如下二维时间分数阶慢扩散方程初边值问题

$$\begin{cases} {}_0^C D_t^\alpha u(x,y,t) = u_{xx}(x,y,t) + u_{yy}(x,y,t) + f(x,y,t), \\ \qquad\qquad\qquad\qquad (x,y)\in\Omega, \quad t\in(0,T], & (2.10.1) \\ u(x,y,0) = 0, \quad (x,y)\in\Omega, & (2.10.2) \\ u(x,y,t) = \mu(x,y,t), \quad (x,y)\in\partial\Omega,\ t\in[0,T], & (2.10.3) \end{cases}$$

其中 $\Omega = (0,L_1)\times(0,L_2)$, $\alpha\in(0,1)$, f,μ 为已知函数, 且 $\mu(x,y,0)|_{(x,y)\in\partial\Omega} = 0$.

先进行网格剖分. 取正整数 M_1, M_2 和 N. 令 $h_1 = L_1/M_1$, $h_2 = L_2/M_2$, $\tau = T/N$. 记 $x_i = ih_1 \ (0 \leqslant i \leqslant M_1)$, $y_j = jh_2 \ (0 \leqslant j \leqslant M_2)$, $t_k = k\tau \ (0 \leqslant k \leqslant N)$. 记 $\bar{\Omega}_h = \{(x_i, y_j) \mid 0 \leqslant i \leqslant M_1, \ 0 \leqslant j \leqslant M_2\}$, $\Omega_h = \bar{\Omega}_h \cap \Omega$, $\partial \Omega_h = \bar{\Omega}_h \cap \partial\Omega$, $\omega = \{(i,j) \mid (x_i, y_j) \in \Omega_h\}$, $\partial\omega = \{(i,j) \mid (x_i, y_j) \in \partial\Omega_h\}$, $\bar{\omega} = \omega \cup \partial\omega$, $\Omega_\tau = \{t_k \mid 0 \leqslant k \leqslant N\}$.

记

$$\mathcal{V}_h = \Big\{ u \mid u = \{u_{ij} \mid (i,j) \in \bar{\omega}\} \text{ 为 } \bar{\Omega}_h \text{ 上的网格函数} \Big\},$$

$$\mathring{\mathcal{V}}_h = \Big\{ u \mid u \in \mathcal{V}_h; \text{当 } (i,j) \in \partial\omega \text{ 时}, u_{ij} = 0 \Big\}.$$

对任意网格函数 $v \in \mathcal{V}_h$, 引进如下记号:

$$\delta_x v_{i-\frac{1}{2}, j} = \frac{1}{h_1}(v_{ij} - v_{i-1,j}), \quad \delta_y v_{i, j-\frac{1}{2}} = \frac{1}{h_2}(v_{ij} - v_{i,j-1}),$$

$$\delta_x^2 v_{ij} = \frac{1}{h_1}\big(\delta_x v_{i+\frac{1}{2}, j} - \delta_x v_{i-\frac{1}{2}, j}\big), \quad \delta_x \delta_y v_{i-\frac{1}{2}, j-\frac{1}{2}} = \frac{1}{h_1}\big(\delta_y v_{i, j-\frac{1}{2}} - \delta_y v_{i-1, j-\frac{1}{2}}\big),$$

$$\delta_y^2 v_{ij} = \frac{1}{h_2}\big(\delta_y v_{i, j+\frac{1}{2}} - \delta_y v_{i, j-\frac{1}{2}}\big), \quad \delta_x^2 \delta_y^2 v_{ij} = \frac{1}{h_1^2}\big(\delta_y^2 v_{i-1, j} - 2\delta_y^2 v_{ij} + \delta_y^2 v_{i+1, j}\big),$$

$\delta_x \delta_y^2 v_{i-\frac{1}{2}, j}, \delta_y \delta_x^2 v_{i, j-\frac{1}{2}}$ 等可类似定义.

对任意网格函数 $u, v \in \mathring{\mathcal{V}}_h$, 定义

$$(u, v) = h_1 h_2 \sum_{i=1}^{M_1-1} \sum_{j=1}^{M_2-1} u_{ij} v_{ij}, \quad \|u\| = \sqrt{(u, u)},$$

$$(\delta_x u, \delta_x v) = h_1 h_2 \sum_{i=1}^{M_1} \sum_{j=1}^{M_2-1} \big(\delta_x u_{i-\frac{1}{2}, j}\big)\big(\delta_x v_{i-\frac{1}{2}, j}\big), \quad \|\delta_x u\| = \sqrt{(\delta_x u, \delta_x u)},$$

$$(\delta_y u, \delta_y v) = h_1 h_2 \sum_{i=1}^{M_1-1} \sum_{j=1}^{M_2} \big(\delta_y u_{i, j-\frac{1}{2}}\big)\big(\delta_y v_{i, j-\frac{1}{2}}\big), \quad \|\delta_y u\| = \sqrt{(\delta_y u, \delta_y u)},$$

$$(\delta_x \delta_y u, \delta_x \delta_y v) = h_1 h_2 \sum_{i=1}^{M_1} \sum_{j=1}^{M_2} (\delta_x \delta_y u_{i-\frac{1}{2}, j-\frac{1}{2}})(\delta_x \delta_y v_{i-\frac{1}{2}, j-\frac{1}{2}}),$$

$$\|\delta_x \delta_y u\| = \sqrt{(\delta_x \delta_y u, \delta_x \delta_y u)}, \quad \|\nabla_h u\| = \sqrt{\|\delta_x u\|^2 + \|\delta_y u\|^2},$$

$$\|u\|_\infty = \max_{\substack{1 \leqslant i \leqslant M_1-1 \\ 1 \leqslant j \leqslant M_2-1}} |u_{ij}|.$$

容易验证对任意网格函数 $u, v \in \overset{\circ}{\mathcal{V}}_h$, 有

$$(-\delta_x^2 u, v) \equiv h_1 h_2 \sum_{i=1}^{M_1-1} \sum_{j=1}^{M_2-1} (-\delta_x^2 u_{ij}) v_{ij} = (\delta_x u, \delta_x v), \tag{2.10.4}$$

$$(-\delta_y^2 u, v) \equiv h_1 h_2 \sum_{i=1}^{M_1-1} \sum_{j=1}^{M_2-1} (-\delta_y^2 u_{ij}) v_{ij} = (\delta_y u, \delta_y v), \tag{2.10.5}$$

$$(\delta_x^2 \delta_y^2 u, v) \equiv h_1 h_2 \sum_{i=1}^{M_1-1} \sum_{j=1}^{M_2-1} (\delta_x^2 \delta_y^2 u_{ij}) v_{ij} = (\delta_x \delta_y u, \delta_x \delta_y v). \tag{2.10.6}$$

此外, 记 $\mathcal{I}$ 为单位算子, 也称恒等算子.

引理 2.10.1[79]   对于任意网格函数 $u \in \overset{\circ}{\mathcal{V}}_h$, 有

$$\|u\|^2 \leqslant \frac{1}{\dfrac{6}{L_1^2} + \dfrac{6}{L_2^2}} \|\nabla_h u\|^2.$$

定义网格函数

$$U_{ij}^n = u(x_i, y_j, t_n), \quad f_{ij}^n = f(x_i, y_j, t_n), \quad (i,j) \in \bar{\omega}, \quad 0 \leqslant n \leqslant N.$$

对任意固定的 $(x, y) \in \bar{\Omega}$, 定义函数

$$\hat{u}(x, y, t) = \begin{cases} 0, & t < 0, \\ u(x, y, t), & 0 \leqslant t \leqslant T, \\ v(x, y, t), & T < t < 2T, \\ 0, & t \geqslant 2T, \end{cases}$$

其中 $v(x, y, t)$ 为满足 $\dfrac{\partial^k v}{\partial t^k}(x, y, t)\Big|_{t=T} = \dfrac{\partial^k u}{\partial t^k}(x, y, t)\Big|_{t=T}, \dfrac{\partial^k v}{\partial t^k}(x, y, t)\Big|_{t=2T} = 0 \ (k = 0, 1, 2)$ 的光滑函数. 设 $\hat{u}(x, y, \cdot) \in \mathscr{C}^{1+\alpha}(\mathcal{R})$ 且 $u(\cdot, \cdot, t) \in C^{(4,4)}(\bar{\Omega})$.

2.10.1 差分格式的建立

在结点 (x_i, y_j, t_n) 处考虑微分方程 (2.10.1), 得到

$$_0^C D_t^\alpha u(x_i, y_j, t_n) = u_{xx}(x_i, y_j, t_n) + u_{yy}(x_i, y_j, t_n) + f_{ij}^n, \quad (i,j) \in \omega, \ 1 \leqslant n \leqslant N.$$

注意到零初值条件 (2.10.2) 下 Caputo 导数和 R-L 导数的等价关系, 应用定理 1.4.2 和引理 2.1.3 可得

$$\tau^{-\alpha} \sum_{k=0}^n g_k^{(\alpha)} U_{ij}^{n-k} = \delta_x^2 U_{ij}^n + \delta_y^2 U_{ij}^n + f_{ij}^n + (r_{10})_{ij}^n,$$

$$(i,j) \in \omega, \ 1 \leqslant n \leqslant N, \tag{2.10.7}$$

且存在正常数 c_{10} 使得

$$|(r_{10})_{ij}^n| \leqslant c_{10}(\tau + h_1^2 + h_2^2), \quad (i,j) \in \omega, \ 1 \leqslant n \leqslant N.$$

在等式 (2.10.7) 两边同时添加小量项 $\tau^\alpha \sum\limits_{k=0}^{n} g_k^{(\alpha)} \delta_x^2 \delta_y^2 U_{ij}^{n-k}$，得到

$$\tau^{-\alpha} \sum_{k=0}^{n} g_k^{(\alpha)} U_{ij}^{n-k} + \tau^{2\alpha}\left[\tau^{-\alpha}\sum_{k=0}^{n} g_k^{(\alpha)} \delta_x^2 \delta_y^2 U_{ij}^{n-k}\right]$$
$$= \delta_x^2 U_{ij}^n + \delta_y^2 U_{ij}^n + f_{ij}^n + (r_{11})_{ij}^n, \quad (i,j) \in \omega, \ 1 \leqslant n \leqslant N, \tag{2.10.8}$$

其中

$$(r_{11})_{ij}^n = (r_{10})_{ij}^n + \tau^{2\alpha}\left[\tau^{-\alpha}\sum_{k=0}^{n} g_k^{(\alpha)} \delta_x^2 \delta_y^2 U_{ij}^{n-k}\right],$$

且存在正常数 c_{11} 使得

$$|(r_{11})_{ij}^n| \leqslant c_{11}(\tau^{\min\{1,\,2\alpha\}} + h_1^2 + h_2^2), \quad (i,j) \in \omega, \ 1 \leqslant n \leqslant N. \tag{2.10.9}$$

注意到初边值条件 (2.10.2)—(2.10.3)，有

$$\begin{cases} U_{ij}^0 = 0, \quad (i,j) \in \omega, & \text{(2.10.10)} \\ U_{ij}^n = \mu(x_i, y_j, t_n), \quad (i,j) \in \partial\omega, \ 0 \leqslant n \leqslant N. & \text{(2.10.11)} \end{cases}$$

在等式 (2.10.8) 中略去小量项 $(r_{11})_{ij}^n$，并用数值解 u_{ij}^n 代替精确解 U_{ij}^n，得到求解问题 (2.10.1)—(2.10.3) 的如下差分格式：

$$\begin{cases} \tau^{-\alpha}\sum\limits_{k=0}^{n} g_k^{(\alpha)} u_{ij}^{n-k} + \tau^{2\alpha}\left[\tau^{-\alpha}\sum\limits_{k=0}^{n} g_k^{(\alpha)} \delta_x^2 \delta_y^2 u_{ij}^{n-k}\right] = \delta_x^2 u_{ij}^n + \delta_y^2 u_{ij}^n + f_{ij}^n, \\ \hspace{6.5cm} (i,j) \in \omega, \ 1 \leqslant n \leqslant N, \quad (2.10.12) \\ u_{ij}^0 = 0, \quad (i,j) \in \omega, \hspace{5.3cm} (2.10.13) \\ u_{ij}^n = \mu(x_i, y_j, t_n), \quad (i,j) \in \partial\omega, \ 0 \leqslant n \leqslant N. \hspace{1.8cm} (2.10.14) \end{cases}$$

方程 (2.10.12) 可以改写为

$$u_{ij}^n - \tau^\alpha \delta_x^2 u_{ij}^n - \tau^\alpha \delta_y^2 u_{ij}^n + \tau^{2\alpha} \delta_x^2 \delta_y^2 u_{ij}^n$$
$$= \sum_{k=1}^{n} (-g_k^{(\alpha)})(u_{ij}^{n-k} + \tau^{2\alpha} \delta_x^2 \delta_y^2 u_{ij}^{n-k}) + \tau^\alpha f_{ij}^n,$$

即

$$(\mathcal{I} - \tau^\alpha \delta_x^2)(\mathcal{I} - \tau^\alpha \delta_y^2) u_{ij}^n$$
$$= \sum_{k=1}^n (-g_k^{(\alpha)})(\mathcal{I} + \tau^{2\alpha}\delta_x^2\delta_y^2) u_{ij}^{n-k} + \tau^\alpha f_{ij}^n, \quad (i,j) \in \omega, \ 1 \leqslant n \leqslant N.$$

令

$$u_{ij}^* = (\mathcal{I} - \tau^\alpha \delta_y^2) u_{ij}^n,$$

则差分格式 (2.10.12)—(2.10.14) 可写成如下交替方向隐 (ADI) 格式:

在时间层 $t = t_n$ $(1 \leqslant n \leqslant N)$ 上, 首先, 对任意固定的 j $(1 \leqslant j \leqslant M_2 - 1)$, 求解 x 方向上关于 $\{u_{ij}^* \mid 0 \leqslant i \leqslant M_1\}$ 的一维问题

$$\begin{cases} (\mathcal{I} - \tau^\alpha \delta_x^2) u_{ij}^* = \displaystyle\sum_{k=1}^n (-g_k^{(\alpha)})(\mathcal{I} + \tau^{2\alpha}\delta_x^2\delta_y^2) u_{ij}^{n-k} + \tau^\alpha f_{ij}^n, \quad 1 \leqslant i \leqslant M_1 - 1, \\ u_{0j}^* = (\mathcal{I} - \tau^\alpha \delta_y^2) u_{0j}^n, \quad u_{M_1,j}^* = (\mathcal{I} - \tau^\alpha \delta_y^2) u_{M_1,j}^n \end{cases}$$

得到

$$\{u_{ij}^* \mid 1 \leqslant i \leqslant M_1 - 1\}.$$

其次, 对任意固定的 i $(1 \leqslant i \leqslant M_1 - 1)$, 求解 y 方向上关于 $\{u_{ij}^n \mid 0 \leqslant j \leqslant M_2\}$ 的一维问题

$$\begin{cases} (\mathcal{I} - \tau^\alpha \delta_y^2) u_{ij}^n = u_{ij}^*, \quad 1 \leqslant j \leqslant M_2 - 1, \\ u_{i0}^n = \mu(x_i, y_0, t_n), \quad u_{i,M_2}^n = \mu(x_i, y_{M_2}, t_n) \end{cases}$$

得到

$$\{u_{ij}^n \mid 1 \leqslant j \leqslant M_2 - 1\}.$$

2.10.2 差分格式的可解性

定理 2.10.1 差分格式 (2.10.12)—(2.10.14) 是唯一可解的.

证明 记

$$u^n = \{u_{ij}^n \mid (i,j) \in \bar\omega\}.$$

由 (2.10.13)—(2.10.14) 知 u^0 已给定.

现设前 n 层的值 $u^0, u^1, \cdots, u^{n-1}$ 已唯一确定, 则由 (2.10.12) 和 (2.10.14) 可得关于 u^n 的线性方程组. 要证明它的唯一可解性, 只需证明它相应的齐次方程组

$$\begin{cases} \tau^{-\alpha} g_0^{(\alpha)} u_{ij}^n + \tau^\alpha g_0^{(\alpha)} \delta_x^2 \delta_y^2 u_{ij}^n = \delta_x^2 u_{ij}^n + \delta_y^2 u_{ij}^n, \quad (i,j) \in \omega, & (2.10.15) \\ u_{ij}^n = 0, \quad (i,j) \in \partial\omega & (2.10.16) \end{cases}$$

仅有零解.

用 u^n 与方程 (2.10.15) 两边作内积, 注意到 (2.10.16), 应用 (2.10.4)—(2.10.6), 可得

$$\tau^{-\alpha}\big(u^n, u^n\big) + \tau^\alpha\big(\delta_x\delta_y u^n, \delta_x\delta_y u^n\big) = -\big[(\delta_x u^n, \delta_x u^n) + (\delta_y u^n, \delta_y u^n)\big],$$

即

$$\tau^{-\alpha}\|u^n\|^2 + \tau^\alpha\|\delta_x\delta_y u^n\|^2 = -\|\nabla_h u^n\|^2 \leqslant 0,$$

因此 $\|u^n\| = 0$. 注意到 (2.10.16), 有 $u^n = 0$.

由归纳原理知, 差分格式 (2.10.12)—(2.10.14) 存在唯一解.　　　　　□

2.10.3　差分格式的稳定性

定理 2.10.2　设 $\{v_{ij}^n \mid (i,j) \in \bar\omega, 0 \leqslant n \leqslant N\}$ 为差分格式

$$\begin{cases} \tau^{-\alpha}\displaystyle\sum_{k=0}^n g_k^{(\alpha)} v_{ij}^{n-k} + \tau^\alpha\sum_{k=0}^n g_k^{(\alpha)}\delta_x^2\delta_y^2 v_{ij}^{n-k} = \delta_x^2 v_{ij}^n + \delta_y^2 v_{ij}^n + f_{ij}^n, \\ \qquad\qquad\qquad\qquad\qquad\qquad (i,j) \in \omega,\ 1 \leqslant n \leqslant N, \qquad (2.10.17) \\ v_{ij}^0 = \varphi(x_i, y_j),\quad (i,j) \in \omega, \qquad\qquad\qquad\qquad\qquad (2.10.18) \\ v_{ij}^n = 0,\quad (i,j) \in \partial\omega,\ 0 \leqslant n \leqslant N \qquad\qquad\qquad\qquad (2.10.19) \end{cases}$$

的解, 则有

$$\|v^n\|^2 + \tau^{2\alpha}\|\delta_x\delta_y v^n\|^2 \leqslant \frac{5}{1-\alpha}(\|v^0\|^2 + \tau^{2\alpha}\|\delta_x\delta_y v^0\|^2)$$
$$+ \frac{L_1^2 L_2^2}{12(L_1^2 + L_2^2)} \cdot \frac{5}{(1-\alpha)2^\alpha} t_n^\alpha \max_{1\leqslant m\leqslant n}\|f^m\|^2,\quad 1 \leqslant n \leqslant N, \tag{2.10.20}$$

其中

$$\|f^m\|^2 = h_1 h_2 \sum_{i=1}^{M_1-1}\sum_{j=1}^{M_2-1}(f_{ij}^m)^2.$$

证明　用 v^n 与方程 (2.10.17) 两边同时作内积, 注意到 (2.10.19), 并利用 (2.10.4)—(2.10.6), 可得

$$\tau^{-\alpha}\sum_{k=0}^n g_k^{(\alpha)}(v^{n-k}, v^n) + \tau^\alpha\sum_{k=0}^n g_k^{(\alpha)}(\delta_x\delta_y v^{n-k}, \delta_x\delta_y v^n)$$
$$= -(\delta_x v^n, \delta_x v^n) - (\delta_y v^n, \delta_y v^n) + (f^n, v^n)$$

$$= -\|\nabla_h v^n\|^2 + (f^n, v^n), \quad 1 \leqslant n \leqslant N. \tag{2.10.21}$$

由 Cauchy-Schwarz 不等式, 并注意到引理 2.10.1 有

$$(f^n, v^n) \leqslant \|f^n\| \cdot \|v^n\| \leqslant 6\left(\frac{1}{L_1^2} + \frac{1}{L_2^2}\right)\|v^n\|^2 + \frac{1}{24\left(\dfrac{1}{L_1^2} + \dfrac{1}{L_2^2}\right)}\|f^n\|^2$$

$$\leqslant \|\nabla_h v^n\|^2 + \frac{1}{24\left(\dfrac{1}{L_1^2} + \dfrac{1}{L_2^2}\right)}\|f^n\|^2, \quad 1 \leqslant n \leqslant N. \tag{2.10.22}$$

将 (2.10.22) 代入 (2.10.21), 可得

$$\tau^{-\alpha} \sum_{k=0}^{n} g_k^{(\alpha)} \left[(v^{n-k}, v^n) + \tau^{2\alpha}(\delta_x \delta_y v^{n-k}, \delta_x \delta_y v^n)\right] \leqslant \frac{L_1^2 L_2^2}{24(L_1^2 + L_2^2)}\|f^n\|^2, \ 1 \leqslant n \leqslant N.$$

整理上式, 再应用 Cauchy-Schwarz 不等式可得

$$\|v^n\|^2 + \tau^{2\alpha}\|\delta_x \delta_y v^n\|^2$$

$$\leqslant \sum_{k=1}^{n} (-g_k^{(\alpha)})\left[(v^{n-k}, v^n) + \tau^{2\alpha}(\delta_x \delta_y v^{n-k}, \delta_x \delta_y v^n)\right] + \frac{L_1^2 L_2^2}{24(L_1^2 + L_2^2)}\tau^\alpha\|f^n\|^2$$

$$\leqslant \sum_{k=1}^{n} (-g_k^{(\alpha)})\left[\frac{1}{2}(\|v^{n-k}\|^2 + \|v^n\|^2) + \frac{1}{2}\tau^{2\alpha}(\|\delta_x \delta_y v^{n-k}\|^2 + \|\delta_x \delta_y v^n\|^2)\right]$$

$$+ \frac{L_1^2 L_2^2}{24(L_1^2 + L_2^2)}\tau^\alpha\|f^n\|^2, \quad 1 \leqslant n \leqslant N.$$

注意到 $\displaystyle\sum_{k=1}^{n}(-g_k^{(\alpha)}) \leqslant g_0^{(\alpha)} = 1$, 将上式两边同乘以 2, 可得

$$\|v^n\|^2 + \tau^{2\alpha}\|\delta_x \delta_y v^n\|^2$$

$$\leqslant \sum_{k=1}^{n} (-g_k^{(\alpha)})(\|v^{n-k}\|^2 + \tau^{2\alpha}\|\delta_x \delta_y v^{n-k}\|^2) + \frac{L_1^2 L_2^2}{12(L_1^2 + L_2^2)}\tau^\alpha\|f^n\|^2, \quad 1 \leqslant n \leqslant N. \tag{2.10.23}$$

从不等式 (2.10.23) 出发, 应用类似定理 2.1.2 中的归纳过程, 容易证得 (2.10.20).

$\square$

2.10.4 差分格式的收敛性

定理 2.10.3 设 $\{U_{ij}^n \mid (i,j) \in \bar{\omega}, 0 \leqslant n \leqslant N\}$ 为微分方程问题 (2.10.1)—(2.10.3) 的解, $\{u_{ij}^n \mid (i,j) \in \bar{\omega}, 0 \leqslant n \leqslant N\}$ 为差分格式 (2.10.12)—(2.10.14) 的解. 令

$$e_{ij}^n = U_{ij}^n - u_{ij}^n, \quad (i,j) \in \bar{\omega}, \quad 0 \leqslant n \leqslant N,$$

则有

$$\|e^n\| \leqslant \kappa_2(\tau^{\min\{1,\,2\alpha\}} + h_1^2 + h_2^2), \quad 1 \leqslant n \leqslant N,$$

其中

$$\kappa_2 = \frac{L_1 L_2}{6} \sqrt{\frac{15}{1-\alpha} \left(\frac{T}{2}\right)^\alpha \frac{L_1 L_2}{L_1^2 + L_2^2}} \, c_{11}.$$

证明　将 (2.10.8), (2.10.10)—(2.10.11) 分别与 (2.10.12)—(2.10.14) 相减, 可得误差方程组

$$\begin{cases} \tau^{-\alpha} \sum_{k=0}^{n} g_k^{(\alpha)} e_{ij}^{n-k} + \tau^\alpha \sum_{k=0}^{n} g_k^{(\alpha)} \delta_x^2 \delta_y^2 e_{ij}^{n-k} = \delta_x^2 e_{ij}^n + \delta_y^2 e_{ij}^n + (r_{11})_{ij}^n, \\ \qquad\qquad\qquad\qquad\qquad\qquad (i,j) \in \omega, \ 1 \leqslant n \leqslant N, \\ e_{ij}^0 = 0, \quad (i,j) \in \omega, \\ e_{ij}^n = 0, \quad (i,j) \in \partial\omega, \ 0 \leqslant n \leqslant N. \end{cases}$$

应用定理 2.10.2, 并注意到 (2.10.9) 可得

$$\begin{aligned} \|e^n\|^2 &\leqslant \frac{L_1^2 L_2^2}{12(L_1^2 + L_2^2)} \cdot \frac{5}{(1-\alpha)2^\alpha} t_n^\alpha \max_{1 \leqslant m \leqslant n} \|(r_{11})^m\|^2 \\ &\leqslant \frac{L_1^2 L_2^2}{12(L_1^2 + L_2^2)} \cdot \frac{5T^\alpha}{(1-\alpha)2^\alpha} L_1 L_2 \big[c_{11}(\tau^{\min\{1,\,2\alpha\}} + h_1^2 + h_2^2) \big]^2, \\ &\qquad\qquad\qquad 1 \leqslant n \leqslant N. \end{aligned}$$

将上式两边开方, 即得所要结果.　　　　　　　　　　　　　　　　　　　　□

2.11　二维问题基于 L1 逼近的 ADI 方法

考虑如下二维时间分数阶慢扩散方程初边值问题

$$\begin{cases} {}_0^C D_t^\alpha u(x,y,t) = u_{xx}(x,y,t) + u_{yy}(x,y,t) + f(x,y,t), \\ \qquad\qquad\qquad\qquad (x,y) \in \Omega, \ \ t \in (0,T], & (2.11.1) \\ u(x,y,0) = \varphi(x,y), \quad (x,y) \in \Omega, & (2.11.2) \\ u(x,y,t) = \mu(x,y,t), \quad (x,y) \in \partial\Omega, \ t \in [0,T], & (2.11.3) \end{cases}$$

其中 $\Omega = (0, L_1) \times (0, L_2)$, $\alpha \in (0,1)$, f, φ, μ 为已知函数, 且 $\mu(x,y,0)|_{(x,y) \in \partial\Omega} = \varphi(x,y)$.

网格剖分和记号同 2.10 节. 假设解函数 $u \in C^{(4,4,2)}(\bar\Omega \times [0,T])$. 此外, 记 $s = \tau^\alpha \Gamma(2-\alpha)$.

2.11.1 差分格式的建立

在结点 (x_i, y_j, t_n) 处考虑微分方程 (2.11.1), 得到

$$
{}_0^C D_t^\alpha u(x_i, y_j, t_n) = u_{xx}(x_i, y_j, t_n) + u_{yy}(x_i, y_j, t_n) + f_{ij}^n, \quad (i,j) \in \omega, \ 1 \leqslant n \leqslant N.
$$

对上式中时间分数阶 Caputo 导数应用 L1 公式 (1.6.4) 离散, 空间导数应用二阶中心差商近似, 由定理 1.6.1 和引理 2.1.3, 有

$$
\frac{\tau^{-\alpha}}{\Gamma(2-\alpha)} \left[a_0^{(\alpha)} U_{ij}^n - \sum_{k=1}^{n-1} (a_{n-k-1}^{(\alpha)} - a_{n-k}^{(\alpha)}) U_{ij}^k - a_{n-1}^{(\alpha)} U_{ij}^0 \right]
$$
$$
= \delta_x^2 U_{ij}^n + \delta_y^2 U_{ij}^n + f_{ij}^n + (r_{12})_{ij}^n, \quad (i,j) \in \omega, \ 1 \leqslant n \leqslant N, \tag{2.11.4}
$$

且存在正常数 c_{12} 使得

$$
|(r_{12})_{ij}^n| \leqslant c_{12}(\tau^{2-\alpha} + h_1^2 + h_2^2), \quad (i,j) \in \omega, \ 1 \leqslant n \leqslant N.
$$

在等式 (2.11.4) 两边同时添加小量项

$$
s^2 \frac{\tau^{-\alpha}}{\Gamma(2-\alpha)} \delta_x^2 \delta_y^2 \left[a_0^{(\alpha)} U_{ij}^n - \sum_{k=1}^{n-1} (a_{n-k-1}^{(\alpha)} - a_{n-k}^{(\alpha)}) U_{ij}^k - a_{n-1}^{(\alpha)} U_{ij}^0 \right],
$$

得到

$$
\frac{\tau^{-\alpha}}{\Gamma(2-\alpha)} (\mathcal{I} + s^2 \delta_x^2 \delta_y^2) \left[a_0^{(\alpha)} U_{ij}^n - \sum_{k=1}^{n-1} (a_{n-k-1}^{(\alpha)} - a_{n-k}^{(\alpha)}) U_{ij}^k - a_{n-1}^{(\alpha)} U_{ij}^0 \right]
$$
$$
= \delta_x^2 U_{ij}^n + \delta_y^2 U_{ij}^n + f_{ij}^n + (r_{13})_{ij}^n, \quad (i,j) \in \omega, \ 1 \leqslant n \leqslant N, \tag{2.11.5}
$$

其中

$$
(r_{13})_{ij}^n = (r_{12})_{ij}^n + s^2 \left\{ \frac{\tau^{-\alpha}}{\Gamma(2-\alpha)} \delta_x^2 \delta_y^2 \left[a_0^{(\alpha)} U_{ij}^n - \sum_{k=1}^{n-1} (a_{n-k-1}^{(\alpha)} - a_{n-k}^{(\alpha)}) U_{ij}^k - a_{n-1}^{(\alpha)} U_{ij}^0 \right] \right\},
$$

且存在正常数 c_{13} 使得

$$
|(r_{13})_{ij}^n| \leqslant c_{13}(\tau^{\min\{2\alpha, \, 2-\alpha\}} + h_1^2 + h_2^2), \quad (i,j) \in \omega, \ 1 \leqslant n \leqslant N. \tag{2.11.6}
$$

注意到初边值条件 (2.11.2)—(2.11.3), 有

$$
\begin{cases}
U_{ij}^0 = \varphi(x_i, y_j), & (i,j) \in \omega, \\[2mm]
U_{ij}^n = \mu(x_i, y_j, t_n), & (i,j) \in \partial\omega, \ 0 \leqslant n \leqslant N.
\end{cases}
$$
$$
\tag{2.11.7}
$$
$$
\tag{2.11.8}
$$

在方程 (2.11.5) 中略去小量项 $(r_{13})_{ij}^n$, 并用数值解 u_{ij}^n 代替精确解 U_{ij}^n, 得到求解问题 (2.11.1)—(2.11.3) 的如下差分格式:

$$
\begin{cases}
\dfrac{\tau^{-\alpha}}{\Gamma(2-\alpha)}(\mathcal{I}+s^2\delta_x^2\delta_y^2)\left[a_0^{(\alpha)}u_{ij}^n - \sum_{k=1}^{n-1}(a_{n-k-1}^{(\alpha)}-a_{n-k}^{(\alpha)})u_{ij}^k - a_{n-1}^{(\alpha)}u_{ij}^0\right] \\
\qquad = \delta_x^2 u_{ij}^n + \delta_y^2 u_{ij}^n + f_{ij}^n, \quad (i,j)\in\omega,\ 1\leqslant n\leqslant N, \hfill (2.11.9) \\
u_{ij}^0 = \varphi(x_i,y_j), \quad (i,j)\in\omega, \hfill (2.11.10) \\
u_{ij}^n = \mu(x_i,y_j,t_n), \quad (i,j)\in\partial\omega,\ 0\leqslant n\leqslant N. \hfill (2.11.11)
\end{cases}
$$

方程 (2.11.9) 可以改写为

$$
(\mathcal{I}+s^2\delta_x^2\delta_y^2)u_{ij}^n - s\delta_x^2 u_{ij}^n - s\delta_y^2 u_{ij}^n
$$
$$
= (\mathcal{I}+s^2\delta_x^2\delta_y^2)\left[\sum_{k=1}^{n-1}(a_{n-k-1}^{(\alpha)}-a_{n-k}^{(\alpha)})u_{ij}^k + a_{n-1}^{(\alpha)}u_{ij}^0\right] + sf_{ij}^n,
$$

即

$$
(\mathcal{I}-s\delta_x^2)(\mathcal{I}-s\delta_y^2)u_{ij}^n
$$
$$
= (\mathcal{I}+s^2\delta_x^2\delta_y^2)\left[\sum_{k=1}^{n-1}(a_{n-k-1}^{(\alpha)}-a_{n-k}^{(\alpha)})u_{ij}^k + a_{n-1}^{(\alpha)}u_{ij}^0\right] + sf_{ij}^n, \quad (i,j)\in\omega,\ 1\leqslant n\leqslant N.
$$

令

$$
u_{ij}^* = (\mathcal{I}-s\delta_y^2)u_{ij}^n,
$$

则差分格式 (2.11.9)—(2.11.11) 可写成如下 ADI 求解格式:

在时间层 $t=t_n$ $(1\leqslant n\leqslant N)$ 上, 首先, 对任意固定的 j $(1\leqslant j\leqslant M_2-1)$, 求解 x 方向关于 $\{u_{ij}^*\mid 0\leqslant i\leqslant M_1\}$ 的一维问题

$$
\begin{cases}
(\mathcal{I}-s\delta_x^2)u_{ij}^* = (\mathcal{I}+s^2\delta_x^2\delta_y^2)\left[\sum_{k=1}^{n-1}(a_{n-k-1}^{(\alpha)}-a_{n-k}^{(\alpha)})u_{ij}^k + a_{n-1}^{(\alpha)}u_{ij}^0\right] + sf_{ij}^n, \\
\qquad\qquad 1\leqslant i\leqslant M_1-1, \\
u_{0j}^* = (\mathcal{I}-s\delta_y^2)u_{0j}^n, \quad u_{M_1,j}^* = (\mathcal{I}-s\delta_y^2)u_{M_1,j}^n
\end{cases}
$$

得到

$$
\{u_{ij}^*\mid 1\leqslant i\leqslant M_1-1\}.
$$

其次, 对任意固定的 i $(1\leqslant i\leqslant M_1-1)$, 求解 y 方向关于 $\{u_{ij}^n\mid 0\leqslant j\leqslant M_2\}$ 的一维问题

$$
\begin{cases}
(\mathcal{I}-s\delta_y^2)u_{ij}^n = u_{ij}^*, \quad 1\leqslant j\leqslant M_2-1, \\
u_{i0}^n = \mu(x_i,y_0,t_n), \quad u_{i,M_2}^n = \mu(x_i,y_{M_2},t_n)
\end{cases}
$$

得到

$$\{u_{ij}^n \mid 1 \leqslant j \leqslant M_2 - 1\}.$$

2.11.2 差分格式的可解性

定理 2.11.1 *差分格式* (2.11.9)—(2.11.11) *是唯一可解的.*

证明 记

$$u^n = \{u_{ij}^n \mid (i,j) \in \bar\omega\}.$$

由 (2.11.10)—(2.11.11) 知 u^0 已给定.

现设前 n 层的值 $u^0, u^1, \cdots, u^{n-1}$ 已唯一确定, 则由 (2.11.9) 和 (2.11.11) 可得关于 u^n 的线性方程组. 要证明它的唯一可解性, 只需证明它相应的齐次方程组

$$\begin{cases} \dfrac{1}{s}(\mathcal{I} + s^2 \delta_x^2 \delta_y^2) u_{ij}^n = \delta_x^2 u_{ij}^n + \delta_y^2 u_{ij}^n, \quad (i,j) \in \omega, & (2.11.12) \\ u_{ij}^n = 0, \quad (i,j) \in \partial\omega & (2.11.13) \end{cases}$$

仅有零解.

用 u^n 与方程 (2.11.12) 两边作内积, 注意到 (2.11.13), 并应用 (2.10.4)—(2.10.6) 可得

$$\frac{1}{s}(u^n, u^n) + s(\delta_x \delta_y u^n, \delta_x \delta_y u^n) = -(\delta_x u^n, \delta_x u^n) - (\delta_y u^n, \delta_y u^n) = -\|\nabla_h u^n\|^2 \leqslant 0.$$

因而 $\|u^n\| = 0$. 结合 (2.11.13), 有 $u^n = 0$.

由归纳原理知, 差分格式 (2.11.9)—(2.11.11) 存在唯一解. □

2.11.3 差分格式的稳定性

对任意网格函数 $u, v \in \mathring{\mathcal{V}}_h$, 定义

$$(u,v)_s \equiv (u,v) + s^2(\delta_x \delta_y u, \delta_x \delta_y v).$$

定理 2.11.2 设 $\{v_{ij}^n \mid (i,j) \in \bar\omega, 0 \leqslant n \leqslant N\}$ 为差分格式

$$\begin{cases} \dfrac{1}{s}(\mathcal{I} + s^2 \delta_x^2 \delta_y^2)\left[a_0^{(\alpha)} v_{ij}^n - \sum_{k=1}^{n-1} (a_{n-k-1}^{(\alpha)} - a_{n-k}^{(\alpha)}) v_{ij}^k - a_{n-1}^{(\alpha)} v_{ij}^0 \right] \\ \quad = \delta_x^2 v_{ij}^n + \delta_y^2 v_{ij}^n + f_{ij}^n, \quad (i,j) \in \omega, \ 1 \leqslant n \leqslant N, & (2.11.14) \\ v_{ij}^0 = \varphi(x_i, y_j), \quad (i,j) \in \omega, & (2.11.15) \\ v_{ij}^n = 0, \quad (i,j) \in \partial\omega, \ 0 \leqslant n \leqslant N & (2.11.16) \end{cases}$$

的解, 则有

$$(v^n, v^n)_s \leqslant (v^0, v^0)_s + \frac{L_1^2 L_2^2}{12(L_1^2 + L_2^2)}\Gamma(1-\alpha) \max_{1 \leqslant m \leqslant n} \{t_m^\alpha \|f^m\|^2\}, \quad 1 \leqslant n \leqslant N,$$

其中

$$\|f^m\|^2 = h_1 h_2 \sum_{i=1}^{M_1-1} \sum_{j=1}^{M_2-1} (f_{ij}^m)^2.$$

证明　用 v^n 与方程 (2.11.14) 两边作内积, 可得

$$\frac{1}{s}\left(\left(\mathcal{I}+s^2\delta_x^2\delta_y^2\right)\left(a_0^{(\alpha)}v^n - \sum_{k=1}^{n-1}(a_{n-k-1}^{(\alpha)} - a_{n-k}^{(\alpha)})v^k - a_{n-1}^{(\alpha)}v^0\right), v^n\right)$$

$$= (\delta_x^2 v^n, v^n) + (\delta_y^2 v^n, v^n) + (f^n, v^n), \quad 1 \leqslant n \leqslant N. \tag{2.11.17}$$

注意到 (2.11.16), 并应用 (2.10.4)—(2.10.6) 可得

$$\left((\mathcal{I}+s^2\delta_x^2\delta_y^2)v^k, v^n\right) = (v^k, v^n) + s^2\left(\delta_x\delta_y v^k, \delta_x\delta_y v^n\right) = (v^k, v^n)_s, \tag{2.11.18}$$

$$(\delta_x^2 v^n, v^n) + (\delta_y^2 v^n, v^n) = -(\delta_x v^n, \delta_x v^n) - (\delta_y v^n, \delta_y v^n) = -\|\nabla_h v^n\|^2. \tag{2.11.19}$$

由 Cauchy-Schwarz 不等式, 并注意到引理 2.10.1 有

$$(f^n, v^n) \leqslant \|f^n\| \cdot \|v^n\| \leqslant 6\left(\frac{1}{L_1^2}+\frac{1}{L_2^2}\right)\|v^n\|^2 + \frac{1}{24\left(\frac{1}{L_1^2}+\frac{1}{L_2^2}\right)}\|f^n\|^2$$

$$\leqslant \|\nabla_h v^n\|^2 + \frac{1}{24\left(\frac{1}{L_1^2}+\frac{1}{L_2^2}\right)}\|f^n\|^2, \quad 1 \leqslant n \leqslant N. \tag{2.11.20}$$

将 (2.11.18)—(2.11.20) 代入 (2.11.17), 经整理再应用 Cauchy-Schwarz 不等式, 可得

$$a_0^{(\alpha)}(v^n, v^n)_s \leqslant \sum_{k=1}^{n-1}(a_{n-k-1}^{(\alpha)} - a_{n-k}^{(\alpha)})(v^k, v^n)_s + a_{n-1}^{(\alpha)}(v^0, v^n)_s + \frac{L_1^2 L_2^2}{24(L_1^2+L_2^2)}s\|f^n\|^2$$

$$\leqslant \frac{1}{2}\sum_{k=1}^{n-1}(a_{n-k-1}^{(\alpha)} - a_{n-k}^{(\alpha)})[(v^k, v^k)_s + (v^n, v^n)_s]$$

$$+ \frac{1}{2}a_{n-1}^{(\alpha)}[(v^0, v^0)_s + (v^n, v^n)_s] + \frac{L_1^2 L_2^2}{24(L_1^2+L_2^2)}s\|f^n\|^2.$$

上式两边同乘以 2, 得到

$$a_0^{(\alpha)}(v^n, v^n)_s \leqslant \sum_{k=1}^{n-1}(a_{n-k-1}^{(\alpha)} - a_{n-k}^{(\alpha)})(v^k, v^k)_s + a_{n-1}^{(\alpha)}(v^0, v^0)_s$$

$$+ \frac{L_1^2 L_2^2}{12(L_1^2+L_2^2)}s\|f^n\|^2, \quad 1 \leqslant n \leqslant N.$$

注意到 (2.3.16), 有

$$
a_0^{(\alpha)}(v^n, v^n)_s \leqslant \sum_{k=1}^{n-1} (a_{n-k-1}^{(\alpha)} - a_{n-k}^{(\alpha)})(v^k, v^k)_s + a_{n-1}^{(\alpha)} \Bigg[(v^0, v^0)_s
$$

$$
+ \frac{L_1^2 L_2^2}{12(L_1^2 + L_2^2)} t_n^\alpha \Gamma(1-\alpha) \|f^n\|^2 \Bigg], \quad 1 \leqslant n \leqslant N. \qquad (2.11.21)
$$

从式 (2.11.21) 出发, 应用数学归纳法容易得到

$$
(v^n, v^n)_s \leqslant (v^0, v^0)_s + \frac{L_1^2 L_2^2}{12(L_1^2 + L_2^2)} \Gamma(1-\alpha) \max_{1 \leqslant m \leqslant n} \{ t_m^\alpha \|f^m\|^2 \}, \quad 1 \leqslant n \leqslant N. \quad \square
$$

2.11.4 差分格式的收敛性

定理 2.11.3 设 $\{U_{ij}^n \mid (i,j) \in \bar\omega, 0 \leqslant n \leqslant N\}$ 为微分方程问题 (2.11.1)—(2.11.3) 的解, $\{u_{ij}^n \mid (i,j) \in \bar\omega, 0 \leqslant n \leqslant N\}$ 为差分格式 (2.11.9)—(2.11.11) 的解. 令

$$
e_{ij}^n = U_{ij}^n - u_{ij}^n, \quad (i,j) \in \bar\omega, \; 0 \leqslant n \leqslant N,
$$

则有

$$
\|e^n\| \leqslant \kappa_3 (\tau^{\min\{2\alpha, 2-\alpha\}} + h_1^2 + h_2^2), \quad 1 \leqslant n \leqslant N,
$$

其中

$$
\kappa_3 = \frac{L_1 L_2}{6} \sqrt{\frac{3 L_1 L_2}{L_1^2 + L_2^2} T^\alpha \Gamma(1-\alpha)}\, c_{13}.
$$

证明 将 (2.11.5), (2.11.7)—(2.11.8) 分别与 (2.11.9)—(2.11.11) 相减, 可得误差方程组

$$
\begin{cases}
\dfrac{1}{s}(\mathcal{I} + s^2 \delta_x^2 \delta_y^2) \Bigg[a_0^{(\alpha)} e_{ij}^n - \displaystyle\sum_{k=1}^{n-1} (a_{n-k-1}^{(\alpha)} - a_{n-k}^{(\alpha)}) e_{ij}^k - a_{n-1}^{(\alpha)} e_{ij}^0 \Bigg] \\
\quad = \delta_x^2 e_{ij}^n + \delta_y^2 e_{ij}^n + (r_{13})_{ij}^n, \quad (i,j) \in \omega, \; 1 \leqslant n \leqslant N, \\
e_{ij}^0 = 0, \quad (i,j) \in \omega, \\
e_{ij}^n = 0, \quad (i,j) \in \partial\omega, \; 0 \leqslant n \leqslant N.
\end{cases}
$$

应用定理 2.11.2, 并注意到 (2.11.6), 可得

$$
\|e^n\|^2 \leqslant (e^n, e^n)_s
$$

$$
\leqslant \frac{L_1^2 L_2^2}{12(L_1^2 + L_2^2)} \Gamma(1-\alpha) \max_{1 \leqslant m \leqslant n} \{ t_m^\alpha \|(r_{13})^m\|^2 \}
$$

$$
\leqslant \frac{L_1^2 L_2^2}{12(L_1^2 + L_2^2)} \Gamma(1-\alpha) T^\alpha L_1 L_2 \big[c_{13} (\tau^{\min\{2\alpha, 2-\alpha\}} + h_1^2 + h_2^2) \big]^2, \quad 1 \leqslant n \leqslant N.
$$

将上式两边开方, 即得所要结果. $\hfill\square$

2.12　补注与讨论

(1) 时间分数阶慢扩散方程主要分为 Caputo 型的和 R-L 型的, 具体形式分别为

$$_0^C D_t^\alpha u(x,t) = u_{xx}(x,t) + f(x,t)$$

及

$$u_t(x,t) = {}_0\mathbf{D}_t^{1-\alpha} u_{xx}(x,t) + g(x,t).$$

在一定条件下, 两者可以相互转换. 本章仅考虑了求解 Caputo 型时间分数阶慢扩散方程的差分方法. 类似地可以考虑 R-L 型时间分数阶慢扩散方程的差分方法. 对于后者, Yuste 等[108, 109]、Langlands 和 Henry[41]、刘发旺等[8, 120]、崔明荣[10, 11]、张亚楠等[112, 114] 得到了相关结果.

(2) 对于 Caputo 导数, 可以用 G-L 公式逼近, 也可以用插值逼近. 2.1 节、2.2 节和 2.10 节介绍了前一种方法, 得到了时间方向一阶收敛的差分格式. 其实, 用 G-L 公式逼近分数阶导数也有超收敛工作. 由定理 1.4.1 知, 当 $f \in \mathscr{C}^{2+\alpha}(\mathcal{R})$ 时,

$$A_{h,p}^\alpha f(t) = {}_{-\infty}\mathbf{D}_t^\alpha f(t) + \left(p - \frac{\alpha}{2}\right){}_{-\infty}\mathbf{D}_t^{\alpha+1} f(t)h + O(h^2).$$

令 $p = \dfrac{\alpha}{2}$, $t = t_{n-\frac{\alpha}{2}}$, 其中 $t_{n-\frac{\alpha}{2}} = \left(n - \dfrac{\alpha}{2}\right)h$, 则有

$$A_{h,0}^\alpha f(t_n) = A_{h,\frac{\alpha}{2}}^\alpha f(t_{n-\frac{\alpha}{2}}) = {}_{-\infty}\mathbf{D}_t^\alpha f(t_{n-\frac{\alpha}{2}}) + O(h^2),$$

即用 $A_{h,0}^\alpha f(t_n)$ 逼近 ${}_{-\infty}\mathbf{D}_t^\alpha f(t_{n-\frac{\alpha}{2}})$ 可达到一致二阶精度. 应用线性插值技巧, 可得

$$A_{h,0}^\alpha f(t_n) = \left(1 - \frac{\alpha}{2}\right){}_{-\infty}\mathbf{D}_t^\alpha f(t_n) + \frac{\alpha}{2}{}_{-\infty}\mathbf{D}_t^\alpha f(t_{n-1}) + O(h^2),$$

即用 $A_{h,0}^\alpha f(t_n)$ 逼近 ${}_{-\infty}\mathbf{D}_t^\alpha f(t_n)$ 和 ${}_{-\infty}\mathbf{D}_t^\alpha f(t_{n-1})$ 的线性组合可达到二阶精度. Dimitrov[13] 和高广花等[27] 分别对 Caputo 型和 R-L 型时间分数阶慢扩散方程得到了相关研究结果. 此外, 通过加权位移 G-L 公式 (1.4.13) 逼近 R-L 分数阶导数, 汪志波和黄锡荣[96] 建立了求解 R-L 型两项时间分数阶慢扩散方程的差分方法, 达到时间方向一致二阶精度. 纪翠翠和孙志忠[39] 给出了利用定理 1.4.4 中的加权位移 G-L 公式 (1.4.18) 逼近时间分数阶导数, 得到时间方向一致三阶收敛的数值方法.

(3) 对于 Caputo 型时间分数阶慢扩散方程, 2.3 节、2.5 节、2.8 节和 2.11 节介绍了基于 L1 逼近离散时间 Caputo 导数的差分方法. 用插值逼近分数阶导数也有超收敛工作. Alikhanov[1] 在文献 [30] 工作的基础上, 对于 Caputo 分数阶导数给出了 L2-1$_\sigma$ 逼近方法, 并应用于时间分数阶慢扩散方程的求解, 达到时间方向一致二

阶精度. 高广花等[19] 发展了这一方法, 给出了逼近多项分数阶导数和的 L2-1$_\sigma$ 方法, 并应用于多项时间分数阶慢扩散方程的数值求解, 得到时间方向一致二阶收敛的差分格式. 2.6 节和 2.9 节分别予以了介绍. 杜瑞连等在文献 [16] 中研究了求解变阶分数阶微分方程的 L2-1$_\sigma$ 方法.

(4) 吕春婉和许传炬[55] 研究了用 L1-2 方法[30] 求解时间分数阶慢扩散方程数值方法的收敛性, 应用一个特殊的变换证明了数值方法的收敛阶为 $3 - \alpha$ 阶. 朱红依和许传炬[118] 进一步研究了快速的 L1-2 方法, 并应用于分数阶慢扩散方程的数值求解.

(5) 本章主要讨论了 Dirichlet 边界条件下的时间分数阶慢扩散方程的差分方法. Langlands 和 Henry[41]、赵璇和孙志忠[115]、任金城等[68] 分别研究了求解 Neumann 边界条件下的时间分数阶慢扩散方程的差分方法. 此外, 高广花等[21, 29] 研究了一维时间分数阶慢扩散方程的无界域问题, 通过引入人工边界, 导出精确的人工边界条件建立了差分求解方法. 二维无界域问题的相关研究可参考文献 [32].

(6) 2.1 节定义的算子 $\mathcal{A}$ 称为平均值算子. 应用它去构造数值格式, 可以得到紧差分格式, 故有时也称 $\mathcal{A}$ 为紧算子.

(7) 2.8 节讨论了求解一维多项时间分数阶慢扩散方程基于 L1 逼近的空间二阶格式. 文献 [66] 中还研究了空间四阶格式以及相应二维问题的差分方法.

(8) 基于分数阶导数中核函数的指数和逼近方法, 2.4 节和 2.7 节分别介绍了求解时间分数阶慢扩散方程的快速 L1 差分方法和快速 L2-1$_\sigma$ 差分方法. 对于时间分数阶慢扩散方程建立的差分格式, 根据其特殊结构, 鲁鑫等[53] 提出了另一个快速求解算法.

(9) 2.10 节和 2.11 节分别讨论了求解二维时间分数阶慢扩散方程的基于 G-L 逼近和 L1 逼近的两种 ADI 差分方法, 用离散能量方法分析了格式的唯一可解性、稳定性和收敛性, 得到了离散 L^2 范数下的估计结果. 读者可进一步思考, 应用类似的分析技巧, 也可以得到离散 H^1 范数下的估计式, 可参考文献 [111]. 此外, 文献 [11, 12] 分别对二维 R-L 型和 Caputo 型问题讨论了紧交替方向差分方法, 用 Fourier 方法进行了理论分析. 文献 [112] 也对 R-L 型问题研究了紧交替方向差分方法, 用离散能量方法进行了理论分析. 文献 [111] 中还讨论了通过对方程 (2.11.4) 添加不同的小量项得到另外一种 ADI 差分求解格式.

(10) 对于问题 (2.3.1)—(2.3.3), 设其解 $u \in C^{(2,1)}([0, L] \times [0, T])$, 则有 $\lim_{t \to 0+} {}_0^C D_t^\alpha u(x, t) = 0$. 在 (2.3.1) 两边令 $t \to 0+$, 可得 $\varphi(x)$ 和 $f(x, 0)$ 需要满足

$$\begin{cases} -\varphi''(x) = f(x, 0), & x \in (0, L), \\ \varphi(0) = \mu(0), & \varphi(L) = \nu(0). \end{cases}$$

上式是问题 (2.3.1)—(2.3.3) 存在光滑解的一个必要条件. 如果上述条件不满足, 则

解 $u \notin C^{(2,1)}([0, L] \times [0, T])$. Stynes 等[84] 考虑了解具有初始奇性的分数阶微分方程在阶梯网格上的数值求解. 沈金叶等[71] 进一步考虑了快速的差分格式.

习　题　2

1. 用 2.2 节中的能量分析方法分析 2.1 节中差分格式的唯一可解性、对初值和右端函数的稳定性以及收敛性.

2. 用 2.5 节中的能量分析方法分析 2.3 节中差分格式的唯一可解性、对初值和右端函数的稳定性以及收敛性.

3. 对于问题 (2.8.1)—(2.8.3), 当 $\varphi(x) = 0$ 时, 建立差分格式

$$
\begin{cases}
\tau^{-\alpha} \sum_{k=0}^{n} g_k^{(\alpha)} u_i^{n-k} + \tau^{-\alpha_1} \sum_{k=0}^{n} g_k^{(\alpha_1)} u_i^{n-k} = \delta_x^2 u_i^n + f_i^n, \\
\qquad\qquad\qquad\qquad\qquad 1 \leqslant i \leqslant M - 1,\ 1 \leqslant n \leqslant N, \\
u_i^0 = 0, \quad 1 \leqslant i \leqslant M - 1, \\
u_0^n = \mu(t_n), \quad u_M^n = \nu(t_n), \quad 0 \leqslant n \leqslant N.
\end{cases}
$$

类似 2.1 节, 定义函数 $\hat{u}(x, t)$, 并设 $\hat{u}(x, \cdot) \in \mathscr{C}^{1+\alpha}(\mathcal{R})$.

(1) 分析差分格式的唯一可解性;

(2) 分析差分格式对初值和右端函数的稳定性;

(3) 分析差分格式的收敛性.

4. 考虑如下四阶时间分数阶慢扩散方程

$$
\begin{cases}
{}_0^C D_t^\alpha u(x, t) + u_{xxxx}(x, t) = f(x, t), \quad x \in (0, L),\ t \in (0, T], & (2.13.1) \\
u(x, 0) = \varphi(x), \quad x \in (0, L), & (2.13.2) \\
u(0, t) = \mu_0(t), \quad u(L, t) = \nu_0(t), \quad t \in [0, T], & (2.13.3) \\
u_{xx}(0, t) = \mu_1(t), \quad u_{xx}(L, t) = \nu_1(t), \quad t \in [0, T], & (2.13.4)
\end{cases}
$$

其中 $\alpha \in (0, 1)$, f, φ, μ_0, ν_0, μ_1, ν_1 为已知函数, $\varphi(0) = \mu_0(0)$, $\varphi(L) = \nu_0(0)$, $\varphi''(0) = \mu_1(0)$, $\varphi''(L) = \nu_1(0)$.

令 $v(x, t) = u_{xx}(x, t)$, 则可将四阶方程 (2.13.1) 写成二阶方程组. 对问题 (2.13.1)—(2.13.4) 应用 L2-1_σ 逼近或快速的 L2-1_σ 逼近时间分数阶导数建立差分格式.

(1) 分析差分格式的唯一可解性;

(2) 分析差分格式对初值和右端函数的稳定性;

(3) 分析差分格式的收敛性.

5. 对于问题 (2.10.1)—(2.10.3), 建立差分格式

$$
\begin{cases}
\tau^{-\alpha} \sum_{k=0}^{n} g_k^{(\alpha)} u_{ij}^{n-k} = \delta_x^2 u_{ij}^n + \delta_y^2 u_{ij}^n + f_{ij}^n, \quad (i, j) \in \omega,\ 1 \leqslant n \leqslant N, \\
u_{ij}^0 = 0, \quad (i, j) \in \omega, \\
u_{ij}^n = \mu(x_i, y_j, t_n), \quad (i, j) \in \partial\omega,\ 0 \leqslant n \leqslant N.
\end{cases}
$$

类似 2.10 节, 定义函数 $\hat{u}(x, y, t)$, 并设 $\hat{u}(x, y, \cdot) \in \mathscr{C}^{1+\alpha}(\mathcal{R})$.

　(1) 分析差分格式的唯一可解性;

　(2) 分析差分格式对初值和右端函数的稳定性;

　(3) 分析差分格式的收敛性.

　6. 对于问题 (2.11.1)—(2.11.3), 建立差分格式

$$
\begin{cases}
\dfrac{\tau^{-\alpha}}{\Gamma(2-\alpha)}\left[a_0^{(\alpha)} u_{ij}^n - \sum_{k=1}^{n-1}(a_{n-k-1}^{(\alpha)} - a_{n-k}^{(\alpha)})u_{ij}^k - a_{n-1}^{(\alpha)} u_{ij}^0\right] \\
= \delta_x^2 u_{ij}^n + \delta_y^2 u_{ij}^n + f_{ij}^n, \quad (i,j) \in \omega,\ 1 \leqslant n \leqslant N, \\
u_{ij}^0 = \varphi(x_i, y_j), \quad (i,j) \in \omega, \\
u_{ij}^n = \mu(x_i, y_j, t_n), \quad (i,j) \in \partial\omega, \quad 0 \leqslant n \leqslant N.
\end{cases}
$$

　(1) 分析差分格式的唯一可解性;

　(2) 分析差分格式对初值和右端函数的稳定性;

　(3) 分析差分格式的收敛性.

第3章 时间分数阶波方程的差分方法

本章介绍求解时间分数阶波方程初边值问题的差分方法. 前 8 节讨论一维问题. 时间分数阶导数用 L1 逼近或 L2-1$_\sigma$ 逼近, 空间整数阶导数应用二阶中心差商或紧逼近, 对一维问题分别建立空间二阶和空间四阶方法, 并介绍基于 L1 逼近和 L2-1$_\sigma$ 逼近的快速算法. 此外, 研究多项时间分数阶波方程和多项时间分数阶混合扩散–波方程的差分方法. 3.9 节和 3.10 节分别讨论求解二维问题的 ADI 格式和紧 ADI 格式. 本章共 11 节.

3.1 一维问题基于 L1 逼近的空间二阶方法

考虑如下时间分数阶波方程初边值问题

$$\begin{cases} {}_0^C D_t^\gamma u(x,t) = u_{xx}(x,t) + f(x,t), & x \in (0,L),\ t \in (0,T], & (3.1.1) \\ u(x,0) = \varphi(x), \quad u_t(x,0) = \psi(x), & x \in (0,L), & (3.1.2) \\ u(0,t) = \mu(t), \quad u(L,t) = \nu(t), & t \in [0,T], & (3.1.3) \end{cases}$$

其中 $\gamma \in (1,2)$, $f, \varphi, \psi, \mu, \nu$ 为已知函数, 且 $\varphi(0) = \mu(0)$, $\varphi(L) = \nu(0)$, $\psi(0) = \mu'(0)$, $\psi(L) = \nu'(0)$. 设其解函数 $u \in C^{(4,3)}([0,L] \times [0,T])$.

网格剖分和记号同 2.1 节. 对于定义在 $\Omega_h \times \Omega_\tau$ 上的网格函数 $v = \{v_i^k \mid 0 \leqslant i \leqslant M, 0 \leqslant k \leqslant N\}$, 定义

$$v_i^{k-\frac{1}{2}} = \frac{1}{2}(v_i^k + v_i^{k-1}), \quad \delta_t v_i^{k-\frac{1}{2}} = \frac{1}{\tau}(v_i^k - v_i^{k-1}).$$

定义同 2.1 节相同的网格函数空间 $\mathcal{U}_h$ 和 $\mathring{\mathcal{U}}_h$.

记

$$U_i^n = u(x_i, t_n), \quad f_i^n = f(x_i, t_n), \quad \psi_i = \psi(x_i), \quad 0 \leqslant i \leqslant M,\ 0 \leqslant n \leqslant N.$$

3.1.1 差分格式的建立

在结点 (x_i, t_n) 处考虑微分方程 (3.1.1), 得到

$$ {}_0^C D_t^\gamma u(x_i, t_n) = u_{xx}(x_i, t_n) + f_i^n, \quad 1 \leqslant i \leqslant M-1,\ 0 \leqslant n \leqslant N. $$

相邻两个时间层取平均, 得到

$$\frac{1}{2}\left[{}_0^C D_t^\gamma u(x_i, t_n) + {}_0^C D_t^\gamma u(x_i, t_{n-1}) \right] = \frac{1}{2}\left[u_{xx}(x_i, t_n) + u_{xx}(x_i, t_{n-1}) \right] + f_i^{n-\frac{1}{2}},$$
$$1 \leqslant i \leqslant M-1, \ 1 \leqslant n \leqslant N,$$

其中 $f_i^{n-\frac{1}{2}} = \frac{1}{2}(f_i^n + f_i^{n-1})$.

对上式中时间分数阶导数应用 L1 公式 (1.6.13) 离散, 空间导数应用二阶中心差商离散, 由定理 1.6.2 和引理 2.1.3 可得

$$\frac{\tau^{1-\gamma}}{\Gamma(3-\gamma)}\left[b_0^{(\gamma)}\delta_t U_i^{n-\frac{1}{2}} - \sum_{k=1}^{n-1}(b_{n-k-1}^{(\gamma)} - b_{n-k}^{(\gamma)})\delta_t U_i^{k-\frac{1}{2}} - b_{n-1}^{(\gamma)}\psi_i \right]$$
$$= \delta_x^2 U_i^{n-\frac{1}{2}} + f_i^{n-\frac{1}{2}} + (r_1)_i^{n-\frac{1}{2}}, \quad 1 \leqslant i \leqslant M-1, \ 1 \leqslant n \leqslant N, \tag{3.1.4}$$

且存在正常数 c_1, 使得

$$|(r_1)_i^{n-\frac{1}{2}}| \leqslant c_1(\tau^{3-\gamma} + h^2), \quad 1 \leqslant i \leqslant M-1, \ 1 \leqslant n \leqslant N, \tag{3.1.5}$$

其中 $\{b_l^{(\gamma)}\}$ 由 (1.6.8) 定义.

注意到初边值条件 (3.1.2)—(3.1.3), 有

$$\begin{cases} U_i^0 = \varphi(x_i), & 1 \leqslant i \leqslant M-1, \tag{3.1.6} \\ U_0^n = \mu(t_n), \quad U_M^n = \nu(t_n), & 0 \leqslant n \leqslant N. \tag{3.1.7} \end{cases}$$

在方程 (3.1.4) 中略去小量项 $(r_1)_i^{n-\frac{1}{2}}$, 并用数值解 u_i^n 代替精确解 U_i^n, 可得求解问题 (3.1.1)—(3.1.3) 的如下差分格式:

$$\begin{cases} \dfrac{\tau^{1-\gamma}}{\Gamma(3-\gamma)}\left[b_0^{(\gamma)}\delta_t u_i^{n-\frac{1}{2}} - \displaystyle\sum_{k=1}^{n-1}(b_{n-k-1}^{(\gamma)} - b_{n-k}^{(\gamma)})\delta_t u_i^{k-\frac{1}{2}} - b_{n-1}^{(\gamma)}\psi_i \right] \\ = \delta_x^2 u_i^{n-\frac{1}{2}} + f_i^{n-\frac{1}{2}}, \\ \quad 1 \leqslant i \leqslant M-1, \ 1 \leqslant n \leqslant N, \tag{3.1.8} \\ u_i^0 = \varphi(x_i), \quad 1 \leqslant i \leqslant M-1, \tag{3.1.9} \\ u_0^n = \mu(t_n), \quad u_M^n = \nu(t_n), \quad 0 \leqslant n \leqslant N. \tag{3.1.10} \end{cases}$$

记

$$\eta = \tau^{\gamma-1}\Gamma(3-\gamma).$$

3.1.2 差分格式的可解性

定理 3.1.1 差分格式 (3.1.8)—(3.1.10) 是唯一可解的.

证明　记

$$u^n = (u_0^n, u_1^n, \cdots, u_M^n).$$

由 (3.1.9)—(3.1.10) 知第 0 层的值 u^0 已知. 设前 n 层的值 $u^0, u^1, \cdots, u^{n-1}$ 已唯一确定, 则由 (3.1.8) 和 (3.1.10) 可得关于 u^n 的线性方程组. 要证明它的唯一可解性, 只需证明它相应的齐次方程组

$$\begin{cases} \dfrac{1}{\eta\tau}u_i^n = \dfrac{1}{2}\delta_x^2 u_i^n, & 1 \leqslant i \leqslant M-1, & (3.1.11) \\ u_0^n = u_M^n = 0 & & (3.1.12) \end{cases}$$

仅有零解.

用 u^n 与 (3.1.11) 的两边作内积, 并利用 (3.1.12), 可得

$$\frac{1}{\eta\tau}(u^n, u^n) = -\frac{1}{2}\|\delta_x u^n\|^2 \leqslant 0,$$

因而 $\|u^n\| = 0$. 结合 (3.1.12) 可得 $u^n = 0$.

由归纳原理知, 差分格式 (3.1.8)—(3.1.10) 存在唯一解.　□

3.1.3　差分格式的稳定性

定理 3.1.2　设 $\{v_i^n \mid 0 \leqslant i \leqslant M, 0 \leqslant n \leqslant N\}$ 为差分格式

$$\begin{cases} \dfrac{1}{\eta}\left[b_0^{(\gamma)}\delta_t v_i^{n-\frac{1}{2}} - \displaystyle\sum_{k=1}^{n-1}(b_{n-k-1}^{(\gamma)} - b_{n-k}^{(\gamma)})\delta_t v_i^{k-\frac{1}{2}} - b_{n-1}^{(\gamma)}\psi_i\right] = \delta_x^2 v_i^{n-\frac{1}{2}} + f_i^{n-\frac{1}{2}}, \\ \qquad 1 \leqslant i \leqslant M-1,\ 1 \leqslant n \leqslant N, & (3.1.13) \\ v_i^0 = \varphi(x_i), \quad 1 \leqslant i \leqslant M-1, & (3.1.14) \\ v_0^n = 0, \quad v_M^n = 0, \quad 0 \leqslant n \leqslant N & (3.1.15) \end{cases}$$

的解, 则有

$$\|\delta_x v^n\|^2 \leqslant \|\delta_x v^0\|^2 + \frac{t_n^{2-\gamma}}{\Gamma(3-\gamma)}\|\psi\|^2 + \Gamma(2-\gamma)t_n^{\gamma-1}\cdot\tau\sum_{k=1}^{n}\|f^{k-\frac{1}{2}}\|^2, \quad 1 \leqslant n \leqslant N,$$

$$(3.1.16)$$

其中

$$\|\psi\|^2 = h\sum_{i=1}^{M-1}\psi_i^2, \quad \|f^{k-\frac{1}{2}}\|^2 = h\sum_{i=1}^{M-1}\left(f_i^{k-\frac{1}{2}}\right)^2.$$

证明　将方程 (3.1.13) 两边同时与 $\eta\delta_t v^{n-\frac{1}{2}}$ 作内积, 可得

$$b_0^{(\gamma)}\left(\delta_t v^{n-\frac{1}{2}}, \delta_t v^{n-\frac{1}{2}}\right) = \sum_{k=1}^{n-1}(b_{n-k-1}^{(\gamma)} - b_{n-k}^{(\gamma)})\left(\delta_t v^{k-\frac{1}{2}}, \delta_t v^{n-\frac{1}{2}}\right)$$

$$+ b_{n-1}^{(\gamma)}\big(\psi, \delta_t v^{n-\frac{1}{2}}\big) + \eta\big(\delta_x^2 v^{n-\frac{1}{2}}, \delta_t v^{n-\frac{1}{2}}\big)$$
$$+ \eta\big(f^{n-\frac{1}{2}}, \delta_t v^{n-\frac{1}{2}}\big), \quad 1 \leqslant n \leqslant N. \tag{3.1.17}$$

应用分部求和公式, 并注意到 (3.1.15), 有

$$\big(\delta_x^2 v^{n-\frac{1}{2}}, \delta_t v^{n-\frac{1}{2}}\big) = -\big(\delta_x v^{n-\frac{1}{2}}, \delta_x \delta_t v^{n-\frac{1}{2}}\big)$$
$$= -\frac{1}{2\tau}(\|\delta_x v^n\|^2 - \|\delta_x v^{n-1}\|^2). \tag{3.1.18}$$

将 (3.1.18) 代入 (3.1.17) 中, 并应用 Cauchy-Schwarz 不等式, 可得

$$b_0^{(\gamma)} \|\delta_t v^{n-\frac{1}{2}}\|^2 + \frac{\eta}{2\tau}(\|\delta_x v^n\|^2 - \|\delta_x v^{n-1}\|^2)$$
$$= \sum_{k=1}^{n-1} \big(b_{n-k-1}^{(\gamma)} - b_{n-k}^{(\gamma)}\big)\big(\delta_t v^{k-\frac{1}{2}}, \delta_t v^{n-\frac{1}{2}}\big) + b_{n-1}^{(\gamma)}\big(\psi, \delta_t v^{n-\frac{1}{2}}\big) + \eta\big(f^{n-\frac{1}{2}}, \delta_t v^{n-\frac{1}{2}}\big)$$
$$\leqslant \frac{1}{2} \sum_{k=1}^{n-1} \big(b_{n-k-1}^{(\gamma)} - b_{n-k}^{(\gamma)}\big)\big(\|\delta_t v^{k-\frac{1}{2}}\|^2 + \|\delta_t v^{n-\frac{1}{2}}\|^2\big)$$
$$+ \frac{1}{2} b_{n-1}^{(\gamma)}\big(\|\psi\|^2 + \|\delta_t v^{n-\frac{1}{2}}\|^2\big) + \eta\big(f^{n-\frac{1}{2}}, \delta_t v^{n-\frac{1}{2}}\big),$$

即

$$b_0^{(\gamma)} \|\delta_t v^{n-\frac{1}{2}}\|^2 + \frac{\eta}{\tau}(\|\delta_x v^n\|^2 - \|\delta_x v^{n-1}\|^2)$$
$$\leqslant \sum_{k=1}^{n-1} \big(b_{n-k-1}^{(\gamma)} - b_{n-k}^{(\gamma)}\big)\|\delta_t v^{k-\frac{1}{2}}\|^2 + b_{n-1}^{(\gamma)}\|\psi\|^2 + 2\eta\big(f^{n-\frac{1}{2}}, \delta_t v^{n-\frac{1}{2}}\big), \quad 1 \leqslant n \leqslant N.$$

上式可进一步改写为

$$\|\delta_x v^n\|^2 + \frac{\tau}{\eta} \sum_{k=1}^{n} b_{n-k}^{(\gamma)} \|\delta_t v^{k-\frac{1}{2}}\|^2$$
$$\leqslant \|\delta_x v^{n-1}\|^2 + \frac{\tau}{\eta} \sum_{k=1}^{n-1} b_{n-k-1}^{(\gamma)} \|\delta_t v^{k-\frac{1}{2}}\|^2 + \frac{\tau}{\eta} b_{n-1}^{(\gamma)}\|\psi\|^2 + 2\tau\big(f^{n-\frac{1}{2}}, \delta_t v^{n-\frac{1}{2}}\big), \quad 1 \leqslant n \leqslant N.$$

令

$$F^0 = \|\delta_x v^0\|^2, \quad F^n = \|\delta_x v^n\|^2 + \frac{\tau}{\eta} \sum_{k=1}^{n} b_{n-k}^{(\gamma)} \|\delta_t v^{k-\frac{1}{2}}\|^2, \quad n \geqslant 1,$$

则

$$F^n \leqslant F^{n-1} + \frac{\tau}{\eta} b_{n-1}^{(\gamma)}\|\psi\|^2 + 2\tau\big(f^{n-\frac{1}{2}}, \delta_t v^{n-\frac{1}{2}}\big), \quad 1 \leqslant n \leqslant N.$$

递推可得

$$F^n \leqslant F^0 + \frac{\tau}{\eta} \sum_{k=0}^{n-1} b_k^{(\gamma)} \|\psi\|^2 + 2\tau \sum_{k=1}^{n} \left(f^{k-\frac{1}{2}}, \delta_t v^{k-\frac{1}{2}}\right)$$

$$\leqslant F^0 + \frac{\tau}{\eta} \sum_{k=0}^{n-1} b_k^{(\gamma)} \|\psi\|^2 + \tau \sum_{k=1}^{n} \left(\frac{\eta}{b_{n-k}^{(\gamma)}} \|f^{k-\frac{1}{2}}\|^2 + \frac{b_{n-k}^{(\gamma)}}{\eta} \|\delta_t v^{k-\frac{1}{2}}\|^2\right), \quad 1 \leqslant n \leqslant N.$$

于是

$$\|\delta_x v^n\|^2 \leqslant \|\delta_x v^0\|^2 + \frac{\tau}{\eta} \sum_{k=0}^{n-1} b_k^{(\gamma)} \|\psi\|^2 + \tau \sum_{k=1}^{n} \frac{\eta}{b_{n-k}^{(\gamma)}} \|f^{k-\frac{1}{2}}\|^2, \quad 1 \leqslant n \leqslant N. \quad (3.1.19)$$

由 $\{b_k^{(\gamma)}\}$ 的定义和引理 1.6.1 知

$$(2-\gamma)(k+1)^{1-\gamma} < b_k^{(\gamma)} < (2-\gamma)k^{1-\gamma},$$

进而可得

$$b_{n-k}^{(\gamma)} > (2-\gamma)(n-k+1)^{1-\gamma} \geqslant (2-\gamma)n^{1-\gamma}, \quad 1 \leqslant k \leqslant n.$$

于是有

$$\frac{\eta}{b_{n-k}^{(\gamma)}} \leqslant \frac{\tau^{\gamma-1}\Gamma(3-\gamma)}{(2-\gamma)n^{1-\gamma}} = \Gamma(2-\gamma)(n\tau)^{\gamma-1} = \Gamma(2-\gamma)t_n^{\gamma-1}. \quad (3.1.20)$$

由 (3.1.20) 可得

$$\tau \sum_{k=1}^{n} \frac{\eta}{b_{n-k}^{(\gamma)}} \|f^{k-\frac{1}{2}}\|^2 \leqslant \Gamma(2-\gamma)t_n^{\gamma-1} \cdot \tau \sum_{k=1}^{n} \|f^{k-\frac{1}{2}}\|^2. \quad (3.1.21)$$

此外, 由 $\{b_k^{(\gamma)}\}$ 的定义易知

$$\frac{\tau}{\eta} \sum_{k=0}^{n-1} b_k^{(\gamma)} = \frac{\tau}{\tau^{\gamma-1}\Gamma(3-\gamma)} \sum_{k=0}^{n-1} [(k+1)^{2-\gamma} - k^{2-\gamma}]$$

$$= \frac{\tau^{2-\gamma}}{\Gamma(3-\gamma)} n^{2-\gamma} = \frac{t_n^{2-\gamma}}{\Gamma(3-\gamma)}. \quad (3.1.22)$$

将 (3.1.21) 和 (3.1.22) 代入 (3.1.19), 可得 (3.1.16). □

3.1.4　差分格式的收敛性

定理 3.1.3　设 $\{U_i^n \,|\, 0 \leqslant i \leqslant M, 0 \leqslant n \leqslant N\}$ 为微分方程问题 (3.1.1)—(3.1.3) 的解, $\{u_i^n \,|\, 0 \leqslant i \leqslant M, 0 \leqslant n \leqslant N\}$ 为差分格式 (3.1.8)—(3.1.10) 的解. 令

$$e_i^n = U_i^n - u_i^n, \quad 0 \leqslant i \leqslant M, 0 \leqslant n \leqslant N,$$

则有

$$\|e^n\|_\infty \leqslant \frac{c_1 L}{2}\sqrt{T^\gamma \Gamma(2-\gamma)}(\tau^{3-\gamma}+h^2), \quad 1 \leqslant n \leqslant N.$$

证明 将 (3.1.4), (3.1.6)—(3.1.7) 分别与 (3.1.8)—(3.1.10) 相减, 可得误差方程组

$$
\begin{cases}
\dfrac{1}{\eta}\left[b_0^{(\gamma)}\delta_t e_i^{n-\frac{1}{2}} - \sum_{k=1}^{n-1}(b_{n-k-1}^{(\gamma)} - b_{n-k}^{(\gamma)})\delta_t e_i^{k-\frac{1}{2}} - b_{n-1}^{(\gamma)}\cdot 0\right] \\
\quad = \delta_x^2 e_i^{n-\frac{1}{2}} + (r_1)_i^{n-\frac{1}{2}}, \quad 1 \leqslant i \leqslant M-1,\ 1\leqslant n \leqslant N, \\
e_i^0 = 0, \quad 1 \leqslant i \leqslant M-1, \\
e_0^n = 0, \quad e_M^n = 0, \quad 0 \leqslant n \leqslant N.
\end{cases}
$$

应用定理 3.1.2, 并注意到 (3.1.5), 可得

$$\|\delta_x e^n\|^2 \leqslant t_n^{\gamma-1}\Gamma(2-\gamma)\tau \sum_{k=1}^n \|(r_1)^{k-\frac{1}{2}}\|^2$$
$$\leqslant T^\gamma \Gamma(2-\gamma)Lc_1^2(\tau^{3-\gamma}+h^2)^2, \quad 1 \leqslant n \leqslant N.$$

将上式两边开方, 并注意到引理 2.1.1 有

$$\|e^n\|_\infty \leqslant \frac{\sqrt{L}}{2}\|\delta_x e^n\| \leqslant \frac{c_1 L}{2}\sqrt{T^\gamma \Gamma(2-\gamma)}(\tau^{3-\gamma}+h^2), \quad 1 \leqslant n \leqslant N. \qquad \square$$

3.2 一维问题基于 L1 逼近的快速差分方法

本节考虑求解时间分数阶波方程初边值问题 (3.1.1)—(3.1.3) 基于 L1 逼近的快速差分方法.

3.2.1 差分格式的建立

令

$$v(x,t) = u_t(x,t), \quad \alpha = \gamma - 1,$$

则 (3.1.1)—(3.1.3) 等价于

$$
\begin{cases}
{}_0^C D_t^\alpha v(x,t) = u_{xx}(x,t) + f(x,t), \quad x \in (0,L),\ t \in (0,T], & (3.2.1) \\
u_t(x,t) = v(x,t), \quad x \in (0,L),\ t \in (0,T], & (3.2.2) \\
u(x,0) = \varphi(x), \quad v(x,0) = \psi(x), \quad x \in (0,L), & (3.2.3) \\
u(0,t) = \mu(t), \quad u(L,t) = \nu(t), \quad t \in [0,T]. & (3.2.4)
\end{cases}
$$

记

$$U_i^n = u(x_i, t_n), \quad V_i^n = v(x_i, t_n), \quad f_i^n = f(x_i, t_n), \quad 0 \leqslant i \leqslant M, \quad 0 \leqslant n \leqslant N,$$

$$\varphi_i = \varphi(x_i), \quad \psi_i = \psi(x_i), \quad 0 \leqslant i \leqslant M.$$

在结点 (x_i, t_n) 处考虑微分方程 (3.2.1), 得到

$${}_0^C D_t^\alpha v(x_i, t_n) = u_{xx}(x_i, t_n) + f_i^n, \quad 1 \leqslant i \leqslant M-1, \ 0 \leqslant n \leqslant N.$$

对上式中时间分数阶导数应用快速的 L1 逼近公式 (1.7.4)—(1.7.6) 离散, 空间二阶导数应用二阶中心差商离散, 由定理 1.7.1, 可得

$$\begin{cases} \dfrac{1}{\Gamma(1-\alpha)} \left[\displaystyle\sum_{l=1}^{N_{\exp}} \omega_l F_{l,i}^n + \hat{a}_0^{(\alpha)}\big(V_i^n - V_i^{n-1}\big) \right] = \delta_x^2 U_i^n + f_i^n + (r_2)_i^n, \\[4mm]
\qquad\qquad\qquad\qquad\qquad\qquad 1 \leqslant i \leqslant M-1, \quad 1 \leqslant n \leqslant N, \qquad (3.2.5) \\[3mm]
F_{l,i}^1 = 0, \quad F_{l,i}^n = \mathrm{e}^{-s_l \tau} F_{l,i}^{n-1} + B_l\big(V_i^{n-1} - V_i^{n-2}\big), \\[3mm]
\qquad\qquad 1 \leqslant l \leqslant N_{\exp}, \ 1 \leqslant i \leqslant M-1, \quad 2 \leqslant n \leqslant N, \qquad\qquad (3.2.6) \end{cases}$$

且存在正常数 c_2 使得

$$|(r_2)_i^n| \leqslant c_2(\tau^{2-\alpha} + h^2 + \epsilon), \quad 1 \leqslant i \leqslant M-1, \ 1 \leqslant n \leqslant N. \qquad (3.2.7)$$

将 (3.2.6) 代入 (3.2.5), 消去中间变量 $\{F_{l,i}^n\}$ 可得

$$\frac{1}{\Gamma(1-\alpha)} \left[\hat{a}_0^{(\alpha)} V_i^n - \sum_{k=1}^{n-1}\big(\hat{a}_{k-1}^{(\alpha)} - \hat{a}_k^{(\alpha)}\big) V_i^{n-k} - \hat{a}_{n-1}^{(\alpha)} V_i^0 \right]$$
$$= \delta_x^2 U_i^n + f_i^n + (r_2)_i^n, \quad 1 \leqslant i \leqslant M-1, \quad 1 \leqslant n \leqslant N. \qquad (3.2.8)$$

在点 $(x_i, t_{n-\frac{1}{2}})$ 处考虑方程 (3.2.2) 可得

$$\delta_t U_i^{n-\frac{1}{2}} = V_i^{n-\frac{1}{2}} + (r_3)_i^n, \quad 1 \leqslant i \leqslant M-1, \quad 1 \leqslant n \leqslant N, \qquad (3.2.9)$$

且存在正常数 c_3 使得

$$|(r_3)_i^n| \leqslant c_3 \tau^2, \quad 1 \leqslant i \leqslant M-1, \quad 1 \leqslant n \leqslant N. \qquad (3.2.10)$$

注意到初边值条件 (3.2.3)—(3.2.4), 有

$$\begin{cases} U_i^0 = \varphi_i, \quad V_i^0 = \psi_i, \quad 1 \leqslant i \leqslant M-1, & (3.2.11) \\[2mm]
U_0^n = \mu(t_n), \quad U_M^n = \nu(t_n), \quad 0 \leqslant n \leqslant N. & (3.2.12) \end{cases}$$

在等式 (3.2.5) 和 (3.2.9) 中略去小量项 $(r_2)_i^n$ 和 $(r_3)_i^n$，并用数值解 $\{u_i^n, v_i^n\}$ 代替精确解 $\{U_i^n, V_i^n\}$，可得求解问题 (3.2.1)—(3.2.4) 的如下差分格式：

$$\begin{cases} \dfrac{1}{\Gamma(1-\alpha)}\left[\displaystyle\sum_{l=1}^{N_{\text{exp}}}\omega_l F_{l,i}^n + \hat{a}_0^{(\alpha)}\left(v_i^n - v_i^{n-1}\right)\right] = \delta_x^2 u_i^n + f_i^n, \\ \qquad\qquad\qquad\qquad 1\leqslant i\leqslant M-1, \quad 1\leqslant n\leqslant N, \qquad (3.2.13) \\ F_{l,i}^1 = 0, \quad F_{l,i}^n = \mathrm{e}^{-s_l\tau}F_{l,i}^{n-1} + B_l\left(v_i^{n-1} - v_i^{n-2}\right), \\ \qquad\qquad 1\leqslant l\leqslant N_{\text{exp}}, \ 1\leqslant i\leqslant M-1, \ 2\leqslant n\leqslant N, \qquad (3.2.14) \\ \delta_t u_i^{n-\frac{1}{2}} = v_i^{n-\frac{1}{2}}, \quad 1\leqslant i\leqslant M-1, \quad 1\leqslant n\leqslant N, \qquad (3.2.15) \\ u_i^0 = \varphi_i, \quad v_i^0 = \psi_i, \quad 1\leqslant i\leqslant M-1, \qquad\qquad\qquad (3.2.16) \\ u_0^n = \mu(t_n), \quad u_M^n = \nu(t_n), \quad 0\leqslant n\leqslant N. \qquad\qquad (3.2.17) \end{cases}$$

将 (3.2.14) 代入 (3.2.13)，消去中间变量 $\{F_{l,i}^n\}$ 可得

$$\dfrac{1}{\Gamma(1-\alpha)}\left[\hat{a}_0^{(\alpha)}v_i^n - \sum_{k=1}^{n-1}\left(\hat{a}_{k-1}^{(\alpha)} - \hat{a}_k^{(\alpha)}\right)v_i^{n-k} - \hat{a}_{n-1}^{(\alpha)}v_i^0\right] = \delta_x^2 u_i^n + f_i^n,$$
$$1\leqslant i\leqslant M-1, \ 1\leqslant n\leqslant N. \qquad (3.2.18)$$

3.2.2　差分格式的可解性

定理 3.2.1　差分格式 (3.2.13)—(3.2.17) 是唯一可解的.
证明　记

$$u^n = (u_0^n, u_1^n, \cdots, u_M^n), \quad v^n = (v_1^n, v_2^n, \cdots, v_{M-1}^n).$$

由 (3.2.16)—(3.2.17) 知第 0 层的值 u^0, v^0 已知. 设前 n 层的值 $\{u^0, v^0, u^1, v^1, \cdots, u^{n-1}, v^{n-1}\}$ 已唯一确定. 由 (3.2.15) 可得

$$v_i^n = 2v_i^{n-\frac{1}{2}} - v_i^{n-1} = 2\delta_t u_i^{n-\frac{1}{2}} - v_i^{n-1}, \quad 1\leqslant i\leqslant M-1, \quad 1\leqslant n\leqslant N. \qquad (3.2.19)$$

将 (3.2.19) 代入 (3.2.13)，并结合 (3.2.17)，可得关于 u^n 的三对角线性方程组

$$\begin{cases} \dfrac{1}{\Gamma(1-\alpha)}\left[\displaystyle\sum_{l=1}^{N_{\text{exp}}}\omega_l F_{l,i}^n + \hat{a}_0^{(\alpha)}\left(2\delta_t u_i^{n-\frac{1}{2}} - 2v_i^{n-1}\right)\right] = \delta_x^2 u_i^n + f_i^n, \quad 1\leqslant i\leqslant M-1, \\ u_0^n = \mu(t_n), \quad u_M^n = \nu(t_n). \end{cases}$$

要证明上述方程组存在唯一解, 只要证明它相应的齐次方程组

$$\begin{cases} \dfrac{\hat{a}_0^{(\alpha)}}{\Gamma(1-\alpha)}\cdot\dfrac{2}{\tau}u_i^n = \delta_x^2 u_i^n, \quad 1\leqslant i\leqslant M-1, \qquad (3.2.20) \\ u_0^n = 0, \quad u_M^n = 0 \qquad\qquad\qquad\qquad\qquad\qquad (3.2.21) \end{cases}$$

仅有零解.

用 u^n 与 (3.2.20) 两边作内积, 并利用 (3.2.21), 可得

$$\frac{\hat{a}_0^{(\alpha)}}{\Gamma(1-\alpha)} \cdot \frac{2}{\tau} \|u^n\|^2 + \|\delta_x u^n\|^2 = 0.$$

因而 $\|u^n\| = 0$. 易知 $u^n = 0$.

由归纳原理知, 差分格式 (3.2.13)—(3.2.17) 存在唯一解. □

3.2.3　差分格式的稳定性

定理 3.2.2　设 $\{u_i^n, v_i^n \mid 0 \leqslant i \leqslant M, 0 \leqslant n \leqslant N\}$ 为差分格式

$$\begin{cases} \dfrac{1}{\Gamma(1-\alpha)} \left[\displaystyle\sum_{l=1}^{N_{\exp}} \omega_l F_{l,i}^n + \hat{a}_0^{(\alpha)}\left(v_i^n - v_i^{n-1}\right) \right] = \delta_x^2 u_i^n + p_i^n, \\ \qquad\qquad\qquad\qquad 1 \leqslant i \leqslant M-1, \quad 1 \leqslant n \leqslant N, & (3.2.22) \\ F_{l,i}^1 = 0, \quad F_{l,i}^n = \mathrm{e}^{-s_l \tau} F_{l,i}^{n-1} + B_l\left(v_i^{n-1} - v_i^{n-2}\right), \\ \qquad\qquad 1 \leqslant l \leqslant N_{\exp}, \quad 1 \leqslant i \leqslant M-1, \quad 2 \leqslant n \leqslant N, & (3.2.23) \\ \delta_t u_i^{n-\frac{1}{2}} = v_i^{n-\frac{1}{2}} + q_i^n, \quad 1 \leqslant i \leqslant M-1, \quad 1 \leqslant n \leqslant N, & (3.2.24) \\ u_i^0 = \varphi_i, \quad v_i^0 = \psi_i, \quad 1 \leqslant i \leqslant M-1, & (3.2.25) \\ u_0^n = 0, \quad u_M^n = 0, \quad 0 \leqslant n \leqslant N & (3.2.26) \end{cases}$$

的解, 则有

$$\|\delta_x u^n\|^2 \leqslant \|\delta_x u^0\|^2 + \left[\frac{4 t_n^{1-\alpha}}{3\Gamma(2-\alpha)} + \frac{\epsilon t_n}{\Gamma(1-\alpha)} \right] \|v^0\|^2$$

$$+ 2\Gamma(1-\alpha) t_n^{1+\alpha} \left(\max\left\{ \|p^1\|, \max_{2 \leqslant k \leqslant n} \|p^{k-\frac{1}{2}}\| \right\} + \frac{2\hat{a}_0^{(\alpha)}}{\Gamma(1-\alpha)} \max_{1 \leqslant k \leqslant n} \|q^k\| \right)^2,$$

$$1 \leqslant n \leqslant N,$$

其中

$$\|w^n\|^2 = h \sum_{i=1}^{M-1} (w_i^n)^2, \quad w = v, p, q,$$

$$p_i^{n-\frac{1}{2}} = \frac{1}{2}\left(p_i^n + p_i^{n-1} \right), \quad 1 \leqslant i \leqslant M-1, \quad 1 \leqslant n \leqslant N.$$

证明　记

$$Q_i^1 = p_i^1 + \frac{2\hat{a}_0^{(\alpha)}}{\Gamma(1-\alpha)} q_i^1, \quad 1 \leqslant i \leqslant M-1,$$

$$Q_i^n = p_i^{n-\frac{1}{2}} + \frac{1}{\Gamma(1-\alpha)}\left[\hat{a}_0^{(\alpha)}q_i^n - \sum_{k=1}^{n-1}\left(\hat{a}_{k-1}^{(\alpha)} - \hat{a}_k^{(\alpha)}\right)q_i^{n-k}\right],$$

$$1 \leqslant i \leqslant M-1, \quad 2 \leqslant n \leqslant N.$$

将 (3.2.23) 代入 (3.2.22), 消去中间变量 $\{F_{l,i}^n\}$ 可得

$$\frac{1}{\Gamma(1-\alpha)}\left[\hat{a}_0^{(\alpha)}v_i^n - \sum_{k=1}^{n-1}\left(\hat{a}_{k-1}^{(\alpha)} - \hat{a}_k^{(\alpha)}\right)v_i^{n-k} - \hat{a}_{n-1}^{(\alpha)}v_i^0\right] = \delta_x^2 u_i^n + p_i^n,$$

$$1 \leqslant i \leqslant M-1,\ 1 \leqslant n \leqslant N.$$

上式等价于

$$\begin{cases} \dfrac{1}{\Gamma(1-\alpha)}\hat{a}_0^{(\alpha)}\left(2v_i^{\frac{1}{2}} - 2v_i^0\right) = \delta_x^2 u_i^1 + p_i^1, \quad 1 \leqslant i \leqslant M-1, & (3.2.27) \\[3mm] \dfrac{1}{\Gamma(1-\alpha)}\left[\hat{a}_0^{(\alpha)}v_i^{n-\frac{1}{2}} - \displaystyle\sum_{k=1}^{n-1}\left(\hat{a}_{k-1}^{(\alpha)} - \hat{a}_k^{(\alpha)}\right)v_i^{n-k-\frac{1}{2}} - \hat{a}_{n-1}^{(\alpha)}v_i^0\right] \\[3mm] \quad = \delta_x^2 u_i^{n-\frac{1}{2}} + p_i^{n-\frac{1}{2}}, \qquad 1 \leqslant i \leqslant M-1, \quad 2 \leqslant n \leqslant N. & (3.2.28) \end{cases}$$

将 (3.2.24) 代入 (3.2.27)—(3.2.28) 中可得

$$\begin{cases} \dfrac{1}{\Gamma(1-\alpha)}\hat{a}_0^{(\alpha)}\left(2\delta_t u_i^{\frac{1}{2}} - 2v_i^0\right) = \delta_x^2 u_i^1 + Q_i^1, \quad 1 \leqslant i \leqslant M-1, & (3.2.29) \\[3mm] \dfrac{1}{\Gamma(1-\alpha)}\left[\hat{a}_0^{(\alpha)}\delta_t u_i^{n-\frac{1}{2}} - \displaystyle\sum_{k=1}^{n-1}\left(\hat{a}_{k-1}^{(\alpha)} - \hat{a}_k^{(\alpha)}\right)\delta_t u_i^{n-k-\frac{1}{2}} - \hat{a}_{n-1}^{(\alpha)}v_i^0\right] \\[3mm] \quad = \delta_x^2 u_i^{n-\frac{1}{2}} + Q_i^n, \qquad 1 \leqslant i \leqslant M-1,\ 2 \leqslant n \leqslant N. & (3.2.30) \end{cases}$$

(I) 用 $\delta_t u^{\frac{1}{2}}$ 与 (3.2.29) 的两边作内积, 得

$$\frac{2}{\Gamma(1-\alpha)}\hat{a}_0^{(\alpha)}\|\delta_t u^{\frac{1}{2}}\|^2 - \left(\delta_x^2 u^1, \delta_t u^{\frac{1}{2}}\right)$$

$$= \frac{2}{\Gamma(1-\alpha)}\hat{a}_0^{(\alpha)}\left(v^0, \delta_t u^{\frac{1}{2}}\right) + \left(Q^1, \delta_t u^{\frac{1}{2}}\right)$$

$$\leqslant \frac{1}{\Gamma(1-\alpha)}\hat{a}_0^{(\alpha)}\left(\frac{2}{3}\|v^0\|^2 + \frac{3}{2}\|\delta_t u^{\frac{1}{2}}\|^2\right) + \|Q^1\| \cdot \|\delta_t u^{\frac{1}{2}}\|.$$

注意到 (3.2.26), 有

$$-\left(\delta_x^2 u^1, \delta_t u^{\frac{1}{2}}\right) = \left(\delta_x u^1, \delta_t \delta_x u^{\frac{1}{2}}\right) = \frac{1}{2\tau}\left(\|\delta_x u^1\|^2 - \|\delta_x u^0\|^2\right) + \frac{\tau}{2}\|\delta_x \delta_t u^{\frac{1}{2}}\|^2.$$

因而

$$\frac{2}{\Gamma(1-\alpha)}\hat{a}_0^{(\alpha)}\|\delta_t u^{\frac{1}{2}}\|^2 + \frac{1}{2\tau}\left(\|\delta_x u^1\|^2 - \|\delta_x u^0\|^2\right)$$

$$\leqslant \frac{1}{\Gamma(1-\alpha)}\hat{a}_0^{(\alpha)}\left(\frac{2}{3}\|v^0\|^2+\frac{3}{2}\|\delta_t u^{\frac{1}{2}}\|^2\right)+\|Q^1\|\cdot\|\delta_t u^{\frac{1}{2}}\|.$$

将上式两边乘以 2τ 得到

$$\frac{\tau}{\Gamma(1-\alpha)}\hat{a}_0^{(\alpha)}\|\delta_t u^{\frac{1}{2}}\|^2+\|\delta_x u^1\|^2$$
$$\leqslant \|\delta_x u^0\|^2+\frac{4}{3}\cdot\frac{\tau}{\Gamma(1-\alpha)}\hat{a}_0^{(\alpha)}\|v^0\|^2+2\tau\|Q^1\|\cdot\|\delta_t u^{\frac{1}{2}}\|. \tag{3.2.31}$$

(II) 用 $2\delta_t u^{n-\frac{1}{2}}$ 与 (3.2.30) 的两边作内积得

$$\frac{2}{\Gamma(1-\alpha)}\hat{a}_0^{(\alpha)}\|\delta_t u^{n-\frac{1}{2}}\|^2+\frac{1}{\tau}(\|\delta_x u^n\|^2-\|\delta_x u^{n-1}\|^2)$$
$$=\frac{2}{\Gamma(1-\alpha)}\left[\sum_{k=1}^{n-1}\left(\hat{a}_{k-1}^{(\alpha)}-\hat{a}_k^{(\alpha)}\right)\left(\delta_t u^{n-k-\frac{1}{2}},\delta_t u^{n-\frac{1}{2}}\right)+\hat{a}_{n-1}^{(\alpha)}\left(v^0,\delta_t u^{n-\frac{1}{2}}\right)\right]$$
$$+2\left(Q^n,\delta_t u^{n-\frac{1}{2}}\right)$$
$$\leqslant \frac{1}{\Gamma(1-\alpha)}\left[\sum_{k=1}^{n-1}\left(\hat{a}_{k-1}^{(\alpha)}-\hat{a}_k^{(\alpha)}\right)\left(\|\delta_t u^{n-k-\frac{1}{2}}\|^2+\|\delta_t u^{n-\frac{1}{2}}\|^2\right)\right.$$
$$\left.+\hat{a}_{n-1}^{(\alpha)}\left(\|v^0\|^2+\|\delta_t u^{n-\frac{1}{2}}\|^2\right)\right]+2\|Q^n\|\cdot\|\delta_t u^{n-\frac{1}{2}}\|,$$

即

$$\frac{1}{\Gamma(1-\alpha)}\hat{a}_0^{(\alpha)}\|\delta_t u^{n-\frac{1}{2}}\|^2+\frac{1}{\tau}\left(\|\delta_x u^n\|^2-\|\delta_x u^{n-1}\|^2\right)$$
$$\leqslant \frac{1}{\Gamma(1-\alpha)}\sum_{k=1}^{n-1}\left(\hat{a}_{k-1}^{(\alpha)}-\hat{a}_k^{(\alpha)}\right)\|\delta_t u^{n-k-\frac{1}{2}}\|^2+\frac{1}{\Gamma(1-\alpha)}\hat{a}_{n-1}^{(\alpha)}\|v^0\|^2$$
$$+2\|Q^n\|\cdot\|\delta_t u^{n-\frac{1}{2}}\|,\quad 2\leqslant n\leqslant N.$$

对上式变形可得

$$\frac{\tau}{\Gamma(1-\alpha)}\sum_{k=0}^{n-1}\hat{a}_k^{(\alpha)}\|\delta_t u^{n-k-\frac{1}{2}}\|^2+\|\delta_x u^n\|^2$$
$$\leqslant \frac{\tau}{\Gamma(1-\alpha)}\sum_{k=1}^{n-1}\hat{a}_{k-1}^{(\alpha)}\|\delta_t u^{n-k-\frac{1}{2}}\|^2+\|\delta_x u^{n-1}\|^2$$
$$+\frac{\tau}{\Gamma(1-\alpha)}\hat{a}_{n-1}^{(\alpha)}\|v^0\|^2+2\tau\|Q^n\|\cdot\|\delta_t u^{n-\frac{1}{2}}\|$$
$$=\frac{\tau}{\Gamma(1-\alpha)}\sum_{k=0}^{n-2}\hat{a}_k^{(\alpha)}\|\delta_t u^{n-1-k-\frac{1}{2}}\|^2+\|\delta_x u^{n-1}\|^2$$

$$+ \frac{\tau}{\Gamma(1-\alpha)} \hat{a}_{n-1}^{(\alpha)} \|v^0\|^2 + 2\tau \|Q^n\| \cdot \|\delta_t u^{n-\frac{1}{2}}\|, \quad 2 \leqslant n \leqslant N.$$

将上式中的 n 替换为 m, 并对 m 从 2 到 n 求和, 得到

$$\frac{\tau}{\Gamma(1-\alpha)} \sum_{k=0}^{n-1} \hat{a}_k^{(\alpha)} \|\delta_t u^{n-k-\frac{1}{2}}\|^2 + \|\delta_x u^n\|^2$$

$$\leqslant \frac{\tau}{\Gamma(1-\alpha)} \hat{a}_0^{(\alpha)} \|\delta_t u^{\frac{1}{2}}\|^2 + \|\delta_x u^1\|^2$$

$$+ \frac{\tau}{\Gamma(1-\alpha)} \sum_{m=1}^{n-1} \hat{a}_m^{(\alpha)} \|v^0\|^2 + 2\tau \sum_{m=2}^{n} \|Q^m\| \cdot \|\delta_t u^{m-\frac{1}{2}}\|, \quad 2 \leqslant n \leqslant N. \quad (3.2.32)$$

综合 (3.2.31) 和 (3.2.32) 得到

$$\frac{\tau}{\Gamma(1-\alpha)} \sum_{k=0}^{n-1} \hat{a}_k^{(\alpha)} \|\delta_t u^{n-k-\frac{1}{2}}\|^2 + \|\delta_x u^n\|^2$$

$$\leqslant \|\delta_x u^0\|^2 + \frac{\tau}{\Gamma(1-\alpha)} \left[\frac{4}{3} \hat{a}_0^{(\alpha)} + \sum_{m=1}^{n-1} \hat{a}_m^{(\alpha)} \right] \|v^0\|^2 + 2\tau \sum_{m=1}^{n} \|Q^m\| \cdot \|\delta_t u^{m-\frac{1}{2}}\|$$

$$= \|\delta_x u^0\|^2 + \frac{\tau}{\Gamma(1-\alpha)} \left[\frac{4}{3} \hat{a}_0^{(\alpha)} + \sum_{m=1}^{n-1} \hat{a}_m^{(\alpha)} \right] \|v^0\|^2 + 2\tau \sum_{k=0}^{n-1} \|Q^{n-k}\| \cdot \|\delta_t u^{n-k-\frac{1}{2}}\|$$

$$\leqslant \|\delta_x u^0\|^2 + \frac{\tau}{\Gamma(1-\alpha)} \left[\frac{4}{3} \hat{a}_0^{(\alpha)} + \sum_{m=1}^{n-1} \hat{a}_m^{(\alpha)} \right] \|v^0\|^2$$

$$+ \frac{\tau}{\Gamma(1-\alpha)} \sum_{k=0}^{n-1} \hat{a}_k^{(\alpha)} \|\delta_t u^{n-k-\frac{1}{2}}\|^2 + \tau\Gamma(1-\alpha) \sum_{k=0}^{n-1} \frac{1}{\hat{a}_k^{(\alpha)}} \|Q^{n-k}\|^2, \quad 1 \leqslant n \leqslant N,$$

即

$$\|\delta_x u^n\|^2 \leqslant \|\delta_x u^0\|^2 + \frac{\tau}{\Gamma(1-\alpha)} \left[\frac{4}{3} \hat{a}_0^{(\alpha)} + \sum_{m=1}^{n-1} \hat{a}_m^{(\alpha)} \right] \|v^0\|^2$$

$$+ \tau\Gamma(1-\alpha) \sum_{k=0}^{n-1} \frac{1}{\hat{a}_k^{(\alpha)}} \|Q^{n-k}\|^2, \quad 1 \leqslant n \leqslant N. \quad (3.2.33)$$

应用 (1.7.17) 得到

$$\frac{\tau}{\Gamma(1-\alpha)} \left[\frac{4}{3} \hat{a}_0^{(\alpha)} + \sum_{m=1}^{n-1} \hat{a}_m^{(\alpha)} \right]$$

$$\leqslant \frac{\tau}{\Gamma(1-\alpha)} \left[\frac{4}{3} \cdot \frac{\tau^{-\alpha}}{1-\alpha} + \sum_{m=1}^{n-1} \left(\frac{\tau^{-\alpha}}{1-\alpha} a_m^{(\alpha)} + \epsilon \right) \right]$$

$$= \frac{\tau}{\Gamma(1-\alpha)} \left[\frac{4}{3} \cdot \frac{\tau^{-\alpha}}{1-\alpha} + \frac{\tau^{-\alpha}}{1-\alpha} \left(n^{1-\alpha} - 1 \right) + (n-1)\epsilon \right]$$

$$\leqslant \frac{4 t_n^{1-\alpha}}{3\Gamma(2-\alpha)} + \frac{\epsilon\, t_n}{\Gamma(1-\alpha)}. \tag{3.2.34}$$

应用 (1.7.16) 得到

$$\tau\Gamma(1-\alpha) \sum_{k=0}^{n-1} \frac{1}{\hat{a}_k^{(\alpha)}} \|Q^{n-k}\|^2$$

$$\leqslant \tau\Gamma(1-\alpha) \max_{1\leqslant k\leqslant n} \|Q^k\|^2 \sum_{k=0}^{n-1} \frac{1}{\hat{a}_k^{(\alpha)}}$$

$$\leqslant \tau\Gamma(1-\alpha) \max_{1\leqslant k\leqslant n} \|Q^k\|^2 \sum_{k=0}^{n-1} 2\, t_{k+1}^{\alpha}$$

$$\leqslant 2\Gamma(1-\alpha) t_n^{1+\alpha} \max_{1\leqslant k\leqslant n} \|Q^k\|^2. \tag{3.2.35}$$

由 Q^n 的定义可得

$$\|Q^1\| \leqslant \|p^1\| + \frac{2\hat{a}_0^{(\alpha)}}{\Gamma(1-\alpha)} \|q^1\|, \tag{3.2.36}$$

$$\|Q^n\| \leqslant \|p^{n-\frac{1}{2}}\| + \frac{1}{\Gamma(1-\alpha)} \left[\hat{a}_0^{(\alpha)} \|q^n\| + \sum_{k=1}^{n-1} (\hat{a}_{k-1}^{(\alpha)} - \hat{a}_k^{(\alpha)}) \|q^{n-k}\| \right]$$

$$\leqslant \|p^{n-\frac{1}{2}}\| + \frac{1}{\Gamma(1-\alpha)} \left[\hat{a}_0^{(\alpha)} \|q^n\| + (\hat{a}_0^{(\alpha)} - \hat{a}_{n-1}^{(\alpha)}) \max_{1\leqslant k\leqslant n-1} \|q^k\| \right]$$

$$\leqslant \|p^{n-\frac{1}{2}}\| + \frac{2\hat{a}_0^{(\alpha)}}{\Gamma(1-\alpha)} \max_{1\leqslant k\leqslant n} \|q^k\|, \quad 2\leqslant n\leqslant N. \tag{3.2.37}$$

由 (3.2.33)—(3.2.37) 得到

$$\|\delta_x u^n\|^2 \leqslant \|\delta_x u^0\|^2 + \left[\frac{4 t_n^{1-\alpha}}{3\Gamma(2-\alpha)} + \frac{\epsilon\, t_n}{\Gamma(1-\alpha)} \right] \|v^0\|^2$$

$$+ 2\Gamma(1-\alpha) t_n^{1+\alpha} \left(\max\left\{ \|p^1\|, \max_{2\leqslant k\leqslant n} \|p^{k-\frac{1}{2}}\| \right\} + \frac{2\hat{a}_0^{(\alpha)}}{\Gamma(1-\alpha)} \max_{1\leqslant k\leqslant n} \|q^k\| \right)^2,$$

$$1 \leqslant n \leqslant N. \qquad \square$$

3.2.4 差分格式的收敛性

定理 3.2.3 设 $\{U_i^n, V_i^n \mid 0 \leqslant i \leqslant M, 0 \leqslant n \leqslant N\}$ 为微分方程问题 (3.2.1)—(3.2.4) 的解, $\{u_i^n, v_i^n \mid 0 \leqslant i \leqslant M, 0 \leqslant n \leqslant N\}$ 为差分格式 (3.2.13)—(3.2.17) 的解.

令

$$e_i^n = U_i^n - u_i^n, \quad z_i^n = V_i^n - v_i^n, \quad 0 \leqslant i \leqslant M, \, 0 \leqslant n \leqslant N,$$

则有

$$\|\delta_x e^n\| \leqslant \sqrt{2Lt_n^\gamma \Gamma(2-\gamma)} \left(c_2 + \frac{2}{\Gamma(3-\gamma)}c_3\right)(\tau^{3-\gamma} + h^2 + \epsilon), \quad 1 \leqslant n \leqslant N.$$

证明 将 (3.2.8), (3.2.9), (3.2.11)—(3.2.12) 分别与 (3.2.18), (3.2.15)—(3.2.17) 相减, 可得误差方程组

$$
\begin{cases}
\dfrac{1}{\Gamma(1-\alpha)}\left[\hat{a}_0^{(\alpha)} z_i^n - \displaystyle\sum_{k=1}^{n-1}\left(\hat{a}_{k-1}^{(\alpha)} - \hat{a}_k^{(\alpha)}\right) z_i^{n-k} - \hat{a}_{n-1}^{(\alpha)} z_i^0 \right] = \delta_x^2 e_i^n + (r_2)_i^n, \\
\qquad\qquad\qquad\qquad\qquad\qquad 1 \leqslant i \leqslant M-1, \quad 1 \leqslant n \leqslant N, \\
\delta_t e_i^{n-\frac{1}{2}} = z_i^{n-\frac{1}{2}} + (r_3)_i^n, \quad 1 \leqslant i \leqslant M-1, \quad 1 \leqslant n \leqslant N, \\
e_i^0 = 0, \quad z_i^0 = 0, \quad 1 \leqslant i \leqslant M-1, \\
e_0^n = 0, \quad e_M^n = 0, \quad 0 \leqslant n \leqslant N.
\end{cases}
$$

应用定理 3.2.2, 并注意到 (3.2.7) 和 (3.2.10), 可得

$$\|\delta_x e^n\|^2$$
$$\leqslant \|\delta_x e^0\|^2 + \left[\frac{4t_n^{1-\alpha}}{3\Gamma(2-\alpha)} + \frac{t_n}{\Gamma(1-\alpha)}\epsilon\right]\|z^0\|^2$$
$$+ 2\Gamma(1-\alpha)t_n^{1+\alpha}\left(\max\left\{\|(r_2)^1\|, \max_{2\leqslant k\leqslant n}\|(r_2)^{k-\frac{1}{2}}\|\right\} + \frac{2\hat{a}_0^{(\alpha)}}{\Gamma(1-\alpha)}\max_{1\leqslant k\leqslant n}\|(r_3)^k\|\right)^2$$
$$= 2\Gamma(1-\alpha)t_n^{1+\alpha}\left(\max\left\{\|(r_2)^1\|, \max_{2\leqslant k\leqslant n}\|(r_2)^{k-\frac{1}{2}}\|\right\} + \frac{2\hat{a}_0^{(\alpha)}}{\Gamma(1-\alpha)}\max_{1\leqslant k\leqslant n}\|(r_3)^k\|\right)^2$$
$$\leqslant 2\Gamma(1-\alpha)t_n^{1+\alpha}\left(\sqrt{L}\,c_2(\tau^{2-\alpha} + h^2 + \epsilon) + \frac{2\hat{a}_0^{(\alpha)}}{\Gamma(1-\alpha)}\sqrt{L}\,c_3\tau^2\right)^2$$
$$= 2\Gamma(1-\alpha)t_n^{1+\alpha}\left(\sqrt{L}\,c_2(\tau^{2-\alpha} + h^2 + \epsilon) + \frac{2}{\Gamma(2-\alpha)}\sqrt{L}\,c_3\tau^{2-\alpha}\right)^2$$
$$\leqslant 2\Gamma(1-\alpha)t_n^{1+\alpha}\left(\left(c_2 + \frac{2}{\Gamma(2-\alpha)}c_3\right)\sqrt{L}\,(\tau^{2-\alpha} + h^2 + \epsilon)\right)^2, \quad 1 \leqslant n \leqslant N.$$

将上式两边开方得到

$$\|\delta_x e^n\| \leqslant \sqrt{2Lt_n^{1+\alpha}\Gamma(1-\alpha)}\left(c_2 + \frac{2}{\Gamma(2-\alpha)}c_3\right)(\tau^{2-\alpha} + h^2 + \epsilon)$$
$$= \sqrt{2Lt_n^\gamma \Gamma(2-\gamma)}\left(c_2 + \frac{2}{\Gamma(3-\gamma)}c_3\right)(\tau^{3-\gamma} + h^2 + \epsilon), \quad 1 \leqslant n \leqslant N. \quad \square$$

3.3　一维问题基于 L1 逼近的空间四阶方法

在 3.1 节的基础上, 本节考虑求解时间分数阶波方程初边值问题 (3.1.1)—(3.1.3) 的空间紧差分方法. 设解函数 $u \in C^{(6,3)}([0,L] \times [0,T])$.

3.3.1　差分格式的建立

在结点 (x_i, t_n) 处考虑微分方程 (3.1.1), 得到

$$
{}^C_0 D_t^\gamma u(x_i, t_n) = u_{xx}(x_i, t_n) + f_i^n, \quad 0 \leqslant i \leqslant M, \ 0 \leqslant n \leqslant N.
$$

对上式两边同时作用算子 $\mathcal{A}$, 并将相邻两个时间层取平均, 得到

$$
\mathcal{A}\left[\frac{1}{2}\left({}^C_0 D_t^\gamma u(x_i, t_n) + {}^C_0 D_t^\gamma u(x_i, t_{n-1}) \right) \right]
$$
$$
= \mathcal{A}\left[\frac{1}{2}\left(u_{xx}(x_i, t_n) + u_{xx}(x_i, t_{n-1}) \right) \right] + \mathcal{A} f_i^{n-\frac{1}{2}},
$$
$$
1 \leqslant i \leqslant M-1, \ 1 \leqslant n \leqslant N.
$$

对上式中时间分数阶导数应用 L1 公式 (1.6.13) 离散, 由定理 1.6.2 和引理 2.1.3 可得

$$
\frac{\tau^{1-\gamma}}{\Gamma(3-\gamma)} \mathcal{A}\left[b_0^{(\gamma)} \delta_t U_i^{n-\frac{1}{2}} - \sum_{k=1}^{n-1} \left(b_{n-k-1}^{(\gamma)} - b_{n-k}^{(\gamma)} \right) \delta_t U_i^{k-\frac{1}{2}} - b_{n-1}^{(\gamma)} \psi_i \right]
$$
$$
= \delta_x^2 U_i^{n-\frac{1}{2}} + \mathcal{A} f_i^{n-\frac{1}{2}} + (r_4)_i^{n-\frac{1}{2}}, \quad 1 \leqslant i \leqslant M-1, \ 1 \leqslant n \leqslant N, \tag{3.3.1}
$$

且存在正常数 c_4 使得

$$
\left| (r_4)_i^{n-\frac{1}{2}} \right| \leqslant c_4(\tau^{3-\gamma} + h^4), \quad 1 \leqslant i \leqslant M-1, \ 1 \leqslant n \leqslant N, \tag{3.3.2}
$$

其中 $\{b_l^{(\gamma)}\}$ 由 (1.6.8) 定义.

注意到初边值条件 (3.1.2)—(3.1.3), 有

$$
\begin{cases}
U_i^0 = \varphi(x_i), & 1 \leqslant i \leqslant M-1, \\
U_0^n = \mu(t_n), \quad U_M^n = \nu(t_n), & 0 \leqslant n \leqslant N.
\end{cases}
\tag{3.3.3}
\tag{3.3.4}
$$

在 (3.3.1) 中略去小量项 $(r_4)_i^{n-\frac{1}{2}}$, 并用数值解 u_i^n 代替精确解 U_i^n, 可得求解问

题 (3.1.1)—(3.1.3) 的如下差分格式:

$$
\begin{cases}
\dfrac{\tau^{1-\gamma}}{\Gamma(3-\gamma)}\mathcal{A}\left[b_0^{(\gamma)}\delta_t u_i^{n-\frac{1}{2}}-\sum_{k=1}^{n-1}(b_{n-k-1}^{(\gamma)}-b_{n-k}^{(\gamma)})\delta_t u_i^{k-\frac{1}{2}}-b_{n-1}^{(\gamma)}\psi_i\right] \\
=\delta_x^2 u_i^{n-\frac{1}{2}}+\mathcal{A}f_i^{n-\frac{1}{2}}, \\
1\leqslant i\leqslant M-1,\ 1\leqslant n\leqslant N, & (3.3.5) \\
u_i^0=\varphi(x_i),\quad 1\leqslant i\leqslant M-1, & (3.3.6) \\
u_0^n=\mu(t_n),\quad u_M^n=\nu(t_n),\quad 0\leqslant n\leqslant N. & (3.3.7)
\end{cases}
$$

记 $\eta=\tau^{\gamma-1}\Gamma(3-\gamma)$.

3.3.2 差分格式的可解性

定理 3.3.1 差分格式 (3.3.5)—(3.3.7) 是唯一可解的.

证明 记

$$u^n=(u_0^n,u_1^n,\cdots,u_M^n).$$

由 (3.3.6)—(3.3.7) 知第 0 层的值 u^0 已知. 设前 n 层的值 $u^0,u^1,\cdots,u^{n-1}$ 已唯一确定, 则由 (3.3.5) 和 (3.3.7) 可得关于 u^n 的线性方程组. 要证明它的唯一可解性, 只需证明它相应的齐次方程组

$$
\begin{cases}
\dfrac{1}{\eta\tau}\mathcal{A}u_i^n=\dfrac{1}{2}\delta_x^2 u_i^n,\quad 1\leqslant i\leqslant M-1, & (3.3.8) \\
u_0^n=u_M^n=0 & (3.3.9)
\end{cases}
$$

仅有零解.

用 u^n 与 (3.3.8) 两边作内积, 并利用 (3.3.9), 可得

$$\frac{1}{\eta\tau}(\mathcal{A}u^n,u^n)=\frac{1}{2}(\delta_x^2 u^n,u^n).\qquad(3.3.10)$$

注意到 (3.3.9), 应用分部求和公式和引理 2.1.1, 有

$$
\begin{aligned}
(\mathcal{A}u^n,u^n)&=\left(\left(\mathcal{I}+\frac{h^2}{12}\delta_x^2\right)u^n,u^n\right)\\
&=\|u^n\|^2-\frac{h^2}{12}\|\delta_x u^n\|^2\geqslant\frac{2}{3}\|u^n\|^2.
\end{aligned}
$$

将上式代入 (3.3.10) 中, 得到

$$\frac{2}{3}\cdot\frac{1}{\eta\tau}\|u^n\|^2\leqslant-\frac{1}{2}\|\delta_x u^n\|^2\leqslant 0,$$

从而 $\|u^n\|^2=0$. 结合 (3.3.9) 可得 $u^n=0$.

由归纳原理知, 差分格式 (3.3.5)—(3.3.7) 存在唯一解. $\qquad\square$

3.3.3　差分格式的稳定性

定理 3.3.2　设 $\{v_i^n \mid 0 \leqslant i \leqslant M, 0 \leqslant n \leqslant N\}$ 为差分格式

$$
\begin{cases}
\dfrac{1}{\eta}\mathcal{A}\left[b_0^{(\gamma)}\delta_t v_i^{n-\frac{1}{2}} - \displaystyle\sum_{k=1}^{n-1}(b_{n-k-1}^{(\gamma)} - b_{n-k}^{(\gamma)})\delta_t v_i^{k-\frac{1}{2}} - b_{n-1}^{(\gamma)}\psi_i\right] = \delta_x^2 v_i^{n-\frac{1}{2}} + g_i^{n-\frac{1}{2}}, \\
\qquad\qquad\qquad 1 \leqslant i \leqslant M-1,\ 1 \leqslant n \leqslant N, & (3.3.11)\\
v_i^0 = \varphi(x_i), \quad 1 \leqslant i \leqslant M-1, & (3.3.12)\\
v_0^n = 0, \quad v_M^n = 0, \quad 0 \leqslant n \leqslant N & (3.3.13)
\end{cases}
$$

的解, 则有

$$
\|\delta_x v^n\|_A^2 \leqslant \|\delta_x v^0\|_A^2 + \frac{t_n^{2-\gamma}}{\Gamma(3-\gamma)}\|\mathcal{A}\psi\|^2 + \Gamma(2-\gamma)t_n^{\gamma-1}\tau\sum_{k=1}^{n}\|g^{k-\frac{1}{2}}\|^2, \quad 1 \leqslant n \leqslant N,
$$

$$
(3.3.14)
$$

其中

$$
\|\mathcal{A}\psi\|^2 = h\sum_{i=1}^{M-1}(\mathcal{A}\psi_i)^2, \quad \|g^{k-\frac{1}{2}}\|^2 = h\sum_{i=1}^{M-1}\left(g_i^{k-\frac{1}{2}}\right)^2.
$$

证明　用 $\eta\mathcal{A}\delta_t v^{n-\frac{1}{2}}$ 与方程 (3.3.11) 两边作内积, 并应用 Cauchy-Schwarz 不等式, 可得

$$
\begin{aligned}
b_0^{(\gamma)}\|\mathcal{A}\delta_t v^{n-\frac{1}{2}}\|^2 &= \sum_{k=1}^{n-1}(b_{n-k-1}^{(\gamma)} - b_{n-k}^{(\gamma)})\left(\mathcal{A}\delta_t v^{k-\frac{1}{2}}, \mathcal{A}\delta_t v^{n-\frac{1}{2}}\right) \\
&\quad + b_{n-1}^{(\gamma)}\left(\mathcal{A}\psi, \mathcal{A}\delta_t v^{n-\frac{1}{2}}\right) + \eta\left(\delta_x^2 v^{n-\frac{1}{2}}, \mathcal{A}\delta_t v^{n-\frac{1}{2}}\right) + \eta\left(g^{n-\frac{1}{2}}, \mathcal{A}\delta_t v^{n-\frac{1}{2}}\right) \\
&\leqslant \frac{1}{2}\sum_{k=1}^{n-1}(b_{n-k-1}^{(\gamma)} - b_{n-k}^{(\gamma)})\left(\|\mathcal{A}\delta_t v^{k-\frac{1}{2}}\|^2 + \|\mathcal{A}\delta_t v^{n-\frac{1}{2}}\|^2\right) \\
&\quad + \frac{1}{2}b_{n-1}^{(\gamma)}\left(\|\mathcal{A}\psi\|^2 + \|\mathcal{A}\delta_t v^{n-\frac{1}{2}}\|^2\right) + \eta\left(\delta_x^2 v^{n-\frac{1}{2}}, \mathcal{A}\delta_t v^{n-\frac{1}{2}}\right) \\
&\quad + \eta\left(g^{n-\frac{1}{2}}, \mathcal{A}\delta_t v^{n-\frac{1}{2}}\right), \quad 1 \leqslant n \leqslant N.
\end{aligned}
$$

上式两边同乘以 2, 整理后得到

$$
\begin{aligned}
b_0^{(\gamma)}\|\mathcal{A}\delta_t v^{n-\frac{1}{2}}\|^2 &\leqslant \sum_{k=1}^{n-1}(b_{n-k-1}^{(\gamma)} - b_{n-k}^{(\gamma)})\|\mathcal{A}\delta_t v^{k-\frac{1}{2}}\|^2 + b_{n-1}^{(\gamma)}\|\mathcal{A}\psi\|^2 \\
&\quad + 2\eta\left(\delta_x^2 v^{n-\frac{1}{2}}, \mathcal{A}\delta_t v^{n-\frac{1}{2}}\right) + 2\eta\left(g^{n-\frac{1}{2}}, \mathcal{A}\delta_t v^{n-\frac{1}{2}}\right), \quad 1 \leqslant n \leqslant N.
\end{aligned}
$$

$$
(3.3.15)
$$

应用分部求和公式, 并注意到 (3.3.13) 可得

$$
\begin{aligned}
-\left(\delta_x^2 v^{n-\frac{1}{2}}, \mathcal{A}\delta_t v^{n-\frac{1}{2}}\right) &= \left(\delta_t v^{n-\frac{1}{2}}, v^{n-\frac{1}{2}}\right)_{1,A} \\
&= \frac{1}{2\tau}\left[(v^n, v^n)_{1,A} - (v^{n-1}, v^{n-1})_{1,A}\right] \\
&= \frac{1}{2\tau}\left(\|\delta_x v^n\|_A^2 - \|\delta_x v^{n-1}\|_A^2\right).
\end{aligned}
\tag{3.3.16}
$$

将 (3.3.16) 代入 (3.3.15), 可得

$$
\begin{aligned}
&\sum_{k=1}^n b_{n-k}^{(\gamma)} \|\mathcal{A}\delta_t v^{k-\frac{1}{2}}\|^2 + \frac{\eta}{\tau}\left(\|\delta_x v^n\|_A^2 - \|\delta_x v^{n-1}\|_A^2\right) \\
&\leqslant \sum_{k=1}^{n-1} b_{n-k-1}^{(\gamma)} \|\mathcal{A}\delta_t v^{k-\frac{1}{2}}\|^2 + b_{n-1}^{(\gamma)} \|\mathcal{A}\psi\|^2 + 2\eta\left(g^{n-\frac{1}{2}}, \mathcal{A}\delta_t v^{n-\frac{1}{2}}\right), \quad 1 \leqslant n \leqslant N.
\end{aligned}
$$

上式经整理可得

$$
\begin{aligned}
&\|\delta_x v^n\|_A^2 + \frac{\tau}{\eta}\sum_{k=1}^n b_{n-k}^{(\gamma)} \|\mathcal{A}\delta_t v^{k-\frac{1}{2}}\|^2 \\
&\leqslant \|\delta_x v^{n-1}\|_A^2 + \frac{\tau}{\eta}\sum_{k=1}^{n-1} b_{n-k-1}^{(\gamma)} \|\mathcal{A}\delta_t v^{k-\frac{1}{2}}\|^2 \\
&\quad + \frac{\tau}{\eta} b_{n-1}^{(\gamma)} \|\mathcal{A}\psi\|^2 + 2\tau\left(g^{n-\frac{1}{2}}, \mathcal{A}\delta_t v^{n-\frac{1}{2}}\right), \quad 1 \leqslant n \leqslant N.
\end{aligned}
\tag{3.3.17}
$$

令

$$
G^0 = \|\delta_x v^0\|_A^2, \quad G^n = \|\delta_x v^n\|_A^2 + \frac{\tau}{\eta}\sum_{k=1}^n b_{n-k}^{(\gamma)} \|\mathcal{A}\delta_t v^{k-\frac{1}{2}}\|^2, \quad 1 \leqslant n \leqslant N,
$$

则由 (3.3.17) 得到

$$
G^n \leqslant G^{n-1} + \frac{\tau}{\eta} b_{n-1}^{(\gamma)} \|\mathcal{A}\psi\|^2 + 2\tau\left(g^{n-\frac{1}{2}}, \mathcal{A}\delta_t v^{n-\frac{1}{2}}\right), \quad 1 \leqslant n \leqslant N.
$$

递推可得

$$
\begin{aligned}
G^n &\leqslant G^0 + \frac{\tau}{\eta}\sum_{k=0}^{n-1} b_k^{(\gamma)} \|\mathcal{A}\psi\|^2 + 2\tau\sum_{k=1}^n \left(g^{k-\frac{1}{2}}, \mathcal{A}\delta_t v^{k-\frac{1}{2}}\right) \\
&\leqslant G^0 + \frac{\tau}{\eta}\sum_{k=0}^{n-1} b_k^{(\gamma)} \|\mathcal{A}\psi\|^2 \\
&\quad + \tau\sum_{k=1}^n \left(\frac{\eta}{b_{n-k}^{(\gamma)}} \|g^{k-\frac{1}{2}}\|^2 + \frac{b_{n-k}^{(\gamma)}}{\eta} \|\mathcal{A}\delta_t v^{k-\frac{1}{2}}\|^2\right), \quad 1 \leqslant n \leqslant N,
\end{aligned}
$$

即

$$\|\delta_x v^n\|_A^2 \leqslant \|\delta_x v^0\|_A^2 + \frac{\tau}{\eta}\sum_{k=0}^{n-1} b_k^{(\gamma)}\|\mathcal{A}\psi\|^2 + \tau\sum_{k=1}^{n}\frac{\eta}{b_{n-k}^{(\gamma)}}\|g^{k-\frac12}\|^2, \quad 1\leqslant n\leqslant N.$$

$$(3.3.18)$$

利用 (3.1.20) 和 (3.1.22), 由 (3.3.18) 可得 (3.3.14). □

3.3.4　差分格式的收敛性

定理 3.3.3　设 $\{U_i^n \mid 0\leqslant i\leqslant M, 0\leqslant n\leqslant N\}$ 为微分方程问题 (3.1.1)—(3.1.3) 的解, $\{u_i^n \mid 0\leqslant i\leqslant M, 0\leqslant n\leqslant N\}$ 为差分格式 (3.3.5)—(3.3.7) 的解. 令

$$e_i^n = U_i^n - u_i^n, \quad 0\leqslant i\leqslant M, \quad 0\leqslant n\leqslant N,$$

则有

$$\|e^n\|_\infty \leqslant \frac{L}{4}\sqrt{6T^\gamma\Gamma(2-\gamma)}\,c_4(\tau^{3-\gamma}+h^4), \quad 1\leqslant n\leqslant N.$$

证明　将 (3.3.1), (3.3.3)—(3.3.4) 分别与 (3.3.5)—(3.3.7) 相减, 可得误差方程组

$$\begin{cases} \dfrac{1}{\eta}\mathcal{A}\left[b_0^{(\gamma)}\delta_t e_i^{n-\frac12} - \sum_{k=1}^{n-1}(b_{n-k-1}^{(\gamma)}-b_{n-k}^{(\gamma)})\delta_t e_i^{k-\frac12} - b_{n-1}^{(\gamma)}\cdot 0\right] = \delta_x^2 e_i^{n-\frac12} + (r_4)_i^{n-\frac12}, \\ \hspace{7cm} 1\leqslant i\leqslant M-1, \ 1\leqslant n\leqslant N, \\ e_i^0 = 0, \quad 1\leqslant i\leqslant M-1, \\ e_0^n = 0, \quad e_M^n = 0, \quad 0\leqslant n\leqslant N. \end{cases}$$

应用定理 3.3.2, 并注意到式 (3.3.2) 可得

$$\begin{aligned} \|\delta_x e^n\|_A^2 &\leqslant t_n^{\gamma-1}\Gamma(2-\gamma)\tau\sum_{k=1}^{n}\|(r_4)^{k-\frac12}\|^2 \\ &\leqslant T^\gamma\Gamma(2-\gamma)Lc_4^2(\tau^{3-\gamma}+h^4)^2, \quad 1\leqslant n\leqslant N. \end{aligned}$$

将上式两边开方, 并注意到引理 2.1.1 和引理 2.1.2, 有

$$\begin{aligned} \|e^n\|_\infty &\leqslant \frac{\sqrt{L}}{2}\|\delta_x e^n\| \leqslant \frac{\sqrt{L}}{2}\cdot\sqrt{\frac32}\|\delta_x e^n\|_A \\ &\leqslant \frac{L}{4}\sqrt{6T^\gamma\Gamma(2-\gamma)}\,c_4(\tau^{3-\gamma}+h^4), \quad 1\leqslant n\leqslant N. \quad\square \end{aligned}$$

3.4 一维问题基于 L2-1$_\sigma$ 逼近的差分方法

本节对如下时间分数阶波方程初边值问题

$$
\begin{cases}
{}_0^C D_t^\gamma u(x,t) = u_{xx}(x,t) + f(x,t), & x \in (0,L),\ t \in (0,T], & (3.4.1) \\[2mm]
u(x,0) = \varphi(x), \quad u_t(x,0) = \psi(x), & x \in [0,L], & (3.4.2) \\[2mm]
u(0,t) = 0, \quad u(L,t) = 0, & t \in (0,T], & (3.4.3)
\end{cases}
$$

建立基于 L2-1$_\sigma$ 逼近的差分格式, 其中 $\gamma \in (1,2)$, f, φ, ψ 为已知函数, 且 $\varphi(0) = 0$, $\varphi(L) = 0$, $\psi(0) = 0$, $\psi(L) = 0$. 设其解函数 $u \in C^{(4,4)}([0,L] \times [0,T])$.

3.4.1 差分格式的建立

首先给出一个引理.

引理 3.4.1　(I) 设 $f \in C^2[t_k, t_{k+1}]$, 则有

$$
\frac{1}{2}\big[f(t_k) + f(t_{k+1})\big]
$$
$$
= f(t_{k+\frac{1}{2}}) + \frac{\tau^2}{8}\int_0^1 \left[f''\left(t_{k+\frac{1}{2}} - \frac{1}{2}\tau s\right) + f''\left(t_{k+\frac{1}{2}} + \frac{1}{2}\tau s\right)\right](1-s)\mathrm{d}s. \quad (3.4.4)
$$

(II) 设 $f \in C^2[t_k, t_{k+1}]$, $\sigma \in (0,1)$, 则有

$$
(1-\sigma)f(t_k) + \sigma f(t_{k+1})
$$
$$
= f(t_{k+\sigma}) + \tau^2 \int_0^1 \Big[\sigma(1-\sigma)^2 f''(t_{k+\sigma} + (1-\sigma)\tau s)
$$
$$
+ (1-\sigma)\sigma^2 f''(t_{k+\sigma} - \sigma\tau s)\Big](1-s)\mathrm{d}s. \quad (3.4.5)
$$

(III) 设 $f \in C^3[t_k, t_{k+1}]$, 则有

$$
\frac{1}{\tau}\left[f(t_{k+1}) - f(t_k)\right]
$$
$$
= f'(t_{k+\frac{1}{2}}) + \frac{\tau^2}{16}\int_0^1 \left[f'''\left(t_{k+\frac{1}{2}} + \frac{1}{2}\tau s\right) + f'''\left(t_{k+\frac{1}{2}} - \frac{1}{2}\tau s\right)\right](1-s)^2\mathrm{d}s. \quad (3.4.6)
$$

(IV) 设 $f \in C^3[t_k, t_{k+1}]$, $\sigma \in (0,1)$, 则有

$$
\frac{1}{2\tau}\big[(2\sigma+1)f(t_{k+1}) - 4\sigma f(t_k) + (2\sigma-1)f(t_{k-1})\big]
$$
$$
= f'(t_{k+\sigma}) + \frac{\tau^2}{4}\left[(2\sigma+1)(1-\sigma)^3 \int_0^1 f'''(t_{k+\sigma} + (1-\sigma)\tau s)(1-s)^2\mathrm{d}s \right.
$$

$$+ 4\sigma^4 \int_0^1 f'''(t_{k+\sigma} - \sigma\tau s)(1-s)^2 \mathrm{d}s$$

$$- (2\sigma - 1)(1+\sigma)^3 \int_0^1 f'''(t_{k+\sigma} - (1+\sigma)\tau s)(1-s)^2 \mathrm{d}s\bigg]. \tag{3.4.7}$$

证明　(I) 用带积分余项的 Taylor 展开式将 $f(t_k)$ 和 $f(t_{k+1})$ 在点 $t = t_{k+\frac{1}{2}}$ 处展开至二阶导数项, 将结果相加得到 (3.4.4).

(II) 类似于 (I), 用带积分余项的 Taylor 展开式将 $f(t_k)$ 和 $f(t_{k+1})$ 在点 $t = t_{k+\sigma}$ 处展开至二阶导数项, 将第一式乘以 $1-\sigma$, 第二式乘以 σ, 再将结果相加得到 (3.4.5).

(III) 用带积分余项的 Taylor 展开式将 $f(t_k)$ 和 $f(t_{k+1})$ 在点 $t = t_{k+\frac{1}{2}}$ 处展开至三阶导数项, 将结果相减并除以 τ 得到 (3.4.6).

(IV) 用带积分余项的 Taylor 展开式将 $f(t_{k+1})$, $f(t_k)$ 和 $f(t_{k-1})$ 在点 $t = t_{k+\sigma}$ 处展开至三阶导数项, 将第一式乘以 $2\sigma + 1$, 第二式乘以 -4σ, 第三式乘以 $2\sigma - 1$, 再将结果相加并除以 2τ, 得到 (3.4.7).　　□

对于定义在 $\Omega_h \times \Omega_\tau$ 上的网格函数 $\{u_i^n \,|\, 0 \leqslant i \leqslant M, 0 \leqslant n \leqslant N\}$, 引进记号

$$D_{\bar{t}} u_i^n = \frac{1}{2\tau} \left[(2\sigma + 1)u_i^n - 4\sigma u_i^{n-1} + (2\sigma - 1)u_i^{n-2} \right], \quad n \geqslant 2.$$

令

$$v(x,t) = u_t(x,t), \qquad \alpha = \gamma - 1,$$

则 (3.4.1)—(3.4.3) 等价于

$$\begin{cases} {}_0^C D_t^\alpha v(x,t) = u_{xx}(x,t) + f(x,t), & x \in (0,L), \quad t \in (0,T], & (3.4.8) \\ u_t(x,t) = v(x,t), & x \in [0,L], \quad t \in (0,T], & (3.4.9) \\ u(x,0) = \varphi(x), \quad v(x,0) = \psi(x), & x \in [0,L], & (3.4.10) \\ u(0,t) = 0, \quad u(L,t) = 0, & t \in (0,T]. & (3.4.11) \end{cases}$$

记

$$U_i^n = u(x_i, t_n), \quad V_i^n = v(x_i, t_n), \qquad 0 \leqslant i \leqslant M, \quad 0 \leqslant n \leqslant N,$$
$$\varphi_i = \varphi(x_i), \quad \psi_i = \psi(x_i), \quad 0 \leqslant i \leqslant M,$$
$$\sigma = 1 - \frac{\alpha}{2}, \quad s = \tau^\alpha \Gamma(2-\alpha).$$

在点 $(x_i, t_{n-1+\sigma})$ 处考虑方程 (3.4.8), 得到

$${}_0^C D_t^\alpha v(x_i, t_{n-1+\sigma}) = u_{xx}(x_i, t_{n-1+\sigma}) + f_i^{n-1+\sigma}, \ 1 \leqslant i \leqslant M-1, \ 1 \leqslant n \leqslant N, \tag{3.4.12}$$

其中 $f_i^{n-1+\sigma} = f(x_i, t_{n-1+\sigma})$.

对上式中时间分数阶导数应用 L2-1$_\sigma$ 公式 (1.6.26), 可得

$$
{}_0^C D_t^\alpha v(x_i, t_{n-1+\sigma}) = \frac{1}{s} \sum_{k=0}^{n-1} c_k^{(n,\alpha)} \big(V_i^{n-k} - V_i^{n-k-1}\big) + O(\tau^{3-\alpha}). \tag{3.4.13}
$$

对于 (3.4.12) 右端的空间二阶导数, 应用 (3.4.5) 和二阶中心差商 (引理 2.1.3) 离散, 可得

$$
\begin{aligned}
u_{xx}(x_i, t_{n-1+\sigma}) &= \sigma u_{xx}(x_i, t_n) + (1-\sigma) u_{xx}(x_i, t_{n-1}) + O(\tau^2) \\
&= \sigma \delta_x^2 U_i^n + (1-\sigma) \delta_x^2 U_i^{n-1} + O(h^2) + O(\tau^2). \tag{3.4.14}
\end{aligned}
$$

将 (3.4.13) 和 (3.4.14) 代入 (3.4.12), 得到

$$
\frac{1}{s} \sum_{k=0}^{n-1} c_k^{(n,\alpha)} \big(V_i^{n-k} - V_i^{n-k-1}\big) = \sigma \delta_x^2 U_i^n + (1-\sigma) \delta_x^2 U_i^{n-1} + f_i^{n-1+\sigma} + (r_5)_i^n,
$$

$$
1 \leqslant i \leqslant M-1, \ 1 \leqslant n \leqslant N, \tag{3.4.15}
$$

且存在正常数 c_5 使得

$$
|(r_5)_i^n| \leqslant c_5(\tau^2 + h^2), \quad 1 \leqslant i \leqslant M-1, \ 1 \leqslant n \leqslant N. \tag{3.4.16}
$$

在点 $(x_i, t_{\frac{1}{2}})$ 和 $(x_i, t_{n-1+\sigma})$ 处考虑方程 (3.4.9), 有

$$
\begin{cases}
u_t(x_i, t_{\frac{1}{2}}) = v(x_i, t_{\frac{1}{2}}), & 0 \leqslant i \leqslant M, \\
u_t(x_i, t_{n-1+\sigma}) = v(x_i, t_{n-1+\sigma}), & 0 \leqslant i \leqslant M, \quad 2 \leqslant n \leqslant N.
\end{cases}
$$

由引理 3.4.1 可得

$$
\begin{cases}
\delta_t U_i^{\frac{1}{2}} = V_i^{\frac{1}{2}} + (r_6)_i^1, & 0 \leqslant i \leqslant M, & (3.4.17) \\
D_{\bar{t}} U_i^n = \sigma V_i^n + (1-\sigma) V_i^{n-1} + (r_6)_i^n, & 0 \leqslant i \leqslant M, \quad 2 \leqslant n \leqslant N, & (3.4.18)
\end{cases}
$$

且存在正常数 c_6 使得

$$
|\delta_x^2 (r_6)_i^n| \leqslant c_6 \tau^2, \quad 1 \leqslant i \leqslant M-1, \quad 1 \leqslant n \leqslant N. \tag{3.4.19}
$$

此外, 由 (3.4.9) 和 (3.4.11) 可得

$$
(r_6)_0^n = 0, \quad (r_6)_M^n = 0, \quad 1 \leqslant n \leqslant N. \tag{3.4.20}
$$

注意到初边值条件 (3.4.10)—(3.4.11), 有

$$
\begin{cases}
U_i^0 = \varphi_i, \quad V_i^0 = \psi_i, & 0 \leqslant i \leqslant M, & (3.4.21) \\
U_0^n = 0, \quad U_M^n = 0, & 1 \leqslant n \leqslant N. & (3.4.22)
\end{cases}
$$

在方程 (3.4.15), (3.4.17), (3.4.18) 中略去小量项 $(r_5)_i^n$ 和 $(r_6)_i^n$, 并用数值解 $\{u_i^n, v_i^n\}$ 代替精确解 $\{U_i^n, V_i^n\}$, 可得求解问题 (3.4.8)—(3.4.11) 的如下差分格式:

$$
\begin{cases}
\dfrac{1}{s}\displaystyle\sum_{k=0}^{n-1} c_k^{(n,\alpha)}\big(v_i^{n-k} - v_i^{n-k-1}\big) = \sigma\delta_x^2 u_i^n + (1-\sigma)\delta_x^2 u_i^{n-1} + f_i^{n-1+\sigma}, \\
\qquad\qquad\qquad\qquad\qquad\qquad 1 \leqslant i \leqslant M-1,\ 1 \leqslant n \leqslant N, & (3.4.23) \\[4pt]
\delta_t u_i^{\frac{1}{2}} = v_i^{\frac{1}{2}}, \quad 0 \leqslant i \leqslant M, & (3.4.24) \\[4pt]
D_{\bar t} u_i^n = \sigma v_i^n + (1-\sigma)v_i^{n-1}, \quad 0 \leqslant i \leqslant M, \quad 2 \leqslant n \leqslant N, & (3.4.25) \\[4pt]
u_i^0 = \varphi_i, \quad v_i^0 = \psi_i, \quad 0 \leqslant i \leqslant M, & (3.4.26) \\[4pt]
u_0^n = 0, \quad u_M^n = 0, \quad 1 \leqslant n \leqslant N. & (3.4.27)
\end{cases}
$$

注 3.4.1　应用引理 3.4.1, 易写出 $(r_6)_i^n$ 的积分型的表达式. 由该积分形式的截断误差的表达式可得 (3.4.19).

注 3.4.2　如果我们讨论的是分数阶波方程非齐次边界值问题 (3.1.1)—(3.1.3), 则一般来说 (3.4.20) 不再成立. 这种情况下, 可以先将边界条件齐次化, 再应用上述方法建立差分格式.

解决非齐次边界值问题的另一方法是: 令 $v(x,t) = u_t(x,t)$, 将上述问题写成如下等价方程组

$$
\begin{cases}
{}_0^C D_t^\alpha v(x,t) = u_{xx}(x,t) + f(x,t), & x \in (0,L),\ t \in (0,T], \\
u_{txx}(x,t) = v_{xx}(x,t), & x \in (0,L),\ t \in (0,T], \\
u(x,0) = \varphi(x), \quad v(x,0) = \psi(x), & x \in [0,L], \\
u(0,t) = \mu(t), \quad u(L,t) = \nu(t), & t \in (0,T], \\
v(0,t) = \mu'(t), \quad v(L,t) = \nu'(t), & t \in (0,T],
\end{cases}
$$

然后建立差分格式

$$
\begin{cases}
\dfrac{1}{s}\displaystyle\sum_{k=0}^{n-1} c_k^{(n,\alpha)}\big(v_i^{n-k} - v_i^{n-k-1}\big) = \sigma\delta_x^2 u_i^n + (1-\sigma)\delta_x^2 u_i^{n-1} + f_i^{n-1+\sigma}, \\
\qquad\qquad\qquad\qquad\qquad\qquad 1 \leqslant i \leqslant M-1,\ 1 \leqslant n \leqslant N, \\[4pt]
\delta_x^2 \delta_t u_i^{\frac{1}{2}} = \delta_x^2 v_i^{\frac{1}{2}}, \quad 1 \leqslant i \leqslant M-1, \\[4pt]
\delta_x^2 D_{\bar t} u_i^n = \delta_x^2\big(\sigma v_i^n + (1-\sigma)v_i^{n-1}\big), \quad 1 \leqslant i \leqslant M-1, \quad 2 \leqslant n \leqslant N, \\[4pt]
u_i^0 = \varphi_i, \quad v_i^0 = \psi_i, \quad 0 \leqslant i \leqslant M, \\[4pt]
u_0^n = \mu(t_n), \quad u_M^n = \nu(t_n), \quad 1 \leqslant n \leqslant N, \\[4pt]
v_0^n = \mu'(t_n), \quad v_M^n = \nu'(t_n), \quad 1 \leqslant n \leqslant N.
\end{cases}
$$

有兴趣的读者可以参考文献 [76].

3.4.2 差分格式的可解性

定理 3.4.1 差分格式 (3.4.23)—(3.4.27) 是唯一可解的.

证明 记

$$u^n = (u_0^n, u_1^n, \cdots, u_M^n), \quad v^n = (v_0^n, v_1^n, \cdots, v_M^n).$$

(I) 由 (3.4.26) 知第 0 层的值 $\{u^0, v^0\}$ 已知.

(II) 由 (3.4.24) 得到

$$v_i^1 = 2v_i^{\frac{1}{2}} - v_i^0 = 2\delta_t u_i^{\frac{1}{2}} - v_i^0, \quad 0 \leqslant i \leqslant M. \tag{3.4.28}$$

将上式代入 (3.4.23) 并注意到 (3.4.27), 得到关于 u^1 的线性方程组

$$\begin{cases} \dfrac{1}{s}c_0^{(1,\alpha)}(2\delta_t u_i^{\frac{1}{2}} - 2v_i^0) = \sigma\delta_x^2 u_i^1 + (1-\sigma)\delta_x^2 u_i^0 + f_i^\sigma, & 1 \leqslant i \leqslant M-1, \tag{3.4.29} \\ u_0^1 = 0, \quad u_M^1 = 0. \tag{3.4.30} \end{cases}$$

考虑 (3.4.29)—(3.4.30) 相应的齐次方程组

$$\begin{cases} \dfrac{2}{s\tau}c_0^{(1,\alpha)} u_i^1 = \sigma\delta_x^2 u_i^1, & 1 \leqslant i \leqslant M-1, \tag{3.4.31} \\ u_0^1 = 0, \quad u_M^1 = 0. \tag{3.4.32} \end{cases}$$

用 u^1 与 (3.4.31) 的两边作内积, 利用 (3.4.32), 可得

$$\frac{2}{s\tau}c_0^{(1,\alpha)}\|u^1\|^2 + \sigma\|\delta_x u^1\|^2 = 0.$$

因而 $u^1 = 0$. 从而方程组 (3.4.29)—(3.4.30) 有唯一解 u^1. 当 u^1 求出后, 由 (3.4.28) 可求出 v^1.

(III) 现设前 n 层的值 $\{u^0, v^0, u^1, v^1, \cdots, u^{n-1}, v^{n-1}\}$ 已唯一确定, 则由 (3.4.25) 可得

$$v_i^n = \frac{1}{\sigma}\big(D_{\bar{t}} u_i^n - (1-\sigma)v_i^{n-1}\big), \quad 0 \leqslant i \leqslant M. \tag{3.4.33}$$

将 (3.4.33) 代入 (3.4.23), 并注意到 (3.4.27) 可得关于 u^n 的线性方程组

$$\begin{cases} \dfrac{1}{s}\left\{c_0^{(n,\alpha)}\left[\dfrac{1}{\sigma}\big(D_{\bar{t}} u_i^n - (1-\sigma)v_i^{n-1}\big) - v_i^{n-1}\right] + \displaystyle\sum_{k=1}^{n-1} c_k^{(n,\alpha)}\big(v_i^{n-k} - v_i^{n-k-1}\big)\right\} \\ \quad = \sigma\delta_x^2 u_i^n + (1-\sigma)\delta_x^2 u_i^{n-1} + f_i^{n-1+\sigma}, \quad 1 \leqslant i \leqslant M-1, \tag{3.4.34} \\ u_0^n = 0, \quad u_M^n = 0. \tag{3.4.35} \end{cases}$$

要证明上述方程组存在唯一解, 只要证明它相应的齐次方程组

$$\begin{cases} \dfrac{1}{s}c_0^{(n,\alpha)} \cdot \dfrac{1}{\sigma} \cdot \dfrac{2\sigma+1}{2\tau} u_i^n = \sigma\delta_x^2 u_i^n, & 1 \leqslant i \leqslant M-1, \tag{3.4.36} \\ u_0^n = 0, \quad u_M^n = 0 \tag{3.4.37} \end{cases}$$

仅有零解.

用 u^n 与 (3.4.36) 的两边作内积, 利用 (3.4.37), 可得

$$\frac{2\sigma + 1}{2s\tau\sigma} c_0^{(n,\alpha)} \|u^n\|^2 + \sigma \|\delta_x u^n\|^2 = 0.$$

因而 $u^n = 0$. 从而方程组 (3.4.34)—(3.4.35) 有唯一解 u^n. 当 u^n 求出后, 由 (3.4.33) 求出 v^n.

由归纳原理知, 差分格式 (3.4.23)—(3.4.27) 存在唯一解. □

3.4.3 差分格式的稳定性

先给出两个引理.

引理 3.4.2 设 $u^0, u^1, \cdots, u^N \in \mathring{\mathcal{U}}_h$, $(\cdot, \cdot)$ 为 $\mathring{\mathcal{U}}_h$ 上的内积, $\|\cdot\|$ 为导出范数, 则有如下不等式

$$\left(D_{\bar{t}} u^n, \sigma u^n + (1-\sigma) u^{n-1}\right) \geqslant \frac{1}{4\tau} (E^n - E^{n-1}), \quad n \geqslant 2,$$

其中

$$E^n = (2\sigma + 1)\|u^n\|^2 - (2\sigma - 1)\|u^{n-1}\|^2 + (2\sigma^2 + \sigma - 1)\|u^n - u^{n-1}\|^2, \quad n \geqslant 1.$$

此外有

$$E^n \geqslant \frac{1}{\sigma}\|u^n\|^2, \quad n \geqslant 1.$$

证明　算子 $D_{\bar{t}} u^n$ 可以写为

$$D_{\bar{t}} u^n = 2\sigma \frac{u^n - u^{n-1}}{\tau} - (2\sigma - 1)\frac{u^n - u^{n-2}}{2\tau},$$

或

$$D_{\bar{t}} u^n = \left(\sigma + \frac{1}{2}\right)\frac{u^n - u^{n-1}}{\tau} - \left(\sigma - \frac{1}{2}\right)\frac{u^{n-1} - u^{n-2}}{\tau}.$$

注意到恒等式 $(a-b)a = \frac{1}{2}[a^2 - b^2 + (a-b)^2]$, $(a-b)b = \frac{1}{2}[a^2 - b^2 - (a-b)^2]$, 可得

$$\left(D_{\bar{t}} u^n, \sigma u^n + (1-\sigma) u^{n-1}\right)$$

$$= \sigma\left[2\sigma\left(\frac{u^n - u^{n-1}}{\tau}, u^n\right) - (2\sigma - 1)\left(\frac{u^n - u^{n-2}}{2\tau}, u^n\right)\right]$$

$$\quad + (1-\sigma)\left[\left(\sigma + \frac{1}{2}\right)\left(\frac{u^n - u^{n-1}}{\tau}, u^{n-1}\right) - \left(\sigma - \frac{1}{2}\right)\left(\frac{u^{n-1} - u^{n-2}}{\tau}, u^{n-1}\right)\right]$$

$$= \sigma\left[\frac{\sigma}{\tau}\left(\|u^n\|^2 - \|u^{n-1}\|^2 + \|u^n - u^{n-1}\|^2\right)\right.$$

$$- \frac{2\sigma - 1}{4\tau}\Big(\|u^n\|^2 - \|u^{n-2}\|^2 + \|u^n - u^{n-2}\|^2\Big)\Bigg]$$

$$+ (1-\sigma)\Bigg[\frac{\sigma + \frac{1}{2}}{2\tau}\Big(\|u^n\|^2 - \|u^{n-1}\|^2 - \|u^n - u^{n-1}\|^2\Big)$$

$$- \frac{\sigma - \frac{1}{2}}{2\tau}\Big(\|u^{n-1}\|^2 - \|u^{n-2}\|^2 + \|u^{n-1} - u^{n-2}\|^2\Big)\Bigg]$$

$$\geqslant \sigma\Bigg[\frac{\sigma}{\tau}\Big(\|u^n\|^2 - \|u^{n-1}\|^2 + \|u^n - u^{n-1}\|^2\Big)$$

$$- \frac{2\sigma - 1}{4\tau}\Big(\|u^n\|^2 - \|u^{n-2}\|^2 + 2\|u^n - u^{n-1}\|^2 + 2\|u^{n-1} - u^{n-2}\|^2\Big)\Bigg]$$

$$+ (1-\sigma)\Bigg[\frac{\sigma + \frac{1}{2}}{2\tau}\Big(\|u^n\|^2 - \|u^{n-1}\|^2 - \|u^n - u^{n-1}\|^2\Big)$$

$$- \frac{\sigma - \frac{1}{2}}{2\tau}\Big(\|u^{n-1}\|^2 - \|u^{n-2}\|^2 + \|u^{n-1} - u^{n-2}\|^2\Big)\Bigg]$$

$$= \frac{2\sigma + 1}{4\tau}\Big(\|u^n\|^2 - \|u^{n-1}\|^2\Big) - \frac{2\sigma - 1}{4\tau}\Big(\|u^{n-1}\|^2 - \|u^{n-2}\|^2\Big)$$

$$+ \frac{2\sigma^2 + \sigma - 1}{4\tau}\Big(\|u^n - u^{n-1}\|^2 - \|u^{n-1} - u^{n-2}\|^2\Big)$$

$$= \frac{1}{4\tau}(E^n - E^{n-1}), \quad n \geqslant 2.$$

另外, 由 Cauchy-Schwarz 不等式可得

$$E^n = (2\sigma^2 + 3\sigma)\|u^n\|^2 + (2\sigma^2 - \sigma)\|u^{n-1}\|^2 - 2(2\sigma - 1)(\sigma + 1)(u^n, u^{n-1})$$

$$\geqslant (2\sigma^2 + 3\sigma)\|u^n\|^2 + (2\sigma^2 - \sigma)\|u^{n-1}\|^2$$

$$- \Bigg[(2\sigma - 1)\sigma\|u^{n-1}\|^2 + \frac{(2\sigma - 1)(\sigma + 1)^2}{\sigma}\|u^n\|^2\Bigg]$$

$$= \frac{1}{\sigma}\|u^n\|^2. \qquad\qquad \square$$

引理 3.4.3 设 $\{c_k^{(n,\alpha)}|\, 0 \leqslant k \leqslant n-1, n \geqslant 1\}$ 由 (1.6.22)—(1.6.25) 定义, 则有下列两个不等式成立:

$$\sum_{m=2}^{n}\Big(c_{m-2}^{(m,\alpha)} - c_{m-2}^{(m-1,\alpha)}\Big) \leqslant \frac{1-\alpha}{12}\Big(\frac{\alpha}{\sigma} + 1\Big)\sigma^{-\alpha},$$

$$\sum_{m=2}^{n} c_{m-1}^{(m,\alpha)} \leqslant \frac{3}{2}(n-1+\sigma)^{1-\alpha}.$$

证明　(I) 记

$$A_n \equiv \sum_{m=2}^{n} \left(c_{m-2}^{(m,\alpha)} - c_{m-2}^{(m-1,\alpha)} \right).$$

易知

$$
\begin{aligned}
A_n = & \sum_{m=3}^{n} \left[\frac{1}{2-\alpha}\left((m-1+\sigma)^{2-\alpha} - 2(m-2+\sigma)^{2-\alpha} + (m-3+\sigma)^{2-\alpha} \right) \right. \\
& - \frac{1}{2}\left((m-1+\sigma)^{1-\alpha} - 2(m-2+\sigma)^{1-\alpha} + (m-3+\sigma)^{1-\alpha} \right) \\
& + \frac{1}{2-\alpha}\left((m-2+\sigma)^{2-\alpha} - (m-3+\sigma)^{2-\alpha} \right) \\
& \left. - \frac{1}{2}\left(3(m-2+\sigma)^{1-\alpha} - (m-3+\sigma)^{1-\alpha} \right) \right] \\
& + \frac{1}{2-\alpha}\left[(1+\sigma)^{2-\alpha} - \sigma^{2-\alpha} \right] - \frac{1}{2}\left[(1+\sigma)^{1-\alpha} + \sigma^{1-\alpha} \right]. \\
= & \sum_{m=2}^{n} \left[\frac{1}{2-\alpha}\left((m-1+\sigma)^{2-\alpha} - (m-2+\sigma)^{2-\alpha} \right) \right. \\
& \left. - \frac{1}{2}\left((m-1+\sigma)^{1-\alpha} + (m-2+\sigma)^{1-\alpha} \right) \right].
\end{aligned}
$$

记

$$f(x) = (x+\sigma)^{1-\alpha},$$

则有

$$
\begin{aligned}
A_n &= \sum_{m=2}^{n} \left\{ \int_{m-2}^{m-1} f(x)\mathrm{d}x - \frac{1}{2}\left[f(m-1) + f(m-2) \right] \right\} \\
&= \sum_{m=2}^{n} \left(-\frac{1}{12} f''(\xi_m) \right), \quad \xi_m \in (m-2, m-1).
\end{aligned}
$$

直接计算可得

$$-f''(x) = (1-\alpha)\alpha(x+\sigma)^{-\alpha-1}.$$

因而

$$
\begin{aligned}
A_n &= \frac{1}{12}\left[-f''(\xi_2) + \sum_{m=3}^{n} \left(-f''(\xi_m) \right) \right] \\
&= \frac{1}{12}(1-\alpha)\alpha\left[(\xi_2+\sigma)^{-\alpha-1} + \sum_{m=3}^{n} (\xi_m+\sigma)^{-\alpha-1} \right]
\end{aligned}
$$

$$\leqslant \frac{1}{12}(1-\alpha)\alpha\left[\sigma^{-\alpha-1}+\sum_{m=3}^{n}(m-2+\sigma)^{-\alpha-1}\right]$$

$$\leqslant \frac{1}{12}(1-\alpha)\alpha\left[\sigma^{-\alpha-1}+\sum_{m=3}^{n}\int_{m-3}^{m-2}(x+\sigma)^{-\alpha-1}\mathrm{d}x\right]$$

$$= \frac{1}{12}(1-\alpha)\alpha\left[\sigma^{-\alpha-1}+\int_{0}^{n-2}(x+\sigma)^{-\alpha-1}\mathrm{d}x\right]$$

$$= \frac{1}{12}(1-\alpha)\alpha\left[\sigma^{-\alpha-1}+\frac{\sigma^{-\alpha}-(n-2+\sigma)^{-\alpha}}{\alpha}\right]$$

$$\leqslant \frac{1}{12}(1-\alpha)\alpha\left[\sigma^{-\alpha-1}+\frac{\sigma^{-\alpha}}{\alpha}\right]$$

$$= \frac{1-\alpha}{12}\sigma^{-\alpha}\left(\frac{\alpha}{\sigma}+1\right).$$

(II) 记

$$B_n = \sum_{m=2}^{n} c_{m-1}^{(m,\alpha)}.$$

易知

$$B_n = \sum_{m=2}^{n}\left[\frac{1}{2}\Big(3(m-1+\sigma)^{1-\alpha}-(m-2+\sigma)^{1-\alpha}\Big)\right.$$
$$\left.-\frac{1}{2-\alpha}\Big((m-1+\sigma)^{2-\alpha}-(m-2+\sigma)^{2-\alpha}\Big)\right]$$

$$= \sum_{m=2}^{n}(m-1+\sigma)^{1-\alpha}+\frac{1}{2}\left[(n-1+\sigma)^{1-\alpha}-\sigma^{1-\alpha}\right]$$
$$-\frac{1}{2-\alpha}\left[(n-1+\sigma)^{2-\alpha}-\sigma^{2-\alpha}\right]$$

$$\leqslant \sum_{m=2}^{n-1}\int_{m-1}^{m}(x+\sigma)^{1-\alpha}\mathrm{d}x+(n-1+\sigma)^{1-\alpha}$$
$$+\frac{1}{2}\left[(n-1+\sigma)^{1-\alpha}-\sigma^{1-\alpha}\right]-\frac{1}{2-\alpha}\left[(n-1+\sigma)^{2-\alpha}-\sigma^{2-\alpha}\right]$$

$$= \frac{(n-1+\sigma)^{2-\alpha}-(1+\sigma)^{2-\alpha}}{2-\alpha}+\frac{1}{2}\left[3(n-1+\sigma)^{1-\alpha}-\sigma^{1-\alpha}\right]$$
$$-\frac{1}{2-\alpha}\left[(n-1+\sigma)^{2-\alpha}-\sigma^{2-\alpha}\right]$$

$$\leqslant \frac{1}{2}\left[3(n-1+\sigma)^{1-\alpha}-\sigma^{1-\alpha}\right]$$

$$\leqslant \frac{3}{2}(n-1+\sigma)^{1-\alpha}. \qquad\qquad \square$$

定理 3.4.2　设 $\{u_i^n, v_i^n \mid 0 \leqslant i \leqslant M, 0 \leqslant n \leqslant N\}$ 为如下差分格式

$$
\begin{cases}
\dfrac{1}{s} \sum_{k=0}^{n-1} c_k^{(n,\alpha)} \big(v_i^{n-k} - v_i^{n-k-1} \big) = \sigma \delta_x^2 u_i^n + (1-\sigma) \delta_x^2 u_i^{n-1} + p_i^n, \\
\qquad\qquad\qquad 1 \leqslant i \leqslant M-1, \quad 1 \leqslant n \leqslant N, & (3.4.38) \\[4pt]
\delta_t u_i^{\frac{1}{2}} = v_i^{\frac{1}{2}} + q_i^1, \quad 0 \leqslant i \leqslant M, & (3.4.39) \\[4pt]
D_{\bar t} u_i^n = \sigma v_i^n + (1-\sigma) v_i^{n-1} + q_i^n, \quad 0 \leqslant i \leqslant M, \quad 2 \leqslant n \leqslant N, & (3.4.40) \\[4pt]
u_i^0 = \varphi_i, \quad v_i^0 = \psi_i, \quad 0 \leqslant i \leqslant M, & (3.4.41) \\[4pt]
u_0^n = 0, \quad u_M^n = 0, \quad 1 \leqslant n \leqslant N & (3.4.42)
\end{cases}
$$

的解, 其中 $q_0^n = q_M^n = 0\,(1 \leqslant n \leqslant N)$ 且 $\varphi_0 = \varphi_M = \psi_0 = \psi_M = 0$, 则存在正常数 C 使得

$$
\tau \sum_{k=1}^{n} \|v^k\|^2 + \|\delta_x u^n\|^2
$$

$$
\leqslant C \left[\|v^0\|^2 + \|\delta_x u^0\|^2 + \tau \sum_{m=1}^{n} \|p^m\|^2 + \tau \sum_{m=1}^{n} \|\delta_x^2 q^m\|^2 \right], \quad 1 \leqslant n \leqslant N, \quad (3.4.43)
$$

其中

$$
\|v^k\|^2 = h \sum_{i=1}^{M-1} (v_i^k)^2, \quad \|p^k\|^2 = h \sum_{i=1}^{M-1} (p_i^k)^2, \quad \|\delta_x^2 q^k\|^2 = h \sum_{i=1}^{M-1} (\delta_x^2 q_i^k)^2.
$$

证明　由 (3.4.39)—(3.4.42), $q_0^n = q_M^n = 0\,(1 \leqslant n \leqslant N)$ 以及 $\varphi_0 = \varphi_M = \psi_0 = \psi_M = 0$ 可得

$$
v_0^n = 0, \quad v_M^n = 0, \quad 0 \leqslant n \leqslant N.
$$

因而

$$
\begin{cases}
v_0^{\frac{1}{2}} = 0, \quad v_M^{\frac{1}{2}} = 0, & (3.4.44) \\[4pt]
\sigma v_0^n + (1-\sigma) v_0^{n-1} = 0, \quad \sigma v_M^n + (1-\sigma) v_M^{n-1} = 0, \quad 2 \leqslant n \leqslant N. & (3.4.45)
\end{cases}
$$

(I) 考虑 (3.4.38). 当 $n = 1$ 时,

$$
\frac{1}{s} c_0^{(1,\alpha)} \big(v_i^1 - v_i^0 \big) = \sigma \delta_x^2 u_i^1 + (1-\sigma) \delta_x^2 u_i^0 + p_i^1, \quad 1 \leqslant i \leqslant M-1. \quad (3.4.46)
$$

用 $v^{\frac{1}{2}}$ 与 (3.4.46) 的两边作内积并利用 (3.4.44), 可得

$$
\frac{1}{2s} c_0^{(1,\alpha)} \big(\|v^1\|^2 - \|v^0\|^2 \big) = -\Big(\delta_x (\sigma u^1 + (1-\sigma) u^0), \delta_x v^{\frac{1}{2}} \Big) + (p^1, v^{\frac{1}{2}}). \quad (3.4.47)
$$

由 (3.4.39) 可得

$$\delta_t \delta_x^2 u_i^{\frac{1}{2}} = \delta_x^2 v_i^{\frac{1}{2}} + \delta_x^2 q_i^1, \quad 1 \leqslant i \leqslant M - 1. \tag{3.4.48}$$

用 $-(\sigma u^1 + (1-\sigma)u^0)$ 与 (3.4.48) 的两边作内积, 并注意到

$$\sigma u_0^1 + (1-\sigma)u_0^0 = 0, \quad \sigma u_M^1 + (1-\sigma)u_M^0 = 0,$$

可得

$$\frac{1}{\tau}\left(\delta_x u^1 - \delta_x u^0, \delta_x(\sigma u^1 + (1-\sigma)u^0)\right)$$
$$= \left(\delta_x v^{\frac{1}{2}}, \delta_x(\sigma u^1 + (1-\sigma)u^0)\right) - \left(\delta_x^2 q^1, \sigma u^1 + (1-\sigma)u^0\right). \tag{3.4.49}$$

将 (3.4.47) 和 (3.4.49) 相加得到

$$\frac{1}{2s}c_0^{(1,\alpha)}(\|v^1\|^2 - \|v^0\|^2) + \frac{1}{\tau}\left(\delta_x u^1 - \delta_x u^0, \delta_x(\sigma u^1 + (1-\sigma)u^0)\right)$$
$$= (p^1, v^{\frac{1}{2}}) - \left(\delta_x^2 q^1, \sigma u^1 + (1-\sigma)u^0\right).$$

注意到

$$\left(\delta_x u^1 - \delta_x u^0, \delta_x(\sigma u^1 + (1-\sigma)u^0)\right)$$
$$= \sigma(\delta_x u^1, \delta_x u^1) - (2\sigma - 1)(\delta_x u^1, \delta_x u^0) - (1-\sigma)(\delta_x u^0, \delta_x u^0)$$
$$= \frac{\sigma}{4}\|\delta_x u^1\|^2 + (2\sigma - 1)\left\|\frac{1}{2}\sqrt{\frac{3\sigma}{2\sigma-1}}\delta_x u^1 - \sqrt{\frac{2\sigma-1}{3\sigma}}\delta_x u^0\right\|^2 - \frac{\sigma^2 - \sigma + 1}{3\sigma}\|\delta_x u^0\|^2$$

及

$$c_0^{(1,\alpha)} = \sigma^{1-\alpha},$$

得到

$$\frac{\sigma^{1-\alpha}\tau^{-\alpha}}{2\Gamma(2-\alpha)}(\|v^1\|^2 - \|v^0\|^2) + \frac{1}{\tau}\left(\frac{\sigma}{4}\|\delta_x u^1\|^2 - \frac{\sigma^2 - \sigma + 1}{3\sigma}\|\delta_x u^0\|^2\right)$$
$$\leqslant (p^1, v^{\frac{1}{2}}) - \left(\delta_x^2 q^1, \sigma u^1 + (1-\sigma)u^0\right).$$

将上式变形可得

$$\frac{\sigma^{1-\alpha}\tau^{1-\alpha}}{2\Gamma(2-\alpha)}(\|v^1\|^2 - \|v^0\|^2) + \frac{\sigma}{4}\|\delta_x u^1\|^2 - \frac{\sigma^2 - \sigma + 1}{3\sigma}\|\delta_x u^0\|^2$$
$$\leqslant \tau(p^1, v^{\frac{1}{2}}) - \tau\left(\delta_x^2 q^1, \sigma u^1 + (1-\sigma)u^0\right)$$
$$\leqslant \tau\|p^1\| \cdot \|v^{\frac{1}{2}}\| + \tau\|\delta_x^2 q^1\| \cdot \|\sigma u^1 + (1-\sigma)u^0\|$$

$$\leqslant \tau\left[\frac{1}{2\varepsilon_0}\|v^{\frac{1}{2}}\|^2 + \frac{\varepsilon_0}{2}\|p^1\|^2\right] + \tau\left[\frac{1}{2}\|\sigma u^1 + (1-\sigma)u^0\|^2 + \frac{1}{2}\|\delta_x^2 q^1\|^2\right]$$

$$\leqslant \tau\left[\frac{1}{4\varepsilon_0}(\|v^1\|^2 + \|v^0\|^2) + \frac{\varepsilon_0}{2}\|p^1\|^2\right] + \tau\left[\frac{1}{2}(\|u^1\|^2 + \|u^0\|^2) + \frac{1}{2}\|\delta_x^2 q^1\|^2\right].$$

取 $\varepsilon_0 = \Gamma(2-\alpha)\sigma^{\alpha-1}\tau^\alpha$, 可知存在常数 C_1 使得下式成立:

$$\tau^{1-\alpha}\|v^1\|^2 + \|\delta_x u^1\|^2$$

$$\leqslant C_1\Big(\tau^{1-\alpha}\|v^0\|^2 + \|\delta_x u^0\|^2 + \tau\|u^0\|^2 + \tau\|u^1\|^2 + \tau^{1+\alpha}\|p^1\|^2 + \tau\|\delta_x^2 q^1\|^2\Big). \quad (3.4.50)$$

(II) 用 $\sigma v^n + (1-\sigma)v^{n-1}$ 与 (3.4.38) 的两边作内积并利用 (3.4.45), 得到

$$\frac{1}{s}\sum_{k=0}^{n-1} c_k^{(n,\alpha)}\big(v^{n-k} - v^{n-k-1}, \sigma v^n + (1-\sigma)v^{n-1}\big)$$

$$= \big(\delta_x^2(\sigma u^n + (1-\sigma)u^{n-1}), \sigma v^n + (1-\sigma)v^{n-1}\big) + \big(p^n, \sigma v^n + (1-\sigma)v^{n-1}\big)$$

$$= -\big(\delta_x(\sigma u^n + (1-\sigma)u^{n-1}), \delta_x(\sigma v^n + (1-\sigma)v^{n-1})\big) + \big(p^n, \sigma v^n + (1-\sigma)v^{n-1}\big),$$

$$2 \leqslant n \leqslant N.$$

对于上式的左端, 应用引理 2.6.1, 可得如下估计

$$\frac{1}{s}\sum_{k=0}^{n-1} c_k^{(n,\alpha)}\big(v^{n-k} - v^{n-k-1}, \sigma v^n + (1-\sigma)v^{n-1}\big)$$

$$\geqslant \frac{1}{2}\cdot\frac{1}{s}\sum_{k=0}^{n-1} c_k^{(n,\alpha)}\Big(\|v^{n-k}\|^2 - \|v^{n-k-1}\|^2\Big).$$

于是

$$\frac{1}{2}\cdot\frac{1}{s}\sum_{k=0}^{n-1} c_k^{(n,\alpha)}\Big(\|v^{n-k}\|^2 - \|v^{n-k-1}\|^2\Big)$$

$$\leqslant -\big(\delta_x(\sigma u^n + (1-\sigma)u^{n-1}), \delta_x(\sigma v^n + (1-\sigma)v^{n-1})\big) + \big(p^n, \sigma v^n + (1-\sigma)v^{n-1}\big),$$

$$2 \leqslant n \leqslant N. \quad (3.4.51)$$

由 (3.4.40) 可得

$$D_{\bar{t}}\delta_x^2 u_i^n = \delta_x^2\big(\sigma v_i^n + (1-\sigma)v_i^{n-1}\big) + \delta_x^2 q_i^n, \quad 1 \leqslant i \leqslant M-1, \quad 2 \leqslant n \leqslant N.$$

用 $-\big(\sigma u^n + (1-\sigma)u^{n-1}\big)$ 和上式的两边作内积, 并注意到

$$\sigma u_0^n + (1-\sigma)u_0^{n-1} = 0, \quad \sigma u_M^n + (1-\sigma)u_M^{n-1} = 0, \quad 2 \leqslant n \leqslant N,$$

得到

$$
\begin{aligned}
&\left(D_{\bar{t}}\delta_x u^n, \delta_x\big(\sigma u^n + (1-\sigma)u^{n-1}\big)\right) \\
&= \left(\delta_x\big(\sigma v^n + (1-\sigma)v^{n-1}\big), \delta_x\big(\sigma u^n + (1-\sigma)u^{n-1}\big)\right) \\
&\quad - \left(\delta_x^2 q^n, \sigma u^n + (1-\sigma)u^{n-1}\right), \quad 2 \leqslant n \leqslant N.
\end{aligned} \tag{3.4.52}
$$

记

$$
F^n = (2\sigma+1)\|\delta_x u^n\|^2 - (2\sigma-1)\|\delta_x u^{n-1}\|^2 + (2\sigma^2+\sigma-1)\|\delta_x(u^n-u^{n-1})\|^2, \quad n \geqslant 1.
$$

由引理 3.4.2 可得

$$
F^n \geqslant \frac{1}{\sigma}\|\delta_x u^n\|^2, \quad n \geqslant 1
$$

及

$$
\left(D_{\bar{t}}\delta_x u^n, \delta_x\big(\sigma u^n + (1-\sigma)u^{n-1}\big)\right) \geqslant \frac{1}{4\tau}(F^n - F^{n-1}), \quad n \geqslant 2. \tag{3.4.53}
$$

由 (3.4.52) 和 (3.4.53) 得到

$$
\begin{aligned}
\frac{1}{4\tau}(F^n - F^{n-1}) &\leqslant \left(\delta_x\big(\sigma v^n + (1-\sigma)v^{n-1}\big), \delta_x\big(\sigma u^n + (1-\sigma)u^{n-1}\big)\right) \\
&\quad - \left(\delta_x^2 q^n, \sigma u^n + (1-\sigma)u^{n-1}\right), \quad 2 \leqslant n \leqslant N.
\end{aligned} \tag{3.4.54}
$$

将 (3.4.51) 和 (3.4.54) 相加得到

$$
\begin{aligned}
&\frac{1}{2}\cdot\frac{1}{s}\sum_{k=0}^{n-1} c_k^{(n,\alpha)}\left(\|v^{n-k}\|^2 - \|v^{n-k-1}\|^2\right) + \frac{1}{4\tau}(F^n - F^{n-1}) \\
&\leqslant \left(p^n, \sigma v^n + (1-\sigma)v^{n-1}\right) - \left(\delta_x^2 q^n, \sigma u^n + (1-\sigma)u^{n-1}\right) \\
&\leqslant \|p^n\|\cdot\|\sigma v^n + (1-\sigma)v^{n-1}\| + \|\delta_x^2 q^n\|\cdot\|\sigma u^n + (1-\sigma)u^{n-1}\|, \quad 2 \leqslant n \leqslant N.
\end{aligned}
$$

注意到

$$
\begin{aligned}
&\sum_{k=0}^{n-1} c_k^{(n,\alpha)}\left(\|v^{n-k}\|^2 - \|v^{n-k-1}\|^2\right) \\
&= \sum_{k=0}^{n-1} c_k^{(n,\alpha)}\|v^{n-k}\|^2 - \sum_{k=0}^{n-2} c_k^{(n-1,\alpha)}\|v^{n-1-k}\|^2 \\
&\quad - \sum_{k=0}^{n-2}\left(c_k^{(n,\alpha)} - c_k^{(n-1,\alpha)}\right)\|v^{n-1-k}\|^2 - c_{n-1}^{(n,\alpha)}\|v^0\|^2
\end{aligned}
$$

$$= \sum_{k=0}^{n-1} c_k^{(n,\alpha)} \|v^{n-k}\|^2 - \sum_{k=0}^{n-2} c_k^{(n-1,\alpha)} \|v^{n-1-k}\|^2$$
$$- \left(c_{n-2}^{(n,\alpha)} - c_{n-2}^{(n-1,\alpha)} \right) \|v^1\|^2 - c_{n-1}^{(n,\alpha)} \|v^0\|^2,$$

有

$$\frac{1}{2s} \left(\sum_{k=0}^{n-1} c_k^{(n,\alpha)} \|v^{n-k}\|^2 - \sum_{k=0}^{n-2} c_k^{(n-1,\alpha)} \|v^{n-1-k}\|^2 \right) + \frac{1}{4\tau} (F^n - F^{n-1})$$
$$\leqslant \frac{1}{2s} \left[\left(c_{n-2}^{(n,\alpha)} - c_{n-2}^{(n-1,\alpha)} \right) \|v^1\|^2 + c_{n-1}^{(n,\alpha)} \|v^0\|^2 \right]$$
$$+ \|p^n\| \cdot \|\sigma v^n + (1-\sigma)v^{n-1}\| + \|\delta_x^2 q^n\| \cdot \|\sigma u^n + (1-\sigma)u^{n-1}\|, \quad 2 \leqslant n \leqslant N.$$

将上式中 n 换成 m, 并对 m 从 2 到 n 求和, 得到

$$\frac{1}{2s} \left(\sum_{k=0}^{n-1} c_k^{(n,\alpha)} \|v^{n-k}\|^2 - c_0^{(1,\alpha)} \|v^1\|^2 \right) + \frac{1}{4\tau} (F^n - F^1)$$
$$\leqslant \frac{1}{2s} \left[\sum_{m=2}^{n} \left(c_{m-2}^{(m,\alpha)} - c_{m-2}^{(m-1,\alpha)} \right) \|v^1\|^2 + \sum_{m=2}^{n} c_{m-1}^{(m,\alpha)} \|v^0\|^2 \right]$$
$$+ \sum_{m=2}^{n} \|p^m\| \cdot \|\sigma v^m + (1-\sigma)v^{m-1}\| + \sum_{m=2}^{n} \|\delta_x^2 q^m\| \cdot \|\sigma u^m + (1-\sigma)u^{m-1}\|,$$
$$2 \leqslant n \leqslant N.$$

应用引理 3.4.3 得到

$$\frac{1}{2s} \left(\sum_{k=0}^{n-1} c_k^{(n,\alpha)} \|v^{n-k}\|^2 - c_0^{(1,\alpha)} \|v^1\|^2 \right) + \frac{1}{4\tau} (F^n - F^1)$$
$$\leqslant \frac{1}{2s} \left[\frac{1-\alpha}{12} \left(\frac{\alpha}{\sigma} + 1 \right) \sigma^{-\alpha} \|v^1\|^2 + \frac{3}{2}(n-1+\sigma)^{1-\alpha} \|v^0\|^2 \right]$$
$$+ \sum_{m=2}^{n} \|p^m\| \cdot \|\sigma v^m + (1-\sigma)v^{m-1}\| + \sum_{m=2}^{n} \|\delta_x^2 q^m\| \cdot \|\sigma u^m + (1-\sigma)u^{m-1}\|,$$
$$2 \leqslant n \leqslant N. \tag{3.4.55}$$

由引理 1.6.3 知
$$c_0^{(1,\alpha)} = \sigma^{1-\alpha}$$

及
$$c_0^{(n,\alpha)} > c_1^{(n,\alpha)} > c_2^{(n,\alpha)} > \cdots > c_{n-1}^{(n,\alpha)} > (1-\alpha)n^{-\alpha}, \quad n \geqslant 2.$$

再根据 (3.4.55) 得到

$$
\frac{1}{2s}(1-\alpha)n^{-\alpha}\sum_{k=0}^{n-1}\|v^{n-k}\|^2 + \frac{1}{4\tau}\left(F^n - F^1\right)
$$
$$
\leqslant \frac{1}{2s}\sigma^{1-\alpha}\|v^1\|^2 + \frac{1}{2s}\left[\frac{1-\alpha}{12}\left(\frac{\alpha}{\sigma}+1\right)\sigma^{-\alpha}\|v^1\|^2 + \frac{3}{2}(n-1+\sigma)^{1-\alpha}\|v^0\|^2\right]
$$
$$
+ \sum_{m=2}^{n}\|p^m\|\cdot\|\sigma v^m + (1-\sigma)v^{m-1}\| + \sum_{m=2}^{n}\|\delta_x^2 q^m\|\cdot\|\sigma u^m + (1-\sigma)u^{m-1}\|,
$$
$$
2 \leqslant n \leqslant N.
$$

注意到

$$
\frac{1}{2s}(1-\alpha)n^{-\alpha} = \frac{1-\alpha}{2}\cdot\frac{n^{-\alpha}}{\Gamma(2-\alpha)\tau^\alpha} \geqslant \frac{1}{2T^\alpha\Gamma(1-\alpha)}
$$

得到

$$
\frac{1}{2T^\alpha\Gamma(1-\alpha)}\sum_{k=0}^{n-1}\|v^{n-k}\|^2 + \frac{1}{4\tau}(F^n - F^1)
$$
$$
\leqslant \frac{\tau^{-\alpha}}{2\Gamma(2-\alpha)}\sigma^{1-\alpha}\|v^1\|^2
$$
$$
+ \frac{\tau^{-\alpha}}{2\Gamma(2-\alpha)}\left[\frac{1-\alpha}{12}\left(\frac{\alpha}{\sigma}+1\right)\sigma^{-\alpha}\|v^1\|^2 + \frac{3}{2}(n-1+\sigma)^{1-\alpha}\|v^0\|^2\right]
$$
$$
+ \sum_{m=2}^{n}\|p^m\|\cdot\|\sigma v^m + (1-\sigma)v^{m-1}\|
$$
$$
+ \sum_{m=2}^{n}\|\delta_x^2 q^m\|\cdot\|\sigma u^m + (1-\sigma)u^{m-1}\|, \quad 2 \leqslant n \leqslant N.
$$

将上式两边乘以 4τ, 并经移项整理得到

$$
\frac{2}{T^\alpha\Gamma(1-\alpha)}\tau\sum_{k=0}^{n-1}\|v^{n-k}\|^2 + F^n
$$
$$
\leqslant F^1 + \frac{2\tau^{1-\alpha}}{\Gamma(2-\alpha)}\sigma^{1-\alpha}\|v^1\|^2
$$
$$
+ \frac{2\tau^{1-\alpha}}{\Gamma(2-\alpha)}\left[\frac{1-\alpha}{12}\left(\frac{\alpha}{\sigma}+1\right)\sigma^{-\alpha}\|v^1\|^2 + \frac{3}{2}(n-1+\sigma)^{1-\alpha}\|v^0\|^2\right]
$$
$$
+ 4\tau\sum_{m=2}^{n}\|p^m\|\cdot\|\sigma v^m + (1-\sigma)v^{m-1}\| + 4\tau\sum_{m=2}^{n}\|\delta_x^2 q^m\|\cdot\|\sigma u^m + (1-\sigma)u^{m-1}\|
$$

$$\leqslant F^1 + \frac{2\tau^{1-\alpha}}{\Gamma(2-\alpha)}\left[\sigma^{1-\alpha} + \frac{1-\alpha}{12}\left(\frac{\alpha}{\sigma}+1\right)\sigma^{-\alpha}\right]\|v^1\|^2 + \frac{3}{\Gamma(2-\alpha)}T^{1-\alpha}\|v^0\|^2$$

$$+ 4\tau\sum_{m=2}^{n}\|p^m\|\cdot\|\sigma v^m + (1-\sigma)v^{m-1}\| + 4\tau\sum_{m=2}^{n}\|\delta_x^2 q^m\|\cdot\|\sigma u^m + (1-\sigma)u^{m-1}\|$$

$$\leqslant F^1 + \frac{2\tau^{1-\alpha}}{\Gamma(2-\alpha)}\left[\sigma^{1-\alpha} + \frac{1-\alpha}{12}\left(\frac{\alpha}{\sigma}+1\right)\sigma^{-\alpha}\right]\|v^1\|^2 + \frac{3}{\Gamma(2-\alpha)}T^{1-\alpha}\|v^0\|^2$$

$$+ 2\tau\sum_{m=2}^{n}\left[\frac{1}{\varepsilon_0}\|\sigma v^m + (1-\sigma)v^{m-1}\|^2 + \varepsilon_0\|p^m\|^2\right]$$

$$+ 2\tau\sum_{m=2}^{n}\left[\|\sigma u^m + (1-\sigma)u^{m-1}\|^2 + \|\delta_x^2 q^m\|^2\right]$$

$$\leqslant F^1 + \frac{2\tau^{1-\alpha}}{\Gamma(2-\alpha)}\left[\sigma^{1-\alpha} + \frac{1-\alpha}{12}\left(\frac{\alpha}{\sigma}+1\right)\sigma^{-\alpha}\right]\|v^1\|^2 + \frac{3}{\Gamma(2-\alpha)}T^{1-\alpha}\|v^0\|^2$$

$$+ \frac{2\tau}{\varepsilon_0}\sum_{m=2}^{n}\left(\|v^m\|^2 + \|v^{m-1}\|^2\right) + 2\tau\varepsilon_0\sum_{m=2}^{n}\|p^m\|^2$$

$$+ 2\tau\sum_{m=2}^{n}\left(\|u^m\|^2 + \|u^{m-1}\|^2 + \|\delta_x^2 q^m\|^2\right), \quad 2\leqslant n\leqslant N.$$

取 $\varepsilon_0 = 4T^\alpha\Gamma(1-\alpha)$, 并注意到 (3.4.50) 及

$$F^1 = (2\sigma+1)\|\delta_x u^1\|^2 - (2\sigma-1)\|\delta_x u^0\|^2 + (2\sigma^2+\sigma-1)\|\delta_x(u^1-u^0)\|^2$$

$$\leqslant (2\sigma+1)\|\delta_x u^1\|^2 - (2\sigma-1)\|\delta_x u^0\|^2 + 2(2\sigma^2+\sigma-1)(\|\delta_x u^1\|^2 + \|\delta_x u^0\|^2)$$

$$= \left(4\sigma^2+4\sigma-1\right)\|\delta_x u^1\|^2 + \left(4\sigma^2-1\right)\|\delta_x u^0\|^2,$$

可知存在常数 C_2 使得

$$\tau\sum_{k=0}^{n-1}\|v^{n-k}\|^2 + \|\delta_x u^n\|^2$$

$$\leqslant C_2\Bigg(\|v^0\|^2 + \|\delta_x u^0\|^2 + \tau\|u^0\|^2 + \tau\sum_{m=1}^{n}\|u^m\|^2$$

$$+ \tau\sum_{m=1}^{n}\|p^m\|^2 + \tau\sum_{m=1}^{n}\|\delta_x^2 q^m\|^2\Bigg)$$

$$\leqslant C_2\Bigg(\|v^0\|^2 + \|\delta_x u^0\|^2 + \tau\|u^0\|^2 + \tau\sum_{m=1}^{n}\frac{L^2}{6}\|\delta_x u^m\|^2$$

$$+ \tau\sum_{m=1}^{n}\|p^m\|^2 + \tau\sum_{m=1}^{n}\|\delta_x^2 q^m\|^2\Bigg), \quad 1\leqslant n\leqslant N.$$

由 Gronwall 不等式可得 (3.4.43).   □

3.4.4 差分格式的收敛性

定理 3.4.3 设 $\{U_i^n, V_i^n \mid 0 \leqslant i \leqslant M, 0 \leqslant n \leqslant N\}$ 为微分方程问题 (3.4.8)—(3.4.11) 的解, $\{u_i^n, v_i^n \mid 0 \leqslant i \leqslant M, 0 \leqslant n \leqslant N\}$ 为差分格式 (3.4.23)—(3.4.27) 的解. 令

$$e_i^n = U_i^n - u_i^n, \quad z_i^n = V_i^n - v_i^n, \quad 0 \leqslant i \leqslant M, \quad 0 \leqslant n \leqslant N,$$

则有

$$\tau \sum_{k=1}^{n} \|z^k\|^2 + \|\delta_x e^n\|^2 \leqslant C(c_5^2 + c_6^2)LT(\tau^2 + h^2)^2, \quad 1 \leqslant n \leqslant N,$$

其中 C 由定理 3.4.2 定义.

证明 将 (3.4.15), (3.4.17), (3.4.18), (3.4.21), (3.4.22) 分别与 (3.4.23)—(3.4.27) 相减, 可得误差方程组

$$
\begin{cases}
\dfrac{1}{s} \displaystyle\sum_{k=0}^{n-1} c_k^{(n,\alpha)} \big(z_i^{n-k} - z_i^{n-k-1}\big) = \sigma \delta_x^2 e_i^n + (1-\sigma)\delta_x^2 e_i^{n-1} + (r_5)_i^n, \\
\qquad\qquad\qquad\qquad\qquad\qquad 1 \leqslant i \leqslant M-1, \quad 1 \leqslant n \leqslant N, \\
\delta_t e_i^{\frac{1}{2}} = z_i^{\frac{1}{2}} + (r_6)_i^1, \quad 0 \leqslant i \leqslant M, \\
D_{\bar{t}} e_i^n = \sigma z_i^n + (1-\sigma) z_i^{n-1} + (r_6)_i^n, \quad 0 \leqslant i \leqslant M, \quad 2 \leqslant n \leqslant N, \\
e_i^0 = 0, \quad z_i^0 = 0, \quad 0 \leqslant i \leqslant M, \\
e_0^n = 0, \quad e_M^n = 0, \quad 1 \leqslant n \leqslant N.
\end{cases}
$$

应用定理 3.4.2, 并注意到 (3.4.16), (3.4.19) 和 (3.4.20), 知

$$
\begin{aligned}
& \tau \sum_{k=1}^{n} \|z^k\|^2 + \|\delta_x e^n\|^2 \\
& \leqslant C \left[\|z^0\|^2 + \|\delta_x e^0\|^2 + \tau \sum_{m=1}^{n} \|(r_5)^m\|^2 + \tau \sum_{m=1}^{n} \|\delta_x^2 (r_6)^m\|^2 \right] \\
& \leqslant C \left\{ \tau \sum_{m=1}^{n} L \left[c_5(\tau^2 + h^2) \right]^2 + \tau \sum_{m=1}^{n} L(c_6 \tau^2)^2 \right\} \\
& \leqslant C(c_5^2 + c_6^2) LT (\tau^2 + h^2)^2, \quad 1 \leqslant n \leqslant N. \qquad\qquad \square
\end{aligned}
$$

3.5 一维问题基于 L2-1$_\sigma$ 逼近的快速差分方法

本节继续考虑初边值问题 (3.4.1)—(3.4.3) 的数值求解, 建立基于 L2-1$_\sigma$ 逼近的快速差分方法.

3.5.1　差分格式的建立

对于定义在 $\Omega_h \times \Omega_\tau$ 上的网格函数 $\{u_i^n \,|\, 0 \leqslant i \leqslant M, 0 \leqslant n \leqslant N\}$, 引进记号

$$D_{\bar{t}} u_i^n = \frac{1}{2\tau} \left[(2\sigma+1) u_i^n - 4\sigma u_i^{n-1} + (2\sigma-1) u_i^{n-2} \right], \quad 0 \leqslant i \leqslant M, \ 2 \leqslant n \leqslant N.$$

令

$$v(x,t) = u_t(x,t), \quad \alpha = \gamma - 1, \quad \sigma = 1 - \frac{\alpha}{2}, \quad s = \tau^\alpha \Gamma(2-\alpha),$$

则 (3.4.1)—(3.4.3) 等价于

$$
\begin{cases}
{}^C_0 D_t^\alpha v(x,t) = u_{xx}(x,t) + f(x,t), \quad x \in (0,L), \quad t \in (0,T], & (3.5.1) \\[2mm]
u_t(x,t) = v(x,t), \quad x \in [0,L], \quad t \in (0,T], & (3.5.2) \\[2mm]
u(x,0) = \varphi(x), \quad v(x,0) = \psi(x), \quad x \in [0,L], & (3.5.3) \\[2mm]
u(0,t) = 0, \quad u(L,t) = 0, \quad t \in (0,T]. & (3.5.4)
\end{cases}
$$

记

$$U_i^n = u(x_i, t_n), \quad V_i^n = v(x_i, t_n), \qquad 0 \leqslant i \leqslant M, \quad 0 \leqslant n \leqslant N,$$

$$\varphi_i = \varphi(x_i), \quad \psi_i = \psi(x_i), \quad 0 \leqslant i \leqslant M.$$

在点 $(x_i, t_{n-1+\sigma})$ 处考虑微分方程 (3.5.1), 有

$${}^C_0 D_t^\alpha v(x_i, t_{n-1+\sigma}) = u_{xx}(x_i, t_{n-1+\sigma}) + f_i^{n-1+\sigma}, \quad 1 \leqslant i \leqslant M-1, \ 1 \leqslant n \leqslant N. \tag{3.5.5}$$

对上式中时间分数阶导数应用 1.7.2 节中的理论, 可得

$$
\begin{cases}
{}^C_0 D_t^\alpha v(x_i, t_{n-1+\sigma}) = \dfrac{1}{\Gamma(1-\alpha)} \displaystyle\sum_{l=1}^{N_{\exp}} \omega_l F_{l,i}^n + d_0^{(1,\alpha)} \big(V_i^n - V_i^{n-1} \big) + O(\tau^{3-\alpha} + \epsilon), \\[3mm]
\qquad\qquad 1 \leqslant i \leqslant M-1, \quad 1 \leqslant n \leqslant N, & (3.5.6) \\[3mm]
F_{l,i}^1 = 0, \quad 1 \leqslant l \leqslant N_{\exp}, \quad 1 \leqslant i \leqslant M-1, & (3.5.7) \\[3mm]
F_{l,i}^n = \mathrm{e}^{-s_l \tau} F_{l,i}^{n-1} + A_l \big(V_i^{n-1} - V_i^{n-2} \big) + B_l \big(V_i^n - V_i^{n-1} \big), \\[2mm]
\qquad\qquad 1 \leqslant l \leqslant N_{\exp}, \quad 1 \leqslant i \leqslant M-1, \quad 2 \leqslant n \leqslant N. & (3.5.8)
\end{cases}
$$

对于 (3.5.5) 右端的空间二阶导数, 应用 (3.4.5) 和引理 2.1.3 离散, 可得

$$
\begin{aligned}
u_{xx}(x_i, t_{n-1+\sigma}) &= \sigma u_{xx}(x_i, t_n) + (1-\sigma) u_{xx}(x_i, t_{n-1}) + O(\tau^2) \\
&= \sigma \delta_x^2 U_i^n + (1-\sigma) \delta_x^2 U_i^{n-1} + O(h^2) + O(\tau^2).
\end{aligned} \tag{3.5.9}
$$

将 (3.5.6) 和 (3.5.9) 代入 (3.5.5), 得到

$$\frac{1}{\Gamma(1-\alpha)} \sum_{l=1}^{N_{\exp}} \omega_l F_{l,i}^n + d_0^{(1,\alpha)}\left(V_i^n - V_i^{n-1}\right)$$

$$= \sigma \delta_x^2 U_i^n + (1-\sigma)\delta_x^2 U_i^{n-1} + f_i^{n-1+\sigma} + (r_7)_i^n,$$

$$1 \leqslant i \leqslant M-1, \quad 1 \leqslant n \leqslant N, \tag{3.5.10}$$

且存在正常数 c_7 使得

$$|(r_7)_i^n| \leqslant c_7(\tau^2 + h^2 + \epsilon), \quad 1 \leqslant i \leqslant M-1, \ 1 \leqslant n \leqslant N. \tag{3.5.11}$$

将 (3.5.7)—(3.5.8) 代入 (3.5.10), 消去中间变量 $\{F_{l,i}^n\}$, 可得

$$\sum_{k=0}^{n-1} d_k^{(n,\alpha)}\left(V_i^{n-k} - V_i^{n-k-1}\right) = \sigma \delta_x^2 U_i^n + (1-\sigma)\delta_x^2 U_i^{n-1} + f_i^{n-1+\sigma} + (r_7)_i^n,$$

$$1 \leqslant i \leqslant M-1, \quad 1 \leqslant n \leqslant N.$$

在点 $(x_i, t_{\frac{1}{2}})$ 和点 $(x_i, t_{n-1+\sigma})$ 处考虑方程 (3.5.2), 可得

$$\begin{cases} \delta_t U_i^{\frac{1}{2}} = V_i^{\frac{1}{2}} + (r_8)_i^1, & 0 \leqslant i \leqslant M, & (3.5.12) \\ D_{\bar{t}} U_i^n = \sigma V_i^n + (1-\sigma)V_i^{n-1} + (r_8)_i^n, & 0 \leqslant i \leqslant M, \ 2 \leqslant n \leqslant N, & (3.5.13) \end{cases}$$

且存在正常数 c_8 使得

$$|\delta_x^2 (r_8)_i^n| \leqslant c_8 \tau^2, \quad 1 \leqslant i \leqslant M-1, \ 2 \leqslant n \leqslant N. \tag{3.5.14}$$

另外, 由 (3.5.2) 和 (3.5.4) 可知

$$(r_8)_0^n = 0, \quad (r_8)_M^n = 0, \quad 1 \leqslant n \leqslant N. \tag{3.5.15}$$

注意到初边值条件 (3.5.3)—(3.5.4), 有

$$\begin{cases} U_i^0 = \varphi_i, \quad V_i^0 = \psi_i, & 0 \leqslant i \leqslant M, & (3.5.16) \\ U_0^n = 0, \quad U_M^n = 0, & 1 \leqslant n \leqslant N. & (3.5.17) \end{cases}$$

在方程 (3.5.10), (3.5.12) 和 (3.5.13) 中略去小量项 $(r_7)_i^n$ 和 $(r_8)_i^n$, 并用数值解

$\{u_i^n, v_i^n\}$ 代替精确解 $\{U_i^n, V_i^n\}$, 可得求解问题 (3.5.1)—(3.5.4) 的如下差分格式:

$$
\begin{cases}
\dfrac{1}{\Gamma(1-\alpha)} \sum_{l=1}^{N_{\exp}} \omega_l F_{l,i}^n + d_0^{(1,\alpha)}\left(v_i^n - v_i^{n-1}\right) = \sigma \delta_x^2 u_i^n + (1-\sigma)\delta_x^2 u_i^{n-1} + f_i^{n-1+\sigma}, \\
\qquad\qquad 1 \leqslant i \leqslant M-1, \quad 1 \leqslant n \leqslant N, \hfill (3.5.18)\\[4pt]
F_{l,i}^1 = 0, \quad 1 \leqslant l \leqslant N_{\exp}, \quad 1 \leqslant i \leqslant M-1, \hfill (3.5.19)\\[4pt]
F_{l,i}^n = \mathrm{e}^{-s_l \tau} F_{l,i}^{n-1} + A_l\left(v_i^{n-1} - v_i^{n-2}\right) + B_l\left(v_i^n - v_i^{n-1}\right), \\
\qquad\qquad 1 \leqslant l \leqslant N_{\exp}, \quad 1 \leqslant i \leqslant M-1, \quad 2 \leqslant n \leqslant N, \hfill (3.5.20)\\[4pt]
\delta_t u_i^{\frac{1}{2}} = v_i^{\frac{1}{2}}, \quad 0 \leqslant i \leqslant M, \hfill (3.5.21)\\[4pt]
D_{\bar{t}} u_i^n = \sigma v_i^n + (1-\sigma)v_i^{n-1}, \quad 0 \leqslant i \leqslant M, \quad 2 \leqslant n \leqslant N, \hfill (3.5.22)\\[4pt]
u_i^0 = \varphi_i, \quad v_i^0 = \psi_i, \quad 0 \leqslant i \leqslant M, \hfill (3.5.23)\\[4pt]
u_0^n = 0, \quad u_M^n = 0, \quad 1 \leqslant n \leqslant N. \hfill (3.5.24)
\end{cases}
$$

将 (3.5.19)—(3.5.20) 代入 (3.5.18), 消去中间变量 $\{F_{l,i}^n\}$ 可得

$$
\sum_{k=0}^{n-1} d_k^{(n,\alpha)}\left(v_i^{n-k} - v_i^{n-k-1}\right) = \sigma \delta_x^2 u_i^n + (1-\sigma)\delta_x^2 u_i^{n-1} + f_i^{n-1+\sigma},
$$
$$
1 \leqslant i \leqslant M-1, \ 1 \leqslant n \leqslant N. \hfill (3.5.25)
$$

3.5.2   差分格式的可解性

定理 3.5.1   差分格式 (3.5.18)—(3.5.24) 是唯一可解的.

证明   记

$$
u^n = (u_0^n, u_1^n, \cdots, u_M^n), \quad v^n = (v_0^n, v_1^n, \cdots, v_M^n).
$$

(I) 由 (3.5.23) 知第 0 层的值为 $\{u^0, v^0\}$.

(II) 由 (3.5.21) 得到

$$
v_i^1 = 2v_i^{\frac{1}{2}} - v_i^0 = 2\delta_t u_i^{\frac{1}{2}} - v_i^0, \quad 0 \leqslant i \leqslant M. \hfill (3.5.26)
$$

将上式代入 (3.5.25) $n=1$ 的方程, 并注意到 (3.5.24), 得到关于 u^1 的线性方程组

$$
\begin{cases}
d_0^{(1,\alpha)}\left(2\delta_t u_i^{\frac{1}{2}} - 2v_i^0\right) = \sigma \delta_x^2 u_i^1 + (1-\sigma)\delta_x^2 u_i^0 + f_i^\sigma, \quad 1 \leqslant i \leqslant M-1, & (3.5.27)\\[4pt]
u_0^1 = 0, \quad u_M^1 = 0. & (3.5.28)
\end{cases}
$$

考虑 (3.5.27)—(3.5.28) 相应的齐次方程组

$$
\begin{cases}
d_0^{(1,\alpha)} \dfrac{2}{\tau} u_i^1 = \sigma \delta_x^2 u_i^1, \quad 1 \leqslant i \leqslant M-1, & (3.5.29)\\[4pt]
u_0^1 = 0, \quad u_M^1 = 0. & (3.5.30)
\end{cases}
$$

用 u^1 与 (3.5.29) 的两边作内积, 利用 (3.5.30), 可得

$$d_0^{(1,\alpha)} \frac{2}{\tau} \|u^1\|^2 + \sigma \|\delta_x u^1\|^2 = 0.$$

因而 $u^1 = 0$. 进而方程组 (3.5.27)—(3.5.28) 有唯一解 u^1. 在 u^1 求出后, 由 (3.5.26) 求出 v^1.

(III) 现设前 n 层的值 $\{u^0, v^0, u^1, v^1, \cdots, u^{n-1}, v^{n-1}\}$ 已唯一确定, 则由 (3.5.22) 可得

$$v_i^n = \frac{1}{\sigma} \left(D_{\bar{t}} u_i^n - (1-\sigma) v_i^{n-1} \right), \quad 0 \leqslant i \leqslant M. \tag{3.5.31}$$

将上式代入 (3.5.25), 并注意到 (3.5.24), 可得关于 u^n 的三对角线性方程组

$$\begin{cases} d_0^{(n,\alpha)} \left[\frac{1}{\sigma} \left(D_{\bar{t}} u_i^n - (1-\sigma) v_i^{n-1} \right) - v_i^{n-1} \right] + \sum_{k=1}^{n-1} d_k^{(n,\alpha)} \left(v_i^{n-k} - v_i^{n-k-1} \right) \\ = \sigma \delta_x^2 u_i^n + (1-\sigma) \delta_x^2 u_i^{n-1} + f_i^{n-1+\sigma}, \quad 1 \leqslant i \leqslant M-1, \tag{3.5.32} \\ u_0^n = 0, \quad u_M^n = 0. \tag{3.5.33} \end{cases}$$

要证明上述方程组存在唯一解, 只要证明它相应的齐次方程组

$$\begin{cases} d_0^{(n,\alpha)} \cdot \frac{1}{\sigma} \cdot \frac{2\sigma+1}{2\tau} u_i^n = \sigma \delta_x^2 u_i^n, \quad 1 \leqslant i \leqslant M-1, \tag{3.5.34} \\ u_0^n = 0, \quad u_M^n = 0 \tag{3.5.35} \end{cases}$$

仅有零解.

用 u^n 与 (3.5.34) 的两边作内积, 利用 (3.5.35), 可得

$$d_0^{(n,\alpha)} \cdot \frac{1}{\sigma} \cdot \frac{2\sigma+1}{2\tau} \|u^n\|^2 + \sigma \|\delta_x u^n\|^2 = 0.$$

因而 $u^n = 0$. 进而方程组 (3.5.32)—(3.5.33) 有唯一解 u^n. 当 u^n 求出后, 由 (3.5.31) 求出 v^n.

由归纳原理知, 差分格式 (3.5.18)—(3.5.24) 存在唯一解. $\qquad\qquad\square$

3.5.3 差分格式的稳定性

定理 3.5.2 设 $\{u_i^n, v_i^n | 0 \leqslant i \leqslant M, 0 \leqslant n \leqslant N\}$ 为如下差分格式

$$\begin{cases} \dfrac{1}{\Gamma(1-\alpha)}\sum_{l=1}^{N_{\exp}}\omega_l F_{l,i}^n + d_0^{(1,\alpha)}\big(v_i^n - v_i^{n-1}\big) = \sigma\delta_x^2 u_i^n + (1-\sigma)\delta_x^2 u_i^{n-1} + p_i^n, \\ \qquad 1 \leqslant i \leqslant M-1, \quad 1 \leqslant n \leqslant N, \hfill (3.5.36) \\ F_{l,i}^1 = 0, \quad 1 \leqslant l \leqslant N_{\exp}, \quad 1 \leqslant i \leqslant M-1, \hfill (3.5.37) \\ F_{l,i}^n = \mathrm{e}^{-s_l\tau}F_{l,i}^{n-1} + A_l\big(v_i^{n-1} - v_i^{n-2}\big) + B_l\big(v_i^n - v_i^{n-1}\big), \\ \qquad 1 \leqslant l \leqslant N_{\exp}, \quad 1 \leqslant i \leqslant M-1, \quad 2 \leqslant n \leqslant N, \hfill (3.5.38) \\ \delta_t u_i^{\frac{1}{2}} = v_i^{\frac{1}{2}} + q_i^1, \quad 0 \leqslant i \leqslant M, \hfill (3.5.39) \\ D_{\bar{t}} u_i^n = \sigma v_i^n + (1-\sigma)v_i^{n-1} + q_i^n, \quad 0 \leqslant i \leqslant M, \quad 2 \leqslant n \leqslant N, \hfill (3.5.40) \\ u_i^0 = \varphi_i, \quad v_i^0 = \psi_i, \quad 0 \leqslant i \leqslant M, \hfill (3.5.41) \\ u_0^n = 0, \quad u_M^n = 0, \quad 1 \leqslant n \leqslant N \hfill (3.5.42) \end{cases}$$

的解, 其中 $q_0^n = q_M^n = 0\,(1 \leqslant n \leqslant N)$ 且 $\varphi_0 = \varphi_M = \psi_0 = \psi_M = 0$, 则存在正常数 C 使得

$$\tau\sum_{k=1}^n \|v^k\|^2 + \|\delta_x u^n\|^2$$
$$\leqslant C\left[\|v^0\|^2 + \epsilon\tau^{\alpha-1}\|\delta_x u^0\|^2 + \tau\sum_{m=1}^n \|p^m\|^2 + \tau\sum_{m=1}^n \|\delta_x^2 q^m\|^2\right], \quad 1 \leqslant n \leqslant N, \tag{3.5.43}$$

其中

$$\|v^k\|^2 = h\sum_{i=1}^{M-1}(v_i^k)^2, \quad \|p^k\|^2 = h\sum_{i=1}^{M-1}(p_i^k)^2, \quad \|\delta_x^2 q^k\|^2 = h\sum_{i=1}^{M-1}(\delta_x^2 q_i^k)^2.$$

证明　由 (3.5.39)—(3.5.42), $q_0^n = q_M^n = 0\,(1 \leqslant n \leqslant N)$ 以及 $\varphi_0 = \varphi_M = \psi_0 = \psi_M = 0$ 可得

$$v_0^n = 0, \quad v_M^n = 0, \quad 0 \leqslant n \leqslant N.$$

易知

$$\begin{cases} v_0^{\frac{1}{2}} = 0, \quad v_M^{\frac{1}{2}} = 0, \hfill (3.5.44) \\ \sigma v_0^n + (1-\sigma)v_0^{n-1} = 0, \quad \sigma v_M^n + (1-\sigma)v_M^{n-1} = 0, \quad 2 \leqslant n \leqslant N. \hfill (3.5.45) \end{cases}$$

将 (3.5.37)—(3.5.38) 代入 (3.5.36), 消去中间变量 $\{F_{l,i}^n\}$, 可得

$$\sum_{k=0}^{n-1} d_k^{(n,\alpha)}\big(v_i^{n-k} - v_i^{n-k-1}\big) = \sigma\delta_x^2 u_i^n + (1-\sigma)\delta_x^2 u_i^{n-1} + p_i^n,$$

$$1 \leqslant i \leqslant M - 1, \ 1 \leqslant n \leqslant N. \tag{3.5.46}$$

(I) 考虑 (3.5.46). 当 $n = 1$ 时, 有

$$d_0^{(1,\alpha)} \big(v_i^1 - v_i^0 \big) = \sigma \delta_x^2 u_i^1 + (1 - \sigma) \delta_x^2 u_i^0 + p_i^1, \quad 1 \leqslant i \leqslant M - 1. \tag{3.5.47}$$

由 (3.5.39) 可得

$$\delta_t \delta_x^2 u_i^{\frac{1}{2}} = \delta_x^2 v_i^{\frac{1}{2}} + \delta_x^2 q_i^1, \quad 1 \leqslant i \leqslant M - 1. \tag{3.5.48}$$

用 $v^{\frac{1}{2}}$ 与 (3.5.47) 的两边作内积, 用分部求和公式, 并注意到 (3.5.44), 可得

$$\frac{1}{2} d_0^{(1,\alpha)} \big(\|v^1\|^2 - \|v^0\|^2 \big) = -\big(\delta_x(\sigma u^1 + (1 - \sigma)u^0), \delta_x v^{\frac{1}{2}} \big) + (p^1, v^{\frac{1}{2}}). \tag{3.5.49}$$

用 $-(\sigma u^1 + (1 - \sigma)u^0)$ 与 (3.5.48) 的两边作内积, 用分部求和公式, 并注意到

$$\sigma u_0^1 + (1 - \sigma)u_0^0 = 0, \quad \sigma u_M^1 + (1 - \sigma)u_M^0 = 0,$$

可得

$$\frac{1}{\tau} \Big(\delta_x u^1 - \delta_x u^0, \delta_x \big(\sigma u^1 + (1 - \sigma)u^0 \big) \Big)$$
$$= \Big(\delta_x v^{\frac{1}{2}}, \delta_x \big(\sigma u^1 + (1 - \sigma)u^0 \big) \Big) - \Big(\delta_x^2 q^1, \sigma u^1 + (1 - \sigma)u^0 \Big). \tag{3.5.50}$$

将 (3.5.49) 和 (3.5.50) 相加得到

$$\frac{1}{2} d_0^{(1,\alpha)} \big(\|v^1\|^2 - \|v^0\|^2 \big) + \frac{1}{\tau} \Big(\delta_x u^1 - \delta_x u^0, \delta_x \big(\sigma u^1 + (1 - \sigma)u^0 \big) \Big)$$
$$= (p^1, v^{\frac{1}{2}}) - \Big(\delta_x^2 q^1, \sigma u^1 + (1 - \sigma)u^0 \Big).$$

注意到

$$\Big(\delta_x u^1 - \delta_x u^0, \delta_x \big(\sigma u^1 + (1 - \sigma)u^0 \big) \Big)$$
$$= \frac{\sigma}{4} \big\| \delta_x u^1 \big\|^2 + (2\sigma - 1) \left\| \frac{1}{2}\sqrt{\frac{3\sigma}{2\sigma - 1}} \delta_x u^1 - \sqrt{\frac{2\sigma - 1}{3\sigma}} \delta_x u^0 \right\|^2 - \frac{\sigma^2 - \sigma + 1}{3\sigma} \big\| \delta_x u^0 \big\|^2$$

及

$$d_0^{(1,\alpha)} = \frac{\sigma^{1-\alpha} \tau^{-\alpha}}{\Gamma(2 - \alpha)},$$

得到

$$\frac{\sigma^{1-\alpha} \tau^{-\alpha}}{2\Gamma(2 - \alpha)} \big(\|v^1\|^2 - \|v^0\|^2 \big) + \frac{1}{\tau} \left(\frac{\sigma}{4} \big\| \delta_x u^1 \big\|^2 - \frac{\sigma^2 - \sigma + 1}{3\sigma} \big\| \delta_x u^0 \big\|^2 \right)$$

$$\leqslant (p^1, v^{\frac{1}{2}}) - \left(\delta_x^2 q^1, \sigma u^1 + (1-\sigma)u^0\right).$$

将上式变形, 可得

$$\frac{\sigma^{1-\alpha}\tau^{1-\alpha}}{2\Gamma(2-\alpha)}(\|v^1\|^2 - \|v^0\|^2) + \frac{\sigma}{4}\|\delta_x u^1\|^2 - \frac{\sigma^2 - \sigma + 1}{3\sigma}\|\delta_x u^0\|^2$$

$$\leqslant \tau(p^1, v^{\frac{1}{2}}) - \tau\left(\delta_x^2 q^1, \sigma u^1 + (1-\sigma)u^0\right)$$

$$\leqslant \tau\|p^1\| \cdot \|v^{\frac{1}{2}}\| + \tau\|\delta_x^2 q^1\| \cdot \|\sigma u^1 + (1-\sigma)u^0\|$$

$$\leqslant \tau\left[\frac{1}{2\varepsilon_0}\|v^{\frac{1}{2}}\|^2 + \frac{\varepsilon_0}{2}\|p^1\|^2\right] + \tau\left[\frac{1}{2}\|\sigma u^1 + (1-\sigma)u^0\|^2 + \frac{1}{2}\|\delta_x^2 q^1\|^2\right]$$

$$\leqslant \tau\left[\frac{1}{4\varepsilon_0}(\|v^1\|^2 + \|v^0\|^2) + \frac{\varepsilon_0}{2}\|p^1\|^2\right] + \tau\left[\frac{1}{2}(\|u^1\|^2 + \|u^0\|^2) + \frac{1}{2}\|\delta_x^2 q^1\|^2\right].$$

取 $\varepsilon_0 = \Gamma(2-\alpha)\sigma^{\alpha-1}\tau^\alpha$, 可知存在常数 C_1 使得下式成立:

$$\tau^{1-\alpha}\|v^1\|^2 + \|\delta_x u^1\|^2$$

$$\leqslant C_1\left(\tau^{1-\alpha}\|v^0\|^2 + \|\delta_x u^0\|^2 + \tau\|u^0\|^2 + \tau\|u^1\|^2 + \tau^{1+\alpha}\|p^1\|^2 + \tau\|\delta_x^2 q^1\|^2\right). \quad (3.5.51)$$

(II) 用 $\sigma v^n + (1-\sigma)v^{n-1}$ 与 (3.5.46) 的两边作内积, 用分部求和公式, 注意到 (3.5.45), 可得

$$\sum_{k=0}^{n-1} d_k^{(n,\alpha)}\left(v^{n-k} - v^{n-k-1}, \sigma v^n + (1-\sigma)v^{n-1}\right)$$

$$= \left(\delta_x^2(\sigma u^n + (1-\sigma)u^{n-1}), \sigma v^n + (1-\sigma)v^{n-1}\right) + \left(p^n, \sigma v^n + (1-\sigma)v^{n-1}\right)$$

$$= -\left(\delta_x(\sigma u^n + (1-\sigma)u^{n-1}), \delta_x(\sigma v^n + (1-\sigma)v^{n-1})\right) + \left(p^n, \sigma v^n + (1-\sigma)v^{n-1}\right),$$

$$2 \leqslant n \leqslant N.$$

对于上式的左端, 应用引理 1.7.3 和引理 2.6.1, 可得如下估计

$$\sum_{k=0}^{n-1} d_k^{(n,\alpha)}\left(v^{n-k} - v^{n-k-1}, \sigma v^n + (1-\sigma)v^{n-1}\right)$$

$$\geqslant \frac{1}{2}\sum_{k=0}^{n-1} d_k^{(n,\alpha)}\left(\|v^{n-k}\|^2 - \|v^{n-k-1}\|^2\right).$$

于是

$$\frac{1}{2}\sum_{k=0}^{n-1} d_k^{(n,\alpha)}\left(\|v^{n-k}\|^2 - \|v^{n-k-1}\|^2\right)$$

$$\leqslant -\Big(\delta_x(\sigma u^n + (1-\sigma)u^{n-1}), \delta_x(\sigma v^n + (1-\sigma)v^{n-1})\Big)$$
$$+ \Big(p^n, \sigma v^n + (1-\sigma)v^{n-1}\Big), \quad 2 \leqslant n \leqslant N. \tag{3.5.52}$$

由 (3.5.40) 可得

$$D_{\bar{t}}\delta_x^2 u_i^n = \delta_x^2\Big(\sigma v_i^n + (1-\sigma)v_i^{n-1}\Big) + \delta_x^2 q_i^n, \quad 1 \leqslant i \leqslant M-1, \quad 2 \leqslant n \leqslant N.$$

用 $-\big(\sigma u^n + (1-\sigma)u^{n-1}\big)$ 和上式的两边作内积, 用分部求和公式, 并注意到

$$\sigma u_0^n + (1-\sigma)u_0^{n-1} = 0, \quad \sigma u_M^n + (1-\sigma)u_M^{n-1} = 0, \quad 2 \leqslant n \leqslant N,$$

可得

$$\Big(D_{\bar{t}}\delta_x u^n, \delta_x\big(\sigma u^n + (1-\sigma)u^{n-1}\big)\Big)$$
$$= \Big(\delta_x\big(\sigma v^n + (1-\sigma)v^{n-1}\big), \delta_x\big(\sigma u^n + (1-\sigma)u^{n-1}\big)\Big)$$
$$- \Big(\delta_x^2 q^n, \sigma u^n + (1-\sigma)u^{n-1}\Big), \quad 2 \leqslant n \leqslant N. \tag{3.5.53}$$

记

$$F^n = (2\sigma+1)\|\delta_x u^n\|^2 - (2\sigma-1)\|\delta_x u^{n-1}\|^2 + (2\sigma^2+\sigma-1)\|\delta_x(u^n - u^{n-1})\|^2, \quad n \geqslant 1.$$

由引理 3.4.2 知

$$F^n \geqslant \frac{1}{\sigma}\|\delta_x u^n\|^2, \quad n \geqslant 1$$

及

$$\Big(D_{\bar{t}}\delta_x u^n, \delta_x\big(\sigma u^n + (1-\sigma)u^{n-1}\big)\Big) \geqslant \frac{1}{4\tau}(F^n - F^{n-1}), \quad n \geqslant 2. \tag{3.5.54}$$

由 (3.5.53) 和 (3.5.54), 得到

$$\frac{1}{4\tau}(F^n - F^{n-1}) \leqslant \Big(\delta_x\big(\sigma v^n + (1-\sigma)v^{n-1}\big), \delta_x\big(\sigma u^n + (1-\sigma)u^{n-1}\big)\Big)$$
$$- \Big(\delta_x^2 q^n, \sigma u^n + (1-\sigma)u^{n-1}\Big), \quad 2 \leqslant n \leqslant N. \tag{3.5.55}$$

将 (3.5.52) 和 (3.5.55) 相加, 得到

$$\frac{1}{2}\sum_{k=0}^{n-1} d_k^{(n,\alpha)}\Big(\|v^{n-k}\|^2 - \|v^{n-k-1}\|^2\Big) + \frac{1}{4\tau}(F^n - F^{n-1})$$
$$\leqslant \Big(p^n, \sigma v^n + (1-\sigma)v^{n-1}\Big) - \Big(\delta_x^2 q^n, \sigma u^n + (1-\sigma)u^{n-1}\Big)$$
$$\leqslant \|p^n\| \cdot \|\sigma v^n + (1-\sigma)v^{n-1}\| + \|\delta_x^2 q^n\| \cdot \|\sigma u^n + (1-\sigma)u^{n-1}\|, \quad 2 \leqslant n \leqslant N.$$

注意到

$$\sum_{k=0}^{n-1} d_k^{(n,\alpha)} \left(\|v^{n-k}\|^2 - \|v^{n-k-1}\|^2 \right)$$

$$= \sum_{k=0}^{n-1} d_k^{(n,\alpha)} \|v^{n-k}\|^2 - \sum_{k=0}^{n-2} d_k^{(n-1,\alpha)} \|v^{n-1-k}\|^2$$

$$- \sum_{k=0}^{n-2} \left(d_k^{(n,\alpha)} - d_k^{(n-1,\alpha)} \right) \|v^{n-1-k}\|^2 - d_{n-1}^{(n,\alpha)} \|v^0\|^2$$

$$= \sum_{k=0}^{n-1} d_k^{(n,\alpha)} \|v^{n-k}\|^2 - \sum_{k=0}^{n-2} d_k^{(n-1,\alpha)} \|v^{n-1-k}\|^2$$

$$- \left(d_{n-2}^{(n,\alpha)} - d_{n-2}^{(n-1,\alpha)} \right) \|v^1\|^2 - d_{n-1}^{(n,\alpha)} \|v^0\|^2,$$

有

$$\frac{1}{2} \left(\sum_{k=0}^{n-1} d_k^{(n,\alpha)} \|v^{n-k}\|^2 - \sum_{k=0}^{n-2} d_k^{(n-1,\alpha)} \|v^{n-1-k}\|^2 \right) + \frac{1}{4\tau} (F^n - F^{n-1})$$

$$\leqslant \frac{1}{2} \left[(d_{n-2}^{(n,\alpha)} - d_{n-2}^{(n-1,\alpha)}) \|v^1\|^2 + d_{n-1}^{(n,\alpha)} \|v^0\|^2 \right]$$

$$+ \|p^n\| \cdot \|\sigma v^n + (1-\sigma)v^{n-1}\| + \|\delta_x^2 q^n\| \cdot \|\sigma u^n + (1-\sigma)u^{n-1}\|, \quad 2 \leqslant n \leqslant N.$$

将上式中 n 换成 m, 并对 m 从 2 到 n 求和得到

$$\frac{1}{2} \left(\sum_{k=0}^{n-1} d_k^{(n,\alpha)} \|v^{n-k}\|^2 - d_0^{(1,\alpha)} \|v^1\|^2 \right) + \frac{1}{4\tau} (F^n - F^1)$$

$$\leqslant \frac{1}{2} \left(\sum_{m=2}^{n} \left(d_{m-2}^{(m,\alpha)} - d_{m-2}^{(m-1,\alpha)} \right) \|v^1\|^2 + \sum_{m=2}^{n} d_{m-1}^{(m,\alpha)} \|v^0\|^2 \right)$$

$$+ \sum_{m=2}^{n} \|p^m\| \cdot \|\sigma v^m + (1-\sigma)v^{m-1}\| + \sum_{m=2}^{n} \|\delta_x^2 q^m\| \cdot \|\sigma u^m + (1-\sigma)u^{m-1}\|,$$

$$2 \leqslant n \leqslant N. \tag{3.5.56}$$

应用引理 3.4.3 和 (1.7.34) 得到

$$\sum_{m=2}^{n} \left(d_{m-2}^{(m,\alpha)} - d_{m-2}^{(m-1,\alpha)} \right)$$

$$\leqslant \frac{\tau^{-\alpha}}{\Gamma(2-\alpha)} \sum_{m=2}^{n} \left(c_{m-2}^{(m,\alpha)} - c_{m-2}^{(m-1,\alpha)} \right) + \frac{1}{\Gamma(1-\alpha)} \sum_{m=2}^{n} \frac{9}{4}\epsilon$$

$$\leqslant \frac{\tau^{-\alpha}}{\Gamma(2-\alpha)} \frac{1-\alpha}{12} \left(\frac{\alpha}{\sigma} + 1 \right) \sigma^{-\alpha} + \frac{1}{\Gamma(1-\alpha)} \frac{9}{4} (n-1)\epsilon \tag{3.5.57}$$

及

$$\sum_{m=2}^{n} d_{m-1}^{(m,\alpha)} \leqslant \frac{\tau^{-\alpha}}{\Gamma(2-\alpha)} \sum_{m=2}^{n} c_{m-1}^{(m,\alpha)} + \sum_{m=2}^{n} \frac{\epsilon}{\Gamma(1-\alpha)}$$

$$\leqslant \frac{\tau^{-\alpha}}{\Gamma(2-\alpha)} \frac{3}{2} (n-1+\sigma)^{1-\alpha} + (n-1)\frac{\epsilon}{\Gamma(1-\alpha)}. \tag{3.5.58}$$

将 (3.5.57) 和 (3.5.58) 代入 (3.5.56) 可得

$$\frac{1}{2} \left(\sum_{k=0}^{n-1} d_k^{(n,\alpha)} \|v^{n-k}\|^2 - d_0^{(1,\alpha)} \|v^1\|^2 \right) + \frac{1}{4\tau} (F^n - F^1)$$

$$\leqslant \frac{1}{2} \left[\left(\frac{\tau^{-\alpha}}{\Gamma(2-\alpha)} \cdot \frac{1-\alpha}{12} \left(\frac{\alpha}{\sigma} + 1 \right) \sigma^{-\alpha} + \frac{1}{\Gamma(1-\alpha)} \frac{9}{4} (n-1)\epsilon \right) \|v^1\|^2 \right.$$

$$\left. + \left(\frac{\tau^{-\alpha}}{\Gamma(2-\alpha)} \frac{3}{2} (n-1+\sigma)^{1-\alpha} + (n-1)\frac{\epsilon}{\Gamma(1-\alpha)} \right) \|v^0\|^2 \right]$$

$$+ \sum_{m=2}^{n} \|p^m\| \cdot \|\sigma v^m + (1-\sigma)v^{m-1}\| + \sum_{m=2}^{n} \|\delta_x^2 q^m\| \cdot \|\sigma u^m + (1-\sigma)u^{m-1}\|,$$

$$2 \leqslant n \leqslant N. \tag{3.5.59}$$

由引理 1.7.3 知

$$d_0^{(n,\alpha)} > d_1^{(n,\alpha)} > d_2^{(n,\alpha)} > d_3^{(n,\alpha)} > \cdots > d_{n-1}^{(n,\alpha)} > \frac{1}{2t_n^\alpha \Gamma(1-\alpha)}$$

及

$$d_0^{(1,\alpha)} = \frac{\sigma^{1-\alpha} \tau^{-\alpha}}{\Gamma(2-\alpha)}.$$

再根据 (3.5.59) 得到

$$\frac{1}{2} \left(\frac{1}{2t_n^\alpha \Gamma(1-\alpha)} \sum_{k=0}^{n-1} \|v^{n-k}\|^2 - \frac{\sigma^{1-\alpha} \tau^{-\alpha}}{\Gamma(2-\alpha)} \|v^1\|^2 \right) + \frac{1}{4\tau} (F^n - F^1)$$

$$\leqslant \frac{1}{2} \left[\left(\frac{\tau^{-\alpha}}{\Gamma(2-\alpha)} \frac{1-\alpha}{12} \left(\frac{\alpha}{\sigma} + 1 \right) \sigma^{-\alpha} + \frac{1}{\Gamma(1-\alpha)} \frac{9}{4} (n-1)\epsilon \right) \|v^1\|^2 \right.$$

$$\left. + \left(\frac{\tau^{-\alpha}}{\Gamma(2-\alpha)} \frac{3}{2} (n-1+\sigma)^{1-\alpha} + (n-1)\frac{\epsilon}{\Gamma(1-\alpha)} \right) \|v^0\|^2 \right]$$

$$+ \sum_{m=2}^{n} \|p^m\| \cdot \|\sigma v^m + (1-\sigma)v^{m-1}\| + \sum_{m=2}^{n} \|\delta_x^2 q^m\| \cdot \|\sigma u^m + (1-\sigma)u^{m-1}\|,$$

$$2 \leqslant n \leqslant N.$$

将上式两边乘以 4τ, 并经移项整理, 得到

$$\frac{1}{T^\alpha\Gamma(1-\alpha)}\tau\sum_{k=0}^{n-1}\|v^{n-k}\|^2 + F^n$$

$$\leqslant F^1 + \left[\frac{2\sigma^{1-\alpha}\tau^{1-\alpha}}{\Gamma(2-\alpha)} + \left(\frac{\tau^{1-\alpha}}{\Gamma(2-\alpha)}\frac{1-\alpha}{6}\left(\frac{\alpha}{\sigma}+1\right)\sigma^{-\alpha} + \frac{1}{\Gamma(1-\alpha)}\frac{9}{2}T\epsilon\right)\right]\|v^1\|^2$$

$$+ \left(\frac{3T^{1-\alpha}}{\Gamma(2-\alpha)} + \frac{2\epsilon T}{\Gamma(1-\alpha)}\right)\|v^0\|^2 + 4\tau\sum_{m=2}^{n}\|p^m\|\cdot\|\sigma v^m + (1-\sigma)v^{m-1}\|$$

$$+ 4\tau\sum_{m=2}^{n}\|\delta_x^2 q^m\|\cdot\|\sigma u^m + (1-\sigma)u^{m-1}\|$$

$$\leqslant F^1 + \left[\frac{2\sigma^{1-\alpha}\tau^{1-\alpha}}{\Gamma(2-\alpha)} + \left(\frac{\tau^{1-\alpha}}{\Gamma(2-\alpha)}\frac{1-\alpha}{6}\left(\frac{\alpha}{\sigma}+1\right)\sigma^{-\alpha} + \frac{1}{\Gamma(1-\alpha)}\frac{9}{2}T\epsilon\right)\right]\|v^1\|^2$$

$$+ \left(\frac{3T^{1-\alpha}}{\Gamma(2-\alpha)} + \frac{2\epsilon T}{\Gamma(1-\alpha)}\right)\|v^0\|^2$$

$$+ 2\tau\sum_{m=2}^{n}\left[\frac{1}{\varepsilon_0}\|\sigma v^m + (1-\sigma)v^{m-1}\|^2 + \varepsilon_0\|p^m\|^2\right]$$

$$+ 2\tau\sum_{m=2}^{n}\left[\|\sigma u^m + (1-\sigma)u^{m-1}\|^2 + \|\delta_x^2 q^m\|^2\right]$$

$$\leqslant F^1 + \left[\frac{2\sigma^{1-\alpha}\tau^{1-\alpha}}{\Gamma(1-\alpha)} + \left(\frac{\tau^{1-\alpha}}{\Gamma(1-\alpha)}\frac{1-\alpha}{6}\left(\frac{\alpha}{\sigma}+1\right)\sigma^{-\alpha} + \frac{1}{\Gamma(1-\alpha)}\frac{9}{2}T\epsilon\right)\right]\|v^1\|^2$$

$$+ \left(\frac{3T^{1-\alpha}}{\Gamma(2-\alpha)} + \frac{2\epsilon T}{\Gamma(1-\alpha)}\right)\|v^0\|^2 + \frac{2\tau}{\varepsilon_0}\sum_{m=2}^{n}\left(\|v^m\|^2 + \|v^{m-1}\|^2\right)$$

$$+ 2\tau\varepsilon_0\sum_{m=2}^{n}\|p^m\|^2 + 2\tau\sum_{m=2}^{n}\left(\|u^m\|^2 + \|u^{m-1}\|^2 + \|\delta_x^2 q^m\|^2\right), \quad 2\leqslant n\leqslant N.$$

取 $\varepsilon_0 = 8T^\alpha\Gamma(1-\alpha)$, 并注意到 (3.5.51) 及

$$F^1 = (2\sigma+1)\|\delta_x u^1\|^2 - (2\sigma-1)\|\delta_x u^0\|^2 + (2\sigma^2+\sigma-1)\|\delta_x(u^1-u^0)\|^2$$

$$\leqslant (2\sigma+1)\|\delta_x u^1\|^2 - (2\sigma-1)\|\delta_x u^0\|^2 + 2(2\sigma^2+\sigma-1)(\|\delta_x u^1\|^2 + \|\delta_x u^0\|^2)$$

$$= (4\sigma^2+4\sigma-1)\|\delta_x u^1\|^2 + (4\sigma^2-1)\|\delta_x u^0\|^2,$$

可知存在常数 C_2 使得

$$\tau\sum_{k=0}^{n-1}\|v^{n-k}\|^2 + \|\delta_x u^n\|^2$$

$$
\leqslant C_2\Bigg(\|v^0\|^2 + \epsilon\tau^{\alpha-1}\|\delta_x u^0\|^2 + \tau\|u^0\|^2 + \tau\sum_{m=1}^{n}\|u^m\|^2
$$

$$
+ \tau\sum_{m=1}^{n}\|p^m\|^2 + \tau\sum_{m=1}^{n}\|\delta_x^2 q^m\|^2\Bigg)
$$

$$
\leqslant C_2\Bigg(\|v^0\|^2 + \epsilon\tau^{\alpha-1}\|\delta_x u^0\|^2 + \tau\|u^0\|^2 + \tau\sum_{m=1}^{n}\frac{L^2}{6}\|\delta_x u^m\|^2
$$

$$
+ \tau\sum_{m=1}^{n}\|p^m\|^2 + \tau\sum_{m=1}^{n}\|\delta_x^2 q^m\|^2\Bigg), \quad 1\leqslant n\leqslant N.
$$

由 Gronwall 不等式得到 (3.5.43). □

注 3.5.1　通常所取 ϵ 满足 $\epsilon\tau^{\alpha-1}\leqslant 1$.

3.5.4　差分格式的收敛性

定理 3.5.3　设 $\{U_i^n, V_i^n \mid 0\leqslant i\leqslant M, 0\leqslant n\leqslant N\}$ 为微分方程问题 (3.5.1)—(3.5.4) 的解, $\{u_i^n, v_i^n \mid 0\leqslant i\leqslant M, 0\leqslant n\leqslant N\}$ 为差分格式 (3.5.18)—(3.5.24) 的解. 令

$$
e_i^n = U_i^n - u_i^n, \quad z_i^n = V_i^n - v_i^n, \quad 0\leqslant i\leqslant M, \quad 0\leqslant n\leqslant N,
$$

则有

$$
\tau\sum_{k=1}^{n}\|z^k\|^2 + \|\delta_x e^n\|^2 \leqslant C(c_7^2 + c_8^2)LT(\tau^2 + h^2 + \epsilon)^2, \quad 1\leqslant n\leqslant N,
$$

其中 C 在定理 3.5.2 中定义.

证明　将 (3.5.10), (3.5.7)—(3.5.8), (3.5.12)—(3.5.13), (3.5.16)—(3.5.17) 分别与 (3.5.18)—(3.5.24) 相减, 可得误差方程组

$$
\begin{cases}
\dfrac{1}{\Gamma(1-\alpha)}\sum_{l=1}^{N_{\exp}}\omega_l F_{l,i}^n + d_0^{(1,\alpha)}\big(z_i^n - z_i^{n-1}\big) \\
= \sigma\delta_x^2 e_i^n + (1-\sigma)\delta_x^2 e_i^{n-1} + (r_7)_i^n, \quad 1\leqslant i\leqslant M-1, \quad 1\leqslant n\leqslant N, \\
F_{l,i}^1 = 0, \quad 1\leqslant l\leqslant N_{\exp}, \quad 1\leqslant i\leqslant M-1, \\
F_{l,i}^n = \mathrm{e}^{-s_l\tau}F_{l,i}^{n-1} + A_l\big(z_i^{n-1} - z_i^{n-2}\big) + B_l\big(z_i^n - z_i^{n-1}\big), \\
\qquad\qquad 1\leqslant l\leqslant N_{\exp}, \quad 1\leqslant i\leqslant M-1, \quad 2\leqslant n\leqslant N, \\
\delta_t e_i^{\frac{1}{2}} = z_i^{\frac{1}{2}} + (r_8)_i^1, \quad 0\leqslant i\leqslant M, \\
D_{\bar{t}}e_i^n = \sigma z_i^n + (1-\sigma)z_i^{n-1} + (r_8)_i^n, \quad 0\leqslant i\leqslant M, \quad 2\leqslant n\leqslant N, \\
e_i^0 = \varphi_i, \quad z_i^0 = \psi_i, \quad 0\leqslant i\leqslant M, \\
e_0^n = 0, \quad e_M^n = 0, \quad 1\leqslant n\leqslant N.
\end{cases}
$$

注意到 (3.5.15), 应用定理 3.5.2, 并由 (3.5.11) 和 (3.5.14), 知

$$
\tau \sum_{k=1}^{n} \|z^k\|^2 + \|\delta_x e^n\|^2
$$

$$
\leqslant C \left[\|z^0\|^2 + \epsilon\tau^{\alpha-1}\|\delta_x e^0\|^2 + \tau \sum_{m=1}^{n} \|(r_7)^m\|^2 + \tau \sum_{m=1}^{n} \|\delta_x^2 (r_8)^m\|^2 \right]
$$

$$
\leqslant C \left\{ \tau \sum_{m=1}^{n} L\big[c_7(\tau^2 + h^2 + \epsilon)\big]^2 + \tau \sum_{m=1}^{n} L(c_8\tau^2)^2 \right\}
$$

$$
\leqslant C(c_7^2 + c_8^2)LT(\tau^2 + h^2 + \epsilon)^2, \quad 1 \leqslant n \leqslant N. \qquad \square
$$

3.6　多项时间分数阶波方程基于 L1 逼近的差分方法

本节考虑求解一类多项时间分数阶波方程的差分方法. 以两项常系数问题为例进行介绍.

考虑如下两项时间分数阶波方程初边值问题

$$
\begin{cases}
{}_0^C D_t^{\gamma_1} u(x,t) + {}_0^C D_t^{\gamma} u(x,t) = u_{xx}(x,t) + f(x,t), & x \in (0,L), t \in (0,T], \quad (3.6.1) \\
u(x,0) = \varphi(x), \quad u_t(x,0) = \psi(x), & x \in (0,L), \quad (3.6.2) \\
u(0,t) = \mu(t), \quad u(L,t) = \nu(t), & t \in [0,T], \quad (3.6.3)
\end{cases}
$$

其中 $1 < \gamma_1 < \gamma < 2$, $f, \varphi, \psi, \mu, \nu$ 为已知函数, 且 $\varphi(0) = \mu(0)$, $\varphi(L) = \nu(0)$, $\psi(0) = \mu'(0)$, $\psi(L) = \nu'(0)$. 设解函数 $u \in C^{(4,3)}([0,L] \times [0,T])$.

网格剖分和记号同 3.1 节.

3.6.1　差分格式的建立

在结点 (x_i, t_n) 处考虑微分方程 (3.6.1), 得到

$$
{}_0^C D_t^{\gamma_1} u(x_i, t_n) + {}_0^C D_t^{\gamma} u(x_i, t_n) = u_{xx}(x_i, t_n) + f_i^n, \quad 1 \leqslant i \leqslant M-1, \ 0 \leqslant n \leqslant N.
$$

对相邻两个时间层取平均, 得到

$$
\frac{1}{2}\big[{}_0^C D_t^{\gamma_1} u(x_i, t_n) + {}_0^C D_t^{\gamma_1} u(x_i, t_{n-1})\big] + \frac{1}{2}\big[{}_0^C D_t^{\gamma} u(x_i, t_n) + {}_0^C D_t^{\gamma} u(x_i, t_{n-1})\big]
$$
$$
= \frac{1}{2}\big[u_{xx}(x_i, t_n) + u_{xx}(x_i, t_{n-1})\big] + f_i^{n-\frac{1}{2}}, \quad 1 \leqslant i \leqslant M-1, \ 1 \leqslant n \leqslant N.
$$

应用定理 1.6.2 和引理 2.1.3, 可得

$$
\frac{\tau^{1-\gamma_1}}{\Gamma(3-\gamma_1)} \left[b_0^{(\gamma_1)} \delta_t U_i^{n-\frac{1}{2}} - \sum_{k=1}^{n-1} (b_{n-k-1}^{(\gamma_1)} - b_{n-k}^{(\gamma_1)}) \delta_t U_i^{k-\frac{1}{2}} - b_{n-1}^{(\gamma_1)} \psi_i \right]
$$

$$+\frac{\tau^{1-\gamma}}{\Gamma(3-\gamma)}\left[b_0^{(\gamma)}\delta_t U_i^{n-\frac{1}{2}} - \sum_{k=1}^{n-1}(b_{n-k-1}^{(\gamma)} - b_{n-k}^{(\gamma)})\delta_t U_i^{k-\frac{1}{2}} - b_{n-1}^{(\gamma)}\psi_i\right]$$

$$= \delta_x^2 U_i^{n-\frac{1}{2}} + f_i^{n-\frac{1}{2}} + (r_9)_i^{n-\frac{1}{2}}, \quad 1 \leqslant i \leqslant M-1, \ 1 \leqslant n \leqslant N, \tag{3.6.4}$$

且存在正常数 c_9 使得

$$\left|(r_9)_i^{n-\frac{1}{2}}\right| \leqslant c_9(\tau^{3-\gamma} + h^2), \quad 1 \leqslant i \leqslant M-1, \ 1 \leqslant n \leqslant N. \tag{3.6.5}$$

注意到初边值条件 (3.6.2)—(3.6.3), 有

$$\begin{cases} U_i^0 = \varphi(x_i), & 1 \leqslant i \leqslant M-1, \tag{3.6.6} \\ U_0^n = \mu(t_n), \quad U_M^n = \nu(t_n), & 0 \leqslant n \leqslant N. \tag{3.6.7} \end{cases}$$

在方程 (3.6.4) 中略去小量项 $(r_9)_i^{n-\frac{1}{2}}$, 并用数值解 u_i^n 代替精确解 U_i^n, 可得求解问题 (3.6.1)—(3.6.3) 的如下差分格式:

$$\begin{cases} \frac{\tau^{1-\gamma_1}}{\Gamma(3-\gamma_1)}\left[b_0^{(\gamma_1)}\delta_t u_i^{n-\frac{1}{2}} - \sum_{k=1}^{n-1}(b_{n-k-1}^{(\gamma_1)} - b_{n-k}^{(\gamma_1)})\delta_t u_i^{k-\frac{1}{2}} - b_{n-1}^{(\gamma_1)}\psi_i\right] \\ \quad +\frac{\tau^{1-\gamma}}{\Gamma(3-\gamma)}\left[b_0^{(\gamma)}\delta_t u_i^{n-\frac{1}{2}} - \sum_{k=1}^{n-1}(b_{n-k-1}^{(\gamma)} - b_{n-k}^{(\gamma)})\delta_t u_i^{k-\frac{1}{2}} - b_{n-1}^{(\gamma)}\psi_i\right] \\ \quad = \delta_x^2 u_i^{n-\frac{1}{2}} + f_i^{n-\frac{1}{2}}, \quad 1 \leqslant i \leqslant M-1, \ 1 \leqslant n \leqslant N, \tag{3.6.8} \\ u_i^0 = \varphi(x_i), \quad 1 \leqslant i \leqslant M-1, \tag{3.6.9} \\ u_0^n = \mu(t_n), \quad u_M^n = \nu(t_n), \quad 0 \leqslant n \leqslant N. \tag{3.6.10} \end{cases}$$

以下记

$$\eta = \tau^{\gamma-1}\Gamma(3-\gamma), \quad \eta_1 = \tau^{\gamma_1-1}\Gamma(3-\gamma_1).$$

3.6.2 差分格式的可解性

定理 3.6.1 差分格式 (3.6.8)—(3.6.10) 是唯一可解的.

证明 记

$$u^n = (u_0^n, u_1^n, \cdots, u_M^n).$$

由 (3.6.9)—(3.6.10) 知第 0 层的值 u^0 已知. 设前 n 层的值 $u^0, u^1, \cdots, u^{n-1}$ 已唯一确定, 则由 (3.6.8) 和 (3.6.10) 可得关于 u^n 的线性方程组. 要证明它的唯一可解性, 只需证明它相应的齐次方程组

$$\begin{cases} \frac{1}{\tau}\left[\frac{1}{\eta_1}b_0^{(\gamma_1)} + \frac{1}{\eta}b_0^{(\gamma)}\right]u_i^n = \frac{1}{2}\delta_x^2 u_i^n, \quad 1 \leqslant i \leqslant M-1, \tag{3.6.11} \\ u_0^n = u_M^n = 0 \tag{3.6.12} \end{cases}$$

仅有零解.

将方程 (3.6.11) 两边同时与 u^n 作内积, 并注意到 (3.6.12), 得到

$$\frac{1}{\tau}\left[\frac{1}{\eta_1}b_0^{(\gamma_1)}+\frac{1}{\eta}b_0^{(\gamma)}\right]\|u^n\|^2=-\frac{1}{2}\|\delta_x u^n\|^2\leqslant 0,$$

从而 $\|u^n\|=0$. 结合 (3.6.12) 可得 $u^n=0$.

由归纳原理知, 差分格式 (3.6.8)—(3.6.10) 存在唯一解.　　　　　　□

3.6.3　差分格式的稳定性

定理 3.6.2　设 $\{v_i^n\mid 0\leqslant i\leqslant M,0\leqslant n\leqslant N\}$ 为差分格式

$$
\begin{cases}
\dfrac{1}{\eta_1}\left[b_0^{(\gamma_1)}\delta_t v_i^{n-\frac{1}{2}}-\displaystyle\sum_{k=1}^{n-1}(b_{n-k-1}^{(\gamma_1)}-b_{n-k}^{(\gamma_1)})\delta_t v_i^{k-\frac{1}{2}}-b_{n-1}^{(\gamma_1)}\psi_i\right]\\
+\dfrac{1}{\eta}\left[b_0^{(\gamma)}\delta_t v_i^{n-\frac{1}{2}}-\displaystyle\sum_{k=1}^{n-1}(b_{n-k-1}^{(\gamma)}-b_{n-k}^{(\gamma)})\delta_t v_i^{k-\frac{1}{2}}-b_{n-1}^{(\gamma)}\psi_i\right]=\delta_x^2 v_i^{n-\frac{1}{2}}+f_i^{n-\frac{1}{2}},\\
\qquad\qquad 1\leqslant i\leqslant M-1,\ 1\leqslant n\leqslant N, & (3.6.13)\\
v_i^0=\varphi(x_i),\quad 1\leqslant i\leqslant M-1, & (3.6.14)\\
v_0^n=0,\quad v_M^n=0,\quad 0\leqslant n\leqslant N & (3.6.15)
\end{cases}
$$

的解, 则有

$$\|\delta_x v^n\|^2\leqslant\|\delta_x v^0\|^2+\left[\frac{t_n^{2-\gamma_1}}{\Gamma(3-\gamma_1)}+\frac{t_n^{2-\gamma}}{\Gamma(3-\gamma)}\right]\|\psi\|^2$$

$$+\frac{1}{4}\left[t_n^{\gamma_1-1}\Gamma(2-\gamma_1)+t_n^{\gamma-1}\Gamma(2-\gamma)\right]\tau\sum_{k=1}^n\|f^{k-\frac{1}{2}}\|^2,\quad 1\leqslant n\leqslant N,$$

$$(3.6.16)$$

其中 $\|\psi\|$ 和 $\|f^{k-\frac{1}{2}}\|$ 的定义同定理 3.1.2.

证明　将方程 (3.6.13) 两边同时与 $\delta_t v^{n-\frac{1}{2}}$ 作内积, 并应用 Cauchy-Schwarz 不等式, 可得

$$\left[\frac{1}{\eta_1}b_0^{(\gamma_1)}+\frac{1}{\eta}b_0^{(\gamma)}\right]\|\delta_t v^{n-\frac{1}{2}}\|^2-(\delta_x^2 v^{n-\frac{1}{2}},\delta_t v^{n-\frac{1}{2}})$$

$$=\frac{1}{\eta_1}\left[\sum_{k=1}^{n-1}(b_{n-k-1}^{(\gamma_1)}-b_{n-k}^{(\gamma_1)})(\delta_t v^{k-\frac{1}{2}},\delta_t v^{n-\frac{1}{2}})+b_{n-1}^{(\gamma_1)}(\psi,\delta_t v^{n-\frac{1}{2}})\right]$$

$$+\frac{1}{\eta}\left[\sum_{k=1}^{n-1}(b_{n-k-1}^{(\gamma)}-b_{n-k}^{(\gamma)})(\delta_t v^{k-\frac{1}{2}},\delta_t v^{n-\frac{1}{2}})+b_{n-1}^{(\gamma)}(\psi,\delta_t v^{n-\frac{1}{2}})\right]+(f^{n-\frac{1}{2}},\delta_t v^{n-\frac{1}{2}})$$

$$\leqslant \frac{1}{\eta_1}\left[\frac{1}{2}\sum_{k=1}^{n-1}(b_{n-k-1}^{(\gamma_1)}-b_{n-k}^{(\gamma_1)})\left(\|\delta_t v^{k-\frac{1}{2}}\|^2+\|\delta_t v^{n-\frac{1}{2}}\|^2\right)+\frac{1}{2}b_{n-1}^{(\gamma_1)}\left(\|\psi\|^2+\|\delta_t v^{n-\frac{1}{2}}\|^2\right)\right]$$

$$+\frac{1}{\eta}\left[\frac{1}{2}\sum_{k=1}^{n-1}(b_{n-k-1}^{(\gamma)}-b_{n-k}^{(\gamma)})\left(\|\delta_t v^{k-\frac{1}{2}}\|^2+\|\delta_t v^{n-\frac{1}{2}}\|^2\right)\right.$$

$$\left.+\frac{1}{2}b_{n-1}^{(\gamma)}\left(\|\psi\|^2+\|\delta_t v^{n-\frac{1}{2}}\|^2\right)\right]+(f^{n-\frac{1}{2}},\delta_t v^{n-\frac{1}{2}}),\quad 1\leqslant n\leqslant N. \tag{3.6.17}$$

应用分部求和公式, 并注意到 (3.6.15), 可得

$$-\left(\delta_x^2 v^{n-\frac{1}{2}},\delta_t v^{n-\frac{1}{2}}\right)=\frac{1}{2\tau}\left(\|\delta_x v^n\|^2-\|\delta_x v^{n-1}\|^2\right). \tag{3.6.18}$$

将 (3.6.18) 代入 (3.6.17) 的左端, 经整理可得

$$\left[\frac{\tau}{\eta_1}b_0^{(\gamma_1)}+\frac{\tau}{\eta}b_0^{(\gamma)}\right]\|\delta_t v^{n-\frac{1}{2}}\|^2+\|\delta_x v^n\|^2-\|\delta_x v^{n-1}\|^2$$

$$\leqslant\frac{\tau}{\eta_1}\left[\sum_{k=1}^{n-1}(b_{n-k-1}^{(\gamma_1)}-b_{n-k}^{(\gamma_1)})\|\delta_t v^{k-\frac{1}{2}}\|^2+b_{n-1}^{(\gamma_1)}\|\psi\|^2\right]$$

$$+\frac{\tau}{\eta}\left[\sum_{k=1}^{n-1}(b_{n-k-1}^{(\gamma)}-b_{n-k}^{(\gamma)})\|\delta_t v^{k-\frac{1}{2}}\|^2+b_{n-1}^{(\gamma)}\|\psi\|^2\right]$$

$$+2\tau(f^{n-\frac{1}{2}},\delta_t v^{n-\frac{1}{2}}),\quad 1\leqslant n\leqslant N. \tag{3.6.19}$$

记

$$Q^0=\|\delta_x v^0\|^2,\quad Q^n=\|\delta_x v^n\|^2+\tau\sum_{k=1}^n\left(\frac{b_{n-k}^{(\gamma_1)}}{\eta_1}+\frac{b_{n-k}^{(\gamma)}}{\eta}\right)\|\delta_t v^{k-\frac{1}{2}}\|^2,\quad 1\leqslant n\leqslant N.$$

由 (3.6.19) 得到

$$Q^n\leqslant Q^{n-1}+\tau\left(\frac{b_{n-1}^{(\gamma_1)}}{\eta_1}+\frac{b_{n-1}^{(\gamma)}}{\eta}\right)\|\psi\|^2+2\tau(f^{n-\frac{1}{2}},\delta_t v^{n-\frac{1}{2}}),\quad 1\leqslant n\leqslant N.$$

递推可得

$$Q^n\leqslant Q^0+\tau\sum_{k=0}^{n-1}\left(\frac{b_k^{(\gamma_1)}}{\eta_1}+\frac{b_k^{(\gamma)}}{\eta}\right)\|\psi\|^2+2\tau\sum_{k=1}^n(f^{k-\frac{1}{2}},\delta_t v^{k-\frac{1}{2}})$$

$$\leqslant\|\delta_x v^0\|^2+\tau\sum_{k=0}^{n-1}\left(\frac{b_k^{(\gamma_1)}}{\eta_1}+\frac{b_k^{(\gamma)}}{\eta}\right)\|\psi\|^2$$

$$+\tau\sum_{k=1}^n\left[\frac{b_{n-k}^{(\gamma_1)}}{\eta_1}\|\delta_t v^{k-\frac{1}{2}}\|^2+\frac{\eta_1}{4b_{n-k}^{(\gamma_1)}}\|f^{k-\frac{1}{2}}\|^2\right]$$

$$+ \tau \sum_{k=1}^{n} \left[\frac{b_{n-k}^{(\gamma)}}{\eta} \|\delta_t v^{k-\frac{1}{2}}\|^2 + \frac{\eta}{4b_{n-k}^{(\gamma)}} \|f^{k-\frac{1}{2}}\|^2 \right], \quad 1 \leqslant n \leqslant N.$$

因而有

$$\|\delta_x v^n\|^2 \leqslant \|\delta_x v^0\|^2 + \tau \sum_{k=0}^{n-1} \left(\frac{b_k^{(\gamma_1)}}{\eta_1} + \frac{b_k^{(\gamma)}}{\eta} \right) \|\psi\|^2 + \tau \sum_{k=1}^{n} \frac{\eta_1}{4b_{n-k}^{(\gamma_1)}} \|f^{k-\frac{1}{2}}\|^2$$

$$+ \tau \sum_{k=1}^{n} \frac{\eta}{4b_{n-k}^{(\gamma)}} \|f^{k-\frac{1}{2}}\|^2, \quad 1 \leqslant n \leqslant N. \tag{3.6.20}$$

利用 (3.1.20) 和 (3.1.22), 由 (3.6.20) 可得 (3.6.16).　　　　　　　　　□

3.6.4　差分格式的收敛性

定理 3.6.3　设 $\{U_i^n \mid 0 \leqslant i \leqslant M, 0 \leqslant n \leqslant N\}$ 为微分方程问题 (3.6.1)—(3.6.3) 的解, $\{u_i^n \mid 0 \leqslant i \leqslant M, 0 \leqslant n \leqslant N\}$ 为差分格式 (3.6.8)—(3.6.10) 的解. 令

$$e_i^n = U_i^n - u_i^n, \quad 0 \leqslant i \leqslant M, \quad 0 \leqslant n \leqslant N,$$

则有

$$\|e^n\|_\infty \leqslant \kappa(\tau^{3-\gamma} + h^2), \quad 1 \leqslant n \leqslant N,$$

其中

$$\kappa = \frac{L}{4} \sqrt{T^{\gamma_1}\Gamma(2-\gamma_1) + T^\gamma\Gamma(2-\gamma)} \, c_9.$$

证明　将 (3.6.4), (3.6.6), (3.6.7) 分别与 (3.6.8)—(3.6.10) 相减, 可得误差方程组

$$\begin{cases} \dfrac{1}{\eta_1} \left[b_0^{(\gamma_1)} \delta_t e_i^{n-\frac{1}{2}} - \displaystyle\sum_{k=1}^{n-1} (b_{n-k-1}^{(\gamma_1)} - b_{n-k}^{(\gamma_1)}) \delta_t e_i^{k-\frac{1}{2}} - b_{n-1}^{(\gamma_1)} \cdot 0 \right] \\[2mm] + \dfrac{1}{\eta} \left[b_0^{(\gamma)} \delta_t e_i^{n-\frac{1}{2}} - \displaystyle\sum_{k=1}^{n-1} (b_{n-k-1}^{(\gamma)} - b_{n-k}^{(\gamma)}) \delta_t e_i^{k-\frac{1}{2}} - b_{n-1}^{(\gamma)} \cdot 0 \right] = \delta_x^2 e_i^{n-\frac{1}{2}} + (r_9)_i^{n-\frac{1}{2}}, \\[2mm] \qquad\qquad\qquad 1 \leqslant i \leqslant M-1, \ 1 \leqslant n \leqslant N, \\[2mm] e_i^0 = 0, \quad 1 \leqslant i \leqslant M-1, \\[2mm] e_0^n = 0, \quad e_M^n = 0, \quad 0 \leqslant n \leqslant N. \end{cases}$$

应用定理 3.6.2, 并注意到 (3.6.5) 可得

$$\|\delta_x e^n\|^2 \leqslant \frac{1}{4} [t_n^{\gamma_1-1}\Gamma(2-\gamma_1) + t_n^{\gamma-1}\Gamma(2-\gamma)] \tau \sum_{k=1}^{n} \|(r_9)^{k-\frac{1}{2}}\|^2$$

$$\leqslant \frac{1}{4} [T^{\gamma_1}\Gamma(2-\gamma_1) + T^\gamma\Gamma(2-\gamma)] L c_9^2 (\tau^{3-\gamma} + h^2)^2, \quad 1 \leqslant n \leqslant N.$$

将上式两边开方, 并结合引理 2.1.1, 可得结论.　　　　　　　　　　　　□

3.7 多项时间分数阶波方程基于 L2-1$_\sigma$ 逼近的差分方法

考虑如下多项时间分数阶波方程初边值问题

$$\begin{cases} \sum_{r=0}^{m} \lambda_r {}_{\,0}^{C}D_t^{\gamma_r}u(x,t) = u_{xx}(x,t) + f(x,t), & x \in (0,L),\ t \in (0,T], & (3.7.1) \\ u(x,0) = \varphi(x), \quad u_t(x,0) = \psi(x), & x \in [0,L], & (3.7.2) \\ u(0,t) = 0, \quad u(L,t) = 0, & t \in (0,T], & (3.7.3) \end{cases}$$

其中 $\lambda_r\,(0 \leqslant r \leqslant m)$ 为正常数, $1 \leqslant \gamma_m < \gamma_{m-1} < \cdots < \gamma_0 \leqslant 2$, 且至少有一个 $\gamma_r \in (1,2)$, f, φ, ψ 为已知函数, 且 $\varphi(0) = 0$, $\varphi(L) = 0$, $\psi(0) = 0$, $\psi(L) = 0$. 设解函数 $u \in C^{(4,4)}([0,L] \times [0,T])$.

3.7.1 差分格式的建立

对于定义在 $\Omega_h \times \Omega_\tau$ 上的网格函数 $\{u_i^n \,|\, 0 \leqslant i \leqslant M, 0 \leqslant n \leqslant N\}$, 引进记号

$$D_{\bar{t}}u_i^n = \frac{1}{2\tau}\left[(2\sigma+1)u_i^n - 4\sigma u_i^{n-1} + (2\sigma-1)u_i^{n-2}\right], \quad 0 \leqslant i \leqslant M, \quad 2 \leqslant n \leqslant N.$$

令

$$v(x,t) = u_t(x,t), \quad \alpha_r = \gamma_r - 1,$$

则 (3.7.1)—(3.7.3) 等价于

$$\begin{cases} \sum_{r=0}^{m} \lambda_r {}_{\,0}^{C}D_t^{\alpha_r}v(x,t) = u_{xx}(x,t) + f(x,t), & x \in (0,L),\ t \in (0,T], & (3.7.4) \\ u_t(x,t) = v(x,t), & x \in [0,L],\ t \in (0,T], & (3.7.5) \\ u(x,0) = \varphi(x), \quad v(x,0) = \psi(x), & x \in [0,L], & (3.7.6) \\ u(0,t) = 0, \quad u(L,t) = 0, & t \in (0,T]. & (3.7.7) \end{cases}$$

记

$$U_i^n = u(x_i,t_n), \quad V_i^n = v(x_i,t_n), \qquad 0 \leqslant i \leqslant M,\ 0 \leqslant n \leqslant N,$$

$$\varphi_i = \varphi(x_i), \quad \psi_i = \psi(x_i), \quad 0 \leqslant i \leqslant M.$$

应用 1.6.4 节中的理论, 记 σ 为方程 $F(\sigma) = 0$ 的根, $t_{n-1+\sigma} = (n-1+\sigma)\tau$, $f_i^{n-1+\sigma} = f(x_i, t_{n-1+\sigma})$.

在点 $(x_i, t_{n-1+\sigma})$ 处考虑微分方程 (3.7.4), 得到

$$\sum_{r=0}^{m} \lambda_r {}_{\,0}^{C}D_t^{\alpha_r}v(x_i, t_{n-1+\sigma}) = u_{xx}(x_i, t_{n-1+\sigma}) + f_i^{n-1+\sigma},$$

$$1 \leqslant i \leqslant M-1, \ 1 \leqslant n \leqslant N. \tag{3.7.8}$$

对上式中时间分数阶导数应用 1.6.4 节中的理论, 可得

$$\sum_{r=0}^{m} \lambda_r {}_{0}^{C}D_t^{\alpha_r} v(x_i, t_{n-1+\sigma}) = \sum_{k=0}^{n-1} \hat{c}_k^{(n)} \left(V_i^{n-k} - V_i^{n-k-1} \right) + O(\tau^{3-\alpha_0}), \tag{3.7.9}$$

其中

$$\hat{c}_k^{(n)} = \sum_{r=0}^{m} \lambda_r \cdot \frac{\tau^{-\alpha_r}}{\Gamma(2-\alpha_r)} c_k^{(n,\alpha_r)}, \quad 0 \leqslant k \leqslant n-1$$

由 (1.6.38) 定义.

对于 (3.7.8) 右端的空间二阶导数, 应用 (3.4.5) 和引理 2.1.3, 可得

$$u_{xx}(x_i, t_{n-1+\sigma}) = \sigma u_{xx}(x_i, t_n) + (1-\sigma)u_{xx}(x_i, t_{n-1}) + O(\tau^2)$$
$$= \sigma \delta_x^2 U_i^n + (1-\sigma)\delta_x^2 U_i^{n-1} + O(h^2) + O(\tau^2). \tag{3.7.10}$$

将 (3.7.9) 和 (3.7.10) 代入 (3.7.8), 得到

$$\sum_{k=0}^{n-1} \hat{c}_k^{(n)} \left(V_i^{n-k} - V_i^{n-k-1} \right) = \sigma \delta_x^2 U_i^n + (1-\sigma)\delta_x^2 U_i^{n-1} + f_i^{n-1+\sigma} + (r_{10})_i^n,$$

$$1 \leqslant i \leqslant M-1, \quad 1 \leqslant n \leqslant N, \tag{3.7.11}$$

且存在正常数 c_{10} 使得

$$\left| (r_{10})_i^n \right| \leqslant c_{10}(\tau^2 + h^2), \quad 1 \leqslant i \leqslant M-1, \quad 1 \leqslant n \leqslant N. \tag{3.7.12}$$

在点 $(x_i, t_{\frac{1}{2}})$ 和点 $(x_i, t_{n-1+\sigma})$ 处考虑方程 (3.7.5), 可得

$$\begin{cases} \delta_t U_i^{\frac{1}{2}} = V_i^{\frac{1}{2}} + (r_{11})_i^1, & 0 \leqslant i \leqslant M, \quad (3.7.13) \\ D_{\bar{t}} U_i^n = \sigma V_i^n + (1-\sigma)V_i^{n-1} + (r_{11})_i^n, & 0 \leqslant i \leqslant M, \ 2 \leqslant n \leqslant N, \quad (3.7.14) \end{cases}$$

且存在正常数 c_{11} 使得

$$\left| \delta_x^2 (r_{11})_i^n \right| \leqslant c_{11}\tau^2, \quad 1 \leqslant i \leqslant M-1, \quad 1 \leqslant n \leqslant N. \tag{3.7.15}$$

另外由齐次边界条件 (3.7.7) 可知

$$(r_{11})_0^n = 0, \quad (r_{11})_M^n = 0, \quad 1 \leqslant n \leqslant N. \tag{3.7.16}$$

注意到初边值条件 (3.7.6)—(3.7.7), 有

$$\begin{cases} U_i^0 = \varphi_i, \quad V_i^0 = \psi_i, & 0 \leqslant i \leqslant M, \quad (3.7.17) \\ U_0^n = 0, \quad U_M^n = 0, & 1 \leqslant n \leqslant N. \quad (3.7.18) \end{cases}$$

在方程 (3.7.11), (3.7.13), (3.7.14) 中略去小量项 $(r_{10})_i^n$ 和 $(r_{11})_i^n$, 并用数值解 $\{u_i^n, v_i^n\}$ 代替精确解 $\{U_i^n, V_i^n\}$, 可得求解问题 (3.7.4)—(3.7.7) 的如下差分格式:

$$
\begin{cases}
\displaystyle\sum_{k=0}^{n-1}\hat{c}_k^{(n)}\big(v_i^{n-k}-v_i^{n-k-1}\big)=\sigma\delta_x^2 u_i^n+(1-\sigma)\delta_x^2 u_i^{n-1}+f_i^{n-1+\sigma},\\
\hspace{5cm} 1\leqslant i\leqslant M-1,\ 1\leqslant n\leqslant N, & (3.7.19)\\
\delta_t u_i^{\frac{1}{2}}=v_i^{\frac{1}{2}},\quad 0\leqslant i\leqslant M, & (3.7.20)\\
D_{\bar{t}}u_i^n=\sigma v_i^n+(1-\sigma)v_i^{n-1},\quad 0\leqslant i\leqslant M,\quad 2\leqslant n\leqslant N, & (3.7.21)\\
u_i^0=\varphi_i,\quad v_i^0=\psi_i,\quad 0\leqslant i\leqslant M, & (3.7.22)\\
u_0^n=0,\quad u_M^n=0,\quad 1\leqslant n\leqslant N. & (3.7.23)
\end{cases}
$$

注 3.7.1 应用引理 3.4.1, 易写出 $(r_{11})_i^n$ 的积分型的表达式. 由该积分形式的截断误差的表达式, 可得 (3.7.15).

注 3.7.2 如果我们讨论的是非齐次边界值问题

$$
\begin{cases}
\displaystyle\sum_{r=0}^m \lambda_r\,{}_0^C D_t^{\gamma_r}u(x,t)=u_{xx}(x,t)+f(x,t),\quad x\in(0,L),\ t\in(0,T],\\
u(x,0)=\varphi(x),\quad u_t(x,0)=\psi(x),\quad x\in[0,L],\\
u(0,t)=\mu(t),\quad u(L,t)=\nu(t),\quad t\in(0,T],
\end{cases}
$$

则一般来说, (3.7.16) 不再成立. 可以先将边界条件齐次化, 再应用上述方法建立差分格式.

解决非齐次边界值问题的另一方法是: 令

$$
v(x,t)=u_t(x,t),
$$

将上述问题写成如下等价问题

$$
\begin{cases}
\displaystyle\sum_{r=0}^m \lambda_r\,{}_0^C D_t^{\alpha_r}v(x,t)=u_{xx}(x,t)+f(x,t),\quad x\in(0,L),\ t\in(0,T],\\
u_{xxt}(x,t)=v_{xx}(x,t),\quad x\in(0,L),\ t\in(0,T],\\
u(x,0)=\varphi(x),\quad v(x,0)=\psi(x),\quad x\in[0,L],\\
u(0,t)=\mu(t),\quad u(L,t)=\nu(t),\quad t\in(0,T],\\
v(0,t)=\mu'(t),\quad v(L,t)=\nu'(t),\quad t\in(0,T].
\end{cases}
$$

然后建立差分格式

$$
\begin{cases}
\displaystyle\sum_{k=0}^{n-1} \hat{c}_k^{(n)}\big(v_i^{n-k} - v_i^{n-k-1}\big) = \sigma \delta_x^2 u_i^n + (1-\sigma)\delta_x^2 u_i^{n-1} + f_i^{n-1+\sigma}, \\
\qquad\qquad\qquad 1 \leqslant i \leqslant M-1,\; 1 \leqslant n \leqslant N, \\
\delta_x^2 \delta_t u_i^{\frac{1}{2}} = \delta_x^2 v_i^{\frac{1}{2}}, \quad 1 \leqslant i \leqslant M-1, \\
\delta_x^2 D_{\bar{t}} u_i^n = \delta_x^2\big(\sigma v_i^n + (1-\sigma) v_i^{n-1}\big), \quad 1 \leqslant i \leqslant M-1, \quad 2 \leqslant n \leqslant N, \\
u_i^0 = \varphi_i, \quad v_i^0 = \psi_i, \quad 0 \leqslant i \leqslant M, \\
u_0^n = \mu(t_n), \quad u_M^n = \nu(t_n), \quad 1 \leqslant n \leqslant N, \\
v_0^n = \mu'(t_n), \quad v_M^n = \nu'(t_n), \quad 1 \leqslant n \leqslant N.
\end{cases}
$$

有兴趣的读者可以参考文献 [77].

3.7.2 差分格式的可解性

定理 3.7.1 差分格式 (3.7.19)—(3.7.23) 是唯一可解的.

证明 记

$$
u^n = (u_0^n, u_1^n, \cdots, u_M^n), \quad v^n = (v_0^n, v_1^n, \cdots, v_M^n).
$$

(I) 由 (3.7.22) 知第 0 层的值 $\{u^0, v^0\}$ 已知.

(II) 由 (3.7.20) 得到

$$
v_i^1 = 2\delta_t u_i^{\frac{1}{2}} - v_i^0, \quad 0 \leqslant i \leqslant M. \tag{3.7.24}
$$

将上式代入 (3.7.19) $n=1$ 的方程, 并注意到 (3.7.23), 得到关于 u^1 的线性方程组

$$
\begin{cases}
\hat{c}_0^{(1)}(2\delta_t u_i^{\frac{1}{2}} - 2v_i^0) = \sigma \delta_x^2 u_i^1 + (1-\sigma)\delta_x^2 u_i^0 + f_i^\sigma, \quad 1 \leqslant i \leqslant M-1, & (3.7.25) \\
u_0^1 = 0, \quad u_M^1 = 0. & (3.7.26)
\end{cases}
$$

考虑 (3.7.25)—(3.7.26) 相应的齐次方程组

$$
\begin{cases}
\dfrac{2}{\tau}\hat{c}_0^{(1)} u_i^1 = \sigma \delta_x^2 u_i^1, \quad 1 \leqslant i \leqslant M-1, & (3.7.27) \\
u_0^1 = 0, \quad u_M^1 = 0. & (3.7.28)
\end{cases}
$$

用 u^1 与 (3.7.27) 的两边作内积, 用分部求和公式, 并注意到 (3.7.28), 可得

$$
\frac{2}{\tau}\hat{c}_0^{(1)}\|u^1\|^2 + \sigma\|\delta_x u^1\|^2 = 0.
$$

因而 $u^1 = 0$. 进而方程组 (3.7.25)—(3.7.26) 有唯一解 u^1. 当 u^1 求出后, 由 (3.7.24) 求出 v^1.

(III) 现设前 n 层的值 $\{u^0, v^0, u^1, v^1, \cdots, u^{n-1}, v^{n-1}\}$ 已唯一确定, 则由 (3.7.21) 可得

$$v_i^n = \frac{1}{\sigma}\big(D_{\bar{t}}u_i^n - (1-\sigma)v_i^{n-1}\big), \quad 0 \leqslant i \leqslant M. \tag{3.7.29}$$

将 (3.7.29) 代入 (3.7.19), 并注意到 (3.7.23), 可得关于 u^n 的三对角线性方程组

$$\begin{cases} \hat{c}_0^{(n)}\left[\dfrac{1}{\sigma}\Big(D_{\bar{t}}u_i^n - (1-\sigma)v_i^{n-1}\Big) - v_i^{n-1}\right] + \displaystyle\sum_{k=1}^{n-1}\hat{c}_k^{(n)}\big(v_i^{n-k} - v_i^{n-k-1}\big) \\ \qquad = \sigma\delta_x^2 u_i^n + (1-\sigma)\delta_x^2 u_i^{n-1} + f_i^{n-1+\sigma}, \quad 1 \leqslant i \leqslant M-1, \tag{3.7.30} \\ u_0^n = 0, \quad u_M^n = 0. \tag{3.7.31} \end{cases}$$

要证明上述方程组存在唯一解, 只要证明它相应的齐次方程组

$$\begin{cases} \hat{c}_0^{(n)} \cdot \dfrac{1}{\sigma} \cdot \dfrac{2\sigma+1}{2\tau} u_i^n = \sigma\delta_x^2 u_i^n, \quad 1 \leqslant i \leqslant M-1, \tag{3.7.32} \\ u_0^n = 0, \quad u_M^n = 0 \tag{3.7.33} \end{cases}$$

仅有零解.

用 u^n 与 (3.7.32) 的两边作内积, 用分部求和公式, 并注意到 (3.7.33), 可得

$$\frac{2\sigma+1}{2\sigma\tau}\hat{c}_0^{(n)}\|u^n\|^2 + \sigma\|\delta_x u^n\|^2 = 0.$$

因而 $u^n = 0$. 进而方程组 (3.7.30)—(3.7.31) 有唯一解 u^n. 当 u^n 求出后, 由 (3.7.29) 求出 v^n.

由归纳原理知, 差分格式 (3.7.19)—(3.7.23) 存在唯一解.　　　　□

3.7.3　差分格式的稳定性

定理 3.7.2　设 $\{u_i^n, v_i^n \,|\, 0 \leqslant i \leqslant M, 0 \leqslant n \leqslant N\}$ 为如下差分格式

$$\begin{cases} \displaystyle\sum_{k=0}^{n-1}\hat{c}_k^{(n)}\big(v_i^{n-k} - v_i^{n-k-1}\big) = \sigma\delta_x^2 u_i^n + (1-\sigma)\delta_x^2 u_i^{n-1} + p_i^n, \\ \qquad\qquad\qquad 1 \leqslant i \leqslant M-1,\ 1 \leqslant n \leqslant N, \tag{3.7.34} \\ \delta_t u_i^{\frac{1}{2}} = v_i^{\frac{1}{2}} + q_i^1, \quad 0 \leqslant i \leqslant M, \tag{3.7.35} \\ D_{\bar{t}}u_i^n = \sigma v_i^n + (1-\sigma)v_i^{n-1} + q_i^n, \quad 0 \leqslant i \leqslant M,\ 2 \leqslant n \leqslant N, \tag{3.7.36} \\ u_i^0 = \varphi_i, \quad v_i^0 = \psi_i, \quad 0 \leqslant i \leqslant M, \tag{3.7.37} \\ u_0^n = 0, \quad u_M^n = 0, \quad 1 \leqslant n \leqslant N \tag{3.7.38} \end{cases}$$

的解, 其中 $q_0^n = q_M^n = 0\,(1 \leqslant n \leqslant N)$ 且 $\varphi_0 = \varphi_M = \psi_0 = \psi_M = 0$, 则存在正常数 C 使得

$$\tau\sum_{k=1}^n\|v^k\|^2 + \|\delta_x u^n\|^2$$

$$\leqslant C\left[\|v^0\|^2 + \|\delta_x u^0\|^2 + \tau\sum_{l=1}^{n}\|p^l\|^2 + \tau\sum_{l=1}^{n}\|\delta_x^2 q^l\|^2\right], \quad 1\leqslant n\leqslant N, \qquad (3.7.39)$$

其中

$$\|v^k\|^2 = h\sum_{i=1}^{M-1}(v_i^k)^2, \quad \|p^k\|^2 = h\sum_{i=1}^{M-1}(p_i^k)^2, \quad \|\delta_x^2 q^k\|^2 = h\sum_{i=1}^{M-1}(\delta_x^2 q_i^k)^2.$$

证明　由 (3.7.35)—(3.7.38), $q_0^n = q_M^n = 0\,(1\leqslant n\leqslant N)$ 且 $\varphi_0 = \varphi_M = \psi_0 = \psi_M = 0$, 可得

$$v_0^n = 0, \quad v_M^n = 0, \quad 0\leqslant n\leqslant N.$$

易知

$$\begin{cases} v_0^{\frac{1}{2}} = 0, \quad v_M^{\frac{1}{2}} = 0, & (3.7.40)\\[2mm] \sigma v_0^n + (1-\sigma)v_0^{n-1} = 0, \quad \sigma v_M^n + (1-\sigma)v_M^{n-1} = 0, \quad 2\leqslant n\leqslant N. & (3.7.41)\end{cases}$$

此外, 由 (3.7.38) 可得

$$\begin{cases} \sigma u_0^1 + (1-\sigma)u_0^0 = 0, \quad \sigma u_M^1 + (1-\sigma)u_M^0 = 0, & (3.7.42)\\[2mm] \sigma u_0^n + (1-\sigma)u_0^{n-1} = 0, \quad \sigma u_M^n + (1-\sigma)u_M^{n-1} = 0, \quad 2\leqslant n\leqslant N. & (3.7.43)\end{cases}$$

(I) 考虑 (3.7.34) $n=1$ 的方程, 有

$$\hat{c}_0^{(1)}\left(v_i^1 - v_i^0\right) = \sigma\delta_x^2 u_i^1 + (1-\sigma)\delta_x^2 u_i^0 + p_i^1, \quad 1\leqslant i\leqslant M-1. \qquad (3.7.44)$$

用 $v^{\frac{1}{2}}$ 与 (3.7.44) 的两边作内积, 用分部求和公式, 并注意到 (3.7.40), 可得

$$\frac{1}{2}\hat{c}_0^{(1)}(\|v^1\|^2 - \|v^0\|^2) = -\left(\delta_x(\sigma u^1 + (1-\sigma)u^0), \delta_x v^{\frac{1}{2}}\right) + (p^1, v^{\frac{1}{2}}). \qquad (3.7.45)$$

由 (3.7.35) 易得

$$\delta_t\delta_x^2 u_i^{\frac{1}{2}} = \delta_x^2 v_i^{\frac{1}{2}} + \delta_x^2 q_i^1, \quad 1\leqslant i\leqslant M-1. \qquad (3.7.46)$$

用 $-(\sigma u^1 + (1-\sigma)u^0)$ 与 (3.7.46) 的两边作内积, 用分部求和公式, 并注意到 (3.7.42), 可得

$$\frac{1}{\tau}(\delta_x u^1 - \delta_x u^0, \delta_x(\sigma u^1 + (1-\sigma)u^0))$$
$$= \left(\delta_x v^{\frac{1}{2}}, \delta_x(\sigma u^1 + (1-\sigma)u^0)\right) - \left(\delta_x^2 q^1, \sigma u^1 + (1-\sigma)u^0\right). \qquad (3.7.47)$$

将 (3.7.45) 和 (3.7.47) 相加, 得到

$$\frac{1}{2}\hat{c}_0^{(1)}(\|v^1\|^2 - \|v^0\|^2) + \frac{1}{\tau}(\delta_x u^1 - \delta_x u^0, \delta_x(\sigma u^1 + (1-\sigma)u^0))$$

$$= (p^1, v^{\frac{1}{2}}) - \left(\delta_x^2 q^1, \sigma u^1 + (1-\sigma)u^0\right).$$

注意到

$$\left(\delta_x u^1 - \delta_x u^0, \delta_x\big(\sigma u^1 + (1-\sigma)u^0\big)\right)$$

$$= \frac{\sigma}{4}\|\delta_x u^1\|^2 + (2\sigma-1)\left\|\frac{1}{2}\sqrt{\frac{3\sigma}{2\sigma-1}}\delta_x u^1 - \sqrt{\frac{2\sigma-1}{3\sigma}}\delta_x u^0\right\|^2 - \frac{\sigma^2-\sigma+1}{3\sigma}\|\delta_x u^0\|^2,$$

得到

$$\frac{1}{2}\hat{c}_0^{(1)}(\|v^1\|^2 - \|v^0\|^2) + \frac{1}{\tau}\left(\frac{\sigma}{4}\|\delta_x u^1\|^2 - \frac{\sigma^2-\sigma+1}{3\sigma}\|\delta_x u^0\|^2\right)$$

$$\leqslant (p^1, v^{\frac{1}{2}}) - \left(\delta_x^2 q^1, \sigma u^1 + (1-\sigma)u^0\right).$$

将上式变形可得

$$\frac{\tau}{2}\hat{c}_0^{(1)}(\|v^1\|^2 - \|v^0\|^2) + \frac{\sigma}{4}\|\delta_x u^1\|^2 - \frac{\sigma^2-\sigma+1}{3\sigma}\|\delta_x u^0\|^2$$

$$\leqslant \tau(p^1, v^{\frac{1}{2}}) - \tau\left(\delta_x^2 q^1, \sigma u^1 + (1-\sigma)u^0\right)$$

$$\leqslant \tau\|p^1\| \cdot \|v^{\frac{1}{2}}\| + \tau\|\delta_x^2 q^1\| \cdot \|\sigma u^1 + (1-\sigma)u^0\|$$

$$\leqslant \tau\left[\frac{\varepsilon_0}{2}\|v^{\frac{1}{2}}\|^2 + \frac{1}{2\varepsilon_0}\|p^1\|^2\right] + \tau\left[\frac{1}{2}\|\sigma u^1 + (1-\sigma)u^0\|^2 + \frac{1}{2}\|\delta_x^2 q^1\|^2\right]$$

$$\leqslant \tau\left[\frac{\varepsilon_0}{4}(\|v^1\|^2 + \|v^0\|^2) + \frac{1}{2\varepsilon_0}\|p^1\|^2\right] + \tau\left[\frac{1}{2}\big(\|u^1\|^2 + \|u^0\|^2\big) + \frac{1}{2}\|\delta_x^2 q^1\|^2\right].$$

注意到

$$\hat{c}_0^{(1)} = \sum_{r=0}^{m}\lambda_r \cdot \frac{\tau^{-\alpha_r}}{\Gamma(2-\alpha_r)}c_0^{(1,\alpha_r)} = \sum_{r=0}^{m}\lambda_r \cdot \frac{\tau^{-\alpha_r}}{\Gamma(2-\alpha_r)}\sigma^{1-\alpha_r} = O(\tau^{-\alpha_0}),$$

取 $\varepsilon_0 = \hat{c}_0^{(1)}$, 可知存在常数 C_1 使得下式成立:

$$\tau\hat{c}_0^{(1)}\|v^1\|^2 + \|\delta_x u^1\|^2$$

$$\leqslant C_1\left(\tau\hat{c}_0^{(1)}\|v^0\|^2 + \|\delta_x u^0\|^2 + \tau\|u^0\|^2 + \tau\|u^1\|^2 + \tau^{1+\alpha_0}\|p^1\|^2 + \tau\|\delta_x^2 q^1\|^2\right).$$

$$(3.7.48)$$

(II) 用 $\sigma v^n + (1-\sigma)v^{n-1}$ 与 (3.7.34) 的两边作内积, 用分部求和公式, 并注意到 (3.7.41), 可得

$$
\sum_{k=0}^{n-1} \hat{c}_k^{(n)}\big(v^{n-k} - v^{n-k-1}, \sigma v^n + (1-\sigma)v^{n-1}\big)
$$
$$
= \big(\delta_x^2(\sigma u^n + (1-\sigma)u^{n-1}), \sigma v^n + (1-\sigma)v^{n-1}\big) + \big(p^n, \sigma v^n + (1-\sigma)v^{n-1}\big)
$$
$$
= -\big(\delta_x(\sigma u^n + (1-\sigma)u^{n-1}), \delta_x(\sigma v^n + (1-\sigma)v^{n-1})\big) + \big(p^n, \sigma v^n + (1-\sigma)v^{n-1}\big),
$$
$$
2 \leqslant n \leqslant N.
$$

对于上式的左端, 应用引理 2.6.1、引理 1.6.6 及引理 1.6.7, 可得如下估计

$$
\sum_{k=0}^{n-1} \hat{c}_k^{(n)}\big(v^{n-k} - v^{n-k-1}, \sigma v^n + (1-\sigma)v^{n-1}\big)
$$
$$
\geqslant \frac{1}{2} \sum_{k=0}^{n-1} \hat{c}_k^{(n)}\big(\|v^{n-k}\|^2 - \|v^{n-k-1}\|^2\big).
$$

于是

$$
\frac{1}{2} \sum_{k=0}^{n-1} \hat{c}_k^{(n)}\big(\|v^{n-k}\|^2 - \|v^{n-k-1}\|^2\big)
$$
$$
\leqslant -\big(\delta_x(\sigma u^n + (1-\sigma)u^{n-1}), \delta_x(\sigma v^n + (1-\sigma)v^{n-1})\big) + \big(p^n, \sigma v^n + (1-\sigma)v^{n-1}\big),
$$
$$
2 \leqslant n \leqslant N. \tag{3.7.49}
$$

由 (3.7.36) 可得

$$
D_{\bar{t}}\delta_x^2 u_i^n = \delta_x^2\big(\sigma v_i^n + (1-\sigma)v_i^{n-1}\big) + \delta_x^2 q_i^n, \quad 1 \leqslant i \leqslant M-1, \quad 2 \leqslant n \leqslant N.
$$

用 $-(\sigma u^n + (1-\sigma)u^{n-1})$ 和上式的两边作内积, 用分部求和公式, 并注意到 (3.7.43), 可得

$$
\big(D_{\bar{t}}\delta_x u^n, \delta_x(\sigma u^n + (1-\sigma)u^{n-1})\big)
$$
$$
= \big(\delta_x(\sigma v^n + (1-\sigma)v^{n-1}), \delta_x(\sigma u^n + (1-\sigma)u^{n-1})\big) - \big(\delta_x^2 q^n, \sigma u^n + (1-\sigma)u^{n-1}\big),
$$
$$
2 \leqslant n \leqslant N. \tag{3.7.50}
$$

记

$$
F^n = (2\sigma+1)\|\delta_x u^n\|^2 - (2\sigma-1)\|\delta_x u^{n-1}\|^2 + (2\sigma^2+\sigma-1)\|\delta_x(u^n - u^{n-1})\|^2, \quad n \geqslant 1.
$$

由引理 3.4.2 可得

$$F^n \geqslant \frac{1}{\sigma} \|\delta_x u^n\|^2, \quad n \geqslant 1$$

及

$$\Big(D_{\bar{t}}\delta_x u^n, \delta_x\big(\sigma u^n + (1-\sigma)u^{n-1}\big)\Big) \geqslant \frac{1}{4\tau}(F^n - F^{n-1}), \quad n \geqslant 2. \tag{3.7.51}$$

由 (3.7.50) 和 (3.7.51) 得到

$$\frac{1}{4\tau}(F^n - F^{n-1}) \leqslant \Big(\delta_x\big(\sigma v^n + (1-\sigma)v^{n-1}\big), \delta_x\big(\sigma u^n + (1-\sigma)u^{n-1}\big)\Big)$$
$$- \Big(\delta_x^2 q^n, \sigma u^n + (1-\sigma)u^{n-1}\Big), \quad 2 \leqslant n \leqslant N. \tag{3.7.52}$$

将 (3.7.49) 和 (3.7.52) 相加, 得到

$$\frac{1}{2}\sum_{k=0}^{n-1}\hat{c}_k^{(n)}\Big(\|v^{n-k}\|^2 - \|v^{n-k-1}\|^2\Big) + \frac{1}{4\tau}(F^n - F^{n-1})$$
$$\leqslant \Big(p^n, \sigma v^n + (1-\sigma)v^{n-1}\Big) - \Big(\delta_x^2 q^n, \sigma u^n + (1-\sigma)u^{n-1}\Big)$$
$$\leqslant \|p^n\| \cdot \|\sigma v^n + (1-\sigma)v^{n-1}\| + \|\delta_x^2 q^n\| \cdot \|\sigma u^n + (1-\sigma)u^{n-1}\|, \quad 2 \leqslant n \leqslant N.$$

注意到

$$\sum_{k=0}^{n-1}\hat{c}_k^{(n)}\Big(\|v^{n-k}\|^2 - \|v^{n-k-1}\|^2\Big)$$
$$= \sum_{k=0}^{n-1}\hat{c}_k^{(n)}\|v^{n-k}\|^2 - \sum_{k=0}^{n-2}\hat{c}_k^{(n-1)}\|v^{n-1-k}\|^2$$
$$- \sum_{k=0}^{n-2}\Big(\hat{c}_k^{(n)} - \hat{c}_k^{(n-1)}\Big)\|v^{n-1-k}\|^2 - \hat{c}_{n-1}^{(n)}\|v^0\|^2$$
$$= \sum_{k=0}^{n-1}\hat{c}_k^{(n)}\|v^{n-k}\|^2 - \sum_{k=0}^{n-2}\hat{c}_k^{(n-1)}\|v^{n-1-k}\|^2$$
$$- \Big(\hat{c}_{n-2}^{(n)} - \hat{c}_{n-2}^{(n-1)}\Big)\|v^1\|^2 - \hat{c}_{n-1}^{(n)}\|v^0\|^2,$$

有

$$\frac{1}{2}\Bigg(\sum_{k=0}^{n-1}\hat{c}_k^{(n)}\|v^{n-k}\|^2 - \sum_{k=0}^{n-2}\hat{c}_k^{(n-1)}\|v^{n-1-k}\|^2\Bigg) + \frac{1}{4\tau}(F^n - F^{n-1})$$
$$\leqslant \frac{1}{2}\Big[\big(\hat{c}_{n-2}^{(n)} - \hat{c}_{n-2}^{(n-1)}\big)\|v^1\|^2 + \hat{c}_{n-1}^{(n)}\|v^0\|^2\Big]$$
$$+ \|p^n\| \cdot \|\sigma v^n + (1-\sigma)v^{n-1}\| + \|\delta_x^2 q^n\| \cdot \|\sigma u^n + (1-\sigma)u^{n-1}\|, \quad 2 \leqslant n \leqslant N.$$

将上式中 n 换成 l, 并对 l 从 2 到 n 求和, 得到

$$
\frac{1}{2}\left(\sum_{k=0}^{n-1}\hat{c}_k^{(n)}\|v^{n-k}\|^2 - \hat{c}_0^{(1)}\|v^1\|^2\right) + \frac{1}{4\tau}(F^n - F^1)
$$

$$
\leqslant \frac{1}{2}\left(\sum_{l=2}^{n}\left(\hat{c}_{l-2}^{(l)} - \hat{c}_{l-2}^{(l-1)}\right)\|v^1\|^2 + \sum_{l=2}^{n}\hat{c}_{l-1}^{(l)}\|v^0\|^2\right)
$$

$$
+ \sum_{l=2}^{n}\|p^l\|\cdot\|\sigma v^l + (1-\sigma)v^{l-1}\| + \sum_{l=2}^{n}\|\delta_x^2 q^l\|\cdot\|\sigma u^l + (1-\sigma)u^{l-1}\|, \quad 2\leqslant n\leqslant N.
$$

将上式乘以 4τ, 整理后, 易得

$$
2\tau\sum_{k=0}^{n-1}\hat{c}_k^{(n)}\|v^{n-k}\|^2 + F^n
$$

$$
\leqslant F^1 + 2\tau\hat{c}_0^{(1)}\|v^1\|^2 + 2\tau\sum_{l=2}^{n}\left(\hat{c}_{l-2}^{(l)} - \hat{c}_{l-2}^{(l-1)}\right)\|v^1\|^2 + 2\tau\sum_{l=2}^{n}\hat{c}_{l-1}^{(l)}\|v^0\|^2
$$

$$
+ 4\tau\sum_{l=2}^{n}\|p^l\|\cdot\|\sigma v^l + (1-\sigma)v^{l-1}\| + 4\tau\sum_{l=2}^{n}\|\delta_x^2 q^l\|\cdot\|\sigma u^l + (1-\sigma)u^{l-1}\|,
$$

$$
2\leqslant n\leqslant N. \tag{3.7.53}
$$

注意到引理 1.6.6, 可得

$$
\hat{c}_1^{(n)} > \hat{c}_2^{(n)} > \cdots > \hat{c}_{n-2}^{(n)} > \hat{c}_{n-1}^{(n)} > \sum_{r=0}^{m}\lambda_r\frac{\tau^{-\alpha_r}}{\Gamma(1-\alpha_r)}n^{-\alpha_r} > \sum_{r=0}^{m}\lambda_r\frac{T^{-\alpha_r}}{\Gamma(1-\alpha_r)}.
$$

再由引理 3.4.3, 得到

$$
\tau\sum_{l=2}^{n}\left(\hat{c}_{l-2}^{(l)} - \hat{c}_{l-2}^{(l-1)}\right) = \tau\sum_{l=2}^{n}\sum_{r=0}^{m}\lambda_r\cdot\frac{\tau^{-\alpha_r}}{\Gamma(2-\alpha_r)}\left(c_{l-2}^{(l,\alpha_r)} - c_{l-2}^{(l-1,\alpha_r)}\right)
$$

$$
= \tau\sum_{r=0}^{m}\lambda_r\cdot\frac{\tau^{-\alpha_r}}{\Gamma(2-\alpha_r)}\sum_{l=2}^{n}\left(c_{l-2}^{(l,\alpha_r)} - c_{l-2}^{(l-1,\alpha_r)}\right)
$$

$$
\leqslant \sum_{r=0}^{m}\lambda_r\cdot\frac{\tau^{1-\alpha_r}}{\Gamma(2-\alpha_r)}\left[\frac{1-\alpha_r}{12}\left(\frac{\alpha_r}{\sigma}+1\right)\sigma^{-\alpha_r}\right]
$$

$$
= \sum_{r=0}^{m}\lambda_r\cdot\frac{\tau^{1-\alpha_r}}{\Gamma(1-\alpha_r)}\left[\frac{1}{12}\left(\frac{\alpha_r}{\sigma}+1\right)\sigma^{-\alpha_r}\right] \tag{3.7.54}
$$

和

$$
\tau\sum_{l=2}^{n}\hat{c}_{l-1}^{(l)} = \tau\sum_{l=2}^{n}\sum_{r=0}^{m}\lambda_r\cdot\frac{\tau^{-\alpha_r}}{\Gamma(2-\alpha_r)}c_{l-1}^{(l,\alpha_r)}
$$

$$= \sum_{r=0}^{m} \lambda_r \cdot \frac{\tau^{1-\alpha_r}}{\Gamma(2-\alpha_r)} \sum_{l=2}^{n} c_{l-1}^{(l,\alpha_r)}$$

$$\leqslant \sum_{r=0}^{m} \lambda_r \cdot \frac{\tau^{1-\alpha_r}}{\Gamma(2-\alpha_r)} \frac{3}{2}(n-1+\sigma)^{1-\alpha_r}$$

$$\leqslant \frac{3}{2} \sum_{r=0}^{m} \lambda_r \cdot \frac{T^{1-\alpha_r}}{\Gamma(2-\alpha_r)}. \tag{3.7.55}$$

在 (3.7.53) 中利用 (3.7.54)—(3.7.55) 可得

$$2 \sum_{r=0}^{m} \lambda_r \frac{T^{-\alpha_r}}{\Gamma(1-\alpha_r)} \cdot \tau \sum_{k=0}^{n-1} \|v^{n-k}\|^2 + F^n$$

$$\leqslant F^1 + 2\tau \hat{c}_0^{(1)} \|v^1\|^2 + 2 \sum_{r=0}^{m} \lambda_r \cdot \frac{\tau^{1-\alpha_r}}{\Gamma(1-\alpha_r)} \left[\frac{1}{12} \left(\frac{\alpha_r}{\sigma} + 1 \right) \sigma^{-\alpha_r} \right] \|v^1\|^2$$

$$+ 3 \sum_{r=0}^{m} \lambda_r \cdot \frac{T^{1-\alpha_r}}{\Gamma(2-\alpha_r)} \|v^0\|^2 + 4\tau \sum_{l=2}^{n} \|p^l\| \cdot \|\sigma v^l + (1-\sigma)v^{l-1}\|$$

$$+ 4\tau \sum_{l=2}^{n} \|\delta_x^2 q^l\| \cdot \|\sigma u^l + (1-\sigma)u^{l-1}\|$$

$$\leqslant F^1 + 2\tau \hat{c}_0^{(1)} \|v^1\|^2 + 2 \sum_{r=0}^{m} \lambda_r \cdot \frac{\tau^{1-\alpha_r}}{\Gamma(1-\alpha_r)} \left[\frac{1}{12} \left(\frac{\alpha_r}{\sigma} + 1 \right) \sigma^{-\alpha_r} \right] \|v^1\|^2$$

$$+ 3 \sum_{r=0}^{m} \lambda_r \cdot \frac{T^{1-\alpha_r}}{\Gamma(2-\alpha_r)} \|v^0\|^2$$

$$+ 2\tau \sum_{l=2}^{n} \left[\varepsilon_0 \|\sigma v^l + (1-\sigma)v^{l-1}\|^2 + \frac{1}{\varepsilon_0} \|p^l\|^2 \right]$$

$$+ 2\tau \sum_{l=2}^{n} \left[\|\sigma u^l + (1-\sigma)u^{l-1}\|^2 + \|\delta_x^2 q^l\|^2 \right]$$

$$\leqslant F^1 + 2\tau \hat{c}_0^{(1)} \|v^1\|^2 + 2 \sum_{r=0}^{m} \lambda_r \cdot \frac{\tau^{1-\alpha_r}}{\Gamma(1-\alpha_r)} \left[\frac{1}{12} \left(\frac{\alpha_r}{\sigma} + 1 \right) \sigma^{-\alpha_r} \right] \|v^1\|^2$$

$$+ 3 \sum_{r=0}^{m} \lambda_r \cdot \frac{T^{1-\alpha_r}}{\Gamma(2-\alpha_r)} \|v^0\|^2 + 2\tau \varepsilon_0 \sum_{l=2}^{n} \left(\|v^l\|^2 + \|v^{l-1}\|^2 \right)$$

$$+ \frac{2\tau}{\varepsilon_0} \sum_{l=2}^{n} \|p^l\|^2 + 2\tau \sum_{l=2}^{n} \left(\|u^l\|^2 + \|u^{l-1}\|^2 + \|\delta_x^2 q^l\|^2 \right), \quad 2 \leqslant n \leqslant N.$$

取 $\varepsilon_0 = \dfrac{1}{4} \displaystyle\sum_{r=0}^{m} \lambda_r \dfrac{T^{-\alpha_r}}{\Gamma(1-\alpha_r)}$, 并注意到 (3.7.48) 及

$$F^1 = (2\sigma+1)\|\delta_x u^1\|^2 - (2\sigma-1)\|\delta_x u^0\|^2 + (2\sigma^2+\sigma-1)\|\delta_x(u^1-u^0)\|^2$$

$$\leqslant (2\sigma+1)\|\delta_x u^1\|^2 - (2\sigma-1)\|\delta_x u^0\|^2 + 2(2\sigma^2+\sigma-1)(\|\delta_x u^1\|^2 + \|\delta_x u^0\|^2)$$
$$= \left(4\sigma^2+4\sigma-1\right)\|\delta_x u^1\|^2 + \left(4\sigma^2-1\right)\|\delta_x u^0\|^2,$$

可知存在常数 C_2 使得

$$\tau \sum_{k=0}^{n-1} \|v^{n-k}\|^2 + \|\delta_x u^n\|^2$$
$$\leqslant C_2 \left(\|v^0\|^2 + \|\delta_x u^0\|^2 + \tau \sum_{l=1}^n \|u^l\|^2 + \tau \sum_{l=1}^n \|p^l\|^2 + \tau \sum_{l=1}^n \|\delta_x^2 q^l\|^2 \right)$$
$$\leqslant C_2 \left(\|v^0\|^2 + \|\delta_x u^0\|^2 + \tau \sum_{l=1}^n \frac{L^2}{6}\|\delta_x u^l\|^2 + \tau \sum_{l=1}^n \|p^l\|^2 \right.$$
$$\left. + \tau \sum_{l=1}^n \|\delta_x^2 q^l\|^2 \right), \quad 1 \leqslant n \leqslant N.$$

由 Gronwall 不等式得到 (3.7.39). $\qquad\square$

3.7.4　差分格式的收敛性

定理 3.7.3　设 $\{U_i^n, V_i^n \,|\, 0 \leqslant i \leqslant M, 0 \leqslant n \leqslant N\}$ 为微分方程问题 (3.7.4)—(3.7.7) 的解, $\{u_i^n, v_i^n \,|\, 0 \leqslant i \leqslant M, 0 \leqslant n \leqslant N\}$ 为差分格式 (3.7.19)—(3.7.23) 的解. 令

$$e_i^n = U_i^n - u_i^n, \quad z_i^n = V_i^n - v_i^n, \quad 0 \leqslant i \leqslant M, \, 0 \leqslant n \leqslant N,$$

则有

$$\tau \sum_{k=1}^n \|z^k\|^2 + \|\delta_x e^n\|^2 \leqslant C(c_{10}^2 + c_{11}^2) LT(\tau^2 + h^2)^2, \quad 1 \leqslant n \leqslant N,$$

其中正常数 C 由定理 3.7.2 定义.

证明　将 (3.7.11), (3.7.13)—(3.7.14), (3.7.17)—(3.7.18) 分别与 (3.7.19)—(3.7.23) 相减, 可得误差方程组

$$\begin{cases} \displaystyle\sum_{k=0}^{n-1} \hat{c}_k^{(n)}\left(z_i^{n-k} - z_i^{n-k-1}\right) = \sigma\delta_x^2 e_i^n + (1-\sigma)\delta_x^2 e_i^{n-1} + (r_{10})_i^n, \\ \qquad\qquad\qquad 1 \leqslant i \leqslant M-1, \, 1 \leqslant n \leqslant N, \\ \delta_t e_i^{\frac{1}{2}} = z_i^{\frac{1}{2}} + (r_{11})_i^1, \quad 0 \leqslant i \leqslant M, \\ D_{\bar{t}} e_i^n = \sigma z_i^n + (1-\sigma)z_i^{n-1} + (r_{11})_i^n, \quad 0 \leqslant i \leqslant M, \quad 2 \leqslant n \leqslant N, \\ e_i^0 = 0, \quad z_i^0 = 0, \quad 0 \leqslant i \leqslant M, \\ e_0^n = 0, \quad e_M^n = 0, \quad 1 \leqslant n \leqslant N. \end{cases}$$

应用定理 3.7.2, 并注意到 (3.7.12), (3.7.15) 和 (3.7.16), 知

$$
\tau \sum_{k=1}^{n} \|z^k\|^2 + \|\delta_x e^n\|^2
$$

$$
\leqslant C \left[\|z^0\|^2 + \|\delta_x e^0\|^2 + \tau \sum_{l=1}^{n} \|(r_{10})^l\|^2 + \tau \sum_{l=1}^{n} \|\delta_x^2 (r_{11})^l\|^2 \right]
$$

$$
\leqslant C \left\{ \tau \sum_{l=1}^{n} L \big[c_{10}(\tau^2 + h^2) \big]^2 + \tau \sum_{l=1}^{n} L (c_{11}\tau^2)^2 \right\}
$$

$$
\leqslant C(c_{10}^2 + c_{11}^2) L T (\tau^2 + h^2)^2, \quad 1 \leqslant n \leqslant N. \qquad \square
$$

3.8 时间分数阶混合扩散–波方程基于 L1 逼近的差分方法

考虑求解如下时间分数阶混合扩散–波方程初边值问题

$$
\begin{cases}
{}_0^C D_t^\gamma u(x,t) + {}_0^C D_t^\alpha u(x,t) = u_{xx}(x,t) + f(x,t), & x \in (0,L), \quad t \in (0,T], \quad (3.8.1) \\
u(x,0) = \varphi(x), \quad u_t(x,0) = \psi(x), \quad x \in (0,L), & (3.8.2) \\
u(0,t) = \mu(t), \quad u(L,t) = \nu(t), \quad t \in [0,T] & (3.8.3)
\end{cases}
$$

的差分方法, 其中 $f, \varphi, \psi, \mu, \nu$ 为给定函数, $\varphi(0) = \mu(0)$, $\varphi(L) = \nu(0)$, $\psi(0) = \mu'(0)$, $\psi(L) = \nu'(0)$, ${}_0^C D_t^\alpha u(x,t)$ 和 ${}_0^C D_t^\gamma u(x,t)$ 为 $u(x,t)$ 关于时间 t 的 Caputo 分数阶导数:

$$
{}_0^C D_t^\alpha u(x,t) = \frac{1}{\Gamma(1-\alpha)} \int_0^t \frac{\partial u(x,s)}{\partial s} \frac{\mathrm{d}s}{(t-s)^\alpha}, \quad 0 < \alpha < 1,
$$

$$
{}_0^C D_t^\gamma u(x,t) = \frac{1}{\Gamma(2-\gamma)} \int_0^t \frac{\partial^2 u(x,s)}{\partial s^2} \frac{\mathrm{d}s}{(t-s)^{\gamma-1}}, \quad 1 < \gamma < 2.
$$

设解函数 $u \in C^{(4,3)}([0,L] \times [0,T])$.

3.8.1 差分格式的建立

记

$$
U_i^n = u(x_i, t_n), \quad 0 \leqslant i \leqslant M, \quad 0 \leqslant n \leqslant N,
$$

$$
s_\gamma = \tau^{\gamma-1} \Gamma(3-\gamma), \quad s_\alpha = \tau^{\alpha-1} \Gamma(2-\alpha).
$$

分别在结点 (x_i, t_n) 和 (x_i, t_{n-1}) 处考虑方程 (3.8.1), 并取平均, 得到

$$
\frac{1}{2} \big[{}_0^C D_t^\gamma u(x_i, t_n) + {}_0^C D_t^\gamma u(x_i, t_{n-1}) \big] + \frac{1}{2} \big[{}_0^C D_t^\alpha u(x_i, t_n) + {}_0^C D_t^\alpha u(x_i, t_{n-1}) \big]
$$

$$
= \frac{1}{2} \big[u_{xx}(x_i, t_n) + u_{xx}(x_i, t_{n-1}) \big] + f_i^{n-\frac{1}{2}}, \quad 1 \leqslant i \leqslant M-1, \ 1 \leqslant n \leqslant N, \quad (3.8.4)
$$

其中 $f_i^{n-\frac{1}{2}} = \frac{1}{2}\big[f(x_i,t_n) + f(x_i,t_{n-1})\big]$.

应用定理 1.6.1 和定理 1.6.2, 有

$$
{}_0^C D_t^\alpha u(x_i,t_n)
$$
$$
= \frac{\tau^{-\alpha}}{\Gamma(2-\alpha)}\left[a_0^{(\alpha)}U_i^n - \sum_{k=1}^{n-1}(a_{n-k-1}^{(\alpha)} - a_{n-k}^{(\alpha)})U_i^k - a_{n-1}^{(\alpha)}U_i^0\right] + O(\tau^{2-\alpha})
$$
$$
= \frac{\tau^{1-\alpha}}{\Gamma(2-\alpha)}\sum_{k=1}^{n}a_{n-k}^{(\alpha)}\delta_t U_i^{k-\frac{1}{2}} + O(\tau^{2-\alpha}), \quad 1\leqslant i\leqslant M-1,\ 0\leqslant n\leqslant N \quad (3.8.5)
$$

及

$$
\frac{1}{2}\big[{}_0^C D_t^\gamma u(x_i,t_n) + {}_0^C D_t^\gamma u(x_i,t_{n-1})\big]
$$
$$
= \frac{\tau^{1-\gamma}}{\Gamma(3-\gamma)}\left[b_0^{(\gamma)}\delta_t U_i^{n-\frac{1}{2}} - \sum_{k=1}^{n-1}(b_{n-k-1}^{(\gamma)} - b_{n-k}^{(\gamma)})\delta_t U_i^{k-\frac{1}{2}} - b_{n-1}^{(\gamma)}u_t(x_i,t_0)\right]
$$
$$
+ O(\tau^{3-\gamma}), \quad 1\leqslant i\leqslant M-1,\ 1\leqslant n\leqslant N. \quad (3.8.6)
$$

将 (3.8.5) 和 (3.8.6) 代入 (3.8.4), 得到

$$
\frac{\tau^{1-\gamma}}{\Gamma(3-\gamma)}\left[b_0^{(\gamma)}\delta_t U_i^{n-\frac{1}{2}} - \sum_{k=1}^{n-1}(b_{n-k-1}^{(\gamma)} - b_{n-k}^{(\gamma)})\delta_t U_i^{k-\frac{1}{2}} - b_{n-1}^{(\gamma)}\psi_i\right]
$$
$$
+ \frac{\tau^{1-\alpha}}{\Gamma(2-\alpha)}\left[\frac{a_0^{(\alpha)}}{2}\delta_t U_i^{n-\frac{1}{2}} + \sum_{k=1}^{n-1}\frac{a_{n-k}^{(\alpha)} + a_{n-k-1}^{(\alpha)}}{2}\delta_t U_i^{k-\frac{1}{2}}\right]
$$
$$
= \delta_x^2 U_i^{n-\frac{1}{2}} + f_i^{n-\frac{1}{2}} + (r_{12})_i^{n-\frac{1}{2}}, \quad 1\leqslant i\leqslant M-1,\quad 1\leqslant n\leqslant N \quad (3.8.7)
$$

且存在正常数 c_{12} 使得

$$
\left|(r_{12})_i^{n-\frac{1}{2}}\right| \leqslant c_{12}(\tau^{\min\{2-\alpha,\,3-\gamma\}} + h^2), \quad 1\leqslant i\leqslant M-1,\quad 1\leqslant n\leqslant N. \quad (3.8.8)
$$

注意到初边值条件

$$
\begin{cases} U_i^0 = \varphi(x_i), & 1\leqslant i\leqslant M-1, \\ U_0^n = \mu(t_n), \quad U_M^n = \nu(t_n), & 0\leqslant n\leqslant N, \end{cases} \quad \begin{matrix}(3.8.9)\\[1em](3.8.10)\end{matrix}
$$

在 (3.8.7) 中略去小量项 $(r_{12})_i^{n-\frac{1}{2}}$, 并用数值解 u_i^n 代替精确解 U_i^n, 建立求解问题

(3.8.1)—(3.8.3) 的如下差分格式:

$$
\left\{
\begin{aligned}
&\frac{1}{s_\gamma}\left[b_0^{(\gamma)}\delta_t u_i^{n-\frac{1}{2}} - \sum_{k=1}^{n-1}(b_{n-k-1}^{(\gamma)} - b_{n-k}^{(\gamma)})\delta_t u_i^{k-\frac{1}{2}} - b_{n-1}^{(\gamma)}\psi_i\right] \\
&+\frac{1}{s_\alpha}\left[\frac{a_0^{(\alpha)}}{2}\delta_t u_i^{n-\frac{1}{2}} + \sum_{k=1}^{n-1}\frac{a_{n-k}^{(\alpha)} + a_{n-1-k}^{(\alpha)}}{2}\delta_t u_i^{k-\frac{1}{2}}\right] \\
&= \delta_x^2 u_i^{n-\frac{1}{2}} + f_i^{n-\frac{1}{2}}, \qquad 1 \leqslant i \leqslant M-1,\ 1 \leqslant n \leqslant N, &(3.8.11)\\
&u_i^0 = \varphi(x_i), \qquad 1 \leqslant i \leqslant M-1, &(3.8.12)\\
&u_0^n = \mu(t_n), \qquad u_M^n = \nu(t_n), \qquad 0 \leqslant n \leqslant N. &(3.8.13)
\end{aligned}
\right.
$$

3.8.2　差分格式的可解性

定理 3.8.1　差分格式 (3.8.11)—(3.8.13) 是唯一可解的.

证明　记

$$u^n = (u_0^n, u_1^n, \cdots, u_M^n).$$

由 (3.8.12)—(3.8.13) 可得第 0 层的值 u^0.

设前 n 层的值 $u^0, u^1, \cdots, u^{n-1}$ 已唯一确定, 则由 (3.8.11) 和 (3.8.13) 可得关于 u^n 的线性方程组. 要证明它的唯一可解性, 只需证明它相应的齐次方程组

$$
\left\{
\begin{aligned}
&\left(\frac{b_0^{(\gamma)}}{s_\gamma} + \frac{a_0^{(\alpha)}}{2s_\alpha}\right)\frac{1}{\tau}u_i^n - \frac{1}{2}\delta_x^2 u_i^n = 0, \qquad 1 \leqslant i \leqslant M-1, &(3.8.14)\\
&u_0^n = u_M^n = 0 &(3.8.15)
\end{aligned}
\right.
$$

仅有零解.

用 u^n 与 (3.8.14) 的两边作内积, 应用分部求和公式, 并注意到 (3.8.15), 可得

$$\left(\frac{b_0^{(\gamma)}}{s_\gamma} + \frac{a_0^{(\alpha)}}{2s_\alpha}\right)\frac{1}{\tau}\|u^n\|^2 + \frac{1}{2}\|\delta_x u^n\|^2 = 0.$$

易知 $u^n = 0$.

由归纳原理知差分格式 (3.8.11)—(3.8.13) 存在唯一解.　　　　□

3.8.3　差分格式的稳定性

为分析差分格式 (3.8.11)—(3.8.13) 的稳定性和收敛性, 先给出三个引理.

引理 3.8.1[52]　设 $\{g_0, g_1, \cdots, g_n, \cdots\}$ 为满足下列性质的实数序列

$$g_n \geqslant 0, \qquad g_n - g_{n-1} \leqslant 0, \qquad g_{n+1} - 2g_n + g_{n-1} \geqslant 0,$$

则对任意正整数 m 和网格函数 $V_1, V_2, \cdots, V_m \in \overset{\circ}{\mathcal{U}}_h$, 成立

$$\sum_{n=1}^{m} \left(\sum_{p=0}^{n-1} g_p V_{n-p}, V_n \right) \geqslant 0.$$

引理 3.8.2　设 $\{b_l^{(\gamma)}\}$ 由 (1.6.8) 定义. 对任意正整数 m 和任意网格函数 $\psi, V_1, V_2, \cdots, V_m \in \overset{\circ}{\mathcal{U}}_h$, 成立

$$\sum_{n=1}^{m} \left(b_0^{(\gamma)} V^n - \sum_{k=1}^{n-1} (b_{n-k-1}^{(\gamma)} - b_{n-k}^{(\gamma)}) V^k - b_{n-1}^{(\gamma)} \psi, V^n \right)$$
$$\geqslant \frac{1}{2} \left(\sum_{k=1}^{m} b_{m-k}^{(\gamma)} \|V^k\|^2 - \sum_{n=1}^{m} b_{n-1}^{(\gamma)} \|\psi\|^2 \right).$$

证明

$$\sum_{n=1}^{m} \left(b_0^{(\gamma)} V^n - \sum_{k=1}^{n-1} (b_{n-k-1}^{(\gamma)} - b_{n-k}^{(\gamma)}) V^k - b_{n-1}^{(\gamma)} \psi, V^n \right)$$
$$= \sum_{n=1}^{m} \left[b_0^{(\gamma)} \|V^n\|^2 - \sum_{k=1}^{n-1} (b_{n-k-1}^{(\gamma)} - b_{n-k}^{(\gamma)})(V^k, V^n) - b_{n-1}^{(\gamma)}(\psi, V^n) \right]$$
$$\geqslant \sum_{n=1}^{m} \left[b_0^{(\gamma)} \|V^n\|^2 - \frac{1}{2} \sum_{k=1}^{n-1} (b_{n-k-1}^{(\gamma)} - b_{n-k}^{(\gamma)})(\|V^k\|^2 + \|V^n\|^2) \right.$$
$$\left. - \frac{1}{2} b_{n-1}^{(\gamma)}(\|\psi\|^2 + \|V^n\|^2) \right]$$
$$= \frac{1}{2} \sum_{n=1}^{m} \left(\sum_{k=1}^{n} b_{n-k}^{(\gamma)} \|V^k\|^2 - \sum_{k=1}^{n-1} b_{n-k-1}^{(\gamma)} \|V^k\|^2 - b_{n-1}^{(\gamma)} \|\psi\|^2 \right)$$
$$= \frac{1}{2} \left(\sum_{k=1}^{m} b_{m-k}^{(\gamma)} \|V^k\|^2 - \sum_{n=1}^{m} b_{n-1}^{(\gamma)} \|\psi\|^2 \right). \qquad \square$$

引理 3.8.3　设 $\{a_l^{(\alpha)}\}$ 由 (1.6.1) 定义. 对任意正整数 m 和任意网格函数 $V_1, V_2, \cdots, V_m \in \overset{\circ}{\mathcal{U}}_h$, 成立

$$\sum_{n=1}^{m} \left(\frac{a_0^{(\alpha)}}{2} V^n + \sum_{k=1}^{n-1} \frac{a_{n-k}^{(\alpha)} + a_{n-1-k}^{(\alpha)}}{2} V^k, V^n \right) \geqslant -a_0^{(\alpha)} \sum_{n=1}^{m} \|V^n\|^2.$$

证明　对上式的左端进行改写, 可得

$$\sum_{n=1}^{m} \left(\frac{a_0^{(\alpha)}}{2} V^n + \sum_{k=1}^{n-1} \frac{a_{n-k}^{(\alpha)} + a_{n-1-k}^{(\alpha)}}{2} V^k, V^n \right)$$

$$= \sum_{n=1}^{m} \left(\frac{3}{2} a_0^{(\alpha)} V^n + \sum_{k=1}^{n-1} \frac{a_{n-k}^{(\alpha)} + a_{n-k-1}^{(\alpha)}}{2} V^k, V^n \right) - \sum_{n=1}^{m} a_0^{(\alpha)} \|V^n\|^2.$$

容易验证上式右端第一项的系数满足引理 3.8.1 的条件, 因而它是非负的. 进一步可得

$$\sum_{n=1}^{m} \left(\frac{a_0^{(\alpha)}}{2} V^n + \sum_{k=1}^{n-1} \frac{a_{n-k}^{(\alpha)} + a_{n-1-k}^{(\alpha)}}{2} V^k, V^n \right) \geqslant -a_0^{(\alpha)} \sum_{n=1}^{m} \|V^n\|^2. \qquad \Box$$

关于差分格式 (3.8.11)—(3.8.13) 的解有如下估计.

定理 3.8.2 设 $\{u_i^n \,|\, 0 \leqslant i \leqslant M,\ 0 \leqslant n \leqslant N\}$ 为差分格式 (3.8.11)—(3.8.13) 的解, 其中 $\mu(t) \equiv 0,\ \nu(t) \equiv 0$. 记 $\tau_0 = \left(\dfrac{T^{1-\gamma} \Gamma(2-\alpha)}{4\Gamma(2-\gamma)} \right)^{1/(1-\alpha)}$. 如果 $\tau \leqslant \tau_0$, 则有

$$\|\delta_x u^n\|^2 \leqslant \|\delta_x u^0\|^2 + \frac{T^{2-\gamma}}{\Gamma(3-\gamma)} \|\psi\|^2 + 2\Gamma(2-\gamma) T^{\gamma-1} \tau \sum_{k=1}^{n} \|f^{k-\frac{1}{2}}\|^2, \quad 1 \leqslant n \leqslant N.$$

证明 用 $\delta_t u^{n-\frac{1}{2}}$ 与 (3.8.11) 的两边作内积, 并对 n 从 1 到 m 求和, 得到

$$\frac{1}{s_\gamma} \sum_{n=1}^{m} \left[b_0^{(\gamma)} \|\delta_t u^{n-\frac{1}{2}}\|^2 - \sum_{k=1}^{n-1} (b_{n-k-1}^{(\gamma)} - b_{n-k}^{(\gamma)})(\delta_t u^{k-\frac{1}{2}}, \delta_t u^{n-\frac{1}{2}}) \right.$$

$$\left. - b_{n-1}^{(\gamma)}(\psi, \delta_t u^{n-\frac{1}{2}}) \right]$$

$$+ \frac{1}{s_\alpha} \sum_{n=1}^{m} \left(\frac{a_0^{(\alpha)}}{2} \delta_t u^{n-\frac{1}{2}} + \sum_{k=1}^{n-1} \frac{a_{n-k}^{(\alpha)} + a_{n-k-1}^{(\alpha)}}{2} \delta_t u^{k-\frac{1}{2}}, \delta_t u^{n-\frac{1}{2}} \right)$$

$$+ \frac{1}{2\tau} \left(\|\delta_x u^m\|^2 - \|\delta_x u^0\|^2 \right)$$

$$= \sum_{n=1}^{m} \left(f^{n-\frac{1}{2}}, \delta_t u^{n-\frac{1}{2}} \right), \qquad 1 \leqslant m \leqslant N.$$

应用引理 3.8.2 和引理 3.8.3, 可得

$$\frac{1}{2s_\gamma} \left(\sum_{k=1}^{m} b_{m-k}^{(\gamma)} \|\delta_t u^{k-\frac{1}{2}}\|^2 - \sum_{n=1}^{m} b_{n-1}^{(\gamma)} \|\psi\|^2 \right) - \frac{1}{s_\alpha} \sum_{n=1}^{m} \|\delta_t u^{n-\frac{1}{2}}\|^2$$

$$+ \frac{1}{2\tau} \left(\|\delta_x u^m\|^2 - \|\delta_x u^0\|^2 \right)$$

$$\leqslant \sum_{n=1}^{m} \left(f^{n-\frac{1}{2}}, \delta_t u^{n-\frac{1}{2}} \right), \qquad 1 \leqslant m \leqslant N.$$

进一步有

$$\frac{1}{4s_\gamma} \sum_{k=1}^{m} b_{m-k}^{(\gamma)} \|\delta_t u^{k-\frac{1}{2}}\|^2 + \left(\frac{1}{4s_\gamma} \sum_{k=1}^{m} b_{m-k}^{(\gamma)} \|\delta_t u^{k-\frac{1}{2}}\|^2 - \frac{1}{s_\alpha} \sum_{k=1}^{m} \|\delta_t u^{k-\frac{1}{2}}\|^2 \right)$$

$$+ \frac{1}{2\tau}\left(\|\delta_x u^m\|^2 - \|\delta_x u^0\|^2\right)$$

$$\leqslant \frac{1}{2s_\gamma}\sum_{n=1}^{m} b_{n-1}^{(\gamma)}\|\psi\|^2 + \sum_{n=1}^{m}\left(f^{n-\frac{1}{2}}, \delta_t u^{n-\frac{1}{2}}\right), \qquad 1 \leqslant m \leqslant N. \tag{3.8.16}$$

对于 (3.8.16) 左端的第二项, 注意到

$$b_l^{(\gamma)} = (2-\gamma)(l+\theta_l)^{1-\gamma} \geqslant (2-\gamma)N^{1-\gamma}, \quad \theta_l \in (0,1),\ 0 \leqslant l \leqslant N-1,$$

有

$$\frac{1}{4s_\gamma}\sum_{k=1}^{m} b_{m-k}^{(\gamma)}\|\delta_t u^{k-\frac{1}{2}}\|^2 - \frac{1}{s_\alpha}\sum_{k=1}^{m}\|\delta_t u^{k-\frac{1}{2}}\|^2$$

$$\geqslant \frac{T^{1-\gamma}}{4\Gamma(2-\gamma)}\sum_{k=1}^{m}\|\delta_t u^{k-\frac{1}{2}}\|^2 - \frac{1}{s_\alpha}\sum_{k=1}^{m}\|\delta_t u^{k-\frac{1}{2}}\|^2$$

$$= \left(\frac{T^{1-\gamma}}{4\Gamma(2-\gamma)} - \frac{\tau^{1-\alpha}}{\Gamma(2-\alpha)}\right)\sum_{k=1}^{m}\|\delta_t u^{k-\frac{1}{2}}\|^2, \qquad 1 \leqslant m \leqslant N. \tag{3.8.17}$$

于是当 $\tau \leqslant \tau_0$ 时 (3.8.17) 的右端是非负的. 因而由 (3.8.16) 可得

$$\frac{T^{1-\gamma}}{4\Gamma(2-\gamma)}\sum_{k=1}^{m}\|\delta_t u^{k-\frac{1}{2}}\|^2 + \frac{1}{2\tau}\left(\|\delta_x u^m\|^2 - \|\delta_x u^0\|^2\right)$$

$$\leqslant \frac{1}{2s_\gamma}\sum_{n=1}^{m} b_{n-1}^{(\gamma)}\|\psi\|^2 + \sum_{n=1}^{m}\left(f^{n-\frac{1}{2}}, \delta_t u^{n-\frac{1}{2}}\right)$$

$$= \frac{1}{2s_\gamma}m^{2-\gamma}\|\psi\|^2 + \sum_{n=1}^{m}\left(f^{n-\frac{1}{2}}, \delta_t u^{n-\frac{1}{2}}\right)$$

$$\leqslant \frac{1}{2s_\gamma}m^{2-\gamma}\|\psi\|^2 + \sum_{n=1}^{m}\left(\frac{T^{1-\gamma}}{4\Gamma(2-\gamma)}\|\delta_t u^{n-\frac{1}{2}}\|^2 + \Gamma(2-\gamma)T^{\gamma-1}\|f^{n-\frac{1}{2}}\|^2\right),$$

$$1 \leqslant m \leqslant N.$$

易得

$$\|\delta_x u^m\|^2$$

$$\leqslant \|\delta_x u^0\|^2 + \frac{\tau^{2-\gamma}}{\Gamma(3-\gamma)}m^{2-\gamma}\|\psi\|^2 + 2\Gamma(2-\gamma)T^{\gamma-1}\tau\sum_{n=1}^{m}\|f^{n-\frac{1}{2}}\|^2$$

$$\leqslant \|\delta_x u^0\|^2 + \frac{T^{2-\gamma}}{\Gamma(3-\gamma)}\|\psi\|^2 + 2\Gamma(2-\gamma)T^{\gamma-1}\tau\sum_{n=1}^{m}\|f^{n-\frac{1}{2}}\|^2, \qquad 1 \leqslant m \leqslant N. \quad \square$$

3.8.4 差分格式的收敛性

由定理 3.8.2 很容易得到如下收敛性结论.

定理 3.8.3 设 $\{U_i^n \mid 0 \leqslant i \leqslant M, \ 0 \leqslant n \leqslant N\}$ 为问题 (3.8.1)—(3.8.3) 的解, $\{u_i^n \mid 0 \leqslant i \leqslant M, \ 0 \leqslant n \leqslant N\}$ 为差分格式 (3.8.11)—(3.8.13) 的解. 记

$$e_i^n = U_i^n - u_i^n, \quad 0 \leqslant i \leqslant M, \quad 0 \leqslant n \leqslant N,$$

则当 $\tau \leqslant \tau_0$ 时, 有

$$\|\delta_x e^n\| \leqslant \sqrt{2\Gamma(2-\gamma)T^\gamma L} c_{12}\big(\tau^{\min\{2-\alpha,\,3-\gamma\}} + h^2\big), \quad 1 \leqslant n \leqslant N,$$

其中 τ_0 由定理 3.8.2 定义.

证明 将 (3.8.7), (3.8.9)—(3.8.10) 分别和 (3.8.11)—(3.8.13) 相减, 可得误差方程组

$$
\begin{cases}
\dfrac{1}{s_\gamma}\left(b_0^{(\gamma)}\delta_t e_i^{n-\frac{1}{2}} - \displaystyle\sum_{k=1}^{n-1}(b_{n-k-1}^{(\gamma)} - b_{n-k}^{(\gamma)})\delta_t e_i^{k-\frac{1}{2}} - b_{n-1}^{(\gamma)}\cdot 0\right) \\[3mm]
\quad + \dfrac{1}{s_\alpha}\left(\dfrac{a_0^{(\alpha)}}{2}\delta_t e_i^{n-\frac{1}{2}} + \displaystyle\sum_{k=1}^{n-1}\dfrac{a_{n-k}^{(\alpha)} + a_{n-1-k}^{(\alpha)}}{2}\delta_t e_i^{k-\frac{1}{2}}\right) \\[3mm]
\quad = \delta_x^2 e_i^{n-\frac{1}{2}} + (r_{12})_i^{n-\frac{1}{2}}, \quad 1 \leqslant i \leqslant M-1, \ 1 \leqslant n \leqslant N, \\[2mm]
e_i^0 = 0, \quad 1 \leqslant i \leqslant M-1, \\[2mm]
e_0^n = 0, \quad e_M^n = 0, \quad 0 \leqslant n \leqslant N.
\end{cases}
$$

应用定理 3.8.2, 并注意到 (3.8.8), 易得

$$
\begin{aligned}
\|\delta_x e^n\|^2 &\leqslant \|\delta_x e^0\|^2 + 2\Gamma(2-\gamma)T^{\gamma-1}\tau\sum_{k=1}^{n}\|(r_{12})^{k-\frac{1}{2}}\|^2 \\
&\leqslant 2\Gamma(2-\gamma)T^{\gamma-1}n\tau L\left[c_{12}\big(\tau^{\min\{2-\alpha,\,3-\gamma\}} + h^2\big)\right]^2 \\
&\leqslant 2\Gamma(2-\gamma)T^\gamma L c_{12}^2\big(\tau^{\min\{2-\alpha,\,3-\gamma\}} + h^2\big)^2, \quad 1 \leqslant n \leqslant N.
\end{aligned}
$$

将上式两边开方即得所要结果. $\qquad\qquad\qquad\qquad\qquad\qquad\qquad\qquad\square$

3.9 二维问题基于 L1 逼近的 ADI 方法

考虑如下二维时间分数阶波方程初边值问题

$$
\begin{cases}
{}^C_0 D_t^\gamma u(x,y,t) = u_{xx}(x,y,t) + u_{yy}(x,y,t) + f(x,y,t), \ (x,y) \in \Omega, \ t \in (0,T], & (3.9.1) \\[2mm]
u(x,y,0) = \varphi(x,y), \quad u_t(x,y,0) = \psi(x,y), \quad (x,y) \in \Omega, & (3.9.2) \\[2mm]
u(x,y,t) = \mu(x,y,t), \quad (x,y) \in \partial\Omega, \quad t \in [0,T], & (3.9.3)
\end{cases}
$$

其中 $\Omega = (0, L_1) \times (0, L_2)$, $\gamma \in (1, 2)$, f, φ, ψ, μ 为已知函数, 且当 $(x, y) \in \partial\Omega$ 时 $\mu(x, y, 0) = \varphi(x, y)$, $\mu_t(x, y, 0) = \psi(x, y)$. 设解函数 $u \in C^{(4,4,3)}(\bar{\Omega} \times [0, T])$.

引进同 2.10 节的网格剖分、记号和网格函数空间 $\mathcal{V}_h$ 和 $\mathring{\mathcal{V}}_h$. 对于定义在 $\Omega_h \times \Omega_\tau$ 上的网格函数 $v = \{v_{ij}^k \mid (i, j) \in \bar{\omega}, 0 \leqslant k \leqslant N\}$, 定义

$$v_{ij}^{k-\frac{1}{2}} = \frac{1}{2}(v_{ij}^k + v_{ij}^{k-1}), \quad \delta_t v_{ij}^{k-\frac{1}{2}} = \frac{1}{\tau}(v_{ij}^k - v_{ij}^{k-1}).$$

3.9.1　差分格式的建立

记

$$U_{ij}^n = u(x_i, y_j, t_n), \quad \psi_{ij} = \psi(x_i, y_j), \quad f_{ij}^n = f(x_i, y_j, t_n), \quad (i, j) \in \bar{\omega}, \ 0 \leqslant n \leqslant N.$$

在结点 (x_i, y_j, t_n) 处考虑微分方程 (3.9.1), 得到

$${}_0^C D_t^\gamma u(x_i, y_j, t_n) = u_{xx}(x_i, y_j, t_n) + u_{yy}(x_i, y_j, t_n) + f_{ij}^n, \quad (i, j) \in \omega, \ 0 \leqslant n \leqslant N.$$

将两个相邻时间层取平均, 并对其中时间分数阶 Caputo 导数应用 L1 公式 (1.6.13) 离散, 空间导数应用二阶中心差商近似, 由定理 1.6.2 和引理 2.1.3, 有

$$\frac{\tau^{1-\gamma}}{\Gamma(3-\gamma)}\left[b_0^{(\gamma)}\delta_t U_{ij}^{n-\frac{1}{2}} - \sum_{k=1}^{n-1}(b_{n-k-1}^{(\gamma)} - b_{n-k}^{(\gamma)})\delta_t U_{ij}^{k-\frac{1}{2}} - b_{n-1}^{(\gamma)}\psi_{ij}\right]$$
$$= \delta_x^2 U_{ij}^{n-\frac{1}{2}} + \delta_y^2 U_{ij}^{n-\frac{1}{2}} + f_{ij}^{n-\frac{1}{2}} + (r_{13})_{ij}^{n-\frac{1}{2}}, \quad (i, j) \in \omega, \ 1 \leqslant n \leqslant N, \qquad (3.9.4)$$

且存在正常数 c_{13} 使得

$$\left|(r_{13})_{ij}^{n-\frac{1}{2}}\right| \leqslant c_{13}(\tau^{3-\gamma} + h_1^2 + h_2^2), \quad (i, j) \in \omega, \quad 1 \leqslant n \leqslant N,$$

其中 $\{b_l^{(\gamma)}\}$ 由 (1.6.8) 定义.

在等式 (3.9.4) 两边同时添加小量项 $\dfrac{\Gamma(3-\gamma)}{4}\tau^{1+\gamma}\delta_x^2\delta_y^2\delta_t U_{ij}^{n-\frac{1}{2}}$, 得到

$$\begin{cases} \dfrac{\tau^{1-\gamma}}{\Gamma(3-\gamma)}\left[b_0^{(\gamma)}\delta_t U_{ij}^{n-\frac{1}{2}} - \sum_{k=1}^{n-1}(b_{n-k-1}^{(\gamma)} - b_{n-k}^{(\gamma)})\delta_t U_{ij}^{k-\frac{1}{2}} - b_{n-1}^{(\gamma)}\psi_{ij}\right] \\ + \dfrac{\Gamma(3-\gamma)}{4}\tau^{1+\gamma}\delta_x^2\delta_y^2\delta_t U_{ij}^{n-\frac{1}{2}} = \delta_x^2 U_{ij}^{n-\frac{1}{2}} + \delta_y^2 U_{ij}^{n-\frac{1}{2}} + f_{ij}^{n-\frac{1}{2}} + (r_{14})_{ij}^{n-\frac{1}{2}}, \\ \hspace{7cm} (i, j) \in \omega, \ 1 \leqslant n \leqslant N, \qquad (3.9.5) \end{cases}$$

其中

$$(r_{14})_{ij}^{n-\frac{1}{2}} = (r_{13})_{ij}^{n-\frac{1}{2}} + \frac{\Gamma(3-\gamma)}{4}\tau^{1+\gamma}\delta_x^2\delta_y^2\delta_t U_{ij}^{n-\frac{1}{2}},$$

且存在正常数 c_{14} 使得

$$\left|(r_{14})_{ij}^{n-\frac{1}{2}}\right| \leqslant c_{14}(\tau^{3-\gamma} + h_1^2 + h_2^2), \quad (i,j) \in \omega, \ 1 \leqslant n \leqslant N. \tag{3.9.6}$$

注意到初边值条件 (3.9.2)—(3.9.3), 有

$$\begin{cases} U_{ij}^0 = \varphi(x_i, y_j), & (i,j) \in \omega, \tag{3.9.7} \\ U_{ij}^n = \mu(x_i, y_j, t_n), & (i,j) \in \partial\omega, \quad 0 \leqslant n \leqslant N. \tag{3.9.8} \end{cases}$$

在方程 (3.9.5) 中略去小量项 $(r_{14})_{ij}^{n-\frac{1}{2}}$, 并用数值解 u_{ij}^n 代替精确解 U_{ij}^n, 得到求解问题 (3.9.1)—(3.9.3) 的如下差分格式:

$$\begin{cases} \dfrac{\tau^{1-\gamma}}{\Gamma(3-\gamma)}\left[b_0^{(\gamma)}\delta_t u_{ij}^{n-\frac{1}{2}} - \sum_{k=1}^{n-1}(b_{n-k-1}^{(\gamma)} - b_{n-k}^{(\gamma)})\delta_t u_{ij}^{k-\frac{1}{2}} - b_{n-1}^{(\gamma)}\psi_{ij}\right] \\ \quad + \dfrac{\Gamma(3-\gamma)}{4}\tau^{1+\gamma}\delta_x^2\delta_y^2\delta_t u_{ij}^{n-\frac{1}{2}} = \delta_x^2 u_{ij}^{n-\frac{1}{2}} + \delta_y^2 u_{ij}^{n-\frac{1}{2}} + f_{ij}^{n-\frac{1}{2}}, \\ \hspace{6cm} (i,j) \in \omega, \ 1 \leqslant n \leqslant N, \tag{3.9.9} \\ u_{ij}^0 = \varphi(x_i, y_j), & (i,j) \in \omega, \tag{3.9.10} \\ u_{ij}^n = \mu(x_i, y_j, t_n), & (i,j) \in \partial\omega, \quad 0 \leqslant n \leqslant N. \tag{3.9.11} \end{cases}$$

记

$$\eta = \tau^{\gamma-1}\Gamma(3-\gamma).$$

方程 (3.9.9) 可以改写为

$$\delta_t u_{ij}^{n-\frac{1}{2}} - \eta\delta_x^2 u_{ij}^{n-\frac{1}{2}} - \eta\delta_y^2 u_{ij}^{n-\frac{1}{2}} + \frac{1}{4}\eta^2\tau^2\delta_x^2\delta_y^2\delta_t u_{ij}^{n-\frac{1}{2}}$$

$$= \sum_{k=1}^{n-1}(b_{n-k-1}^{(\gamma)} - b_{n-k}^{(\gamma)})\delta_t u_{ij}^{k-\frac{1}{2}} + b_{n-1}^{(\gamma)}\psi_{ij} + \eta f_{ij}^{n-\frac{1}{2}}.$$

上式两边同乘以 τ 可得

$$\left(u_{ij}^n - \frac{\eta}{2}\tau\delta_x^2 u_{ij}^n - \frac{\eta}{2}\tau\delta_y^2 u_{ij}^n + \frac{1}{4}\eta^2\tau^2\delta_x^2\delta_y^2 u_{ij}^n\right)$$

$$- \left(u_{ij}^{n-1} + \frac{\eta}{2}\tau\delta_x^2 u_{ij}^{n-1} + \frac{\eta}{2}\tau\delta_y^2 u_{ij}^{n-1} + \frac{1}{4}\eta^2\tau^2\delta_x^2\delta_y^2 u_{ij}^{n-1}\right)$$

$$= \tau\sum_{k=1}^{n-1}(b_{n-k-1}^{(\gamma)} - b_{n-k}^{(\gamma)})\delta_t u_{ij}^{k-\frac{1}{2}} + \tau b_{n-1}^{(\gamma)}\psi_{ij} + \tau\eta f_{ij}^{n-\frac{1}{2}},$$

即

$$\left(\mathcal{I} - \frac{\eta}{2}\tau\delta_x^2\right)\left(\mathcal{I} - \frac{\eta}{2}\tau\delta_y^2\right)u_{ij}^n = \left(\mathcal{I} + \frac{\eta}{2}\tau\delta_x^2\right)\left(\mathcal{I} + \frac{\eta}{2}\tau\delta_y^2\right)u_{ij}^{n-1}$$

$$+\tau \sum_{k=1}^{n-1}(b_{n-k-1}^{(\gamma)}-b_{n-k}^{(\gamma)})\delta_t u_{ij}^{k-\frac{1}{2}}+\tau b_{n-1}^{(\gamma)}\psi_{ij}+\tau \eta f_{ij}^{n-\frac{1}{2}}.$$

令

$$u_{ij}^*=\left(\mathcal{I}-\frac{\eta}{2}\tau\delta_y^2\right)u_{ij}^n,$$

则差分格式 (3.9.9)—(3.9.11) 可写成如下 ADI 格式:

在时间层 $t=t_n\ (1\leqslant n\leqslant N)$ 上, 首先, 对任意固定的 $j\ (1\leqslant j\leqslant M_2-1)$, 求解 x 方向关于 $\{u_{ij}^*\,|\,0\leqslant i\leqslant M_1\}$ 的一维问题

$$\begin{cases} \left(\mathcal{I}-\dfrac{\eta}{2}\tau\delta_x^2\right)u_{ij}^*=\left(\mathcal{I}+\dfrac{\eta}{2}\tau\delta_x^2\right)\left(\mathcal{I}+\dfrac{\eta}{2}\tau\delta_y^2\right)u_{ij}^{n-1}+\tau\sum_{k=1}^{n-1}(b_{n-k-1}^{(\gamma)}-b_{n-k}^{(\gamma)})\delta_t u_{ij}^{k-\frac{1}{2}} \\ \qquad\qquad +\tau b_{n-1}^{(\gamma)}\psi_{ij}+\tau\eta f_{ij}^{n-\frac{1}{2}},\quad 1\leqslant i\leqslant M_1-1, \\ u_{0j}^*=\left(\mathcal{I}-\dfrac{\eta}{2}\tau\delta_y^2\right)u_{0j}^n,\quad u_{M_1,j}^*=\left(\mathcal{I}-\dfrac{\eta}{2}\tau\delta_y^2\right)u_{M_1,j}^n \end{cases}$$

得到

$$\{u_{ij}^*\,|\,1\leqslant i\leqslant M_1-1\}.$$

其次, 对任意固定的 $i\ (1\leqslant i\leqslant M_1-1)$, 求解 y 方向关于 $\{u_{ij}^n\,|\,0\leqslant j\leqslant M_2\}$ 的一维问题

$$\begin{cases} \left(\mathcal{I}-\dfrac{\eta}{2}\tau\delta_y^2\right)u_{ij}^n=u_{ij}^*,\quad 1\leqslant j\leqslant M_2-1, \\ u_{i0}^n=\mu(x_i,y_0,t_n),\quad u_{i,M_2}^n=\mu(x_i,y_{M_2},t_n) \end{cases}$$

得到

$$\{u_{ij}^n\,|\,1\leqslant j\leqslant M_2-1\}.$$

3.9.2　差分格式的可解性

定理 3.9.1　差分格式 (3.9.9)—(3.9.11) 是唯一可解的.

证明　记

$$u^n=\{u_{ij}^n\,|\,(i,j)\in\bar\omega\}.$$

由 (3.9.10)—(3.9.11) 知 u^0 已给定.

现设前 n 层的值 $u^0,u^1,\cdots,u^{n-1}$ 已唯一确定, 则由 (3.9.9) 和 (3.9.11) 可得关于 u^n 的线性方程组. 要证明它的唯一可解性, 只需证明它相应的齐次方程组

$$\begin{cases} \dfrac{1}{\eta\tau}u_{ij}^n+\dfrac{\Gamma(3-\gamma)}{4}\tau^\gamma\delta_x^2\delta_y^2 u_{ij}^n=\dfrac{1}{2}(\delta_x^2 u_{ij}^n+\delta_y^2 u_{ij}^n),\quad (i,j)\in\omega, & (3.9.12) \\ u_{ij}^n=0,\quad (i,j)\in\partial\omega & (3.9.13) \end{cases}$$

仅有零解.

用 u^n 与方程 (3.9.12) 的两边作内积, 注意到 (3.9.13), 并应用 (2.10.4)—(2.10.6), 可得

$$\frac{1}{\eta\tau}\|u^n\|^2 + \frac{\Gamma(3-\gamma)}{4}\tau^\gamma\|\delta_x\delta_y u^n\|^2 = -\frac{1}{2}\|\nabla_h u^n\|^2 \leqslant 0,$$

因此 $\|u^n\| = 0$. 注意到 (3.9.13), 有 $u^n = 0$.

由归纳原理知, 差分格式 (3.9.9)—(3.9.11) 存在唯一解. □

3.9.3 差分格式的稳定性

定理 3.9.2 设 $\{v_{ij}^n \mid (i,j) \in \bar\omega, 0 \leqslant n \leqslant N\}$ 为差分格式

$$\begin{cases} \dfrac{1}{\eta}\left[b_0^{(\gamma)}\delta_t v_{ij}^{n-\frac{1}{2}} - \displaystyle\sum_{k=1}^{n-1}(b_{n-k-1}^{(\gamma)} - b_{n-k}^{(\gamma)})\delta_t v_{ij}^{k-\frac{1}{2}} - b_{n-1}^{(\gamma)}\psi_{ij}\right] + \dfrac{\tau^2}{4}\eta\delta_x^2\delta_y^2\delta_t v_{ij}^{n-\frac{1}{2}} \\ \quad = \delta_x^2 v_{ij}^{n-\frac{1}{2}} + \delta_y^2 v_{ij}^{n-\frac{1}{2}} + f_{ij}^{n-\frac{1}{2}}, \quad (i,j) \in \omega, \ 1 \leqslant n \leqslant N, \hfill (3.9.14) \\ v_{ij}^0 = \varphi(x_i, y_j), \quad (i,j) \in \omega, \hfill (3.9.15) \\ v_{ij}^n = 0, \quad (i,j) \in \partial\omega, \ 0 \leqslant n \leqslant N \hfill (3.9.16) \end{cases}$$

的解, 则有

$$\|\nabla_h v^n\|^2 \leqslant \|\nabla_h v^0\|^2 + \frac{t_n^{2-\gamma}}{\Gamma(3-\gamma)}\|\psi\|^2 + t_n^{\gamma-1}\Gamma(2-\gamma)\tau\sum_{k=1}^n\|f^{k-\frac{1}{2}}\|^2, \quad 1 \leqslant n \leqslant N,$$

$$\hfill (3.9.17)$$

其中

$$\|\psi\|^2 = h_1 h_2 \sum_{i=1}^{M_1-1}\sum_{j=1}^{M_2-1}\psi_{ij}^2, \quad \|f^{k-\frac{1}{2}}\|^2 = h_1 h_2 \sum_{i=1}^{M_1-1}\sum_{j=1}^{M_2-1}(f_{ij}^{k-\frac{1}{2}})^2.$$

证明 用 $\eta\delta_t v^{n-\frac{1}{2}}$ 与方程 (3.9.14) 两边同时作内积, 可得

$$b_0^{(\gamma)}\|\delta_t v^{n-\frac{1}{2}}\|^2 - \sum_{k=1}^{n-1}(b_{n-k-1}^{(\gamma)} - b_{n-k}^{(\gamma)})(\delta_t v^{k-\frac{1}{2}}, \delta_t v^{n-\frac{1}{2}}) - b_{n-1}^{(\gamma)}(\psi, \delta_t v^{n-\frac{1}{2}})$$

$$+ \frac{1}{4}\eta^2\tau^2(\delta_x^2\delta_y^2\delta_t v^{n-\frac{1}{2}}, \delta_t v^{n-\frac{1}{2}})$$

$$= \eta(\delta_x^2 v^{n-\frac{1}{2}}, \delta_t v^{n-\frac{1}{2}}) + \eta(\delta_y^2 v^{n-\frac{1}{2}}, \delta_t v^{n-\frac{1}{2}}) + \eta(f^{n-\frac{1}{2}}, \delta_t v^{n-\frac{1}{2}}), \quad 1 \leqslant n \leqslant N.$$

注意到 (3.9.16), 并应用 (2.10.4)—(2.10.6) 可得

$$(\delta_x^2\delta_y^2\delta_t v^{n-\frac{1}{2}}, \delta_t v^{n-\frac{1}{2}}) = (\delta_x\delta_y\delta_t v^{n-\frac{1}{2}}, \delta_x\delta_y\delta_t v^{n-\frac{1}{2}}) \geqslant 0,$$

$$\left(\delta_x^2 v^{n-\frac{1}{2}}, \delta_t v^{n-\frac{1}{2}}\right) = -\left(\delta_x v^{n-\frac{1}{2}}, \delta_x \delta_t v^{n-\frac{1}{2}}\right) = -\frac{1}{2\tau}\left(\|\delta_x v^n\|^2 - \|\delta_x v^{n-1}\|^2\right),$$

$$\left(\delta_y^2 v^{n-\frac{1}{2}}, \delta_t v^{n-\frac{1}{2}}\right) = -\left(\delta_y v^{n-\frac{1}{2}}, \delta_y \delta_t v^{n-\frac{1}{2}}\right) = -\frac{1}{2\tau}\left(\|\delta_y v^n\|^2 - \|\delta_y v^{n-1}\|^2\right),$$

从而

$$b_0^{(\gamma)}\|\delta_t v^{n-\frac{1}{2}}\|^2 + \frac{\eta}{2\tau}\left[\left(\|\delta_x v^n\|^2 + \|\delta_y v^n\|^2\right) - \left(\|\delta_x v^{n-1}\|^2 + \|\delta_y v^{n-1}\|^2\right)\right]$$

$$\leqslant \sum_{k=1}^{n-1}(b_{n-k-1}^{(\gamma)} - b_{n-k}^{(\gamma)})(\delta_t v^{k-\frac{1}{2}}, \delta_t v^{n-\frac{1}{2}}) + b_{n-1}^{(\gamma)}(\psi, \delta_t v^{n-\frac{1}{2}})$$

$$+ \eta(f^{n-\frac{1}{2}}, \delta_t v^{n-\frac{1}{2}}), \quad 1 \leqslant n \leqslant N.$$

应用 Cauchy-Schwarz 不等式, 可得

$$b_0^{(\gamma)}\|\delta_t v^{n-\frac{1}{2}}\|^2 + \frac{\eta}{2\tau}(\|\nabla_h v^n\|^2 - \|\nabla_h v^{n-1}\|^2)$$

$$\leqslant \frac{1}{2}\sum_{k=1}^{n-1}(b_{n-k-1}^{(\gamma)} - b_{n-k}^{(\gamma)})\left(\|\delta_t v^{k-\frac{1}{2}}\|^2 + \|\delta_t v^{n-\frac{1}{2}}\|^2\right)$$

$$+ \frac{1}{2}b_{n-1}^{(\gamma)}\left(\|\psi\|^2 + \|\delta_t v^{n-\frac{1}{2}}\|^2\right) + \eta(f^{n-\frac{1}{2}}, \delta_t v^{n-\frac{1}{2}}), \quad 1 \leqslant n \leqslant N.$$

上式两边同乘以 $2\dfrac{\tau}{\eta}$, 并经移项整理可得

$$\|\nabla_h v^n\|^2 + \frac{\tau}{\eta}\sum_{k=1}^{n}b_{n-k}^{(\gamma)}\|\delta_t v^{k-\frac{1}{2}}\|^2$$

$$\leqslant \|\nabla_h v^{n-1}\|^2 + \frac{\tau}{\eta}\sum_{k=1}^{n-1}b_{n-k-1}^{(\gamma)}\|\delta_t v^{k-\frac{1}{2}}\|^2 + \frac{\tau}{\eta}b_{n-1}^{(\gamma)}\|\psi\|^2$$

$$+ 2\tau(f^{n-\frac{1}{2}}, \delta_t v^{n-\frac{1}{2}}), \quad 1 \leqslant n \leqslant N.$$

递推得到

$$\|\nabla_h v^n\|^2 + \frac{\tau}{\eta}\sum_{k=1}^{n}b_{n-k}^{(\gamma)}\|\delta_t v^{k-\frac{1}{2}}\|^2$$

$$\leqslant \|\nabla_h v^0\|^2 + \frac{\tau}{\eta}\sum_{k=0}^{n-1}b_k^{(\gamma)}\|\psi\|^2 + 2\tau\sum_{k=1}^{n}(f^{k-\frac{1}{2}}, \delta_t v^{k-\frac{1}{2}})$$

$$\leqslant \|\nabla_h v^0\|^2 + \frac{\tau}{\eta}\sum_{k=0}^{n-1}b_k^{(\gamma)}\|\psi\|^2$$

$$+ \tau\sum_{k=1}^{n}\left(\frac{b_{n-k}^{(\gamma)}}{\eta}\|\delta_t v^{k-\frac{1}{2}}\|^2 + \frac{\eta}{b_{n-k}^{(\gamma)}}\|f^{k-\frac{1}{2}}\|^2\right), \quad 1 \leqslant n \leqslant N,$$

即

$$\|\nabla_h v^n\|^2 \leqslant \|\nabla_h v^0\|^2 + \frac{\tau}{\eta} \sum_{k=0}^{n-1} b_k^{(\gamma)} \|\psi\|^2 + \tau \sum_{k=1}^{n} \frac{\eta}{b_{n-k}^{(\gamma)}} \|f^{k-\frac{1}{2}}\|^2, \quad 1 \leqslant n \leqslant N.$$

(3.9.18)

利用 (3.1.20) 和 (3.1.22), 由 (3.9.18) 可得 (3.9.17). □

3.9.4 差分格式的收敛性

定理 3.9.3 设 $\{U_{ij}^n \mid (i,j) \in \bar{\omega}, 0 \leqslant n \leqslant N\}$ 为微分方程问题 (3.9.1)—(3.9.3) 的解, $\{u_{ij}^n \mid (i,j) \in \bar{\omega}, 0 \leqslant n \leqslant N\}$ 为差分格式 (3.9.9)—(3.9.11) 的解. 令

$$e_{ij}^n = U_{ij}^n - u_{ij}^n, \quad (i,j) \in \bar{\omega}, \quad 0 \leqslant n \leqslant N,$$

则有

$$\|\nabla_h e^n\| \leqslant \sqrt{T^\gamma \Gamma(2-\gamma) L_1 L_2} \, c_{14} (\tau^{3-\gamma} + h_1^2 + h_2^2), \quad 1 \leqslant n \leqslant N.$$

证明 将 (3.9.5), (3.9.7)—(3.9.8) 分别与 (3.9.9)—(3.9.11) 相减, 可得误差方程组

$$\begin{cases} \dfrac{1}{\eta} \left[b_0^{(\gamma)} \delta_t e_{ij}^{n-\frac{1}{2}} - \sum_{k=1}^{n-1} (b_{n-k-1}^{(\gamma)} - b_{n-k}^{(\gamma)}) \delta_t e_{ij}^{k-\frac{1}{2}} - b_{n-1}^{(\gamma)} \cdot 0 \right] + \dfrac{\tau^2}{4} \eta \delta_x^2 \delta_y^2 \delta_t e_{ij}^{n-\frac{1}{2}} \\ \quad = \delta_x^2 e_{ij}^{n-\frac{1}{2}} + \delta_y^2 e_{ij}^{n-\frac{1}{2}} + (r_{14})_{ij}^{n-\frac{1}{2}}, \quad (i,j) \in \omega, \quad 1 \leqslant n \leqslant N, \\ e_{ij}^0 = 0, \quad (i,j) \in \omega, \\ e_{ij}^n = 0, \quad (i,j) \in \partial\omega, \ 0 \leqslant n \leqslant N. \end{cases}$$

应用定理 3.9.2, 并注意到 (3.9.6), 可得

$$\||\nabla_h e^n\||^2 \leqslant t_n^{\gamma-1} \Gamma(2-\gamma) \tau \sum_{k=1}^{n} \|(r_{14})^{k-\frac{1}{2}}\|^2$$

$$\leqslant T^\gamma \Gamma(2-\gamma) L_1 L_2 c_{14}^2 (\tau^{3-\gamma} + h_1^2 + h_2^2)^2, \quad 1 \leqslant n \leqslant N.$$

将上式两边开方, 即得所要结果. □

3.10 二维问题基于 L1 逼近的紧 ADI 方法

本节考虑求解初边值问题 (3.9.1)—(3.9.3) 的空间紧 ADI 差分方法. 设解函数 $u \in C^{(6,6,3)}(\bar{\Omega} \times [0,T])$.

网格剖分、网格函数空间和记号同 3.9 节. 此外, 对任意网格函数 $u \in \mathcal{V}_h$, 定义平均值算子

$$\mathcal{A}_x u_{ij} = \begin{cases} \left(\mathcal{I} + \dfrac{h_1^2}{12}\delta_x^2\right) u_{ij}, & 1 \leqslant i \leqslant M_1 - 1, \\[2mm] u_{ij}, & i = 0, M_1, \end{cases} \quad 0 \leqslant j \leqslant M_2,$$

$$\mathcal{A}_y u_{ij} = \begin{cases} \left(\mathcal{I} + \dfrac{h_2^2}{12}\delta_y^2\right) u_{ij}, & 1 \leqslant j \leqslant M_2 - 1, \\[2mm] u_{ij}, & j = 0, M_2, \end{cases} \quad 0 \leqslant i \leqslant M_1.$$

3.10.1   差分格式的建立

在结点 (x_i, y_j, t_n) 处考虑微分方程 (3.9.1), 得到

$$_0^C D_t^\gamma u(x_i, y_j, t_n) = u_{xx}(x_i, y_j, t_n) + u_{yy}(x_i, y_j, t_n) + f_{ij}^n, \quad (i,j) \in \bar{\omega},\ 0 \leqslant n \leqslant N.$$

上式两边同时作用算子 $\mathcal{A}_x \mathcal{A}_y$, 并注意到引理 2.1.3, 有

$$\begin{aligned} \mathcal{A}_x \mathcal{A}_{y\,0}^C D_t^\gamma u(x_i, y_j, t_n) &= \mathcal{A}_y \Big(\mathcal{A}_x u_{xx}(x_i, y_j, t_n)\Big) \\ &\quad + \mathcal{A}_x \Big(\mathcal{A}_y u_{yy}(x_i, y_j, t_n)\Big) + \mathcal{A}_x \mathcal{A}_y f_{ij}^n \\ &= \mathcal{A}_y \delta_x^2 U_{ij}^n + \mathcal{A}_x \delta_y^2 U_{ij}^n + \mathcal{A}_x \mathcal{A}_y f_{ij}^n \\ &\quad + O(h_1^4 + h_2^4), \quad (i,j) \in \omega,\ 0 \leqslant n \leqslant N. \end{aligned}$$

相邻两个时间层取平均, 并对时间 Caputo 分数阶导数应用 L1 逼近 (1.6.13) 离散, 由定理 1.6.2 可得

$$\begin{aligned} \mathcal{A}_x \mathcal{A}_y \frac{\tau^{1-\gamma}}{\Gamma(3-\gamma)} & \left[b_0^{(\gamma)} \delta_t U_{ij}^{n-\frac{1}{2}} - \sum_{k=1}^{n-1}(b_{n-k-1}^{(\gamma)} - b_{n-k}^{(\gamma)})\delta_t U_{ij}^{k-\frac{1}{2}} - b_{n-1}^{(\gamma)}\psi_{ij} \right] \\ &= \mathcal{A}_y \delta_x^2 U_{ij}^{n-\frac{1}{2}} + \mathcal{A}_x \delta_y^2 U_{ij}^{n-\frac{1}{2}} + \mathcal{A}_x \mathcal{A}_y f_{ij}^{n-\frac{1}{2}} + (r_{15})_{ij}^{n-\frac{1}{2}}, \\ &\qquad\qquad\qquad\qquad (i,j) \in \omega,\ 1 \leqslant n \leqslant N, \end{aligned} \tag{3.10.1}$$

且存在正常数 c_{15} 使得

$$\left|(r_{15})_{ij}^{n-\frac{1}{2}}\right| \leqslant c_{15}(\tau^{3-\gamma} + h_1^4 + h_2^4), \quad (i,j) \in \omega,\ 1 \leqslant n \leqslant N.$$

在等式 (3.10.1) 两边同时添加小量项 $\dfrac{\Gamma(3-\gamma)}{4}\tau^{1+\gamma}\delta_x^2\delta_y^2\delta_t U_{ij}^{n-\frac{1}{2}}$, 得到

$$\mathcal{A}_x \mathcal{A}_y \frac{\tau^{1-\gamma}}{\Gamma(3-\gamma)} \left[b_0^{(\gamma)} \delta_t U_{ij}^{n-\frac{1}{2}} - \sum_{k=1}^{n-1}(b_{n-k-1}^{(\gamma)} - b_{n-k}^{(\gamma)})\delta_t U_{ij}^{k-\frac{1}{2}} - b_{n-1}^{(\gamma)}\psi_{ij} \right]$$

$$+\frac{\Gamma(3-\gamma)}{4}\tau^{1+\gamma}\delta_x^2\delta_y^2\delta_t U_{ij}^{n-\frac{1}{2}} = \mathcal{A}_y\delta_x^2 U_{ij}^{n-\frac{1}{2}} + \mathcal{A}_x\delta_y^2 U_{ij}^{n-\frac{1}{2}}$$

$$+\mathcal{A}_x\mathcal{A}_y f_{ij}^{n-\frac{1}{2}} + (r_{16})_{ij}^{n-\frac{1}{2}}, \quad (i,j)\in\omega,\ 1\leqslant n\leqslant N, \tag{3.10.2}$$

其中

$$(r_{16})_{ij}^{n-\frac{1}{2}} = (r_{15})_{ij}^{n-\frac{1}{2}} + \frac{\Gamma(3-\gamma)}{4}\tau^{1+\gamma}\delta_x^2\delta_y^2\delta_t U_{ij}^{n-\frac{1}{2}},$$

且存在正常数 c_{16} 使得

$$\left|(r_{16})_{ij}^{n-\frac{1}{2}}\right| \leqslant c_{16}(\tau^{3-\gamma} + h_1^4 + h_2^4), \quad (i,j)\in\omega, \quad 1\leqslant n\leqslant N. \tag{3.10.3}$$

注意到初边值条件 (3.9.2)—(3.9.3), 有

$$\begin{cases} U_{ij}^0 = \varphi(x_i, y_j), & (i,j)\in\omega, \tag{3.10.4} \\ U_{ij}^n = \mu(x_i, y_j, t_n), & (i,j)\in\partial\omega, \quad 0\leqslant n\leqslant N. \tag{3.10.5} \end{cases}$$

在方程 (3.10.2) 中略去小量项 $(r_{16})_{ij}^{n-\frac{1}{2}}$, 并用数值解 u_{ij}^n 代替精确解 U_{ij}^n, 得到求解问题 (3.9.1)—(3.9.3) 的如下差分格式:

$$\begin{cases} \mathcal{A}_x\mathcal{A}_y \dfrac{\tau^{1-\gamma}}{\Gamma(3-\gamma)}\left[b_0^{(\gamma)}\delta_t u_{ij}^{n-\frac{1}{2}} - \sum_{k=1}^{n-1}(b_{n-k-1}^{(\gamma)} - b_{n-k}^{(\gamma)})\delta_t u_{ij}^{k-\frac{1}{2}} - b_{n-1}^{(\gamma)}\psi_{ij}\right] \\ \quad +\dfrac{\Gamma(3-\gamma)}{4}\tau^{1+\gamma}\delta_x^2\delta_y^2\delta_t u_{ij}^{n-\frac{1}{2}} = \mathcal{A}_y\delta_x^2 u_{ij}^{n-\frac{1}{2}} + \mathcal{A}_x\delta_y^2 u_{ij}^{n-\frac{1}{2}} + \mathcal{A}_x\mathcal{A}_y f_{ij}^{n-\frac{1}{2}}, \\ \hspace{6cm} (i,j)\in\omega,\ 1\leqslant n\leqslant N, \tag{3.10.6} \\ u_{ij}^0 = \varphi(x_i, y_j), \quad (i,j)\in\omega, \tag{3.10.7} \\ u_{ij}^n = \mu(x_i, y_j, t_n), \quad (i,j)\in\partial\omega,\ 0\leqslant n\leqslant N. \tag{3.10.8} \end{cases}$$

记

$$\eta = \tau^{\gamma-1}\Gamma(3-\gamma).$$

方程 (3.10.6) 可以改写为

$$\left(\mathcal{A}_x - \frac{\eta\tau}{2}\delta_x^2\right)\left(\mathcal{A}_y - \frac{\eta\tau}{2}\delta_y^2\right)u_{ij}^n$$

$$= \left(\mathcal{A}_x + \frac{\eta\tau}{2}\delta_x^2\right)\left(\mathcal{A}_y + \frac{\eta\tau}{2}\delta_y^2\right)u_{ij}^{n-1}$$

$$+ \tau\mathcal{A}_x\mathcal{A}_y\left[\sum_{k=1}^{n-1}(b_{n-k-1}^{(\gamma)} - b_{n-k}^{(\gamma)})\delta_t u_{ij}^{k-\frac{1}{2}} + b_{n-1}^{(\gamma)}\psi_{ij}\right] + \eta\tau\mathcal{A}_x\mathcal{A}_y f_{ij}^{n-\frac{1}{2}}.$$

令

$$u_{ij}^* = \left(\mathcal{A}_y - \frac{\eta\tau}{2}\delta_y^2\right)u_{ij}^n,$$

则差分格式 (3.10.6)—(3.10.8) 可写成如下 ADI 格式:

在时间层 $t = t_n$ $(1 \leqslant n \leqslant N)$ 上, 首先, 对任意固定的 j $(1 \leqslant j \leqslant M_2 - 1)$, 求解 x 方向关于 $\{u_{ij}^* \mid 0 \leqslant i \leqslant M_1\}$ 的一维问题

$$
\begin{cases}
\left(\mathcal{A}_x - \dfrac{\eta\tau}{2}\delta_x^2\right)u_{ij}^* = \left(\mathcal{A}_x + \dfrac{\eta\tau}{2}\delta_x^2\right)\left(\mathcal{A}_y + \dfrac{\eta\tau}{2}\delta_y^2\right)u_{ij}^{n-1} \\
\qquad + \tau\mathcal{A}_x\mathcal{A}_y\left[\displaystyle\sum_{k=1}^{n-1}(b_{n-k-1}^{(\gamma)} - b_{n-k}^{(\gamma)})\delta_t u_{ij}^{k-\frac{1}{2}} + b_{n-1}^{(\gamma)}\psi_{ij}\right] \\
\qquad + \eta\tau\mathcal{A}_x\mathcal{A}_y f_{ij}^{n-\frac{1}{2}}, \quad 1 \leqslant i \leqslant M_1 - 1, \\
u_{0j}^* = \left(\mathcal{A}_y - \dfrac{\eta\tau}{2}\delta_y^2\right)u_{0j}^n, \quad u_{M_1,j}^* = \left(\mathcal{A}_y - \dfrac{\eta\tau}{2}\delta_y^2\right)u_{M_1,j}^n
\end{cases}
$$

得到

$$\{u_{ij}^* \mid 1 \leqslant i \leqslant M_1 - 1\}.$$

其次, 对固定的 i $(1 \leqslant i \leqslant M_1 - 1)$, 求解 y 方向关于 $\{u_{ij}^n \mid 0 \leqslant j \leqslant M_2\}$ 的一维问题

$$
\begin{cases}
\left(\mathcal{A}_y - \dfrac{\eta\tau}{2}\delta_y^2\right)u_{ij}^n = u_{ij}^*, \quad 1 \leqslant j \leqslant M_2 - 1, \\
u_{i0}^n = \mu(x_i, y_0, t_n), \quad u_{i,M_2}^n = \mu(x_i, y_{M_2}, t_n)
\end{cases}
$$

得到

$$\{u_{ij}^n \mid 1 \leqslant j \leqslant M_2 - 1\}.$$

3.10.2　差分格式的可解性

对任意网格函数 $u, v \in \mathring{\mathcal{V}}_h$, 定义

$$J(u, v) \equiv (\mathcal{A}_x\mathcal{A}_y u, v).$$

注意到 (2.10.4)—(2.10.6), 有

$$
J(u, v) = \left(\left(\mathcal{I} + \frac{h_1^2}{12}\delta_x^2\right)\left(\mathcal{I} + \frac{h_2^2}{12}\delta_y^2\right)u, v\right)
$$
$$
= (u, v) - \frac{h_1^2}{12}(\delta_x u, \delta_x v) - \frac{h_2^2}{12}(\delta_y u, \delta_y v) + \frac{h_1^2 h_2^2}{144}(\delta_x\delta_y u, \delta_x\delta_y v).
$$

容易验证

$$\frac{1}{3}\|u\|^2 \leqslant J(u, u) \leqslant \|u\|^2, \tag{3.10.9}$$

因而 $J(u, v)$ 为定义在 $\mathring{\mathcal{V}}_h$ 上的一个内积. 记

$$(u, v)_A = J(u, v), \quad \|u\|_A = \sqrt{(u, u)_A}.$$

由 (3.10.9) 易得如下引理.

引理 3.10.1 对任意网格函数 $u \in \mathring{\mathcal{V}}_h$, 有

$$\frac{1}{3}\|u\|^2 \leqslant \|u\|_A^2 \leqslant \|u\|^2.$$

下面给出差分格式 (3.10.6)—(3.10.8) 解的存在唯一性定理.

定理 3.10.1 差分格式 (3.10.6)—(3.10.8) 是唯一可解的.

证明 记

$$u^n = \{u_{ij}^n \mid (i,j) \in \bar{\omega}\}.$$

由 (3.10.7)—(3.10.8) 知 u^0 已给定.

现设前 n 层的值 $u^0, u^1, \cdots, u^{n-1}$ 已唯一确定, 则由 (3.10.6) 和 (3.10.8) 可得关于 u^n 的线性方程组. 要证明它的唯一可解性, 只需证明它相应的齐次方程组

$$\begin{cases} \dfrac{1}{\eta\tau}\mathcal{A}_x\mathcal{A}_y u_{ij}^n + \dfrac{\eta\tau}{4}\delta_x^2\delta_y^2 u_{ij}^n = \dfrac{1}{2}(\mathcal{A}_y\delta_x^2 u_{ij}^n + \mathcal{A}_x\delta_y^2 u_{ij}^n), & (i,j) \in \omega, \quad (3.10.10) \\ u_{ij}^n = 0, \quad (i,j) \in \partial\omega & (3.10.11) \end{cases}$$

仅有零解.

用 u^n 与方程 (3.10.10) 两边同时作内积, 可得

$$\frac{1}{\eta\tau}(\mathcal{A}_x\mathcal{A}_y u^n, u^n) + \frac{\eta\tau}{4}(\delta_x^2\delta_y^2 u^n, u^n) = \frac{1}{2}\left[(\mathcal{A}_y\delta_x^2 u^n, u^n) + (\mathcal{A}_x\delta_y^2 u^n, u^n)\right]. \,(3.10.12)$$

注意到 (3.10.11), 由引理 3.10.1 可得

$$(\mathcal{A}_x\mathcal{A}_y u^n, u^n) = (u^n, u^n)_A = \|u^n\|_A^2 \geqslant \frac{1}{3}\|u^n\|^2. \qquad (3.10.13)$$

注意到 (2.10.4)—(2.10.6), 有

$$(\delta_x^2\delta_y^2 u^n, u^n) = \|\delta_x\delta_y u^n\|^2, \qquad (3.10.14)$$

$$(\mathcal{A}_y\delta_x^2 u^n, u^n) = \left(\left(\mathcal{I} + \frac{h_2^2}{12}\delta_y^2\right)\delta_x^2 u^n, u^n\right)$$

$$= -\|\delta_x u^n\|^2 + \frac{h_2^2}{12}\|\delta_x\delta_y u^n\|^2 \leqslant -\frac{2}{3}\|\delta_x u^n\|^2, \qquad (3.10.15)$$

$$(\mathcal{A}_x\delta_y^2 u^n, u^n) = \left(\left(\mathcal{I} + \frac{h_1^2}{12}\delta_x^2\right)\delta_y^2 u^n, u^n\right)$$

$$= -\|\delta_y u^n\|^2 + \frac{h_1^2}{12}\|\delta_x\delta_y u^n\|^2 \leqslant -\frac{2}{3}\|\delta_y u^n\|^2. \qquad (3.10.16)$$

将 (3.10.13)—(3.10.16) 代入 (3.10.12) 中, 可得

$$\frac{1}{3\eta\tau}\|u^n\|^2 + \frac{\eta\tau}{4}\|\delta_x\delta_y u^n\|^2 \leqslant -\frac{1}{3}\|\nabla_h u^n\|^2 \leqslant 0,$$

因此 $\|u^n\| = 0$. 注意到 (3.10.11), 有 $u^n = 0$.

由归纳原理知, 差分格式 (3.10.6)—(3.10.8) 存在唯一解. $\qquad\qquad \square$

3.10.3　差分格式的稳定性

对任意网格函数 $u \in \mathring{\mathcal{V}}_h$, 定义

$$\|\nabla_h u\|_A^2 = \left(\|\delta_x u\|^2 - \frac{h_2^2}{12}\|\delta_y \delta_x u\|^2\right) + \left(\|\delta_y u\|^2 - \frac{h_1^2}{12}\|\delta_x \delta_y u\|^2\right).$$

引理 3.10.2　对任意网格函数 $u \in \mathring{\mathcal{V}}_h$, 有

$$\frac{2}{3}\|\nabla_h u\|^2 \leqslant \|\nabla_h u\|_A^2 \leqslant \|\nabla_h u\|^2.$$

证明　首先, 由逆估计不等式

$$\|\delta_y \delta_x u\|^2 \leqslant \frac{4}{h_2^2}\|\delta_x u\|^2, \qquad \|\delta_x \delta_y u\|^2 \leqslant \frac{4}{h_1^2}\|\delta_y u\|^2$$

可得

$$\|\nabla_h u\|_A^2 \geqslant \frac{2}{3}(\|\delta_x u\|^2 + \|\delta_y u\|^2) = \frac{2}{3}\|\nabla_h u\|^2.$$

其次, 易知

$$\|\nabla_h u\|_A^2 \leqslant \|\delta_x u\|^2 + \|\delta_y u\|^2 = \|\nabla_h u\|^2. \qquad \square$$

引理 3.10.3　对任意网格函数 $u^n \in \mathring{\mathcal{V}}_h$, $n = 0, 1, 2, \cdots, N$, 有

$$\left(\mathcal{A}_y \delta_x^2 u^{n-\frac{1}{2}} + \mathcal{A}_x \delta_y^2 u^{n-\frac{1}{2}}, \delta_t u^{n-\frac{1}{2}}\right) = -\frac{1}{2\tau}(\|\nabla_h u^n\|_A^2 - \|\nabla_h u^{n-1}\|_A^2).$$

证明　应用分部求和公式, 并注意到 (2.10.4)—(2.10.6) 可得

$$\left(\mathcal{A}_y \delta_x^2 u^{n-\frac{1}{2}} + \mathcal{A}_x \delta_y^2 u^{n-\frac{1}{2}}, \delta_t u^{n-\frac{1}{2}}\right)$$

$$= \left(\left(\mathcal{I} + \frac{h_2^2}{12}\delta_y^2\right)\delta_x^2 u^{n-\frac{1}{2}}, \delta_t u^{n-\frac{1}{2}}\right) + \left(\left(\mathcal{I} + \frac{h_1^2}{12}\delta_x^2\right)\delta_y^2 u^{n-\frac{1}{2}}, \delta_t u^{n-\frac{1}{2}}\right)$$

$$= \left(\delta_x^2 u^{n-\frac{1}{2}} + \delta_y^2 u^{n-\frac{1}{2}}, \delta_t u^{n-\frac{1}{2}}\right)$$

$$\quad + \frac{h_2^2}{12}\left(\delta_x \delta_y u^{n-\frac{1}{2}}, \delta_x \delta_y \delta_t u^{n-\frac{1}{2}}\right) + \frac{h_1^2}{12}\left(\delta_x \delta_y u^{n-\frac{1}{2}}, \delta_x \delta_y \delta_t u^{n-\frac{1}{2}}\right)$$

$$= -\frac{1}{2\tau}\left[(\|\delta_x u^n\|^2 + \|\delta_y u^n\|^2) - (\|\delta_x u^{n-1}\|^2 + \|\delta_y u^{n-1}\|^2)\right]$$

$$\quad + \frac{h_2^2}{12} \cdot \frac{1}{2\tau}\left(\|\delta_y \delta_x u^n\|^2 - \|\delta_y \delta_x u^{n-1}\|^2\right) + \frac{h_1^2}{12} \cdot \frac{1}{2\tau}\left(\|\delta_x \delta_y u^n\|^2 - \|\delta_x \delta_y u^{n-1}\|^2\right)$$

$$= -\frac{1}{2\tau}\left\{\left[\left(\|\delta_x u^n\|^2 - \frac{h_2^2}{12}\|\delta_y \delta_x u^n\|^2\right) + \left(\|\delta_y u^n\|^2 - \frac{h_1^2}{12}\|\delta_x \delta_y u^n\|^2\right)\right]\right.$$

$$\quad \left. - \left[\left(\|\delta_x u^{n-1}\|^2 - \frac{h_2^2}{12}\|\delta_y \delta_x u^{n-1}\|^2\right) + \left(\|\delta_y u^{n-1}\|^2 - \frac{h_1^2}{12}\|\delta_x \delta_y u^{n-1}\|^2\right)\right]\right\}$$

$$= -\frac{1}{2\tau}(\|\nabla_h u^n\|_A^2 - \|\nabla_h u^{n-1}\|_A^2). \qquad \square$$

下面给出差分格式 (3.10.6)—(3.10.8) 的稳定性结果.

定理 3.10.2 设 $\{v_{ij}^n \mid (i,j) \in \bar{\omega}, 0 \leqslant n \leqslant N\}$ 为差分格式

$$
\begin{cases}
\dfrac{1}{\eta} \mathcal{A}_x \mathcal{A}_y \left[b_0^{(\gamma)} \delta_t v_{ij}^{n-\frac{1}{2}} - \displaystyle\sum_{k=1}^{n-1} (b_{n-k-1}^{(\gamma)} - b_{n-k}^{(\gamma)}) \delta_t v_{ij}^{k-\frac{1}{2}} - b_{n-1}^{(\gamma)} \psi_{ij} \right] + \dfrac{\tau^2}{4} \eta \delta_x^2 \delta_y^2 \delta_t v_{ij}^{n-\frac{1}{2}} \\
\quad = \mathcal{A}_y \delta_x^2 v_{ij}^{n-\frac{1}{2}} + \mathcal{A}_x \delta_y^2 v_{ij}^{n-\frac{1}{2}} + g_{ij}^{n-\frac{1}{2}}, \quad (i,j) \in \omega, \ 1 \leqslant n \leqslant N, & (3.10.17) \\
v_{ij}^0 = \varphi(x_i, y_j), \quad (i,j) \in \omega, & (3.10.18) \\
v_{ij}^n = 0, \quad (i,j) \in \partial\omega, \ 0 \leqslant n \leqslant N & (3.10.19)
\end{cases}
$$

的解, 其中 $\psi_{ij}|_{(i,j)\in\partial\omega} = 0$, 则有

$$
\|\nabla_h v^n\|_A^2 \leqslant \|\nabla_h v^0\|_A^2 + \frac{t_n^{2-\gamma}}{\Gamma(3-\gamma)} \|\psi\|^2 + 3t_n^{\gamma-1} \Gamma(2-\gamma) \tau \sum_{k=1}^{n} \|g^{k-\frac{1}{2}}\|^2,
$$
$$
1 \leqslant n \leqslant N, \quad (3.10.20)
$$

其中

$$
\|\psi\|^2 = h_1 h_2 \sum_{i=1}^{M_1-1} \sum_{j=1}^{M_2-1} (\psi_{ij})^2, \quad \|g^{k-\frac{1}{2}}\|^2 = h_1 h_2 \sum_{i=1}^{M_1-1} \sum_{j=1}^{M_2-1} (g_{ij}^{k-\frac{1}{2}})^2.
$$

证明 用 $\eta \delta_t v^{n-\frac{1}{2}}$ 与方程 (3.10.17) 两边同时作内积, 可得

$$
b_0^{(\gamma)} \|\delta_t v^{n-\frac{1}{2}}\|_A^2 - \sum_{k=1}^{n-1} (b_{n-k-1}^{(\gamma)} - b_{n-k}^{(\gamma)})(\delta_t v^{k-\frac{1}{2}}, \delta_t v^{n-\frac{1}{2}})_A
$$
$$
- b_{n-1}^{(\gamma)} (\psi, \delta_t v^{n-\frac{1}{2}})_A + \frac{\tau^2}{4} \eta^2 (\delta_x^2 \delta_y^2 \delta_t v^{n-\frac{1}{2}}, \delta_t v^{n-\frac{1}{2}})
$$
$$
= \eta(\mathcal{A}_y \delta_x^2 v^{n-\frac{1}{2}} + \mathcal{A}_x \delta_y^2 v^{n-\frac{1}{2}}, \delta_t v^{n-\frac{1}{2}}) + \eta(g^{n-\frac{1}{2}}, \delta_t v^{n-\frac{1}{2}}). \quad (3.10.21)
$$

易知

$$
(\delta_x^2 \delta_y^2 \delta_t v^{n-\frac{1}{2}}, \delta_t v^{n-\frac{1}{2}}) = \|\delta_x \delta_y \delta_t v^{n-\frac{1}{2}}\|^2 \geqslant 0, \quad (3.10.22)
$$

且由引理 3.10.3 知

$$
(\mathcal{A}_y \delta_x^2 v^{n-\frac{1}{2}} + \mathcal{A}_x \delta_y^2 v^{n-\frac{1}{2}}, \delta_t v^{n-\frac{1}{2}}) = -\frac{1}{2\tau} (\|\nabla_h v^n\|_A^2 - \|\nabla_h v^{n-1}\|_A^2). \quad (3.10.23)
$$

将 (3.10.22) 和 (3.10.23) 代入 (3.10.21), 并应用 Cauchy-Schwarz 不等式可得

$$
b_0^{(\gamma)} \|\delta_t v^{n-\frac{1}{2}}\|_A^2 + \frac{\eta}{2\tau} (\|\nabla_h v^n\|_A^2 - \|\nabla_h v^{n-1}\|_A^2)
$$
$$
\leqslant \sum_{k=1}^{n-1} (b_{n-k-1}^{(\gamma)} - b_{n-k}^{(\gamma)})(\delta_t v^{k-\frac{1}{2}}, \delta_t v^{n-\frac{1}{2}})_A + b_{n-1}^{(\gamma)}(\psi, \delta_t v^{n-\frac{1}{2}})_A + \eta(g^{n-\frac{1}{2}}, \delta_t v^{n-\frac{1}{2}})
$$

$$\leqslant \frac{1}{2}\sum_{k=1}^{n-1}(b_{n-k-1}^{(\gamma)}-b_{n-k}^{(\gamma)})(\|\delta_t v^{k-\frac{1}{2}}\|_A^2+\|\delta_t v^{n-\frac{1}{2}}\|_A^2)$$

$$+\frac{1}{2}b_{n-1}^{(\gamma)}(\|\psi\|_A^2+\|\delta_t v^{n-\frac{1}{2}}\|_A^2)+\eta(g^{n-\frac{1}{2}},\delta_t v^{n-\frac{1}{2}}),\quad 1\leqslant n\leqslant N.$$

由上式易得

$$b_0^{(\gamma)}\|\delta_t v^{n-\frac{1}{2}}\|_A^2+\frac{\eta}{\tau}(\|\nabla_h v^n\|_A^2-\|\nabla_h v^{n-1}\|_A^2)$$

$$\leqslant \sum_{k=1}^{n-1}(b_{n-k-1}^{(\gamma)}-b_{n-k}^{(\gamma)})\|\delta_t v^{k-\frac{1}{2}}\|_A^2+b_{n-1}^{(\gamma)}\|\psi\|_A^2$$

$$+2\eta(g^{n-\frac{1}{2}},\delta_t v^{n-\frac{1}{2}}),\quad 1\leqslant n\leqslant N. \tag{3.10.24}$$

令

$$H^0=\|\nabla_h v^0\|_A^2,\quad H^n=\|\nabla_h v^n\|_A^2+\frac{\tau}{\eta}\sum_{k=1}^n b_{n-k}^{(\gamma)}\|\delta_t v^{k-\frac{1}{2}}\|_A^2,\quad 1\leqslant n\leqslant N,$$

则由 (3.10.24), 进一步可得

$$H^n\leqslant H^{n-1}+\frac{\tau}{\eta}b_{n-1}^{(\gamma)}\|\psi\|^2+2\tau(g^{n-\frac{1}{2}},\delta_t v^{n-\frac{1}{2}}),\quad 1\leqslant n\leqslant N.$$

注意到引理 3.10.1, 递推得到

$$H^n\leqslant H^0+\frac{\tau}{\eta}\sum_{k=0}^{n-1}b_k^{(\gamma)}\|\psi\|^2+2\tau\sum_{k=1}^n(g^{k-\frac{1}{2}},\delta_t v^{k-\frac{1}{2}})$$

$$\leqslant H^0+\frac{\tau}{\eta}\sum_{k=0}^{n-1}b_k^{(\gamma)}\|\psi\|^2+\tau\sum_{k=1}^n\left(\frac{b_{n-k}^{(\gamma)}}{3\eta}\|\delta_t v^{k-\frac{1}{2}}\|^2+\frac{3\eta}{b_{n-k}^{(\gamma)}}\|g^{k-\frac{1}{2}}\|^2\right)$$

$$\leqslant H^0+\frac{\tau}{\eta}\sum_{k=0}^{n-1}b_k^{(\gamma)}\|\psi\|^2+\tau\sum_{k=1}^n\left(\frac{b_{n-k}^{(\gamma)}}{\eta}\|\delta_t v^{k-\frac{1}{2}}\|_A^2+\frac{3\eta}{b_{n-k}^{(\gamma)}}\|g^{k-\frac{1}{2}}\|^2\right),\quad 1\leqslant n\leqslant N,$$

即

$$\|\nabla_h v^n\|_A^2\leqslant\|\nabla_h v^0\|_A^2+\frac{\tau}{\eta}\sum_{k=0}^{n-1}b_k^{(\gamma)}\|\psi\|^2+3\tau\sum_{k=1}^n\frac{\eta}{b_{n-k}^{(\gamma)}}\|g^{k-\frac{1}{2}}\|^2,\quad 1\leqslant n\leqslant N.$$

$$\tag{3.10.25}$$

利用 (3.1.20) 和 (3.1.22), 由 (3.10.25) 可得 (3.10.20).　　　　　　　　　　□

3.10.4 差分格式的收敛性

定理 3.10.3 设 $\{U_{ij}^n \mid (i,j) \in \bar{\omega}, 0 \leqslant n \leqslant N\}$ 为微分方程问题 (3.9.1)—(3.9.3) 的解, $\{u_{ij}^n \mid (i,j) \in \bar{\omega}, 0 \leqslant n \leqslant N\}$ 为差分格式 (3.10.6)—(3.10.8) 的解. 令

$$e_{ij}^n = U_{ij}^n - u_{ij}^n, \quad (i,j) \in \bar{\omega}, \ 0 \leqslant n \leqslant N,$$

则有

$$\|\nabla_h e^n\| \leqslant \frac{3}{2}\sqrt{2T^\gamma \Gamma(2-\gamma)L_1 L_2}\, c_{16}(\tau^{3-\gamma} + h_1^4 + h_2^4), \quad 1 \leqslant n \leqslant N.$$

证明 将 (3.10.2), (3.10.4)—(3.10.5) 分别与 (3.10.6)—(3.10.8) 相减, 可得误差方程组

$$
\begin{cases}
\dfrac{1}{\eta}\mathcal{A}_x \mathcal{A}_y \left[b_0^{(\gamma)}\delta_t e_{ij}^{n-\frac{1}{2}} - \displaystyle\sum_{k=1}^{n-1}(b_{n-k-1}^{(\gamma)} - b_{n-k}^{(\gamma)})\delta_t e_{ij}^{k-\frac{1}{2}} - b_{n-1}^{(\gamma)} \cdot 0 \right] + \dfrac{\eta}{4}\tau^2 \delta_x^2 \delta_y^2 \delta_t e_{ij}^{n-\frac{1}{2}} \\
\quad = \mathcal{A}_y \delta_x^2 e_{ij}^{n-\frac{1}{2}} + \mathcal{A}_x \delta_y^2 e_{ij}^{n-\frac{1}{2}} + (r_{16})_{ij}^{n-\frac{1}{2}}, \quad (i,j) \in \omega, \quad 1 \leqslant n \leqslant N, \\
e_{ij}^0 = 0, \quad (i,j) \in \omega, \\
e_{ij}^n = 0, \quad (i,j) \in \partial\omega, \quad 0 \leqslant n \leqslant N.
\end{cases}
$$

应用定理 3.10.2, 并注意到 (3.10.3), 可得

$$\|\nabla_h e^n\|_A^2 \leqslant 3t_n^{\gamma-1}\Gamma(2-\gamma)\tau \sum_{k=1}^{n}\left\|(r_{16})^{k-\frac{1}{2}}\right\|^2$$

$$\leqslant 3T^\gamma \Gamma(2-\gamma)L_1 L_2 c_{16}^2 (\tau^{3-\gamma} + h_1^4 + h_2^4)^2, \quad 1 \leqslant n \leqslant N.$$

将上式两边开方, 并由引理 3.10.2 可得

$$\|\nabla_h e^n\| \leqslant \sqrt{\frac{3}{2}}\|\nabla_h e^n\|_A \leqslant \frac{3}{2}\sqrt{2T^\gamma \Gamma(2-\gamma)L_1 L_2}\, c_{16}(\tau^{3-\gamma} + h_1^4 + h_2^4), \quad 1 \leqslant n \leqslant N.$$

□

3.11 补注与讨论

(1) 本章讨论了求解时间分数阶波方程初边值问题的有限差分方法. 对于时间 Caputo 分数阶导数分别应用 L1 逼近、L2-1$_\sigma$ 逼近、快速的 L1 逼近、快速的 L2-1$_\sigma$ 逼近进行离散, 空间二阶导数应用二阶中心差商逼近或紧逼近进行离散, 得到差分求解格式. 分析了每一个差分格式的唯一可解性、稳定性和收敛性. 对二维问题着重讨论了 ADI 格式和紧 ADI 格式.

(2) 本章研究的问题均是微分形式下的时间分数阶波方程, 直接应用分数阶数值微分公式对分数阶导数进行离散推导出差分格式. 值得一提的是, 早在 1993 年, 汤涛[87] 讨论了一类带弱奇性核的伪微分方程的差分方法. 这类方程实际上正是 3/2 阶的分数阶波方程的积分形式. 从积分形式出发研究分数阶波方程的差分方法, 也有一些其他研究成果. 黄健飞等[37] 首先对方程 (3.1.1) 两边同时作用分数阶积分算子 $_0D_t^{1-\gamma}$, 得到方程 (3.1.1) 的一个等价形式

$$u_t(x,t) = \psi(x) + {}_0D_t^{1-\gamma}u_{xx}(x,t) + {}_0D_t^{1-\gamma}f(x,t), \tag{3.11.1}$$

然后应用一阶 G-L 公式离散分数阶积分建立差分求解格式. 汪志波和黄锡荣[96] 也对方程 (3.11.1) 研究了差分方法, 对 R-L 积分导出二阶加权位移的 G-L 逼近公式, 并用于该方程中分数阶积分的离散, 从而建立了时间方向一致二阶收敛的差分格式. 黄健飞等在文献 [38] 中用上述变换的方法进一步研究了求解二维时间分数阶波方程的 ADI 格式.

(3) 本章研究的均是 Dirichlet 边界条件下时间分数阶波方程的差分方法. 任金城和孙志忠[65] 研究了 Neumann 边界条件下该类方程的高精度差分方法, 给出了稳定性和收敛性分析. 随后, 黄锡荣和汪志波[90] 也讨论了 Neumann 边界条件下求解该类问题的差分方法. 此外, Brunner 等[3] 研究了求解二维无界域上时间分数阶波方程的差分方法.

(4) 孙红等[76] 在文献 [1] 的基础上, 结合降阶法, 将 L2-1$_\sigma$ 逼近用于分数阶波方程的求解, 得到了时间一致二阶精度的差分方法. 孙红等在文献 [77] 中, 结合降阶法, 将文献 [19] 的方法用于多项时间分数阶波方程的求解, 得到时间一致二阶精度的差分方法. 孙红等在文献 [74] 中进一步研究了多项分数阶波方程基于 L2-1$_\sigma$ 逼近的时间二阶精度快速差分方法.

(5) 刘发旺等[51] 讨论了求解一维多项时间分数阶波方程的数值方法. 3.6 节和 3.7 节分别介绍了求解一维多项时间分数阶波方程基于 L1 逼近和 L2-1$_\sigma$ 逼近的差分方法[67, 77]. 对二维多项时间分数阶波方程, 文献 [67] 还构造了紧 ADI 差分方法, 并用离散能量方法分析了格式的收敛性.

(6) 封利波等[18]、孙志忠等[81] 研究了求解混合时间分数阶扩散–波方程基于 L1 逼近的有限差分方法. 本章引理 3.8.3 更正了文献 [81] 中引理 3.3 中的一个小笔误. 杜瑞连和孙志忠在文献 [17] 中进一步研究了求解混合时间分数阶扩散–波方程基于 L2-1$_\sigma$ 逼近的有限差分方法.

(7) 3.9 节和 3.10 节对二维时间分数阶波方程建立的差分格式的解作了 H^1 估计, 得到了差分解在 H^1 范数下的收敛性. 可以对差分解作 H^2 估计, 再应用引理 6.3.1 得到差分解的无穷模估计, 进而得到差分解在无穷模范数下的收敛性. 有兴趣的读者可以参考文献 [47, 48].

(8) 考虑问题 (3.1.1)—(3.1.3), 若其解 $u \in C^{(2,2)}([0,L] \times [0,T])$, 则有 $\lim\limits_{t \to 0+} {}_0^C D_t^\gamma u(x,t) = 0$. 在 (3.1.1) 中令 $t \to 0+$, 可得 $\varphi(x)$ 和 $f(x,0)$ 满足如下必要条件:

$$\begin{cases} -\varphi''(x) = f(x,0), & x \in (0,L), \\ \varphi(0) = \mu(0), & \varphi(L) = \nu(0). \end{cases}$$

已知 $f(x,0)$, 则由上式可唯一确定 $\varphi(x)$. 反过来, 由 $\varphi(x)$ 可确定 $f(x,0)$. 可见 $\varphi(x)$ 和 $f(x,0)$ 并非独立.

习 题 3

1. 考虑问题

$$\begin{cases} {}_0\mathbf{D}_t^\gamma u(x,t) = u_{xx}(x,t) + f(x,t), & x \in (0,L), \ t \in (0,T], & (3.12.1) \\ u(x,0) = 0, \ u_t(x,0) = 0, & x \in (0,L), & (3.12.2) \\ u(0,t) = \mu(t), \ u(L,t) = \nu(t), & t \in [0,T], & (3.12.3) \end{cases}$$

其中 $\gamma \in (1,2)$, f, μ, ν 为已知函数, 且 $\mu(0) = \nu(0) = \mu'(0) = \nu'(0) = 0$. 对任意固定的 $x \in [0,L]$, 定义函数

$$\hat{u}(x,t) = \begin{cases} 0, & t < 0, \\ u(x,t), & 0 \leqslant t \leqslant T, \\ v(x,t), & T < t < 2T, \\ 0, & t \geqslant 2T, \end{cases}$$

其中 $v(x,t)$ 为满足 $\dfrac{\partial^k v}{\partial t^k}(x,t)\Big|_{t=T} = \dfrac{\partial^k u}{\partial t^k}(x,t)\Big|_{t=T}$, $\dfrac{\partial^k v}{\partial t^k}(x,t)\Big|_{t=2T} = 0$ $(k = 0,1,2,3)$ 的光滑函数. 设 $\hat{u}(x,\cdot) \in \mathscr{C}^{1+\gamma}(\mathcal{R})$. 构造如下差分格式

$$\begin{cases} \tau^{-(\gamma-1)} \sum\limits_{k=0}^{n-1} g_k^{(\gamma-1)} \delta_t u_i^{n-k-\frac{1}{2}} = \delta_x^2 u_i^{n-\frac{1}{2}} + f_i^{n-\frac{1}{2}}, & 1 \leqslant i \leqslant M-1, \ 1 \leqslant n \leqslant N, \\ u_i^0 = 0, & 1 \leqslant i \leqslant M-1, \\ u_0^n = \mu(t_n), \ u_M^n = \nu(t_n), & 0 \leqslant n \leqslant N. \end{cases}$$

(1) 分析差分格式的截断误差;

(2) 证明差分格式的唯一可解性;

(3) 证明差分格式对右端函数 f 的稳定性;

(4) 证明差分格式的收敛性.

2. 类似题 1 定义函数 $\hat{u}(x,t)$, 并设 $\hat{u}(x,\cdot) \in \mathscr{C}^{1+\gamma}(\mathcal{R})$. 对问题 (3.12.1)—(3.12.3) 建立如

下差分格式:

$$
\begin{cases}
\mathcal{A}\left(\tau^{-(\gamma-1)}\sum_{k=0}^{n-1}g_k^{(\gamma-1)}\delta_t u_i^{n-k-\frac{1}{2}}\right) = \delta_x^2 u_i^{n-\frac{1}{2}} + \mathcal{A}f_i^{n-\frac{1}{2}}, & 1 \leqslant i \leqslant M-1,\ 1 \leqslant n \leqslant N, \\
u_i^0 = 0, \quad 1 \leqslant i \leqslant M-1, \\
u_0^n = \mu(t_n), \quad u_M^n = \nu(t_n), \quad 0 \leqslant n \leqslant N.
\end{cases}
$$

(1) 分析差分格式的截断误差;

(2) 证明差分格式的唯一可解性;

(3) 证明差分格式对右端函数 f 的稳定性;

(4) 证明差分格式的收敛性.

3. 考虑问题

$$
\begin{cases}
{}_0\mathbf{D}_t^{\gamma_1}u(x,t) + {}_0\mathbf{D}_t^{\gamma}u(x,t) = u_{xx}(x,t) + f(x,t), & x \in (0,L),\ t \in (0,T], \\
u(x,0) = 0,\ u_t(x,0) = 0, \quad x \in (0,L), \\
u(0,t) = \mu(t),\ u(L,t) = \nu(t), \quad t \in [0,T],
\end{cases}
$$

其中 $1 < \gamma_1 < \gamma < 2$, f, μ, ν 为已知函数, 且 $\mu(0) = \nu(0) = \mu'(0) = \nu'(0) = 0$. 类似题 1 定义函数 $\hat{u}(x,t)$, 并设 $\hat{u}(x,\cdot) \in \mathscr{C}^{1+\gamma}(\mathcal{R})$. 构造如下差分格式:

$$
\begin{cases}
\tau^{-(\gamma_1-1)}\sum_{k=0}^{n-1}g_k^{(\gamma_1-1)}\delta_t u_i^{n-k-\frac{1}{2}} + \tau^{-(\gamma-1)}\sum_{k=0}^{n-1}g_k^{(\gamma-1)}\delta_t u_i^{n-k-\frac{1}{2}} = \delta_x^2 u_i^{n-\frac{1}{2}} + f_i^{n-\frac{1}{2}}, \\
\hspace{7cm} 1 \leqslant i \leqslant M-1,\ 1 \leqslant n \leqslant N, \\
u_i^0 = 0, \quad 1 \leqslant i \leqslant M-1, \\
u_0^n = \mu(t_n),\ u_M^n = \nu(t_n), \quad 0 \leqslant n \leqslant N.
\end{cases}
$$

(1) 分析差分格式的截断误差;

(2) 证明差分格式的唯一可解性;

(3) 证明差分格式对右端函数 f 的稳定性;

(4) 证明差分格式的收敛性.

4. 对于时间分数阶波方程初边值问题

$$
\begin{cases}
{}_0^C D_t^{\gamma}u(x,t) = u_{xx}(x,t) + f(x,t), & x \in (0,L),\ t \in (0,T], \\
u(x,0) = \varphi(x), \quad u_t(x,0) = \psi(x), \quad x \in (0,L), \\
u(0,t) = \mu(t), \quad u(L,t) = \nu(t), \quad t \in [0,T],
\end{cases}
$$

应用 1.6.5 节中的 H2N2 逼近 (1.6.54) 建立如下格式:

$$
\begin{cases}
\dfrac{1}{\Gamma(2-\gamma)}\left[\hat{b}_0^{(n,\gamma)}\delta_t u_i^{n-\frac{1}{2}} - \sum_{k=1}^{n-1}(\hat{b}_{n-k-1}^{(n,\gamma)} - \hat{b}_{n-k}^{(n,\gamma)})\delta_t u_i^{k-\frac{1}{2}} - \hat{b}_{n-1}^{(n,\gamma)}\psi_i\right] = \delta_x^2 u_i^{n-\frac{1}{2}} + f_i^{n-\frac{1}{2}}, \\
\hspace{7cm} 1 \leqslant i \leqslant M-1,\ 1 \leqslant n \leqslant N, \\
u_i^0 = \varphi(x_i), \quad 1 \leqslant i \leqslant M-1, \\
u_0^n = \mu(t_n),\ u_M^n = \nu(t_n), \quad 0 \leqslant n \leqslant N.
\end{cases}
$$

(1) 分析差分格式的截断误差;

(2) 证明差分格式的唯一可解性;

(3) 证明差分格式对右端函数 f 的稳定性;

(4) 证明差分格式的收敛性.

5. 对于时间分数阶波方程初边值问题

$$\begin{cases} {}^C_0 D^\gamma_t u(x,t) = u_{xx}(x,t) + f(x,t), & x \in (0,L),\ t \in (0,T], \\ u(x,0) = \varphi(x), \quad u_t(x,0) = \psi(x), & x \in (0,L), \\ u(0,t) = \mu(t), \quad u(L,t) = \nu(t), & t \in [0,T], \end{cases}$$

应用 1.7.3 节中的快速的 H2N2 逼近 (1.7.38)—(1.7.40) 建立如下差分格式:

$$\begin{cases} \dfrac{1}{\Gamma(2-\gamma)} \hat{b}^{(1,\gamma)}_0 \big(\delta_t u^{\frac{1}{2}}_i - \psi_i\big) = \delta^2_x u^{\frac{1}{2}}_i + f^{\frac{1}{2}}_i, & 1 \leqslant i \leqslant M-1, \\[2mm] \dfrac{1}{\Gamma(2-\gamma)} \left[\sum\limits_{l=1}^{N_{\exp}} \omega_l F^n_{l,i} + \dfrac{\tau^{2-\gamma}}{2-\gamma} \delta^2_t u^{n-1}_i \right] = \delta^2_x u^{n-\frac{1}{2}}_i + f^{n-\frac{1}{2}}_i, \\[2mm] \hspace{5cm} 1 \leqslant i \leqslant M-1, \quad 2 \leqslant n \leqslant N, \\[2mm] F^2_{l,i} = \dfrac{2}{\tau} \int_{t_0}^{t_{\frac{1}{2}}} \mathrm{e}^{-s_l(t_{\frac{3}{2}}-t)} \mathrm{d}t \big(\delta_t u^{\frac{1}{2}}_i - \psi_i\big), & 1 \leqslant i \leqslant M-1, \quad 1 \leqslant l \leqslant N_{\exp}, \\[2mm] F^n_{l,i} = \mathrm{e}^{-s_l\tau} F^{n-1}_{l,i} + B_l \big(\delta_t u^{n-\frac{3}{2}}_i - \delta_t u^{n-\frac{5}{2}}_i\big), \\[2mm] \hspace{4cm} 1 \leqslant l \leqslant N_{\exp}, \quad 1 \leqslant i \leqslant M-1, \quad 3 \leqslant n \leqslant N, \\[2mm] u^0_i = \varphi(x_i), \quad 1 \leqslant i \leqslant M-1, \\[2mm] u^n_0 = \mu(t_n), \quad u^n_M = \nu(t_n), \quad 0 \leqslant n \leqslant N. \end{cases}$$

(1) 分析差分格式的截断误差;

(2) 证明差分格式的唯一可解性;

(3) 证明差分格式对右端函数 f 的稳定性;

(4) 证明差分格式的收敛性.

6. 考虑如下时间分数阶混合扩散–波方程初边值问题

$$\begin{cases} {}^C_0 D^\gamma_t u(x,t) + {}^C_0 D^\alpha_t u(x,t) = u_{xx}(x,t) + f(x,t), & x \in (0,L),\ t \in (0,T], \\ u(x,0) = \varphi(x), \quad u_t(x,0) = \psi(x), & x \in (0,L), \\ u(0,t) = \mu(t), \quad u(L,t) = \nu(t), & t \in [0,T], \end{cases}$$

构造如下空间紧差分格式:

$$
\begin{cases}
\mathcal{A}\left\{\dfrac{1}{s_\gamma}\left[b_0^{(\gamma)}\delta_t u_i^{n-\frac{1}{2}} - \sum_{k=1}^{n-1}(b_{n-k-1}^{(\gamma)} - b_{n-k}^{(\gamma)})\delta_t u_i^{k-\frac{1}{2}} - b_{n-1}^{(\gamma)}\psi_i\right]\right\} \\[3mm]
\quad +\mathcal{A}\left\{\dfrac{1}{s_\alpha}\left[\dfrac{a_0^{(\alpha)}}{2}\delta_t u_i^{n-\frac{1}{2}} + \sum_{k=1}^{n-1}\dfrac{a_{n-k}^{(\alpha)} + a_{n-1-k}^{(\alpha)}}{2}\delta_t u_i^{k-\frac{1}{2}}\right]\right\} \\[3mm]
\quad = \delta_x^2 u_i^{n-\frac{1}{2}} + \mathcal{A}f_i^{n-\frac{1}{2}}, \qquad 1 \leqslant i \leqslant M-1,\ 1 \leqslant n \leqslant N, \\[2mm]
u_i^0 = \varphi(x_i), \qquad 1 \leqslant i \leqslant M-1, \\[2mm]
u_0^n = \mu(t_n), \qquad u_M^n = \nu(t_n), \qquad 0 \leqslant n \leqslant N.
\end{cases}
$$

(1) 分析差分格式的截断误差;

(2) 证明差分格式的唯一可解性;

(3) 证明差分格式对右端函数 f 的稳定性;

(4) 证明差分格式的收敛性.

7. 考虑问题

$$
\begin{cases}
{}_0\mathbf{D}_t^\gamma u(x,y,t) = u_{xx}(x,y,t) + u_{yy}(x,y,t) + f(x,y,t), & \\
\qquad\qquad\qquad\qquad (x,y) \in \Omega, \quad t \in (0,T], & (3.12.4) \\
u(x,y,0) = 0, \quad u_t(x,y,0) = 0, \quad (x,y) \in \Omega, & (3.12.5) \\
u(x,y,t) = \mu(x,y,t), \quad (x,y) \in \partial\Omega,\ t \in [0,T], & (3.12.6)
\end{cases}
$$

其中 $\Omega = (0,L_1) \times (0,L_2)$, $\gamma \in (1,2)$, f,μ 为已知函数, 且当 $(x,y) \in \partial\Omega$ 时, $\mu(x,y,0) = 0$, $\mu_t(x,y,0) = 0$. 对任意固定的 $(x,y) \in \bar{\Omega}$, 定义函数

$$
\hat{u}(x,y,t) = \begin{cases}
0, & t < 0, \\
u(x,y,t), & 0 \leqslant t \leqslant T, \\
v(x,y,t), & T < t < 2T, \\
0, & t \geqslant 2T,
\end{cases}
$$

其中 $v(x,y,t)$ 为满足 $\left.\dfrac{\partial^k v}{\partial t^k}(x,y,t)\right|_{t=T} = \left.\dfrac{\partial^k u}{\partial t^k}(x,y,t)\right|_{t=T}$, $\left.\dfrac{\partial^k v}{\partial t^k}(x,y,t)\right|_{t=2T} = 0$ $(k = 0,1,2,3)$ 的光滑函数. 设 $\hat{u}(x,y,\cdot) \in \mathscr{C}^{1+\gamma}(\mathcal{R})$. 构造如下差分格式:

$$
\begin{cases}
\tau^{-(\gamma-1)}\sum_{k=0}^{n-1} g_k^{(\gamma-1)}\delta_t u_{ij}^{n-k-\frac{1}{2}} = \delta_x^2 u_{ij}^{n-\frac{1}{2}} + \delta_y^2 u_{ij}^{n-\frac{1}{2}} + f_{ij}^{n-\frac{1}{2}}, & (i,j) \in \omega,\ 1 \leqslant n \leqslant N, \\[2mm]
u_{ij}^0 = 0, \quad (i,j) \in \omega, \\[2mm]
u_{ij}^n = \mu(x_i, y_j, t_n), \quad (i,j) \in \partial\omega, \quad 0 \leqslant n \leqslant N.
\end{cases}
$$

(1) 分析差分格式的截断误差;

(2) 证明差分格式的唯一可解性;

(3) 证明差分格式对右端函数 f 的稳定性;

(4) 证明差分格式的收敛性.

8. 类似题 7 定义函数 $\hat{u}(x,y,t)$, 并设 $\hat{u}(x,y,\cdot) \in \mathscr{C}^{1+\gamma}(\mathcal{R})$. 对问题 (3.12.4)—(3.12.6) 建立如下差分格式:

$$
\begin{cases}
\mathcal{A}_x \mathcal{A}_y \left(\tau^{-(\gamma-1)} \sum_{k=0}^{n-1} g_k^{(\gamma-1)} \delta_t u_{ij}^{n-k-\frac{1}{2}} \right) = \mathcal{A}_y \delta_x^2 u_{ij}^{n-\frac{1}{2}} + \mathcal{A}_x \delta_y^2 u_{ij}^{n-\frac{1}{2}} + \mathcal{A}_x \mathcal{A}_y f_{ij}^{n-\frac{1}{2}}, \\
\qquad\qquad\qquad\qquad\qquad\qquad\qquad\qquad (i,j) \in \omega, \quad 1 \leqslant n \leqslant N, \\
u_{ij}^0 = 0, \quad (i,j) \in \omega, \\
u_{ij}^n = \mu(x_i, y_j, t_n), \quad (i,j) \in \partial\omega,\ 0 \leqslant n \leqslant N.
\end{cases}
$$

(1) 分析差分格式的截断误差;

(2) 证明差分格式的唯一可解性;

(3) 证明差分格式对右端函数 f 的稳定性;

(4) 证明差分格式的收敛性.

第 4 章 空间分数阶偏微分方程的差分方法

空间分数阶偏微分方程可以用来描述与空间全域相关的扩散过程. 在数学上表现为用 R-L 分数阶导数或 Riesz 分数阶导数代替经典扩散方程中的空间整数阶导数. 本章研究 R-L 型空间分数阶偏微分方程的差分方法. 用标准的 G-L 公式离散 R-L 分数阶导数是一个很自然的想法, 它具有一阶精度, 但是由此导出的差分格式是不稳定的. Meerschaert 和 Tadjeran[57, 58] 将位移的 G-L 公式用于空间分数阶微分方程的数值求解, 得到了稳定的差分格式. 本章将对一维 R-L 型空间分数阶偏微分方程依次介绍基于位移 G-L 逼近的时间空间一阶方法、基于加权位移 G-L 逼近的时间空间二阶方法以及基于加权位移 G-L 逼近的时间二阶、空间四阶方法; 对二维问题介绍基于加权位移 G-L 逼近的时间二阶、空间四阶 ADI 方法. 本章共 5 节.

4.1 一维问题基于位移 G-L 逼近的一阶方法

考虑空间分数阶偏微分方程初边值问题

$$
\begin{cases}
u_t(x,t) = K_1\, {}_0\mathbf{D}_x^{\beta} u(x,t) + K_2\, {}_x\mathbf{D}_L^{\beta} u(x,t) + f(x,t), \\
\qquad\qquad\qquad x \in (0,L),\ t \in (0,T], & (4.1.1) \\
u(x,0) = \varphi(x), \quad x \in (0,L), & (4.1.2) \\
u(0,t) = 0, \quad u(L,t) = 0, \quad t \in [0,T], & (4.1.3)
\end{cases}
$$

其中 K_1, K_2 为非负常数, 且 $K_1 + K_2 > 0$, $\beta \in (1,2)$, f, φ 为已知函数, 且 $\varphi(0) = \varphi(L) = 0$.

引入同 2.1 节和 3.1 节相同的网格剖分、记号和网格函数空间 $\mathcal{U}_h$, $\mathring{\mathcal{U}}_h$. 此外, 对任意固定的 $t \in [0,T]$, 定义函数

$$
\tilde{u}(x,t) = \begin{cases}
u(x,t), & 0 \leqslant x \leqslant L, \\
0, & x \notin [0,L].
\end{cases}
$$

假设 $u(x,\cdot) \in C^2[0,T]$ 且函数 $\tilde{u}(\cdot,t)$ 满足定理 1.4.2 的条件, 即 $\tilde{u}(\cdot,t) \in \mathscr{C}^{1+\beta}(\mathcal{R})$.

定义网格函数

$$
U_i^n = u(x_i, t_n), \quad f_i^n = f(x_i, t_n), \quad 0 \leqslant i \leqslant M,\ 0 \leqslant n \leqslant N.
$$

4.1.1 差分格式的建立

在结点 (x_i, t_n) 处考虑微分方程 (4.1.1), 有

$$u_t(x_i, t_n) = K_1 \, {}_0\mathbf{D}_x^\beta u(x_i, t_n) + K_2 \, {}_x\mathbf{D}_L^\beta u(x_i, t_n) + f_i^n,$$
$$1 \leqslant i \leqslant M-1, \quad 1 \leqslant n \leqslant N. \tag{4.1.4}$$

对 (4.1.4) 右端空间分数阶导数, 由位移的 G-L 公式 (1.4.1), 有

$$_0\mathbf{D}_x^\beta u(x_i, t_n) = h^{-\beta} \sum_{k=0}^{i+1} g_k^{(\beta)} U_{i-k+1}^n + O(h), \tag{4.1.5}$$

$$_x\mathbf{D}_L^\beta u(x_i, t_n) = h^{-\beta} \sum_{k=0}^{M-i+1} g_k^{(\beta)} U_{i+k-1}^n + O(h). \tag{4.1.6}$$

对 (4.1.4) 左端时间一阶偏导数, 有

$$u_t(x_i, t_n) = \frac{1}{\tau}(U_i^n - U_i^{n-1}) + O(\tau). \tag{4.1.7}$$

将 (4.1.5)—(4.1.7) 代入 (4.1.4), 得到

$$\frac{1}{\tau}(U_i^n - U_i^{n-1}) = K_1 \, h^{-\beta} \sum_{k=0}^{i+1} g_k^{(\beta)} U_{i-k+1}^n + K_2 \, h^{-\beta} \sum_{k=0}^{M-i+1} g_k^{(\beta)} U_{i+k-1}^n$$
$$+ f_i^n + (r_1)_i^n, \quad 1 \leqslant i \leqslant M-1, \, 1 \leqslant n \leqslant N, \tag{4.1.8}$$

且存在正常数 c_1, 使得

$$|(r_1)_i^n| \leqslant c_1(\tau + h), \quad 1 \leqslant i \leqslant M-1, \, 1 \leqslant n \leqslant N. \tag{4.1.9}$$

注意到初边值条件 (4.1.2)—(4.1.3), 有

$$\begin{cases} U_i^0 = \varphi(x_i), \quad 1 \leqslant i \leqslant M-1, & (4.1.10) \\ U_0^n = 0, \quad U_M^n = 0, \quad 0 \leqslant n \leqslant N. & (4.1.11) \end{cases}$$

在方程 (4.1.8) 中略去小量项 $(r_1)_i^n$, 并用数值解 u_i^n 代替精确解 U_i^n, 可得求解问题 (4.1.1)—(4.1.3) 的如下差分格式:

$$\begin{cases} \frac{1}{\tau}(u_i^n - u_i^{n-1}) = K_1 \, h^{-\beta} \sum_{k=0}^{i+1} g_k^{(\beta)} u_{i-k+1}^n + K_2 \, h^{-\beta} \sum_{k=0}^{M-i+1} g_k^{(\beta)} u_{i+k-1}^n + f_i^n, \\ \qquad\qquad 1 \leqslant i \leqslant M-1, \quad 1 \leqslant n \leqslant N, & (4.1.12) \\ u_i^0 = \varphi(x_i), \quad 1 \leqslant i \leqslant M-1, & (4.1.13) \\ u_0^n = 0, \quad u_M^n = 0, \quad 0 \leqslant n \leqslant N. & (4.1.14) \end{cases}$$

记

$$\lambda_1 = K_1 \frac{\tau}{h^\beta}, \quad \lambda_2 = K_2 \frac{\tau}{h^\beta}.$$

4.1.2　差分格式的可解性

定理 4.1.1　差分格式 (4.1.12)—(4.1.14) 是唯一可解的.

证明　记

$$u^n = (u_0^n, u_1^n, \cdots, u_M^n).$$

由 (4.1.13)—(4.1.14) 知第 0 层的值 u^0 已知. 设前 n 层的值 $u^0, u^1, \cdots, u^{n-1}$ 已唯一确定, 则由 (4.1.12) 和 (4.1.14) 可得关于第 n 层值 u^n 的线性方程组. 要证明它的唯一可解性, 只需证明它相应的齐次方程组

$$
\begin{cases}
\dfrac{1}{\tau} u_i^n = K_1 \, h^{-\beta} \displaystyle\sum_{k=0}^{i+1} g_k^{(\beta)} u_{i-k+1}^n + K_2 \, h^{-\beta} \displaystyle\sum_{k=0}^{M-i+1} g_k^{(\beta)} u_{i+k-1}^n, \\
\qquad\qquad\qquad\qquad\qquad\qquad\qquad\qquad 1 \leqslant i \leqslant M-1, \qquad (4.1.15) \\[2mm]
u_0^n = u_M^n = 0 \qquad\qquad\qquad\qquad\qquad\qquad\qquad\qquad\qquad (4.1.16)
\end{cases}
$$

仅有零解.

由引理 1.4.1 知, 当 $1 < \beta < 2$ 时, 有

$$g_0^{(\beta)} = 1, \quad g_1^{(\beta)} = -\beta, \quad g_2^{(\beta)} > g_3^{(\beta)} > \cdots > 0,$$

$$\sum_{k=0}^{\infty} g_k^{(\beta)} = 0, \quad \sum_{k=0}^{m} g_k^{(\beta)} < 0, \quad m \geqslant 1.$$

改写方程 (4.1.15) 为

$$
\left[1 + \lambda_1(-g_1^{(\beta)}) + \lambda_2(-g_1^{(\beta)}) \right] u_i^n
$$
$$
= \lambda_1 \sum_{\substack{k=0 \\ k \neq 1}}^{i+1} g_k^{(\beta)} u_{i-k+1}^n + \lambda_2 \sum_{\substack{k=0 \\ k \neq 1}}^{M-i+1} g_k^{(\beta)} u_{i+k-1}^n, \quad 1 \leqslant i \leqslant M-1.
$$

设 $\|u^n\|_\infty = |u_{i_n}^n|$, 其中 $i_n \in \{1, 2, \cdots, M-1\}$. 在上式中令 $i = i_n$, 然后在所得等式的两边取绝对值, 并利用三角不等式, 可得

$$
\left[1 + \lambda_1(-g_1^{(\beta)}) + \lambda_2(-g_1^{(\beta)}) \right] \|u^n\|_\infty
$$
$$
\leqslant \lambda_1 \sum_{\substack{k=0 \\ k \neq 1}}^{i_n+1} g_k^{(\beta)} |u_{i_n-k+1}^n| + \lambda_2 \sum_{\substack{k=0 \\ k \neq 1}}^{M-i_n+1} g_k^{(\beta)} |u_{i_n+k-1}^n|
$$
$$
\leqslant \lambda_1 \sum_{\substack{k=0 \\ k \neq 1}}^{i_n+1} g_k^{(\beta)} \|u^n\|_\infty + \lambda_2 \sum_{\substack{k=0 \\ k \neq 1}}^{M-i_n+1} g_k^{(\beta)} \|u^n\|_\infty.
$$

注意到 $\sum\limits_{k=0}^{m} g_k^{(\beta)} < 0 \ (m \geqslant 1)$, 有

$$\|u^n\|_\infty \leqslant \lambda_1 \sum_{k=0}^{i_n+1} g_k^{(\beta)} \|u^n\|_\infty + \lambda_2 \sum_{k=0}^{M-i_n+1} g_k^{(\beta)} \|u^n\|_\infty \leqslant 0,$$

因此 $\|u^n\|_\infty = 0$, 即齐次方程组 (4.1.15)—(4.1.16) 只有零解.

由归纳原理知, 差分格式 (4.1.12)—(4.1.14) 存在唯一解. $\qquad\square$

4.1.3 差分格式的稳定性

定理 4.1.2 差分格式 (4.1.12)—(4.1.14) 的解对初值 φ 和右端函数 f 均是无条件稳定的. 具体地有

$$\|u^n\|_\infty \leqslant \|u^0\|_\infty + \tau \sum_{m=1}^{n} \|f^m\|_\infty, \quad 1 \leqslant n \leqslant N,$$

其中

$$\|f^m\|_\infty = \max_{1 \leqslant i \leqslant M-1} |f_i^m|.$$

证明 将差分方程 (4.1.12) 改写如下:

$$\left[1 + \lambda_1(-g_1^{(\beta)}) + \lambda_2(-g_1^{(\beta)})\right] u_i^n$$
$$= u_i^{n-1} + \lambda_1 \sum_{\substack{k=0 \\ k\neq 1}}^{i+1} g_k^{(\beta)} u_{i-k+1}^n + \lambda_2 \sum_{\substack{k=0 \\ k\neq 1}}^{M-i+1} g_k^{(\beta)} u_{i+k-1}^n + \tau f_i^n,$$
$$1 \leqslant i \leqslant M-1, \ 1 \leqslant n \leqslant N.$$

设 $\|u^n\|_\infty = |u_{i_n}^n|$, 其中 $i_n \in \{1, 2, \cdots, M-1\}$. 在上式中令 $i = i_n$, 然后在所得等式的两边取绝对值, 并利用三角不等式可得

$$\left[1 + \lambda_1(-g_1^{(\beta)}) + \lambda_2(-g_1^{(\beta)})\right] \|u^n\|_\infty$$
$$\leqslant \|u^{n-1}\|_\infty + \lambda_1 \sum_{\substack{k=0 \\ k\neq 1}}^{i_n+1} g_k^{(\beta)} \|u^n\|_\infty + \lambda_2 \sum_{\substack{k=0 \\ k\neq 1}}^{M-i_n+1} g_k^{(\beta)} \|u^n\|_\infty + \tau\|f^n\|_\infty, \quad 1 \leqslant n \leqslant N,$$

即

$$\|u^n\|_\infty \leqslant \|u^{n-1}\|_\infty + \lambda_1 \sum_{k=0}^{i_n+1} g_k^{(\beta)} \|u^n\|_\infty + \lambda_2 \sum_{k=0}^{M-i_n+1} g_k^{(\beta)} \|u^n\|_\infty + \tau\|f^n\|_\infty$$
$$\leqslant \|u^{n-1}\|_\infty + \tau\|f^n\|_\infty, \quad 1 \leqslant n \leqslant N.$$

递推可得

$$\|u^n\|_\infty \leqslant \|u^0\|_\infty + \tau \sum_{m=1}^n \|f^m\|_\infty, \quad 1 \leqslant n \leqslant N. \qquad \square$$

4.1.4　差分格式的收敛性

定理 4.1.3　设 $\{U_i^n \mid 0 \leqslant i \leqslant M, \, 0 \leqslant n \leqslant N\}$ 为微分方程问题 (4.1.1)—(4.1.3) 的解, $\{u_i^n \mid 0 \leqslant i \leqslant M, \, 0 \leqslant n \leqslant N\}$ 为差分格式 (4.1.12)—(4.1.14) 的解. 令

$$e_i^n = U_i^n - u_i^n, \quad 0 \leqslant i \leqslant M, \, 0 \leqslant n \leqslant N,$$

则有

$$\|e^n\|_\infty \leqslant c_1 T(\tau + h), \quad 1 \leqslant n \leqslant N.$$

证明　将 (4.1.8), (4.1.10)—(4.1.11) 分别与 (4.1.12)—(4.1.14) 相减, 可得误差方程组

$$\begin{cases} \dfrac{1}{\tau}(e_i^n - e_i^{n-1}) = K_1 \, h^{-\beta} \sum_{k=0}^{i+1} g_k^{(\beta)} e_{i-k+1}^n + K_2 \, h^{-\beta} \sum_{k=0}^{M-i+1} g_k^{(\beta)} e_{i+k-1}^n + (r_1)_i^n, \\ \qquad\qquad 1 \leqslant i \leqslant M-1, \, 1 \leqslant n \leqslant N, \\ e_i^0 = 0, \quad 1 \leqslant i \leqslant M-1, \\ e_0^n = 0, \quad e_M^n = 0, \quad 0 \leqslant n \leqslant N. \end{cases}$$

应用定理 4.1.2, 并注意到 (4.1.9) 可得

$$\|e^n\|_\infty \leqslant \tau \sum_{m=1}^n \|(r_1)^m\|_\infty \leqslant n\tau c_1(\tau + h) \leqslant c_1 T(\tau + h), \quad 1 \leqslant n \leqslant N. \qquad \square$$

4.2　一维问题基于加权位移 G-L 逼近的二阶方法

本节考虑求解问题 (4.1.1)—(4.1.3) 的时间二阶、空间二阶的差分方法.

假设 $u(x, \cdot) \in C^3[0,T]$ 且 4.1 节中定义的函数 $\tilde u(x,t)$ 满足定理 1.4.3 的条件, 即 $\tilde u(\cdot, t) \in \mathscr{C}^{2+\beta}(\mathcal{R})$.

4.2.1　差分格式的建立

在结点 (x_i, t_n) 处考虑微分方程 (4.1.1), 有

$$u_t(x_i, t_n) = K_1 \, _0\mathbf{D}_x^\beta u(x_i, t_n) + K_2 \, _x\mathbf{D}_L^\beta u(x_i, t_n) + f_i^n,$$

$$1 \leqslant i \leqslant M-1, \, 0 \leqslant n \leqslant N.$$

相邻两个时间层取平均, 得到

$$
\begin{aligned}
\frac{1}{2}\big[u_t(x_i,t_n)+u_t(x_i,t_{n-1})\big] =&\frac{1}{2}K_1\big[{}_0\mathbf{D}_x^\beta u(x_i,t_n)+{}_0\mathbf{D}_x^\beta u(x_i,t_{n-1})\big]\\
&+\frac{1}{2}K_2\big[{}_x\mathbf{D}_L^\beta u(x_i,t_n)+{}_x\mathbf{D}_L^\beta u(x_i,t_{n-1})\big]\\
&+f_i^{n-\frac{1}{2}},\quad 1\leqslant i\leqslant M-1,\ 1\leqslant n\leqslant N,\qquad (4.2.1)
\end{aligned}
$$

其中 $f_i^{n-\frac{1}{2}}=\frac{1}{2}(f_i^n+f_i^{n-1})$. 对 (4.2.1) 右端空间分数阶导数, 用两项加权位移的 G-L 公式, 由定理 1.4.3 及推论 1.4.2, 有

$$
{}_0\mathbf{D}_x^\beta u(x_i,t_n)=h^{-\beta}\sum_{k=0}^{i+1}\widetilde{w}_k^{(\beta)}U_{i-k+1}^n+O(h^2),\qquad (4.2.2)
$$

$$
{}_x\mathbf{D}_L^\beta u(x_i,t_n)=h^{-\beta}\sum_{k=0}^{M-i+1}\widetilde{w}_k^{(\beta)}U_{i+k-1}^n+O(h^2),\qquad (4.2.3)
$$

其中系数 $\{\widetilde{w}_k^{(\beta)}\}$ 由 (1.4.16) 定义, 它们满足 (1.4.17).

对 (4.2.1) 左端时间一阶偏导数, 有

$$
\frac{1}{2}\big[u_t(x_i,t_n)+u_t(x_i,t_{n-1})\big]=\frac{1}{\tau}(U_i^n-U_i^{n-1})+O(\tau^2).\qquad (4.2.4)
$$

将 (4.2.2)—(4.2.4) 代入 (4.2.1), 得到

$$
\begin{aligned}
\frac{1}{\tau}(U_i^n-U_i^{n-1})=&K_1\,h^{-\beta}\sum_{k=0}^{i+1}\widetilde{w}_k^{(\beta)}U_{i-k+1}^{n-\frac{1}{2}}+K_2\,h^{-\beta}\sum_{k=0}^{M-i+1}\widetilde{w}_k^{(\beta)}U_{i+k-1}^{n-\frac{1}{2}}\\
&+f_i^{n-\frac{1}{2}}+(r_2)_i^{n-\frac{1}{2}},\quad 1\leqslant i\leqslant M-1,\ 1\leqslant n\leqslant N,\qquad (4.2.5)
\end{aligned}
$$

且存在正常数 c_2, 使得

$$
\big|(r_2)_i^{n-\frac{1}{2}}\big|\leqslant c_2(\tau^2+h^2),\quad 1\leqslant i\leqslant M-1,\ 1\leqslant n\leqslant N.\qquad (4.2.6)
$$

注意到初边值条件 (4.1.2)—(4.1.3), 有

$$
\begin{cases}
U_i^0=\varphi(x_i),\quad 1\leqslant i\leqslant M-1, & (4.2.7)\\
U_0^n=0,\quad U_M^n=0,\quad 0\leqslant n\leqslant N. & (4.2.8)
\end{cases}
$$

在方程 (4.2.5) 中略去小量项 $(r_2)_i^{n-\frac{1}{2}}$, 并用数值解 u_i^n 代替精确解 U_i^n, 可得求解问题 (4.1.1)—(4.1.3) 的如下差分格式:

$$\begin{cases} \dfrac{1}{\tau}(u_i^n - u_i^{n-1}) = K_1\, h^{-\beta} \sum_{k=0}^{i+1} \widetilde{w}_k^{(\beta)} u_{i-k+1}^{n-\frac{1}{2}} + K_2\, h^{-\beta} \sum_{k=0}^{M-i+1} \widetilde{w}_k^{(\beta)} u_{i+k-1}^{n-\frac{1}{2}} + f_i^{n-\frac{1}{2}}, \\[2mm] \qquad\qquad 1 \leqslant i \leqslant M-1, \quad 1 \leqslant n \leqslant N, \hspace{3cm} (4.2.9) \\[2mm] u_i^0 = \varphi(x_i), \quad 1 \leqslant i \leqslant M-1, \hspace{3.5cm} (4.2.10) \\[2mm] u_0^n = 0, \quad u_M^n = 0, \quad 0 \leqslant n \leqslant N. \hspace{3cm} (4.2.11) \end{cases}$$

4.2.2　差分格式的可解性

先给出一个重要的引理.

引理 4.2.1　对任意 $u = (u_0, u_1, \cdots, u_M) \in \mathring{\mathcal{U}}_h$, 有

$$h \sum_{i=1}^{M-1} \left(\sum_{k=0}^{i+1} \widetilde{w}_k^{(\beta)} u_{i-k+1} \right) u_i \leqslant 0, \tag{4.2.12}$$

$$h \sum_{i=1}^{M-1} \left(\sum_{k=0}^{M-i+1} \widetilde{w}_k^{(\beta)} u_{i+k-1} \right) u_i \leqslant 0. \tag{4.2.13}$$

证明　只证明 (4.2.12). 不等式 (4.2.13) 可类似证明.

注意到 $u_0 = u_M = 0$ 和 (1.4.17), 有

$$\begin{aligned} &h \sum_{i=1}^{M-1} \left(\sum_{k=0}^{i+1} \widetilde{w}_k^{(\beta)} u_{i-k+1} \right) u_i \\ =\ & h \sum_{i=1}^{M-1} \left(\sum_{k=0}^{i} \widetilde{w}_k^{(\beta)} u_{i-k+1} \right) u_i \\ =\ & \widetilde{w}_1^{(\beta)} h \sum_{i=1}^{M-1} (u_i)^2 + (\widetilde{w}_0^{(\beta)} + \widetilde{w}_2^{(\beta)}) h \sum_{i=1}^{M-2} u_i u_{i+1} \\ & + \sum_{k=3}^{M-1} \widetilde{w}_k^{(\beta)} h \sum_{i=k}^{M-1} u_{i-k+1} u_i \\ \leqslant\ & \widetilde{w}_1^{(\beta)} \|u\|^2 + (\widetilde{w}_0^{(\beta)} + \widetilde{w}_2^{(\beta)}) h \sum_{i=1}^{M-2} \frac{(u_i)^2 + (u_{i+1})^2}{2} \\ & + \sum_{k=3}^{M-1} \widetilde{w}_k^{(\beta)} h \sum_{i=k}^{M-1} \frac{(u_i)^2 + (u_{i-k+1})^2}{2} \\ \leqslant\ & \left(\sum_{k=0}^{M-1} \widetilde{w}_k^{(\beta)} \right) \|u\|^2 \leqslant 0, \end{aligned}$$

即 (4.2.12) 得证.　　　　　　　　　　　　　　　　　　　　　　　　　□

下面分析差分格式 (4.2.9)—(4.2.11) 的唯一可解性.

定理 4.2.1 差分格式 (4.2.9)—(4.2.11) 是唯一可解的.

证明 记

$$u^n = (u_0^n, u_1^n, \cdots, u_M^n).$$

由 (4.2.10)—(4.2.11) 知第 0 层的值 u^0 已知. 设前 n 层的值 $u^0, u^1, \cdots, u^{n-1}$ 已唯一确定, 则由 (4.2.9) 和 (4.2.11) 可得关于第 n 层的值 u^n 的线性方程组. 要证明它的唯一可解性, 只需证明它相应的齐次方程组

$$\begin{cases} \dfrac{1}{\tau}u_i^n = \dfrac{1}{2}K_1\,h^{-\beta}\sum_{k=0}^{i+1}\widetilde{w}_k^{(\beta)}u_{i-k+1}^n + \dfrac{1}{2}K_2\,h^{-\beta}\sum_{k=0}^{M-i+1}\widetilde{w}_k^{(\beta)}u_{i+k-1}^n, \\ \hspace{6cm} 1\leqslant i \leqslant M-1, \quad (4.2.14) \\ u_0^n = u_M^n = 0 \hspace{6cm} (4.2.15) \end{cases}$$

仅有零解.

用 u^n 与方程 (4.2.14) 的两边作内积, 由引理 4.2.1, 有

$$\frac{1}{\tau}h\sum_{i=1}^{M-1}(u_i^n)^2$$

$$=\frac{1}{2}K_1\,h^{-\beta}h\sum_{i=1}^{M-1}\left(\sum_{k=0}^{i+1}\widetilde{w}_k^{(\beta)}u_{i-k+1}^n\right)u_i^n + \frac{1}{2}K_2\,h^{-\beta}h\sum_{i=1}^{M-1}\left(\sum_{k=0}^{M-i+1}\widetilde{w}_k^{(\beta)}u_{i+k-1}^n\right)u_i^n$$

$$\leqslant 0,$$

因而 $\|u^n\| = 0$. 结合 (4.2.15) 可得 $u^n = 0$, 即齐次方程组 (4.2.14)—(4.2.15) 只有零解.

由归纳原理知, 差分格式 (4.2.9)—(4.2.11) 存在唯一解. $\qquad\square$

4.2.3 差分格式的稳定性

定理 4.2.2 差分格式 (4.2.9)—(4.2.11) 的解对初值 φ 和右端函数 f 均是无条件稳定的. 具体地, 有

$$\|u^n\| \leqslant \|u^0\| + \tau\sum_{m=1}^{n}\|f^{m-\frac{1}{2}}\|, \quad 1\leqslant n \leqslant N,$$

其中

$$\|f^{m-\frac{1}{2}}\| = \sqrt{h\sum_{i=1}^{M-1}(f_i^{m-\frac{1}{2}})^2}.$$

证明　用 $u^{n-\frac{1}{2}}$ 与 (4.2.9) 的两边作内积, 得

$$\frac{1}{2\tau}(\|u^n\|^2 - \|u^{n-1}\|^2) = K_1\, h^{-\beta} h \sum_{i=1}^{M-1} \left(\sum_{k=0}^{i+1} \widetilde{w}_k^{(\beta)} u_{i-k+1}^{n-\frac{1}{2}}\right) u_i^{n-\frac{1}{2}}$$

$$+ K_2\, h^{-\beta} h \sum_{i=1}^{M-1} \left(\sum_{k=0}^{M-i+1} \widetilde{w}_k^{(\beta)} u_{i+k-1}^{n-\frac{1}{2}}\right) u_i^{n-\frac{1}{2}}$$

$$+ h \sum_{i=1}^{M-1} u_i^{n-\frac{1}{2}} f_i^{n-\frac{1}{2}}, \quad 1 \leqslant n \leqslant N.$$

应用引理 4.2.1, 可得

$$\frac{1}{2\tau}(\|u^n\|^2 - \|u^{n-1}\|^2) \leqslant h \sum_{i=1}^{M-1} u_i^{n-\frac{1}{2}} f_i^{n-\frac{1}{2}}$$

$$\leqslant \|u^{n-\frac{1}{2}}\| \cdot \|f^{n-\frac{1}{2}}\|$$

$$\leqslant \frac{1}{2}\big(\|u^n\| + \|u^{n-1}\|\big)\|f^{n-\frac{1}{2}}\|, \quad 1 \leqslant n \leqslant N.$$

于是

$$\|u^n\| \leqslant \|u^{n-1}\| + \tau\|f^{n-\frac{1}{2}}\|, \quad 1 \leqslant n \leqslant N.$$

递推可得

$$\|u^n\| \leqslant \|u^0\| + \tau \sum_{m=1}^{n} \|f^{m-\frac{1}{2}}\|, \quad 1 \leqslant n \leqslant N. \qquad \square$$

4.2.4　差分格式的收敛性

定理 4.2.3　设 $\{U_i^n \,|\, 0 \leqslant i \leqslant M,\, 0 \leqslant n \leqslant N\}$ 为微分方程问题 (4.1.1)—(4.1.3) 的解, $\{u_i^n \,|\, 0 \leqslant i \leqslant M,\, 0 \leqslant n \leqslant N\}$ 为差分格式 (4.2.9)—(4.2.11) 的解. 令

$$e_i^n = U_i^n - u_i^n, \quad 0 \leqslant i \leqslant M, \quad 0 \leqslant n \leqslant N,$$

则有

$$\|e^n\| \leqslant c_2 T \sqrt{L}(\tau^2 + h^2), \quad 1 \leqslant n \leqslant N.$$

证明　将 (4.2.5), (4.2.7)—(4.2.8) 分别与 (4.2.9)—(4.2.11) 相减, 可得误差方程组

$$\begin{cases} \dfrac{1}{\tau}(e_i^n - e_i^{n-1}) = K_1\,h^{-\beta}\displaystyle\sum_{k=0}^{i+1}\widetilde{w}_k^{(\beta)}e_{i-k+1}^{n-\frac{1}{2}} + K_2\,h^{-\beta}\displaystyle\sum_{k=0}^{M-i+1}\widetilde{w}_k^{(\beta)}e_{i+k-1}^{n-\frac{1}{2}} + (r_2)_i^{n-\frac{1}{2}}, \\[2mm] \qquad 1 \leqslant i \leqslant M-1, \quad 1 \leqslant n \leqslant N, \\[2mm] e_i^0 = 0, \quad 1 \leqslant i \leqslant M-1, \\[2mm] e_0^n = 0, \quad e_M^n = 0, \quad 0 \leqslant n \leqslant N. \end{cases}$$

应用定理 4.2.2, 并注意到 (4.2.6), 可得

$$\begin{aligned} \|e^n\| &\leqslant \tau\sum_{m=1}^{n}\|(r_2)^{m-\frac{1}{2}}\| \\ &\leqslant n\tau c_2\sqrt{L}(\tau^2 + h^2) \leqslant c_2 T\sqrt{L}(\tau^2 + h^2), \quad 1 \leqslant n \leqslant N. \qquad\Box \end{aligned}$$

4.3 一维问题基于加权位移 G-L 逼近的四阶方法

本节利用三项加权位移的 G-L 公式 (1.4.19) 及定理 1.4.5 的有关结果对问题 (4.1.1)—(4.1.3) 建立时间二阶、空间四阶的差分方法.

假设 $u(x,\cdot) \in C^3[0,T]$ 且 4.1 节中定义的函数 $\tilde{u}(x,t)$ 满足定理 1.4.5 的条件, 即 $\tilde{u}(\cdot,t) \in \mathscr{C}^{4+\beta}(\mathcal{R})$.

对任意网格函数 $u = (u_0, u_1, \cdots, u_M) \in \mathcal{U}_h$, 定义算子

$$(\mathcal{B}^{(\beta)}u)_i = \begin{cases} c_2^\beta u_{i-1} + (1 - 2c_2^\beta)u_i + c_2^\beta u_{i+1}, & 1 \leqslant i \leqslant M-1, \\ u_i, & i = 0,\ M, \end{cases}$$

其中

$$c_2^\beta = \frac{-\beta^2 + \beta + 4}{24} \in \left(\frac{1}{12}, \frac{1}{6}\right), \quad 1 < \beta < 2.$$

此外, 对任意网格函数 $u \in \mathring{\mathcal{U}}_h$, 定义

$$\|u\|_B^2 = \|u\|^2 - h^2 c_2^\beta \|\delta_x u\|^2.$$

引理 4.3.1 对任意网格函数 $u \in \mathring{\mathcal{U}}_h$, 有

$$(\mathcal{B}^{(\beta)}u, u) = \|u\|_B^2 \quad \text{且} \quad \frac{1}{3}\|u\|^2 \leqslant \|u\|_B^2 \leqslant \|u\|^2.$$

证明 对任意 $u \in \mathring{\mathcal{U}}_h$, 注意到算子 $\mathcal{B}^{(\beta)}$ 的定义, 计算可得

$$\begin{aligned} (\mathcal{B}^{(\beta)}u, u) &= \left((\mathcal{I} + c_2^\beta h^2 \delta_x^2)u, u\right) \\ &= (u, u) + c_2^\beta h^2(\delta_x^2 u, u) \\ &= \|u\|^2 - h^2 c_2^\beta \|\delta_x u\|^2 = \|u\|_B^2. \end{aligned}$$

此外, 由引理 2.1.1 中逆估计不等式 $\|\delta_x u\| \leqslant \frac{2}{h}\|u\|$, 并注意到 $\frac{1}{12} < c_2^\beta < \frac{1}{6}$, 可得

$$\|u\|_B^2 \geqslant \|u\|^2 - h^2 c_2^\beta \cdot \frac{4}{h^2}\|u\|^2 = (1 - 4c_2^\beta)\|u\|^2$$
$$\geqslant \left(1 - 4 \times \frac{1}{6}\right)\|u\|^2 = \frac{1}{3}\|u\|^2.$$

又易知

$$\|u\|_B^2 = \|u\|^2 - h^2 c_2^\beta \|\delta_x u\|^2 \leqslant \|u\|^2$$

成立. □

4.3.1　差分格式的建立

在结点 (x_i, t_n) 处考虑微分方程 (4.1.1), 有

$$u_t(x_i, t_n) = K_1 \,{}_0\mathbf{D}_x^\beta u(x_i, t_n) + K_2 \,{}_x\mathbf{D}_L^\beta u(x_i, t_n) + f_i^n, \quad 0 \leqslant i \leqslant M, \quad 0 \leqslant n \leqslant N.$$

将相邻两个时间层取平均, 并对所得等式两边同时作用算子 $\mathcal{B}^{(\beta)}$, 得到

$$\frac{1}{2}\mathcal{B}^{(\beta)}\left[u_t(x_i, t_n) + u_t(x_i, t_{n-1})\right]$$
$$= \frac{1}{2}K_1\left[\mathcal{B}^{(\beta)}\,{}_0\mathbf{D}_x^\beta u(x_i, t_n) + \mathcal{B}^{(\beta)}\,{}_0\mathbf{D}_x^\beta u(x_i, t_{n-1})\right]$$
$$+ \frac{1}{2}K_2\left[\mathcal{B}^{(\beta)}\,{}_x\mathbf{D}_L^\beta u(x_i, t_n) + \mathcal{B}^{(\beta)}\,{}_x\mathbf{D}_L^\beta u(x_i, t_{n-1})\right] + \mathcal{B}^{(\beta)}f_i^{n-\frac{1}{2}},$$
$$1 \leqslant i \leqslant M - 1, \quad 1 \leqslant n \leqslant N. \tag{4.3.1}$$

对 (4.3.1) 右端空间分数阶导数, 由定理 1.4.5, 有

$$\mathcal{B}^{(\beta)}\,{}_0\mathbf{D}_x^\beta u(x_i, t_n) = h^{-\beta}\sum_{k=0}^{i+1}\hat{w}_k^{(\beta)}U_{i-k+1}^n + O(h^4), \tag{4.3.2}$$

$$\mathcal{B}^{(\beta)}\,{}_x\mathbf{D}_L^\beta u(x_i, t_n) = h^{-\beta}\sum_{k=0}^{M-i+1}\hat{w}_k^{(\beta)}U_{i+k-1}^n + O(h^4), \tag{4.3.3}$$

其中系数 $\{\hat{w}_k^{(\beta)}\}$ 由 (1.4.26) 定义, 它们满足 (1.4.27).

对 (4.3.1) 左端时间一阶偏导数, 有

$$\frac{1}{2}\left[u_t(x_i, t_n) + u_t(x_i, t_{n-1})\right] = \frac{1}{\tau}(U_i^n - U_i^{n-1}) + O(\tau^2). \tag{4.3.4}$$

将 (4.3.2)—(4.3.4) 代入 (4.3.1), 得到

$$\mathcal{B}^{(\beta)}\delta_t U_i^{n-\frac{1}{2}} = K_1 h^{-\beta}\sum_{k=0}^{i+1}\hat{w}_k^{(\beta)}U_{i-k+1}^{n-\frac{1}{2}} + K_2 h^{-\beta}\sum_{k=0}^{M-i+1}\hat{w}_k^{(\beta)}U_{i+k-1}^{n-\frac{1}{2}}$$
$$+ \mathcal{B}^{(\beta)}f_i^{n-\frac{1}{2}} + (r_3)_i^{n-\frac{1}{2}}, \quad 1 \leqslant i \leqslant M-1, \, 1 \leqslant n \leqslant N, \tag{4.3.5}$$

且存在正常数 c_3, 使得

$$|(r_3)_i^{n-\frac{1}{2}}| \leqslant c_3(\tau^2 + h^4), \quad 1 \leqslant i \leqslant M - 1, \ 1 \leqslant n \leqslant N. \tag{4.3.6}$$

注意到初边值条件 (4.1.2)—(4.1.3), 有

$$\begin{cases} U_i^0 = \varphi(x_i), & 1 \leqslant i \leqslant M - 1, \tag{4.3.7} \\ U_0^n = 0, \quad U_M^n = 0, \quad 0 \leqslant n \leqslant N. \tag{4.3.8} \end{cases}$$

在方程 (4.3.5) 中略去小量项 $(r_3)_i^{n-\frac{1}{2}}$, 并用数值解 u_i^n 代替精确解 U_i^n, 可得求解问题 (4.1.1)—(4.1.3) 的如下差分格式:

$$\begin{cases} \mathcal{B}^{(\beta)}\delta_t u_i^{n-\frac{1}{2}} = K_1 \, h^{-\beta} \sum_{k=0}^{i+1} \hat{w}_k^{(\beta)} u_{i-k+1}^{n-\frac{1}{2}} + K_2 \, h^{-\beta} \sum_{k=0}^{M-i+1} \hat{w}_k^{(\beta)} u_{i+k-1}^{n-\frac{1}{2}} \\ \qquad\qquad + \mathcal{B}^{(\beta)} f_i^{n-\frac{1}{2}}, \quad 1 \leqslant i \leqslant M - 1, \ 1 \leqslant n \leqslant N, \tag{4.3.9} \\ u_i^0 = \varphi(x_i), \quad 1 \leqslant i \leqslant M - 1, \tag{4.3.10} \\ u_0^n = 0, \quad u_M^n = 0, \quad 0 \leqslant n \leqslant N. \tag{4.3.11} \end{cases}$$

4.3.2 差分格式的可解性

首先, 关于系数 $\{\hat{w}_k^{(\beta)}\}$, 有类似引理 4.2.1 的性质.

引理 4.3.2 对任意网格函数 $u = (u_0, u_1, \cdots, u_M) \in \mathring{\mathcal{U}}_h$, 有

$$h \sum_{i=1}^{M-1} \left(\sum_{k=0}^{i+1} \hat{w}_k^{(\beta)} u_{i-k+1} \right) u_i \leqslant 0, \qquad h \sum_{i=1}^{M-1} \left(\sum_{k=0}^{M-i+1} \hat{w}_k^{(\beta)} u_{i+k-1} \right) u_i \leqslant 0.$$

下面分析差分格式 (4.3.9)—(4.3.11) 的唯一可解性.

定理 4.3.1 差分格式 (4.3.9)—(4.3.11) 是唯一可解的.

证明 记

$$u^n = (u_0^n, u_1^n, \cdots, u_M^n).$$

由 (4.3.10)—(4.3.11) 知第 0 层的值 u^0 已知. 设前 n 层的值 $u^0, u^1, \cdots, u^{n-1}$ 已唯一确定, 则由 (4.3.9) 和 (4.3.11) 可得关于 u^n 的线性方程组. 要证明它的唯一可解性, 只需证明它相应的齐次方程组

$$\begin{cases} \dfrac{1}{\tau}\mathcal{B}^{(\beta)} u_i^n = \dfrac{1}{2}K_1 \, h^{-\beta} \sum_{k=0}^{i+1} \hat{w}_k^{(\beta)} u_{i-k+1}^n + \dfrac{1}{2}K_2 \, h^{-\beta} \sum_{k=0}^{M-i+1} \hat{w}_k^{(\beta)} u_{i+k-1}^n, \\ \qquad\qquad\qquad\qquad\qquad\qquad\qquad\qquad 1 \leqslant i \leqslant M - 1, \tag{4.3.12} \\ u_0^n = u_M^n = 0 \tag{4.3.13} \end{cases}$$

仅有零解.

用 u^n 与方程 (4.3.12) 的两边作内积, 由引理 4.3.2, 有

$$
\begin{aligned}
\frac{1}{\tau} h \sum_{i=1}^{M-1} (\mathcal{B}^{(\beta)} u_i^n) u_i^n &= \frac{1}{2} K_1 \, h^{-\beta} h \sum_{i=1}^{M-1} \left(\sum_{k=0}^{i+1} \hat{w}_k^{(\beta)} u_{i-k+1}^n \right) u_i^n \\
&\quad + \frac{1}{2} K_2 \, h^{-\beta} h \sum_{i=1}^{M-1} \left(\sum_{k=0}^{M-i+1} \hat{w}_k^{(\beta)} u_{i+k-1}^n \right) u_i^n \\
&\leqslant 0.
\end{aligned}
$$

因此, $(\mathcal{B}^{(\beta)} u^n, u^n) \leqslant 0$. 又由引理 4.3.1 知

$$
(\mathcal{B}^{(\beta)} u^n, u^n) = \|u^n\|_B^2 \geqslant \frac{1}{3} \|u^n\|^2,
$$

于是 $\|u^n\| = 0$. 结合 (4.3.13) 可得 $u^n = 0$, 即齐次方程组 (4.3.12)—(4.3.13) 只有零解.

由归纳原理知, 差分格式 (4.3.9)—(4.3.11) 存在唯一解. □

4.3.3 差分格式的稳定性

定理 4.3.2 差分格式 (4.3.9)—(4.3.11) 的解对初值 φ 和右端函数 f 均是无条件稳定的. 具体地, 有

$$
\|u^n\| \leqslant \sqrt{3} \|u^0\| + 3\tau \sum_{m=1}^{n} \|\mathcal{B}^{(\beta)} f^{m-\frac{1}{2}}\|, \quad 1 \leqslant n \leqslant N,
$$

其中

$$
\|\mathcal{B}^{(\beta)} f^{m-\frac{1}{2}}\| = \sqrt{h \sum_{i=1}^{M-1} \left(\mathcal{B}^{(\beta)} f_i^{m-\frac{1}{2}} \right)^2}.
$$

证明 记 $g_i^{n-\frac{1}{2}} = \mathcal{B}^{(\beta)} f_i^{n-\frac{1}{2}}$. 用 $h u_i^{n-\frac{1}{2}}$ 和 (4.3.9) 两边相乘, 并对 i 从 1 到 $M-1$ 求和, 应用引理 4.3.2, 可得

$$
\begin{aligned}
h \sum_{i=1}^{M-1} \left(\mathcal{B}^{(\beta)} \delta_t u_i^{n-\frac{1}{2}} \right) u_i^{n-\frac{1}{2}} &= K_1 \, h^{-\beta} h \sum_{i=1}^{M-1} \left(\sum_{k=0}^{i+1} \hat{w}_k^{(\beta)} u_{i-k+1}^{n-\frac{1}{2}} \right) u_i^{n-\frac{1}{2}} \\
&\quad + K_2 \, h^{-\beta} h \sum_{i=1}^{M-1} \left(\sum_{k=0}^{M-i+1} \hat{w}_k^{(\beta)} u_{i+k-1}^{n-\frac{1}{2}} \right) u_i^{n-\frac{1}{2}} \\
&\quad + h \sum_{i=1}^{M-1} g_i^{n-\frac{1}{2}} u_i^{n-\frac{1}{2}}
\end{aligned}
$$

$$\leqslant h \sum_{i=1}^{M-1} g_i^{n-\frac{1}{2}} u_i^{n-\frac{1}{2}}$$

$$\leqslant \|g^{n-\frac{1}{2}}\| \cdot \|u^{n-\frac{1}{2}}\|, \quad 1 \leqslant n \leqslant N.$$

注意到

$$h \sum_{i=1}^{M-1} \left(\mathcal{B}^{(\beta)} \delta_t u_i^{n-\frac{1}{2}} \right) u_i^{n-\frac{1}{2}}$$

$$= h \sum_{i=1}^{M-1} \left(\delta_t u_i^{n-\frac{1}{2}} + c_2^\beta h^2 \delta_x^2 \delta_t u_i^{n-\frac{1}{2}} \right) u_i^{n-\frac{1}{2}}$$

$$= h \sum_{i=1}^{M-1} \left(u_i^{n-\frac{1}{2}} \right) \left(\delta_t u_i^{n-\frac{1}{2}} \right) - c_2^\beta h^2 \cdot h \sum_{i=1}^{M} \left(\delta_t \delta_x u_{i-\frac{1}{2}}^{n-\frac{1}{2}} \right) \left(\delta_x u_{i-\frac{1}{2}}^{n-\frac{1}{2}} \right)$$

$$= \frac{1}{2\tau} (\|u^n\|^2 - \|u^{n-1}\|^2) - c_2^\beta h^2 \cdot \frac{1}{2\tau} (\|\delta_x u^n\|^2 - \|\delta_x u^{n-1}\|^2)$$

$$= \frac{1}{2\tau} (\|u^n\|_B^2 - \|u^{n-1}\|_B^2), \quad 1 \leqslant n \leqslant N$$

和引理 4.3.1, 进一步有

$$\frac{1}{2\tau} (\|u^n\|_B^2 - \|u^{n-1}\|_B^2) \leqslant \|g^{n-\frac{1}{2}}\| \cdot \|u^{n-\frac{1}{2}}\|$$

$$\leqslant \sqrt{3} \|g^{n-\frac{1}{2}}\| \cdot \|u^{n-\frac{1}{2}}\|_B$$

$$\leqslant \frac{\sqrt{3}}{2} \|g^{n-\frac{1}{2}}\| (\|u^n\|_B + \|u^{n-1}\|_B),$$

即

$$\|u^n\|_B \leqslant \|u^{n-1}\|_B + \sqrt{3}\, \tau \|g^{n-\frac{1}{2}}\|, \quad 1 \leqslant n \leqslant N.$$

递推可得

$$\|u^n\|_B \leqslant \|u^0\|_B + \sqrt{3}\, \tau \sum_{m=1}^{n} \|g^{m-\frac{1}{2}}\|, \quad 1 \leqslant n \leqslant N.$$

再次应用引理 4.3.1, 易得

$$\frac{1}{\sqrt{3}} \|u^n\| \leqslant \|u^0\| + \sqrt{3}\tau \sum_{m=1}^{n} \|g^{m-\frac{1}{2}}\|, \quad 1 \leqslant n \leqslant N,$$

从而定理结论成立. □

4.3.4　差分格式的收敛性

定理 4.3.3　设 $\{U_i^n \mid 0 \leqslant i \leqslant M, 0 \leqslant n \leqslant N\}$ 为微分方程问题 (4.1.1)—(4.1.3) 的解, $\{u_i^n \mid 0 \leqslant i \leqslant M, 0 \leqslant n \leqslant N\}$ 为差分格式 (4.3.9)—(4.3.11) 的解. 令

$$e_i^n = U_i^n - u_i^n, \quad 0 \leqslant i \leqslant M, \quad 0 \leqslant n \leqslant N,$$

则有

$$\|e^n\| \leqslant 3c_3 T \sqrt{L}(\tau^2 + h^4), \quad 1 \leqslant n \leqslant N.$$

证明　将 (4.3.5), (4.3.7)—(4.3.8) 分别与 (4.3.9)—(4.3.11) 相减, 可得误差方程组

$$
\begin{cases}
\mathcal{B}^{(\beta)}\delta_t e_i^{n-\frac{1}{2}} = K_1\, h^{-\beta} \sum\limits_{k=0}^{i+1} \hat{w}_k^{(\beta)} e_{i-k+1}^{n-\frac{1}{2}} + K_2\, h^{-\beta} \sum\limits_{k=0}^{M-i+1} \hat{w}_k^{(\beta)} e_{i+k-1}^{n-\frac{1}{2}} + (r_3)_i^{n-\frac{1}{2}}, \\
\qquad\qquad 1 \leqslant i \leqslant M-1,\ 1 \leqslant n \leqslant N, \\
e_i^0 = 0, \quad 1 \leqslant i \leqslant M-1, \\
e_0^n = 0, \quad e_M^n = 0, \quad 0 \leqslant n \leqslant N.
\end{cases}
$$

应用定理 4.3.2, 并注意到 (4.3.6), 可得

$$\|e^n\| \leqslant 3\tau \sum_{m=1}^{n} \|(r_3)^{m-\frac{1}{2}}\|$$

$$\leqslant 3n\tau c_3 \sqrt{L}(\tau^2 + h^4) \leqslant 3c_3 T \sqrt{L}(\tau^2 + h^4), \quad 1 \leqslant n \leqslant N. \qquad \square$$

4.4　二维问题基于加权位移 G-L 逼近的四阶 ADI 方法

本节研究求解二维空间分数阶偏微分方程的有限差分方法. 考虑如下空间分数阶偏微分方程初边值问题

$$
\begin{cases}
u_t(x,y,t) = K_1\, {}_0\mathbf{D}_x^{\beta} u(x,y,t) + K_2\, {}_x\mathbf{D}_{L_1}^{\beta} u(x,y,t) \\
\qquad\qquad + K_3\, {}_0\mathbf{D}_y^{\gamma} u(x,y,t) + K_4\, {}_y\mathbf{D}_{L_2}^{\gamma} u(x,y,t) + f(x,y,t), \\
\qquad\qquad\qquad\qquad\qquad (x,y) \in \Omega,\ t \in (0,T], \quad (4.4.1) \\
u(x,y,0) = \varphi(x,y), \quad (x,y) \in \Omega, \qquad\qquad\qquad\qquad\quad (4.4.2) \\
u(x,y,t) = 0, \quad (x,y) \in \partial\Omega, \quad t \in [0,T], \qquad\qquad\quad (4.4.3)
\end{cases}
$$

其中 $\Omega = (0, L_1) \times (0, L_2)$, $\partial\Omega$ 为 Ω 的边界, $K_i(i=1,2,3,4)$ 为非负常数, $K_1 + K_2 > 0$, $K_3 + K_4 > 0$, $\beta, \gamma \in (1,2)$, f, φ 为已知函数, 且 $\varphi(x,y)|_{(x,y)\in\partial\Omega} = 0$.

引入同 3.9 节的网格剖分、记号和网格函数空间 $\mathcal{V}_h$, $\mathring{\mathcal{V}}_h$. 此外, 对任意网格函数 $u \in \mathcal{V}_h$, 定义平均值算子

$$\mathcal{B}_x^\beta u_{ij} = \begin{cases} c_2^\beta u_{i-1,j} + (1 - 2c_2^\beta)u_{ij} + c_2^\beta u_{i+1,j}, & 1 \leqslant i \leqslant M_1 - 1, \\ u_{ij}, & i = 0, M_1, \end{cases} \quad 0 \leqslant j \leqslant M_2,$$

$$\mathcal{B}_y^\gamma u_{ij} = \begin{cases} c_2^\gamma u_{i,j-1} + (1 - 2c_2^\gamma)u_{ij} + c_2^\gamma u_{i,j+1}, & 1 \leqslant j \leqslant M_2 - 1, \\ u_{ij}, & j = 0, M_2, \end{cases} \quad 0 \leqslant i \leqslant M_1,$$

其中

$$c_2^\beta = \frac{-\beta^2 + \beta + 4}{24} \in \left(\frac{1}{12}, \frac{1}{6}\right), \quad c_2^\gamma = \frac{-\gamma^2 + \gamma + 4}{24} \in \left(\frac{1}{12}, \frac{1}{6}\right).$$

定义如下差分算子:

$$\delta_x^\beta u_{ij} = K_1 h_1^{-\beta} \sum_{k=0}^{i+1} \hat{w}_k^{(\beta)} u_{i-k+1,j} + K_2 h_1^{-\beta} \sum_{k=0}^{M_1-i+1} \hat{w}_k^{(\beta)} u_{i+k-1,j},$$

$$\delta_y^\gamma u_{ij} = K_3 h_2^{-\gamma} \sum_{k=0}^{j+1} \hat{w}_k^{(\gamma)} u_{i,j-k+1} + K_4 h_2^{-\gamma} \sum_{k=0}^{M_2-j+1} \hat{w}_k^{(\gamma)} u_{i,j+k-1}.$$

对任意固定的 $y \in [0, L_2]$, $t \in [0, T]$, 定义函数

$$\hat{v}(x, y, t) = \begin{cases} u(x, y, t), & x \in [0, L_1], \\ 0, & x \notin [0, L_1]. \end{cases}$$

对任意固定的 $x \in [0, L_1]$, $t \in [0, T]$, 定义函数

$$\hat{w}(x, y, t) = \begin{cases} u(x, y, t), & y \in [0, L_2], \\ 0, & y \notin [0, L_2]. \end{cases}$$

假设 $\hat{v}(\cdot, y, t) \in \mathscr{C}^{4+\beta}(\mathcal{R})$, $\hat{w}(x, \cdot, t) \in \mathscr{C}^{4+\gamma}(\mathcal{R})$ 且 $u(x, y, \cdot) \in C^3[0, T]$.

定义网格函数

$$U_{ij}^n = u(x_i, y_j, t_n), \quad f_{ij}^n = f(x_i, y_j, t_n), \quad (i, j) \in \bar{\omega}, \ 0 \leqslant n \leqslant N.$$

4.4.1　差分格式的建立

记

$$\mathbf{D}_x^\beta u(x, y, t) = K_1 \,_0\mathbf{D}_x^\beta u(x, y, t) + K_2 \,_x\mathbf{D}_{L_1}^\beta u(x, y, t),$$

$$\mathbf{D}_y^\gamma u(x, y, t) = K_3 \,_0\mathbf{D}_y^\gamma u(x, y, t) + K_4 \,_y\mathbf{D}_{L_2}^\gamma u(x, y, t).$$

在结点 (x_i, y_j, t_n) 处考虑微分方程 (4.4.1), 有

$$u_t(x_i, y_j, t_n) = \mathbf{D}_x^\beta u(x_i, y_j, t_n) + \mathbf{D}_y^\gamma u(x_i, y_j, t_n) + f_{ij}^n,$$
$$(i, j) \in \bar{\omega}, \ 0 \leqslant n \leqslant N.$$

将相邻两个时间层取平均, 并对所得等式两边同时作用算子 $\mathcal{B}_x^\beta \mathcal{B}_y^\gamma$, 得

$$\frac{1}{2}\mathcal{B}_x^\beta \mathcal{B}_y^\gamma \big[u_t(x_i, y_j, t_n) + u_t(x_i, y_j, t_{n-1}) \big]$$
$$= \frac{1}{2}\mathcal{B}_y^\gamma \big[\mathcal{B}_x^\beta (\mathbf{D}_x^\beta U_{ij}^n + \mathbf{D}_x^\beta U_{ij}^{n-1}) \big] + \frac{1}{2}\mathcal{B}_x^\beta \big[\mathcal{B}_y^\gamma (\mathbf{D}_y^\gamma U_{ij}^n + \mathbf{D}_y^\gamma U_{ij}^{n-1}) \big]$$
$$+ \mathcal{B}_x^\beta \mathcal{B}_y^\gamma f_{ij}^{n-\frac{1}{2}}, \quad (i, j) \in \omega, \ 1 \leqslant n \leqslant N, \tag{4.4.4}$$

其中 $f_{ij}^{n-\frac{1}{2}} = \frac{1}{2}(f_{ij}^n + f_{ij}^{n-1})$.

对 (4.4.4) 左边时间一阶偏导数, 由数值微分公式有

$$\frac{1}{2}\big[u_t(x_i, y_j, t_n) + u_t(x_i, y_j, t_{n-1}) \big] = \frac{1}{\tau}(U_{ij}^n - U_{ij}^{n-1}) + O(\tau^2). \tag{4.4.5}$$

对 (4.4.4) 右边空间分数阶导数, 由定理 1.4.5, 有

$$\mathcal{B}_x^\beta \mathbf{D}_x^\beta U_{ij}^n = K_1 h_1^{-\beta} \sum_{k=0}^{i+1} \hat{w}_k^{(\beta)} U_{i-k+1,j}^n + K_2 h_1^{-\beta} \sum_{k=0}^{M_1-i+1} \hat{w}_k^{(\beta)} U_{i+k-1,j}^n + O(h_1^4)$$
$$= \delta_x^\beta U_{ij}^n + O(h_1^4), \tag{4.4.6}$$
$$\mathcal{B}_y^\gamma \mathbf{D}_y^\gamma U_{ij}^n = K_3 h_2^{-\gamma} \sum_{k=0}^{j+1} \hat{w}_k^{(\gamma)} U_{i,j-k+1}^n + K_4 h_2^{-\gamma} \sum_{k=0}^{M_2-j+1} \hat{w}_k^{(\gamma)} U_{i,j+k-1}^n + O(h_2^4)$$
$$= \delta_y^\gamma U_{ij}^n + O(h_2^4). \tag{4.4.7}$$

将 (4.4.5)—(4.4.7) 代入 (4.4.4) 中, 得到

$$\mathcal{B}_x^\beta \mathcal{B}_y^\gamma \delta_t U_{ij}^{n-\frac{1}{2}} = \mathcal{B}_y^\gamma \delta_x^\beta U_{ij}^{n-\frac{1}{2}} + \mathcal{B}_x^\beta \delta_y^\gamma U_{ij}^{n-\frac{1}{2}} + \mathcal{B}_x^\beta \mathcal{B}_y^\gamma f_{ij}^{n-\frac{1}{2}} + (r_4)_{ij}^{n-\frac{1}{2}},$$
$$(i, j) \in \omega, \ 1 \leqslant n \leqslant N, \tag{4.4.8}$$

且存在正常数 c_4, 使得

$$|(r_4)_{ij}^{n-\frac{1}{2}}| \leqslant c_4(\tau^2 + h_1^4 + h_2^4), \quad (i, j) \in \omega, \ 1 \leqslant n \leqslant N.$$

在等式 (4.4.8) 两边同时加上小量项 $\frac{1}{4}\tau^2 \delta_x^\beta \delta_y^\gamma \delta_t U_{ij}^{n-\frac{1}{2}}$, 得到

$$\mathcal{B}_x^\beta \mathcal{B}_y^\gamma \delta_t U_{ij}^{n-\frac{1}{2}} + \frac{\tau^2}{4}\delta_x^\beta \delta_y^\gamma \delta_t U_{ij}^{n-\frac{1}{2}} = \mathcal{B}_y^\gamma \delta_x^\beta U_{ij}^{n-\frac{1}{2}} + \mathcal{B}_x^\beta \delta_y^\gamma U_{ij}^{n-\frac{1}{2}} + \mathcal{B}_x^\beta \mathcal{B}_y^\gamma f_{ij}^{n-\frac{1}{2}} + (r_5)_{ij}^{n-\frac{1}{2}},$$
$$(i, j) \in \omega, \ 1 \leqslant n \leqslant N, \tag{4.4.9}$$

其中

$$(r_5)_{ij}^{n-\frac{1}{2}} = (r_4)_{ij}^{n-\frac{1}{2}} + \frac{\tau^2}{4}\delta_x^\beta\delta_y^\gamma\delta_t U_{ij}^{n-\frac{1}{2}}$$

且存在正常数 c_5, 使得

$$|(r_5)_{ij}^{n-\frac{1}{2}}| \leqslant c_5(\tau^2 + h_1^4 + h_2^4), \quad (i,j) \in \omega, \ 1 \leqslant n \leqslant N. \tag{4.4.10}$$

注意到初边值条件 (4.4.2)—(4.4.3), 有

$$\begin{cases} U_{ij}^0 = \varphi(x_i, y_j), \quad (i,j) \in \omega, & (4.4.11) \\ U_{ij}^n = 0, \quad (i,j) \in \partial\omega, \quad 0 \leqslant n \leqslant N. & (4.4.12) \end{cases}$$

在方程 (4.4.9) 中略去小量项 $(r_5)_{ij}^{n-\frac{1}{2}}$, 并用数值解 u_{ij}^n 代替精确解 U_{ij}^n, 得到求解问题 (4.4.1)—(4.4.3) 的如下差分格式:

$$\begin{cases} \mathcal{B}_x^\beta\mathcal{B}_y^\gamma\delta_t u_{ij}^{n-\frac{1}{2}} + \frac{\tau^2}{4}\delta_x^\beta\delta_y^\gamma\delta_t u_{ij}^{n-\frac{1}{2}} = \mathcal{B}_y^\gamma\delta_x^\beta u_{ij}^{n-\frac{1}{2}} + \mathcal{B}_x^\beta\delta_y^\gamma u_{ij}^{n-\frac{1}{2}} + \mathcal{B}_x^\beta\mathcal{B}_y^\gamma f_{ij}^{n-\frac{1}{2}}, \\ \hspace{6cm} (i,j) \in \omega, \ 1 \leqslant n \leqslant N, & (4.4.13) \\ u_{ij}^0 = \varphi(x_i, y_j), \quad (i,j) \in \omega, & (4.4.14) \\ u_{ij}^n = 0, \quad (i,j) \in \partial\omega, \quad 0 \leqslant n \leqslant N. & (4.4.15) \end{cases}$$

方程 (4.4.13) 可以改写为

$$\begin{aligned} &\left(\mathcal{B}_x^\beta - \frac{\tau}{2}\delta_x^\beta\right)\left(\mathcal{B}_y^\gamma - \frac{\tau}{2}\delta_y^\gamma\right)u_{ij}^n \\ &= \left(\mathcal{B}_x^\beta + \frac{\tau}{2}\delta_x^\beta\right)\left(\mathcal{B}_y^\gamma + \frac{\tau}{2}\delta_y^\gamma\right)u_{ij}^{n-1} + \tau\mathcal{B}_x^\beta\mathcal{B}_y^\gamma f_{ij}^{n-\frac{1}{2}}. \end{aligned} \tag{4.4.16}$$

令

$$u_{ij}^* = \left(\mathcal{B}_y^\gamma - \frac{\tau}{2}\delta_y^\gamma\right)u_{ij}^n,$$

则差分格式 (4.4.13)—(4.4.15) 可写成如下 ADI 格式:

在时间层 $t = t_n$ $(1 \leqslant n \leqslant N)$ 上, 首先, 对任意固定的 j $(1 \leqslant j \leqslant M_2 - 1)$, 求解 x 方向关于 $\{u_{ij}^* \mid 0 \leqslant i \leqslant M_1\}$ 的一维问题

$$\begin{cases} \left(\mathcal{B}_x^\beta - \frac{\tau}{2}\delta_x^\beta\right)u_{ij}^* = \left(\mathcal{B}_x^\beta + \frac{\tau}{2}\delta_x^\beta\right)\left(\mathcal{B}_y^\gamma + \frac{\tau}{2}\delta_y^\gamma\right)u_{ij}^{n-1} + \tau\mathcal{B}_x^\beta\mathcal{B}_y^\gamma f_{ij}^{n-\frac{1}{2}}, \\ \hspace{7cm} 1 \leqslant i \leqslant M_1 - 1, \\ u_{0j}^* = \left(\mathcal{B}_y^\gamma - \frac{\tau}{2}\delta_y^\gamma\right)u_{0j}^n, \quad u_{M_1,j}^* = \left(\mathcal{B}_y^\gamma - \frac{\tau}{2}\delta_y^\gamma\right)u_{M_1,j}^n \end{cases}$$

得到

$$\{u_{ij}^* \mid 1 \leqslant i \leqslant M_1 - 1\}.$$

其次, 对任意固定的 $i\ (1 \leqslant i \leqslant M_1 - 1)$, 求解 y 方向关于 $\{u_{ij}^n \mid 0 \leqslant j \leqslant M_2\}$ 的一维问题

$$
\begin{cases}
\left(\mathcal{B}_y^\gamma - \dfrac{\tau}{2}\delta_y^\gamma\right)u_{ij}^n = u_{ij}^*, & 1 \leqslant j \leqslant M_2 - 1, \\
u_{i0}^n = 0, \quad u_{i,M_2}^n = 0
\end{cases}
$$

得到

$$
\{u_{ij}^n \mid 1 \leqslant j \leqslant M_2 - 1\}.
$$

4.4.2　三个引理

由于 $\mathcal{B}_x^\beta$ 和 $\mathcal{B}_y^\gamma$ 是正定自轭算子, 可以考虑将其作平方根分解, 即存在算子 $\mathcal{Q}_x^\beta, \mathcal{Q}_y^\gamma$, 使得

$$
\mathcal{B}_x^\beta = (\mathcal{Q}_x^\beta)^2, \quad \mathcal{B}_y^\gamma = (\mathcal{Q}_y^\gamma)^2.
$$

易知 $\mathcal{B}_x^\beta$ 和 $\mathcal{B}_y^\gamma$ 是可交换的, $\mathcal{Q}_x^\beta$ 和 $\mathcal{Q}_y^\gamma$ 也是可交换的.

下面介绍三个引理.

引理 4.4.1　对于任意网格函数 $v \in \mathring{\mathcal{V}}_h$, 有

$$
\frac{1}{3}\|v\| \leqslant \|\mathcal{Q}_x^\beta \mathcal{Q}_y^\gamma v\|, \quad \|(\mathcal{Q}_x^\beta)^{-1}(\mathcal{Q}_y^\gamma)^{-1}v\| \leqslant 3\|v\|.
$$

证明　由平均值算子 $\mathcal{B}_x^\beta, \mathcal{B}_y^\gamma$ 的定义及引理 4.3.1, 可得

$$
\frac{1}{3}\|v\|^2 \leqslant (\mathcal{B}_x^\beta v, v) \leqslant \|v\|^2, \quad \frac{1}{3}\|v\|^2 \leqslant (\mathcal{B}_y^\gamma v, v) \leqslant \|v\|^2.
$$

一方面, 有

$$
\begin{aligned}
(\mathcal{B}_x^\beta \mathcal{B}_y^\gamma v, v) &= ((\mathcal{Q}_x^\beta)^2 \mathcal{B}_y^\gamma v, v) = (\mathcal{Q}_x^\beta \mathcal{B}_y^\gamma v, \mathcal{Q}_x^\beta v) \\
&= (\mathcal{B}_y^\gamma \mathcal{Q}_x^\beta v, \mathcal{Q}_x^\beta v) \geqslant \frac{1}{3}(\mathcal{Q}_x^\beta v, \mathcal{Q}_x^\beta v) = \frac{1}{3}(\mathcal{B}_x^\beta v, v) \geqslant \frac{1}{9}\|v\|^2. \quad (4.4.17)
\end{aligned}
$$

另一方面, 有

$$
(\mathcal{B}_x^\beta \mathcal{B}_y^\gamma v, v) = ((\mathcal{Q}_x^\beta)^2 (\mathcal{Q}_y^\gamma)^2 v, v) = (\mathcal{Q}_x^\beta \mathcal{Q}_y^\gamma v, \mathcal{Q}_x^\beta \mathcal{Q}_y^\gamma v) = \|\mathcal{Q}_x^\beta \mathcal{Q}_y^\gamma v\|^2. \quad (4.4.18)
$$

由式 (4.4.17) 和 (4.4.18) 可得

$$
\frac{1}{3}\|v\| \leqslant \|\mathcal{Q}_x^\beta \mathcal{Q}_y^\gamma v\|. \quad (4.4.19)
$$

进一步, 由 (4.4.19) 可得

$$
\frac{1}{3}\|(\mathcal{Q}_x^\beta)^{-1}(\mathcal{Q}_y^\gamma)^{-1}v\| \leqslant \|\mathcal{Q}_x^\beta \mathcal{Q}_y^\gamma (\mathcal{Q}_x^\beta)^{-1}(\mathcal{Q}_y^\gamma)^{-1}v\| = \|v\|. \quad (4.4.20)
$$

于是, 引理中第二个不等式成立.　　　　　　　　　　　　　　　　　□

引理 4.4.2 对于任意网格函数 $v \in \mathring{\mathcal{V}}_h$, 有

$$(v, \delta_x^\beta v) \leqslant 0, \quad (v, \delta_y^\gamma v) \leqslant 0.$$

证明 类似引理 4.2.1 的证明, 在此省略. □

引理 4.4.3 对于任意网格函数 $v \in \mathring{\mathcal{V}}_h$, 有

$$\left\| \left(\mathcal{Q}_x^\beta - \frac{\tau}{2} (\mathcal{Q}_x^\beta)^{-1} \delta_x^\beta \right) v \right\|^2 \geqslant \| \mathcal{Q}_x^\beta v \|^2 + \frac{\tau^2}{4} \| (\mathcal{Q}_x^\beta)^{-1} \delta_x^\beta v \|^2,$$

$$\left\| \left(\mathcal{Q}_x^\beta + \frac{\tau}{2} (\mathcal{Q}_x^\beta)^{-1} \delta_x^\beta \right) v \right\|^2 \leqslant \| \mathcal{Q}_x^\beta v \|^2 + \frac{\tau^2}{4} \| (\mathcal{Q}_x^\beta)^{-1} \delta_x^\beta v \|^2,$$

$$\left\| \left(\mathcal{Q}_y^\gamma - \frac{\tau}{2} (\mathcal{Q}_y^\gamma)^{-1} \delta_y^\gamma \right) v \right\|^2 \geqslant \| \mathcal{Q}_y^\gamma v \|^2 + \frac{\tau^2}{4} \| (\mathcal{Q}_y^\gamma)^{-1} \delta_y^\gamma v \|^2,$$

$$\left\| \left(\mathcal{Q}_y^\gamma + \frac{\tau}{2} (\mathcal{Q}_y^\gamma)^{-1} \delta_y^\gamma \right) v \right\|^2 \leqslant \| \mathcal{Q}_y^\gamma v \|^2 + \frac{\tau^2}{4} \| (\mathcal{Q}_y^\gamma)^{-1} \delta_y^\gamma v \|^2.$$

证明 由引理 4.4.2, 有

$$\left\| \left(\mathcal{Q}_x^\beta - \frac{\tau}{2} (\mathcal{Q}_x^\beta)^{-1} \delta_x^\beta \right) v \right\|^2$$

$$= \left(\left(\mathcal{Q}_x^\beta - \frac{\tau}{2} (\mathcal{Q}_x^\beta)^{-1} \delta_x^\beta \right) v, \left(\mathcal{Q}_x^\beta - \frac{\tau}{2} (\mathcal{Q}_x^\beta)^{-1} \delta_x^\beta \right) v \right)$$

$$= (\mathcal{Q}_x^\beta v, \mathcal{Q}_x^\beta v) + \frac{\tau^2}{4} ((\mathcal{Q}_x^\beta)^{-1} \delta_x^\beta v, (\mathcal{Q}_x^\beta)^{-1} \delta_x^\beta v) - \tau (\mathcal{Q}_x^\beta v, (\mathcal{Q}_x^\beta)^{-1} \delta_x^\beta v)$$

$$= \| \mathcal{Q}_x^\beta v \|^2 + \frac{\tau^2}{4} \| (\mathcal{Q}_x^\beta)^{-1} \delta_x^\beta v \|^2 - \tau (v, \delta_x^\beta v)$$

$$\geqslant \| \mathcal{Q}_x^\beta v \|^2 + \frac{\tau^2}{4} \| (\mathcal{Q}_x^\beta)^{-1} \delta_x^\beta v \|^2.$$

其他几式证明类似. □

4.4.3 差分格式的可解性

定理 4.4.1 差分格式 (4.4.13)—(4.4.15) 是唯一可解的.

证明 记

$$u^n = \{ u_{ij}^n \mid (i,j) \in \bar{\omega} \}.$$

由 (4.4.14)—(4.4.15) 知 u^0 已给定.

现设前 n 层的值 $u^0, u^1, \cdots, u^{n-1}$ 已唯一确定, 则由 (4.4.13) 和 (4.4.15) 可得关于 u^n 的线性方程组. 要证明它的唯一可解性, 只需证明它相应的齐次方程组

$$\begin{cases} \left(\mathcal{B}_x^\beta - \frac{\tau}{2} \delta_x^\beta \right) \left(\mathcal{B}_y^\gamma - \frac{\tau}{2} \delta_y^\gamma \right) u_{ij}^n = 0, & (i,j) \in \omega, & (4.4.21) \\ u_{ij}^n = 0, & (i,j) \in \partial\omega & (4.4.22) \end{cases}$$

仅有零解.

将方程 (4.4.21) 两边同时作用算子 $(\mathcal{Q}_x^\beta)^{-1}(\mathcal{Q}_y^\gamma)^{-1}$, 可得

$$\left(\mathcal{Q}_x^\beta - \frac{\tau}{2}(\mathcal{Q}_x^\beta)^{-1}\delta_x^\beta\right)\left(\mathcal{Q}_y^\gamma - \frac{\tau}{2}(\mathcal{Q}_y^\gamma)^{-1}\delta_y^\gamma\right)u_{ij}^n = 0, \quad (i,j) \in \omega.$$

由引理 4.4.1—引理 4.4.3 可得

$$
\begin{aligned}
0 &= \left\|\left(\mathcal{Q}_x^\beta - \frac{\tau}{2}(\mathcal{Q}_x^\beta)^{-1}\delta_x^\beta\right)\left(\mathcal{Q}_y^\gamma - \frac{\tau}{2}(\mathcal{Q}_y^\gamma)^{-1}\delta_y^\gamma\right)u^n\right\|^2 \\
&= \left\|\mathcal{Q}_x^\beta\left(\mathcal{Q}_y^\gamma - \frac{\tau}{2}(\mathcal{Q}_y^\gamma)^{-1}\delta_y^\gamma\right)u^n\right\|^2 + \frac{\tau^2}{4}\left\|(\mathcal{Q}_x^\beta)^{-1}\delta_x^\beta\left(\mathcal{Q}_y^\gamma - \frac{\tau}{2}(\mathcal{Q}_y^\gamma)^{-1}\delta_y^\gamma\right)u^n\right\|^2 \\
&\quad - \tau\left(\mathcal{Q}_x^\beta\left(\mathcal{Q}_y^\gamma - \frac{\tau}{2}(\mathcal{Q}_y^\gamma)^{-1}\delta_y^\gamma\right)u^n, (\mathcal{Q}_x^\beta)^{-1}\delta_x^\beta\left(\mathcal{Q}_y^\gamma - \frac{\tau}{2}(\mathcal{Q}_y^\gamma)^{-1}\delta_y^\gamma\right)u^n\right) \\
&= \left\|\mathcal{Q}_x^\beta\left(\mathcal{Q}_y^\gamma - \frac{\tau}{2}(\mathcal{Q}_y^\gamma)^{-1}\delta_y^\gamma\right)u^n\right\|^2 + \frac{\tau^2}{4}\left\|(\mathcal{Q}_x^\beta)^{-1}\delta_x^\beta\left(\mathcal{Q}_y^\gamma - \frac{\tau}{2}(\mathcal{Q}_y^\gamma)^{-1}\delta_y^\gamma\right)u^n\right\|^2 \\
&\quad - \tau\left(\left(\mathcal{Q}_y^\gamma - \frac{\tau}{2}(\mathcal{Q}_y^\gamma)^{-1}\delta_y^\gamma\right)u^n, \delta_x^\beta\left(\mathcal{Q}_y^\gamma - \frac{\tau}{2}(\mathcal{Q}_y^\gamma)^{-1}\delta_y^\gamma\right)u^n\right) \\
&\geqslant \left\|\mathcal{Q}_x^\beta\left(\mathcal{Q}_y^\gamma - \frac{\tau}{2}(\mathcal{Q}_y^\gamma)^{-1}\delta_y^\gamma\right)u^n\right\|^2 + \frac{\tau^2}{4}\left\|(\mathcal{Q}_x^\beta)^{-1}\delta_x^\beta\left(\mathcal{Q}_y^\gamma - \frac{\tau}{2}(\mathcal{Q}_y^\gamma)^{-1}\delta_y^\gamma\right)u^n\right\|^2 \\
&= \left\|\left(\mathcal{Q}_y^\gamma - \frac{\tau}{2}(\mathcal{Q}_y^\gamma)^{-1}\delta_y^\gamma\right)\mathcal{Q}_x^\beta u^n\right\|^2 + \frac{\tau^2}{4}\left\|\left(\mathcal{Q}_y^\gamma - \frac{\tau}{2}(\mathcal{Q}_y^\gamma)^{-1}\delta_y^\gamma\right)(\mathcal{Q}_x^\beta)^{-1}\delta_x^\beta u^n\right\|^2 \\
&\geqslant \|\mathcal{Q}_y^\gamma \mathcal{Q}_x^\beta u^n\|^2 + \frac{\tau^2}{4}\|(\mathcal{Q}_y^\gamma)^{-1}\delta_y^\gamma \mathcal{Q}_x^\beta u^n\|^2 \\
&\quad + \frac{\tau^2}{4}\left(\|\mathcal{Q}_y^\gamma(\mathcal{Q}_x^\beta)^{-1}\delta_x^\beta u^n\|^2 + \frac{\tau^2}{4}\|(\mathcal{Q}_y^\gamma)^{-1}\delta_y^\gamma(\mathcal{Q}_x^\beta)^{-1}\delta_x^\beta u^n\|^2\right) \\
&\geqslant \|\mathcal{Q}_y^\gamma \mathcal{Q}_x^\beta u^n\|^2 \geqslant \frac{1}{9}\|u^n\|^2.
\end{aligned}
\tag{4.4.23}
$$

因而 $\|u^n\| = 0$. 注意到 (4.4.22), 有 $u^n = 0$.

由归纳原理知, 差分格式 (4.4.13)—(4.4.15) 存在唯一解.　　　　　　　□

4.4.4　差分格式的稳定性

定理 4.4.2　设 $\{u_{ij}^n \mid (i,j) \in \bar{\omega},\ 0 \leqslant n \leqslant N\}$ 为差分格式 (4.4.13)—(4.4.15) 的解, 并记 $s_{ij}^{n-\frac{1}{2}} = \mathcal{B}_x^\beta \mathcal{B}_y^\gamma f_{ij}^{n-\frac{1}{2}}$, 则有

$$
\|u^n\| \leqslant 3\left(\|\mathcal{Q}_y^\gamma \mathcal{Q}_x^\beta u^0\| + \frac{\tau}{2}\|(\mathcal{Q}_y^\gamma)^{-1}\delta_y^\gamma \mathcal{Q}_x^\beta u^0\| + \frac{\tau}{2}\|\mathcal{Q}_y^\gamma(\mathcal{Q}_x^\beta)^{-1}\delta_x^\beta u^0\|\right.
$$

$$
\left. + \frac{\tau^2}{4}\|(\mathcal{Q}_y^\gamma)^{-1}\delta_y^\gamma(\mathcal{Q}_x^\beta)^{-1}\delta_x^\beta u^0\|\right) + 9\tau\sum_{m=1}^n \|s^{m-\frac{1}{2}}\|, \quad 1 \leqslant n \leqslant N,
$$

其中

$$\|s^{m-\frac{1}{2}}\| = \sqrt{h \sum_{i=1}^{M_1-1} \sum_{j=1}^{M_2-1} \left(s_{ij}^{m-\frac{1}{2}}\right)^2}.$$

证明　注意到方程 (4.4.13) 可以写为 (4.4.16) 的形式, 用算子 $(Q_x^\beta)^{-1}(Q_y^\gamma)^{-1}$ 作用于方程 (4.4.16) 的两边, 得到

$$\left(Q_x^\beta - \frac{\tau}{2}(Q_x^\beta)^{-1}\delta_x^\beta\right)\left(Q_y^\gamma - \frac{\tau}{2}(Q_y^\gamma)^{-1}\delta_y^\gamma\right)u_{ij}^n$$

$$= \left(Q_x^\beta + \frac{\tau}{2}(Q_x^\beta)^{-1}\delta_x^\beta\right)\left(Q_y^\gamma + \frac{\tau}{2}(Q_y^\gamma)^{-1}\delta_y^\gamma\right)u_{ij}^{n-1}$$

$$+ \tau(Q_x^\beta)^{-1}(Q_y^\gamma)^{-1}s_{ij}^{n-\frac{1}{2}}, \quad (i,j) \in \omega,\ 1 \leqslant n \leqslant N. \tag{4.4.24}$$

对方程 (4.4.24) 两边取范数, 并利用三角不等式, 可得

$$\left\|\left(Q_x^\beta - \frac{\tau}{2}(Q_x^\beta)^{-1}\delta_x^\beta\right)\left(Q_y^\gamma - \frac{\tau}{2}(Q_y^\gamma)^{-1}\delta_y^\gamma\right)u^n\right\|$$

$$\leqslant \left\|\left(Q_x^\beta + \frac{\tau}{2}(Q_x^\beta)^{-1}\delta_x^\beta\right)\left(Q_y^\gamma + \frac{\tau}{2}(Q_y^\gamma)^{-1}\delta_y^\gamma\right)u^{n-1}\right\|$$

$$+ \tau\|(Q_x^\beta)^{-1}(Q_y^\gamma)^{-1}s^{n-\frac{1}{2}}\|, \quad 1 \leqslant n \leqslant N. \tag{4.4.25}$$

类似 (4.4.23) 的推导, 可得

$$\left\|\left(Q_x^\beta - \frac{\tau}{2}(Q_x^\beta)^{-1}\delta_x^\beta\right)\left(Q_y^\gamma - \frac{\tau}{2}(Q_y^\gamma)^{-1}\delta_y^\gamma\right)u^n\right\|^2$$

$$\geqslant \|Q_y^\gamma Q_x^\beta u^n\|^2 + \frac{\tau^2}{4}\|(Q_y^\gamma)^{-1}\delta_y^\gamma Q_x^\beta u^n\|^2 + \frac{\tau^2}{4}\|Q_y^\gamma(Q_x^\beta)^{-1}\delta_x^\beta u^n\|^2$$

$$+ \frac{\tau^4}{16}\|(Q_y^\gamma)^{-1}\delta_y^\gamma(Q_x^\beta)^{-1}\delta_x^\beta u^n\|^2; \tag{4.4.26}$$

$$\left\|\left(Q_x^\beta + \frac{\tau}{2}(Q_x^\beta)^{-1}\delta_x^\beta\right)\left(Q_y^\gamma + \frac{\tau}{2}(Q_y^\gamma)^{-1}\delta_y^\gamma\right)u^{n-1}\right\|^2$$

$$\leqslant \|Q_y^\gamma Q_x^\beta u^{n-1}\|^2 + \frac{\tau^2}{4}\|(Q_y^\gamma)^{-1}\delta_y^\gamma Q_x^\beta u^{n-1}\|^2 + \frac{\tau^2}{4}\|Q_y^\gamma(Q_x^\beta)^{-1}\delta_x^\beta u^{n-1}\|^2$$

$$+ \frac{\tau^4}{16}\|(Q_y^\gamma)^{-1}\delta_y^\gamma(Q_x^\beta)^{-1}\delta_x^\beta u^{n-1}\|^2. \tag{4.4.27}$$

记

$$E^n = \left(\|Q_y^\gamma Q_x^\beta u^n\|^2 + \frac{\tau^2}{4}\|(Q_y^\gamma)^{-1}\delta_y^\gamma Q_x^\beta u^n\|^2 + \frac{\tau^2}{4}\|Q_y^\gamma(Q_x^\beta)^{-1}\delta_x^\beta u^n\|^2\right.$$

$$\left. + \frac{\tau^4}{16}\|(Q_y^\gamma)^{-1}\delta_y^\gamma(Q_x^\beta)^{-1}\delta_x^\beta u^n\|^2\right)^{1/2}, \quad 0 \leqslant n \leqslant N.$$

由 (4.4.25)—(4.4.27) 和引理 4.4.1 可得

$$E^n \leqslant E^{n-1} + \tau \|(\mathcal{Q}_x^\beta)^{-1}(\mathcal{Q}_y^\gamma)^{-1}s^{n-\frac{1}{2}}\| \leqslant E^{n-1} + 3\tau\|s^{n-\frac{1}{2}}\|, \quad 1 \leqslant n \leqslant N.$$

递推可得

$$E^n \leqslant E^0 + 3\tau \sum_{m=1}^n \|s^{m-\frac{1}{2}}\|, \quad 1 \leqslant n \leqslant N.$$

注意到

$$E^n \geqslant \|\mathcal{Q}_y^\gamma \mathcal{Q}_x^\beta u^n\| \geqslant \frac{1}{3}\|u^n\|,$$

进一步有

$$\|u^n\| \leqslant 3E^0 + 9\tau \sum_{m=1}^n \|s^{m-\frac{1}{2}}\|$$

$$\leqslant 3\left(\|\mathcal{Q}_y^\gamma \mathcal{Q}_x^\beta u^0\| + \frac{\tau}{2}\|(\mathcal{Q}_y^\gamma)^{-1}\delta_y^\gamma \mathcal{Q}_x^\beta u^0\| + \frac{\tau}{2}\|\mathcal{Q}_y^\gamma (\mathcal{Q}_x^\beta)^{-1}\delta_x^\beta u^0\|\right.$$

$$\left. + \frac{\tau^2}{4}\|(\mathcal{Q}_y^\gamma)^{-1}\delta_y^\gamma(\mathcal{Q}_x^\beta)^{-1}\delta_x^\beta u^0\|\right) + 9\tau \sum_{m=1}^n \|s^{m-\frac{1}{2}}\|, \quad 1 \leqslant n \leqslant N.$$

定理结论成立.　　□

4.4.5　差分格式的收敛性

定理 4.4.3　设 $\{U_{ij}^n \mid (i,j) \in \bar\omega, 0 \leqslant n \leqslant N\}$ 为微分方程问题 (4.4.1)—(4.4.3) 的解, $\{u_{ij}^n \mid (i,j) \in \bar\omega, 0 \leqslant n \leqslant N\}$ 为差分格式 (4.4.13)—(4.4.15) 的解. 令

$$e_{ij}^n = U_{ij}^n - u_{ij}^n, \quad (i,j) \in \bar\omega, \ 0 \leqslant n \leqslant N,$$

则有

$$\|e^n\| \leqslant 9T\sqrt{L_1 L_2}\, c_5(\tau^2 + h_1^4 + h_2^4), \quad 1 \leqslant n \leqslant N.$$

证明　将 (4.4.9), (4.4.11)—(4.4.12) 分别与 (4.4.13)—(4.4.15) 相减, 可得误差方程组

$$\begin{cases} \mathcal{B}_x^\beta \mathcal{B}_y^\gamma \delta_t e_{ij}^{n-\frac{1}{2}} + \frac{\tau^2}{4}\delta_x^\beta \delta_y^\gamma \delta_t e_{ij}^{n-\frac{1}{2}} = \mathcal{B}_y^\gamma \delta_x^\beta e_{ij}^{n-\frac{1}{2}} + \mathcal{B}_x^\beta \delta_y^\gamma e_{ij}^{n-\frac{1}{2}} + (r_5)_{ij}^{n-\frac{1}{2}}, \\ \qquad\qquad\qquad\qquad (i,j) \in \omega, \ 1 \leqslant n \leqslant N, \\ e_{ij}^0 = 0, \quad (i,j) \in \omega, \\ e_{ij}^n = 0, \quad (i,j) \in \partial\omega, \ 0 \leqslant n \leqslant N. \end{cases}$$

应用定理 4.4.2, 并注意到 (4.4.10), 有

$$\|e^n\| \leqslant 9\tau \sum_{m=1}^n \|(r_5)^{m-\frac{1}{2}}\| \leqslant 9T\sqrt{L_1 L_2}\, c_5(\tau^2 + h_1^4 + h_2^4), \quad 1 \leqslant n \leqslant N.　□$$

4.5 补注与讨论

(1) 本章主要介绍了 R-L 导数型的空间分数阶偏微分方程初边值问题的差分方法. 对一维问题 (4.1.1)—(4.1.3), 分别建立了时间空间一阶、时间空间二阶以及时间二阶空间四阶的三个差分求解格式, 分析了每一个差分格式的唯一可解性、稳定性和收敛性. 对二维问题 (4.4.1)—(4.4.3), 重点介绍了一个时间二阶空间四阶的 ADI 差分格式, 给出了差分格式的唯一可解性、稳定性和收敛性分析.

(2) 对于空间分数阶偏微分方程中的 R-L 导数, Meerschaert 和 Tadjeran 在文献 [57, 58, 85] 中指出了用标准的 G-L 公式逼近 R-L 导数导出的差分格式是不稳定的, 并提出了用位移的 G-L 公式逼近 R-L 导数建立差分求解格式.

(3) 对于空间分数阶偏微分方程中的 R-L 导数, 邓伟华等[88] 提出了利用两项加权位移的 G-L 公式, 建立求解空间分数阶偏微分方程的时空二阶差分方法, 并导出了三项加权位移的 G-L 公式. 以此工作为基础, 该课题组做出了一系列的研究工作, 详见文献 [7, 117] 等.

(4) 文献 [4] 研究了 Riesz 导数型的一维空间分数阶偏微分方程

$$u_t(x,t) = \frac{\partial^\beta u(x,t)}{\partial |x|^\beta} + f(x,t)$$

的数值求解. 应用中心差商公式 (定理 1.5.1) 离散 Riesz 导数, 建立了 Crank-Nicolson 型时间空间二阶的差分求解格式. 文献 [63, 102] 讨论了 Riesz 导数型扩散方程和对流扩散方程的数值方法.

(5) 赵璇等[116] 给出了逼近 Riesz 导数在三点值的加权平均的一个四阶数值微分公式, 严格地分析了该公式的数值精度. 在此基础上, 讨论了求解 Riesz 导数型非线性空间分数阶 Schrödinger 方程的高精度差分方法. 丁恒飞等[14, 15] 从另外一个角度研究了 Riesz 导数的高阶逼近公式, 并应用于求解 Riesz 导数型空间分数阶微分方程的初边值问题.

(6) 对于空间分数阶微分方程建立的差分格式, 根据其特殊结构, 王宏等[91, 95] 及李兆隆等[42] 提出了快速求解算法.

(7) 王冬岭等[97, 98] 对空间分数阶 Schrödinger 方程给出了守恒的隐式差分格式. 王鹏德和黄乘明[92, 93]、郝朝鹏和孙志忠[33]、贺冬冬和潘克家[35] 研究了分数阶 Ginzburg-Landau 方程的差分方法.

习 题 4

1. 对于问题 (4.1.1)—(4.1.3), 建立如下显式差分格式:

$$\begin{cases} \dfrac{1}{\tau}(u_i^{n+1} - u_i^n) = K_1\,h^{-\beta}\displaystyle\sum_{k=0}^{i+1} g_k^{(\beta)} u_{i-k+1}^n + K_2\,h^{-\beta}\displaystyle\sum_{k=0}^{M-i+1} g_k^{(\beta)} u_{i+k-1}^n + f_i^n, \\ \qquad\qquad 1 \leqslant i \leqslant M-1,\quad 0 \leqslant n \leqslant N-1, \\ u_i^0 = \varphi(x_i), \quad 1 \leqslant i \leqslant M-1, \\ u_0^n = 0, \quad u_M^n = 0, \quad 0 \leqslant n \leqslant N. \end{cases}$$

类似 4.1 节定义函数 $\tilde{u}(x,t)$, 并设 $\tilde{u}(\cdot,t) \in \mathscr{C}^{1+\beta}(\mathcal{R})$.

(1) 分析差分格式的截断误差;

(2) 证明当 $(K_1 + K_2)\dfrac{\beta\tau}{h^\beta} \leqslant 1$ 时差分格式关于初值 φ 和右端函数 f 是稳定的;

(3) 证明当 $(K_1 + K_2)\dfrac{\beta\tau}{h^\beta} \leqslant 1$ 时差分格式是收敛的, 并给出误差估计式.

2. 对于问题 (4.1.1)—(4.1.3), 建立如下隐式差分格式:

$$\begin{cases} \dfrac{1}{\tau}(u_i^n - u_i^{n-1}) = K_1\,h^{-\beta}\displaystyle\sum_{k=0}^{i+1} \widetilde{w}_k^{(\beta)} u_{i-k+1}^n + K_2\,h^{-\beta}\displaystyle\sum_{k=0}^{M-i+1} \widetilde{w}_k^{(\beta)} u_{i+k-1}^n + f_i^n, \\ \qquad\qquad 1 \leqslant i \leqslant M-1,\ 1 \leqslant n \leqslant N, \\ u_i^0 = \varphi(x_i), \quad 1 \leqslant i \leqslant M-1, \\ u_0^n = 0, \quad u_M^n = 0, \quad 0 \leqslant n \leqslant N. \end{cases}$$

类似 4.1 节定义函数 $\tilde{u}(x,t)$, 并设 $\tilde{u}(\cdot,t) \in \mathscr{C}^{2+\beta}(\mathcal{R})$.

(1) 分析差分格式的截断误差;

(2) 证明差分格式是唯一可解的;

(3) 证明差分格式对初值 φ 和右端函数 f 是稳定的;

(4) 证明差分格式是收敛的, 并给出误差估计式.

3. 对于问题 (4.1.1)—(4.1.3), 建立如下差分格式:

$$\begin{cases} \mathcal{B}^{(\beta)}\dfrac{u_i^n - u_i^{n-1}}{\tau} = K_1\,h^{-\beta}\displaystyle\sum_{k=0}^{i+1} \hat{w}_k^{(\beta)} u_{i-k+1}^n + K_2\,h^{-\beta}\displaystyle\sum_{k=0}^{M-i+1} \hat{w}_k^{(\beta)} u_{i+k-1}^n + \mathcal{B}^{(\beta)} f_i^n, \\ \qquad\qquad 1 \leqslant i \leqslant M-1,\quad 1 \leqslant n \leqslant N, \\ u_i^0 = \varphi(x_i), \quad 1 \leqslant i \leqslant M-1, \\ u_0^n = 0,\ u_M^n = 0, \quad 0 \leqslant n \leqslant N. \end{cases}$$

类似 4.1 节定义函数 $\tilde{u}(x,t)$, 并设 $\tilde{u}(\cdot,t) \in \mathscr{C}^{4+\beta}(\mathcal{R})$.

(1) 分析差分格式的截断误差;

(2) 证明差分格式是唯一可解的;

(3) 证明差分格式对初值 φ 和右端函数 f 是稳定的;

(4) 证明差分格式是收敛的, 并给出误差估计式.

4. 对于问题 (4.4.1)—(4.4.3), 建立如下差分格式:

$$
\begin{cases}
\delta_t u_{ij}^{n-\frac{1}{2}} + \dfrac{\tau^2}{4}\delta_x^\beta\delta_y^\gamma\delta_t u_{ij}^{n-\frac{1}{2}} = \delta_x^\beta u_{ij}^{n-\frac{1}{2}} + \delta_y^\gamma u_{ij}^{n-\frac{1}{2}} + f_{ij}^{n-\frac{1}{2}}, & (i,j)\in\omega,\ 1\leqslant n\leqslant N,\\
u_{ij}^0 = \varphi(x_i,y_j), & (i,j)\in\omega,\\
u_{ij}^n = 0, & (i,j)\in\partial\omega,\ 0\leqslant n\leqslant N.
\end{cases}
$$

类似 4.4 节定义函数 $\hat{v}(x,y,t),\hat{w}(x,y,t)$, 并设 $\hat{v}(\cdot,y,t)\in\mathscr{C}^{2+\beta}(\mathcal{R}),\hat{w}(x,\cdot,t)\in\mathscr{C}^{2+\gamma}(\mathcal{R})$.

(1) 分析差分格式的截断误差;

(2) 证明差分格式是唯一可解的;

(3) 写出差分格式的 ADI 形式;

(4) 证明差分格式对初值 φ 和右端函数 f 是稳定的;

(5) 证明差分格式是收敛的, 并给出误差估计式.

5. 考虑如下微分方程初边值问题

$$
\begin{cases}
u_t(x,t) = \dfrac{\partial^\beta u(x,t)}{\partial|x|^\beta} + f(x,t), & 0<x<L,\ 0<t\leqslant T, & (4.6.1)\\
u(x,0) = \varphi(x), & 0<x<L, & (4.6.2)\\
u(0,t) = 0,\quad u(L,t) = 0, & 0\leqslant t\leqslant T, & (4.6.3)
\end{cases}
$$

其中 f,φ 为已知函数, $\varphi(0)=\varphi(L)=0$,

$$
\frac{\partial^\beta u(x,t)}{\partial|x|^\beta} = -\Psi_\beta\Big({}_0\mathbf{D}_x^\beta u(x,t) + {}_x\mathbf{D}_L^\beta u(x,t)\Big),\quad \Psi_\beta = \frac{1}{2\cos\left(\dfrac{\beta\pi}{2}\right)},
$$

$$
{}_0\mathbf{D}_x^\beta u(x,t) = \frac{1}{\Gamma(2-\beta)}\frac{\partial^2}{\partial x^2}\int_0^x \frac{u(\xi,t)}{(x-\xi)^{\beta-1}}\mathrm{d}\xi,
$$

$$
{}_x\mathbf{D}_L^\beta u(x,t) = \frac{1}{\Gamma(2-\beta)}\frac{\partial^2}{\partial x^2}\int_x^L \frac{u(\xi,t)}{(\xi-x)^{\beta-1}}\mathrm{d}\xi.
$$

建立如下差分格式:

$$
\begin{cases}
\dfrac{u_i^n - u_i^{n-1}}{\tau} = -h^{-\beta}\displaystyle\sum_{k=i-M}^{i}\hat{g}_k^{(\beta)}u_{i-k}^n + f_i^n, & 1\leqslant i\leqslant M-1,\ 1\leqslant n\leqslant N,\\
u_i^0 = \varphi(x_i), & 1\leqslant i\leqslant M-1,\\
u_0^n = 0,\quad u_M^n = 0, & 0\leqslant n\leqslant N,
\end{cases}
$$

其中系数 $\{\hat{g}_k^{(\beta)}\}$ 由 (1.5.2) 定义.

类似 4.1 节定义函数 $\tilde{u}(x,t)$, 并设 $\tilde{u}(\cdot,t)\in\mathscr{C}^{2+\beta}(\mathcal{R})$.

(1) 分析差分格式的截断误差;

(2) 证明差分格式是唯一可解的;

(3) 证明差分格式对初值 φ 和右端函数 f 是稳定的;

(4) 证明差分格式是收敛的, 并给出误差估计式.

6. 对于问题 (4.6.1)—(4.6.3), 建立如下差分格式:

$$
\begin{cases}
\dfrac{u_i^n - u_i^{n-1}}{\tau} = -h^{-\beta} \displaystyle\sum_{k=i-M}^{i} \hat{g}_k^{(\beta)} u_{i-k}^{n-\frac{1}{2}} + f_i^{n-\frac{1}{2}}, & 1 \leqslant i \leqslant M-1,\ 1 \leqslant n \leqslant N, \\[4mm]
u_i^0 = \varphi(x_i), & 1 \leqslant i \leqslant M-1, \\[2mm]
u_0^n = 0, \quad u_M^n = 0, & 0 \leqslant n \leqslant N,
\end{cases}
$$

其中系数 $\{\hat{g}_k^{(\beta)}\}$ 由 (1.5.2) 定义. 类似 4.1 节定义函数 $\tilde{u}(x,t)$, 并设 $\tilde{u}(\cdot,t) \in \mathscr{C}^{2+\beta}(\mathcal{R})$.

(1) 分析差分格式的截断误差;

(2) 证明差分格式是唯一可解的;

(3) 证明差分格式对初值 φ 和右端函数 f 是稳定的;

(4) 证明差分格式是收敛的, 并给出误差估计式.

第 5 章　时空分数阶微分方程的差分方法

本章探讨求解一类时空分数阶微分方程 (Bloch-Torrey 方程) 的有限差分方法. 该方程在医学工程研究中有着广泛应用, 已被成功地应用于分析人类脑组织中的扩散行为, 为脑组织结构的进一步研究提供了新的视角. Bloch-Torrey 方程既含有时间分数阶 Caputo 导数, 又含有空间分数阶 Riesz 导数. 本章将对一维问题依次建立时间空间二阶方法以及时间二阶、空间四阶方法; 对二维问题分别建立时间空间二阶方法以及时间二阶、空间四阶方法. 分析每一个差分格式的唯一可解性、稳定性和收敛性. 本章共 5 节.

5.1　一维问题空间二阶方法

本节考虑如下一维时空分数阶微分方程初边值问题

$$
\begin{cases}
{}^{C}_{0}D^{\alpha}_{t}u(x,t) = \dfrac{\partial^{\beta}u(x,t)}{\partial|x|^{\beta}} + f(x,t), & 0 < x < L,\ 0 < t \leqslant T, & (5.1.1) \\[2mm]
u(x,0) = \varphi(x), & 0 < x < L, & (5.1.2) \\[2mm]
u(0,t) = 0, \quad u(L,t) = 0, & 0 \leqslant t \leqslant T, & (5.1.3)
\end{cases}
$$

其中 $\alpha \in (0,1), \beta \in (1,2)$, ${}^{C}_{0}D^{\alpha}_{t}u(x,t)$ 为时间 α 阶 Caputo 分数阶导数, $\dfrac{\partial^{\beta}u(x,t)}{\partial|x|^{\beta}}$ 为空间 β 阶 Riesz 分数阶导数, 即

$$
\frac{\partial^{\beta}u(x,t)}{\partial|x|^{\beta}} = -\Psi_{\beta}\Big({}_{0}\mathbf{D}^{\beta}_{x}u(x,t) + {}_{x}\mathbf{D}^{\beta}_{L}u(x,t)\Big), \quad \Psi_{\beta} = \frac{1}{2\cos\left(\dfrac{\beta\pi}{2}\right)},
$$

$$
{}_{0}\mathbf{D}^{\beta}_{x}u(x,t) = \frac{1}{\Gamma(2-\beta)}\frac{\partial^{2}}{\partial x^{2}}\int_{0}^{x}\frac{u(\xi,t)}{(x-\xi)^{\beta-1}}\mathrm{d}\xi,
$$

$$
{}_{x}\mathbf{D}^{\beta}_{L}u(x,t) = \frac{1}{\Gamma(2-\beta)}\frac{\partial^{2}}{\partial x^{2}}\int_{x}^{L}\frac{u(\xi,t)}{(\xi-x)^{\beta-1}}\mathrm{d}\xi,
$$

f,φ 为已知函数, 且 $\varphi(0) = \varphi(L) = 0$.

网格剖分和记号同 2.1 节. 此外, 记

$$
\sigma = 1 - \frac{\alpha}{2}, \quad t_{n-1+\sigma} = t_{n-1} + \sigma\tau, \quad s = \tau^{\alpha}\Gamma(2-\alpha).
$$

定义网格函数

$$U_i^n = u(x_i, t_n), \quad 0 \leqslant i \leqslant M, \quad 0 \leqslant n \leqslant N;$$

$$f_i^{n-1+\sigma} = f(x_i, t_{n-1+\sigma}), \quad 1 \leqslant i \leqslant M-1, \quad 1 \leqslant n \leqslant N.$$

对任意固定的 $t \in [0, T]$, 定义函数

$$\tilde{u}(x, t) = \begin{cases} u(x, t), & 0 \leqslant x \leqslant L, \\ 0, & x \notin [0, L]. \end{cases}$$

假设 $u(x, \cdot) \in C^3[0, T]$ 且函数 $\tilde{u}(\cdot, t) \in \mathscr{C}^{2+\beta}(\mathcal{R})$.

5.1.1 差分格式的建立

在点 $(x_i, t_{n-1+\sigma})$ 处考虑微分方程 (5.1.1), 得到

$$_0^C D_t^\alpha u(x_i, t_{n-1+\sigma}) = \frac{\partial^\beta u(x_i, t_{n-1+\sigma})}{\partial |x|^\beta} + f_i^{n-1+\sigma},$$

$$1 \leqslant i \leqslant M-1, \ 1 \leqslant n \leqslant N. \qquad (5.1.4)$$

对方程 (5.1.4) 左端时间 Caputo 导数, 应用 L2-1$_\sigma$ 逼近 (1.6.26), 由定理 1.6.4 有

$$_0^C D_t^\alpha u(x_i, t_{n-1+\sigma}) = \frac{\tau^{-\alpha}}{\Gamma(2-\alpha)} \sum_{k=0}^{n-1} c_k^{(n,\alpha)} (U_i^{n-k} - U_i^{n-k-1}) + O(\tau^{3-\alpha}). \quad (5.1.5)$$

对方程 (5.1.4) 右端空间 Riesz 导数, 应用线性插值, 由 (3.4.5) 可得

$$\frac{\partial^\beta u(x_i, t_{n-1+\sigma})}{\partial |x|^\beta} = \sigma \frac{\partial^\beta u(x_i, t_n)}{\partial |x|^\beta} + (1-\sigma) \frac{\partial^\beta u(x_i, t_{n-1})}{\partial |x|^\beta} + O(\tau^2). \qquad (5.1.6)$$

进一步, 应用定理 1.5.2 可得

$$\frac{\partial^\beta u(x_i, t_n)}{\partial |x|^\beta} = -h^{-\beta} \sum_{k=i-M}^{i} \hat{g}_k^{(\beta)} U_{i-k}^n + O(h^2). \qquad (5.1.7)$$

结合 (5.1.6) 和 (5.1.7), 有

$$\frac{\partial^\beta u(x_i, t_{n-1+\sigma})}{\partial |x|^\beta} = -h^{-\beta} \sum_{k=i-M}^{i} \hat{g}_k^{(\beta)} [\sigma U_{i-k}^n + (1-\sigma) U_{i-k}^{n-1}] + O(\tau^2 + h^2). \quad (5.1.8)$$

将 (5.1.5) 和 (5.1.8) 代入 (5.1.4), 得到

$$\frac{\tau^{-\alpha}}{\Gamma(2-\alpha)}\sum_{k=0}^{n-1}c_k^{(n,\alpha)}(U_i^{n-k}-U_i^{n-k-1})$$

$$=-h^{-\beta}\sum_{k=i-M}^{i}\hat{g}_k^{(\beta)}[\sigma U_{i-k}^n+(1-\sigma)U_{i-k}^{n-1}]$$

$$+f_i^{n-1+\sigma}+(r_1)_i^n,\quad 1\leqslant i\leqslant M-1,\quad 1\leqslant n\leqslant N,\tag{5.1.9}$$

且存在正常数 c_1, 使得

$$|(r_1)_i^n|\leqslant c_1(\tau^2+h^2),\quad 1\leqslant i\leqslant M-1,\ 1\leqslant n\leqslant N.\tag{5.1.10}$$

注意到初边值条件 (5.1.2)—(5.1.3), 有

$$\begin{cases} U_i^0=\varphi(x_i),\quad 1\leqslant i\leqslant M-1,\tag{5.1.11}\\ U_0^n=0,\quad U_M^n=0,\quad 0\leqslant n\leqslant N.\tag{5.1.12}\end{cases}$$

在方程 (5.1.9) 中略去小量项 $(r_1)_i^n$, 并用数值解 u_i^n 代替精确解 U_i^n, 得到求解问题 (5.1.1)—(5.1.3) 的如下差分格式:

$$\begin{cases} \dfrac{\tau^{-\alpha}}{\Gamma(2-\alpha)}\sum_{k=0}^{n-1}c_k^{(n,\alpha)}(u_i^{n-k}-u_i^{n-k-1})\\ =-h^{-\beta}\sum_{k=i-M}^{i}\hat{g}_k^{(\beta)}\big[\sigma u_{i-k}^n+(1-\sigma)u_{i-k}^{n-1}\big]\\ \quad+f_i^{n-1+\sigma},\quad 1\leqslant i\leqslant M-1,\quad 1\leqslant n\leqslant N,\tag{5.1.13}\\ u_i^0=\varphi(x_i),\quad 1\leqslant i\leqslant M-1,\tag{5.1.14}\\ u_0^n=0,\quad u_M^n=0,\quad 0\leqslant n\leqslant N.\tag{5.1.15}\end{cases}$$

5.1.2 差分格式的可解性

定理 5.1.1 差分格式 (5.1.13)—(5.1.15) 是唯一可解的.

证明 记

$$u^n=(u_0^n,u_1^n,\cdots,u_M^n).$$

由 (5.1.14)—(5.1.15) 知第 0 层的值 u^0 已知.

现设 $u^0,u^1,\cdots,u^{n-1}$ 已求得, 则由 (5.1.13) 和 (5.1.15) 可得关于 u^n 的线性方程组. 要证它存在唯一解, 只要证明它相应的齐次方程组

$$\begin{cases} \dfrac{1}{s}c_0^{(n,\alpha)}u_i^n=-\sigma h^{-\beta}\sum_{k=i-M}^{i}\hat{g}_k^{(\beta)}u_{i-k}^n,\quad 1\leqslant i\leqslant M-1,\tag{5.1.16}\\ u_0^n=0,\quad u_M^n=0\tag{5.1.17}\end{cases}$$

只有零解.

将 (5.1.16) 改写为

$$\left[\frac{1}{s}c_0^{(n,\alpha)} + \sigma h^{-\beta}\hat{g}_0^{(\beta)}\right]u_i^n = \sigma h^{-\beta}\sum_{\substack{k=i-M\\k\neq 0}}^{i}(-\hat{g}_k^{(\beta)})u_{i-k}^n, \quad 1\leqslant i \leqslant M-1. \quad (5.1.18)$$

设 $\|u^n\|_\infty = |u_{i_n}^n|$, 其中 $i_n \in \{1,2,\cdots,M-1\}$. 在 (5.1.18) 中令 $i=i_n$, 然后在等式的两边取绝对值, 由引理 1.5.1, 得

$$\left[\frac{1}{s}c_0^{(n,\alpha)} + \sigma h^{-\beta}\hat{g}_0^{(\beta)}\right]\|u^n\|_\infty \leqslant \sigma h^{-\beta}\sum_{\substack{k=i_n-M\\k\neq 0}}^{i_n}(-\hat{g}_k^{(\beta)})|u_{i_n-k}^n|$$

$$\leqslant \sigma h^{-\beta}\sum_{\substack{k=i_n-M\\k\neq 0}}^{i_n}(-\hat{g}_k^{(\beta)})\|u^n\|_\infty$$

$$\leqslant \sigma h^{-\beta}\hat{g}_0^{(\beta)}\|u^n\|_\infty.$$

于是 $\|u^n\|_\infty = 0$, 即 (5.1.16)—(5.1.17) 只有零解.

由归纳原理知, 定理结论成立. □

5.1.3　一个引理

引理 5.1.1　对任意网格函数 $v = (v_0, v_1, \cdots, v_M) \in \mathring{\mathcal{U}}_h$, 有

$$-h^{-\beta}h\sum_{i=1}^{M-1}\left(\sum_{k=i-M}^{i}\hat{g}_k^{(\beta)}v_{i-k}\right)v_i \leqslant -c_*^{(\beta)}(2L)^{-\beta}h\sum_{i=1}^{M-1}v_i^2,$$

其中 $c_*^{(\beta)}$ 由 (1.5.8) 定义, $1 < \beta < 2$.

证明　由引理 1.5.1 和引理 1.5.2 知

$$\hat{g}_k^{(\beta)} < 0, \quad |k| \geqslant 1; \quad \sum_{k=-\infty}^{\infty}\hat{g}_k^{(\beta)} = 0; \quad \sum_{|k|=M}^{\infty}\left(-\hat{g}_k^{(\beta)}\right) \geqslant \frac{c_*^{(\beta)}}{(M+1)^\beta}, \quad M \geqslant 1,$$

因而

$$A \equiv -h^{-\beta} h \sum_{i=1}^{M-1} \left(\sum_{k=i-M}^{i} \hat{g}_k^{(\beta)} v_{i-k} \right) v_i$$

$$= h^{-\beta} \left[h \sum_{i=1}^{M-1} (-\hat{g}_0^{(\beta)}) v_i^2 + h \sum_{i=1}^{M-1} \sum_{\substack{k=i-M \\ k \neq 0}}^{i} (-\hat{g}_k^{(\beta)}) v_{i-k} v_i \right]$$

$$\leqslant h^{-\beta} \left[h \sum_{i=1}^{M-1} (-\hat{g}_0^{(\beta)}) v_i^2 + \frac{1}{2} h \sum_{i=1}^{M-1} \sum_{\substack{k=i-M \\ k \neq 0}}^{i} (-\hat{g}_k^{(\beta)}) (v_{i-k}^2 + v_i^2) \right]$$

$$= h^{-\beta} \left[h \sum_{i=1}^{M-1} (-\hat{g}_0^{(\beta)}) v_i^2 + \frac{1}{2} h \sum_{i=1}^{M-1} \sum_{\substack{k=i-M \\ k \neq 0}}^{i} (-\hat{g}_k^{(\beta)}) v_i^2 \right.$$

$$\left. + \frac{1}{2} h \sum_{i=1}^{M-1} \sum_{\substack{k=i-M \\ k \neq 0}}^{i} (-\hat{g}_k^{(\beta)}) v_{i-k}^2 \right]. \tag{5.1.19}$$

对于 (5.1.19) 右端第二项, 有

$$\frac{1}{2} h \sum_{i=1}^{M-1} \sum_{\substack{k=i-M \\ k \neq 0}}^{i} (-\hat{g}_k^{(\beta)}) v_i^2 \leqslant \frac{1}{2} h \sum_{i=1}^{M-1} \sum_{\substack{k=1-M \\ k \neq 0}}^{M-1} (-\hat{g}_k^{(\beta)}) v_i^2$$

$$= \frac{1}{2} \sum_{|k|=1}^{M-1} (-\hat{g}_k^{(\beta)}) \cdot h \sum_{i=1}^{M-1} v_i^2. \tag{5.1.20}$$

对于 (5.1.19) 右端第三项, 有

$$\frac{1}{2} h \sum_{i=1}^{M-1} \sum_{\substack{k=i-M \\ k \neq 0}}^{i} (-\hat{g}_k^{(\beta)}) v_{i-k}^2$$

$$= \frac{1}{2} h \left[\sum_{k=1-M}^{-1} (-\hat{g}_k^{(\beta)}) \sum_{i=1}^{k+M} v_{i-k}^2 + \sum_{k=1}^{M-1} (-\hat{g}_k^{(\beta)}) \sum_{i=k}^{M-1} v_{i-k}^2 \right]$$

$$\leqslant \frac{1}{2} \left[\sum_{k=1-M}^{-1} (-\hat{g}_k^{(\beta)}) + \sum_{k=1}^{M-1} (-\hat{g}_k^{(\beta)}) \right] \cdot h \sum_{i=1}^{M-1} v_i^2$$

$$= \frac{1}{2} \sum_{|k|=1}^{M-1} (-\hat{g}_k^{(\beta)}) \cdot h \sum_{i=1}^{M-1} v_i^2. \tag{5.1.21}$$

将 (5.1.20) 和 (5.1.21) 代入 (5.1.19), 注意到引理 1.5.2, 得到

$$A \leqslant h^{-\beta} \left[(-\hat{g}_0^{(\beta)})h \sum_{i=1}^{M-1} v_i^2 + \sum_{|k|=1}^{M-1} (-\hat{g}_k^{(\beta)}) \cdot h \sum_{i=1}^{M-1} v_i^2 \right]$$

$$= h^{-\beta} \sum_{k=1-M}^{M-1} (-\hat{g}_k^{(\beta)}) \cdot h \sum_{i=1}^{M-1} v_i^2$$

$$= h^{-\beta} \left(\sum_{|k| \geqslant M} \hat{g}_k^{(\beta)} \right) \cdot h \sum_{i=1}^{M-1} v_i^2$$

$$\leqslant -h^{-\beta} \frac{c_*^{(\beta)}}{(M+1)^\beta} \cdot h \sum_{i=1}^{M-1} v_i^2$$

$$= -(Mh)^{-\beta} c_*^{(\beta)} \left(\frac{M}{M+1} \right)^\beta \cdot h \sum_{i=1}^{M-1} v_i^2$$

$$\leqslant -(Mh)^{-\beta} c_*^{(\beta)} \left(\frac{1}{2} \right)^\beta \cdot h \sum_{i=1}^{M-1} v_i^2$$

$$= -c_*^{(\beta)} (2L)^{-\beta} \cdot h \sum_{i=1}^{M-1} v_i^2. \qquad \Box$$

类似地可以证明如下结论 (只要把引理 5.1.1 及证明中的 $v_{i-k}v_i$ 写成 (v_{i-k}, v_i), v_i^2 写成 $\|v_i\|^2$ 即可).

推论 5.1.1　设 $\mathcal{V}$ 为内积空间, $(\cdot, \cdot)$ 为 $\mathcal{V}$ 中的内积, $\|\cdot\|$ 为导出范数; 对 $v^0, v^1, \cdots, v^M \in \mathcal{V}$ 及 $v^0 = 0, v^M = 0$, 有

$$-h^{-\beta} h \sum_{i=1}^{M-1} \left(\sum_{k=i-M}^{i} \hat{g}_k^{(\beta)} v^{i-k}, v^i \right) \leqslant -c_*^{(\beta)} (2L)^{-\beta} h \sum_{i=1}^{M-1} \|v^i\|^2,$$

其中 $c_*^{(\beta)}$ 同 (1.5.8) 定义, $1 < \beta < 2$.

5.1.4　差分格式的稳定性

定理 5.1.2　设 $\{u_i^n \mid 0 \leqslant i \leqslant M, 0 \leqslant n \leqslant N\}$ 为差分格式 (5.1.13)—(5.1.15) 的解, 则有

$$\|u^n\|^2 \leqslant \|u^0\|^2 + \frac{(2L)^\beta \Gamma(1-\alpha)}{2c_*^{(\beta)}} \max_{1 \leqslant m \leqslant n} \{t_m^\alpha \|f^{m-1+\sigma}\|^2\}, \quad 1 \leqslant n \leqslant N,$$

其中

$$\|f^{m-1+\sigma}\|^2 = h \sum_{i=1}^{M-1} (f_i^{m-1+\sigma})^2.$$

证明 用 $h(\sigma u_i^n + (1-\sigma)u_i^{n-1})$ 同乘以 (5.1.13) 的两边, 并对 i 从 1 到 $M-1$ 求和, 得

$$\frac{1}{s}\sum_{k=0}^{n-1} c_k^{(n,\alpha)} h \sum_{i=1}^{M-1} (u_i^{n-k} - u_i^{n-k-1})[\sigma u_i^n + (1-\sigma)u_i^{n-1}]$$

$$= h\sum_{i=1}^{M-1}\left\{-h^{-\beta}\sum_{k=i-M}^{i} \hat{g}_k^{(\beta)}[\sigma u_{i-k}^n + (1-\sigma)u_{i-k}^{n-1}][\sigma u_i^n + (1-\sigma)u_i^{n-1}]\right\}$$

$$+ h\sum_{i=1}^{M-1} f_i^{n-1+\sigma}[\sigma u_i^n + (1-\sigma)u_i^{n-1}]. \tag{5.1.22}$$

现在来估计 (5.1.22) 中的每一项.

由引理 2.6.1 知

$$\text{左端} = \frac{1}{s}\sum_{k=0}^{n-1} c_k^{(n,\alpha)} h \sum_{i=1}^{M-1}(u_i^{n-k} - u_i^{n-k-1})(\sigma u_i^n + (1-\sigma)u_i^{n-1})$$

$$= \frac{1}{s}\sum_{k=0}^{n-1} c_k^{(n,\alpha)}\left(u^{n-k} - u^{n-k-1}, \sigma u^n + (1-\sigma)u^{n-1}\right)$$

$$\geqslant \frac{1}{2s}\sum_{k=0}^{n-1} c_k^{(n,\alpha)}(\|u^{n-k}\|^2 - \|u^{n-k-1}\|^2). \tag{5.1.23}$$

由引理 5.1.1 知

$$\text{右端第一项} \leqslant -c_*^{(\beta)}(2L)^{-\beta}\|\sigma u^n + (1-\sigma)u^{n-1}\|^2. \tag{5.1.24}$$

由 Cauchy-Schwarz 不等式,

$$\text{右端第二项} \leqslant \|f^{n-1+\sigma}\| \cdot \|\sigma u^n + (1-\sigma)u^{n-1}\|$$

$$\leqslant c_*^{(\beta)}(2L)^{-\beta}\|\sigma u^n + (1-\sigma)u^{n-1}\|^2 + \frac{(2L)^\beta}{4c_*^{(\beta)}}\|f^{n-1+\sigma}\|^2. \tag{5.1.25}$$

将 (5.1.23)—(5.1.25) 代入 (5.1.22) 得到

$$\frac{1}{2s}\sum_{k=0}^{n-1} c_k^{(n,\alpha)}(\|u^{n-k}\|^2 - \|u^{n-k-1}\|^2) \leqslant \frac{(2L)^\beta}{4c_*^{(\beta)}}\|f^{n-1+\sigma}\|^2, \quad 1 \leqslant n \leqslant N. \tag{5.1.26}$$

由引理 1.6.3 知

$$\frac{s}{c_{n-1}^{(n,\alpha)}} = \frac{\tau^\alpha \Gamma(2-\alpha)}{c_{n-1}^{(n,\alpha)}} < \frac{1}{1-\alpha}n^\alpha \tau^\alpha \Gamma(2-\alpha) = t_n^\alpha \Gamma(1-\alpha).$$

将 (5.1.26) 改写成如下形式:

$$c_0^{(n,\alpha)}\|u^n\|^2$$
$$\leqslant \sum_{k=1}^{n-1}(c_{k-1}^{(n,\alpha)}-c_k^{(n,\alpha)})\|u^{n-k}\|^2 + c_{n-1}^{(n,\alpha)}\|u^0\|^2 + \frac{s(2L)^\beta}{2c_*^{(\beta)}}\|f^{n-1+\sigma}\|^2$$
$$\leqslant \sum_{k=1}^{n-1}(c_{k-1}^{(n,\alpha)}-c_k^{(n,\alpha)})\|u^{n-k}\|^2 + c_{n-1}^{(n,\alpha)}\left[\|u^0\|^2 + \frac{(2L)^\beta t_n^\alpha\Gamma(1-\alpha)}{2c_*^{(\beta)}}\|f^{n-1+\sigma}\|^2\right],$$
$$1 \leqslant n \leqslant N.$$

由归纳法可证得

$$\|u^n\|^2 \leqslant \|u^0\|^2 + \frac{(2L)^\beta\Gamma(1-\alpha)}{2c_*^{(\beta)}}\max_{1\leqslant m\leqslant n}\{t_m^\alpha\|f^{m-1+\sigma}\|^2\}, \quad 1\leqslant n\leqslant N. \qquad \square$$

5.1.5　差分格式的收敛性

定理 5.1.3　设 $\{U_i^n\,|\,0\leqslant i\leqslant M,0\leqslant n\leqslant N\}$ 为微分方程问题 (5.1.1)—(5.1.3) 的解, $\{u_i^n\,|\,0\leqslant i\leqslant M,0\leqslant n\leqslant N\}$ 为差分格式 (5.1.13)—(5.1.15) 的解. 令
$$e_i^n = U_i^n - u_i^n, \quad 0\leqslant i\leqslant M,\ 0\leqslant n\leqslant N,$$
则有

$$\|e^n\| \leqslant \sqrt{\frac{2^{\beta-1}L^{1+\beta}T^\alpha\Gamma(1-\alpha)}{c_*^{(\beta)}}}\,c_1(\tau^2+h^2), \quad 1\leqslant n\leqslant N. \qquad (5.1.27)$$

证明　将 (5.1.9), (5.1.11)—(5.1.12) 分别与 (5.1.13)—(5.1.15) 相减, 可得误差方程组
$$\begin{cases} \dfrac{\tau^{-\alpha}}{\Gamma(2-\alpha)}\sum_{k=0}^{n-1}c_k^{(n,\alpha)}\big(e_i^{n-k}-e_i^{n-k-1}\big) \\ = -h^{-\beta}\sum_{k=i-M}^{i}\hat{g}_k^{(\beta)}\big[\sigma e_{i-k}^n+(1-\sigma)e_{i-k}^{n-1}\big] \\ \quad +(r_1)_i^n, \quad 1\leqslant i\leqslant M-1,\ 1\leqslant n\leqslant N, \\ e_i^0 = 0, \quad 1\leqslant i\leqslant M-1, \\ e_0^n = 0, \quad e_M^n = 0, \quad 0\leqslant n\leqslant N. \end{cases}$$

应用定理 5.1.2, 并注意到 (5.1.10), 可得
$$\|e^n\|^2 \leqslant \frac{(2L)^\beta t_n^\alpha\Gamma(1-\alpha)}{2c_*^{(\beta)}}\max_{1\leqslant m\leqslant n}\|(r_1)^m\|^2$$
$$\leqslant \frac{2^{\beta-1}L^{1+\beta}T^\alpha\Gamma(1-\alpha)}{c_*^{(\beta)}}c_1^2(\tau^2+h^2)^2, \quad 1\leqslant n\leqslant N.$$

将上式两边开方即得 (5.1.27). $\qquad \square$

5.2 一维问题空间四阶方法

本节对问题 (5.1.1)—(5.1.3) 建立一个时间二阶、空间四阶的差分格式.

设 $u = (u_0, u_1, \cdots, u_M) \in \mathcal{U}_h$, 定义平均值算子

$$\mathcal{A}_h^\beta u_i = \begin{cases} \dfrac{\beta}{24} u_{i-1} + \left(1 - \dfrac{\beta}{12}\right) u_i + \dfrac{\beta}{24} u_{i+1}, & 1 \leqslant i \leqslant M-1, \\ u_i, & i = 0, \ M. \end{cases}$$

易知

$$\mathcal{A}_h^\beta u_i = \left(\mathcal{I} + \frac{\beta}{24} h^2 \delta_x^2\right) u_i, \quad 1 \leqslant i \leqslant M-1.$$

设 $u, v \in \mathring{\mathcal{U}}_h$. 注意到

$$h \sum_{i=1}^{M-1} (\mathcal{A}_h^\beta u_i) v_i = h \sum_{i=1}^{M-1} \left(u_i + \frac{\beta}{24} h^2 \delta_x^2 u_i\right) v_i = (u, v) - \frac{\beta}{24} h^2 (\delta_x u, \delta_x v),$$

定义如下内积和范数:

$$(u, v)_A \equiv h \sum_{i=1}^{M-1} (\mathcal{A}_h^\beta u_i) v_i, \quad \|u\|_A \equiv \sqrt{(u, u)_A}.$$

注意到引理 2.1.1 以及 $\beta \in (1, 2)$, 有

$$h \sum_{i=1}^{M-1} (\mathcal{A}_h^\beta u_i) u_i = \|u\|^2 - \frac{\beta}{24} h^2 \|\delta_x u\|^2 \geqslant \left(1 - \frac{\beta}{6}\right) \|u\|^2 \geqslant \frac{2}{3} \|u\|^2. \tag{5.2.1}$$

易知

$$\frac{2}{3} \|u\|^2 \leqslant \|u\|_A^2 \leqslant \|u\|^2. \tag{5.2.2}$$

类似 5.1 节定义函数 $\tilde{u}(x, t)$, 并假设函数 $\tilde{u}(\cdot, t) \in \mathscr{C}^{4+\beta}(\mathcal{R})$ 且 $u(x, \cdot) \in C^3[0, T]$.

5.2.1 差分格式的建立

在点 $(x_i, t_{n-1+\sigma})$ 处考虑微分方程 (5.1.1), 得到

$$\substack{C \\ 0} D_t^\alpha u(x_i, t_{n-1+\sigma}) = \frac{\partial^\beta u(x_i, t_{n-1+\sigma})}{\partial |x|^\beta} + f_i^{n-1+\sigma}, \quad 0 \leqslant i \leqslant M, \ 1 \leqslant n \leqslant N.$$

再由 (3.4.5) 可得

$$\substack{C \\ 0} D_t^\alpha u(x_i, t_{n-1+\sigma}) = \left[\sigma \frac{\partial^\beta u(x_i, t_n)}{\partial |x|^\beta} + (1-\sigma) \frac{\partial^\beta u(x_i, t_{n-1})}{\partial |x|^\beta}\right]$$
$$+ f_i^{n-1+\sigma} + O(\tau^2), \quad 0 \leqslant i \leqslant M, \ 1 \leqslant n \leqslant N. \tag{5.2.3}$$

对 (5.2.3) 两边同时作用算子 $\mathcal{A}_h^\beta$, 得到

$$\mathcal{A}_h^{\beta C}{}_0 D_t^\alpha u(x_i, t_{n-1+\sigma}) = \left[\sigma\mathcal{A}_h^\beta\frac{\partial^\beta u(x_i, t_n)}{\partial|x|^\beta} + (1-\sigma)\mathcal{A}_h^\beta\frac{\partial^\beta u(x_i, t_{n-1})}{\partial|x|^\beta}\right]$$
$$+ \mathcal{A}_h^\beta f_i^{n-1+\sigma} + O(\tau^2),$$
$$1 \leqslant i \leqslant M-1, \quad 1 \leqslant n \leqslant N. \tag{5.2.4}$$

对方程(5.2.4) 左端时间 Caputo 导数, 应用 L2-1_σ 逼近 (1.6.26), 由定理 1.6.4 有

$${}_0^C D_t^\alpha u(x_i, t_{n-1+\sigma}) = \frac{\tau^{-\alpha}}{\Gamma(2-\alpha)}\sum_{k=0}^{n-1} c_k^{(n,\alpha)}(U_i^{n-k} - U_i^{n-k-1}) + O(\tau^{3-\alpha}). \tag{5.2.5}$$

对方程 (5.2.4) 右端空间 Riesz 导数, 应用定理 1.5.3 可得

$$\mathcal{A}_h^\beta\frac{\partial^\beta u(x_i, t_n)}{\partial|x|^\beta} = -h^{-\beta}\sum_{k=i-M}^i \hat{g}_k^{(\beta)}U_{i-k}^n + O(h^4). \tag{5.2.6}$$

将 (5.2.5) 和 (5.2.6) 代入 (5.2.4), 得到

$$\mathcal{A}_h^\beta\frac{\tau^{-\alpha}}{\Gamma(2-\alpha)}\sum_{k=0}^{n-1} c_k^{(n,\alpha)}(U_i^{n-k} - U_i^{n-k-1})$$

$$= -h^{-\beta}\sum_{k=i-M}^i \hat{g}_k^{(\beta)}[\sigma U_{i-k}^n + (1-\sigma)U_{i-k}^{n-1}]$$

$$+ \mathcal{A}_h^\beta f_i^{n-1+\sigma} + (r_2)_i^n, \quad 1 \leqslant i \leqslant M-1, 1 \leqslant n \leqslant N, \tag{5.2.7}$$

且存在正常数 c_2, 使得

$$|(r_2)_i^n| \leqslant c_2(\tau^2 + h^4), \quad 1 \leqslant i \leqslant M-1, 1 \leqslant n \leqslant N. \tag{5.2.8}$$

注意到初边值条件 (5.1.2)—(5.1.3), 有

$$\begin{cases} U_i^0 = \varphi(x_i), \quad 1 \leqslant i \leqslant M-1, & (5.2.9) \\ U_0^n = 0, \quad U_M^n = 0, \quad 0 \leqslant n \leqslant N. & (5.2.10) \end{cases}$$

在方程 (5.2.7) 中略去小量项 $(r_2)_i^n$, 并用数值解 u_i^n 代替精确解 U_i^n, 得到求解问题 (5.1.1)—(5.1.3) 的如下差分格式:

$$\begin{cases} \mathcal{A}_h^\beta\dfrac{\tau^{-\alpha}}{\Gamma(2-\alpha)}\displaystyle\sum_{k=0}^{n-1} c_k^{(n,\alpha)}(u_i^{n-k} - u_i^{n-k-1}) \\ \\ = -h^{-\beta}\displaystyle\sum_{k=i-M}^i \hat{g}_k^{(\beta)}[\sigma u_{i-k}^n + (1-\sigma)u_{i-k}^{n-1}] \\ \\ \quad + \mathcal{A}_h^\beta f_i^{n-1+\sigma}, \quad 1 \leqslant i \leqslant M-1, 1 \leqslant n \leqslant N, & (5.2.11) \\ \\ u_i^0 = \varphi(x_i), \quad 1 \leqslant i \leqslant M-1, & (5.2.12) \\ \\ u_0^n = 0, \quad u_M^n = 0, \quad 0 \leqslant n \leqslant N. & (5.2.13) \end{cases}$$

5.2.2   差分格式的可解性

定理 5.2.1   差分格式 (5.2.11)—(5.2.13) 是唯一可解的.

证明   记

$$u^n = (u_0^n, u_1^n, \cdots, u_M^n).$$

由 (5.2.12)—(5.2.13) 知 u^0 已知.

现设 $u^0, u^1, \cdots, u^{n-1}$ 已求得, 则由 (5.2.11) 和 (5.2.13) 可得关于 u^n 的线性方程组. 要证它存在唯一解, 只要证明它相应的齐次方程组

$$\begin{cases} \dfrac{1}{s}c_0^{(n,\alpha)}\mathcal{A}_h^\beta u_i^n = -\sigma h^{-\beta}\displaystyle\sum_{k=i-M}^{i}\hat{g}_k^{(\beta)}u_{i-k}^n, & 1 \leqslant i \leqslant M-1, & (5.2.14) \\[3mm] u_0^n = 0, \quad u_M^n = 0 & & (5.2.15) \end{cases}$$

只有零解.

用 hu_i^n 乘以 (5.2.14) 的两边, 并对 i 从 1 到 $M-1$ 求和, 得

$$\frac{1}{s}c_0^{(n,\alpha)}h\sum_{i=1}^{M-1}(\mathcal{A}_h^\beta u_i^n)u_i^n = -\sigma h^{-\beta}h\sum_{i=1}^{M-1}\left(\sum_{k=i-M}^{i}\hat{g}_k^{(\beta)}u_{i-k}^n\right)u_i^n. \qquad (5.2.16)$$

由引理 5.1.1, 有

$$-h^{-\beta}h\sum_{i=1}^{M-1}\left[\sum_{k=i-M}^{i}\hat{g}_k^{(\beta)}u_{i-k}^n\right]u_i^n \leqslant -c_*^{(\beta)}(2L)^{-\beta}\|u^n\|^2 \leqslant 0. \qquad (5.2.17)$$

由 (5.2.17) 和 (5.2.16), 并注意到 (5.2.1), 可知 $\|u^n\| = 0$. 结合 (5.2.15) 知 $u^n = 0$. 由归纳原理知, 差分格式 (5.2.11)—(5.2.13) 存在唯一解.   □

5.2.3   差分格式的稳定性

定理 5.2.2   设 $\{u_i^n \mid 0 \leqslant i \leqslant M,\ 0 \leqslant n \leqslant N\}$ 为差分格式 (5.2.11)—(5.2.13) 的解, 则有

$$\|u^n\|^2 \leqslant \frac{3}{2}\left[\|u^0\|^2 + \frac{(2L)^\beta\Gamma(1-\alpha)}{2c_*^{(\beta)}}\max_{1\leqslant m\leqslant n}\left\{t_m^\alpha\|\mathcal{A}_h^\beta f^{m-1+\sigma}\|^2\right\}\right], \quad 1 \leqslant n \leqslant N,$$

其中

$$\|\mathcal{A}_h^\beta f^{m-1+\sigma}\|^2 = h\sum_{i=1}^{M-1}(\mathcal{A}_h^\beta f_i^{m-1+\sigma})^2.$$

证明   用 $h(\sigma u_i^n + (1-\sigma)u_i^{n-1})$ 同乘以 (5.2.11) 的两边, 并对 i 从 1 到 $M-1$ 求和, 得

$$\frac{1}{s}\sum_{k=0}^{n-1}c_k^{(n,\alpha)}h\sum_{i=1}^{M-1}\left[\mathcal{A}_h^{\beta}(u_i^{n-k}-u_i^{n-k-1})\right]\left[\sigma u_i^n+(1-\sigma)u_i^{n-1}\right]$$

$$=h\sum_{i=1}^{M-1}\left\{-h^{-\beta}\sum_{k=i-M}^{i}\hat{g}_k^{(\beta)}\left[\sigma u_{i-k}^n+(1-\sigma)u_{i-k}^{n-1}\right]\left[\sigma u_i^n+(1-\sigma)u_i^{n-1}\right]\right\}$$

$$+h\sum_{i=1}^{M-1}\left(\mathcal{A}_h^{\beta}f_i^{n-1+\sigma}\right)\left[\sigma u_i^n+(1-\sigma)u_i^{n-1}\right]. \tag{5.2.18}$$

现在来估计 (5.2.18) 中的每一项.

由引理 5.1.1 知

$$\text{右端第一项} \leqslant -c_*^{(\beta)}(2L)^{-\beta}\|\sigma u^n+(1-\sigma)u^{n-1}\|^2. \tag{5.2.19}$$

由 Cauchy-Schwarz 不等式,

$$\text{右端第二项} \leqslant \|\mathcal{A}_h^{\beta}f^{n-1+\sigma}\|\cdot\|\sigma u^n+(1-\sigma)u^{n-1}\|$$

$$\leqslant c_*^{(\beta)}(2L)^{-\beta}\|\sigma u^n+(1-\sigma)u^{n-1}\|^2+\frac{(2L)^{\beta}}{4c_*^{(\beta)}}\|\mathcal{A}_h^{\beta}f^{n-1+\sigma}\|^2. \tag{5.2.20}$$

现在来考虑 (5.2.18) 的左端:

$$B\equiv\frac{1}{s}\sum_{k=0}^{n-1}c_k^{(n,\alpha)}h\sum_{i=1}^{M-1}\left[\mathcal{A}_h^{\beta}(u_i^{n-k}-u_i^{n-k-1})\right]\left[\sigma u_i^n+(1-\sigma)u_i^{n-1}\right]$$

$$=\frac{1}{s}\sum_{k=0}^{n-1}c_k^{(n,\alpha)}(u^{n-k}-u^{n-k-1},\sigma u^n+(1-\sigma)u^{n-1})_A.$$

由引理 2.6.1 知

$$B\geqslant\frac{1}{2s}\sum_{k=0}^{n-1}c_k^{(n,\alpha)}(\|u^{n-k}\|_A^2-\|u^{n-k-1}\|_A^2). \tag{5.2.21}$$

将 (5.2.19)—(5.2.21) 代入 (5.2.18), 得到

$$\frac{1}{2s}\sum_{k=0}^{n-1}c_k^{(n,\alpha)}(\|u^{n-k}\|_A^2-\|u^{n-k-1}\|_A^2)\leqslant\frac{(2L)^{\beta}}{4c_*^{(\beta)}}\|\mathcal{A}_h^{\beta}f^{n-1+\sigma}\|^2,\quad 1\leqslant n\leqslant N.$$

注意到

$$\frac{s}{c_{n-1}^{(n,\alpha)}}\leqslant t_n^{\alpha}\Gamma(1-\alpha),$$

由上式可得

$$
c_0^{(n,\alpha)} \|u^n\|_A^2
$$
$$
\leqslant \sum_{k=1}^{n-1} (c_{k-1}^{(n,\alpha)} - c_k^{(n,\alpha)}) \|u^{n-k}\|_A^2 + c_{n-1}^{(n,\alpha)} \|u^0\|_A^2 + \frac{s(2L)^\beta}{2c_*^{(\beta)}} \|\mathcal{A}_h^\beta f^{n-1+\sigma}\|^2
$$
$$
\leqslant \sum_{k=1}^{n-1} (c_{k-1}^{(n,\alpha)} - c_k^{(n,\alpha)}) \|u^{n-k}\|_A^2
$$
$$
+ c_{n-1}^{(n,\alpha)} \Big[\|u^0\|_A^2 + \frac{(2L)^\beta t_n^\alpha \Gamma(1-\alpha)}{2c_*^{(\beta)}} \|\mathcal{A}_h^\beta f^{n-1+\sigma}\|^2 \Big], \quad 1 \leqslant n \leqslant N.
$$

由归纳法可证得

$$
\|u^n\|_A^2 \leqslant \|u^0\|_A^2 + \frac{(2L)^\beta \Gamma(1-\alpha)}{2c_*^{(\beta)}} \max_{1 \leqslant m \leqslant n} \{ t_m^\alpha \|\mathcal{A}_h^\beta f^{m-1+\sigma}\|^2 \}, \quad 1 \leqslant n \leqslant N.
$$

再注意到 (5.2.2), 有

$$
\|u^n\|^2 \leqslant \frac{3}{2} \Big[\|u^0\|^2 + \frac{(2L)^\beta \Gamma(1-\alpha)}{2c_*^{(\beta)}} \max_{1 \leqslant m \leqslant n} \{ t_m^\alpha \|\mathcal{A}_h^\beta f^{m-1+\sigma}\|^2 \} \Big], \quad 1 \leqslant n \leqslant N. \quad \square
$$

5.2.4 差分格式的收敛性

定理 5.2.3 设 $\{U_i^n \mid 0 \leqslant i \leqslant M, 0 \leqslant n \leqslant N\}$ 为微分方程问题 (5.1.1)—(5.1.3) 的解, $\{u_i^n \mid 0 \leqslant i \leqslant M, 0 \leqslant n \leqslant N\}$ 为差分格式 (5.2.11)—(5.2.13) 的解. 令

$$
e_i^n = U_i^n - u_i^n, \quad 0 \leqslant i \leqslant M, \quad 0 \leqslant n \leqslant N,
$$

则有

$$
\|e^n\| \leqslant \sqrt{\frac{3}{4} \cdot \frac{2^\beta L^{1+\beta} T^\alpha \Gamma(1-\alpha)}{c_*^{(\beta)}}} \, c_2(\tau^2 + h^4), \quad 1 \leqslant n \leqslant N. \tag{5.2.22}
$$

证明 将 (5.2.7), (5.2.9)—(5.2.10) 分别与 (5.2.11)—(5.2.13) 相减, 可得误差方程组

$$
\begin{cases}
\mathcal{A}_h^\beta \dfrac{\tau^{-\alpha}}{\Gamma(2-\alpha)} \sum_{k=0}^{n-1} c_k^{(n,\alpha)} (e_i^{n-k} - e_i^{n-k-1}) & (5.2.23) \\[2mm]
= -h^{-\beta} \sum_{k=i-M}^{i} \hat{g}_k^{(\beta)} [\sigma e_{i-k}^n + (1-\sigma) e_{i-k}^{n-1}] \\[2mm]
+ (r_2)_i^n, \quad 1 \leqslant i \leqslant M-1, \ 1 \leqslant n \leqslant N, \\[2mm]
e_i^0 = 0, \quad 1 \leqslant i \leqslant M-1, \\[2mm]
e_0^n = 0, \ e_M^n = 0, \quad 0 \leqslant n \leqslant N.
\end{cases}
$$

应用定理 5.2.2, 并注意到 (5.2.8), 可得

$$\|e^n\|^2 \leqslant \frac{3}{2} \cdot \frac{(2L)^\beta t_n^\alpha \Gamma(1-\alpha)}{2c_*^{(\beta)}} \max_{1 \leqslant m \leqslant n} \|(r_2)^m\|^2$$

$$\leqslant \frac{3}{2} \cdot \frac{2^\beta L^{1+\beta} T^\alpha \Gamma(1-\alpha)}{2c_*^{(\beta)}} c_2^2 (\tau^2 + h^4)^2, \quad 1 \leqslant n \leqslant N.$$

将上式两边开方即得 (5.2.22).　　　　　　　　　　　　　　　　　　　　　□

5.3　二维问题空间二阶方法

本节考虑如下二维时空分数阶微分方程初边值问题

$$\begin{cases} {}_0^C D_t^\alpha u(x,y,t) = K_1 \dfrac{\partial^\beta u(x,y,t)}{\partial |x|^\beta} + K_2 \dfrac{\partial^\gamma u(x,y,t)}{\partial |y|^\gamma} + f(x,y,t), \\ \qquad\qquad\qquad\qquad\qquad (x,y) \in \Omega, \ 0 < t \leqslant T, & (5.3.1) \\ u(x,y,0) = \varphi(x,y), \quad (x,y) \in \Omega, & (5.3.2) \\ u(x,y,t) = 0, \quad (x,y) \in \partial\Omega, \quad 0 \leqslant t \leqslant T, & (5.3.3) \end{cases}$$

其中 $\alpha \in (0,1), \beta \in (1,2), \gamma \in (1,2), K_1 > 0, K_2 > 0, \Omega = (0,L_1) \times (0,L_2)$ 且当 $(x,y) \in \partial\Omega$ 时, $\varphi(x,y) = 0$.

网格剖分和记号同 2.10 节. 此外, 定义 $\sigma = 1 - \dfrac{\alpha}{2}$, $t_{n-1+\sigma} = t_{n-1} + \sigma\tau$, $s = \tau^\alpha \Gamma(2-\alpha)$.

类似 4.4 节, 定义函数 $\hat{v}(x,y,t)$ 和 $\hat{w}(x,y,t)$, 并设 $\hat{v}(\cdot,y,t) \in \mathscr{C}^{2+\beta}(\mathcal{R})$, $\hat{w}(x,\cdot,t) \in \mathscr{C}^{2+\gamma}(\mathcal{R})$ 且 $u(x,y,\cdot) \in C^3[0,T]$.

定义网格函数

$$U_{ij}^n = u(x_i, y_j, t_n), \quad (i,j) \in \bar{\omega}, \quad 0 \leqslant n \leqslant N;$$

$$f_{ij}^{n-1+\sigma} = f(x_i, y_j, t_{n-1+\sigma}), \quad (i,j) \in \omega, \quad 1 \leqslant n \leqslant N.$$

5.3.1　差分格式的建立

在点 $(x_i, y_j, t_{n-1+\sigma})$ 处考虑微分方程 (5.3.1), 得到

$$ {}_0^C D_t^\alpha u(x_i, y_j, t_{n-1+\sigma}) = K_1 \frac{\partial^\beta u(x_i, y_j, t_{n-1+\sigma})}{\partial |x|^\beta} + K_2 \frac{\partial^\gamma u(x_i, y_j, t_{n-1+\sigma})}{\partial |y|^\gamma} + f_{ij}^{n-1+\sigma},$$

$$(i,j) \in \omega, \quad 1 \leqslant n \leqslant N. \tag{5.3.4}$$

对方程 (5.3.4) 左端时间 Caputo 导数, 应用 L2-1_σ 逼近 (1.6.26), 由定理 1.6.4, 有

$$ {}_0^C D_t^\alpha u(x_i, y_j, t_{n-1+\sigma}) = \frac{\tau^{-\alpha}}{\Gamma(2-\alpha)} \sum_{k=0}^{n-1} c_k^{(n,\alpha)} (U_{ij}^{n-k} - U_{ij}^{n-k-1}) + O(\tau^{3-\alpha}). \tag{5.3.5}$$

对方程 (5.3.4) 右端空间 Riesz 导数, 应用线性插值, 由 (3.4.5) 和定理 1.5.2, 可得

$$
\frac{\partial^\beta u(x_i, y_j, t_{n-1+\sigma})}{\partial |x|^\beta}
$$

$$
= \sigma \frac{\partial^\beta u(x_i, y_j, t_n)}{\partial |x|^\beta} + (1-\sigma)\frac{\partial^\beta u(x_i, y_j, t_{n-1})}{\partial |x|^\beta} + O(\tau^2)
$$

$$
= \sigma \left[-h_1^{-\beta} \sum_{k=i-M_1}^{i} \hat{g}_k^{(\beta)} U_{i-k,j}^n \right] + (1-\sigma)\left[-h_1^{-\beta} \sum_{k=i-M_1}^{i} \hat{g}_k^{(\beta)} U_{i-k,j}^{n-1} \right]
$$

$$
+ O(\tau^2 + h_1^2)
$$

$$
= -h_1^{-\beta} \sum_{k=i-M_1}^{i} \hat{g}_k^{(\beta)} \left[\sigma U_{i-k,j}^n + (1-\sigma)U_{i-k,j}^{n-1} \right] + O(\tau^2 + h_1^2). \tag{5.3.6}
$$

同理

$$
\frac{\partial^\gamma u(x_i, y_j, t_{n-1+\sigma})}{\partial |y|^\gamma}
$$

$$
= -h_2^{-\gamma} \sum_{k=j-M_2}^{j} \hat{g}_k^{(\gamma)} \left[\sigma U_{i,j-k}^n + (1-\sigma)U_{i,j-k}^{n-1} \right] + O(\tau^2 + h_2^2). \tag{5.3.7}
$$

将 (5.3.5)—(5.3.7) 代入 (5.3.4), 得到

$$
\frac{\tau^{-\alpha}}{\Gamma(2-\alpha)} \sum_{k=0}^{n-1} c_k^{(n,\alpha)}(U_{ij}^{n-k} - U_{ij}^{n-k-1})
$$

$$
= -K_1 h_1^{-\beta} \sum_{k=i-M_1}^{i} \hat{g}_k^{(\beta)} \left[\sigma U_{i-k,j}^n + (1-\sigma)U_{i-k,j}^{n-1} \right]
$$

$$
- K_2 h_2^{-\gamma} \sum_{k=j-M_2}^{j} \hat{g}_k^{(\gamma)} \left[\sigma U_{i,j-k}^n + (1-\sigma)U_{i,j-k}^{n-1} \right]
$$

$$
+ f_{ij}^{n-1+\sigma} + (r_3)_{ij}^n, \quad (i,j) \in \omega, \ 1 \leqslant n \leqslant N, \tag{5.3.8}
$$

且存在正常数 c_3, 使得

$$
|(r_3)_{ij}^n| \leqslant c_3(\tau^2 + h_1^2 + h_2^2), \quad (i,j) \in \omega, \ 1 \leqslant n \leqslant N. \tag{5.3.9}
$$

注意到初边值条件 (5.3.2)—(5.3.3), 有

$$
\begin{cases}
U_{ij}^0 = \varphi(x_i, y_j), \quad (i,j) \in \omega, & (5.3.10) \\
U_{ij}^n = 0, \quad (i,j) \in \partial\omega, \quad 0 \leqslant n \leqslant N. & (5.3.11)
\end{cases}
$$

在方程 (5.3.8) 中略去小量项 $(r_3)_{ij}^n$, 并用数值解 u_{ij}^n 代替精确解 U_{ij}^n, 得到求解问题 (5.3.1)—(5.3.3) 的如下差分格式:

$$
\begin{cases}
\dfrac{\tau^{-\alpha}}{\Gamma(2-\alpha)} \displaystyle\sum_{k=0}^{n-1} c_k^{(n,\alpha)}(u_{ij}^{n-k} - u_{ij}^{n-k-1}) \\[2mm]
= -K_1 h_1^{-\beta} \displaystyle\sum_{k=i-M_1}^{i} \hat{g}_k^{(\beta)} \left[\sigma u_{i-k,j}^n + (1-\sigma) u_{i-k,j}^{n-1} \right] \\[2mm]
\quad - K_2 h_2^{-\gamma} \displaystyle\sum_{k=j-M_2}^{j} \hat{g}_k^{(\gamma)} \left[\sigma u_{i,j-k}^n + (1-\sigma) u_{i,j-k}^{n-1} \right] + f_{ij}^{n-1+\sigma}, \\[2mm]
\qquad\qquad\qquad\qquad\qquad\qquad (i,j) \in \omega, \ 1 \leqslant n \leqslant N, & (5.3.12) \\[2mm]
u_{ij}^0 = \varphi(x_i, y_j), \quad (i,j) \in \omega, & (5.3.13) \\[2mm]
u_{ij}^n = 0, \quad (i,j) \in \partial\omega, \quad 0 \leqslant n \leqslant N. & (5.3.14)
\end{cases}
$$

5.3.2　差分格式的可解性

定理 5.3.1　差分格式 (5.3.12)—(5.3.14) 是唯一可解的.

证明　记

$$
u^n = \{ u_{ij}^n \mid (i,j) \in \bar{\omega} \}.
$$

由 (5.3.13)—(5.3.14) 知 u^0 已知.

现设 $u^0, u^1, \cdots, u^{n-1}$ 已求得, 则由 (5.3.12) 和 (5.3.14) 可得关于 u^n 的线性方程组. 要证它存在唯一解, 只要证明它相应的齐次方程组

$$
\begin{cases}
\dfrac{1}{s} c_0^{(n,\alpha)} u_{ij}^n = -K_1 \sigma h_1^{-\beta} \displaystyle\sum_{k=i-M_1}^{i} \hat{g}_k^{(\beta)} u_{i-k,j}^n - K_2 \sigma h_2^{-\gamma} \displaystyle\sum_{k=j-M_2}^{j} \hat{g}_k^{(\gamma)} u_{i,j-k}^n, \\[2mm]
\qquad\qquad\qquad\qquad\qquad\qquad\qquad\qquad\qquad\quad (i,j) \in \omega, & (5.3.15) \\[2mm]
u_{ij}^n = 0, \quad (i,j) \in \partial\omega & (5.3.16)
\end{cases}
$$

只有零解.

将 (5.3.15) 改写为

$$
\left[\frac{1}{s} c_0^{(n,\alpha)} + K_1 \sigma h_1^{-\beta} \hat{g}_0^{(\beta)} + K_2 \sigma h_2^{-\gamma} \hat{g}_0^{(\gamma)} \right] u_{ij}^n
$$

$$
= K_1 \sigma h_1^{-\beta} \sum_{\substack{k=i-M_1 \\ k \neq 0}}^{i} (-\hat{g}_k^{(\beta)}) u_{i-k,j}^n
$$

$$
+ K_2 \sigma h_2^{-\gamma} \sum_{\substack{k=j-M_2 \\ k \neq 0}}^{j} (-\hat{g}_k^{(\gamma)}) u_{i,j-k}^n, \quad (i,j) \in \omega. \tag{5.3.17}
$$

设 $\|u^n\|_\infty = |u^n_{i_n,j_n}|$, 其中 $(i_n, j_n) \in \omega$. 在 (5.3.17) 中令 $(i,j) = (i_n, j_n)$, 然后在等式的两边取绝对值, 利用三角不等式, 得到

$$\left[\frac{1}{s}c_0^{(n,\alpha)} + K_1\sigma h_1^{-\beta}\hat{g}_0^{(\beta)} + K_2\sigma h_2^{-\gamma}\hat{g}_0^{(\gamma)}\right]\|u^n\|_\infty$$

$$\leqslant K_1\sigma h_1^{-\beta}\sum_{\substack{k=i_n-M_1\\k\neq 0}}^{i_n}(-\hat{g}_k^{(\beta)})\|u^n\|_\infty + K_2\sigma h_2^{-\gamma}\sum_{\substack{k=j_n-M_2\\k\neq 0}}^{j_n}(-\hat{g}_k^{(\gamma)})\|u^n\|_\infty$$

$$\leqslant \left[K_1\sigma h_1^{-\beta}\hat{g}_0^{(\beta)} + K_2\sigma h_2^{-\gamma}\hat{g}_0^{(\gamma)}\right]\|u^n\|_\infty,$$

于是 $\|u^n\|_\infty = 0$. 结合 (5.3.16) 知 (5.3.15)—(5.3.16) 只有零解.

由归纳原理知, 差分格式 (5.3.12)—(5.3.14) 存在唯一解. □

5.3.3 差分格式的稳定性

定理 5.3.2 设 $\{u^n_{ij} \mid (i,j) \in \bar\omega, 0 \leqslant n \leqslant N\}$ 为差分格式 (5.3.12)—(5.3.14) 的解, 则有

$$\|u^n\|^2 \leqslant \|u^0\|^2 + \frac{\Gamma(1-\alpha)}{8}\left[\frac{(2L_1)^\beta}{K_1 c_*^{(\beta)}} + \frac{(2L_2)^\gamma}{K_2 c_*^{(\gamma)}}\right]\max_{1\leqslant m\leqslant n}\{t_m^\alpha\|f^{m-1+\sigma}\|^2\}, \quad 1 \leqslant n \leqslant N,$$

其中

$$\|f^{m-1+\sigma}\|^2 = h_1 h_2 \sum_{i=1}^{M_1-1}\sum_{j=1}^{M_2-1}(f^{m-1+\sigma}_{ij})^2.$$

证明 用 $h_1 h_2[\sigma u^n_{ij} + (1-\sigma)u^{n-1}_{ij}]$ 同乘以 (5.3.12) 的两边, 并对 (i,j) 关于 ω 求和, 得

$$\frac{1}{s}\sum_{k=0}^{n-1}c_k^{(n,\alpha)}h_1 h_2\sum_{i=1}^{M_1-1}\sum_{j=1}^{M_2-1}\left(u^{n-k}_{ij} - u^{n-k-1}_{ij}\right)\left[\sigma u^n_{ij} + (1-\sigma)u^{n-1}_{ij}\right]$$

$$= K_1 h_2\sum_{j=1}^{M_2-1}\left\{-h_1^{-\beta}h_1\sum_{i=1}^{M_1-1}\sum_{k=i-M_1}^{i}\hat{g}_k^{(\beta)}\right.$$

$$\left.\cdot\left[\sigma u^n_{i-k,j} + (1-\sigma)u^{n-1}_{i-k,j}\right]\left[\sigma u^n_{ij} + (1-\sigma)u^{n-1}_{ij}\right]\right\}$$

$$+ K_2 h_1\sum_{i=1}^{M_1-1}\left\{-h_2^{-\gamma}h_2\sum_{j=1}^{M_2-1}\sum_{k=j-M_2}^{j}\hat{g}_k^{(\gamma)}\right.$$

$$\left.\cdot\left[\sigma u^n_{i,j-k} + (1-\sigma)u^{n-1}_{i,j-k}\right]\left[\sigma u^n_{ij} + (1-\sigma)u^{n-1}_{ij}\right]\right\}$$

$$+ h_1 h_2\sum_{i=1}^{M_1-1}\sum_{j=1}^{M_2-1}f^{n-1+\sigma}_{ij}\left[\sigma u^n_{ij} + (1-\sigma)u^{n-1}_{ij}\right]. \tag{5.3.18}$$

现在来估计 (5.3.18) 中的每一项.

由引理 2.6.1 知

$$\sum_{k=0}^{n-1} c_k^{(n,\alpha)} h_1 h_2 \sum_{i=1}^{M_1-1} \sum_{j=1}^{M_2-1} \left(u_{ij}^{n-k} - u_{ij}^{n-k-1}\right) \left[\sigma u_{ij}^n + (1-\sigma) u_{ij}^{n-1}\right]$$

$$\geqslant \frac{1}{2} \sum_{k=0}^{n-1} c_k^{(n,\alpha)} \left(\|u^{n-k}\|^2 - \|u^{n-k-1}\|^2\right). \tag{5.3.19}$$

由引理 5.1.1 知

$$-h_1^{-\beta} h_1 \sum_{i=1}^{M_1-1} \sum_{k=i-M_1}^{i} \hat{g}_k^{(\beta)} \left[\sigma u_{i-k,j}^n + (1-\sigma) u_{i-k,j}^{n-1}\right] \left[\sigma u_{ij}^n + (1-\sigma) u_{ij}^{n-1}\right]$$

$$\leqslant -c_*^{(\beta)} (2L_1)^{-\beta} h_1 \sum_{i=1}^{M_1-1} \left[\sigma u_{ij}^n + (1-\sigma) u_{ij}^{n-1}\right]^2 \tag{5.3.20}$$

和

$$-h_2^{-\gamma} h_2 \sum_{j=1}^{M_2-1} \sum_{k=j-M_2}^{j} \hat{g}_k^{(\gamma)} \left[\sigma u_{i,j-k}^n + (1-\sigma) u_{i,j-k}^{n-1}\right] \left[\sigma u_{ij}^n + (1-\sigma) u_{ij}^{n-1}\right]$$

$$\leqslant -c_*^{(\gamma)} (2L_2)^{-\gamma} h_2 \sum_{j=1}^{M_2-1} \left[\sigma u_{ij}^n + (1-\sigma) u_{ij}^{n-1}\right]^2. \tag{5.3.21}$$

将 (5.3.19)—(5.3.21) 代入 (5.3.18), 得到

$$\frac{1}{2s} \sum_{k=0}^{n-1} c_k^{(n,\alpha)} \left(\|u^{n-k}\|^2 - \|u^{n-k-1}\|^2\right)$$

$$\leqslant -K_1 c_*^{(\beta)} (2L_1)^{-\beta} h_1 h_2 \sum_{i=1}^{M_1-1} \sum_{j=1}^{M_2-1} \left[\sigma u_{ij}^n + (1-\sigma) u_{ij}^{n-1}\right]^2$$

$$-K_2 c_*^{(\gamma)} (2L_2)^{-\gamma} h_1 h_2 \sum_{i=1}^{M_1-1} \sum_{j=1}^{M_2-1} \left[\sigma u_{ij}^n + (1-\sigma) u_{ij}^{n-1}\right]^2$$

$$+h_1 h_2 \sum_{i=1}^{M_1-1} \sum_{j=1}^{M_2-1} f_{ij}^{n-1+\sigma} \left[\sigma u_{ij}^n + (1-\sigma) u_{ij}^{n-1}\right]$$

$$\leqslant -K_1 c_*^{(\beta)} (2L_1)^{-\beta} \left\|\sigma u^n + (1-\sigma) u^{n-1}\right\|^2$$

$$-K_2 c_*^{(\gamma)} (2L_2)^{-\gamma} \|\sigma u^n + (1-\sigma) u^{n-1}\|^2$$

$$+ \|f^{n-1+\sigma}\| \cdot \|\sigma u^n + (1-\sigma) u^{n-1}\|$$

$$\leqslant \frac{1}{16} \left[\frac{(2L_1)^\beta}{K_1 c_*^{(\beta)}} + \frac{(2L_2)^\gamma}{K_2 c_*^{(\gamma)}} \right] \|f^{n-1+\sigma}\|^2, \quad 1 \leqslant n \leqslant N. \tag{5.3.22}$$

由引理 1.6.3 知

$$\frac{s}{c_{n-1}^{(n,\alpha)}} \leqslant t_n^\alpha \Gamma(1-\alpha).$$

由 (5.3.22) 得到

$$c_0^{(n,\alpha)} \|u^n\|^2$$

$$\leqslant \sum_{k=1}^{n-1} (c_{k-1}^{(n,\alpha)} - c_k^{(n,\alpha)}) \|u^{n-k}\|^2 + c_{n-1}^{(n,\alpha)} \|u^0\|^2 + \frac{1}{8} \left[\frac{(2L_1)^\beta}{K_1 c_*^{(\beta)}} + \frac{(2L_2)^\gamma}{K_2 c_*^{(\gamma)}} \right] s \|f^{n-1+\sigma}\|^2$$

$$\leqslant \sum_{k=1}^{n-1} (c_{k-1}^{(n,\alpha)} - c_k^{(n,\alpha)}) \|u^{n-k}\|^2$$

$$+ c_{n-1}^{(n,\alpha)} \left\{ \|u^0\|^2 + \frac{1}{8} \left[\frac{(2L_1)^\beta}{K_1 c_*^{(\beta)}} + \frac{(2L_2)^\gamma}{K_2 c_*^{(\gamma)}} \right] t_n^\alpha \Gamma(1-\alpha) \|f^{n-1+\sigma}\|^2 \right\}, \quad 1 \leqslant n \leqslant N.$$

由归纳法可证得

$$\|u^n\|^2 \leqslant \|u^0\|^2 + \frac{1}{8} \left[\frac{(2L_1)^\beta}{K_1 c_*^{(\beta)}} + \frac{(2L_2)^\gamma}{K_2 c_*^{(\gamma)}} \right] \Gamma(1-\alpha) \max_{1 \leqslant m \leqslant n} \{ t_m^\alpha \|f^{m-1+\sigma}\|^2 \}, \quad 1 \leqslant n \leqslant N.$$

$$\square$$

5.3.4 差分格式的收敛性

定理 5.3.3 设 $\{U_{ij}^n \mid (i,j) \in \bar{\omega}, 0 \leqslant n \leqslant N\}$ 为微分方程问题 (5.3.1)—(5.3.3) 的解, $\{u_{ij}^n \mid (i,j) \in \bar{\omega}, 0 \leqslant n \leqslant N\}$ 为差分格式 (5.3.12)—(5.3.14) 的解. 令

$$e_{ij}^n = U_{ij}^n - u_{ij}^n, \quad (i,j) \in \bar{\omega}, \ 0 \leqslant n \leqslant N,$$

则有

$$\|e^n\| \leqslant \sqrt{\frac{1}{8} \left[\frac{(2L_1)^\beta}{K_1 c_*^{(\beta)}} + \frac{(2L_2)^\gamma}{K_2 c_*^{(\gamma)}} \right] T^\alpha \Gamma(1-\alpha) L_1 L_2}\, c_3 (\tau^2 + h_1^2 + h_2^2),$$

$$1 \leqslant n \leqslant N. \tag{5.3.23}$$

证明 将 (5.3.8), (5.3.10)—(5.3.11) 分别与 (5.3.12)—(5.3.14) 相减, 可得误差

方程组

$$
\begin{cases}
\dfrac{1}{s}\sum_{k=0}^{n-1} c_k^{(n,\alpha)}(e_{ij}^{n-k}-e_{ij}^{n-k-1}) \\[3mm]
= -K_1 h_1^{-\beta}\sum_{k=i-M_1}^{i} \hat{g}_k^{(\beta)}[\sigma e_{i-k,j}^n+(1-\sigma)e_{i-k,j}^{n-1}] \\[3mm]
\quad -K_2 h_2^{-\gamma}\sum_{k=j-M_2}^{j} \hat{g}_k^{(\gamma)}[\sigma e_{i,j-k}^n+(1-\sigma)e_{i,j-k}^{n-1}]+(r_3)_{ij}^n, \\[3mm]
\quad (i,j)\in\omega,\ 1\leqslant n\leqslant N, \\[3mm]
e_{ij}^0=0,\quad (i,j)\in\omega, \\[3mm]
e_{ij}^n=0,\quad (i,j)\in\partial\omega,\quad 0\leqslant n\leqslant N.
\end{cases}
$$

应用定理 5.3.2, 并注意到 (5.3.9), 可得

$$
\|e^n\|^2 \leqslant \frac{1}{8}\left[\frac{(2L_1)^\beta}{K_1 c_*^{(\beta)}}+\frac{(2L_2)^\gamma}{K_2 c_*^{(\gamma)}}\right] t_n^\alpha \Gamma(1-\alpha)\max_{1\leqslant m\leqslant n}\|(r_3)^m\|^2
$$

$$
\leqslant \frac{1}{8}\left[\frac{(2L_1)^\beta}{K_1 c_*^{(\beta)}}+\frac{(2L_2)^\gamma}{K_2 c_*^{(\gamma)}}\right] T^\alpha \Gamma(1-\alpha) L_1 L_2 c_3^2 (\tau^2+h_1^2+h_2^2)^2,\quad 1\leqslant n\leqslant N.
$$

将上式两边开方即得 (5.3.23).　　　　　　　　　　　　　　　　　　　　□

5.4　二维问题空间四阶方法

本节对问题 (5.3.1)—(5.3.3) 建立时间二阶、空间四阶的差分格式. 对任意网格函数 $v=\{v_{ij}\mid (i,j)\in\bar{\omega}\}\in\mathcal{V}_h$, 定义如下平均值算子

$$
\mathcal{H}_x^\beta v_{ij}=\begin{cases}
\dfrac{\beta}{24}v_{i-1,j}+\left(1-\dfrac{\beta}{12}\right)v_{ij}+\dfrac{\beta}{24}v_{i+1,j}, & 1\leqslant i\leqslant M_1-1, \\
& \hspace{1cm} 0\leqslant j\leqslant M_2; \\
v_{ij}, & i=0,\ M_1,
\end{cases}
$$

$$
\mathcal{H}_y^\gamma v_{ij}=\begin{cases}
\dfrac{\gamma}{24}v_{i,j-1}+\left(1-\dfrac{\gamma}{12}\right)v_{ij}+\dfrac{\gamma}{24}v_{i,j+1}, & 1\leqslant j\leqslant M_2-1, \\
& \hspace{1cm} 0\leqslant i\leqslant M_1. \\
v_{ij}, & j=0,\ M_2,
\end{cases}
$$

显然

$$
\mathcal{H}_x^\beta v_{ij}=v_{ij}+\frac{\beta}{24}h_1^2\delta_x^2 v_{ij},\quad 1\leqslant i\leqslant M_1-1,\ 0\leqslant j\leqslant M_2;
$$

$$
\mathcal{H}_y^\gamma v_{ij}=v_{ij}+\frac{\gamma}{24}h_2^2\delta_y^2 v_{ij},\quad 1\leqslant j\leqslant M_2-1,\ 0\leqslant i\leqslant M_1.
$$

类似 4.4 节, 定义函数 $\hat{v}(x,y,t)$ 和 $\hat{w}(x,y,t)$, 并设 $\hat{v}(\cdot,y,t)\in\mathscr{C}^{4+\beta}(\mathcal{R})$, $\hat{w}(x,\cdot,t)\in\mathscr{C}^{4+\gamma}(\mathcal{R})$ 且 $u(x,y,\cdot)\in C^3[0,T]$.

5.4.1 差分格式的建立

在点 $(x_i, y_j, t_{n-1+\sigma})$ 处考虑方程 (5.3.1) 并应用 (3.4.5), 有

$$
\begin{aligned}
{}_0^C & D_t^\alpha u(x_i, y_j, t_{n-1+\sigma}) \\
&= K_1 \frac{\partial^\beta u(x_i, y_j, t_{n-1+\sigma})}{\partial |x|^\beta} + K_2 \frac{\partial^\gamma u(x_i, y_j, t_{n-1+\sigma})}{\partial |y|^\gamma} + f_{ij}^{n-1+\sigma} \\
&= K_1 \left[\sigma \frac{\partial^\beta u(x_i, y_j, t_n)}{\partial |x|^\beta} + (1-\sigma) \frac{\partial^\beta u(x_i, y_j, t_{n-1})}{\partial |x|^\beta} \right] \\
&\quad + K_2 \left[\sigma \frac{\partial^\gamma u(x_i, y_j, t_n)}{\partial |y|^\gamma} + (1-\sigma) \frac{\partial^\gamma u(x_i, y_j, t_{n-1})}{\partial |y|^\gamma} \right] \\
&\quad + f_{ij}^{n-1+\sigma} + O(\tau^2), \quad (i,j) \in \bar{\omega}, \ 1 \leqslant n \leqslant N.
\end{aligned}
$$

用 $\mathcal{H}_x^\beta \mathcal{H}_y^\gamma$ 同时作用上式两边, 可得

$$
\begin{aligned}
\mathcal{H}_x^\beta & \mathcal{H}_y^\gamma {}_0^C D_t^\alpha u(x_i, y_j, t_{n-1+\sigma}) \\
&= K_1 \mathcal{H}_y^\gamma \left[\sigma \mathcal{H}_x^\beta \frac{\partial^\beta u(x_i, y_j, t_n)}{\partial |x|^\beta} + (1-\sigma) \mathcal{H}_x^\beta \frac{\partial^\beta u(x_i, y_j, t_{n-1})}{\partial |x|^\beta} \right] \\
&\quad + K_2 \mathcal{H}_x^\beta \left[\sigma \mathcal{H}_y^\gamma \frac{\partial^\gamma u(x_i, y_j, t_n)}{\partial |y|^\gamma} + (1-\sigma) \mathcal{H}_y^\gamma \frac{\partial^\gamma u(x_i, y_j, t_{n-1})}{\partial |y|^\gamma} \right] \\
&\quad + \mathcal{H}_x^\beta \mathcal{H}_y^\gamma f_{ij}^{n-1+\sigma} + O(\tau^2), \quad (i,j) \in \omega, \ 1 \leqslant n \leqslant N. \quad (5.4.1)
\end{aligned}
$$

对方程 (5.4.1) 左端时间 Caputo 导数, 应用 L2-1_σ 逼近 (1.6.26), 由定理 1.6.4, 有

$$
{}_0^C D_t^\alpha u(x_i, y_j, t_{n-1+\sigma}) = \frac{\tau^{-\alpha}}{\Gamma(2-\alpha)} \sum_{k=0}^{n-1} c_k^{(n,\alpha)} (U_{ij}^{n-k} - U_{ij}^{n-k-1}) + O(\tau^{3-\alpha}). \quad (5.4.2)
$$

对方程 (5.4.1) 右端空间 Riesz 导数, 应用定理 1.5.3, 可得

$$
\mathcal{H}_x^\beta \frac{\partial^\beta u(x_i, y_j, t_n)}{\partial |x|^\beta} = -h_1^{-\beta} \sum_{k=i-M_1}^{i} \hat{g}_k^{(\beta)} U_{i-k,j}^n + O(h_1^4), \quad (5.4.3)
$$

$$
\mathcal{H}_y^\gamma \frac{\partial^\gamma u(x_i, y_j, t_n)}{\partial |y|^\gamma} = -h_2^{-\gamma} \sum_{k=j-M_2}^{j} \hat{g}_k^{(\gamma)} U_{i,j-k}^n + O(h_2^4). \quad (5.4.4)
$$

将 (5.4.2)—(5.4.4) 代入 (5.4.1), 得到

$$\mathcal{H}_x^\beta \mathcal{H}_y^\gamma \frac{\tau^{-\alpha}}{\Gamma(2-\alpha)} \sum_{k=0}^{n-1} c_k^{(n,\alpha)} \left(U_{ij}^{n-k} - U_{ij}^{n-k-1}\right)$$

$$= K_1 \mathcal{H}_y^\gamma (-h_1^{-\beta}) \sum_{k=i-M_1}^{i} \hat{g}_k^{(\beta)} \left[\sigma U_{i-k,j}^n + (1-\sigma)U_{i-k,j}^{n-1}\right]$$

$$+ K_2 \mathcal{H}_x^\beta (-h_2^{-\gamma}) \sum_{k=j-M_2}^{j} \hat{g}_k^{(\gamma)} \left[\sigma U_{i,j-k}^n + (1-\sigma)U_{i,j-k}^{n-1}\right]$$

$$+ \mathcal{H}_x^\beta \mathcal{H}_y^\gamma f_{ij}^{n-1+\sigma} + (r_4)_{ij}^n, \quad (i,j) \in \omega,\ 1 \leqslant n \leqslant N, \tag{5.4.5}$$

且存在正常数 c_4, 使得

$$|(r_4)_{ij}^n| \leqslant c_4(\tau^2 + h_1^4 + h_2^4), \quad (i,j) \in \omega,\ 1 \leqslant n \leqslant N. \tag{5.4.6}$$

注意到初边值条件 (5.3.2)—(5.3.3), 有

$$\begin{cases} U_{ij}^0 = \varphi(x_i, y_j), & (i,j) \in \omega, \tag{5.4.7} \\ U_{ij}^n = 0, & (i,j) \in \partial\omega, \quad 0 \leqslant n \leqslant N. \tag{5.4.8} \end{cases}$$

在方程 (5.4.5) 中略去小量项 $(r_4)_{ij}^n$, 并用数值解 u_{ij}^n 代替精确解 U_{ij}^n, 得到求解问题 (5.3.1)—(5.3.3) 的如下差分格式:

$$\begin{cases} \mathcal{H}_x^\beta \mathcal{H}_y^\gamma \dfrac{\tau^{-\alpha}}{\Gamma(2-\alpha)} \sum_{k=0}^{n-1} c_k^{(n,\alpha)} (u_{ij}^{n-k} - u_{ij}^{n-k-1}) \\ \quad = K_1 \mathcal{H}_y^\gamma(-h_1^{-\beta}) \sum_{k=i-M_1}^{i} \hat{g}_k^{(\beta)} \left[\sigma u_{i-k,j}^n + (1-\sigma)u_{i-k,j}^{n-1}\right] \\ \qquad + K_2 \mathcal{H}_x^\beta(-h_2^{-\gamma}) \sum_{k=j-M_2}^{j} \hat{g}_k^{(\gamma)} \left[\sigma u_{i,j-k}^n + (1-\sigma)u_{i,j-k}^{n-1}\right] \\ \qquad + \mathcal{H}_x^\beta \mathcal{H}_y^\gamma f_{ij}^{n-1+\sigma}, \quad (i,j) \in \omega,\ 1 \leqslant n \leqslant N, \tag{5.4.9} \\ u_{ij}^0 = \varphi(x_i, y_j), \quad (i,j) \in \omega, \tag{5.4.10} \\ u_{ij}^n = 0, \quad (i,j) \in \partial\omega, \quad 0 \leqslant n \leqslant N. \tag{5.4.11} \end{cases}$$

5.4.2　差分格式的可解性

定理 5.4.1　差分格式 (5.4.9)—(5.4.11) 是唯一可解的.

证明　记

$$u^n = \{u_{ij}^n \mid (i,j) \in \bar\omega\}.$$

由 (5.4.10)—(5.4.11) 知 u^0 已给定.

现设 $u^0, u^1, \cdots, u^{n-1}$ 已求得, 则由 (5.4.9) 和 (5.4.11) 可得关于 u^n 的线性方程组. 要证它存在唯一解, 只要证明它相应的齐次方程组

$$
\begin{cases}
\dfrac{1}{s} c_0^{(n,\alpha)} \mathcal{H}_x^\beta \mathcal{H}_y^\gamma u_{ij}^n = -\sigma K_1 h_1^{-\beta} \mathcal{H}_y^\gamma \sum_{k=i-M_1}^{i} \hat{g}_k^{(\beta)} u_{i-k,j}^n \\
\qquad\qquad\qquad -\sigma K_2 h_2^{-\gamma} \mathcal{H}_x^\beta \sum_{k=j-M_2}^{j} \hat{g}_k^{(\gamma)} u_{i,j-k}^n, \quad (i,j) \in \omega, \quad (5.4.12) \\
u_{ij}^n = 0, \quad (i,j) \in \partial\omega \qquad\qquad\qquad\qquad\qquad\qquad (5.4.13)
\end{cases}
$$

只有零解.

用 $h_1 h_2 u_{ij}^n$ 同乘以 (5.4.12) 的两边, 并对 (i,j) 关于 ω 求和, 得

$$
\frac{1}{s} c_0^{(n,\alpha)} h_1 h_2 \sum_{i=1}^{M_1-1} \sum_{j=1}^{M_2-1} (\mathcal{H}_x^\beta \mathcal{H}_y^\gamma u_{ij}^n) u_{ij}^n
$$

$$
= -K_1 \sigma h_1^{-\beta} h_1 \sum_{i=1}^{M_1-1} \sum_{k=i-M_1}^{i} \hat{g}_k^{(\beta)} \left[h_2 \sum_{j=1}^{M_2-1} (\mathcal{H}_y^\gamma u_{i-k,j}^n) u_{ij}^n \right]
$$

$$
- K_2 \sigma h_2^{-\gamma} h_2 \sum_{j=1}^{M_2-1} \sum_{k=j-M_2}^{j} \hat{g}_k^{(\gamma)} \left[h_1 \sum_{i=1}^{M_1-1} (\mathcal{H}_x^\beta u_{i,j-k}^n) u_{ij}^n \right]. \quad (5.4.14)
$$

记 $\boldsymbol{v}_i = (0, u_{i1}^n, u_{i2}^n, \cdots, u_{i,M_2-1}^n, 0)^{\mathrm{T}}$, 可将 $h_2 \displaystyle\sum_{j=1}^{M_2-1} (\mathcal{H}_y^\gamma u_{i-k,j}^n) u_{ij}^n$ 看成 $\boldsymbol{v}_{i-k}$ 和 $\boldsymbol{v}_i$ 类似于 5.2 节中的内积 $(\cdot, \cdot)_A$.

记 $\boldsymbol{w}_j = (0, u_{1j}^n, u_{2j}^n, \cdots, u_{M_1-1,j}^n, 0)^{\mathrm{T}}$, 可将 $h_1 \displaystyle\sum_{i=1}^{M_1-1} (\mathcal{H}_x^\beta u_{i,j-k}^n) u_{ij}^n$ 看成 $\boldsymbol{w}_{j-k}$ 与 $\boldsymbol{w}_j$ 类似于 5.2 节中的内积 $(\cdot, \cdot)_A$.

由推论 5.1.1 和 (5.2.2) 知

$$
-h_1^{-\beta} h_1 \sum_{i=1}^{M_1-1} \sum_{k=i-M_1}^{i} \hat{g}_k^{(\beta)} \left[h_2 \sum_{j=1}^{M_2-1} (\mathcal{H}_y^\gamma u_{i-k,j}^n) u_{ij}^n \right]
$$

$$
\leqslant -c_*^{(\beta)} (2L_1)^{-\beta} h_1 \sum_{i=1}^{M_1-1} \left[h_2 \sum_{j=1}^{M_2-1} (\mathcal{H}_y^\gamma u_{ij}^n) u_{ij}^n \right]
$$

$$
\leqslant -\frac{2}{3} c_*^{(\beta)} (2L_1)^{-\beta} \|u^n\|^2 \qquad\qquad\qquad (5.4.15)
$$

和

$$-h_2^{-\gamma} h_2 \sum_{j=1}^{M_2-1} \sum_{k=j-M_2}^{j} \hat{g}_k^{(\gamma)} \left[h_1 \sum_{i=1}^{M_1-1} (\mathcal{H}_x^\beta u_{i,j-k}^n) u_{ij}^n \right]$$

$$\leqslant -c_*^{(\gamma)} (2L_2)^{-\gamma} h_2 \sum_{j=1}^{M_2-1} \left[h_1 \sum_{i=1}^{M_1-1} (\mathcal{H}_x^\beta u_{ij}^n) u_{ij}^n \right]$$

$$\leqslant -\frac{2}{3} c_*^{(\gamma)} (2L_2)^{-\gamma} \|u^n\|^2. \tag{5.4.16}$$

另一方面

$$h_1 h_2 \sum_{i=1}^{M_1-1} \sum_{j=1}^{M_2-1} (\mathcal{H}_x^\beta \mathcal{H}_y^\gamma u_{ij}^n) u_{ij}^n \geqslant \frac{1}{3} \|u^n\|^2. \tag{5.4.17}$$

将 (5.4.15)—(5.4.17) 代入 (5.4.14) 得到 $\|u^n\| = 0$. 结合 (5.4.13) 可知 $u^n = 0$. 由归纳原理知, 差分格式 (5.4.9)—(5.4.11) 存在唯一解. □

5.4.3　差分格式的稳定性

定理 5.4.2　设 $\{u_{ij}^n \mid (i,j) \in \bar{\omega},\ 0 \leqslant n \leqslant N\}$ 为差分格式 (5.4.9)—(5.4.11) 的解, 则有

$$\|u^n\|^2 \leqslant 3\|u^0\|^2 + \frac{9\Gamma(1-\alpha)}{16} \left[\frac{(2L_1)^\beta}{K_1 c_*^{(\beta)}} + \frac{(2L_2)^\gamma}{K_2 c_*^{(\gamma)}} \right] \max_{1 \leqslant m \leqslant n} \left\{ t_m^\alpha \|\mathcal{H}_x^\beta \mathcal{H}_y^\gamma f^{m-1+\sigma}\|^2 \right\},$$

$$1 \leqslant n \leqslant N, \tag{5.4.18}$$

其中

$$\|\mathcal{H}_x^\beta \mathcal{H}_y^\gamma f^{m-1+\sigma}\|^2 = h_1 h_2 \sum_{i=1}^{M_1-1} \sum_{j=1}^{M_2-1} (\mathcal{H}_x^\beta \mathcal{H}_y^\gamma f_{ij}^{m-1+\sigma})^2.$$

证明　用 $h_1 h_2 [\sigma u_{ij}^n + (1-\sigma) u_{ij}^{n-1}]$ 同乘以 (5.4.9) 的两边, 并对 (i,j) 关于 ω 求和, 得到

$$\frac{1}{s} \sum_{k=0}^{n-1} c_k^{(n,\alpha)} h_1 h_2 \sum_{i=1}^{M_1-1} \sum_{j=1}^{M_2-1} \left[\mathcal{H}_x^\beta \mathcal{H}_y^\gamma (u_{ij}^{n-k} - u_{ij}^{n-k-1}) \right] \left[\sigma u_{ij}^n + (1-\sigma) u_{ij}^{n-1} \right]$$

$$= K_1 h_2 \sum_{j=1}^{M_2-1} \left\{ -h_1^{-\beta} h_1 \sum_{i=1}^{M_1-1} \sum_{k=i-M_1}^{i} \hat{g}_k^{(\beta)} \left[\mathcal{H}_y^\gamma (\sigma u_{i-k,j}^n + (1-\sigma) u_{i-k,j}^{n-1}) \right] \right.$$

$$
\cdot \left[\sigma u_{ij}^{n} + (1-\sigma) u_{ij}^{n-1} \right] \Big\}
$$

$$
+ K_2 h_1 \sum_{i=1}^{M_1-1} \left\{ (-h_2^{-\gamma}) h_2 \sum_{j=1}^{M_2-1} \sum_{k=j-M_2}^{j} \hat{g}_k^{(\gamma)} \left[\mathcal{H}_x^{\beta} (\sigma u_{i,j-k}^{n} + (1-\sigma) u_{i,j-k}^{n-1}) \right] \right.
$$

$$
\cdot \left[\sigma u_{ij}^{n} + (1-\sigma) u_{ij}^{n-1} \right] \Big\}
$$

$$
+ h_1 h_2 \sum_{i=1}^{M_1-1} \sum_{j=1}^{M_2-1} \left(\mathcal{H}_x^{\beta} \mathcal{H}_y^{\gamma} f_{ij}^{n-1+\sigma} \right) \left[\sigma u_{ij}^{n} + (1-\sigma) u_{ij}^{n-1} \right]. \tag{5.4.19}
$$

现在来估计 (5.4.19) 中的每一项.

设 $u, v \in \mathring{\mathcal{V}}_h$. 定义内积

$$
(u,v)_H \equiv h_1 h_2 \sum_{i=1}^{M_1-1} \sum_{j=1}^{M_2-1} \left(\mathcal{H}_x^{\beta} \mathcal{H}_y^{\gamma} u_{ij} \right) v_{ij}.
$$

由引理 2.6.1 知

$$
\sum_{k=0}^{n-1} c_k^{(n,\alpha)} h_1 h_2 \sum_{i=1}^{M_1-1} \sum_{j=1}^{M_2-1} \left[\mathcal{H}_x^{\beta} \mathcal{H}_y^{\gamma} (u_{ij}^{n-k} - u_{ij}^{n-k-1}) \right] \left[\sigma u_{ij}^{n} + (1-\sigma) u_{ij}^{n-1} \right]
$$

$$
= \sum_{k=0}^{n-1} c_k^{(n,\alpha)} \left(u^{n-k} - u^{n-k-1}, \sigma u^{n} + (1-\sigma) u^{n-1} \right)_H
$$

$$
\geqslant \frac{1}{2} \sum_{k=0}^{n-1} c_k^{(n,\alpha)} \left[(u^{n-k}, u^{n-k})_H - (u^{n-k-1}, u^{n-k-1})_H \right]. \tag{5.4.20}
$$

对于 (5.4.19) 右端第一项和第二项, 由推论 5.1.1, 类似 (5.4.15) 和 (5.4.16), 可得

$$
h_2 \sum_{j=1}^{M_2-1} \left\{ -h_1^{-\beta} h_1 \sum_{i=1}^{M_1-1} \sum_{k=i-M_1}^{i} \hat{g}_k^{(\beta)} \left[\mathcal{H}_y^{\gamma} (\sigma u_{i-k,j}^{n} + (1-\sigma) u_{i-k,j}^{n-1}) \right] \right.
$$

$$
\cdot \left[\sigma u_{ij}^{n} + (1-\sigma) u_{ij}^{n-1} \right] \Big\}
$$

$$
\leqslant -\frac{2}{3} c_*^{(\beta)} (2L_1)^{-\beta} \| \sigma u^{n} + (1-\sigma) u^{n-1} \|^2 \tag{5.4.21}
$$

及

$$
h_1 \sum_{i=1}^{M_1-1} \left\{ (-h_2^{-\gamma})h_2 \sum_{j=1}^{M_2-1} \sum_{k=j-M_2}^{j} \hat{g}_k^{(\gamma)} \left[\mathcal{H}_x^\beta (\sigma u_{i,j-k}^n + (1-\sigma)u_{i,j-k}^{n-1}) \right] \right.
$$
$$
\left. \cdot \left[\sigma u_{ij}^n + (1-\sigma)u_{ij}^{n-1} \right] \right\}
$$
$$
\leqslant -\frac{2}{3} c_*^{(\gamma)} (2L_2)^{-\gamma} \|\sigma u^n + (1-\sigma)u^{n-1}\|^2. \tag{5.4.22}
$$

对于 (5.4.19) 右端最后一项, 应用 Cauchy-Schwarz 不等式, 得到

$$
h_1 h_2 \sum_{i=1}^{M_1-1} \sum_{j=1}^{M_2-1} \left(\mathcal{H}_x^\beta \mathcal{H}_y^\gamma f_{ij}^{n-1+\sigma} \right) \left[\sigma u_{ij}^n + (1-\sigma)u_{ij}^{n-1} \right]
$$
$$
\leqslant \|\mathcal{H}_x^\beta \mathcal{H}_y^\gamma f^{n-1+\sigma}\| \cdot \|\sigma u^n + (1-\sigma)u^{n-1}\|
$$
$$
\leqslant \left[\frac{2}{3} K_1 c_*^{(\beta)} (2L_1)^{-\beta} + \frac{2}{3} K_2 c_*^{(\gamma)} (2L_2)^{-\gamma} \right] \|\sigma u^n + (1-\sigma)u^{n-1}\|^2
$$
$$
+ \frac{3}{32} \left[\frac{(2L_1)^\beta}{K_1 c_*^{(\beta)}} + \frac{(2L_2)^\gamma}{K_2 c_*^{(\gamma)}} \right] \|\mathcal{H}_x^\beta \mathcal{H}_y^\gamma f^{n-1+\sigma}\|^2. \tag{5.4.23}
$$

将 (5.4.20)—(5.4.23) 代入 (5.4.19), 得到

$$
\frac{1}{s} \sum_{k=0}^{n-1} c_k^{(n,\alpha)} \left[(u^{n-k}, u^{n-k})_H - (u^{n-k-1}, u^{n-k-1})_H \right]
$$
$$
\leqslant \frac{3}{16} \left[\frac{(2L_1)^\beta}{K_1 c_*^{(\beta)}} + \frac{(2L_2)^\gamma}{K_2 c_*^{(\gamma)}} \right] \|\mathcal{H}_x^\beta \mathcal{H}_y^\gamma f^{n-1+\sigma}\|^2, \quad 1 \leqslant n \leqslant N. \tag{5.4.24}
$$

由引理 1.6.3 知

$$
\frac{s}{c_{n-1}^{(n,\alpha)}} \leqslant t_n^\alpha \Gamma(1-\alpha).
$$

由 (5.4.24) 得到

$$
c_0^{(n,\alpha)} (u^n, u^n)_H
$$
$$
\leqslant \sum_{k=1}^{n-1} (c_{k-1}^{(n,\alpha)} - c_k^{(n,\alpha)})(u^{n-k}, u^{n-k})_H + c_{n-1}^{(n,\alpha)} (u^0, u^0)_H
$$
$$
+ \frac{3}{16} s \left[\frac{(2L_1)^\beta}{K_1 c_*^{(\beta)}} + \frac{(2L_2)^\gamma}{K_2 c_*^{(\gamma)}} \right] \|\mathcal{H}_x^\beta \mathcal{H}_y^\gamma f^{n-1+\sigma}\|^2
$$
$$
\leqslant \sum_{k=1}^{n-1} (c_{k-1}^{(n,\alpha)} - c_k^{(n,\alpha)})(u^{n-k}, u^{n-k})_H + c_{n-1}^{(n,\alpha)} \left\{ (u^0, u^0)_H \right.
$$
$$
\left. + \frac{3}{16} \left[\frac{(2L_1)^\beta}{K_1 c_*^{(\beta)}} + \frac{(2L_2)^\gamma}{K_2 c_*^{(\gamma)}} \right] t_n^\alpha \Gamma(1-\alpha) \|\mathcal{H}_x^\beta \mathcal{H}_y^\gamma f^{n-1+\sigma}\|^2 \right\}, \quad 1 \leqslant n \leqslant N.
$$

由归纳法可证得

$$(u^n, u^n)_H \leqslant (u^0, u^0)_H + \frac{3}{16}\left[\frac{(2L_1)^\beta}{K_1 c_*^{(\beta)}} + \frac{(2L_2)^\gamma}{K_2 c_*^{(\gamma)}}\right]$$

$$\cdot \Gamma(1-\alpha) \max_{1\leqslant m\leqslant n}\left\{t_m^\alpha \|\mathcal{H}_x^\beta \mathcal{H}_y^\gamma f^{m-1+\sigma}\|^2\right\}, \quad 1\leqslant n\leqslant N. \quad (5.4.25)$$

注意到

$$\frac{1}{3}\|u^n\|^2 \leqslant (u^n, u^n)_H \leqslant \|u^n\|^2,$$

由 (5.4.25) 即得 (5.4.18). □

5.4.4 差分格式的收敛性

定理 5.4.3 设 $\{U_{ij}^n \mid (i,j)\in \bar\omega, 0\leqslant n\leqslant N\}$ 为微分方程问题 (5.3.1)—(5.3.3) 的解, $\{u_{ij}^n \mid (i,j)\in\bar\omega, 0\leqslant n\leqslant N\}$ 为差分格式 (5.4.9)—(5.4.11) 的解. 令

$$e_{ij}^n = U_{ij}^n - u_{ij}^n, \quad (i,j)\in\bar\omega, \ 0\leqslant n\leqslant N,$$

则有

$$\|e^n\| \leqslant \frac{3}{4}\sqrt{\left[\frac{(2L_1)^\beta}{K_1 c_*^{(\beta)}} + \frac{(2L_2)^\gamma}{K_2 c_*^{(\gamma)}}\right]T^\alpha \Gamma(1-\alpha)L_1 L_2}\ c_4(\tau^2 + h_1^4 + h_2^4),$$

$$1\leqslant n\leqslant N. \quad (5.4.26)$$

证明 将 (5.4.5), (5.4.7)—(5.4.8) 分别与 (5.4.9)—(5.4.11) 相减, 可得误差方程组

$$\begin{cases}
\dfrac{1}{s}\sum_{k=0}^{n-1} c_k^{(n,\alpha)}\mathcal{H}_x^\beta \mathcal{H}_y^\gamma (e_{ij}^{n-k} - e_{ij}^{n-k-1}) \\
= K_1 \mathcal{H}_y^\gamma (-h_1^{-\beta})\sum_{k=i-M_1}^{i} \hat g_k^{(\beta)}\left[\sigma e_{i-k,j}^n + (1-\sigma)e_{i-k,j}^{n-1}\right] \\
\quad + K_2\mathcal{H}_x^\beta(-h_2^{-\gamma})\sum_{k=j-M_2}^{j}\hat g_k^{(\gamma)}\left[\sigma e_{i,j-k}^n + (1-\sigma)e_{i,j-k}^{n-1}\right] + (r_4)_{ij}^n, \\
\qquad\qquad (i,j)\in\omega, \ 1\leqslant n\leqslant N, \\
e_{ij}^0 = 0, \quad (i,j)\in\omega, \\
e_{ij}^n = 0, \quad (i,j)\in\partial\omega, \quad 0\leqslant n\leqslant N.
\end{cases}$$

应用定理 5.4.2, 并注意到 (5.4.6), 可得

$$
\|e^n\|^2 \leqslant \frac{9}{16}\left[\frac{(2L_1)^\beta}{K_1 c_*^{(\beta)}} + \frac{(2L_2)^\gamma}{K_2 c_*^{(\gamma)}}\right] t_n^\alpha \Gamma(1-\alpha) \max_{1 \leqslant m \leqslant n} \|(r_4)^m\|^2
$$

$$
\leqslant \frac{9}{16}\left[\frac{(2L_1)^\beta}{K_1 c_*^{(\beta)}} + \frac{(2L_2)^\gamma}{K_2 c_*^{(\gamma)}}\right] T^\alpha \Gamma(1-\alpha) L_1 L_2 c_4^2 (\tau^2 + h_1^4 + h_2^4)^2, \quad 1 \leqslant n \leqslant N.
$$

将上式两边开方即得 (5.4.26).　　　　　　　　　　　　　　　　　　　　　□

5.5　补注与讨论

(1) 本章讨论了一维、二维空间时间分数阶 Bloch-Torrey 方程的差分求解方法. 用 L2-1$_\sigma$ 公式离散时间 Caputo 分数阶导数, 用分数阶中心差商公式直接逼近空间 Riesz 导数, 或用分数阶中心差商公式逼近空间 Riesz 导数在三点处函数值的加权平均 (定理 1.5.3), 得到差分格式. 对所建立的每一个差分格式证明了唯一可解性、稳定性和在 L^2 范数下的收敛性[75].

(2) 文献 [110] 导出了逼近 Riesz 导数的如下四阶数值微分公式:

$$
\frac{\partial^\beta f(x)}{\partial |x|^\beta} = \left(-\frac{\beta}{24}\right)\left[-\frac{\Delta_h^\beta f(x-h)}{h^\beta}\right] + \left(1 + \frac{\beta}{12}\right)\left[-\frac{\Delta_h^\beta f(x)}{h^\beta}\right]
$$
$$
+ \left(-\frac{\beta}{24}\right)\left[-\frac{\Delta_h^\beta f(x+h)}{h^\beta}\right] + O(h^4). \tag{5.5.1}
$$

比较 (1.5.7) 和 (5.5.1), 前者是用分数阶中心差商公式逼近 Riesz 导数在三点处的加权平均值, 而后者是用分数阶中心差商公式在三点的加权平均值逼近 Riesz 导数.

(3) 于强、刘发旺等在文献 [106] 中研究了三维空间时间分数阶 Bloch-Torrey 方程的数值求解, 时间 Caputo 分数阶导数用 L1 公式离散, 空间 Riesz 导数用位移的 G-L 公式 (1.4.1) 离散, 得到了具有 $O(\tau^{2-\alpha} + h_x + h_y + h_z)$ 离散精度的正型差分格式. 用极值原理的方法证明了所构造的差分格式的无条件稳定性和收敛性, 在无穷范数下收敛阶为 $O(\tau^{2-\alpha} + h_x + h_y + h_z)$. 于强、刘发旺等在文献 [107] 中研究了二维空间时间分数阶 Bloch-Torrey 方程的数值求解, 时间 Caputo 分数阶导数依然用 L1 公式离散, 空间 Riesz 导数用分数阶中心差商公式离散, 得到了具有 $O(\tau^{2-\alpha} + h_x^2 + h_y^2)$ 离散精度的正型差分格式. 用极值原理的方法证明了所构造差分格式的无条件稳定性和收敛性, 在无穷范数下收敛阶为 $O(\tau^{2-\alpha} + h_x^2 + h_y^2)$. 文献 [107] 中方法可以应用于三维空间时间分数阶 Bloch-Torrey 方程的有限差分法求解[72].

(4) 徐维艳和孙红[100] 对时间空间分数阶方程给出了快速的差分格式.

(5) 冉茂华和张诚坚[64] 对时间–空间分数阶非线性 Schrödinger 方程给出了两层 Crank-Nicolson 型和三层线性化差分格式.

习 题 5

1. 对于问题 (5.1.1)—(5.1.3), 建立如下差分格式:

$$
\begin{cases}
\dfrac{\tau^{-\alpha}}{\Gamma(2-\alpha)}\left[a_0^{(\alpha)}u_i^n - \sum_{k=1}^{n-1}(a_{n-k-1}^{(\alpha)}-a_{n-k}^{(\alpha)})u_i^k - a_{n-1}^{(\alpha)}u_i^0\right] \\
\quad = -h^{-\beta}\sum_{k=i-M}^{i}\hat{g}_k^{(\beta)}u_{i-k}^n + f_i^n, \quad 1\leqslant i\leqslant M-1,\ 1\leqslant n\leqslant N, \\
u_i^0 = \varphi(x_i), \quad 1\leqslant i\leqslant M-1, \\
u_0^n = 0,\ u_M^n = 0, \quad 0\leqslant n\leqslant N.
\end{cases}
$$

类似 5.1 节, 定义函数 $\tilde{u}(x,t)$, 并设 $\tilde{u}(\cdot,t)\in\mathscr{C}^{2+\beta}(\mathcal{R})$.

(1) 分析差分格式的截断误差;

(2) 证明差分格式解的存在唯一性;

(3) 证明差分格式对初值 φ 和右端函数 f 是稳定的;

(4) 证明差分格式是收敛的, 并给出误差估计式.

2. 对于问题 (5.1.1)—(5.1.3), 建立如下差分格式:

$$
\begin{cases}
\mathcal{A}_h^\beta\dfrac{\tau^{-\alpha}}{\Gamma(2-\alpha)}\left[a_0^{(\alpha)}u_i^n - \sum_{k=1}^{n-1}(a_{n-k-1}^{(\alpha)}-a_{n-k}^{(\alpha)})u_i^k - a_{n-1}^{(\alpha)}u_i^0\right] \\
\quad = -h^{-\beta}\sum_{k=i-M}^{i}\hat{g}_k^{(\beta)}u_{i-k}^n + \mathcal{A}_h^\beta f_i^n, \quad 1\leqslant i\leqslant M-1,\ 1\leqslant n\leqslant N, \\
u_i^0 = \varphi(x_i), \quad 1\leqslant i\leqslant M-1, \\
u_0^n = 0,\quad u_M^n = 0, \quad 0\leqslant n\leqslant N.
\end{cases}
$$

类似 5.1 节, 定义函数 $\tilde{u}(x,t)$, 并设 $\tilde{u}(\cdot,t)\in\mathscr{C}^{4+\beta}(\mathcal{R})$.

(1) 分析差分格式的截断误差;

(2) 证明差分格式解的存在唯一性;

(3) 证明差分格式对初值 φ 和右端函数 f 是稳定的;

(4) 证明差分格式是收敛的, 并给出误差估计式.

3. 对于问题 (5.3.1)—(5.3.3), 建立如下差分格式:

$$
\begin{cases}
\dfrac{\tau^{-\alpha}}{\Gamma(2-\alpha)}\left[a_0^{(\alpha)}u_{ij}^n - \sum_{k=1}^{n-1}(a_{n-k-1}^{(\alpha)} - a_{n-k}^{(\alpha)})u_{ij}^k - a_{n-1}^{(\alpha)}u_{ij}^0\right] \\
\qquad = K_1(-h_1^{-\beta})\sum_{k=i-M_1}^{i}\hat{g}_k^{(\beta)}u_{i-k,j}^n + K_2(-h_2^{-\gamma})\sum_{k=j-M_2}^{j}\hat{g}_k^{(\gamma)}u_{i,j-k}^n + f_{ij}^n, \\
\qquad\qquad\qquad\qquad\qquad\qquad\qquad\qquad (i,j)\in\omega,\ 1\leqslant n\leqslant N, \\
u_{ij}^0 = \varphi(x_i,y_j), \quad (i,j)\in\omega, \\
u_{ij}^n = 0, \quad (i,j)\in\partial\omega, \quad 0\leqslant n\leqslant N.
\end{cases}
$$

类似 4.4 节, 定义函数 $\hat{v}(x,y,t)$ 和 $\hat{w}(x,y,t)$, 并设 $\hat{v}(\cdot,y,t)\in\mathscr{C}^{2+\beta}(\mathcal{R})$, $\hat{w}(x,\cdot,t)\in\mathscr{C}^{2+\gamma}(\mathcal{R})$.

(1) 分析差分格式的截断误差;

(2) 证明差分格式解的存在唯一性;

(3) 证明差分格式对初值 φ 和右端函数 f 是稳定的;

(4) 证明差分格式是收敛的, 并给出误差估计式.

4. 对于问题 (5.3.1)—(5.3.3), 建立如下差分格式:

$$
\begin{cases}
\mathcal{H}_x^\beta\mathcal{H}_y^\gamma\dfrac{\tau^{-\alpha}}{\Gamma(2-\alpha)}\left[a_0^{(\alpha)}u_{ij}^n - \sum_{k=1}^{n-1}(a_{n-k-1}^{(\alpha)} - a_{n-k}^{(\alpha)})u_{ij}^k - a_{n-1}^{(\alpha)}u_{ij}^0\right] \\
\qquad = K_1(-h_1^{-\beta})\mathcal{H}_y^\gamma\sum_{k=i-M_1}^{i}\hat{g}_k^{(\beta)}u_{i-k,j}^n + K_2(-h_2^{-\gamma})\mathcal{H}_x^\beta\sum_{k=j-M_2}^{j}\hat{g}_k^{(\gamma)}u_{i,j-k}^n \\
\qquad\quad + \mathcal{H}_x^\beta\mathcal{H}_y^\gamma f_{ij}^n, \quad (i,j)\in\omega,\ 1\leqslant n\leqslant N, \\
u_{ij}^0 = \varphi(x_i,y_j), \quad (i,j)\in\omega, \\
u_{ij}^n = 0, \quad (i,j)\in\partial\omega, \quad 0\leqslant n\leqslant N.
\end{cases}
$$

类似 4.4 节, 定义函数 $\hat{v}(x,y,t)$ 和 $\hat{w}(x,y,t)$, 并设 $\hat{v}(\cdot,y,t)\in\mathscr{C}^{4+\beta}(\mathcal{R})$, $\hat{w}(x,\cdot,t)\in\mathscr{C}^{4+\gamma}(\mathcal{R})$.

(1) 分析差分格式的截断误差;

(2) 证明差分格式解的存在唯一性;

(3) 证明差分格式对初值 φ 和右端函数 f 是稳定的;

(4) 证明差分格式是收敛的, 并给出误差估计式.

第6章 时间分布阶慢扩散方程的差分方法

在前面章节中, 我们讨论了多项时间分数阶微分方程的数值解. 当时间分数阶导数项数很多, 取其极限状态, 便导出了时间分布阶微分方程. 这类方程可用于描述扩散指数随时间变化的复杂扩散进程, 如减速的超扩散和加速的慢扩散、减速的慢扩散和加速的超扩散等, 已被广泛应用于描述黏弹性材料的应力–应变行为、介电感应及扩散、复合材料的流变特性以及信号控制与处理等. 本章重点介绍求解一类时间分布阶慢扩散方程的差分方法, 并分析所建立的每一个差分格式的唯一可解性、稳定性和收敛性. 本章共 7 节.

6.1 一维问题空间和分布阶二阶方法

考虑如下一维时间分布阶慢扩散方程初边值问题

$$
\begin{cases}
\mathcal{D}_t^w u(x,t) = u_{xx}(x,t) + f(x,t), & 0 < x < L, \quad 0 < t \leqslant T, & (6.1.1) \\
u(x,0) = 0, & 0 < x < L, & (6.1.2) \\
u(0,t) = \psi_1(t), \quad u(L,t) = \psi_2(t), & 0 \leqslant t \leqslant T, & (6.1.3)
\end{cases}
$$

其中 $\psi_1(0) = 0$, $\psi_2(0) = 0$ 且

$$
\mathcal{D}_t^w u(x,t) = \int_0^1 w(\alpha)\, {}_0^C D_t^\alpha u(x,t) \mathrm{d}\alpha,
$$

$$
{}_0^C D_t^\alpha u(x,t) = \begin{cases}
\dfrac{1}{\Gamma(1-\alpha)} \displaystyle\int_0^t (t-\xi)^{-\alpha} \dfrac{\partial u}{\partial \xi}(x,\xi)\mathrm{d}\xi, & 0 \leqslant \alpha < 1, \\
u_t(x,t), & \alpha = 1,
\end{cases}
$$

$w(\alpha) \geqslant 0$, $\displaystyle\int_0^1 w(\alpha)\mathrm{d}\alpha = c_0 > 0$, f, ψ_1 和 ψ_2 为已知函数.

类似 2.1 节, 定义函数 $\hat{u}(x,t)$, 并设 $\hat{u}(x,\cdot) \in \mathscr{C}^{2+1}(\mathcal{R})$ 且 $u(\cdot,t) \in C^4[0,L]$.

6.1.1 差分格式的建立

取正整数 J, M, N, 记 $\Delta\alpha = \dfrac{1}{2J}, h = \dfrac{L}{M}, \tau = \dfrac{T}{N}$; $\alpha_l = l\Delta\alpha \ (0 \leqslant l \leqslant 2J)$; $x_i = ih \ (0 \leqslant i \leqslant M)$; $t_n = n\tau \ (0 \leqslant n \leqslant N)$. 定义同 2.1 节中的网格函数空间和记号.

引理 6.1.1[83](复化梯形公式)　　设函数 $s \in C^2[0,1]$, 则有

$$\int_0^1 s(\alpha)\mathrm{d}\alpha = \Delta\alpha \sum_{l=0}^{2J} c_l s(\alpha_l) - \frac{\Delta\alpha^2}{12} s''(\xi), \quad \xi \in (0,1),$$

其中

$$c_l = \begin{cases} \dfrac{1}{2}, & l = 0, \, 2J, \\ 1, & 1 \leqslant l \leqslant 2J-1. \end{cases}$$

定义网格函数

$$U_i^n = u(x_i, t_n), \quad f_i^n = f(x_i, t_n), \quad 0 \leqslant i \leqslant M, \, 0 \leqslant n \leqslant N.$$

在结点 (x_i, t_n) 处考虑微分方程 (6.1.1), 有

$$\mathcal{D}_t^w u(x_i, t_n) = u_{xx}(x_i, t_n) + f_i^n, \quad 1 \leqslant i \leqslant M-1, \, 1 \leqslant n \leqslant N. \tag{6.1.4}$$

记

$$s(\alpha, x_i, t_n) = w(\alpha) \, {}_0^C D_t^\alpha u(x_i, t_n).$$

设函数 $s(\cdot, x_i, t_n) \in C^2[0,1]$. 应用引理 6.1.1, 得到

$$\begin{aligned}
\mathcal{D}_t^w u(x_i, t_n) &= \int_0^1 s(\alpha, x_i, t_n)\mathrm{d}\alpha \\
&= \Delta\alpha \sum_{l=0}^{2J} c_l s(\alpha_l, x_i, t_n) - \frac{\Delta\alpha^2}{12} \left.\frac{\partial^2 s(\alpha, x_i, t_n)}{\partial\alpha^2}\right|_{\alpha=\xi_i^n} \\
&= \Delta\alpha \sum_{l=0}^{2J} c_l w(\alpha_l) \, {}_0^C D_t^{\alpha_l} u(x_i, t_n) + O(\Delta\alpha^2),
\end{aligned} \tag{6.1.5}$$

其中 $\xi_i^n \in (0,1)$.

应用推论 1.4.1, 并注意到 (6.1.2), 有

$$\begin{aligned}
{}_0^C D_t^\alpha u(x_i, t_n) = {}_0\mathbf{D}_t^\alpha u(x_i, t_n) = \tau^{-\alpha} \sum_{k=0}^n w_k^{(\alpha)} U_i^{n-k} + O(\tau^2), \\
1 \leqslant i \leqslant M-1, \, 1 \leqslant n \leqslant N,
\end{aligned} \tag{6.1.6}$$

其中 $\{w_k^{(\alpha)}\}$ 由 (1.4.14)—(1.4.15) 定义.

将 (6.1.6) 代入 (6.1.5), 得到

$$\begin{aligned}
\mathcal{D}_t^w u(x_i, t_n) = \Delta\alpha \sum_{l=0}^{2J} c_l w(\alpha_l) \tau^{-\alpha_l} \sum_{k=0}^n w_k^{(\alpha_l)} U_i^{n-k} + O(\tau^2 + \Delta\alpha^2), \\
1 \leqslant i \leqslant M-1, \, 1 \leqslant n \leqslant N.
\end{aligned} \tag{6.1.7}$$

将

$$u_{xx}(x_i, t_n) = \delta_x^2 U_i^n + O(h^2), \quad 1 \leqslant i \leqslant M-1, \ 1 \leqslant n \leqslant N$$

和 (6.1.7) 代入 (6.1.4), 得到

$$\Delta\alpha \sum_{l=0}^{2J} c_l w(\alpha_l) \tau^{-\alpha_l} \sum_{k=0}^{n} w_k^{(\alpha_l)} U_i^{n-k} = \delta_x^2 U_i^n + f_i^n + (r_1)_i^n,$$
$$1 \leqslant i \leqslant M-1, \ 1 \leqslant n \leqslant N, \quad (6.1.8)$$

且存在正常数 c_1 使得

$$|(r_1)_i^n| \leqslant c_1(\tau^2 + h^2 + \Delta\alpha^2), \quad 1 \leqslant i \leqslant M-1, \ 1 \leqslant n \leqslant N. \quad (6.1.9)$$

注意到初边值条件 (6.1.2)—(6.1.3), 有

$$\begin{cases} U_i^0 = 0, \quad 1 \leqslant i \leqslant M-1, & (6.1.10) \\ U_0^n = \psi_1(t_n), \quad U_M^n = \psi_2(t_n), \quad 0 \leqslant n \leqslant N. & (6.1.11) \end{cases}$$

在方程 (6.1.8) 中略去小量项 $(r_1)_i^n$, 并用数值解 u_i^n 代替精确解 U_i^n, 可得求解问题 (6.1.1)—(6.1.3) 的如下差分格式:

$$\begin{cases} \Delta\alpha \sum_{l=0}^{2J} c_l w(\alpha_l) \tau^{-\alpha_l} \sum_{k=0}^{n} w_k^{(\alpha_l)} u_i^{n-k} = \delta_x^2 u_i^n + f_i^n, & \\ \qquad 1 \leqslant i \leqslant M-1, \ 1 \leqslant n \leqslant N, & (6.1.12) \\ u_i^0 = 0, \quad 1 \leqslant i \leqslant M-1, & (6.1.13) \\ u_0^n = \psi_1(t_n), \quad u_M^n = \psi_2(t_n), \quad 0 \leqslant n \leqslant N. & (6.1.14) \end{cases}$$

以下记

$$\mu = \Delta\alpha \sum_{l=0}^{2J} c_l w(\alpha_l) \tau^{-\alpha_l} w_0^{(\alpha_l)}. \quad (6.1.15)$$

6.1.2 差分格式的可解性

定理 6.1.1 差分格式 (6.1.12)—(6.1.14) 是唯一可解的.

证明 记

$$u^n = (u_0^n, u_1^n, \cdots, u_M^n).$$

由 (6.1.13)—(6.1.14) 知第 0 层的值 u^0 已知. 现设前 n 层的值 $u^0, u^1, \cdots, u^{n-1}$ 已唯一确定, 则由 (6.1.12) 和 (6.1.14) 可得关于 u^n 的线性方程组. 要证明它的唯一可解性, 只需证明它相应的齐次方程组

$$\begin{cases} \mu u_i^n = \delta_x^2 u_i^n, \quad 1 \leqslant i \leqslant M-1, & (6.1.16) \\ u_0^n = u_M^n = 0 & (6.1.17) \end{cases}$$

仅有零解.

将式 (6.1.16) 改写为

$$\left(\mu + \frac{2}{h^2}\right)u_i^n = \frac{1}{h^2}(u_{i-1}^n + u_{i+1}^n), \quad 1 \leqslant i \leqslant M-1.$$

设 $\|u^n\|_\infty = |u_{i_n}^n|$, 其中 $i_n \in \{1, 2, \cdots, M-1\}$. 在上式中令 $i = i_n$, 然后在等式的两边取绝对值, 利用三角不等式, 并注意到 (6.1.17), 可得

$$\left(\mu + \frac{2}{h^2}\right)\|u^n\|_\infty \leqslant \frac{2}{h^2}\|u^n\|_\infty.$$

于是 $\|u^n\|_\infty = 0$, 从而 $u^n = 0$.

由归纳原理知, 差分格式 (6.1.12)—(6.1.14) 存在唯一解.　　　　　　□

6.1.3　两个引理

定义 6.1.1　形如

$$T_n = \begin{bmatrix} t_0 & t_{-1} & t_{-2} & \cdots & t_{2-n} & t_{1-n} \\ t_1 & t_0 & t_{-1} & \cdots & t_{3-n} & t_{2-n} \\ t_2 & t_1 & t_0 & \cdots & t_{4-n} & t_{3-n} \\ \vdots & \vdots & \vdots & & \vdots & \vdots \\ t_{n-2} & t_{n-3} & t_{n-4} & \cdots & t_0 & t_{-1} \\ t_{n-1} & t_{n-2} & t_{n-3} & \cdots & t_1 & t_0 \end{bmatrix} \tag{6.1.18}$$

的矩阵称为 Toeplitz 矩阵.

定义 6.1.2 [6]　若 Toeplitz 矩阵 (6.1.18) 中的元素 $\{t_k\}_{k=1-n}^{n-1}$ 是函数 $f(x)$ 的 Fourier 系数, 即

$$t_k = \frac{1}{2\pi}\int_{-\pi}^{\pi} f(x)\mathrm{e}^{-\mathrm{i}kx}\mathrm{d}x,$$

则称函数 $f(x)$ 为矩阵 T_n 的生成函数.

引理 6.1.2 [5, 6]　(Grenander-Szegö 定理)　对于上述 Toeplitz 矩阵 T_n, 如果生成函数 $f(x)$ 是定义在 $[-\pi, \pi]$ 上的连续实值函数, 记 T_n 的最小特征值和最大特征值分别为 $\lambda_{\min}(T_n)$ 和 $\lambda_{\max}(T_n)$, $f(x)$ 在 $[-\pi, \pi]$ 上的最小值和最大值分别为 $f_{\min}$ 和 $f_{\max}$, 则有

$$f_{\min} \leqslant \lambda_{\min}(T_n) \leqslant \lambda_{\max}(T_n) \leqslant f_{\max}.$$

进一步, 如果 $f_{\min} < f_{\max}$, 则对 $n \geqslant 1$, 矩阵 T_n 的任一特征值 $\lambda(T_n)$ 满足

$$f_{\min} < \lambda(T_n) < f_{\max}.$$

特别地, 如果 $f_{\min} > 0$, 则矩阵 T_n 是正定的.

引理 6.1.3[96] 设系数 $\{w_k^{(\alpha)}\}$ 由 (1.4.14)—(1.4.15) 定义, 则对任意向量 $(v_0, v_1, \cdots, v_m)^{\mathrm{T}} \in \mathcal{R}^{m+1}$, 有

$$\sum_{n=0}^{m} \left(\sum_{k=0}^{n} w_k^{(\alpha)} v_{n-k} \right) v_n \geqslant 0.$$

证明 要证二次型 $\sum_{n=0}^{m} \left(\sum_{k=0}^{n} w_k^{(\alpha)} v_{n-k} \right) v_n$ 是非负定的, 等价于证明对称 Toeplitz 矩阵

$$W = \begin{bmatrix} w_0^{(\alpha)} & \frac{1}{2}w_1^{(\alpha)} & \frac{1}{2}w_2^{(\alpha)} & \cdots & \frac{1}{2}w_m^{(\alpha)} \\ \frac{1}{2}w_1^{(\alpha)} & w_0^{(\alpha)} & \frac{1}{2}w_1^{(\alpha)} & \cdots & \frac{1}{2}w_{m-1}^{(\alpha)} \\ \frac{1}{2}w_2^{(\alpha)} & \frac{1}{2}w_1^{(\alpha)} & w_0^{(\alpha)} & \cdots & \frac{1}{2}w_{m-2}^{(\alpha)} \\ \vdots & \vdots & \vdots & & \vdots \\ \frac{1}{2}w_m^{(\alpha)} & \frac{1}{2}w_{m-1}^{(\alpha)} & \frac{1}{2}w_{m-2}^{(\alpha)} & \cdots & w_0^{(\alpha)} \end{bmatrix}$$

是半正定的.

现在来证明 Toeplitz 矩阵 W 是半正定的. 矩阵 W 的生成函数为

$$\begin{aligned} f(\alpha, x) &= w_0^{(\alpha)} + \frac{1}{2}\sum_{k=1}^{\infty} w_k^{(\alpha)} e^{ikx} + \frac{1}{2}\sum_{k=1}^{\infty} w_k^{(\alpha)} e^{-ikx} \\ &= \left(1+\frac{\alpha}{2}\right) g_0^{(\alpha)} + \frac{1}{2}\sum_{k=1}^{\infty} \left[\left(1+\frac{\alpha}{2}\right) g_k^{(\alpha)} - \frac{\alpha}{2}g_{k-1}^{(\alpha)}\right] e^{ikx} \\ &\quad + \frac{1}{2}\sum_{k=1}^{\infty} \left[\left(1+\frac{\alpha}{2}\right) g_k^{(\alpha)} - \frac{\alpha}{2}g_{k-1}^{(\alpha)}\right] e^{-ikx} \\ &= \frac{1}{2}\left(1+\frac{\alpha}{2}\right)\sum_{k=0}^{\infty} g_k^{(\alpha)} e^{ikx} + \frac{1}{2}\left(1+\frac{\alpha}{2}\right)\sum_{k=0}^{\infty} g_k^{(\alpha)} e^{-ikx} \\ &\quad - \frac{\alpha}{4}\sum_{k=0}^{\infty} g_k^{(\alpha)} e^{i(k+1)x} - \frac{\alpha}{4}\sum_{k=0}^{\infty} g_k^{(\alpha)} e^{-i(k+1)x} \\ &= \frac{1}{2}\left(1+\frac{\alpha}{2}\right)(1-e^{ix})^{\alpha} + \frac{1}{2}\left(1+\frac{\alpha}{2}\right)(1-e^{-ix})^{\alpha} \\ &\quad - \frac{\alpha}{4}(1-e^{ix})^{\alpha}e^{ix} - \frac{\alpha}{4}(1-e^{-ix})^{\alpha}e^{-ix}. \end{aligned}$$

可见, 函数 $f(\alpha, x)$ 是关于 x 周期为 2π 的偶函数, 故只要在 $x \in [0, \pi]$ 上考虑它的

极小值. 对 $f(\alpha, x)$ 可作如下变形:

$$
\begin{aligned}
f(\alpha, x) &= \frac{1}{2}\left(1+\frac{\alpha}{2}\right)\left[\left(\mathrm{e}^{-\frac{\mathrm{i}}{2}x}-\mathrm{e}^{\frac{\mathrm{i}}{2}x}\right)\mathrm{e}^{\frac{\mathrm{i}}{2}x}\right]^{\alpha} + \frac{1}{2}\left(1+\frac{\alpha}{2}\right)\left[\left(\mathrm{e}^{\frac{\mathrm{i}}{2}x}-\mathrm{e}^{-\frac{\mathrm{i}}{2}x}\right)\mathrm{e}^{-\frac{\mathrm{i}}{2}x}\right]^{\alpha} \\
&\quad - \frac{\alpha}{4}\left[\left(\mathrm{e}^{-\frac{\mathrm{i}}{2}x}-\mathrm{e}^{\frac{\mathrm{i}}{2}x}\right)\mathrm{e}^{\frac{\mathrm{i}}{2}x}\right]^{\alpha}\mathrm{e}^{\mathrm{i}x} - \frac{\alpha}{4}\left[\left(\mathrm{e}^{\frac{\mathrm{i}}{2}x}-\mathrm{e}^{-\frac{\mathrm{i}}{2}x}\right)\mathrm{e}^{-\frac{\mathrm{i}}{2}x}\right]^{\alpha}\mathrm{e}^{-\mathrm{i}x} \\
&= \frac{1}{2}\left(1+\frac{\alpha}{2}\right)\left[2\mathrm{i}\sin\left(-\frac{x}{2}\right)\mathrm{e}^{\frac{\mathrm{i}}{2}x}\right]^{\alpha} + \frac{1}{2}\left(1+\frac{\alpha}{2}\right)\left[2\mathrm{i}\sin\left(\frac{x}{2}\right)\mathrm{e}^{-\frac{\mathrm{i}}{2}x}\right]^{\alpha} \\
&\quad - \frac{\alpha}{4}\left[2\mathrm{i}\sin\left(-\frac{x}{2}\right)\mathrm{e}^{\frac{\mathrm{i}}{2}x}\right]^{\alpha}\mathrm{e}^{\mathrm{i}x} - \frac{\alpha}{4}\left[2\mathrm{i}\sin\left(\frac{x}{2}\right)\mathrm{e}^{-\frac{\mathrm{i}}{2}x}\right]^{\alpha}\mathrm{e}^{-\mathrm{i}x} \\
&= \left[2\sin\left(\frac{x}{2}\right)\right]^{\alpha}\left\{\frac{1}{2}\left(1+\frac{\alpha}{2}\right)\left[\mathrm{e}^{\mathrm{i}\left(\frac{\pi}{2}-\frac{\pi}{2}\right)\alpha}+\mathrm{e}^{\mathrm{i}\left(\frac{\pi}{2}-\frac{x}{2}\right)\alpha}\right]\right. \\
&\quad \left. - \frac{\alpha}{4}\left[\mathrm{e}^{\mathrm{i}\left(\frac{x}{2}-\frac{\pi}{2}\right)\alpha}\cdot\mathrm{e}^{\mathrm{i}x}+\mathrm{e}^{\mathrm{i}\left(\frac{\pi}{2}-\frac{x}{2}\right)\alpha}\cdot\mathrm{e}^{-\mathrm{i}x}\right]\right\} \\
&= \left[2\sin\left(\frac{x}{2}\right)\right]^{\alpha}\left\{\left(1+\frac{\alpha}{2}\right)\cos\left[\frac{\alpha}{2}(\pi-x)\right]-\frac{\alpha}{2}\cos\left[\frac{\alpha}{2}(\pi-x)-x\right]\right\}.
\end{aligned}
$$

记

$$
h(\alpha, x) = \left(1+\frac{\alpha}{2}\right)\cos\left[\frac{\alpha}{2}(\pi-x)\right] - \frac{\alpha}{2}\cos\left[\frac{\alpha}{2}(\pi-x)-x\right].
$$

对函数 $h(\alpha, x)$ 关于 x 求导一次, 得

$$
\begin{aligned}
h_x(\alpha, x) &= \frac{\alpha}{2}\left(1+\frac{\alpha}{2}\right)\left\{\sin\left[\frac{\alpha}{2}(\pi-x)\right]-\sin\left[\frac{\alpha}{2}(\pi-x)-x\right]\right\} \\
&= \frac{\alpha}{2}\left(1+\frac{\alpha}{2}\right)\left\{\sin\left[\left(\frac{\alpha}{2}(\pi-x)-\frac{x}{2}\right)+\frac{x}{2}\right]-\sin\left[\left(\frac{\alpha}{2}(\pi-x)-\frac{x}{2}\right)-\frac{x}{2}\right]\right\} \\
&= \alpha\left(1+\frac{\alpha}{2}\right)\cos\left[\frac{\alpha}{2}(\pi-x)-\frac{x}{2}\right]\sin\left(\frac{x}{2}\right).
\end{aligned}
$$

当 $x \in [0, \pi]$ 时, $h_x(\alpha, x) \geqslant 0$. 因此, $h(\alpha, x) \geqslant h(\alpha, 0) = \cos\dfrac{\alpha\pi}{2} \geqslant 0$. 于是有 $f(\alpha, x) \geqslant 0$.

由引理 6.1.2 知矩阵 W 是半正定的. 　　　　　　　　　　　　　$\square$

6.1.4　差分格式的稳定性

引理 6.1.4　对于 (6.1.15) 中定义的 μ, 有

$$
\mu\tau = O\left(\frac{1}{|\ln\tau|}\right).
$$

证明

$$\mu\tau = \Delta\alpha \sum_{l=0}^{2J} c_l w(\alpha_l) \cdot \frac{1}{\tau^{\alpha_l}}\left(1 + \frac{\alpha_l}{2}\right)\tau$$

$$\sim \int_0^1 w(\alpha)\left(1 + \frac{\alpha}{2}\right)\tau^{1-\alpha}\mathrm{d}\alpha$$

$$= w(\alpha^*)\left(1 + \frac{\alpha^*}{2}\right)\int_0^1 \tau^{1-\alpha}\mathrm{d}\alpha$$

$$= w(\alpha^*)\left(1 + \frac{\alpha^*}{2}\right)\frac{\tau^{1-\alpha}}{|\ln\tau|}\bigg|_{\alpha=0}^1$$

$$= w(\alpha^*)\left(1 + \frac{\alpha^*}{2}\right)\frac{1-\tau}{|\ln\tau|},$$

其中 $\alpha^* \in (0,1)$. 因而, $\mu\tau = O\left(\frac{1}{|\ln\tau|}\right)$. □

定理 6.1.2 设 $\{v_i^n \mid 0 \leqslant i \leqslant M, 0 \leqslant n \leqslant N\}$ 为差分格式

$$\begin{cases} \Delta\alpha \sum_{l=0}^{2J} c_l w(\alpha_l)\tau^{-\alpha_l} \sum_{k=0}^n w_k^{(\alpha_l)} v_i^{n-k} = \delta_x^2 v_i^n + g_i^n, \\ \qquad\qquad 1 \leqslant i \leqslant M-1, \quad 1 \leqslant n \leqslant N, & (6.1.19) \\ v_i^0 = \varphi_i, \quad 1 \leqslant i \leqslant M-1, & (6.1.20) \\ v_0^n = 0, \quad v_M^n = 0, \quad 0 \leqslant n \leqslant N & (6.1.21) \end{cases}$$

的解, 则有

$$\tau \sum_{n=1}^m \|\delta_x v^n\|^2 \leqslant 2\mu\tau\|v^0\|^2 + \frac{L^2}{6}\tau \sum_{n=1}^m \|g^n\|^2, \quad 1 \leqslant m \leqslant N,$$

其中

$$\|g^n\|^2 = h \sum_{i=1}^{M-1} (g_i^n)^2.$$

证明 用 v^n 与 (6.1.19) 的两边同时作内积, 并注意到引理 2.1.1, 可得

$$\Delta\alpha \sum_{l=0}^{2J} c_l w(\alpha_l)\tau^{-\alpha_l} \sum_{k=0}^n w_k^{(\alpha_l)}(v^{n-k}, v^n)$$

$$= (\delta_x^2 v^n, v^n) + (g^n, v^n)$$

$$= -\|\delta_x v^n\|^2 + (g^n, v^n)$$

$$\leqslant - \|\delta_x v^n\|^2 + \frac{3}{L^2}\|v^n\|^2 + \frac{L^2}{12}\|g^n\|^2$$

$$\leqslant - \|\delta_x v^n\|^2 + \frac{1}{2}\|\delta_x v^n\|^2 + \frac{L^2}{12}\|g^n\|^2$$

$$= - \frac{1}{2}\|\delta_x v^n\|^2 + \frac{L^2}{12}\|g^n\|^2, \quad 1 \leqslant n \leqslant N.$$

将上式对 n 从 1 到 m 求和, 得

$$\Delta\alpha \sum_{l=0}^{2J} c_l w(\alpha_l)\tau^{-\alpha_l} \sum_{n=1}^{m}\sum_{k=0}^{n} w_k^{(\alpha_l)}(v^{n-k}, v^n)$$

$$\leqslant -\frac{1}{2}\sum_{n=1}^{m}\|\delta_x v^n\|^2 + \frac{L^2}{12}\sum_{n=1}^{m}\|g^n\|^2, \quad 1 \leqslant m \leqslant N.$$

再将上式两边同时加上 $\mu(v^0, v^0)$, 得到

$$\Delta\alpha \sum_{l=0}^{2J} c_l w(\alpha_l)\tau^{-\alpha_l} \sum_{n=0}^{m}\sum_{k=0}^{n} w_k^{(\alpha_l)}(v^{n-k}, v^n)$$

$$\leqslant -\frac{1}{2}\sum_{n=1}^{m}\|\delta_x v^n\|^2 + \mu(v^0, v^0) + \frac{L^2}{12}\sum_{n=1}^{m}\|g^n\|^2, \quad 1 \leqslant m \leqslant N. \tag{6.1.22}$$

应用引理 6.1.3, 得到

$$\sum_{n=0}^{m}\sum_{k=0}^{n} w_k^{(\alpha_l)}(v^{n-k}, v^n) = h\sum_{i=1}^{M-1}\sum_{n=0}^{m}\left(\sum_{k=0}^{n} w_k^{(\alpha_l)} v_i^{n-k}\right) v_i^n \geqslant 0. \tag{6.1.23}$$

由 (6.1.22) 和 (6.1.23) 易得

$$\tau \sum_{n=1}^{m}\|\delta_x v^n\|^2 \leqslant 2\mu\tau\|v^0\|^2 + \frac{L^2}{6}\tau \sum_{n=1}^{m}\|g^n\|^2, \quad 1 \leqslant m \leqslant N. \qquad\Box$$

6.1.5　差分格式的收敛性

定理 6.1.3　设 $\{U_i^n \mid 0 \leqslant i \leqslant M, 0 \leqslant n \leqslant N\}$ 为微分方程问题 (6.1.1)—(6.1.3) 的解, $\{u_i^n \mid 0 \leqslant i \leqslant M, 0 \leqslant n \leqslant N\}$ 为差分格式 (6.1.12)—(6.1.14) 的解. 令

$$e_i^n = U_i^n - u_i^n, \quad 0 \leqslant i \leqslant M, \, 0 \leqslant n \leqslant N,$$

则有

$$\tau \sum_{n=1}^{N}\|e^n\|_\infty \leqslant \frac{\sqrt{6}}{12} L^2 T c_1(\tau^2 + h^2 + \Delta\alpha^2).$$

证明 将 (6.1.8), (6.1.10)—(6.1.11) 分别与 (6.1.12)—(6.1.14) 相减, 可得误差方程组

$$
\begin{cases}
\Delta\alpha\sum_{l=0}^{2J}c_l w(\alpha_l)\tau^{-\alpha_l}\sum_{k=0}^{n}w_k^{(\alpha_l)}e_i^{n-k}=\delta_x^2 e_i^n+(r_1)_i^n,\\
\qquad\qquad 1\leqslant i\leqslant M-1,\ 1\leqslant n\leqslant N,\\
e_i^0=0,\quad 1\leqslant i\leqslant M-1,\\
e_0^n=0,\quad e_M^n=0,\quad 0\leqslant n\leqslant N.
\end{cases}
$$

应用定理 6.1.2, 并注意到不等式 (6.1.9), 可得

$$
\tau\sum_{n=1}^{N}\|\delta_x e^n\|^2\leqslant\frac{L^2}{6}\tau\sum_{n=1}^{N}\|(r_1)^n\|^2\leqslant\frac{L^2}{6}TL\big[c_1(\tau^2+h^2+\Delta\alpha^2)\big]^2.
$$

由 Cauchy-Schwarz 不等式、引理 2.1.1 及上式, 有

$$
\left(\tau\sum_{n=1}^{N}\|e^n\|_\infty\right)^2\leqslant\left(\tau\sum_{n=1}^{N}1\right)\left(\tau\sum_{n=1}^{N}\|e^n\|_\infty^2\right)
$$
$$
\leqslant T\cdot\frac{L}{4}\tau\sum_{n=1}^{N}\|\delta_x e^n\|^2
$$
$$
\leqslant\frac{LT}{4}\cdot\frac{L^3}{6}T\big[c_1(\tau^2+h^2+\Delta\alpha^2)\big]^2,
$$

即

$$
\tau\sum_{n=1}^{N}\|e^n\|_\infty\leqslant\frac{\sqrt6}{12}L^2 Tc_1(\tau^2+h^2+\Delta\alpha^2).\qquad\square
$$

6.2 一维问题空间和分布阶四阶方法

本节对一维分布阶慢扩散方程初边值问题 (6.1.1)—(6.1.3) 建立一个时间二阶、空间和分布阶均为四阶的差分方法, 并证明其唯一可解性、稳定性和收敛性.

类似 2.1 节, 定义函数 $\hat u(x,t)$, 并设 $\hat u(x,\cdot)\in\mathscr{C}^{2+1}(\mathcal{R})$ 且 $u(\cdot,t)\in C^6[0,L]$.

6.2.1 差分格式的建立

先给出两个引理.

引理 6.2.1[83](复化 Simpson 公式) 设函数 $s\in C^4[0,1]$, 则有

$$
\int_0^1 s(\alpha)\mathrm{d}\alpha=\Delta\alpha\sum_{l=0}^{2J}d_l s(\alpha_l)-\frac{\Delta\alpha^4}{180}s^{(4)}(\eta),\quad\eta\in(0,1),
$$

其中

$$
d_l = \begin{cases} \dfrac{1}{3}, & l = 0,\, 2J, \\[2mm] \dfrac{2}{3}, & l = 2,\, 4,\, \cdots,\, 2J-4,\, 2J-2, \\[2mm] \dfrac{4}{3}, & l = 1,\, 3,\, \cdots,\, 2J-3,\, 2J-1. \end{cases}
$$

下面建立差分求解格式.

在结点 (x_i, t_n) 处考虑微分方程 (6.1.1), 有

$$
\mathcal{D}_t^w u(x_i, t_n) = u_{xx}(x_i, t_n) + f_i^n, \quad 0 \leqslant i \leqslant M,\ 1 \leqslant n \leqslant N.
$$

对上式两边同时作用算子 $\mathcal{A}$, 得到

$$
\mathcal{A}\mathcal{D}_t^w u(x_i, t_n) = \mathcal{A}u_{xx}(x_i, t_n) + \mathcal{A}f_i^n, \quad 1 \leqslant i \leqslant M-1,\ 1 \leqslant n \leqslant N, \tag{6.2.1}
$$

其中算子 $\mathcal{A}$ 在 2.1 节中定义.

记

$$
s(\alpha, x_i, t_n) = w(\alpha)\, {}_0^C D_t^\alpha u(x_i, t_n).
$$

设函数 $s(\cdot, x_i, t_n) \in C^4[0,1]$. 应用引理 6.2.1, 得到

$$
\begin{aligned}
\mathcal{D}_t^w u(x_i, t_n) &= \int_0^1 s(\alpha, x_i, t_n)\mathrm{d}\alpha \\
&= \Delta\alpha \sum_{l=0}^{2J} d_l s(\alpha_l, x_i, t_n) - \frac{\Delta\alpha^4}{180} \left.\frac{\partial^4 s(\alpha, x_i, t_n)}{\partial\alpha^4}\right|_{\alpha=\eta_i^n} \\
&= \Delta\alpha \sum_{l=0}^{2J} d_l w(\alpha_l)\, {}_0^C D_t^{\alpha_l} u(x_i, t_n) + O(\Delta\alpha^4),
\end{aligned}
$$

其中 $\eta_i^n \in (0,1)$.

应用推论 1.4.1, 并注意到 (6.1.2), 有

$$
\begin{aligned}
\mathcal{D}_t^w u(x_i, t_n) = {}&\Delta\alpha \sum_{l=0}^{2J} d_l w(\alpha_l) \left[\tau^{-\alpha_l} \sum_{k=0}^n w_k^{(\alpha_l)} U_i^{n-k} + O(\tau^2) \right] \\
&+ O(\Delta\alpha^4), \quad 0 \leqslant i \leqslant M,\ 1 \leqslant n \leqslant N.
\end{aligned} \tag{6.2.2}
$$

应用引理 2.1.3 得到

$$
\mathcal{A}u_{xx}(x_i, t_n) = \delta_x^2 U_i^n + O(h^4), \quad 1 \leqslant i \leqslant M-1,\ 1 \leqslant n \leqslant N. \tag{6.2.3}
$$

将 (6.2.2) 和 (6.2.3) 代入 (6.2.1), 得到

$$
\mathcal{A}\Delta\alpha \sum_{l=0}^{2J} d_l w(\alpha_l)\left[\tau^{-\alpha_l}\sum_{k=0}^{n} w_k^{(\alpha_l)} U_i^{n-k}\right] = \delta_x^2 U_i^n + \mathcal{A}f_i^n + (r_2)_i^n,
$$
$$
1 \leqslant i \leqslant M-1,\ 1 \leqslant n \leqslant N, \tag{6.2.4}
$$

且存在正常数 c_2 使得

$$
|(r_2)_i^n| \leqslant c_2(\tau^2 + h^4 + \Delta\alpha^4), \quad 1 \leqslant i \leqslant M-1,\ 1 \leqslant n \leqslant N. \tag{6.2.5}
$$

注意到初边值条件 (6.1.2)—(6.1.3), 有

$$
\begin{cases}
U_i^0 = 0, \quad 1 \leqslant i \leqslant M-1, \tag{6.2.6}\\
U_0^n = \psi_1(t_n), \quad U_M^n = \psi_2(t_n), \quad 0 \leqslant n \leqslant N. \tag{6.2.7}
\end{cases}
$$

在方程 (6.2.4) 中略去小量项 $(r_2)_i^n$, 并用数值解 u_i^n 代替精确解 U_i^n, 可得求解问题 (6.1.1)—(6.1.3) 的如下差分格式:

$$
\begin{cases}
\mathcal{A}\Delta\alpha \sum_{l=0}^{2J} d_l w(\alpha_l)\left[\tau^{-\alpha_l}\sum_{k=0}^{n} w_k^{(\alpha_l)} u_i^{n-k}\right] = \delta_x^2 u_i^n + \mathcal{A}f_i^n,\\
\qquad\qquad\qquad\qquad 1 \leqslant i \leqslant M-1, \quad 1 \leqslant n \leqslant N, \tag{6.2.8}\\
u_i^0 = 0, \quad 1 \leqslant i \leqslant M-1, \tag{6.2.9}\\
u_0^n = \psi_1(t_n), \quad u_M^n = \psi_2(t_n), \quad 0 \leqslant n \leqslant N. \tag{6.2.10}
\end{cases}
$$

6.2.2 差分格式的可解性

记

$$
\nu = \Delta\alpha \sum_{l=0}^{2J} d_l w(\alpha_l)\tau^{-\alpha_l} w_0^{(\alpha_l)}. \tag{6.2.11}
$$

定理 6.2.1 差分格式 (6.2.8)—(6.2.10) 是唯一可解的.

证明 记

$$
u^n = (u_0^n, u_1^n, \cdots, u_M^n).
$$

由 (6.2.9)—(6.2.10) 知第 0 层的值 u^0 已知. 现设前 n 层的值 $u^0, u^1, \cdots, u^{n-1}$ 已唯一确定, 则由 (6.2.8) 和 (6.2.10) 可得关于 u^n 的线性方程组. 要证明它的唯一可解性, 只需证明它相应的齐次方程组

$$
\begin{cases}
\nu\mathcal{A}u_i^n = \delta_x^2 u_i^n, \quad 1 \leqslant i \leqslant M-1, \tag{6.2.12}\\
u_0^n = u_M^n = 0 \tag{6.2.13}
\end{cases}
$$

仅有零解.

　　用 u^n 和 (6.2.12) 两边同时作内积, 并注意到 (6.2.13), 得到

$$\nu(\mathcal{A}u^n, u^n) = (\delta_x^2 u^n, u^n) = -\|\delta_x u^n\|^2.$$

注意到

$$(\mathcal{A}u^n, u^n) = \|u^n\|^2 - \frac{h^2}{12}\|\delta_x u^n\|^2 \geqslant \frac{2}{3}\|u^n\|^2,$$

有

$$\frac{2}{3}\nu\|u^n\|^2 \leqslant -\|\delta_x u^n\|^2 \leqslant 0,$$

因而 $\|u^n\| = 0$. 结合 (6.2.13) 可知 $u^n = 0$.

　　由归纳原理知, 定理结论成立. 　　　　　　　　　　　　　　　　　□

6.2.3　差分格式的稳定性

　　引理 6.2.2　对于 (6.2.11) 中定义的 ν, 有

$$\nu\tau = O\left(\frac{1}{|\ln\tau|}\right).$$

　　证明　类似引理 6.1.4 的证明, 此处从略. 　　　　　　　　　　□

　　定理 6.2.2　设 $\{v_i^n \mid 0 \leqslant i \leqslant M, 0 \leqslant n \leqslant N\}$ 为差分格式

$$\begin{cases} A\Delta\alpha \sum\limits_{l=0}^{2J} d_l w(\alpha_l)\left[\tau^{-\alpha_l} \sum\limits_{k=0}^{n} w_k^{(\alpha_l)} v_i^{n-k}\right] = \delta_x^2 v_i^n + g_i^n, \\ \qquad\qquad\qquad 1 \leqslant i \leqslant M-1, \ 1 \leqslant n \leqslant N, & (6.2.14) \\ v_i^0 = \varphi_i, \quad 1 \leqslant i \leqslant M-1, & (6.2.15) \\ v_0^n = 0, \quad v_M^n = 0, \quad 0 \leqslant n \leqslant N & (6.2.16) \end{cases}$$

的解, 则有

$$\tau\sum_{n=1}^{m}\|\delta_x v^n\|^2 \leqslant 3\nu\tau\|v^0\|^2 + \frac{3L^2}{8}\tau\sum_{n=1}^{m}\|g^n\|^2, \quad 1 \leqslant m \leqslant N,$$

其中

$$\|g^n\|^2 = h\sum_{i=1}^{M-1}(g_i^n)^2.$$

证明 将 (6.2.14) 两边同时与 $\mathcal{A}v^n$ 作内积, 应用引理 2.1.1、引理 2.1.2 以及 Cauchy-Schwarz 不等式, 可得

$$
\Delta\alpha\sum_{l=0}^{2J}d_l w(\alpha_l)\tau^{-\alpha_l}\sum_{k=0}^{n}w_k^{(\alpha_l)}(\mathcal{A}v^{n-k},\mathcal{A}v^n)
$$
$$
= (\delta_x^2 v^n, \mathcal{A}v^n) + (g^n, \mathcal{A}v^n)
$$
$$
= -\left\|\delta_x v^n\right\|_A^2 + (g^n, \mathcal{A}v^n)
$$
$$
\leqslant -\frac{2}{3}\left\|\delta_x v^n\right\|^2 + \|g^n\|\cdot\|\mathcal{A}v^n\|
$$
$$
\leqslant -\frac{2}{3}\left\|\delta_x v^n\right\|^2 + \|g^n\|\cdot\|v^n\|
$$
$$
\leqslant -\frac{2}{3}\left\|\delta_x v^n\right\|^2 + \frac{2}{L^2}\|v^n\|^2 + \frac{L^2}{8}\|g^n\|^2
$$
$$
\leqslant -\frac{2}{3}\left\|\delta_x v^n\right\|^2 + \frac{1}{3}\left\|\delta_x v^n\right\|^2 + \frac{L^2}{8}\|g^n\|^2
$$
$$
= -\frac{1}{3}\left\|\delta_x v^n\right\|^2 + \frac{L^2}{8}\|g^n\|^2, \quad 1\leqslant n\leqslant N.
$$

将上式关于 n 从 1 到 m 求和, 得到

$$
\Delta\alpha\sum_{l=0}^{2J}d_l w(\alpha_l)\tau^{-\alpha_l}\sum_{n=1}^{m}\sum_{k=0}^{n}w_k^{(\alpha_l)}(\mathcal{A}v^{n-k},\mathcal{A}v^n)
$$
$$
\leqslant -\frac{1}{3}\sum_{n=1}^{m}\left\|\delta_x v^n\right\|^2 + \frac{L^2}{8}\sum_{n=1}^{m}\|g^n\|^2, \quad 1\leqslant m\leqslant N.
$$

在上式两边同时添加 $\nu(\mathcal{A}v^0, \mathcal{A}v^0)$, 得到

$$
\Delta\alpha\sum_{l=0}^{2J}d_l w(\alpha_l)\tau^{-\alpha_l}\sum_{n=0}^{m}\sum_{k=0}^{n}w_k^{(\alpha_l)}(\mathcal{A}v^{n-k},\mathcal{A}v^n)
$$
$$
\leqslant -\frac{1}{3}\sum_{n=1}^{m}\left\|\delta_x v^n\right\|^2 + \nu(\mathcal{A}v^0, \mathcal{A}v^0) + \frac{L^2}{8}\sum_{n=1}^{m}\|g^n\|^2, \quad 1\leqslant m\leqslant N. \tag{6.2.17}
$$

应用引理 6.1.3, 得到

$$
\sum_{n=0}^{m}\sum_{k=0}^{n}w_k^{(\alpha_l)}(\mathcal{A}v^{n-k},\mathcal{A}v^n)
$$
$$
= h\sum_{i=1}^{M-1}\sum_{n=0}^{m}\left[\sum_{k=0}^{n}w_k^{(\alpha_l)}(\mathcal{A}v_i^{n-k})\right](\mathcal{A}v_i^n) \geqslant 0. \tag{6.2.18}
$$

由 (6.2.17), (6.2.18) 以及引理 2.1.1 可得

$$\tau \sum_{n=1}^{m} \|\delta_x v^n\|^2 \leqslant 3\nu\tau(\mathcal{A}v^0, \mathcal{A}v^0) + \frac{3L^2}{8}\tau \sum_{n=1}^{m} \|g^n\|^2$$

$$\leqslant 3\nu\tau\|v^0\|^2 + \frac{3L^2}{8}\tau \sum_{n=1}^{m} \|g^n\|^2, \quad 1 \leqslant m \leqslant N. \qquad \square$$

6.2.4　差分格式的收敛性

定理 6.2.3　设 $\{U_i^n \mid 0 \leqslant i \leqslant M, 0 \leqslant n \leqslant N\}$ 为微分方程问题 (6.1.1)—(6.1.3) 的解, $\{u_i^n \mid 0 \leqslant i \leqslant M, 0 \leqslant n \leqslant N\}$ 为差分格式 (6.2.8)—(6.2.10) 的解. 令

$$e_i^n = U_i^n - u_i^n, \quad 0 \leqslant i \leqslant M, \ 0 \leqslant n \leqslant N,$$

则有

$$\tau \sum_{n=1}^{N} \|e^n\|_\infty \leqslant \frac{\sqrt{6}}{8} L^2 T c_2(\tau^2 + h^4 + \Delta\alpha^4).$$

证明　将 (6.2.4), (6.2.6)—(6.2.7) 分别与 (6.2.8)—(6.2.10) 相减, 可得误差方程组

$$\begin{cases} \mathcal{A}\Delta\alpha \sum_{l=0}^{2J} d_l w(\alpha_l)\left[\tau^{-\alpha_l} \sum_{k=0}^{n} w_k^{(\alpha_l)} e_i^{n-k}\right] = \delta_x^2 e_i^n + (r_2)_i^n, \\ \qquad\qquad\qquad\qquad 1 \leqslant i \leqslant M-1, \ 1 \leqslant n \leqslant N, \\ e_i^0 = 0, \quad 1 \leqslant i \leqslant M-1, \\ e_0^n = 0, \quad e_M^n = 0, \quad 0 \leqslant n \leqslant N. \end{cases}$$

应用定理 6.2.2, 并注意到不等式 (6.2.5), 可得

$$\tau \sum_{n=1}^{N} \|\delta_x e^n\|^2 \leqslant \frac{3L^2}{8}\tau \sum_{n=1}^{N} \|(r_2)^n\|^2$$

$$\leqslant \frac{3L^2}{8}\tau \sum_{n=1}^{N} L\left[c_2(\tau^2 + h^4 + \Delta\alpha^4)\right]^2$$

$$\leqslant \frac{3L^3}{8} T\left[c_2(\tau^2 + h^4 + \Delta\alpha^4)\right]^2.$$

由 Cauchy-Schwarz 不等式、引理 2.1.1 及上式, 有

$$\left(\tau\sum_{n=1}^{N}\|e^n\|_\infty\right)^2 \leqslant \left(\tau\sum_{n=1}^{N}1\right)\left(\tau\sum_{n=1}^{N}\|e^n\|_\infty^2\right)$$

$$\leqslant T\cdot\frac{L}{4}\tau\sum_{n=1}^{N}\|\delta_x e^n\|^2$$

$$\leqslant \frac{LT}{4}\cdot\frac{3L^3}{8}T\big[c_2(\tau^2+h^4+\Delta\alpha^4)\big]^2.$$

将上式两边开方, 得到

$$\tau\sum_{n=1}^{N}\|e^n\|_\infty \leqslant \frac{\sqrt{6}}{8}L^2Tc_2\big(\tau^2+h^4+\Delta\alpha^4\big). \qquad\qquad \Box$$

6.3 二维问题空间和分布阶二阶方法

考虑二维时间分布阶慢扩散方程初边值问题

$$\begin{cases} \mathcal{D}_t^w u(x,y,t) = u_{xx}(x,y,t) + u_{yy}(x,y,t) + f(x,y,t), \\ \qquad\qquad\qquad\qquad\qquad (x,y)\in\Omega,\ t\in(0,T], & (6.3.1) \\ u(x,y,0) = 0, \quad (x,y)\in\Omega, & (6.3.2) \\ u(x,y,t) = \psi(x,y,t), \quad (x,y)\in\partial\Omega,\ t\in[0,T], & (6.3.3) \end{cases}$$

其中 $\Omega = (0,L_1)\times(0,L_2)$, $\partial\Omega$ 为 Ω 的边界; 当 $(x,y)\in\partial\Omega$ 时, $\psi(x,y,0) = 0$, 且

$$\mathcal{D}_t^w u(x,y,t) = \int_0^1 w(\alpha)\, {}_0^C D_t^\alpha u(x,y,t)\mathrm{d}\alpha,$$

$${}_0^C D_t^\alpha u(x,y,t) = \begin{cases} \dfrac{1}{\Gamma(1-\alpha)}\displaystyle\int_0^t (t-\xi)^{-\alpha}\dfrac{\partial u}{\partial\xi}(x,y,\xi)\mathrm{d}\xi, & 0\leqslant\alpha<1, \\ u_t(x,y,t), & \alpha=1, \end{cases}$$

$w(\alpha)\geqslant 0$, $\displaystyle\int_0^1 w(\alpha)\mathrm{d}\alpha = c_0 > 0$, f 和 ψ 为已知函数.

本节构造求解问题 (6.3.1)—(6.3.3) 的二阶差分格式, 并证明其唯一可解性、稳定性和收敛性.

类似 2.10 节, 定义函数 $\hat{u}(x,y,t)$, 并设 $\hat{u}(x,y,\cdot)\in\mathscr{C}^{2+1}(\mathcal{R})$ 且 $u(\cdot,\cdot,t)\in C^{(4,4)}(\bar\Omega)$.

网格剖分和记号同 2.10 节. 此外, 对任意网格函数 $u\in\mathcal{V}_h$, 引进记号

$$\Delta_h u_{ij} = \delta_x^2 u_{ij} + \delta_y^2 u_{ij}.$$

对任意 $u, v \in \mathring{\mathcal{V}}_h$, 定义

$$\left(\Delta_h u, \Delta_h v\right) = h_1 h_2 \sum_{i=1}^{M_1-1} \sum_{j=1}^{M_2-1} (\Delta_h u_{ij})(\Delta_h v_{ij}), \quad \|\Delta_h u\| = \sqrt{\left(\Delta_h u, \Delta_h u\right)}.$$

引理 6.3.1[69, 80]　　对任意网格函数 $u \in \mathring{\mathcal{V}}_h$, 存在正常数 c 使得

$$\|u\|_\infty \leqslant c \|\Delta_h u\|,$$

其中

$$c = \sqrt{\frac{1}{32}\left[\pi(L_1^2 + L_2^2) + \frac{2L_1^3 L_2^3}{(L_1^2 + L_2^2)^2}\right]}.$$

6.3.1　差分格式的建立

定义网格函数

$$U_{ij}^n = u(x_i, y_j, t_n), \quad f_{ij}^n = f(x_i, y_j, t_n), \quad (i, j) \in \bar{\omega},\ 0 \leqslant n \leqslant N.$$

在结点 (x_i, y_j, t_n) 处考虑微分方程 (6.3.1), 得到

$$\mathcal{D}_t^w u(x_i, y_j, t_n) = u_{xx}(x_i, y_j, t_n) + u_{yy}(x_i, y_j, t_n) + f_{ij}^n,$$
$$(i, j) \in \omega,\ 1 \leqslant n \leqslant N. \tag{6.3.4}$$

记 $s(\alpha, x_i, y_j, t_n) = w(\alpha)\ {}_0^C D_t^\alpha u(x_i, y_j, t)|_{t=t_n}$. 设 $s(\cdot, x_i, y_j, t_n) \in C^2[0,1]$ 应用引理 6.1.1 和推论 1.4.1, 并注意到 (6.3.2), 有

$$\mathcal{D}_t^w u(x_i, y_j, t_n)$$
$$= \Delta\alpha \sum_{l=0}^{2J} c_l w(\alpha_l)\ {}_0^C D_t^{\alpha_l} u(x_i, y_j, t_n) + O(\Delta\alpha^2)$$
$$= \Delta\alpha \sum_{l=0}^{2J} c_l w(\alpha_l)\left[\tau^{-\alpha_l} \sum_{k=0}^n w_k^{(\alpha_l)} U_{ij}^{n-k} + O(\tau^2)\right] + O(\Delta\alpha^2). \tag{6.3.5}$$

由引理 2.1.3, 有

$$u_{xx}(x_i, y_j, t_n) = \delta_x^2 U_{ij}^n + O(h_1^2), \quad u_{yy}(x_i, y_j, t_n) = \delta_y^2 U_{ij}^n + O(h_2^2). \tag{6.3.6}$$

将 (6.3.5) 和 (6.3.6) 代入 (6.3.4), 得到

$$\Delta\alpha \sum_{l=0}^{2J} c_l w(\alpha_l)\left[\tau^{-\alpha_l} \sum_{k=0}^n w_k^{(\alpha_l)} U_{ij}^{n-k}\right]$$
$$= \Delta_h U_{ij}^n + f_{ij}^n + (r_3)_{ij}^n, \quad (i, j) \in \omega,\ 1 \leqslant n \leqslant N, \tag{6.3.7}$$

且存在正常数 c_3, 使得

$$|(r_3)_{ij}^n| \leqslant c_3(\tau^2 + h_1^2 + h_2^2 + \Delta\alpha^2), \quad (i,j) \in \omega, \ 1 \leqslant n \leqslant N. \tag{6.3.8}$$

注意到初边值条件 (6.3.2)—(6.3.3), 有

$$\begin{cases} U_{ij}^0 = 0, \quad (i,j) \in \omega, & (6.3.9) \\ U_{ij}^n = \psi(x_i, y_j, t_n), \quad (i,j) \in \partial\omega, \ 0 \leqslant n \leqslant N. & (6.3.10) \end{cases}$$

在方程 (6.3.7) 中略去小量项 $(r_3)_{ij}^n$, 并用数值解 u_{ij}^n 代替精确解 U_{ij}^n, 得到求解问题 (6.3.1)—(6.3.3) 的如下差分格式:

$$\begin{cases} \Delta\alpha \sum_{l=0}^{2J} c_l w(\alpha_l) \left[\tau^{-\alpha_l} \sum_{k=0}^{n} w_k^{(\alpha_l)} u_{ij}^{n-k} \right] = \Delta_h u_{ij}^n + f_{ij}^n, \\ \qquad\qquad\qquad\qquad\qquad (i,j) \in \omega, \ 1 \leqslant n \leqslant N, & (6.3.11) \\ u_{ij}^0 = 0, \qquad (i,j) \in \omega, & (6.3.12) \\ u_{ij}^n = \psi(x_i, y_j, t_n), \quad (i,j) \in \partial\omega, \quad 0 \leqslant n \leqslant N. & (6.3.13) \end{cases}$$

6.3.2 差分格式的可解性

定理 6.3.1 差分格式 (6.3.11)—(6.3.13) 是唯一可解的.

证明 记

$$u^n = \{u_{ij}^n \mid (i,j) \in \bar{\omega}\}.$$

由 (6.3.12)—(6.3.13) 知第 0 层的值 u^0 已知. 现设前 n 层的值 $u^0, u^1, \cdots, u^{n-1}$ 已唯一确定, 则由 (6.3.11) 和 (6.3.13) 可得关于 u^n 的线性方程组. 要证明它的唯一可解性, 只需证明它相应的齐次方程组

$$\begin{cases} \mu u_{ij}^n = \Delta_h u_{ij}^n, \quad (i,j) \in \omega, & (6.3.14) \\ u_{ij}^n = 0, \quad (i,j) \in \partial\omega & (6.3.15) \end{cases}$$

仅有零解.

将 (6.3.14) 改写如下:

$$\left(\mu + \frac{2}{h_1^2} + \frac{2}{h_2^2}\right) u_{ij}^n = \frac{1}{h_1^2}(u_{i-1,j}^n + u_{i+1,j}^n) + \frac{1}{h_2^2}(u_{i,j-1}^n + u_{i,j+1}^n), \quad (i,j) \in \omega.$$

设 $\|u^n\|_\infty = |u_{i_n,j_n}^n|$, 其中 $(i_n, j_n) \in \omega$. 在上式中令 $(i,j) = (i_n, j_n)$, 然后在等式的两边取绝对值, 利用三角不等式, 并注意到 (6.3.15), 得到

$$\left(\mu + \frac{2}{h_1^2} + \frac{2}{h_2^2}\right)\|u^n\|_\infty \leqslant \frac{2}{h_1^2}\|u^n\|_\infty + \frac{2}{h_2^2}\|u^n\|_\infty,$$

于是 $\|u^n\|_\infty = 0$. 结合 (6.3.15) 可知 $u^n = 0$.

由归纳原理知, 定理结论成立. $\qquad\qquad\qquad\qquad\qquad\qquad\qquad\qquad\qquad\qquad\square$

6.3.3　差分格式的稳定性

定理 6.3.2　设 $\{v_{ij}^n \mid (i,j) \in \bar{\omega}, 0 \leqslant n \leqslant N\}$ 为差分格式

$$
\begin{cases}
\Delta\alpha \displaystyle\sum_{l=0}^{2J} c_l w(\alpha_l)\tau^{-\alpha_l} \sum_{k=0}^{n} w_k^{(\alpha_l)} v_{ij}^{n-k} = \Delta_h v_{ij}^n + g_{ij}^n, \\
\hspace{5cm} (i,j) \in \omega,\ 1 \leqslant n \leqslant N, & (6.3.16) \\
v_{ij}^0 = \varphi_{ij}, \quad (i,j) \in \omega, & (6.3.17) \\
v_{ij}^n = 0, \quad (i,j) \in \partial\omega,\ 0 \leqslant n \leqslant N & (6.3.18)
\end{cases}
$$

的解, 则有

$$
\tau \sum_{n=1}^{m} \|\Delta_h v^n\|^2 \leqslant 2\mu\tau\|\nabla_h v^0\|^2 + \tau \sum_{n=1}^{m} \|g^n\|^2, \quad 1 \leqslant m \leqslant N,
$$

其中

$$
\|g^n\|^2 = h_1 h_2 \sum_{i=1}^{M_1-1} \sum_{j=1}^{M_2-1} (g_{ij}^n)^2.
$$

证明　用 $-\Delta_h v^n$ 与 (6.3.16) 两边同时作内积, 并应用 Cauchy-Schwarz 不等式, 可得

$$
\Delta\alpha \sum_{l=0}^{2J} c_l w(\alpha_l)\tau^{-\alpha_l} \sum_{k=0}^{n} w_k^{(\alpha_l)} (v^{n-k}, -\Delta_h v^n)
$$

$$
= -(\Delta_h v^n, \Delta_h v^n) - (g^n, \Delta_h v^n)
$$

$$
\leqslant -\|\Delta_h v^n\|^2 + \|g^n\| \cdot \|\Delta_h v^n\|
$$

$$
\leqslant -\|\Delta_h v^n\|^2 + \frac{1}{2}\|\Delta_h v^n\|^2 + \frac{1}{2}\|g^n\|^2
$$

$$
= -\frac{1}{2}\|\Delta_h v^n\|^2 + \frac{1}{2}\|g^n\|^2, \quad 1 \leqslant n \leqslant N.
$$

将上式对 n 从 1 到 m 求和, 并在所得等式两边同时加上 $\mu(v^0, -\Delta_h v^0)$, 得到

$$
\Delta\alpha \sum_{l=0}^{2J} c_l w(\alpha_l)\tau^{-\alpha_l} \left[\sum_{n=0}^{m} \sum_{k=0}^{n} w_k^{(\alpha_l)} (v^{n-k}, -\Delta_h v^n)\right]
$$

$$
\leqslant -\frac{1}{2} \sum_{n=1}^{m} \|\Delta_h v^n\|^2 + \mu(v^0, -\Delta_h v^0) + \frac{1}{2} \sum_{n=1}^{m} \|g^n\|^2, \quad 1 \leqslant m \leqslant N. \quad (6.3.19)
$$

应用引理 6.1.3, 并注意到 (6.3.18), 有

$$
\sum_{n=0}^{m}\sum_{k=0}^{n} w_k^{(\alpha_l)} (v^{n-k}, -\Delta_h v^n)
$$

$$
= \sum_{n=0}^{m}\sum_{k=0}^{n} w_k^{(\alpha_l)} \left[\left(\delta_x v^{n-k}, \delta_x v^n\right) + \left(\delta_y v^{n-k}, \delta_y v^n\right) \right]
$$

$$
= h_1 h_2 \sum_{i=1}^{M_1}\sum_{j=1}^{M_2-1} \left[\sum_{n=0}^{m}\sum_{k=0}^{n} w_k^{(\alpha_l)} \left(\delta_x v_{i-\frac{1}{2},j}^{n-k}\right) \left(\delta_x v_{i-\frac{1}{2},j}^n\right) \right]
$$

$$
+ h_1 h_2 \sum_{i=1}^{M_1-1}\sum_{j=1}^{M_2} \left[\sum_{n=0}^{m}\sum_{k=0}^{n} w_k^{(\alpha_l)} \left(\delta_y v_{i,j-\frac{1}{2}}^{n-k}\right) \left(\delta_y v_{i,j-\frac{1}{2}}^n\right) \right]
$$

$$
\geqslant 0. \tag{6.3.20}
$$

由 (6.3.19) 和 (6.3.20) 可得

$$
\tau \sum_{n=1}^{m} \|\Delta_h v^n\|^2 \leqslant 2\mu\tau(v^0, -\Delta_h v^0) + \tau \sum_{n=1}^{m} \|g^n\|^2
$$

$$
= 2\mu\tau\|\nabla_h v^0\|^2 + \tau \sum_{n=1}^{m} \|g^n\|^2, \quad 1 \leqslant m \leqslant N. \qquad \Box
$$

6.3.4 差分格式的收敛性

定理 6.3.3 设 $\{U_{ij}^n \mid (i,j) \in \bar{\omega}, 0 \leqslant n \leqslant N\}$ 为微分方程问题 (6.3.1)—(6.3.3) 的解, $\{u_{ij}^n \mid (i,j) \in \bar{\omega}, 0 \leqslant n \leqslant N\}$ 为差分格式 (6.3.11)—(6.3.13) 的解. 令

$$
e_{ij}^n = U_{ij}^n - u_{ij}^n, \quad (i,j) \in \bar{\omega}, \ 0 \leqslant n \leqslant N,
$$

则有

$$
\tau \sum_{n=1}^{N} \|e^n\|_\infty \leqslant cT\sqrt{L_1 L_2}\, c_3(\tau^2 + h_1^2 + h_2^2 + \Delta\alpha^2), \tag{6.3.21}
$$

其中 c 由引理 6.3.1 定义.

证明 将 (6.3.7), (6.3.9)—(6.3.10) 分别与 (6.3.11)—(6.3.13) 相减, 可得误差方程组

$$
\begin{cases}
\Delta\alpha \sum_{l=0}^{2J} c_l w(\alpha_l) \left[\tau^{-\alpha_l} \sum_{k=0}^{n} w_k^{(\alpha_l)} e_{ij}^{n-k} \right] = \Delta_h e_{ij}^n + (r_3)_{ij}^n, \\
\qquad\qquad\qquad\qquad (i,j) \in \omega, \ 1 \leqslant n \leqslant N, \\
e_{ij}^0 = 0, \quad (i,j) \in \omega, \\
e_{ij}^n = 0, \quad (i,j) \in \partial\omega, \ 0 \leqslant n \leqslant N.
\end{cases}
$$

应用定理 6.3.2, 并注意到 (6.3.8), 有

$$\tau \sum_{n=1}^{N} \|\Delta_h e^n\|^2 \leqslant \tau \sum_{n=1}^{N} \|(r_3)^n\|^2$$

$$\leqslant \tau \sum_{n=1}^{N} L_1 L_2 \left[c_3(\tau^2 + h_1^2 + h_2^2 + \Delta\alpha^2) \right]^2$$

$$\leqslant T L_1 L_2 \left[c_3(\tau^2 + h_1^2 + h_2^2 + \Delta\alpha^2) \right]^2. \tag{6.3.22}$$

由 Cauchy-Schwarz 不等式、引理 6.3.1 以及 (6.3.22), 可得

$$\left(\tau \sum_{n=1}^{N} \|e^n\|_\infty \right)^2 \leqslant \left(\tau \sum_{n=1}^{N} 1 \right) \left(\tau \sum_{n=1}^{N} \|e^n\|_\infty^2 \right)$$

$$\leqslant T c^2 \tau \sum_{n=1}^{N} \|\Delta_h e^n\|^2$$

$$\leqslant c^2 T^2 L_1 L_2 \left[c_3(\tau^2 + h_1^2 + h_2^2 + \Delta\alpha^2) \right]^2.$$

将上式两边开方, 即得 (6.3.21). □

6.4　二维问题空间和分布阶四阶方法

本节对二维时间分布阶慢扩散方程初边值问题 (6.3.1)—(6.3.3) 建立时间二阶、空间和分布阶均为四阶的差分方法, 并证明其唯一可解性、稳定性和收敛性.

类似 2.10 节, 定义函数 $\hat{u}(x, y, t)$, 并设 $\hat{u}(x, y, \cdot) \in \mathscr{C}^{2+1}(\mathcal{R})$ 且 $u(\cdot, \cdot, t) \in C^{(6,6)}(\bar{\Omega})$.

6.4.1　差分格式的建立

在结点 (x_i, y_j, t_n) 处考虑微分方程 (6.3.1), 得到

$$\mathcal{D}_t^w u(x_i, y_j, t_n) = u_{xx}(x_i, y_j, t_n) + u_{yy}(x_i, y_j, t_n) + f_{ij}^n,$$
$$(i, j) \in \bar{\omega}, \ 1 \leqslant n \leqslant N.$$

在上式两边同时作用算子 $\mathcal{A}_x \mathcal{A}_y$, 并应用引理 2.1.3, 有

$$\mathcal{A}_x \mathcal{A}_y \mathcal{D}_t^w u(x_i, y_j, t_n)$$
$$= \mathcal{A}_y \Big(\mathcal{A}_x u_{xx}(x_i, y_j, t_n) \Big) + \mathcal{A}_x \Big(\mathcal{A}_y u_{yy}(x_i, y_j, t_n) \Big) + \mathcal{A}_x \mathcal{A}_y f_{ij}^n$$
$$= \mathcal{A}_y \delta_x^2 U_{ij}^n + \mathcal{A}_x \delta_y^2 U_{ij}^n + \mathcal{A}_x \mathcal{A}_y f_{ij}^n + O(h_1^4 + h_2^4),$$
$$(i, j) \in \omega, \ 1 \leqslant n \leqslant N, \tag{6.4.1}$$

其中算子 $\mathcal{A}_x$ 和 $\mathcal{A}_y$ 的定义见 3.10 节.

记 $s(\alpha, x_i, y_j, t_n) = w(\alpha) {}_0^C D_t^\alpha u(x_i, y_j, t)|_{t=t_n}$. 设 $s(\cdot, x_i, y_j, t_n) \in C^4[0,1]$. 应用引理 6.2.1 和推论 1.4.1, 有

$$
\begin{aligned}
&\mathcal{D}_t^w u(x_i, y_j, t_n) \\
&= \Delta\alpha \sum_{l=0}^{2J} d_l w(\alpha_l) \, {}_0^C D_t^{\alpha_l} u(x_i, y_j, t_n) + O(\Delta\alpha^4) \\
&= \Delta\alpha \sum_{l=0}^{2J} d_l w(\alpha_l) \left[\tau^{-\alpha_l} \sum_{k=0}^{n} w_k^{(\alpha_l)} U_{ij}^{n-k} + O(\tau^2) \right] + O(\Delta\alpha^4).
\end{aligned}
\tag{6.4.2}
$$

将 (6.4.2) 代入 (6.4.1), 得到

$$
\begin{aligned}
&\mathcal{A}_x \mathcal{A}_y \Delta\alpha \sum_{l=0}^{2J} d_l w(\alpha_l) \left[\tau^{-\alpha_l} \sum_{k=0}^{n} w_k^{(\alpha_l)} U_{ij}^{n-k} \right] \\
&= \mathcal{A}_y \delta_x^2 U_{ij}^n + \mathcal{A}_x \delta_y^2 U_{ij}^n + \mathcal{A}_x \mathcal{A}_y f_{ij}^n + (r_4)_{ij}^n, \quad (i,j) \in \omega, \ 1 \leqslant n \leqslant N,
\end{aligned}
\tag{6.4.3}
$$

且存在正常数 c_4, 使得

$$
|(r_4)_{ij}^n| \leqslant c_4(\tau^2 + h_1^4 + h_2^4 + \Delta\alpha^4), \quad (i,j) \in \omega, \ 1 \leqslant n \leqslant N.
\tag{6.4.4}
$$

注意到初边值条件 (6.3.2)—(6.3.3), 有

$$
\begin{cases}
U_{ij}^0 = 0, \quad (i,j) \in \omega, & (6.4.5) \\
U_{ij}^n = \psi(x_i, y_j, t_n), \quad (i,j) \in \partial\omega, \ 0 \leqslant n \leqslant N. & (6.4.6)
\end{cases}
$$

在方程 (6.4.3) 中略去小量项 $(r_4)_{ij}^n$, 并用数值解 u_{ij}^n 代替精确解 U_{ij}^n, 得到求解问题 (6.3.1)—(6.3.3) 的如下差分格式:

$$
\begin{cases}
\mathcal{A}_x \mathcal{A}_y \Delta\alpha \sum_{l=0}^{2J} d_l w(\alpha_l) \left[\tau^{-\alpha_l} \sum_{k=0}^{n} w_k^{(\alpha_l)} u_{ij}^{n-k} \right] \\
\quad = \mathcal{A}_y \delta_x^2 u_{ij}^n + \mathcal{A}_x \delta_y^2 u_{ij}^n + \mathcal{A}_x \mathcal{A}_y f_{ij}^n, \quad (i,j) \in \omega, \ 1 \leqslant n \leqslant N, & (6.4.7) \\
u_{ij}^0 = 0, \qquad (i,j) \in \omega, & (6.4.8) \\
u_{ij}^n = \psi(x_i, y_j, t_n), \quad (i,j) \in \partial\omega, \quad 0 \leqslant n \leqslant N. & (6.4.9)
\end{cases}
$$

6.4.2 差分格式的可解性

定理 6.4.1 差分格式 (6.4.7)—(6.4.9) 是唯一可解的.

证明 记

$$
u^n = \{u_{ij}^n \mid (i,j) \in \bar\omega\}.
$$

由 (6.4.8)—(6.4.9) 知第 0 层的值 u^0 已知. 现设前 n 层的值 $u^0, u^1, \cdots, u^{n-1}$ 已唯一确定, 则由 (6.4.7) 和 (6.4.9) 可得关于 u^n 的线性方程组. 要证明它的唯一可解性, 只需证明它相应的齐次方程组

$$\begin{cases} \nu \mathcal{A}_x \mathcal{A}_y u_{ij}^n = \mathcal{A}_y \delta_x^2 u_{ij}^n + \mathcal{A}_x \delta_y^2 u_{ij}^n, & (i,j) \in \omega, \quad\quad (6.4.10) \\ u_{ij}^n = 0, \quad (i,j) \in \partial\omega \quad\quad\quad\quad\quad\quad\quad\quad\quad\quad\quad (6.4.11) \end{cases}$$

仅有零解.

用 u^n 与 (6.4.10) 两边同时作内积, 得到

$$\nu(\mathcal{A}_x \mathcal{A}_y u^n, u^n) = (\mathcal{A}_y \delta_x^2 u^n, u^n) + (\mathcal{A}_x \delta_y^2 u^n, u^n). \quad\quad (6.4.12)$$

由引理 3.10.1 知

$$(\mathcal{A}_x \mathcal{A}_y u^n, u^n) \geqslant \frac{1}{3} \|u^n\|^2. \quad\quad (6.4.13)$$

由 (3.10.15) 和 (3.10.16) 知

$$(\mathcal{A}_y \delta_x^2 u^n, u^n) \leqslant -\frac{2}{3} \|\delta_x u^n\|^2, \quad (\mathcal{A}_x \delta_y^2 u^n, u^n) \leqslant -\frac{2}{3} \|\delta_y u^n\|^2. \quad (6.4.14)$$

将 (6.4.13) 和 (6.4.14) 代入 (6.4.12), 可得

$$\frac{1}{3} \nu \|u^n\|^2 \leqslant -\frac{2}{3} \|\nabla_h u^n\|^2 \leqslant 0,$$

于是 $\|u^n\| = 0$. 结合 (6.4.11) 可知 $u^n = 0$.

由归纳原理知, 定理结论成立. □

6.4.3　差分格式的稳定性

先介绍两个引理.

引理 6.4.1[47]　对任意网格函数 $v \in \mathring{\mathcal{V}}_h$, 有

$$\frac{2}{3} \|\Delta_h v\|^2 \leqslant (\mathcal{A}_y \delta_x^2 v + \mathcal{A}_x \delta_y^2 v, \Delta_h v) \leqslant \|\Delta_h v\|^2.$$

引理 6.4.2[47]　对任意网格函数 $v \in \mathring{\mathcal{V}}_h$, 有

$$\frac{1}{3} \|\nabla_h v\|^2 \leqslant (\mathcal{A}_x \mathcal{A}_y v, -\Delta_h v) \leqslant \|\nabla_h v\|^2.$$

下面给出稳定性定理.

定理 6.4.2　设 $\{v_{ij}^n \mid (i,j) \in \bar{\omega}, 0 \leqslant n \leqslant N\}$ 为差分格式

$$
\begin{cases}
\Delta\alpha \displaystyle\sum_{l=0}^{2J} d_l w(\alpha_l) \tau^{-\alpha_l} \sum_{k=0}^{n} w_k^{(\alpha_l)} \mathcal{A}_x \mathcal{A}_y v_{ij}^{n-k} \\
= \mathcal{A}_y \delta_x^2 v_{ij}^n + \mathcal{A}_x \delta_y^2 v_{ij}^n + g_{ij}^n, \quad (i,j) \in \omega,\ 1 \leqslant n \leqslant N, & (6.4.15) \\
v_{ij}^0 = \varphi_{ij}, \quad (i,j) \in \omega, & (6.4.16) \\
v_{ij}^n = 0, \quad (i,j) \in \partial\omega,\ 0 \leqslant n \leqslant N & (6.4.17)
\end{cases}
$$

的解, 则有

$$
\tau \sum_{n=1}^{m} \|\Delta_h v^n\|^2 \leqslant 3\nu\tau \|\nabla_h v^0\|^2 + \frac{9}{4}\tau \sum_{n=1}^{m} \|g^n\|^2, \quad 1 \leqslant m \leqslant N, \qquad (6.4.18)
$$

其中

$$
\|g^n\|^2 = h_1 h_2 \sum_{i=1}^{M_1-1} \sum_{j=1}^{M_2-1} (g_{ij}^n)^2.
$$

证明　用 $-\Delta_h v^n$ 和 (6.4.15) 两边同时作内积, 并利用引理 6.4.1, 可得

$$
\Delta\alpha \sum_{l=0}^{2J} d_l w(\alpha_l) \tau^{-\alpha_l} \sum_{k=0}^{n} w_k^{(\alpha_l)} \left(\mathcal{A}_x \mathcal{A}_y v^{n-k}, -\Delta_h v^n \right)
$$

$$
= (\mathcal{A}_y \delta_x^2 v^n + \mathcal{A}_x \delta_y^2 v^n, -\Delta_h v^n) + (g^n, -\Delta_h v^n)
$$

$$
\leqslant -\frac{2}{3}\|\Delta_h v^n\|^2 + \|g^n\| \cdot \|\Delta_h v^n\|
$$

$$
\leqslant -\frac{2}{3}\|\Delta_h v^n\|^2 + \frac{1}{3}\|\Delta_h v^n\|^2 + \frac{3}{4}\|g^n\|^2
$$

$$
= -\frac{1}{3}\|\Delta_h v^n\|^2 + \frac{3}{4}\|g^n\|^2, \quad 1 \leqslant n \leqslant N.
$$

将上式对 n 从 1 到 m 求和, 并在所得结果两边同时加上 $\nu(\mathcal{A}_x\mathcal{A}_y v^0, -\Delta_h v^0)$, 得到

$$
\Delta\alpha \sum_{l=0}^{2J} d_l w(\alpha_l) \tau^{-\alpha_l} \left[\sum_{n=0}^{m} \sum_{k=0}^{n} w_k^{(\alpha_l)} (\mathcal{A}_x \mathcal{A}_y v^{n-k}, -\Delta_h v^n) \right]
$$

$$
\leqslant -\frac{1}{3} \sum_{n=1}^{m} \|\Delta_h v^n\|^2 + \nu(\mathcal{A}_x\mathcal{A}_y v^0, -\Delta_h v^0) + \frac{3}{4} \sum_{n=1}^{m} \|g^n\|^2,
$$

$$
1 \leqslant m \leqslant N. \qquad (6.4.19)
$$

由于算子 $\mathcal{A}_x$ 和 $\mathcal{A}_y$ 是对称正定的, 故存在两个对称正定的算子 $\mathcal{P}_x$ 和 $\mathcal{P}_y$, 使

得 $\mathcal{A}_x = \mathcal{P}_x^2,\ \mathcal{A}_y = \mathcal{P}_y^2.$ 于是

$$
\begin{aligned}
&\left(\mathcal{A}_x\mathcal{A}_y v^{n-k},\ -\Delta_h v^n\right) \\
&= \left(\mathcal{A}_x\mathcal{A}_y v^{n-k},\ -\delta_x^2 v^n\right) + \left(\mathcal{A}_x\mathcal{A}_y v^{n-k},\ -\delta_y^2 v^n\right) \\
&= \left(\mathcal{P}_x\mathcal{P}_y v^{n-k},\ -\mathcal{P}_x\mathcal{P}_y \delta_x^2 v^n\right) + \left(\mathcal{P}_x\mathcal{P}_y v^{n-k},\ -\mathcal{P}_x\mathcal{P}_y \delta_y^2 v^n\right) \\
&= \left(\mathcal{P}_x\mathcal{P}_y \delta_x v^{n-k},\ \mathcal{P}_x\mathcal{P}_y \delta_x v^n\right) + \left(\mathcal{P}_x\mathcal{P}_y \delta_y v^{n-k},\ \mathcal{P}_x\mathcal{P}_y \delta_y v^n\right) \\
&= \left(\delta_x\mathcal{P}_x\mathcal{P}_y v^{n-k},\ \delta_x\mathcal{P}_x\mathcal{P}_y v^n\right) + \left(\delta_y\mathcal{P}_x\mathcal{P}_y v^{n-k},\ \delta_y\mathcal{P}_x\mathcal{P}_y v^n\right).
\end{aligned}
$$

类似 (6.3.20) 的证明, 可得

$$
\sum_{n=0}^{m}\sum_{k=0}^{n} w_k^{(\alpha_l)}\left(\mathcal{A}_x\mathcal{A}_y v^{n-k},\ -\Delta_h v^n\right) \geqslant 0. \tag{6.4.20}
$$

由引理 6.4.2 知

$$
\left(\mathcal{A}_x\mathcal{A}_y v^0,\ -\Delta_h v^0\right) \leqslant \|\nabla_h v^0\|^2. \tag{6.4.21}
$$

将 (6.4.20) 和 (6.4.21) 代入 (6.4.19), 即得 (6.4.18).　　　　　　　　□

6.4.4　差分格式的收敛性

定理 6.4.3　设 $\{U_{ij}^n \mid (i,j) \in \bar\omega, 0 \leqslant n \leqslant N\}$ 为微分方程问题 (6.3.1)—(6.3.3) 的解, $\{u_{ij}^n \mid (i,j) \in \bar\omega, 0 \leqslant n \leqslant N\}$ 为差分格式 (6.4.7)—(6.4.9) 的解. 令

$$
e_{ij}^n = U_{ij}^n - u_{ij}^n,\quad (i,j) \in \bar\omega,\ 0 \leqslant n \leqslant N,
$$

则有

$$
\tau\sum_{n=1}^{N} \|e^n\|_\infty \leqslant \frac{3}{2}c\,T\sqrt{L_1 L_2}\,c_4\left(\tau^2 + h_1^4 + h_2^4 + \Delta\alpha^4\right), \tag{6.4.22}
$$

其中 c 由引理 6.3.1 定义.

证明　将 (6.4.3), (6.4.5)—(6.4.6) 分别与 (6.4.7)—(6.4.9) 相减, 可得误差方程组

$$
\begin{cases}
\Delta\alpha \displaystyle\sum_{l=0}^{2J} d_l w(\alpha_l)\left[\tau^{-\alpha_l}\sum_{k=0}^{n} w_k^{(\alpha_l)}\mathcal{A}_x\mathcal{A}_y e_{ij}^{n-k}\right] \\
\quad = \mathcal{A}_y\delta_x^2 e_{ij}^n + \mathcal{A}_x\delta_y^2 e_{ij}^n + (r_4)_{ij}^n,\quad (i,j) \in \omega,\ 1 \leqslant n \leqslant N, \\
e_{ij}^0 = 0,\quad (i,j) \in \omega, \\
e_{ij}^n = 0,\quad (i,j) \in \partial\omega,\ 0 \leqslant n \leqslant N.
\end{cases}
$$

应用定理 6.4.2, 并注意到 (6.4.4), 有

$$
\begin{aligned}
\tau \sum_{n=1}^{N} \|\Delta_h e^n\|^2 &\leqslant \frac{9}{4}\tau \sum_{n=1}^{N} \|(r_4)^n\|^2 \\
&\leqslant \frac{9}{4}\tau \sum_{n=1}^{N} L_1 L_2 \left[c_4(\tau^2 + h_1^4 + h_2^4 + \Delta\alpha^4) \right]^2 \\
&\leqslant \frac{9}{4}T L_1 L_2 \left[c_4(\tau^2 + h_1^4 + h_2^4 + \Delta\alpha^4) \right]^2.
\end{aligned}
\tag{6.4.23}
$$

由 Cauchy-Schwarz 不等式、引理 6.3.1 以及 (6.4.23), 可得

$$
\begin{aligned}
\left(\tau \sum_{n=1}^{N} \|e^n\|_\infty \right)^2 &\leqslant \left(\tau \sum_{n=1}^{N} 1 \right) \left(\tau \sum_{n=1}^{N} \|e^n\|_\infty^2 \right) \\
&\leqslant T c^2 \tau \sum_{n=1}^{N} \|\Delta_h e^n\|^2 \\
&\leqslant \frac{9}{4} c^2 T^2 L_1 L_2 \left[c_4(\tau^2 + h_1^4 + h_2^4 + \Delta\alpha^4) \right]^2.
\end{aligned}
$$

将上式两边开方, 即得 (6.4.22). □

6.5 二维问题空间和分布阶二阶 ADI 方法

本节对二维分布阶慢扩散方程初边值问题 (6.3.1)—(6.3.3) 建立一个二阶的 ADI 差分格式, 并证明其唯一可解性、稳定性和收敛性.

类似 2.10 节, 定义函数 $\hat{u}(x,y,t)$, 并设 $\hat{u}(x,y,\cdot) \in \mathscr{C}^{2+1}(\mathcal{R})$ 且 $u(\cdot,\cdot,t) \in C^{(4,4)}(\bar{\Omega})$.

6.5.1 差分格式的建立

在等式 (6.3.7) 的两边同时添加小量项 $\dfrac{\tau}{\mu}\delta_x^2\delta_y^2 \dfrac{U_{ij}^n - U_{ij}^{n-1}}{\tau}$, 得到

$$
\begin{aligned}
&\Delta\alpha \sum_{l=0}^{2J} c_l w(\alpha_l) \left[\tau^{-\alpha_l} \sum_{k=0}^{n} w_k^{(\alpha_l)} U_{ij}^{n-k} \right] + \frac{\tau}{\mu}\delta_x^2\delta_y^2 \frac{U_{ij}^n - U_{ij}^{n-1}}{\tau} \\
&= \Delta_h U_{ij}^n + f_{ij}^n + (r_5)_{ij}^n, \quad (i,j) \in \omega, \ 1 \leqslant n \leqslant N,
\end{aligned}
\tag{6.5.1}
$$

其中

$$
(r_5)_{ij}^n = (r_3)_{ij}^n + \frac{\tau}{\mu}\delta_x^2\delta_y^2 \frac{U_{ij}^n - U_{ij}^{n-1}}{\tau}.
$$

由引理 6.1.4 知, $\dfrac{\tau}{\mu} = O(\tau^2 |\ln\tau|)$. 于是, 存在正常数 c_5 使得

$$|(r_5)^n_{ij}| \leqslant c_3\left(\tau^2 + h_1^2 + h_2^2 + \Delta\alpha^2\right) + c_5\tau^2|\ln\tau|, \quad (i,j)\in\omega,\ 1\leqslant n\leqslant N. \tag{6.5.2}$$

注意到初边值条件 (6.3.2)—(6.3.3), 有

$$\begin{cases} U_{ij}^0 = 0, \quad (i,j)\in\omega, & (6.5.3) \\[2mm] U_{ij}^n = \psi(x_i, y_j, t_n), \quad (i,j)\in\partial\omega,\ 0\leqslant n\leqslant N. & (6.5.4) \end{cases}$$

在方程 (6.5.1) 中略去小量项 $(r_5)^n_{ij}$, 并用数值解 u_{ij}^n 代替精确解 U_{ij}^n, 得到求解问题 (6.3.1)—(6.3.3) 的如下差分格式:

$$\begin{cases} \Delta\alpha\displaystyle\sum_{l=0}^{2J} c_l w(\alpha_l)\left[\tau^{-\alpha_l}\sum_{k=0}^{n} w_k^{(\alpha_l)} u_{ij}^{n-k}\right] + \dfrac{\tau}{\mu}\delta_x^2\delta_y^2\dfrac{u_{ij}^n - u_{ij}^{n-1}}{\tau} \\[4mm] = \Delta_h u_{ij}^n + f_{ij}^n, \quad (i,j)\in\omega,\ 1\leqslant n\leqslant N, & (6.5.5) \\[3mm] u_{ij}^0 = 0, \quad (i,j)\in\omega, & (6.5.6) \\[2mm] u_{ij}^n = \psi(x_i, y_j, t_n), \quad (i,j)\in\partial\omega,\ 0\leqslant n\leqslant N. & (6.5.7) \end{cases}$$

等式 (6.5.5) 可以改写为如下形式:

$$\mu u_{ij}^n - (\delta_x^2 + \delta_y^2) u_{ij}^n + \dfrac{1}{\mu}\delta_x^2\delta_y^2 u_{ij}^n$$
$$= -\Delta\alpha\sum_{l=0}^{2J} c_l w(\alpha_l)\tau^{-\alpha_l}\sum_{k=1}^{n} w_k^{(\alpha_l)} u_{ij}^{n-k} + \dfrac{1}{\mu}\delta_x^2\delta_y^2 u_{ij}^{n-1} + f_{ij}^n,$$

或

$$\left(\sqrt{\mu}\,\mathcal{I} - \dfrac{1}{\sqrt{\mu}}\delta_x^2\right)\left(\sqrt{\mu}\,\mathcal{I} - \dfrac{1}{\sqrt{\mu}}\delta_y^2\right) u_{ij}^n$$
$$= -\Delta\alpha\sum_{l=0}^{2J} c_l w(\alpha_l)\tau^{-\alpha_l}\sum_{k=1}^{n} w_k^{(\alpha_l)} u_{ij}^{n-k} + \dfrac{1}{\mu}\delta_x^2\delta_y^2 u_{ij}^{n-1} + f_{ij}^n.$$

令

$$u_{ij}^* = \left(\sqrt{\mu}\,\mathcal{I} - \dfrac{1}{\sqrt{\mu}}\delta_y^2\right) u_{ij}^n.$$

可将差分格式 (6.5.5)—(6.5.7) 写成如下 ADI 格式:

在时间层 $t = t_n\ (1\leqslant n\leqslant N)$ 上, 首先, 对任意固定的 $j\ (1\leqslant j\leqslant M_2 - 1)$, 求

解 x 方向关于 $\{u^*_{ij} \mid 0 \leqslant i \leqslant M_1\}$ 的一维问题

$$
\begin{cases}
\left(\sqrt{\mu}\,\mathcal{I} - \dfrac{1}{\sqrt{\mu}}\delta_x^2\right) u^*_{ij} = -\Delta\alpha \displaystyle\sum_{l=0}^{2J} c_l w(\alpha_l) \tau^{-\alpha_l} \sum_{k=1}^{n} w_k^{(\alpha_l)} u^{n-k}_{ij} \\
\qquad\qquad\qquad\qquad + \dfrac{1}{\mu}\delta_x^2\delta_y^2 u^{n-1}_{ij} + f^n_{ij}, \quad 1 \leqslant i \leqslant M_1 - 1, \\
u^*_{0j} = \left(\sqrt{\mu}\,\mathcal{I} - \dfrac{1}{\sqrt{\mu}}\delta_y^2\right) u^n_{0j}, \quad u^*_{M_1,j} = \left(\sqrt{\mu}\,\mathcal{I} - \dfrac{1}{\sqrt{\mu}}\delta_y^2\right) u^n_{M_1,j}
\end{cases} \tag{6.5.8}
$$

得到

$$\{u^*_{ij} \mid 1 \leqslant i \leqslant M_1 - 1\}.$$

其次, 对任意固定的 $i\ (1 \leqslant i \leqslant M_1 - 1)$, 求解 y 方向关于 $\{u^n_{ij} \mid 0 \leqslant j \leqslant M_2\}$ 的一维问题

$$
\begin{cases}
\left(\sqrt{\mu}\,\mathcal{I} - \dfrac{1}{\sqrt{\mu}}\delta_y^2\right) u^n_{ij} = u^*_{ij}, \quad 1 \leqslant j \leqslant M_2 - 1, \\
u^n_{i0} = \psi(x_i, y_0, t_n), \quad u^n_{i,M_2} = \psi(x_i, y_{M_2}, t_n)
\end{cases} \tag{6.5.9}
$$

得到

$$\{u^n_{ij} \mid 1 \leqslant j \leqslant M_2 - 1\}.$$

方程组 (6.5.8) 和 (6.5.9) 均为三对角线性方程组, 可用追赶法求解.

6.5.2 差分格式的可解性

定理 6.5.1 差分格式 (6.5.5)—(6.5.7) 是唯一可解的.

证明 记

$$u^n = \{u^n_{ij} \mid (i,j) \in \bar{\omega}\}.$$

由 (6.5.6)—(6.5.7) 知第 0 层的值 u^0 已知. 现设前 n 层的值 $u^0, u^1, \cdots, u^{n-1}$ 已唯一确定, 则由 (6.5.5) 和 (6.5.7) 可得关于 u^n 的线性方程组. 要证明它的唯一可解性, 只需证明它相应的齐次方程组

$$
\begin{cases}
\mu u^n_{ij} + \dfrac{1}{\mu}\delta_x^2\delta_y^2 u^n_{ij} = \Delta_h u^n_{ij}, \quad (i,j) \in \omega, \tag{6.5.10} \\
u^n_{ij} = 0, \quad (i,j) \in \partial\omega \tag{6.5.11}
\end{cases}
$$

仅有零解.

用 u^n 与 (6.5.10) 两边同时作内积, 得

$$\mu(u^n, u^n) + \frac{1}{\mu}(\delta_x^2\delta_y^2 u^n, u^n) = (\Delta_h u^n, u^n) = -\|\nabla_h u^n\|^2.$$

于是

$$\mu\|u^n\|^2 + \frac{1}{\mu}\|\delta_x\delta_y u^n\|^2 = -\|\nabla_h u^n\|^2 \leqslant 0,$$

因此 $\|u^n\| = 0$. 结合 (6.5.11) 可知 $u^n = 0$.

　　由归纳原理知, 定理结论成立.　　　　　　　　　　　　　　　　　　　$\square$

6.5.3　差分格式的稳定性

定理 6.5.2　设 $\{v_{ij}^n \mid (i,j) \in \bar{\omega},\ 0 \leqslant n \leqslant N\}$ 为差分格式

$$\begin{cases} \Delta\alpha \displaystyle\sum_{l=0}^{2J} c_l w(\alpha_l)\tau^{-\alpha_l} \sum_{k=0}^{n} w_k^{(\alpha_l)} v_{ij}^{n-k} + \frac{\tau}{\mu}\delta_x^2\delta_y^2 \frac{v_{ij}^n - v_{ij}^{n-1}}{\tau} \\ = \Delta_h v_{ij}^n + g_{ij}^n, \quad (i,j) \in \omega,\ 1 \leqslant n \leqslant N, & (6.5.12) \\ v_{ij}^0 = \varphi_{ij}, \quad (i,j) \in \omega, & (6.5.13) \\ v_{ij}^n = 0, \quad (i,j) \in \partial\omega,\ 0 \leqslant n \leqslant N & (6.5.14) \end{cases}$$

的解, 则有

$$\tau\sum_{n=1}^{m}\|\Delta_h v^n\|^2 + \frac{\tau}{\mu}\left(\|\delta_x^2\delta_y v^m\|^2 + \|\delta_x\delta_y^2 v^m\|^2\right)$$

$$\leqslant 2\mu\tau\|\nabla_h v^0\|^2 + \frac{\tau}{\mu}\left(\|\delta_x^2\delta_y v^0\|^2 + \|\delta_x\delta_y^2 v^0\|^2\right) + \tau\sum_{n=1}^{m}\|g^n\|^2, \quad 1 \leqslant m \leqslant N, \quad (6.5.15)$$

其中

$$\|g^n\|^2 = h_1 h_2 \sum_{i=1}^{M_1-1}\sum_{j=1}^{M_2-1}(g_{ij}^n)^2.$$

　　证明　用 $-\Delta_h v^n$ 与 (6.5.12) 两边同时作内积, 并应用 Cauchy-Schwarz 不等式, 可得

$$\Delta\alpha \sum_{l=0}^{2J} c_l w(\alpha_l)\tau^{-\alpha_l} \sum_{k=0}^{n} w_k^{(\alpha_l)}(v^{n-k}, -\Delta_h v^n) + \frac{\tau}{\mu}\left(\delta_x^2\delta_y^2 \frac{v^n - v^{n-1}}{\tau}, -\Delta_h v^n\right)$$

$$= -(\Delta_h v^n, \Delta_h v^n) + (g^n, -\Delta_h v^n)$$

$$\leqslant -\|\Delta_h v^n\|^2 + \frac{1}{2}\|\Delta_h v^n\|^2 + \frac{1}{2}\|g^n\|^2$$

$$= -\frac{1}{2}\|\Delta_h v^n\|^2 + \frac{1}{2}\|g^n\|^2, \quad 1 \leqslant n \leqslant N. \quad (6.5.16)$$

对于上式左端第二项, 注意到 (6.5.14), 有

$$\left(\delta_x^2\delta_y^2\frac{v^n - v^{n-1}}{\tau}, -\Delta_h v^n\right)$$

$$= \left(\delta_x^2\delta_y^2\frac{v^n - v^{n-1}}{\tau}, -\delta_x^2 v^n\right) + \left(\delta_x^2\delta_y^2\frac{v^n - v^{n-1}}{\tau}, -\delta_y^2 v^n\right)$$

$$= \left(\delta_x^2\delta_y\frac{v^n - v^{n-1}}{\tau}, \delta_x^2\delta_y v^n\right) + \left(\delta_x\delta_y^2\frac{v^n - v^{n-1}}{\tau}, \delta_x\delta_y^2 v^n\right)$$

$$\geqslant \frac{1}{2\tau}\left(\|\delta_x^2\delta_y v^n\|^2 - \|\delta_x^2\delta_y v^{n-1}\|^2\right)$$

$$+ \frac{1}{2\tau}\left(\|\delta_x\delta_y^2 v^n\|^2 - \|\delta_x\delta_y^2 v^{n-1}\|^2\right). \tag{6.5.17}$$

将 (6.5.16) 对 n 从 1 到 m 求和, 再在所得结果两边同时加上 $\mu(v^0, -\Delta_h v^0)$, 并利用 (6.5.17), 得到

$$\Delta\alpha\sum_{l=0}^{2J} c_l w(\alpha_l)\tau^{-\alpha_l}\left[\sum_{n=0}^{m}\sum_{k=0}^{n} w_k^{(\alpha_l)}(v^{n-k}, -\Delta_h v^n)\right]$$

$$+ \frac{1}{2\mu}(\|\delta_x^2\delta_y v^m\|^2 + \|\delta_x\delta_y^2 v^m\|^2 - \|\delta_x^2\delta_y v^0\|^2 - \|\delta_x\delta_y^2 v^0\|^2)$$

$$\leqslant -\frac{1}{2}\sum_{n=1}^{m}\|\Delta_h v^n\|^2 + \mu(v^0, -\Delta_h v^0) + \frac{1}{2}\sum_{n=1}^{m}\|g^n\|^2$$

$$= -\frac{1}{2}\sum_{n=1}^{m}\|\Delta_h v^n\|^2 + \mu\|\nabla_h v^0\|^2 + \frac{1}{2}\sum_{n=1}^{m}\|g^n\|^2, \quad 1 \leqslant m \leqslant N. \tag{6.5.18}$$

由 (6.3.20) 知

$$\sum_{n=0}^{m}\sum_{k=0}^{n} w_k^{(\alpha_l)}(v^{n-k}, -\Delta_h v^n) \geqslant 0,$$

于是由 (6.5.18) 可得 (6.5.15). □

6.5.4 差分格式的收敛性

定理 6.5.3 设 $\{U_{ij}^n \mid (i,j) \in \bar{\omega}, 0 \leqslant n \leqslant N\}$ 为微分方程问题 (6.3.1)—(6.3.3) 的解, $\{u_{ij}^n \mid (i,j) \in \bar{\omega}, 0 \leqslant n \leqslant N\}$ 为差分格式 (6.5.5)—(6.5.7) 的解. 令

$$e_{ij}^n = U_{ij}^n - u_{ij}^n, \quad (i,j) \in \bar{\omega}, \ 0 \leqslant n \leqslant N,$$

则有

$$\tau\sum_{n=1}^{N}\|e^n\|_\infty \leqslant cT\sqrt{L_1 L_2}\,(c_3 + c_5)\left(\tau^2|\ln\tau| + h_1^2 + h_2^2 + \Delta\alpha^2\right), \tag{6.5.19}$$

其中 c 由引理 6.3.1 定义.

证明　将 (6.5.1), (6.5.3)—(6.5.4) 分别与 (6.5.5)—(6.5.7) 相减, 可得误差方程组

$$
\begin{cases}
\Delta\alpha\sum_{l=0}^{2J}c_l w(\alpha_l)\left[\tau^{-\alpha_l}\sum_{k=0}^{n}w_k^{(\alpha_l)}e_{ij}^{n-k}\right]+\dfrac{\tau}{\mu}\delta_x^2\delta_y^2\dfrac{e_{ij}^n-e_{ij}^{n-1}}{\tau}\\
=\Delta_h e_{ij}^n+(r_5)_{ij}^n,\quad (i,j)\in\omega,\ 1\leqslant n\leqslant N,\\
e_{ij}^0=0,\qquad (i,j)\in\omega,\\
e_{ij}^n=0,\quad (i,j)\in\partial\omega,\ 0\leqslant n\leqslant N.
\end{cases}
$$

应用定理 6.5.2, 并注意到不等式 (6.5.2), 有

$$
\begin{aligned}
\tau\sum_{n=1}^{N}\|\Delta_h e^n\|^2 &\leqslant \tau\sum_{n=1}^{N}\|(r_5)^n\|^2\\
&\leqslant \tau\sum_{n=1}^{N}L_1L_2\left[c_3(\tau^2+h_1^2+h_2^2+\Delta\alpha^2)+c_5\tau^2|\ln\tau|\right]^2\\
&\leqslant TL_1L_2(c_3+c_5)^2\left(\tau^2|\ln\tau|+h_1^2+h_2^2+\Delta\alpha^2\right)^2. \tag{6.5.20}
\end{aligned}
$$

由 Cauchy-Schwarz 不等式、引理 6.3.1 以及 (6.5.20), 可得

$$
\begin{aligned}
\left(\tau\sum_{n=1}^{N}\|e^n\|_\infty\right)^2 &\leqslant T\left(\tau\sum_{n=1}^{N}\|e^n\|_\infty^2\right)\\
&\leqslant Tc^2\tau\sum_{n=1}^{N}\|\Delta_h e^n\|^2\\
&\leqslant c^2T^2L_1L_2(c_3+c_5)^2\left(\tau^2|\ln\tau|+h_1^2+h_2^2+\Delta\alpha^2\right)^2.
\end{aligned}
$$

将上式两边开方, 即得 (6.5.19).　　　　　　　　　　　　　　　　　　　□

6.6　二维问题空间和分布阶四阶 ADI 方法

本节对二维分布阶慢扩散方程初边值问题 (6.3.1)—(6.3.3) 建立空间和分布阶均为四阶的 ADI 差分格式, 并证明其唯一可解性、稳定性和收敛性.

类似 2.10 节, 定义函数 $\hat u(x,y,t)$, 并设 $\hat u(x,y,\cdot)\in\mathscr{C}^{2+1}(\mathcal{R})$ 且 $u(\cdot,\cdot,t)\in C^{(6,6)}(\bar\Omega)$.

6.6.1　差分格式的建立

在等式 (6.4.3) 的两边同时添加 $\dfrac{\tau}{\nu}\delta_x^2\delta_y^2\dfrac{U_{ij}^n - U_{ij}^{n-1}}{\tau}$, 得到

$$\mathcal{A}_x\mathcal{A}_y\Delta\alpha\sum_{l=0}^{2J}d_lw(\alpha_l)\left[\tau^{-\alpha_l}\sum_{k=0}^{n}w_k^{(\alpha_l)}U_{ij}^{n-k}\right] + \frac{\tau}{\nu}\delta_x^2\delta_y^2\frac{U_{ij}^n - U_{ij}^{n-1}}{\tau}$$

$$= \mathcal{A}_y\delta_x^2U_{ij}^n + \mathcal{A}_x\delta_y^2U_{ij}^n + \mathcal{A}_x\mathcal{A}_yf_{ij}^n + (r_6)_{ij}^n, \quad (i,j)\in\omega,\ 1\leqslant n\leqslant N, \qquad (6.6.1)$$

其中

$$(r_6)_{ij}^n = (r_4)_{ij}^n + \frac{\tau}{\nu}\delta_x^2\delta_y^2\frac{U_{ij}^n - U_{ij}^{n-1}}{\tau},$$

且由引理 6.2.2 知, 存在正常数 c_6 使得

$$\left|(r_6)_{ij}^n\right| \leqslant c_4(\tau^2 + h_1^4 + h_2^4 + \Delta\alpha^4) + c_6\tau^2|\ln\tau|, \quad (i,j)\in\omega,\ 1\leqslant n\leqslant N. \qquad (6.6.2)$$

注意到初边值条件 (6.3.2)—(6.3.3), 有

$$\begin{cases} U_{ij}^0 = 0, \quad (i,j)\in\omega, & (6.6.3) \\ U_{ij}^n = \psi(x_i, y_j, t_n), \quad (i,j)\in\partial\omega,\ 0\leqslant n\leqslant N. & (6.6.4) \end{cases}$$

在方程 (6.6.1) 中略去小量项 $(r_6)_{ij}^n$, 并用数值解 u_{ij}^n 代替精确解 U_{ij}^n, 得到求解问题 (6.3.1)—(6.3.3) 的如下差分格式:

$$\begin{cases} \mathcal{A}_x\mathcal{A}_y\Delta\alpha\sum_{l=0}^{2J}d_lw(\alpha_l)\left[\tau^{-\alpha_l}\sum_{k=0}^{n}w_k^{(\alpha_l)}u_{ij}^{n-k}\right] + \frac{\tau}{\nu}\delta_x^2\delta_y^2\frac{u_{ij}^n - u_{ij}^{n-1}}{\tau} \\ = \mathcal{A}_y\delta_x^2u_{ij}^n + \mathcal{A}_x\delta_y^2u_{ij}^n + \mathcal{A}_x\mathcal{A}_yf_{ij}^n, \quad (i,j)\in\omega,\ 1\leqslant n\leqslant N, & (6.6.5) \\ u_{ij}^0 = 0, \quad (i,j)\in\omega, & (6.6.6) \\ u_{ij}^n = \psi(x_i, y_j, t_n), \quad (i,j)\in\partial\omega,\ 0\leqslant n\leqslant N. & (6.6.7) \end{cases}$$

等式 (6.6.5) 可以改写为如下形式:

$$\nu\mathcal{A}_x\mathcal{A}_yu_{ij}^n - (\mathcal{A}_y\delta_x^2u_{ij}^n + \mathcal{A}_x\delta_y^2u_{ij}^n) + \frac{1}{\nu}\delta_x^2\delta_y^2u_{ij}^n$$

$$= -\Delta\alpha\sum_{l=0}^{2J}d_lw(\alpha_l)\tau^{-\alpha_l}\sum_{k=1}^{n}w_k^{(\alpha_l)}\mathcal{A}_x\mathcal{A}_yu_{ij}^{n-k} + \frac{1}{\nu}\delta_x^2\delta_y^2u_{ij}^{n-1} + \mathcal{A}_x\mathcal{A}_yf_{ij}^n,$$

或

$$\left(\sqrt{\nu}\mathcal{A}_x - \frac{1}{\sqrt{\nu}}\delta_x^2\right)\left(\sqrt{\nu}\mathcal{A}_y - \frac{1}{\sqrt{\nu}}\delta_y^2\right)u_{ij}^n$$

$$= -\Delta\alpha\sum_{l=0}^{2J}d_lw(\alpha_l)\tau^{-\alpha_l}\sum_{k=1}^{n}w_k^{(\alpha_l)}\mathcal{A}_x\mathcal{A}_yu_{ij}^{n-k} + \frac{1}{\nu}\delta_x^2\delta_y^2u_{ij}^{n-1} + \mathcal{A}_x\mathcal{A}_yf_{ij}^n.$$

令

$$u_{ij}^* = \left(\sqrt{\nu} \mathcal{A}_y - \frac{1}{\sqrt{\nu}} \delta_y^2 \right) u_{ij}^n.$$

可将差分格式 (6.6.5)—(6.6.7) 写成如下 ADI 格式:

在时间层 $t = t_n$ $(1 \leqslant n \leqslant N)$ 上, 首先, 对任意固定的 j $(1 \leqslant j \leqslant M_2 - 1)$, 求解 x 方向关于 $\{u_{ij}^* \mid 0 \leqslant i \leqslant M_1\}$ 的一维问题

$$
\begin{cases}
\left(\sqrt{\nu} \mathcal{A}_x - \dfrac{1}{\sqrt{\nu}} \delta_x^2 \right) u_{ij}^* = -\Delta \alpha \displaystyle\sum_{l=0}^{2J} d_l w(\alpha_l) \tau^{-\alpha_l} \sum_{k=1}^{n} w_k^{(\alpha_l)} \mathcal{A}_x \mathcal{A}_y u_{ij}^{n-k} \\
\qquad\qquad + \dfrac{1}{\nu} \delta_x^2 \delta_y^2 u_{ij}^{n-1} + \mathcal{A}_x \mathcal{A}_y f_{ij}^n, \quad 1 \leqslant i \leqslant M_1 - 1, \\
u_{0j}^* = \left(\sqrt{\nu} \mathcal{A}_y - \dfrac{1}{\sqrt{\nu}} \delta_y^2 \right) u_{0j}^n, \quad u_{M_1,j}^* = \left(\sqrt{\nu} \mathcal{A}_y - \dfrac{1}{\sqrt{\nu}} \delta_y^2 \right) u_{M_1,j}^n
\end{cases}
\tag{6.6.8}
$$

得到

$$\{u_{ij}^* \mid 1 \leqslant i \leqslant M_1 - 1\}.$$

其次, 对任意固定的 i $(1 \leqslant i \leqslant M_1 - 1)$, 求解 y 方向关于 $\{u_{ij}^n \mid 0 \leqslant j \leqslant M_2\}$ 的一维问题

$$
\begin{cases}
\left(\sqrt{\nu} \mathcal{A}_y - \dfrac{1}{\sqrt{\nu}} \delta_y^2 \right) u_{ij}^n = u_{ij}^*, \quad 1 \leqslant j \leqslant M_2 - 1, \\
u_{i0}^n = \psi(x_i, y_0, t_n), \quad u_{i,M_2}^n = \psi(x_i, y_{M_2}, t_n)
\end{cases}
\tag{6.6.9}
$$

得到

$$\{u_{ij}^n \mid 1 \leqslant j \leqslant M_2 - 1\}.$$

方程组 (6.6.8) 和 (6.6.9) 均为三对角线性方程组, 可用追赶法求解.

6.6.2　差分格式的可解性

定理 6.6.1　差分格式 (6.6.5)—(6.6.7) 是唯一可解的.
证明　记

$$u^n = \{u_{ij}^n \mid (i,j) \in \bar{\omega}\}.$$

由 (6.6.6)—(6.6.7) 知第 0 层的值 u^0 已知. 现设前 n 层的值 $u^0, u^1, \cdots, u^{n-1}$ 已唯一确定, 则由 (6.6.5) 和 (6.6.7) 可得关于 u^n 的线性方程组. 要证明它的唯一可解性, 只需证明它相应的齐次方程组

$$
\begin{cases}
\nu \mathcal{A}_x \mathcal{A}_y u_{ij}^n + \dfrac{1}{\nu} \delta_x^2 \delta_y^2 u_{ij}^n = \mathcal{A}_y \delta_x^2 u_{ij}^n + \mathcal{A}_x \delta_y^2 u_{ij}^n, \quad (i,j) \in \omega, \tag{6.6.10} \\
u_{ij}^n = 0, \quad (i,j) \in \partial\omega \tag{6.6.11}
\end{cases}
$$

仅有零解.

用 u^n 与 (6.6.10) 两边同时作内积, 得

$$\nu(\mathcal{A}_x\mathcal{A}_y u^n, u^n) + \frac{1}{\nu}(\delta_x^2\delta_y^2 u^n, u^n) = (\mathcal{A}_y\delta_x^2 u^n, u^n) + (\mathcal{A}_x\delta_y^2 u^n, u^n).$$

注意到 (6.4.13), (6.4.14) 以及 $(\delta_x^2\delta_y^2 u^n, u^n) = \|\delta_x\delta_y u^n\|^2$, 可得

$$\frac{1}{3}\nu\|u^n\|^2 + \frac{1}{\nu}\|\delta_x\delta_y u^n\|^2 \leqslant -\frac{2}{3}\|\nabla_h u^n\|^2 \leqslant 0,$$

因此 $\|u^n\| = 0$. 结合 (6.6.11) 可知 $u^n = 0$.

由归纳原理知, 定理结论成立. $\square$

6.6.3   差分格式的稳定性

定理 6.6.2   设 $\{v_{ij}^n \mid (i,j) \in \bar{\omega}, 0 \leqslant n \leqslant N\}$ 为差分格式

$$\begin{cases}
\Delta\alpha\sum_{l=0}^{2J} d_l w(\alpha_l)\tau^{-\alpha_l}\sum_{k=0}^{n} w_k^{(\alpha_l)}\mathcal{A}_x\mathcal{A}_y v_{ij}^{n-k} + \frac{\tau}{\nu}\delta_x^2\delta_y^2\frac{v_{ij}^n - v_{ij}^{n-1}}{\tau} \\
\quad = \mathcal{A}_y\delta_x^2 v_{ij}^n + \mathcal{A}_x\delta_y^2 v_{ij}^n + g_{ij}^n, \quad (i,j) \in \omega, \ 1 \leqslant n \leqslant N, & (6.6.12) \\
v_{ij}^0 = \varphi_{ij}, \quad (i,j) \in \omega, & (6.6.13) \\
v_{ij}^n = 0, \quad (i,j) \in \partial\omega, \ 0 \leqslant n \leqslant N & (6.6.14)
\end{cases}$$

的解, 则有

$$\tau\sum_{n=1}^{m}\|\Delta_h v^n\|^2 + \frac{3\tau}{2\nu}(\|\delta_x^2\delta_y v^m\|^2 + \|\delta_x\delta_y^2 v^m\|^2)$$

$$\leqslant 3\nu\tau\|\nabla_h v^0\|^2 + \frac{3\tau}{2\nu}(\|\delta_x^2\delta_y v^0\|^2 + \|\delta_x\delta_y^2 v^0\|^2) + \frac{9}{4}\tau\sum_{n=1}^{m}\|g^n\|^2, \quad 1 \leqslant m \leqslant N,$$

$$(6.6.15)$$

其中

$$\|g^n\|^2 = h_1 h_2 \sum_{i=1}^{M_1-1}\sum_{j=1}^{M_2-1}(g_{ij}^n)^2.$$

证明   用 $-\Delta_h v^n$ 和 (6.6.12) 两边同时作内积, 并应用引理 6.4.1, 可得

$$\Delta\alpha\sum_{l=0}^{2J} d_l w(\alpha_l)\tau^{-\alpha_l}\sum_{k=0}^{n} w_k^{(\alpha_l)}\left(\mathcal{A}_x\mathcal{A}_y v^{n-k}, -\Delta_h v^n\right)$$

$$+ \frac{\tau}{\nu}\left(\delta_x^2\delta_y^2\frac{v^n - v^{n-1}}{\tau}, -\Delta_h v^n\right)$$

$$= (\mathcal{A}_y\delta_x^2 v^n + \mathcal{A}_x\delta_y^2 v^n, -\Delta_h v^n) + (g^n, -\Delta_h v^n)$$

$$\leqslant -\frac{2}{3}\|\Delta_h v^n\|^2 + \frac{1}{3}\|\Delta_h v^n\|^2 + \frac{3}{4}\|g^n\|^2$$

$$= -\frac{1}{3}\|\Delta_h v^n\|^2 + \frac{3}{4}\|g^n\|^2, \quad 1 \leqslant n \leqslant N. \quad (6.6.16)$$

由 (6.5.17), 有

$$
\left(\delta_x^2\delta_y^2\frac{v^n - v^{n-1}}{\tau}, -\Delta_h v^n\right)
$$
$$
\geqslant \frac{1}{2\tau}\left[\left(\|\delta_x^2\delta_y v^n\|^2 + \|\delta_x\delta_y^2 v^n\|^2\right) - \left(\|\delta_x^2\delta_y v^{n-1}\|^2 + \|\delta_x\delta_y^2 v^{n-1}\|^2\right)\right]. \quad (6.6.17)
$$

将 (6.6.16) 对 n 从 1 到 m 求和, 注意到 (6.6.17), 并在所得结果两边同时加上 $\nu(\mathcal{A}_x\mathcal{A}_y v^0, -\Delta_h v^0)$, 得到

$$
\Delta\alpha\sum_{l=0}^{2J} d_l w(\alpha_l)\tau^{-\alpha_l}\left[\sum_{n=0}^{m}\sum_{k=0}^{n} w_k^{(\alpha_l)}(\mathcal{A}_x\mathcal{A}_y v^{n-k}, -\Delta_h v^n)\right]
$$
$$
+ \frac{1}{2\nu}\left(\|\delta_x^2\delta_y v^m\|^2 + \|\delta_x\delta_y^2 v^m\|^2 - \|\delta_x^2\delta_y v^0\|^2 - \|\delta_x\delta_y^2 v^0\|^2\right)
$$
$$
\leqslant -\frac{1}{3}\sum_{n=1}^{m}\|\Delta_h v^n\|^2 + \nu\left(\mathcal{A}_x\mathcal{A}_y v^0, -\Delta_h v^0\right) + \frac{3}{4}\sum_{n=1}^{m}\|g^n\|^2, \quad 1\leqslant m\leqslant N. \quad (6.6.18)
$$

由 (6.4.20) 知

$$
\sum_{n=0}^{m}\sum_{k=0}^{n} w_k^{(\alpha_l)}\left(\mathcal{A}_x\mathcal{A}_y v^{n-k}, -\Delta_h v^n\right) \geqslant 0. \quad (6.6.19)
$$

由 (6.4.21) 知

$$
\left(\mathcal{A}_x\mathcal{A}_y v^0, -\Delta_h v^0\right) \leqslant \|\nabla_h v^0\|^2. \quad (6.6.20)
$$

将 (6.6.19) 和 (6.6.20) 代入 (6.6.18) 可得 (6.6.15). $\qquad\square$

6.6.4　差分格式的收敛性

定理 6.6.3　设 $\{U_{ij}^n \mid (i,j)\in\bar{\omega}, 0\leqslant n\leqslant N\}$ 为微分方程问题 (6.3.1)—(6.3.3) 的解, $\{u_{ij}^n \mid (i,j)\in\bar{\omega}, 0\leqslant n\leqslant N\}$ 为差分格式 (6.6.5)—(6.6.7) 的解. 令

$$
e_{ij}^n = U_{ij}^n - u_{ij}^n, \quad (i,j)\in\bar{\omega}, \ 0\leqslant n\leqslant N,
$$

则有

$$
\tau\sum_{n=1}^{N}\|e^n\|_\infty \leqslant \frac{3}{2}cT\sqrt{L_1 L_2}\left(c_4 + c_6\right)\left(\tau^2|\ln\tau| + h_1^4 + h_2^4 + \Delta\alpha^4\right), \quad (6.6.21)
$$

其中 c 由引理 6.3.1 定义.

证明 将 (6.6.1), (6.6.3)—(6.6.4) 分别与 (6.6.5)—(6.6.7) 相减, 可得误差方程组

$$
\begin{cases}
\Delta\alpha\sum_{l=0}^{2J}d_l w(\alpha_l)\left[\tau^{-\alpha_l}\sum_{k=0}^{n}w_k^{(\alpha_l)}\mathcal{A}_x\mathcal{A}_y e_{ij}^{n-k}\right]+\dfrac{\tau}{\nu}\delta_x^2\delta_y^2\dfrac{e_{ij}^n-e_{ij}^{n-1}}{\tau}\\
\quad=\mathcal{A}_y\delta_x^2 e_{ij}^n+\mathcal{A}_x\delta_y^2 e_{ij}^n+(r_6)_{ij}^n, \quad (i,j)\in\omega,\ 1\leqslant n\leqslant N,\\
e_{ij}^0=0, \qquad (i,j)\in\omega,\\
e_{ij}^n=0, \quad (i,j)\in\partial\omega,\ 0\leqslant n\leqslant N.
\end{cases}
$$

应用定理 6.6.2, 并注意到不等式 (6.6.2), 有

$$
\begin{aligned}
\tau\sum_{n=1}^{N}\|\Delta_h e^n\|^2 &\leqslant \frac{9}{4}\tau\sum_{n=1}^{N}\|(r_6)^n\|^2\\
&\leqslant \frac{9}{4}\tau\sum_{n=1}^{N}L_1 L_2\left[c_4(\tau^2+h_1^4+h_2^4+\Delta\alpha^4)+c_6\tau^2|\ln\tau|\right]^2\\
&\leqslant \frac{9}{4}TL_1 L_2\left(c_4+c_6\right)^2\left(\tau^2|\ln\tau|+h_1^4+h_2^4+\Delta\alpha^4\right)^2. \qquad (6.6.22)
\end{aligned}
$$

由 Cauchy-Schwarz 不等式、引理 6.3.1 以及 (6.6.22), 可得

$$
\begin{aligned}
\left(\tau\sum_{n=1}^{N}\|e^n\|_\infty\right)^2 &\leqslant T\left(\tau\sum_{n=1}^{N}\|e^n\|_\infty^2\right)\\
&\leqslant Tc^2\tau\sum_{n=1}^{N}\|\Delta_h e^n\|^2\\
&\leqslant \frac{9}{4}c^2 T^2 L_1 L_2\left(c_4+c_6\right)^2\left(\tau^2|\ln\tau|+h_1^4+h_2^4+\Delta\alpha^4\right)^2.
\end{aligned}
$$

将上式两边开方, 即得 (6.6.21). □

6.7 补注与讨论

(1) 本章介绍了求解一维、二维时间分布阶慢扩散方程初边值问题的差分方法[23, 28]. 对于分布阶积分, 应取复化梯形公式或复化 Simpson 公式离散; 对于时间 Caputo 导数应用二阶加权位移的 G-L 公式离散, 建立了高精度差分格式. 对于二维问题还研究了 ADI 格式. 对于所建立的每一差分格式, 证明了其唯一可解性、稳定性和收敛性. 对时间分数阶导数也可以直接用 G-L 公式离散, 得到具有时间一阶精度的差分格式, 然后应用外推方法得到时间二阶精度的数值解[22, 24].

(2) 对于分布阶积分, 可以应用复化中点公式离散, 参见文献 [103], 也可以应用 Gauss 积分公式离散. 对于时间 Caputo 导数, 也可以应用 L1 公式离散, 见文献

[59, 103]. 对于 (6.1.5) 中的多项时间 Caputo 导数和, 也可以用 1.6.4 节中的方法进行离散.

(3) 本章仅探讨了时间分布阶扩慢散方程初边值问题的数值解. 现在简单介绍一下时间分布阶波方程初边值问题的数值解. 考虑如下问题:

$$
\begin{cases}
\mathcal{D}_t^w u(x,t) = u_{xx}(x,t) + f(x,t), & 0 < x < L, \quad 0 < t \leqslant T, & (6.7.1) \\
u(x,0) = 0, \quad u_t(x,0) = 0, & 0 < x < L, & (6.7.2) \\
u(0,t) = \psi_1(t), \quad u(L,t) = \psi_2(t), & 0 \leqslant t \leqslant T, & (6.7.3)
\end{cases}
$$

其中　$\psi_1(0) = \psi_2(0) = 0, \psi_1'(0) = \psi_2'(0) = 0$ 且

$$
\mathcal{D}_t^w u(x,t) = \int_1^2 w(\gamma) \, {}_0^C D_t^\gamma u(x,t) \mathrm{d}\gamma,
$$

$$
{}_0^C D_t^\gamma u(x,t) = \begin{cases}
\dfrac{1}{\Gamma(2-\gamma)} \displaystyle\int_0^t (t-\xi)^{1-\gamma} \dfrac{\partial^2 u}{\partial \xi^2}(x,\xi)\mathrm{d}\xi, & 1 \leqslant \gamma < 2, \\
u_{tt}(x,t), & \gamma = 2,
\end{cases}
$$

$w(\gamma) \geqslant 0, \displaystyle\int_1^2 w(\gamma)\mathrm{d}\gamma = c_0 > 0$, f, ψ_1 和 ψ_2 为已知函数.

记 $\Delta\gamma = \dfrac{1}{2J}, \gamma_l = 1 + l\Delta\gamma \ (0 \leqslant l \leqslant 2J)$.

在结点 (x_i, t_n) 处考虑方程 (6.7.1), 有

$$
\mathcal{D}_t^w u(x_i,t_n) = u_{xx}(x_i,t_n) + f(x_i,t_n), \quad 1 \leqslant i \leqslant M-1, \ 0 \leqslant n \leqslant N.
$$

对相邻两个时间层取平均, 得

$$
\begin{aligned}
\frac{1}{2}\big[\mathcal{D}_t^w u(x_i,t_n) + \mathcal{D}_t^w u(x_i,t_{n-1})\big] &= \frac{1}{2}\big[u_{xx}(x_i,t_n) + u_{xx}(x_i,t_{n-1})\big] \\
&+ \frac{1}{2}\big[f(x_i,t_n) + f(x_i,t_{n-1})\big], \quad 1 \leqslant i \leqslant M-1, \ 1 \leqslant n \leqslant N.
\end{aligned} \quad (6.7.4)
$$

令 $s(\gamma, x_i, t_n) = w(\gamma)\,{}_0^C D_t^\gamma u(x_i,t)|_{t=t_n}$. 设 $s(\cdot, x_i, t_n) \in C^2[1,2]$. 用复化梯形公式离散分布阶积分, 由引理 6.1.1 可得

$$
\mathcal{D}_t^w u(x_i,t_n) = \Delta\gamma \sum_{l=0}^{2J} c_l w(\gamma_l) \, {}_0^C D_t^{\gamma_l} u(x_i,t_n) + O(\Delta\gamma^2).
$$

将上式代入 (6.7.4), 得到

$$
\begin{aligned}
&\Delta\gamma \sum_{l=0}^{2J} c_l w(\gamma_l) \cdot \frac{1}{2}\Big[{}_0^C D_t^{\gamma_l} u(x_i,t_n) + {}_0^C D_t^{\gamma_l} u(x_i,t_{n-1})\Big] \\
&= \frac{1}{2}\big[u_{xx}(x_i,t_n) + u_{xx}(x_i,t_{n-1})\big] + \frac{1}{2}\big[f(x_i,t_n) + f(x_i,t_{n-1})\big] + O(\Delta\gamma^2), \\
&1 \leqslant i \leqslant M-1, \quad 1 \leqslant n \leqslant N.
\end{aligned} \quad (6.7.5)
$$

类似习题 3 第 1 题, 定义函数 $\hat{u}(x,t)$, 并设 $\hat{u}(x,\cdot) \in \mathscr{C}^{2+2}(\mathcal{R})$ 且 $u(\cdot,t) \in C^4[0,L]$.

令

$$v(x,t) = u_t(x,t), \quad \alpha_l = \gamma_l - 1,$$

则

$$_0^C D_t^{\gamma_l} u(x_i,t_n) = {_0^C} D_t^{\alpha_l} v(x_i,t_n) = \tau^{-\alpha_l} \sum_{k=0}^{n} w_k^{(\alpha_l)} v(x_i,t_{n-k}) + O(\tau^2).$$

于是

$$\frac{1}{2}\Big[{_0^C} D_t^{\gamma_l} u(x_i,t_n) + {_0^C} D_t^{\gamma_l} u(x_i,t_{n-1})\Big]$$

$$= \frac{1}{2}\left[\tau^{-\alpha_l} \sum_{k-0}^{n} w_k^{(\alpha_l)} v(x_i,t_{n-k}) + \tau^{-\alpha_l} \sum_{k=0}^{n-1} w_k^{(\alpha_l)} v(x_i,t_{n-1-k})\right] + O(\tau^2)$$

$$= \tau^{-\alpha_l} \sum_{k=0}^{n-1} w_k^{(\alpha_l)} \cdot \frac{1}{2}[v(x_i,t_{n-k}) + v(x_i,t_{n-1-k})] + O(\tau^2)$$

$$= \tau^{-\alpha_l} \sum_{k=0}^{n-1} w_k^{(\alpha_l)} \cdot \frac{u(x_i,t_{n-k}) - u(x_i,t_{n-1-k})}{\tau} + O(\tau^2). \tag{6.7.6}$$

将 (6.7.6) 代入 (6.7.5), 并记 $f_i^{n-\frac{1}{2}} = \frac{1}{2}[f(x_i,t_n) + f(x_i,t_{n-1})]$, 可得

$$\Delta\gamma \sum_{l=0}^{2J} c_l w(\gamma_l) \tau^{-\alpha_l} \sum_{k=0}^{n-1} w_k^{(\alpha_l)} \delta_t U_i^{n-k-\frac{1}{2}}$$

$$= \delta_x^2 U_i^{n-\frac{1}{2}} + f_i^{n-\frac{1}{2}} + (r_7)_i^{n-\frac{1}{2}}, \quad 1 \leqslant i \leqslant M-1, \ 1 \leqslant n \leqslant N,$$

且存在正常数 c_7, 使得

$$\left|(r_7)_i^{n-\frac{1}{2}}\right| \leqslant c_7(\tau^2 + h^2 + \Delta\gamma^2), \quad 1 \leqslant i \leqslant M-1, \ 1 \leqslant n \leqslant N.$$

注意到初边值条件 (6.7.2)—(6.7.3), 可建立求解问题 (6.7.1)—(6.7.3) 的如下差分格式:

$$\begin{cases} \Delta\gamma \displaystyle\sum_{l=0}^{2J} c_l w(\gamma_l) \tau^{-\alpha_l} \sum_{k=0}^{n-1} w_k^{(\alpha_l)} \delta_t u_i^{n-k-\frac{1}{2}} = \delta_x^2 u_i^{n-\frac{1}{2}} + f_i^{n-\frac{1}{2}}, \\ \qquad\qquad\qquad\qquad\qquad 1 \leqslant i \leqslant M-1, \ 1 \leqslant n \leqslant N, \qquad (6.7.7) \\ u_i^0 = 0, \quad 1 \leqslant i \leqslant M-1, \qquad\qquad\qquad\qquad\qquad (6.7.8) \\ u_0^n = \psi_1(t_n), \quad u_M^n = \psi_2(t_n), \quad 0 \leqslant n \leqslant N. \qquad\qquad (6.7.9) \end{cases}$$

可以证明差分格式 (6.7.7)—(6.7.9) 的唯一可解性、稳定性和收敛性[25]. 对于二维时间分布阶波方程的 ADI 差分格式, 感兴趣的读者可以查阅文献 [26].

(4) 叶海平等[104]、胡嘉卉等[36] 分别研究了一维和多维分布阶扩散波方程基于 L1 公式的差分方法.

(5) 求解空间分布阶微分方程的差分方法, 有兴趣的读者可以参阅文献 [94].

习 题 6

1. 对问题 (6.1.1)—(6.1.3) 建立如下差分格式:

$$
\begin{cases}
\Delta\alpha \displaystyle\sum_{l=0}^{2J} c_l w(\alpha_l)\tau^{-\alpha_l} \sum_{k=0}^{n} g_k^{(\alpha_l)} u_i^{n-k} = \delta_x^2 u_i^n + f_i^n, \\
\qquad\qquad\qquad 1 \leqslant i \leqslant M-1, \quad 1 \leqslant n \leqslant N, \\
u_i^0 = 0, \quad 1 \leqslant i \leqslant M-1, \\
u_0^n = \psi_1(t_n), \quad u_M^n = \psi_2(t_n), \quad 0 \leqslant n \leqslant N.
\end{cases}
$$

类似 2.1 节定义函数 $\hat{u}(x,t)$, 并设 $\hat{u}(x,\cdot) \in \mathscr{C}^{1+1}(\mathcal{R})$.

(1) 分析差分格式的截断误差;

(2) 证明差分格式的唯一可解性;

(3) 证明差分格式对右端函数 f 的稳定性;

(4) 证明差分格式的收敛性.

2. 对问题 (6.1.1)—(6.1.3) 建立如下差分格式:

$$
\begin{cases}
\Delta\alpha \displaystyle\sum_{l=0}^{2J} d_l w(\alpha_l)\tau^{-\alpha_l} \sum_{k=0}^{n} g_k^{(\alpha_l)} \mathcal{A} u_i^{n-k} = \delta_x^2 u_i^n + \mathcal{A} f_i^n, \\
\qquad\qquad\qquad 1 \leqslant i \leqslant M-1, \quad 1 \leqslant n \leqslant N, \\
u_i^0 = 0, \quad 1 \leqslant i \leqslant M-1, \\
u_0^n = \psi_1(t_n), \quad u_M^n = \psi_2(t_n), \quad 0 \leqslant n \leqslant N.
\end{cases}
$$

类似 2.1 节定义函数 $\hat{u}(x,t)$, 并设 $\hat{u}(x,\cdot) \in \mathscr{C}^{1+1}(\mathcal{R})$.

(1) 分析差分格式的截断误差;

(2) 证明差分格式的唯一可解性;

(3) 证明差分格式对右端函数 f 的稳定性;

(4) 证明差分格式的收敛性.

3. 对问题 (6.3.1)—(6.3.3) 建立如下差分格式:

$$
\begin{cases}
\Delta\alpha\displaystyle\sum_{l=0}^{2J}c_l w(\alpha_l)\left[\tau^{-\alpha_l}\sum_{k=0}^{n}g_k^{(\alpha_l)}u_{ij}^{n-k}\right]=\Delta_h u_{ij}^n+f_{ij}^n,\\
\qquad\qquad\qquad\qquad\qquad (i,j)\in\omega,\quad 1\leqslant n\leqslant N,\\
u_{ij}^0=0,\quad (i,j)\in\omega,\\
u_{ij}^n=\psi(x_i,y_j,t_n),\quad (i,j)\in\partial\omega,\quad 0\leqslant n\leqslant N.
\end{cases}
$$

类似 2.10 节定义函数 $\hat{u}(x,y,t)$, 并设 $\hat{u}(x,y,\cdot)\in\mathscr{C}^{1+1}(\mathcal{R})$.

(1) 分析差分格式的截断误差;

(2) 证明差分格式的唯一可解性;

(3) 证明差分格式对右端函数 f 的稳定性;

(4) 证明差分格式的收敛性.

4. 对问题 (6.3.1)—(6.3.3) 建立如下差分格式

$$
\begin{cases}
\Delta\alpha\displaystyle\sum_{l=0}^{2J}d_l w(\alpha_l)\left[\tau^{-\alpha_l}\sum_{k=0}^{n}g_k^{(\alpha_l)}\mathcal{A}_x\mathcal{A}_y u_{ij}^{n-k}\right]\\
=\mathcal{A}_y\delta_x^2 u_{ij}^n+\mathcal{A}_x\delta_y^2 u_{ij}^n+\mathcal{A}_x\mathcal{A}_y f_{ij}^n,\quad (i,j)\in\omega,\quad 1\leqslant n\leqslant N,\\
u_{ij}^0=0,\quad (i,j)\in\omega,\\
u_{ij}^n=\psi(x_i,y_j,t_n),\quad (i,j)\in\partial\omega,\quad 0\leqslant n\leqslant N.
\end{cases}
$$

类似 2.10 节定义函数 $\hat{u}(x,y,t)$, 并设 $\hat{u}(x,y,\cdot)\in\mathscr{C}^{1+1}(\mathcal{R})$.

(1) 分析差分格式的截断误差;

(2) 证明差分格式的唯一可解性;

(3) 证明差分格式对右端函数 f 的稳定性;

(4) 证明差分格式的收敛性.

5. 记

$$
\bar{\mu}=\Delta\alpha\sum_{l=0}^{2J}c_l w(\alpha_l)\tau^{-\alpha_l}g_0^{(\alpha_l)}.
$$

证明

$$
\bar{\mu}\tau=O\left(\frac{1}{|\ln\tau|}\right).
$$

对问题 (6.3.1)—(6.3.3) 建立如下差分格式:

$$
\begin{cases}
\Delta\alpha\displaystyle\sum_{l=0}^{2J}c_l w(\alpha_l)\left[\tau^{-\alpha_l}\sum_{k=0}^{n}g_k^{(\alpha_l)}u_{ij}^{n-k}\right]+\frac{\tau}{\bar{\mu}}\delta_x^2\delta_y^2\frac{u_{ij}^n-u_{ij}^{n-1}}{\tau}=\Delta_h u_{ij}^n+f_{ij}^n,\\
\qquad\qquad\qquad\qquad\qquad (i,j)\in\omega,\ 1\leqslant n\leqslant N,\\
u_{ij}^0=0,\quad (i,j)\in\omega,\\
u_{ij}^n=\psi(x_i,y_j,t_n),\quad (i,j)\in\partial\omega,\ 0\leqslant n\leqslant N.
\end{cases}
$$

类似 2.10 节定义函数 $\hat{u}(x,y,t)$, 并设 $\hat{u}(x,y,\cdot)\in\mathscr{C}^{1+1}(\mathcal{R})$.

(1) 分析差分格式的截断误差;

(2) 将差分格式写成 ADI 格式;

(3) 证明差分格式的唯一可解性;

(4) 证明差分格式对右端函数 f 的稳定性;

(5) 证明差分格式的收敛性.

6. 记

$$\bar{\nu} = \Delta\alpha \sum_{l=0}^{2J} d_l w(\alpha_l)\tau^{-\alpha_l} g_0^{(\alpha_l)}.$$

证明

$$\bar{\nu}\tau = O\left(\frac{1}{|\ln\tau|}\right).$$

对问题 (6.3.1)—(6.3.3) 建立如下差分格式:

$$\begin{cases} \Delta\alpha \sum_{l=0}^{2J} d_l w(\alpha_l)\left[\tau^{-\alpha_l}\sum_{k=0}^{n} g_k^{(\alpha_l)}\mathcal{A}_x\mathcal{A}_y u_{ij}^{n-k}\right] + \dfrac{\tau}{\bar{\nu}}\delta_x^2\delta_y^2\dfrac{u_{ij}^n - u_{ij}^{n-1}}{\tau} \\ = \mathcal{A}_y\delta_x^2 u_{ij}^n + \mathcal{A}_x\delta_y^2 u_{ij}^n + \mathcal{A}_x\mathcal{A}_y f_{ij}^n, \quad (i,j)\in\omega, \quad 1\leqslant n\leqslant N, \\ u_{ij}^0 = 0, \quad (i,j)\in\omega, \\ u_{ij}^n = \psi(x_i, y_j, t_n), \quad (i,j)\in\partial\omega, \quad 0\leqslant n\leqslant N. \end{cases}$$

类似 2.10 节定义函数 $\hat{u}(x,y,t)$, 并设 $\hat{u}(x,y,\cdot)\in\mathscr{C}^{1+1}(\mathcal{R})$.

(1) 分析差分格式的截断误差;

(2) 将差分格式写成 ADI 格式;

(3) 证明差分格式的唯一可解性;

(4) 证明差分格式对右端函数 f 的稳定性;

(5) 证明差分格式的收敛性.

附录 Caputo 分数阶导数核函数 $t^{-\alpha}$ 的指数 和逼近的 MATLAB 程序代码

Caputo 分数阶导数的核函数 $t^{-\alpha}$ 可以用指数和逼近, 见本书引理 1.7.1. 应用这个逼近公式, 可以对 Caputo 分数阶导数给出快速的 L1 逼近、快速的 L2-1$_\sigma$ 逼近和快速的 H2N2 逼近.

文献 [40] 的作者提供了如下 Caputo 分数阶导数核函数 $t^{-\alpha}$ 的指数和逼近的 MATLAB 程序代码. 代码中的参数与本书引理 1.7.1 中参数的对应关系为: alpha $= \alpha$, T $= T$, reps $= \epsilon$, dt $= \hat{\tau}$, nexp $= N_{\exp}^{(\alpha)}$, ws(1) $= \omega_l^{(\alpha)}$, xs(1) $= s_l^{(\alpha)}$.

```
function [xs,ws,nexp] = sumofexpappr2new(alpha,reps,dt,Tfinal )


%%%%%%%%%%%%%%%%%%%%%%%%%%%%%%%%%%%%%%%%%%%%%%%%%%%%%%%%%%%%%%%%%
% Copyright: all rights reserved by Shidong Jiang, Jiwei Zhang,
% Qian Zhang and Zhimin Zhang.
% Citation: please cite the following papers:
% [1] Jiang S D, Zhang J W, Zhang Q, Zhang Z M. Fast evaluation
% of the Caputo fractional derivative and its applications to
% fractional diffusion equations. Commun. Comput. Phys., 2017, 21:
% 650-678.
% [2] Beylkin G, Monzn L. On approximation of functions by
%  exponential sums. Appl. Comput. Harmon. Anal. 2005, 19: 17-48.
% [3] Beylkin G, Monzn L. Approximation by exponential sums
% revisited. Appl. Comput. Harmon. Anal., 2010, 28(2):131-149.
%%%%%%%%%%%%%%%%%%%%%%%%%%%%%%%%%%%%%%%%%%%%%%%%%%%%%%%%%%%%%%%%%


% For given positive parameters: alpha, reps, dt and T, return
% sum-of-exponentials approximation for 1/t^alpha for the inverval
% dt<t<T  under relative error bounded by reps, i.e.,
% |1/t^alpha - \sum_{l=1}^nexp ws(l)*exp(-xs(l))| <= reps,
% for all t in [dt,T]
% The following parameters will be calculated with
% xs: SOE approximation nodes
% ws: SOE approximation weights
```

```
% nexp: the number of SOE approximation weights or nodes
%%%%%%%%%%%%%%%%%%%%%%%%%%%%%%%%%%%%%%%%%%%%%%%%%%%%%%%%%%%%
delta = dt/Tfinal;
h = 2*pi/(log(3) + alpha*log(1/cos(1)) + log(1/reps));
tlower = 1/alpha*log(reps*gamma(1+alpha));
if alpha>=1,
    tupper = log(1/delta) + log(log(1/reps)) + log(alpha) + 1/2;
else
    tupper = log(1/delta)+log(log(1/reps));
end
M = floor(tlower/h);
N = ceil(tupper/h);
n1 = M:-1;
xs1 = -exp(h*n1);
ws1 = h/gamma(alpha)*exp(alpha*h*n1);
% use prony's method to reduce the number of SOE
% approximation nodes
[ws1new,xs1new] = prony(xs1,ws1);
n2= 0:N;
xs2 = -exp(h*n2);
ws2 = h/gamma(alpha)*exp(alpha*h*n2);
xs = [-real(xs1new); -real(xs2.')];
ws = [real(ws1new); real(ws2.')];
xs = xs/Tfinal;
ws = ws/Tfinal^alpha;
nexp = length(ws);
return;
end

function [wsnew, xsnew] = prony(xs,ws)
M = length(xs);
errbnd = 1d-12;
h=zeros(2*M,1);
for j=1:2*M
    h(j)=xs.^(j-1)*ws';
```

```
end
C=h(1:M);
R=h(M:2*M-1);
H=hankel(C,R);
b=-h;
q = myls_qr(H, b, errbnd);
r = length(q);
A=zeros(2*M,r);
Coef = [1; flipud(q)];
xsnew=roots(Coef);
for j=1:2*M
    A(j,:)= xsnew.^(j-1);
end
wsnew = myls_svd(A,h,errbnd);
ind = find(real(xsnew)>=0);
p = length(ind);
assert(sum(abs(wsnew(ind))<1d-15) == p)
ind = find(real(xsnew)<0);
xsnew = xsnew(ind);
wsnew = wsnew(ind);
end


function x = myls_qr(A,b,eps)
% solve the rank deficient least squares problem by QR
% x is the LS solution, res is the residue
[m,n] = size(A);
[Q,R] = qr(A,0);
if nargin < 3
    eps = 1e-13;
end
s = diag(R);
r = sum(abs(s)>eps);
Q = Q(:, 1:r);
R = R(1:r,1:r);
b1 = b(r+1:m+r);
```

```matlab
x = R\(Q.'*b1);
end

function [x,res] = myls_svd(A,b,eps)
% solve the rank deficient least squares problem by SVD
% x is the LS solution, res is the residue
[m,n] = size(A);
[U,S,V] = svd(A,0);
if nargin < 3
    eps = 1e-12;
end
s = diag(S);
r = sum(s>eps);
x = zeros(n,1);
for i=1:r
    x = x + (U(:,i)'*b)/s(i)*V(:,i);
end
if (nargout>1)
    res = norm(A*x-b)/norm(b);
end
end
%%%%%%%%%%%%%%%%%%%%  The program ends  %%%%%%%%%%%%%%%%%%%%%%%%%%%%%%
```

参 考 文 献

[1] Alikhanov A A. A new difference scheme for the time fractional diffusion equation. J. Comput. Phys., 2015, 280: 424–438.

[2] Bechelova A R. On the convergence of difference schemes for the diffusion equation of fractional order. Ukrainian Math. J., 1998, 50: 1131–1134.

[3] Brunner H, Han H D, Yin D S. Artificial boundary conditions and finite difference approximations for a time-fractional diffusion-wave equation on a two-dimensional unbounded spatial domain. J. Comput. Phys., 2014, 276: 541–562.

[4] Çelik C, Duman M. Crank-Nicolson method for the fractional diffusion equation with the Riesz fractional derivative. J. Comput. Phys., 2012, 231: 1743–1750.

[5] Chan R H. Toeplitz preconditioners for Toeplitz systems with nonnegative generating functions. IMA J. Numer. Anal., 1991, 11: 333–345.

[6] Chan R H, Jin X Q. An Introduction to Iterative Toeplitz Solvers. Fundamentals of Algorithms, 5. Philadelphia, PA: SIAM, 2007.

[7] Chen M H, Deng W H. Fourth order accurate scheme for the space fractional diffusion equations. SIAM J. Numer. Anal., 2014, 52: 1418–1438.

[8] Chen C M, Liu F, Turner I, Anh V. A Fourier method for the fractional diffusion equation describing sub-diffusion. J. Comput. Phys., 2007, 227: 886–897.

[9] Chen S, Liu F, Zhuang P, Anh V. Finite difference approximations for the fractional Fokker-Planck equation. Appl. Math. Model., 2009, 33: 256–273.

[10] Cui M R. Compact finite difference method for the fractional diffusion equation. J. Comput. Phys., 2009, 228: 7792–7804.

[11] Cui M R. Compact alternating direction implicit method for two-dimensional time fractional diffusion equation. J. Comput. Phys., 2012, 231: 2621–2633.

[12] Cui M R. Convergence analysis of high-order compact alternating direction implicit schemes for the two-dimensional time fractional diffusion equation. Numer. Algorithms, 2013, 62: 383–409.

[13] Dimitrov Y. Numerical approximations for fractional differential equations. J. Fract. Calc. Appl., 2014, 5(Suppl. 3s), 22: 45.

[14] Ding H F, Li C P, Chen Y Q. High-order algorithms for Riesz derivative and their applications (I). Abstr. Appl. Anal., 2014, 2014: 1–17.

[15] Ding H F, Li C P, Chen Y Q. High-order algorithms for Riesz derivative and their applications (II). J. Comput. Phys., 2015, 293: 218–237.

[16] Du R L, Alikhanov A A, Sun Z Z. Temporal second order difference schemes for the multi-dimensional variable-order time fractional sub-diffusion equations. Comput. Math. Appl., 2020, 79: 2952–2972.

[17]   Du R L, Sun Z Z. Temporal second-order difference methods for solving multi-term time fractional mixed diffusion and wave equations, Numer. Algorithms, 2021, DOI: 10.1007/s11075-020-01037-x.

[18]   Feng L B, Liu F W, Turner I. Finite difference/finite element method for a novel 2D multi-term time-fractional mixed sub-diffusion and diffusion-wave equation on convex domains. Commun. Nonlinear Sci. Numer. Simul., 2019, 70: 354–371.

[19]   Gao G H, Alikhanov A A, Sun Z Z. The temporal second order difference schemes based on the interpolation approximation for solving the time multi-term and distributed-order fractional sub-diffusion equations. J. Sci. Comput., 2017, 73: 93–121.

[20]   Gao G H, Sun Z Z. A compact finite difference scheme for the fractional sub-diffusion equations. J. Comput. Phys., 2011, 230: 586–595.

[21]   Gao G H, Sun Z Z. The finite difference approximation for a class of fractional sub-diffusion equations on a space unbounded domain. J. Comput. Phys., 2013, 236: 443–460.

[22]   Gao G H, Sun Z Z. Two alternating direction implicit difference schemes with the extrapolation method for the two-dimensional distributed-order differential equations. Comput. Math. Appl., 2015, 69: 926–948.

[23]   Gao G H, Sun Z Z. Two alternating direction implicit difference schemes for two-dimensional distributed-order fractional diffusion equations. J. Sci. Comput., 2016, 66: 1281–1312.

[24]   Gao G H, Sun Z Z. Two unconditionally stable and convergent difference schemes with the extrapolation method for the one-dimensional distributed-order differential equations. Numer. Methods Partial Differential Equations, 2016, 32: 591–615.

[25]   Gao G H, Sun Z Z. Two difference schemes for solving the one-dimensional time distributed-order fractional wave equations. Numer. Algorithms, 2017, 74: 675–697.

[26]   Gao G H, Sun Z Z. Two alternating direction implicit difference schemes for solving the two-dimensional time distributed-order wave equations. J. Sci. Comput., 2016, 69: 506–531.

[27]   Gao G H, Sun H W, Sun Z Z. Stability and convergence of finite difference schemes for a class of time-fractional sub-diffusion equations based on certain superconvergence. J. Comput. Phys., 2015, 280: 510–528.

[28]   Gao G H, Sun H W, Sun Z Z. Some high-order difference schemes for the distributed-order differential equations. J. Comput. Phys., 2015, 298: 337–359.

[29]   Gao G H, Sun Z Z, Zhang Y N. A finite difference scheme for fractional sub-diffusion equations on an unbounded domain using artificial boundary conditions. J. Comput. Phys., 2012, 231: 2865–2879.

[30]   Gao G H, Sun Z Z, Zhang H W. A new fractional numerical differentiation formula to

approximate the Caputo fractional derivative and its applications. J. Comput. Phys., 2014, 259: 33–50.

[31]   Gao G H, Yang Q. Fast evaluation of linear combinations of Caputo fractional derivatives and its applications to multi-term time-fractional sub-diffusion equations, Numer. Math. Theor. Meth. Appl., 2020, 13: 433–451.

[32]   Ghaffari R, Hosseini S M. Obtaining artificial boundary conditions for fractional sub-diffusion equation on space two-dimensional unbounded domains. Comput. Math. Appl., 2014, 68: 13–26.

[33]   Hao Z P, Sun Z Z. A linearized high-order difference scheme for the fractional Ginzburg-Landau equation. Numer. Methods Partial Differential Equations, 2017, 33: 105–124.

[34]   Hao Z P, Sun Z Z, Cao W R. A fourth-order approximation of fractional derivatives with its applications. J. Comput. Phys., 2015, 281: 787–805.

[35]   He D D, Pan K J. An unconditionally stable linearized difference scheme for the fractional Ginzburg-Landau equation. Numer. Algorithms, 2018, 79: 899–925.

[36]   Hu J H, Wang J G, Nie Y. Numerical algorithms for multidimensional time-fractional wave equation of distributed-order with a nonlinear source term. Adv. Difference Equ., 2018: 352.

[37]   Huang J F, Tang Y F, Vázquez L, Yang J. Two finite difference schemes for time fractional diffusion-wave equation. Numer. Algorithms, 2013, 64: 707–720.

[38]   Huang J F, Zhao Y, Arshad S, Li K Y, Tang Y F. Alternating direction implicit schemes for the two-dimensional time-fractional nonlinear super-diffusion equations. J. Comput. Math., 2019, 37: 297–315.

[39]   Ji C C, Sun Z Z. A high-order compact finite difference scheme for the fractional sub-diffusion equation. J. Sci. Comput., 2015, 64: 959–985.

[40]   Jiang S D, Zhang J W, Zhang Q, Zhang Z M. Fast evaluation of the Caputo fractional derivative and its applications to fractional diffusion equations. Commun. Comput. Phys., 2017, 21: 650–678.

[41]   Langlands T A M, Henry B I. The accuracy and stability of an implicit solution method for the fractional diffusion equation. J. Comput. Phys., 2005, 205: 719–736.

[42]   Lei S L, Huang Y C. Fast algorithms for high-order numerical methods for space-fractional diffusion equations. Int. J. Comput. Math., 2017, 94: 1062–1078.

[43]   Li C P, Cai M. Theory and Numerical Approximations of Fractional Integrals and Derivatives. Philadelphia: SIAM, 2019.

[44]   Li C P, Chen A. Numerical methods for fractional partial differential equations. Int. J. Comput. Math., 2018, 95: 1048–1099.

[45]   Li C P, Zeng F. Numerical Methods for Fractional Calculus. New York: CRC Press, 2015.

[46] Li M, Xiong X T, Wang Y J. A numerical evaluation and regularization of Caputo fractional derivatives. J. Phys.: Conf. Ser., 2011, 290: Paper no. 012011.

[47] Liao H L, Sun Z Z. Maximum norm error bounds of ADI and compact ADI methods for solving parabolic equations. Numer. Methods Partial Differential Equations, 2010, 26: 37–60.

[48] Liao H L, Sun Z Z. Maximum norm error estimates of efficient difference schemes for second-order wave equations. J. Comput. Appl. Math., 2011, 235(8): 2217–2233.

[49] Lin Y M, Li X J, Xu C J. Finite difference/spectral approximations for the fractional cable equation. Math. Comp., 2011, 80: 1369–1396.

[50] Lin Y M, Xu C J. Finite difference/spectral approximations for the time-fractional diffusion equation. J. Comput. Phys., 2007, 225: 1533–1552.

[51] Liu F, Meerschaert M M, McGough R J, Zhuang P, Liu Q. Numerical methods for solving the multi-term time-fractional wave-diffusion equation. Fract. Calc. Appl. Anal., 2013, 16: 9–25.

[52] López-Marcos J C. A difference scheme for a nonlinear partial integrodifferential equation. SIAM J. Numer. Anal., 1990, 27: 20–31.

[53] Lu X, Pang H K, Sun H W. Fast approximate inversion of a block triangular Toeplitz matrix with applications to fractional sub-diffusion equations. Numer. Linear Algebra Appl., 2015, 22: 866–882.

[54] Luchko Y, Gorenflo R. An operational method for solving fractional differential equations with the Caputo derivatives. Acta Math. Vietnam., 1999, 24: 207–233.

[55] Lv C, Xu C. Error analysis of a high order method for time-fractional diffusion equations. SIAM J. Sci. Comput., 2016, 38: A2699–A2724.

[56] Lynch V E, Carreras B A, del-Castillo-Negrete D, Ferreira-Mejias K M, Hicks H R. Numerical methods for the solution of partial differential equations of fractional order. J. Comput. Phys., 2003, 192: 406–421.

[57] Meerschaert M M, Tadjeran C. Finite difference approximations for fractional advection-dispersion flow equations. J. Comput. Appl. Math., 2004, 172: 65–77.

[58] Meerschaert M M, Tadjeran C. Finite difference approximations for two-sided space-fractional partial differential equations. Appl. Numer. Math., 2006, 56: 80–90.

[59] Morgado M L, Rebelo M. Numerical approximation of distributed order reaction-diffusion equations. J. Comput. Appl. Math., 2015, 275: 216–227.

[60] Oldham K B, Spanier J. The Fractional Calculus. New York: Academic Press, 1974.

[61] Ortigueira M D. Riesz potential operators and inverses via fractional centred derivatives. Int. J. Math. Math. Sci., 2006: 48391.

[62] Podlubny I. Fractional Differential Equations. An Introduction to Fractional Derivatives, Fractional Differential Equations, to Methods of their Solution and some of their Applications. San Diego: Academic Press, 1999.

[63] Rahman M, Mahmood A, Younis M. Improved and more feasible numerical methods for Riesz space fractional partial differential equations. Appl. Math. Comput., 2014, 237: 264–273.

[64] Ran M H, Zhang C J. Linearized Crank-Nicolson scheme for the nonlinear time-space fractional Schrödinger equations. J. Comput. Appl. Math., 2019, 355: 218–231.

[65] Ren J C, Sun Z Z. Numerical algorithm with high spatial accuracy for the fractional diffusion-wave equation with Neumann boundary conditions. J. Sci. Comput., 2013, 56: 381–408.

[66] Ren J C, Sun Z Z. Efficient and stable numerical methods for multi-term time fractional sub-diffusion equations. East Asian J. Appl. Math., 2014, 4: 242–266.

[67] Ren J C, Sun Z Z. Efficient numerical solution of the multi-term time fractional diffusion-wave equation. East Asian J. Appl. Math., 2015, 5: 1–28.

[68] Ren J C, Sun Z Z, Zhao X. Compact difference scheme for the fractional sub-diffusion equation with Neumann boundary conditions. J. Comput. Phys., 2013, 232: 456–467.

[69] Samarskiĭ A A, Andreev V B. Difference Methods for Elliptic Equations. Moscow: Nauka, 1976.

[70] Shen J Y, Li C P, Sun Z Z. An H2N2 interpolation for Caputo derivative with order in (1, 2) and its application to time fractional wave equations in more than one space dimension. J. Sci. Comput., 2020, 83: 38.

[71] Shen J Y, Sun Z Z, Du R. Fast finite difference schemes for time-fractional diffusion equations with a weak singularity at initial time. East Asian J. Appl. Math., 2018, 8: 834–858.

[72] Song J, Yu Q, Liu F, Turner I. A spatially second-order accurate implicit numerical method for the space and time fractional Bloch-Torrey equation. Numer. Algorithms, 2014, 66: 911–932.

[73] Sun J, Nie D X, Deng W H. Fast algorithms for convolution quadrature of Riemann-Liouville fractional derivative. Appl. Numer. Math., 2019, 145: 384–410.

[74] Sun H, Sun Z Z. A fast temporal second-order compact ADI difference scheme for the 2D multi-term fractional wave equation. Numer. Algorithms, 2021. DOI: 10.1007/s11075-020-00910-z.

[75] Sun H, Sun Z Z, Gao G H. Some high order difference schemes for the space and time fractional Bloch-Torrey equations. Appl. Math. Comput., 2016, 281: 356–380.

[76] Sun H, Sun Z Z, Gao G H. Some temporal second order difference schemes for fractional wave equations. Numer. Methods Partial Differential Equations, 2016, 32: 970–1001.

[77] Sun H, Zhao X, Sun Z Z. The temporal second order difference schemes based on the interpolation approximation for the time multi-term fractional wave equation. J. Sci. Comput., 2019, 78: 467–498.

[78] Sun Z Z. Compact difference schemes for heat equation with Neumann boundary

conditions. Numer. Methods Partial Differential Equations, 2009, 25: 1320–1341.

[79] Sun Z Z. Numerical Methods for Partial Differential Equations. 2nd ed. Beijing: Science Press, 2012 (in Chinese).

[80] Sun Z Z. Difference Methods of Nonlinear Evolutionary Equations. Beijing: Science Press, 2018 (in Chinese).

[81] Sun Z Z, Ji C C, Du R L. A new analytical technique of the L-type difference schemes for time fractional mixed sub-diffusion and diffusion-wave equations. Appl. Math. Lett., 2020, 102: 106115.

[82] Sun Z Z, Wu X N. A fully discrete difference scheme for a diffusion-wave system. Appl. Numer. Math., 2006, 56: 193–209.

[83] Sun Z Z, Yuan W P, Wen Z C. Numerical Analysis. 3rd ed. Nanjing: Southeast University Press, 2012 (in Chinese).

[84] Stynes M, O'Riordan E, Gracia J L. Error analysis of a finite difference method on graded meshes for a time-fractional diffusion equation. SIAM J. Numer Anal., 2017, 55: 1057–1079.

[85] Tadjeran C, Meerschaert M M. A second-order accurate numerical method for the two-dimensional fractional diffusion equation. J. Comput. Phys., 2007, 220: 813–823.

[86] Tadjeran C, Meerschaert M M, Scheffler H P. A second-order accurate numerical approximation for the fractional diffusion equation. J. Comput. Phys., 2006, 213: 205–213.

[87] Tang T. A finite difference scheme for partial integro-differential equations with a weakly singular kernel. Appl. Numer. Math., 1993, 11: 309–319.

[88] Tian W Y, Zhou H, Deng W H. A class of second order difference approximations for solving space fractional diffusion equations. Math. Comp., 2015, 84: 1703–1727.

[89] Tuan V K, Gorenflo R. Extrapolation to the limit for numerical fractional differentiation. Z. Angew. Math. Mech., 1995, 75: 646–648.

[90] Vong S, Wang Z B. High order difference schemes for a time fractional differential equation with Neumann boundary conditions. East Asian J. Appl. Math., 2014, 4: 222–241.

[91] Wang H, Basu T S. A fast finite difference method for two-dimensional space-fractional diffusion equations. SIAM J. Sci. Comput., 2012, 34: A2444–A2458.

[92] Wang P D, Huang C M. An implicit midpoint difference scheme for the fractional Ginzburg-Landau equation. J. Comput. Phys., 2016, 312: 31–49.

[93] Wang P D, Huang C M. An efficient fourth-order in space difference scheme for the nonlinear fractional Ginzburg-Landau equation. BIT Numer. Math., 2018, 58: 783–805.

[94] Wang X, Liu F, Chen X. Novel second-order accurate implicit numerical methods for the Riesz space distributed-order advection-dispersion equations. Adv. Math. Phys.,

2015, 2015: 590435.

[95] Wang H, Wang K, Sircar T. A direct $O(N \log^2 N)$ finite difference method for fractional diffusion equations. J. Comput. Phys., 2010, 229: 8095–8104.

[96] Wang Z B, Vong S. Compact difference schemes for the modified anomalous fractional sub-diffusion equation and the fractional diffusion-wave equation. J. Comput. Phys., 2014, 277: 1–15.

[97] Wang D L, Xiao A, Yang W. Crank–Nicolson difference scheme for the coupled nonlinear Schrödinger equations with the Riesz space fractional derivative. J. Comput. Phys., 2013, 242: 670–681.

[98] Wang D L, Xiao A, Yang W. A linearly implicit conservative difference scheme for the space fractional coupled nonlinear Schrödinger equations. J. Comput. Phys., 2014, 272: 644–655.

[99] Wu X N, Sun Z Z. Convergence of difference scheme for heat equation in unbounded domains using artificial boundary conditions. Appl. Numer. Math., 2004, 50: 261–277.

[100] Xu W Y, Sun H. A fast second-order difference scheme for the space-time fractional equation. Numer. Methods Partial Differential Equations, 2019, 35: 1326–1342.

[101] Yan Y G, Sun Z Z, Zhang J W. Fast evaluation of the Caputo fractional derivative and its applications to fractional diffusion equations: a second-order scheme. Commun. Comput. Phys., 2017, 22: 1028–1048.

[102] Yang Q, Liu F W, Turner I. Numerical methods for fractional partial differential equations with Riesz space fractional derivatives. Appl. Math. Model., 2010, 34: 200–218.

[103] Ye H P, Liu F, Anh V, Turner I. Numerical analysis for the time distributed-order and Riesz space fractional diffusions on bounded domains. IMA J. Appl. Math., 2015, 80: 825–838.

[104] Ye H P, Liu F W, Anh V. Compact difference scheme for distributed-order time-fractional diffusion-wave equation on bounded domains. J. Comput. Phys., 2015, 298: 652–660.

[105] Yu Q, Liu F W. Implicit difference approximation for a time-fractional-order reaction-diffusion equation (in Chinese). Xiamen Daxue Xuebao Ziran Kexue Ban, 2006, 45: 315–319.

[106] Yu Q, Liu F W, Turner I, Burrage K. Stability and convergence of an implicit numerical method for the space and time fractional Bloch-Torrey equation. Philos. Trans. R. Soc. Lond. Ser. A Math. Phys. Eng. Sci., 2013, 371(1990), 20120150.

[107] Yu Q, Liu F W, Turner I, Burrage K. Numerical investigation of three types of space and time fractional Bloch-Torrey equations in 2D. Cent. Eur. J. Phys., 2013, 11: 646–665.

[108] Yuste S B. Weighted average finite difference methods for fractional diffusion equa-

tions. J. Comput. Phys., 2006, 216: 264–274.

[109] Yuste S B, Acedo L. An explicit finite difference method and a new von Neumann-type stability analysis for fractional diffusion equations. SIAM J. Numer. Anal., 2005, 42: 1862–1874.

[110] Zhang Y, Ding H F, Luo J. Fourth-order compact difference schemes for the Riemann-Liouville and Riesz derivatives. Abstr. Appl. Anal., 2014, 2014: 540692.

[111] Zhang Y N, Sun Z Z. Alternating direction implicit schemes for the two-dimensional fractional sub-diffusion equation. J. Comput. Phys., 2011, 230: 8713–8728.

[112] Zhang Y N, Sun Z Z. Error analysis of a compact ADI scheme for the 2D fractional subdiffusion equation. J. Sci. Comput., 2014, 59: 104–128.

[113] Zhang Y N, Sun Z Z, Liao H L. Finite difference methods for the time fractional diffusion equation on non-uniform meshes. J. Comput. Phys., 2014, 265: 195–210.

[114] Zhang Y N, Sun Z Z, Wu H W. Error estimates of Crank-Nicolson-type difference schemes for the subdiffusion equation. SIAM J. Numer. Anal., 2011, 49: 2302–2322.

[115] Zhao X, Sun Z Z. A box-type scheme for fractional sub-diffusion equation with Neumann boundary conditions. J. Comput. Phys., 2011, 230: 6061–6074.

[116] Zhao X, Sun Z Z, Hao Z P. A fourth-order compact ADI scheme for two-dimensional nonlinear space fractional Schrödinger equation. SIAM J. Sci. Comput., 2014, 36: A2865–A2886.

[117] Zhou H, Tian W Y, Deng W H. Quasi-compact finite difference schemes for space fractional diffusion equations. J. Sci. Comput., 2013, 56: 45–66.

[118] Zhu H Y, Xu C J. A fast high order method for the time-fractional diffusion equation. SIAM J. Numer. Anal., 2019, 57: 2829–2849.

[119] Zhuang P, Liu F. Implicit difference approximation for the time fractional diffusion equation. J. Appl. Math. Comput., 2006, 22: 87–99.

[120] Zhuang P, Liu F, Anh V, Turner I. New solution and analytical techniques of the implicit numerical method for the anomalous subdiffusion equation. SIAM J. Numer. Anal., 2008, 46: 1079–1095.

索 引

《信息与计算科学丛书》已出版书目